U0163170

先进计算机辅助夹具设计方法与应用

秦国华　吴竹溪　王华敏　著

内容提要

本书从定位确定性、工件稳定性、夹紧合理性、可达可离性到定位基准选择、定位点布局、夹紧表面选择、夹紧力规划、夹紧点布局等方面系统地提出了一种先进的夹具设计方法。理论分析与数学建模技术相结合，揭示了实现夹具设计过程的关键问题，发展了夹具设计的基础理论，改进了一般工艺中夹具设计的经验性方法，突破了以往开发计算机辅助夹具设计系统的局限性。

本书可作为高等院校工件夹具相关专业研究生和本科生的教材，也可作为从事工件夹具设计等相关工程技术人员的参考用书。

图书在版编目(CIP)数据

先进计算机辅助夹具设计方法与应用/ 秦国华，吴竹溪，王华敏著. —上海：上海交通大学出版社，2023.11
ISBN 978-7-313-28868-4

Ⅰ. ①先… Ⅱ. ①秦… ②吴… ③王… Ⅲ. ①机床夹具—计算机辅助设计—应用软件 Ⅳ. ①TG750.2

中国国家版本馆 CIP 数据核字(2023)第 106933 号

先进计算机辅助夹具设计方法与应用
XIANJIN JISUANJI FUZHU JIAJU SHEJI FANGFA YU YINGYONG

著　　者：秦国华　吴竹溪　王华敏
出版发行：上海交通大学出版社　　地　　址：上海市番禺路 951 号
邮政编码：200030　　电　　话：021-64071208
印　　制：上海文浩包装科技有限公司　　经　　销：全国新华书店
开　　本：710 mm×1000 mm　1/16　　印　　张：22.5
字　　数：439 千字
版　　次：2023 年 11 月第 1 版　　印　　次：2023 年 11 月第 1 次印刷
书　　号：ISBN 978-7-313-28868-4
定　　价：168.00 元

作者简介

秦国华，南昌航空大学航空制造工程学院教授，1990～1994 年就读于南京理工大学，获工学学士学位。1999～2002 年就读于西北工业大学，获机械制造及其自动化硕士学位。2001 年提前攻读西北工业大学博士学位，于 2005 年获航空宇航制造工程博士学位。2009 年从西北工业大学航空学院力学博士后流动站出站。目前已出版学术专著、教材各 2 部，在国内外核心期刊上发表论文 100 余篇。

吴竹溪，南昌航空大学航空制造工程学院副教授，1987～1991 年就读于南昌航空工业学院，获工学学士学位。1991～1993 年任哈尔滨飞机制造公司十六车间工艺员，助理工程师。目前已出版教材 2 部，发表学术论文 20 余篇。2004 年 10 月获江西省教学成果二等奖，2004 年 11 月获江西省优秀教材一等奖，2005 年被评为学院优秀教师。

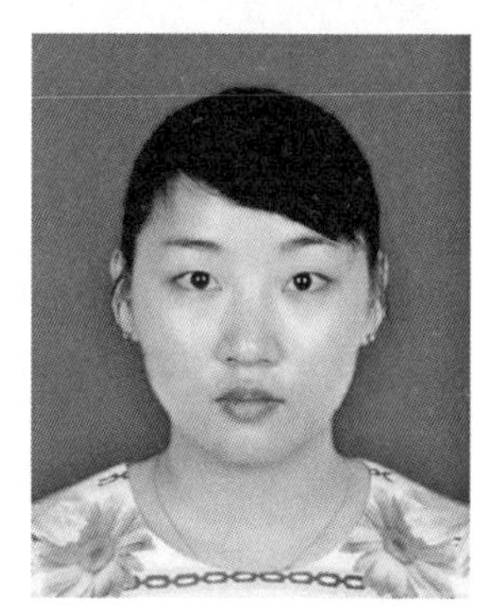

王华敏，南昌航空大学航空制造工程学院讲师，2008～2012 年就读于南昌航空大学，获工学学士学位。2012～2015 年就读于南昌航空大学，获机械制造及其自动化硕士学位。2015～2019 年就读于南京航空航天大学，获机械制造及其自动化博士学位。目前已发表学术论文近 20 篇。

序　言 | Preface

夹具是机床和刀具进行切削加工的基本部件，被喻为机床的“手”，而且检验、焊接、装配和生产线运送工件等生产过程，均需要采用各式各样、千变万化的夹具。只有合理、正确地装夹工件，加工过程中才能获得设计所要求的尺寸、形状以及各表面间的相对位置。因此，夹具设计直接影响着工件的加工质量、生产效率和制造成本。

机床夹具设计是一项重要而复杂的技术工作。在传统的人工夹具设计方法中，装夹点的布局构思、装夹元件的结构选择、装夹元件的尺寸确定等方面均由设计人员完成，需要较多的人力和较长的设计周期，并且依赖设计人员的丰富经验。随着计算机技术在制造领域中的广泛应用，利用计算机代替人工进行夹具设计已经十分普遍，同时融入特征技术、成组技术、人工智能技术等先进制造技术而形成了新的夹具设计方法——计算机辅助夹具设计。然而，由于工件的几何结构多种多样，加工工艺过程烦琐复杂，要么不可能充分构建好夹具设计的规则，要么夹具的实例检索方法自动化程度低而导致检索精度不够。因此，目前关于计算机辅助夹具设计技术的研究结果，依然无法应用于工程实际，计算机辅助夹具设计技术至今仍处于元件图形库的阶段。

本书结合刚体运动学、接触力学、弹性力学、数学建模技术、优化技术等多学科的内容，详细地阐述了一种全新的机床夹具的现代设计方法，包括定位确定性分析、工件稳定性分析、夹紧合理性分析、定位准确性分析、定位基准选择、定位点布局规划、夹紧表面选择、夹紧力大小规划、夹紧点布局规划、装夹布局优化设计等内容，丰富和发展了计算机辅助夹具设计的基础理论，改变了一般工艺中夹具设计的经验性方法，突破了以往开发计算机辅助夹具设计系统的局限性。理论分析与数学建模技术的结合揭示了夹具设计过程中的关键问题，对推动制造技术进步、提高产品制造精度和制造水平、满足当前航空航天制造业中越来越高的要求将会起到一定的作用。

限于笔者的学识，如有疏漏或不当之处，敬请广大专家和读者不吝指教，本人不胜感激。

著　者

2020年9月26日

目　录 | Contents

第1章 绪论

无论是在传统制造业还是现代柔性制造系统中，工件的装夹是加工过程中首先面临的关键问题。工件的尺寸、几何形状和各表面之间相对位置的形成，取决于工件和刀具在切削成形过程中相互位置的关系，而这个相互位置关系是通过装夹来实现的。

工件的装夹就是在机床上对工件进行定位和夹紧。工件的定位，就是要使得工件相对于刀具及切削成形运动（这种成形运动通常由机床提供）占有准确的位置，才可能保证加工表面达到所规定的各项技术要求。而工件的夹紧，指的是在已经确定好的位置上将工件可靠地压紧夹牢，以防止在加工过程中工件因受到重力、切削力等外力作用而发生不应有的位移而破坏定位。

1.1 装夹方法

在机床上对工件进行加工时，根据工件的加工精度要求和加工批量的不同，通常可采用找正装夹法和夹具装夹法两种方法。

1.1.1 找正装夹法

找正装夹法是以工件的有关表面或划线作为找正依据，利用指示表（如千分表、百分表等）或划针确定工件的正确位置，然后再将工件夹紧，进行加工。

如图 1.1 所示，在轴套零件上钻径向孔 ϕd。若工件件数不多，可采用划线找正装夹。先划出 ϕd 孔中心的 L 尺寸线，然后将工件装入机用虎钳夹紧。使虎钳连同工件在钻床上对着钻头移动，找出该孔距线上的最高点位置。找正准确后，开动机床进行加工。

找正装夹法能较好地适应工序或加工对象的变换，夹具结构简单。但是，这种方法生产率低，劳动强度大，加工精度低。由于图 1.1 中尺寸 L 的误差较大，ϕd 孔轴线相对于轴套的对称平面的位置精度较差，找正装夹法多用于单件、小批生产。

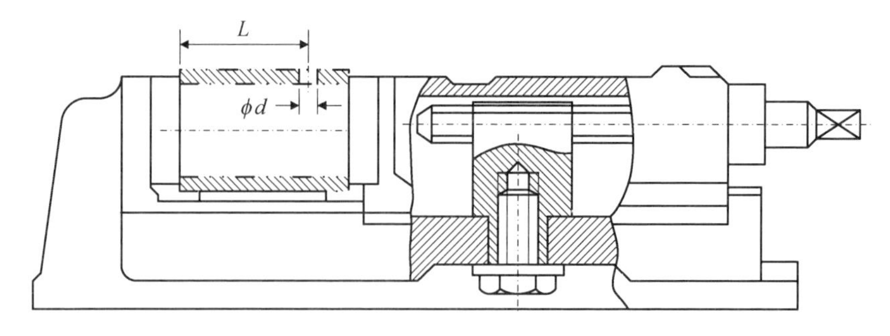

图 1.1　在虎钳上按划线找正装夹

随着生产的发展，对产品的数量和质量的要求日益提高，推动了夹具结构的发展。人们创造了新的工艺装置和装夹方法，能够直接装夹工件而无需找正。这种新的工艺装置和相应的装夹方法就是机床夹具法和夹具装夹法。

1.1.2　夹具装夹法

夹具装夹法是将工件直接装入夹具中，依靠定位基准表面与夹具的定位元件相接触而获得正确的位置，然后利用夹紧元件将工件牢牢地压紧。

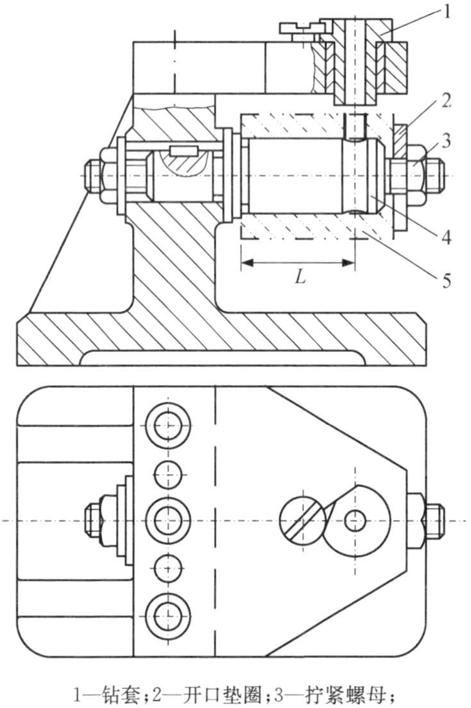

1—钻套；2—开口垫圈；3—拧紧螺母；4—定位元件；5—工件

图 1.2　轴套零件钻床夹具

图 1.2 是加工轴套零件上径向孔 ϕd 的钻床夹具。工件 5 以内孔及其端面作为定位基准，与夹具上定位销 4 保持接触，使工件得到定位。定位销 4 右端的通孔作为钻头越程和排屑之用。拧紧螺母 3 通过开口垫圈 2 将工件夹紧。钻套 1 用来引导钻头，以防钻头偏斜。钻套轴线与定位销轴肩端面之间保持尺寸 L，从而确定了工件与钻头之间的正确位置。

因为夹具定位元件与机床的运动和刀具的相对位置可以事先调整，所以利用夹具装夹法加工一批零件时不必逐个找正。该方法不仅省时方便，还具有很高的重复精度，并且能保证工件的加工要求。但因采用夹具装夹法需要一定的生产成本和准备周期，故广泛用于成批、大量的生产中。

1.2 夹具结构

夹具是工艺装备的主要组成部分。夹具设计在制造系统中占据极其重要的地位，直接影响零件的加工质量、生产效率和制造成本，因而夹具被认为是工艺过程中最重要的部件之一，制造业中非常重视对夹具的研究。

1.2.1 类型

随着工件结构和尺寸参数、加工精度以及生产方式的不同，机床夹具的结构、种类和通用化程度也就有所不同。

1. 通用夹具

在用找正方式装夹工件时，常常采用虎钳、三爪卡盘、四爪卡盘等工艺装备，如图 1.3 所示。这类工艺装备一般已经标准化，并作为机床附件供应给用户。由于它们都是用来装夹工件的，故属于夹具范畴，并称为通用夹具。

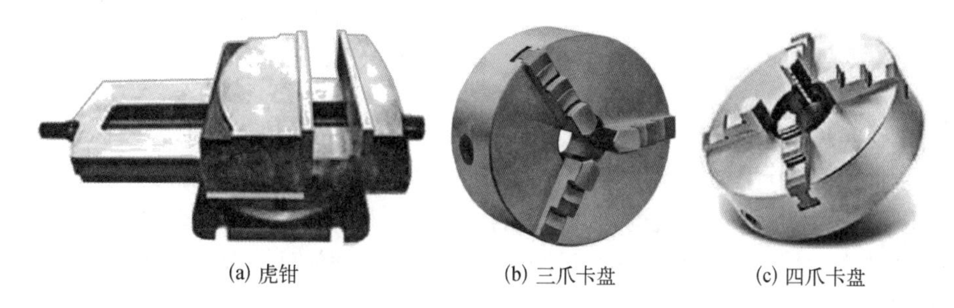

(a) 虎钳 (b) 三爪卡盘 (c) 四爪卡盘

图 1.3 通用夹具

通用夹具主要用于单件小批量生产。利用这类夹具装夹工件往往很费时间，并且操作复杂，生产效率低下，尤其是对于装夹形状复杂或加工精度要求高的工件。而若要大批量地生产，利用通用夹具装夹工件在经济上是不可行的。

2. 专用夹具

根据大批量生产的性质，将工艺过程分为许多简单的工序在不同的机床上进行，并用连续的工件传输流水线将它们连接在一起，这就是基于工序分散原则的工艺过程。专用夹具就是针对一种工件的每一道工序而专门设计制造的工艺装备。图 1.4 所示为在扇形工件上加工 3 个径向孔的钻床夹具。该扇形工件以其内孔、断面以及侧面为基准，在转轴 4 和挡销 11 上定位。利用螺母 2 和开口垫圈 3 将工件压紧在分度盘 8 上。当钻好一个孔后要变换工位时，可用手柄 10 松开分度盘，再拔出分度销 1，然后转动分度盘到下一个工位，再插入分度销 1，用手柄 10 将分度盘锁紧，再加工

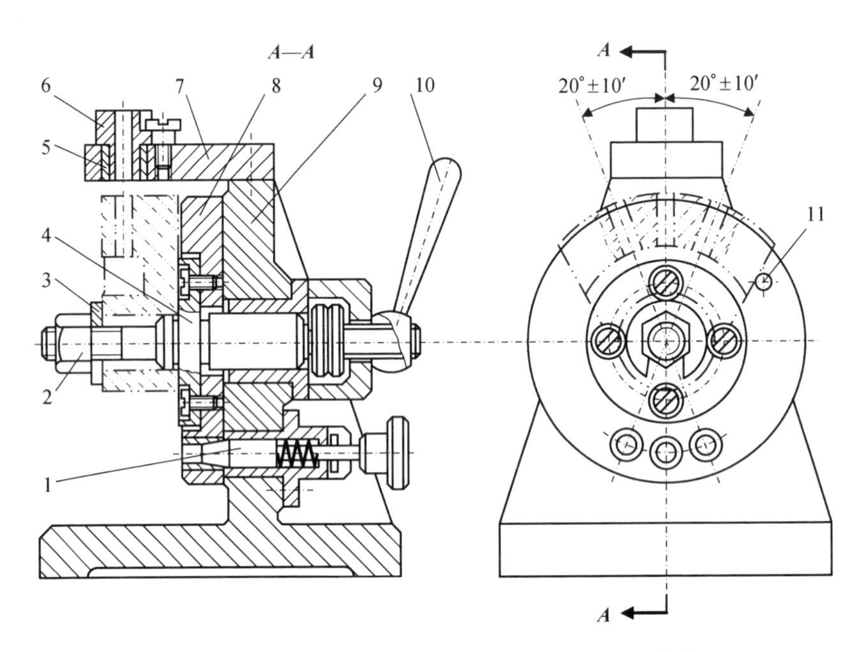

1—分度销；2—螺母；3—开口垫圈；4—转轴；5—衬套；6—钻套；
7—钻模板；8—分度盘；9—夹具体；10—手柄；11—挡销

图 1.4　钻床夹具

下一个径向孔。采用开口垫圈 3 的目的是为了便于工件的快速装卸。

由此可见，专用夹具不需要考虑通用性，其不仅可以设计得结构紧凑、操作方便，还可以采用各种省力机构或动力装置，因此专用夹具可以保证较高的加工精度和生产效率。然而，专用夹具的设计制造周期较长。据统计，根据我国机械工业的现有水平，产品的生产准备周期一般占产品整个研制周期的 50%～70%；工艺装备的设计制造周期占产品生产准备周期的 50%～70%；而夹具设计制造又占工艺装备设计制造周期的 70%～80%。因此，专用夹具设计制造周期极大地影响着新产品的研制周期。除此之外，当产品变更时，专用夹具往往无法再使用而“报废”。因此，这类夹具适用于产品固定的大批量生产中。

随着科学技术的进步和生产的发展，国民经济各部门要求现代制造业不断地提供良好的产品质量和研制新的产品品种，以满足国民经济持续发展和人民生活不断提高的需要。从而促使制造业的生产方式发生了显著的变化，介于大批量生产和单件小批量生产之间的多品种中小批量生产日益增多。近年来，计算机数控机床(computer numerical control, CNC)、加工中心(machining center, MC)、柔性制造系统(flexible manufacturing system, FMS)等的应用，原来的制造业中单靠专用夹具和通用夹具已不能满足生产需要。于是出现了介于通用夹具和专用夹具之间的一系列创新性的夹具形式。

3. 可调夹具

可调夹具是针对通用夹具和专用夹具的缺陷而发展起来的一类新型夹具。对不同类型和尺寸的工件,只需调整或更换原来夹具上的个别定位元件和夹具元件便可使用。可调夹具一般又分为通用可调夹具和成组夹具两种。通用可调夹具的通用范围比通用夹具更大;成组夹具则是一种专用可调夹具,按照成组原理设计并能加工一族结构相似的工件,故在多品种、中小批生产中使用,具有较好的经济效益。

图 1.5(a)所示为卡盘,螺杆 1 与气压装置连接,螺母 2 中的弹簧制动销 3 可防

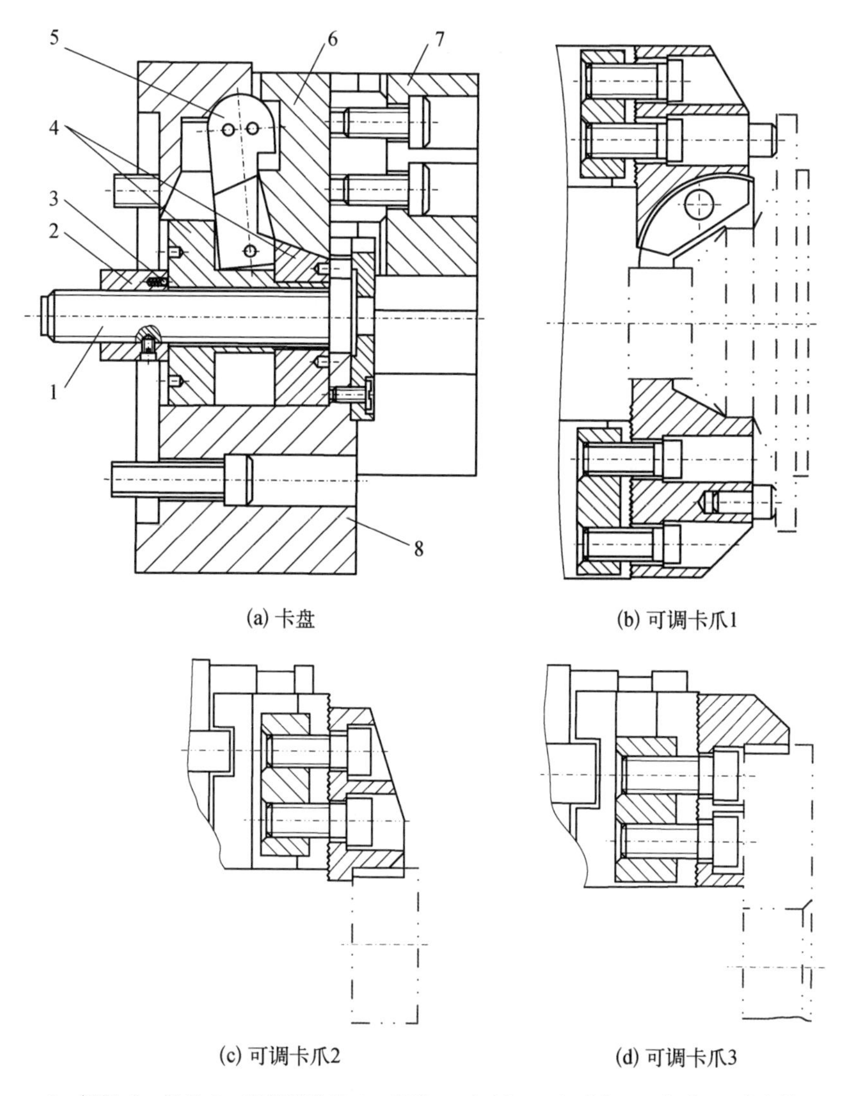

1—螺杆;2—螺母;3—弹簧制动销;4—套筒;5—杠杆;6—卡爪座;7—卡爪;8—卡盘体

图 1.5 通用可调三爪卡盘结构

止螺杆在卡盘工作过程中松动。螺杆 1 经套筒 4、杠杆 5、卡爪座 6、卡爪 7 将工件定心夹紧。活塞回程时卡爪 7 经卡爪座 6 沿套筒 4 的斜面退出，将工件松开。图 1.5(b)为可调卡爪 1，该卡爪可用于装夹台阶外圆；图 1.5(c)为可调卡爪 2，该卡爪可用于小直径工件；图 1.5(d)为可调卡爪 3，该可调卡爪用于大直径工件。

成组夹具在结构上由基础部分和调整部分组成。基础部分是成组夹具的通用部分，在使用中固定不变。可调部分则在更换工件时，只需对该部分进行调整或更换元件，即可进行新的加工。图 1.6(a)所示为可调钻模，用于加工图 1.6(b)所示的套类工件上的径向孔。零件 3 以内孔及端面在定位元件 2 上定位，利用手柄 1、开口垫圈 4 和螺母 5 夹紧。其中，定位元件 2 是夹具的可调部分，其余元件构成夹具的基础部分。

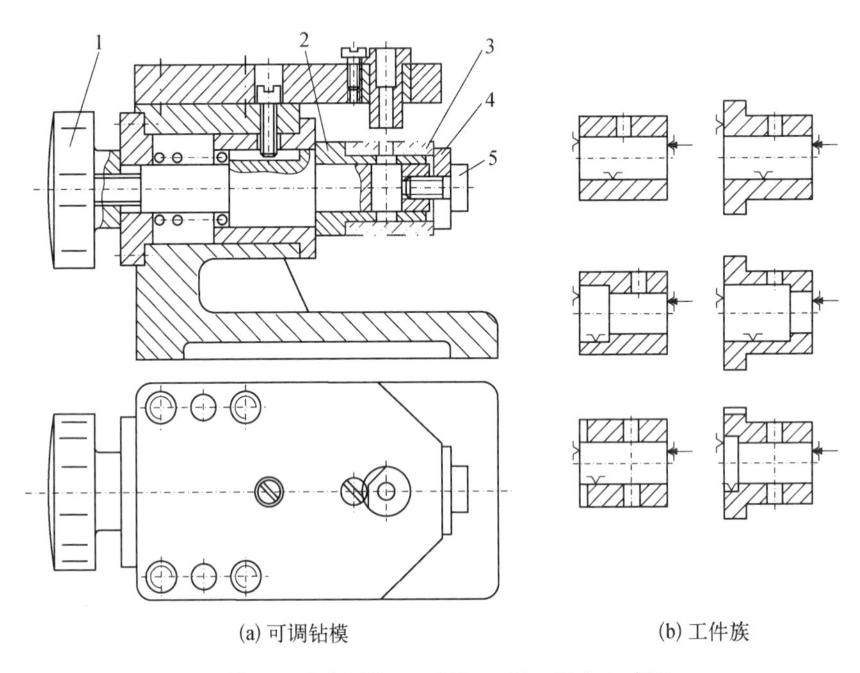

(a) 可调钻模　　(b) 工件族

1—手柄；2—定位元件；3—零件；4—开口垫圈；5—螺母

图 1.6　套类工件族及其可调钻模

4. 组合夹具

组合夹具是一种标准化、系列化和通用化较高的机床夹具。它是具有一套预先制造好的不同形状、不同规格、不同尺寸、具有完全互换性和高耐磨性、高精度的标准元件及其组合件，可以根据不同工件的加工要求组装而成的夹具。夹具使用完毕后可将夹具拆开，擦洗并归位保存，以备再次组装重复使用。组合夹具把专用夹具从“设计、制造、使用、报废”的单向过程改变为“组装、使用、拆卸、再组装、再使用、再拆卸”的循环过程。但与专用夹具相比，组合夹具的结构和体积较大，重量较重，刚性较差。

组合夹具一般分为槽系和孔系两种系统。槽系组合夹具在生产制造中已经发展并使用了50多年，通过基座上相互垂直和平行的T形槽实现对工件的准确定位。而孔系组合夹具主要是通过基座上的定位孔实现对夹具元件精确定位和紧固作用，如图1.7所示。

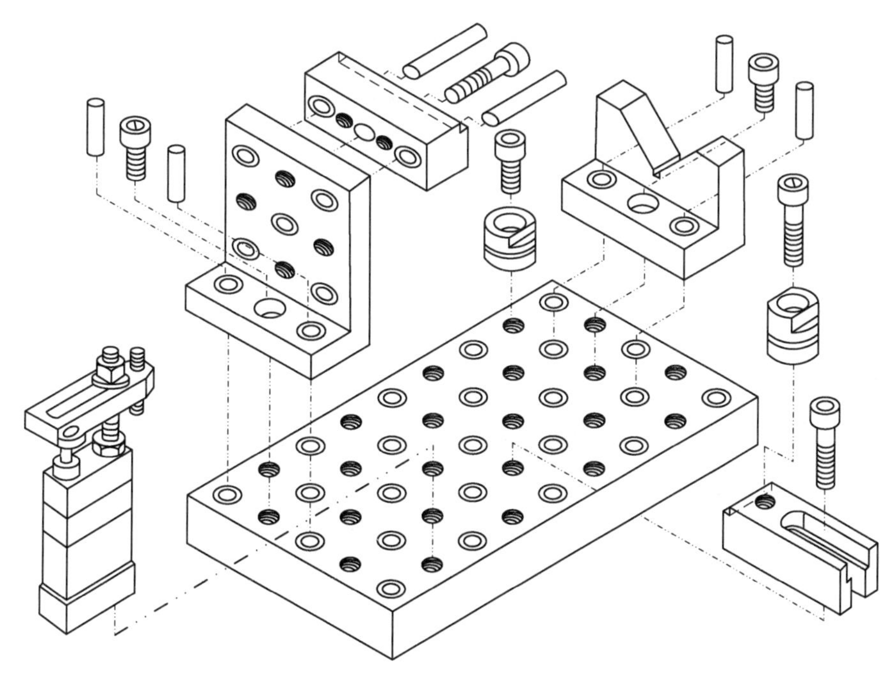

图1.7 孔系组合夹具

5. 拼装夹具

拼装夹具是一种模块化夹具，通常由基础件和其他模块元件组成，主要用于数控加工中，有时也用于普通机床中。

所谓模块化是指将同一功能的单元，设计成具有不同用途或性能的且可以相互交换使用的模块，以满足加工需要的一种方法。同一功能单元中的模块是一组具有同一功能和相同连接要素的元件，也包括能增加夹具功能的小单元。

拼装夹具与组合夹具之间有许多共同点。它们都具有方形、矩形和圆形的基础件，在基础件表面上有网络孔系。两种不同夹具的不同点是组合夹具的通用性好，标准化程度高；而拼装夹具则为非标准的，一般是为本企业产品工件的加工需要而设计的。产品品种不同或加工方式不同的企业，所使用的模块结构会有较大差别。

图1.8所示为一种模块化钻模，主要由基础板7、滑柱式钻模板1和模块4、模块5、模块6等组成。基础板7上有网络孔系c和螺孔d，在其平面e和侧面a、b

上可拼装模块元件。图 1.8 中所配置的 V 形模块 6 和板形模块 4 的作用是使工件定位。按照被加工孔的位置要求用方形模块 5 可调整模块 4 的轴向位置。可换钻套 3 和可换钻模板 2 按工件的加工需要加以更换调整。

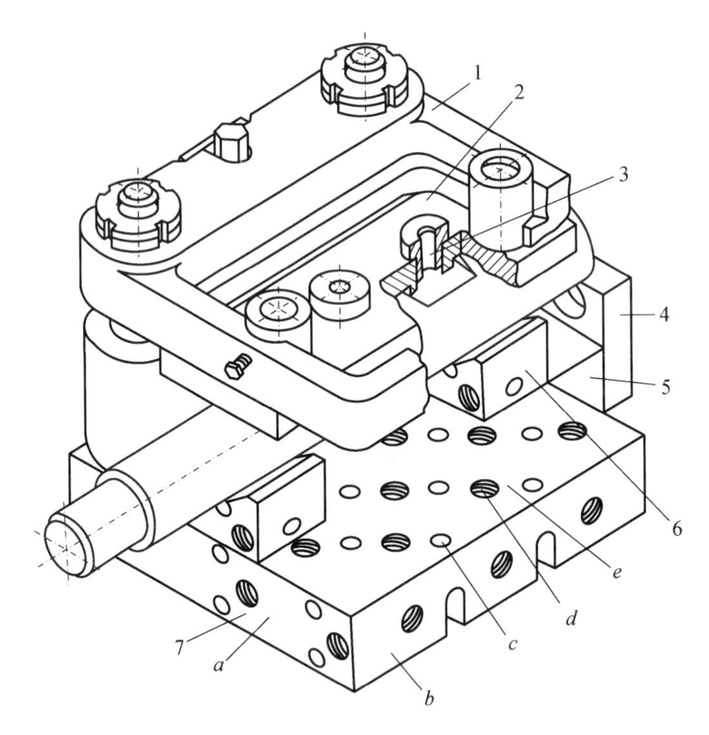

1—滑柱式钻模板；2—可换钻模板；3—可换钻套；4—板形模块；
5—方形模块；6—V 形模块；7—基础板

图 1.8　模块化钻模

6. 相变式夹具

利用材料物理性质从液相到固相，再变回液相，相变的机制一般是热效应或电磁感应。所用材料有铋基低熔点合金，聚丙烯腈类高分子聚合物等。相变机制必须易于控制，相变材料必须对工件和人员无害。这类夹具通常都有一个充满相变材料的容器，当材料为液相时将工件埋入液体中，然后改变条件（如升温或降温），在液相变成固相时，将零件装夹并固定，然后进行加工。加工结束后再将材料恢复成液相，就可将工件取出。由于升降温容易引起工件的热变形而影响精度。因此，现在正在研究用电场或磁场控制相变材料。图 1.9 所示为用叶片曲面定位加工叶片根部榫头的封装块式柔性夹具。首先，将叶片用相变材料在模具中安装并固化［见图 1.9(a)］。然后，从模具中取出工件封装块［见图 1.9(b)］；其次，将封装块安装在夹具中加工叶片根部榫头［见图 1.9(c)］；最后，再通过此材料相变后，取出加

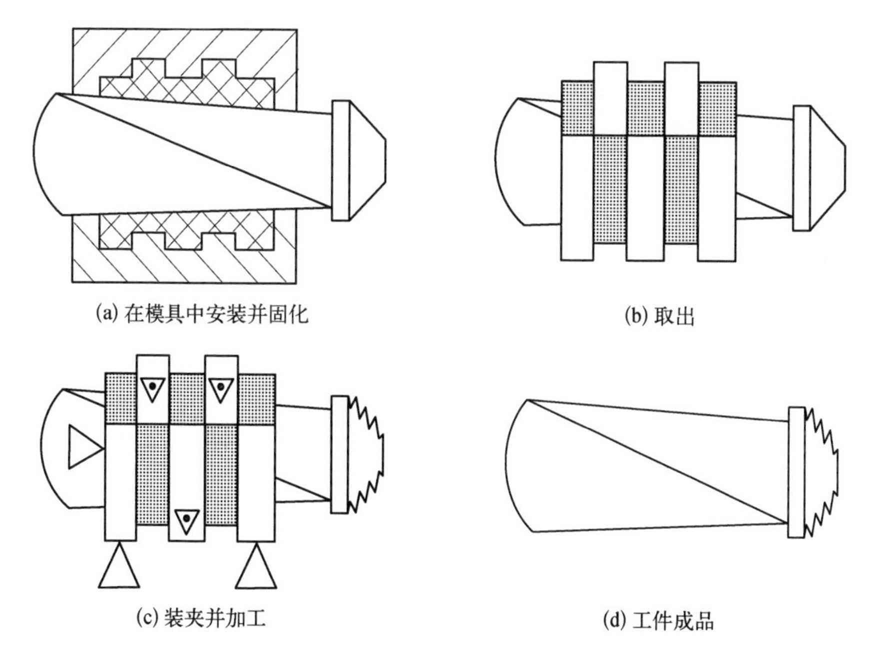

图 1.9 封装块式柔性夹具

工完毕的叶片[见图 1.9(d)]。

为了避免热致相变的负面效果，又研究出伪相变材料，这是用颗粒流态床来模拟相变材料的双相性质。其基本原理来自真空密封袋装咖啡的启示。图 1.10 所

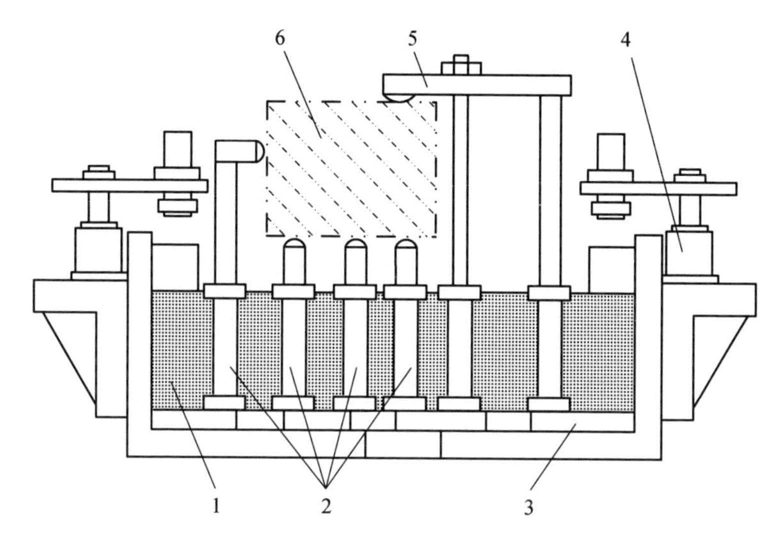

1—小金属颗粒；2—定位元件；3—多孔板；4—液压板；5—夹具元件；6—工件

图 1.10 流态床式夹具

示为流态床式夹具,床中布满细小金属颗粒 1,床底有一多孔板 3,板下为进气口。床中放入标准夹具元件 2 和元件 5,元件埋在颗粒中,当关闭进气口时,颗粒由于重力形成块状固体并辅以液压板 4 压紧夯实。将工件 6 定位夹紧后就可加工工件,加工后打开进气口,压缩空气进入并松开液压板,颗粒恢复成松散状就可取出工件。此类夹具目前只用于曲面定位或加工力轻微的精加工等少数情况。

7. 适应性夹具

适应性夹具是指夹紧元件能自动适应工件形状的夹具,是一种被动式的装置,当夹紧时能改变形状以适应工件的变化。

图 1.11 所示为带有多叶片的虎钳,一个钳口是固定的,另一个钳口由穿在转轴上的多叶片组成,当其他运动受限制时叶片可绕转轴自由转动以适应工件的形状。

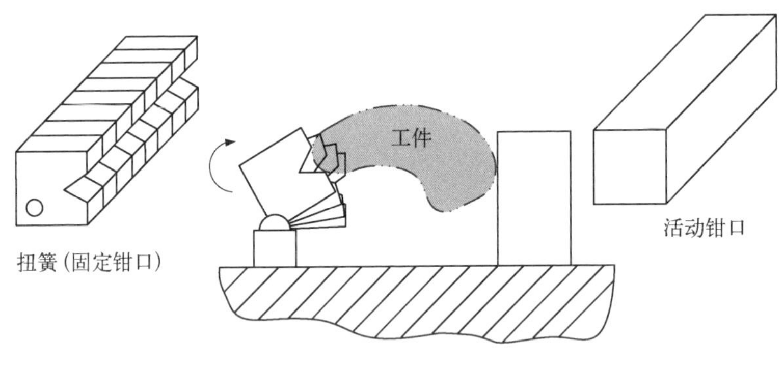

图 1.11　多叶适应性虎钳

1.2.2　组成

在具体分析和设计夹具时,需要将整个夹具分成几个既相互独立又彼此联系的组成部分,以便逐个进行分析和研究。

由上述可知,尽管机床夹具各式各样、互不相同,但可以从不同的夹具结构类型中概括出一般夹具所普遍共有的结构组成部分,并进而获得一般的夹具分析与设计方法。

1. 定位元件

定位元件的作用旨在确定工件在夹具中的位置,从而实现工件在夹具中的定位,如图 1.4 中的元件 4 和元件 11。

2. 夹紧元件

夹紧元件的作用是提供夹紧力,将工件夹牢压紧在定位元件上,保证工件在定位时所占的位置在加工过程中不会因受力而产生移动或转动,同时防止或减少振动，如图 1.4 中的元件 2 和元件 3。

3. 夹具体

夹具体是夹具的基体骨架，通过它将夹具所有元件连接起来而构成一个整体，如图 1.4 中的元件 9。常用的夹具体有铸件结构、锻造结构和焊接结构，形状有回转体形和底座形等多种。

4. 引导装置

引导装置用来引导或确定刀具与工件被加工表面之间的正确位置，如图 1.4 中的元件 5、元件 6 与元件 7。事实上，引导装置的作用就是实现刀具在夹具中的定位。

5. 其他装置

为了满足夹具的特殊功能要求，各种夹具还要设计其他的元件和装置，如分度装置、定向键等。

例如分度装置，工件在一次装夹中，每加工完一个表面之后，通过夹具上可动部分连同工件一起转过一定的角度或移动一定距离，以改变加工表面的位置，实现上述要求的装置称为分度装置。分度装置的作用是实现工件在夹具中的间接定位和夹紧，即工件在分度装置上定位和夹紧，而分度装置则在夹具中定位和夹紧。

定向键也称为定位键，安装在夹具底面的纵向槽中，一般有两个，安装在一条直线上，用螺钉紧固在夹具体上。定向键的作用则是实现夹具在机床上的定位。

1.2.3 计算机辅助夹具设计

制造业中尤其是机械制造业，在产品生产过程中按照特定工艺，不论其生产规模如何，都需要种类繁多的工艺装备，而制造产品的质量、生产率、成本以及柔性都与工艺装备有关。夹具是各类工具中最复杂的工艺设备之一，并且其可以随产品不同而具有较高的专用化程度。

传统的机床夹具设计是采用人工设计的方法，一般都采用经验法和类比法，需要查阅大量资料和手册，通过人工计算和用笔绘出机床夹具的装配图和零件图。传统的设计方法劳动强度大，设计周期长，效率低，所设计的夹具的标准化、通用化程度低。因此，传统的夹具设计方法已经不能满足市场快速多变的要求，甚至成了制约现代制造技术发展的“瓶颈”。

随着计算机技术的发展，面向工程各个阶段的计算机辅助(computer aidex X, CAX)技术，包括计算机辅助设计(computer aided design, CAD)、计算机辅助工艺计划(computer aided process planning, CAPP)、计算机辅助制造(computer aided manufacture, CAM)、计算机辅助工程(computer aided engineering, CAE)、计算机辅助翻译(computer aided translation, CAT)等。在机械制造系统中起着至关

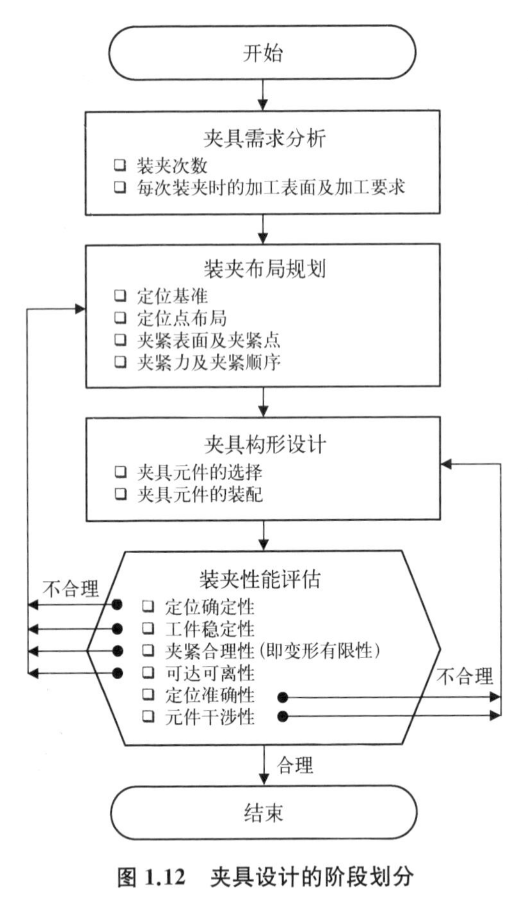

图 1.12　夹具设计的阶段划分

重要的作用。20 世纪 80 年代以来，将计算机技术应用到夹具设计中一直是机械领域研究的课题之一。近年来，世界各工业发达国家结合传统的夹具设计理论和先进的制造技术，开发出各种计算机辅助夹具设计（computer aided fixture design，CAFD）系统，从而成为新的夹具设计方法，这对于夹具制造的发展具有重要意义。

计算机辅助夹具设计是夹具设计人员通过计算机辅助技术用科学方法进行夹具设计的一种新理念，是对传统夹具设计方法的延伸与发展，是柔性制造系统（flexible manufacturing system，FMS）和计算机集成制造系统（computer integrate manufacturing system，CIMS）迅速发展的需要。计算机辅助夹具设计过程可分为夹具需求分析、装夹布局规划、夹具构形设计、装夹性能评估等四个阶段，其内容如图 1.12 所示。

1. 夹具需求分析

夹具需求分析阶段的任务主要是确定加工时所需要的装夹次数，每次装夹时的加工表面及其加工要求。夹具需求分析的数据来源于工艺过程，一般视为 CAPP 的一个子集，也是 CAFD 和 CAPP 集成的交互接口。

由于该阶段与 CAPP 联系更为紧密，大多数 CAFD 领域的研究都集中在装夹布局规划、夹具构形设计和装夹性能评估这三个阶段。

2. 装夹布局规划

装夹布局规划是夹具设计过程中最初的也是最有创造性的阶段，旨在确保工件具有定位确定性、工件稳定性、夹紧合理性、可达可离性等性能。这些性能都是通过合理规划装夹布局来实现的。因此，装夹布局规划阶段的核心任务是根据工件的几何形状、工艺以及装夹特征信息，确定工件的定位基准、定位基准表面上定位点的数目和布局、夹紧表面及其夹紧点的位置、夹紧力大小及其作用顺序。

装夹布局规划是最高层次的一种复杂和抽象的构思设计，它是实现夹具设计自动化和柔性化中最为关键的技术，也是一个瓶颈问题。因此，装夹布局规划是整个夹具自动设计过程中最终决定夹具技术经济效益的关键阶段。它的发展将推动夹具结构方案自动设计，甚至整个夹具设计向自动化、智能化和柔性化的方向发展。

3. 夹具构形设计

这个阶段的主要工作是选择夹具元件（主要确定夹具元件的结构形状），确定夹具元件的尺寸，最终装配成一体形成夹具结构方案，使得装夹布局规划阶段所确定的设计方案具体化和实体化。

4. 装夹性能评估

通过布局规划、元件选择和装配这一手段所形成的夹具结构方案，其旨在满足工件的加工要求。这就必须检验除了装夹布局是否具有定位确定性、工件稳定性、夹紧合理性、可达可离性等性能外，还必须检验夹具结构是否具有定位准确性、无干涉性等性能。

夹具设计实质上为装夹布局规划、夹具构形设计、装夹性能评估等三个阶段。在夹具设计的三个阶段中，装夹布局规划是整个夹具自动设计过程中最终决定夹具技术经济效益的关键阶段。它的发展将推动夹具方案自动设计，甚至整个夹具设计向自动化、智能化和柔性化的方向发展。然而，深入研究夹具构形设计阶段之后，就会发现装夹布局规划阶段的工作经常与夹具构形设计阶段的工作交织在一起。

因此，夹具设计过程可进一步归纳为两个方面：结构设计与性能分析。结构设计方面包括装夹布局规划与夹具构形设计两个阶段。当夹具结构拟定或设计好之后，应对其所能达到的性能进行分析与评估，以衡量其能否保证工件加工表面的加工要求，从而可以判定所拟定的夹具结构的合理性。更为重要的是，夹具性能分析可以指导结构设计，使夹具结构获得更为合理的设计结果。因此结构设计与性能分析是相辅相成的两个方面，性能是结构设计的手段，结构设计是性能的目的。

第2章

定位确定性分析

定位确定性是定位点布局方案设计的前提条件。如果工件定位不合理、不确定，定位点布局方案的设计就没有意义。本章首先依据工件在加工要求方向上的绝对速度为零这一条件，建立将理论自由度描述为加工要求的函数的加工要求约束模型；然后再结合刚体运动学和泰勒展开法，推导出定位点布局模型，将实际自由度表达为定位点位置及其单位法向量的函数；最后根据理论自由度与实际自由度的被包含关系，将理论自由度等价为定位点布局模型的解，通过齐次线性方程组解的存在性，依据定位点布局的实际工艺条件，提出定位确定性的定量判据。

2.1 加工要求约束模型

机械加工定位理论中，一般将工件近似地视为刚体。根据理论力学自由刚体运动理论，确定刚体空间位置所必需的独立坐标称为自由度，而自由刚体在空间直角坐标系中的位置可由6个独立坐标参数决定，如图2.1所示，假设$\{X^{w}Y^{w}Z^{w}\}$为固结于刚体的动坐标系即工件坐标系{workpiece coordinate system, WCS}，其原点与定坐标系$\{XYZ\}$即全局坐标系{global coordinate system, GCS}的相对位置坐标为$\delta \boldsymbol{r}_{w}=[\delta x_{w}, \delta y_{w}, \delta z_{w}]^{T}$。另外，刚体的任一方向均可通过先绕$X^{w}$轴转$\delta\alpha_{w}$，再绕新$Y^{w}$轴转$\delta\beta_{w}$角，最后绕新$Z^{w}$轴转$\delta\gamma_{w}$角顺序三次转动而达到，其中$\delta\boldsymbol{\Theta}_{w}=[\delta\alpha_{w},$

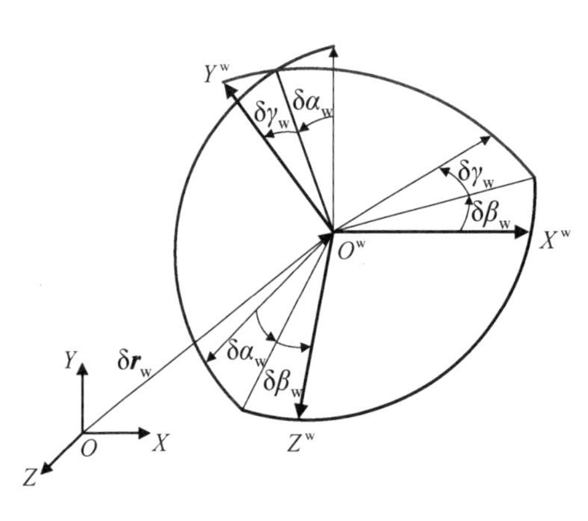

图2.1 刚体在空间直角坐标系中的位置示意图

$\delta\beta_{w}$，$\delta\gamma_{w}]^{T}$ 为卡尔丹角。

当位置坐标 $\delta\boldsymbol{r}_{w}$与卡尔丹角 $\delta\boldsymbol{\Theta}_{w}$为已知时，刚体的位置就完全被确定了。根据这个原理，在夹具的定位分析中，取自由刚体(即工件)在坐标系{GCS}中的 6 个自由度为 3 个移动自由度 T_{x}、T_{y}、T_{z} 和绕三个坐标轴的转动自由度 R_{x}、R_{y}、R_{z}。显然，这 6 个自由度分别对应着刚体的 6 个位置参数 δx_{w}、δy_{w}、δz_{w}、$\delta\alpha_{w}$、$\delta\beta_{w}$和 $\delta\gamma_{w}$。

2.1.1　加工要求与自由度的关系

在工件顶面上铣削一平面，欲保证 Y 方向上的设计尺寸 $h\pm\Delta h$，如图 2.2 所示。然而，工件在自由状态下具有 3 个沿坐标轴的移动自由度和 3 个绕坐标轴的转动自由度，这些自由度必将影响工件的加工精度。

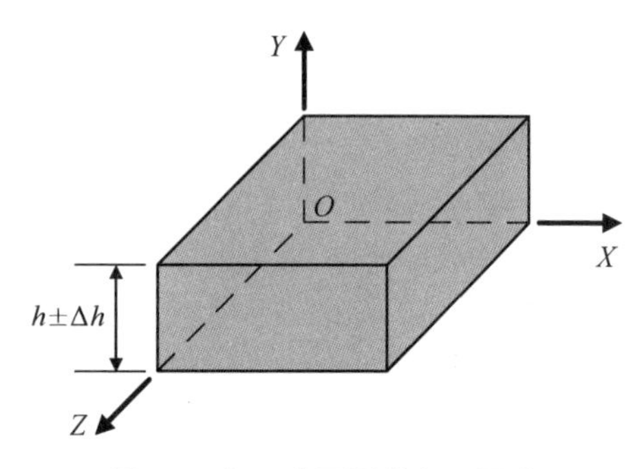

图 2.2　加工表面及其加工要求

若工件在 X 方向上具有移动自由度 δx_{w}，则铣削顶面后得到工序尺寸为 h_{1}。由于自由度 δx_{w}不影响底面与刀具之间在 Y 方向上的尺寸 h，因此存在 $h_{1}=h$，即 δx_{w}对设计尺寸没有影响，如图 2.3(a)所示。

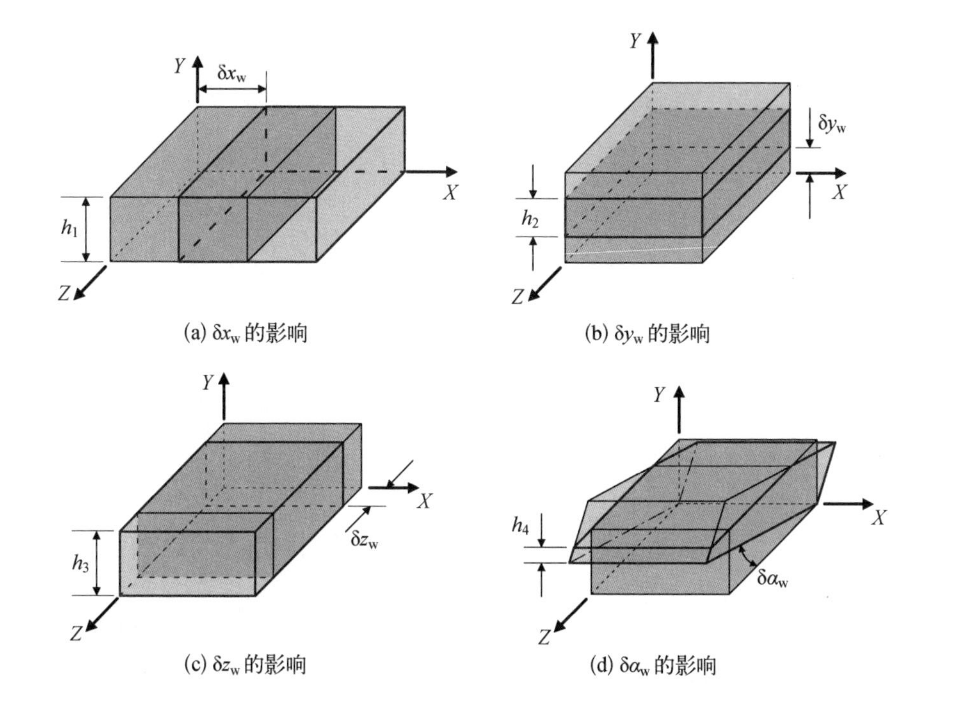

(a) δx_{w} 的影响　(b) δy_{w} 的影响

(c) δz_{w} 的影响　(d) $\delta\alpha_{w}$ 的影响

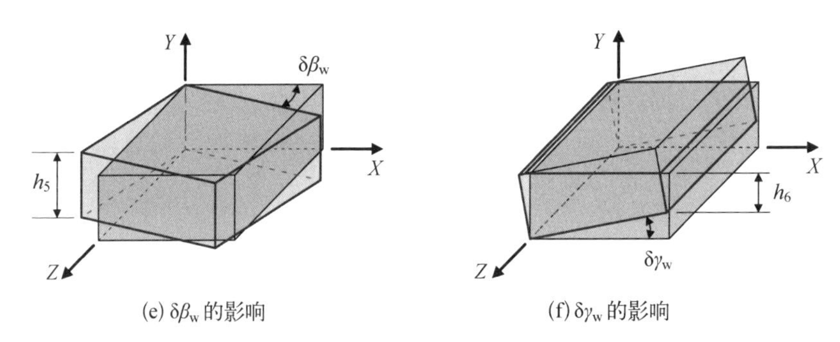

图 2.3　自由度对加工要求的影响

若工件在 Y 方向上具有移动自由度 δy_{w}，则铣削顶面后得到的工序尺寸为 h_2，当 $h_2 \neq h$ 时，必存在加工误差 $\delta h = h_2 - h$，并且不能保证设计尺寸 h 的加工要求，如图 2.3(b)所示。同理可知，自由度 δz_{w}和 $\delta\beta_{\mathrm{w}}$对尺寸 h 没有影响，如图 2.3(c)和图 2.3(e)所示；而自由度 $\delta\alpha_{\mathrm{w}}$和 $\delta\gamma_{\mathrm{w}}$却不能保证尺寸 h 的要求，如图 2.3(d)和图 2.3(f)所示。

由于自由状态中的工件在空间的位置是不确定的，要使工件的位置按照一定的要求（工序的位置精度要求）确定下来，就必须将其某些或全部自由度均加以限制或约束。

2.1.2　约束模型的建立

假定 $\boldsymbol{v}_{\mathrm{w}} = [v_{\mathrm{w}x},\ v_{\mathrm{w}y},\ v_{\mathrm{w}z}]^{\mathrm{T}}$ 和 $\boldsymbol{\omega}_{\mathrm{w}} = [\omega_{\mathrm{w}x},\ \omega_{\mathrm{w}y},\ \omega_{\mathrm{w}z}]^{\mathrm{T}}$ 分别为自由工件在{GCS}的线速度和角速度，如图 2.4 所示，再假定{WCS}的原点 O^{w} 为工件的瞬心，则原点 O^{w}的速度为

$$\boldsymbol{v}_{O^{\mathrm{w}}} = \boldsymbol{v}_{\mathrm{w}} \tag{2.1}$$

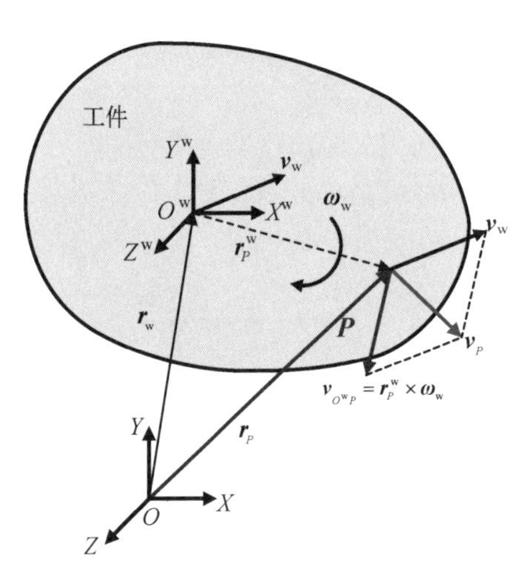

图 2.4　工件的运动状态

记 $\boldsymbol{r}_P = [x_P,\ y_P,\ z_P]^{\mathrm{T}}$、$\boldsymbol{r}_P^{\mathrm{w}} = [x_P^{\mathrm{w}},\ y_P^{\mathrm{w}},\ z_P^{\mathrm{w}}]^{\mathrm{T}}$ 分别为工件上任意一点 P 在{GCS}和{WCS}中的位置，则根据速度合成原理可得 P 点的速度为

$$\boldsymbol{v}_P = \boldsymbol{v}_{O^{\mathrm{w}}} + \boldsymbol{v}_{O^{\mathrm{w}}P} \tag{2.2}$$

式中，$\boldsymbol{v}_P$ 为绝对速度；$\boldsymbol{v}_{O^{\mathrm{w}}}$ 为牵连速度；$\boldsymbol{v}_{O^{\mathrm{w}}P}$ 为相对速度。

将式(2.1)代入式(2.2)，整理可得点 P 的绝对速度为

$$\boldsymbol{v}_P = \boldsymbol{v}_{O^{\mathrm{w}}} + \boldsymbol{r}_P^{\mathrm{w}} \times \boldsymbol{\omega}_{\mathrm{w}} \tag{2.3}$$

一般地，{WCS}与{GCS}重合，则式(2.3)中的 $\boldsymbol{v}_P$ 可进一步描述为 $\boldsymbol{v}_P = \boldsymbol{v}_{\mathrm{w}} + \boldsymbol{r}_P \times \boldsymbol{\omega}_{\mathrm{w}}$。

由于工件的移动和转动将导致加工表面的尺寸或定位位置产生变化。因此，根据式(2.3)可知在极短时间 δt 内

$$\boldsymbol{v}_P \delta t = (\boldsymbol{v}_{\mathrm{w}} \delta t) + \boldsymbol{r}_P \times (\boldsymbol{\omega}_{\mathrm{w}} \delta t) \tag{2.4}$$

式中，$\delta \boldsymbol{r}_P = \boldsymbol{v}_P \delta t = [\delta x_P,\ \delta y_P,\ \delta z_P]^{\mathrm{T}}$ 为 P 点的位置变化。

显然，$\boldsymbol{v}_{\mathrm{w}} \delta t$、$\boldsymbol{\omega}_{\mathrm{w}} \delta t$ 分别为由线速度 $\boldsymbol{v}_{\mathrm{w}}$ 和角速度 $\boldsymbol{\omega}_{\mathrm{w}}$ 所导致的工件位置和方向的变化，即

$$\begin{cases} \delta \boldsymbol{r}_{\mathrm{w}} = \boldsymbol{v}_{\mathrm{w}} \delta t \\ \delta \boldsymbol{\Theta}_{\mathrm{w}} = \boldsymbol{\omega}_{\mathrm{w}} \delta t \end{cases} \tag{2.5}$$

式中，$\delta \boldsymbol{r}_{\mathrm{w}} = [\delta x_{\mathrm{w}},\ \delta y_{\mathrm{w}},\ \delta z_{\mathrm{w}}]^{\mathrm{T}}$、$\delta \boldsymbol{\Theta}_{\mathrm{w}} = [\delta \alpha_{\mathrm{w}},\ \delta \beta_{\mathrm{w}},\ \delta \gamma_{\mathrm{w}}]^{\mathrm{T}}$ 分别为工件位置和方向的变化，即工件的 3 个移动自由度和 3 个转动自由度。

将式(2.5)代入式(2.4)，整理后可得工件自由度与三个加工方向(即 X、Y 和 Z)上的尺寸(或定位位置)变化之间的关系为

$$\delta \boldsymbol{r}_P = \boldsymbol{P} \delta \boldsymbol{q}_{\mathrm{w}} \tag{2.6}$$

式中，$\delta \boldsymbol{q}_{\mathrm{w}} = [\delta \boldsymbol{r}_{\mathrm{w}}^{\mathrm{T}},\ \delta \boldsymbol{\Theta}_{\mathrm{w}}^{\mathrm{T}}]^{\mathrm{T}}$ 为工件的 6 个自由度；$\delta \boldsymbol{r}_P = [\delta x_P,\ \delta y_P,\ \delta z_P]^{\mathrm{T}}$ 为零件加工尺寸或位置的变化量；$\boldsymbol{P} = [\boldsymbol{I},\ \boldsymbol{\Omega}]$，$\boldsymbol{I}$ 为单位矩阵，$\boldsymbol{\Omega}$ 为斜对称矩阵，且为点 P 的位置矩阵。

$$\boldsymbol{\Omega} = \begin{bmatrix} 0 & -z_P & y_P \\ z_P & 0 & -x_P \\ -y_P & x_P & 0 \end{bmatrix} \tag{2.7}$$

而对于定向位置，它仅仅是由工件转动 $\boldsymbol{\omega}_{\mathrm{w}}$ 所引起的，工件移动 $\boldsymbol{v}_{\mathrm{w}}$ 并不能引起定向位置的变化。由图 2.4 可知，$\boldsymbol{\omega}_{\mathrm{w}}$ 所引起的 P 点的相对速度为

$$\boldsymbol{v}_{PO} = \boldsymbol{r}_P \times \boldsymbol{\omega}_{\mathrm{w}} \tag{2.8}$$

故由上式可得工件自由度与三个加工方向(即 X、Y 和 Z)上的定向位置变化之间的关系为

$$\delta \boldsymbol{r}_{PO} = \boldsymbol{D} \delta \boldsymbol{q}_{\mathrm{w}} \tag{2.9}$$

式中，$\boldsymbol{D} = [\boldsymbol{O},\ \boldsymbol{\Omega}]$；$\boldsymbol{O}$ 为零矩阵；$\delta \boldsymbol{r}_{PO}$ 为定向位置变化量。

事实上，工件未必在三个加工方向(即 X、Y 和 Z)同时均有加工要求，记 $\boldsymbol{e}$ 为

加工要求方向向量，则根据式(2.6)和式(2.9)可知必须限制的自由度应为

$$\boldsymbol{e}^{\mathrm{T}}\boldsymbol{P}\delta\boldsymbol{q}_{\mathrm{w}}=\mathbf{0} \tag{2.10}$$

或

$$\boldsymbol{e}^{\mathrm{T}}\boldsymbol{D}\delta\boldsymbol{q}_{\mathrm{w}}=\mathbf{0} \tag{2.11}$$

式中，$\mathbf{0}$ 为零矢量；当工件在 X 方向上有加工要求时 $\boldsymbol{e}=\boldsymbol{e}_x$，在 Y 方向上有加工要求时 $\boldsymbol{e}=\boldsymbol{e}_y$，在 Z 方向上有加工要求时 $\boldsymbol{e}=\boldsymbol{e}_z$；当工件在 X、Y 方向上均有加工要求时 $\boldsymbol{e}=[\boldsymbol{e}_x,\ \boldsymbol{e}_y]^{\mathrm{T}}$，在 Y、Z 方向上均有加工要求时 $\boldsymbol{e}=[\boldsymbol{e}_y,\ \boldsymbol{e}_z]^{\mathrm{T}}$，在 Z、X 方向上均有加工要求时 $\boldsymbol{e}=[\boldsymbol{e}_z,\ \boldsymbol{e}_x]^{\mathrm{T}}$；当工件在 X、Y、Z 方向上均有加工要求时 $\boldsymbol{e}=[\boldsymbol{e}_x,\ \boldsymbol{e}_y,\ \boldsymbol{e}_z]^{\mathrm{T}}$；$\boldsymbol{e}_x=[1,\ 0,\ 0]^{\mathrm{T}}$、$\boldsymbol{e}_y=[0,\ 1,\ 0]^{\mathrm{T}}$、$\boldsymbol{e}_z=[0,\ 0,\ 1]^{\mathrm{T}}$ 为单位向量。

这样，当 P 点在工序基准上时，便可通过待定系数法和求秩法求解式(2.10)或式(2.11)，可得理论自由度 $\delta\boldsymbol{q}_{\mathrm{w}}^{*}$。

2.1.3　待定系数法

如图 2.5(a)所示，现要在拨叉工件上铣削叉口上下两个平面，要求保证尺寸 h。由于加工尺寸 h 在 Z 方向上，故 $\boldsymbol{e}=[0,\ 0,\ 1]^{\mathrm{T}}$。根据式(2.10)可得

$$\delta z_{\mathrm{w}}+\delta\alpha_{\mathrm{w}}y_P-\delta\beta_{\mathrm{w}}x_P=0 \tag{2.12}$$

由于 x_P、y_P 均为任意值，要使得式(2.12)始终成立，当且仅当

$$\delta z_{\mathrm{w}}=\delta\alpha_{\mathrm{w}}=\delta\beta_{\mathrm{w}}=0 \tag{2.13}$$

即为了保证尺寸 h 这一加工要求，首要的条件就是应该约束 δz_{w}、$\delta\alpha_{\mathrm{w}}$ 和 $\delta\beta_{\mathrm{w}}$ 三个自由度，即有理论自由度 $\delta\boldsymbol{q}_{\mathrm{w}}^{*}$ 为

$$\delta\boldsymbol{q}_{\mathrm{w}}^{*}=\lambda_x\boldsymbol{\zeta}_x+\lambda_y\boldsymbol{\zeta}_y+\lambda_\gamma\boldsymbol{\zeta}_\gamma \tag{2.14}$$

式中，λ_x、λ_y、λ_z、λ_α、λ_β、λ_γ 为非零任意数；单位向量 $\boldsymbol{\zeta}_x=[1,\ 0,\ 0,\ 0,\ 0,\ 0]^{\mathrm{T}}$、$\boldsymbol{\zeta}_y=[0,\ 1,\ 0,\ 0,\ 0,\ 0]^{\mathrm{T}}$、$\boldsymbol{\zeta}_z=[0,\ 0,\ 1,\ 0,\ 0,\ 0]^{\mathrm{T}}$、$\boldsymbol{\zeta}_\alpha=[0,\ 0,\ 0,\ 1,\ 0,\ 0]^{\mathrm{T}}$、$\boldsymbol{\zeta}_\beta=[0,\ 0,\ 0,\ 0,\ 1,\ 0]^{\mathrm{T}}$、$\boldsymbol{\zeta}_\gamma=[0,\ 0,\ 0,\ 0,\ 0,\ 1]^{\mathrm{T}}$。

图 2.5(b)所示为一个输油泵壳体，要在车床镗孔 3、孔 4 以及孔 5、孔 6。孔 3 或孔 5 的加工要求：X、Y 方向上的尺寸为 85，Z 方向上的垂直度 0.02；孔 4 或孔 6 的加工要求：X 方向上的尺寸为 70，Y 方向上的尺寸为 85。为了保证 X、Y 方向上的尺寸，则存在 $\boldsymbol{e}=[\boldsymbol{e}_x,\ \boldsymbol{e}_y]^{\mathrm{T}}$，故由式(2.10)可知

$$\begin{cases}\delta x_{\mathrm{w}}+\delta\beta_{\mathrm{w}}z_P-\delta\gamma_{\mathrm{w}}y_P=0\\ \delta y_{\mathrm{w}}+\delta\gamma_{\mathrm{w}}x_P-\delta\alpha_{\mathrm{w}}z_P=0\end{cases} \tag{2.15}$$

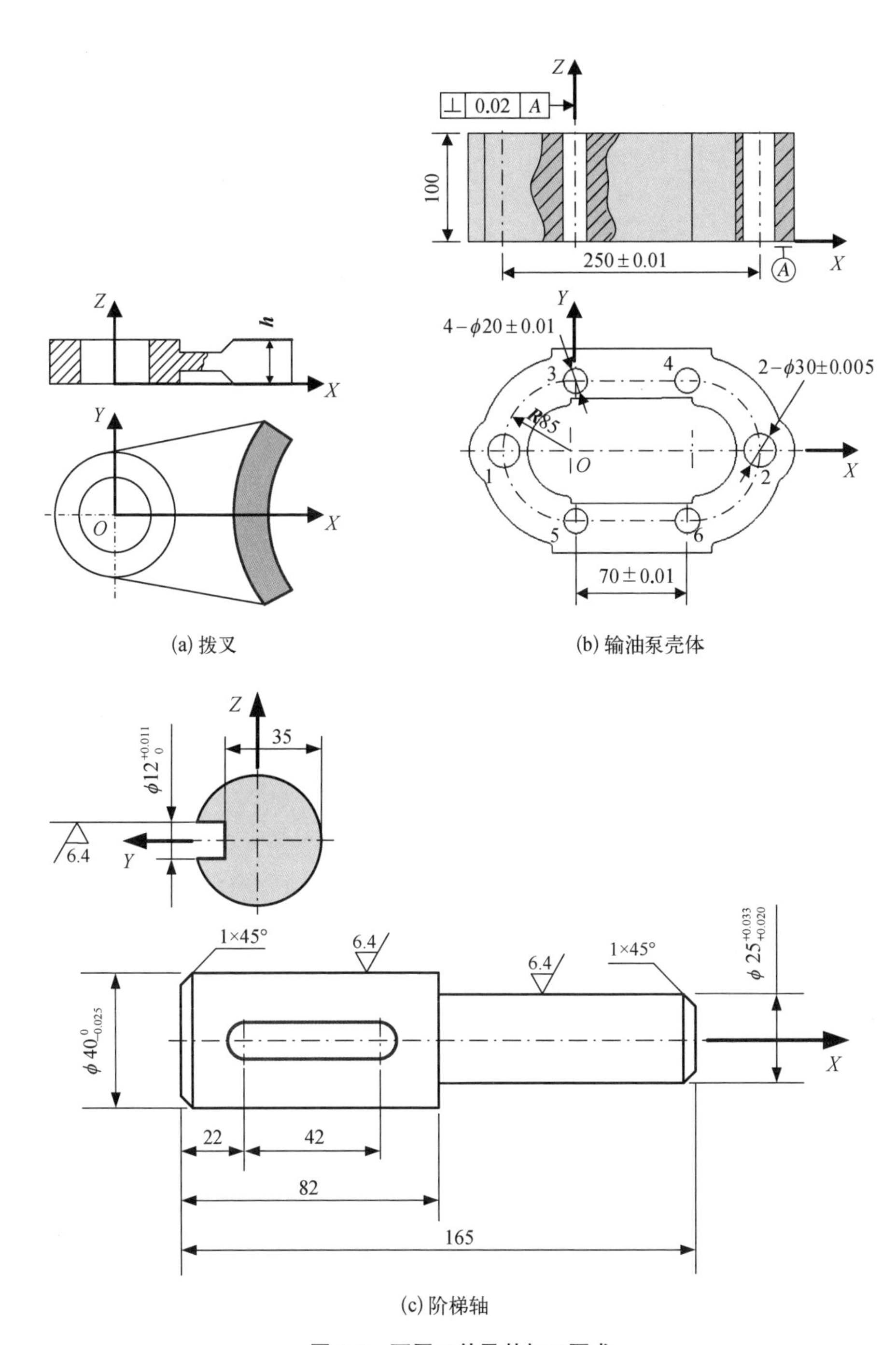

(a) 拨叉

(b) 输油泵壳体

(c) 阶梯轴

图 2.5　不同工件及其加工要求

由于 x_P、y_P 和 z_P 为任意数，要使得式(2.15)成立，当且仅当

$$\delta x_w = \delta y_w = \delta \alpha_w = \delta \beta_w = \delta \gamma_w = 0 \tag{2.16}$$

因此，必须限制五个自由度 δx_w、δy_w、$\delta \alpha_w$、$\delta \beta_w$ 和 $\delta \gamma_w$，才能同时保证 X 和 Y 方向上的尺寸要求。

另外，为了保证 Z 方向上的垂直度要求，此时 $\boldsymbol{e} = \boldsymbol{e}_z$，则由式(2.11)可知

$$y_P \delta \alpha_w - x_P \delta \beta_w = 0 \tag{2.17}$$

由于 x_P、y_P 为任意数，要使得式(2.17)成立，则必须使得

$$\delta \alpha_w = \delta \beta_w = 0 \tag{2.18}$$

综合式(2.16)与式(2.18)可知，为了满足孔 3、孔 4 以及孔 5、孔 6 的所有加工要求，必须具有以下条件：

$$\delta x_w = \delta y_w = \delta \alpha_w = \delta \beta_w = \delta \gamma_w = 0 \tag{2.19}$$

即必须限制五个自由度 δx_w、δy_w、$\delta \alpha_w$、$\delta \beta_w$ 和 $\delta \gamma_w$，才能保证 X 和 Y 方向上的尺寸要求，同时还能够保证 Z 方向上的垂直度要求。

类似地，图 2.5(c)所示为在阶梯轴上铣削键槽，要保证的尺寸不仅有 X 方向上的尺寸 22 和 42、Y 方向上的尺寸 35 之外，还有 Z 方向上的尺寸 $\phi 12$，这样 $\boldsymbol{e} = [\boldsymbol{e}_x, \boldsymbol{e}_y, \boldsymbol{e}_z]^{\mathrm{T}}$，根据式(2.10)可知，应有

$$\begin{cases} \delta x_w + \delta \beta_w z_P - \delta \gamma_w y_P = 0 \\ \delta y_w + \delta \gamma_w x_P - \delta \alpha_w z_P = 0 \\ \delta z_w + \delta \alpha_w y_P - \delta \beta_w x_P = 0 \end{cases} \tag{2.20}$$

式中，x_P、y_P 和 z_P 为任意数。

为了使得式(2.20)成立，必须满足下列条件：

$$\delta x_w = \delta y_w = \delta z_w = \delta \alpha_w = \delta \beta_w = \delta \gamma_w = 0 \tag{2.21}$$

由此可知，为了同时保证 X、Y 和 Z 方向上的尺寸要求，必须约束工件的六个自由度 δx_w、δy_w、δz_w、$\delta \alpha_w$、$\delta \beta_w$ 和 $\delta \gamma_w$。

2.1.4　求秩法

事实上，图 2.5(a)中的拨叉零件仅在 Z 一个方向上有加工要求，此时必须满足式(2.12)，即 $\delta z_w + \delta \alpha_w y_P - \delta \beta_w x_P = 0$。由于 y_P 和 x_P 为任意数，则非齐次线性方程 $\delta \alpha_w y_P - \delta \beta_w x_P = -\delta z_w$ 的解的形式应为

$$\begin{bmatrix} y_P \\ x_P \end{bmatrix} = k_1 \begin{bmatrix} 1 \\ 0 \end{bmatrix} + k_2 \begin{bmatrix} 0 \\ 1 \end{bmatrix} + \eta^* \tag{2.22}$$

由于非齐次线性方程 $\delta\alpha_w y_P - \delta\beta_w x_P = -\delta z_w$ 的矩阵形式可描述为

$$\begin{bmatrix} \delta\alpha_w & -\delta\beta_w \end{bmatrix} \begin{bmatrix} y_P \\ x_P \end{bmatrix} = -\delta z_w \tag{2.23}$$

这样，当且仅当下列条件成立：

$$\mathrm{rank}([\delta\alpha_w \quad -\delta\beta_w]) = \mathrm{rank}([\delta\alpha_w \quad -\delta\beta_w \quad -\delta z_w]) = 0 \tag{2.24}$$

式(2.23)中的 y_P 和 x_P 才有无穷解。

根据式(2.24)可知，存在 $\delta z_w = \delta\alpha_w = \delta\beta_w = 0$，即必须约束自由度 δz_w、$\delta\alpha_w$、$\delta\beta_w$，才能够保证 Z 方向上的尺寸要求。

如果工件在两个方向上有加工要求，那么必须限制更多的自由度。如图 2.5(b)所示，输油泵壳体在 X、Y 两个方向上同时有加工要求，则应同时使得

$$\begin{bmatrix} 0 & -\delta\gamma_w & \delta\beta_w \\ \delta\gamma_w & 0 & -\delta\alpha_w \end{bmatrix} \begin{bmatrix} x_P \\ y_P \\ z_P \end{bmatrix} = \begin{bmatrix} -\delta x_w \\ -\delta y_w \end{bmatrix} \tag{2.25}$$

由于 x_P、y_P 和 z_P 为任意数，那么式(2.25)具有如下形式的解：

$$\begin{bmatrix} x_P \\ y_P \\ z_P \end{bmatrix} = k_1 \begin{bmatrix} 1 \\ 0 \\ 0 \end{bmatrix} + k_2 \begin{bmatrix} 0 \\ 1 \\ 0 \end{bmatrix} + k_3 \begin{bmatrix} 0 \\ 0 \\ 1 \end{bmatrix} + \eta^* \tag{2.26}$$

因此，式(2.25)的系数矩阵的秩与增广矩阵的秩不仅相等，而且应等于零，即

$$\mathrm{rank}\left(\begin{bmatrix} 0 & -\delta\gamma_w & \delta\beta_w \\ \delta\gamma_w & 0 & -\delta\alpha_w \end{bmatrix}\right) = \mathrm{rank}\left(\begin{bmatrix} 0 & -\delta\gamma_w & \delta\beta_w & -\delta x_w \\ \delta\gamma_w & 0 & -\delta\alpha_w & -\delta y_w \end{bmatrix}\right) = 0 \tag{2.27}$$

由此可得

$$\delta x_w = \delta y_w = \delta\alpha_w = \delta\beta_w = \delta\gamma_w = 0 \tag{2.28}$$

显然，为了保证在 X、Y 方向上的尺寸要求，应约束的五个自由度为 δx_w、δy_w、$\delta\alpha_w$、$\delta\beta_w$ 和 $\delta\gamma_w$。

对于角向尺寸(即定向位置公差)，工件在 Z 方向上的垂直度要求，根据式(2.11)必须使得

$$\begin{bmatrix}\delta\alpha_{w} & -\delta\beta_{w}\end{bmatrix}\begin{bmatrix}y_P\\x_P\end{bmatrix}=0 \tag{2.29}$$

由于 y_P 和 x_P 为任意数,即非齐次线性方程解的形式为

$$\begin{bmatrix}y_P\\x_P\end{bmatrix}=k_1\begin{bmatrix}1\\0\end{bmatrix}+k_2\begin{bmatrix}0\\1\end{bmatrix} \tag{2.30}$$

那么应使得式(2.29)具有如下条件:

$$\operatorname{rank}([\delta\alpha_{w}-\delta\beta_{w}])=0 \tag{2.31}$$

最终可得

$$\delta\alpha_{w}=\delta\beta_{w}=0 \tag{2.32}$$

即必须约束两个自由度 $\delta\alpha_{w}$、$\delta\beta_{w}$,才能够保证 Z 方向上的角向尺寸(即垂直度)要求。

如图 2.5(c)所示,在阶梯轴上铣削键槽时,键槽在 X、Y、Z 方向上同时有尺寸要求需要保证,那么应有

$$\begin{bmatrix}0 & -\delta\gamma_{w} & \delta\beta_{w}\\ \delta\gamma_{w} & 0 & -\delta\alpha_{w}\\ -\delta\beta_{w} & \delta\alpha_{w} & 0\end{bmatrix}\begin{bmatrix}x_P\\y_P\\z_P\end{bmatrix}=\begin{bmatrix}-\delta x_{w}\\-\delta y_{w}\\-\delta z_{w}\end{bmatrix} \tag{2.33}$$

这样,为了使得上述方程具有无穷解,即 x_P、y_P和 z_P为任意数的解的形式为

$$\begin{bmatrix}x_P\\y_P\\z_P\end{bmatrix}=k_1\begin{bmatrix}1\\0\\0\end{bmatrix}+k_2\begin{bmatrix}0\\1\\0\end{bmatrix}+k_3\begin{bmatrix}0\\0\\1\end{bmatrix}+\eta^* \tag{2.34}$$

则必须使得下列条件成立:

$$\operatorname{rank}\left(\begin{bmatrix}0 & -\delta\gamma_{w} & \delta\beta_{w}\\ \delta\gamma_{w} & 0 & -\delta\alpha_{w}\\ -\delta\beta_{w} & \delta\alpha_{w} & 0\end{bmatrix}\right)=\operatorname{rank}\left(\begin{bmatrix}0 & -\delta\gamma_{w} & \delta\beta_{w} & -\delta x_{w}\\ \delta\gamma_{w} & 0 & -\delta\alpha_{w} & -\delta y_{w}\\ -\delta\beta_{w} & \delta\alpha_{w} & 0 & -\delta z_{w}\end{bmatrix}\right)=0 \tag{2.35}$$

那么,当且仅当下列条件成立,式(2.35)才能成立。

$$\delta x_{w}=\delta y_{w}=\delta z_{w}=\delta\alpha_{w}=\delta\beta_{w}=\delta\gamma_{w}=0 \tag{2.36}$$

由此可见,为了保证键槽的加工要求,应约束的工件的所有自由度,即 δx_{w}、δy_{w}、δz_{w}、$\delta\alpha_{w}$、$\delta\beta_{w}$ 和 $\delta\gamma_{w}$。

2.2　位置尺寸的自由度层次模型

工序图上加工表面的尺寸可以分为两大类：第一类表示加工表面本身几何要素的尺寸，如孔(或轴)的直径、键槽的宽度等，称为自身尺寸。这类尺寸依靠定尺寸刀具或调整刀具位置来保证。第二类表示加工表面几何要素与其他几何要素之间的位置，称为位置尺寸。为了保证这一类位置尺寸，工件在装夹之前必须分析应限制的自由度。

2.2.1　面对面的位置尺寸

以已知平面作为基准要素、待加工平面作为被测要素，零件在 X 方向上有加工要求，在此称为“面对面”的位置尺寸要求。

如图 2.6(a)所示，零件在 X 方向上有加工要求，根据式(2.10)必须使得

$$\delta x_{\mathrm{w}} + \delta\beta_{\mathrm{w}} z_P - \delta\gamma_{\mathrm{w}} y_P = 0 \tag{2.37}$$

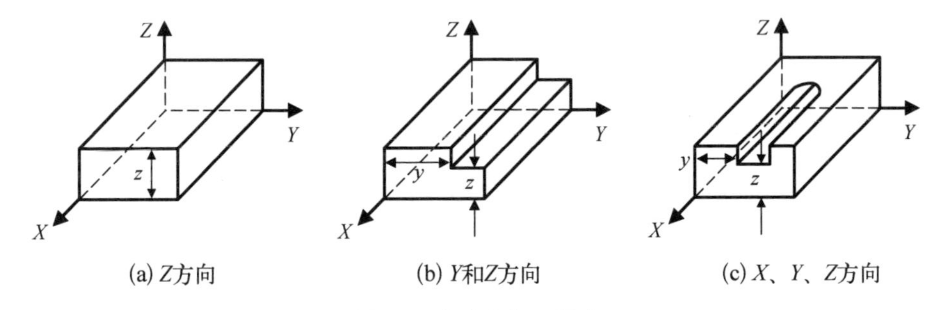

图 2.6　各方向加工要求

由于 y_P 和 z_P 为任意数，要使得式(2.37)成立，必须满足下列条件：

$$\delta x_{\mathrm{w}} = \delta\beta_{\mathrm{w}} = \delta\gamma_{\mathrm{w}} = 0 \tag{2.38}$$

即必须约束三个自由度 δx_{w}、$\delta\beta_{\mathrm{w}}$、$\delta\gamma_{\mathrm{w}}$，才能够保证 X 方向上的尺寸要求。类似地，也可以知道为了保证 Y 方向上的加工要求，应约束自由度 δy_{w}、$\delta\gamma_{\mathrm{w}}$、$\delta\alpha_{\mathrm{w}}$；要保证 Z 方向上的加工要求，应约束自由度 δz_{w}、$\delta\alpha_{\mathrm{w}}$、$\delta\beta_{\mathrm{w}}$。

如果零件在两个方向上有加工要求，那么必须限制更多的自由度。如图 2.6(b)所示，零件在 X、Z 两个方向上同时有加工要求，则应同时使得

$$\begin{cases} \delta x_{\mathrm{w}} + \delta\beta_{\mathrm{w}} z_P - \delta\gamma_{\mathrm{w}} y_P = 0 \\ \delta z_{\mathrm{w}} + \delta\alpha_{\mathrm{w}} y_P - \delta\beta_{\mathrm{w}} x_P = 0 \end{cases} \tag{2.39}$$

由于 x_P、y_P 和 z_P 为任意数，要使得式(2.40)成立，必须满足下列条件：

$$\delta x_w = \delta z_w = \delta\alpha_w = \delta\beta_w = \delta\gamma_w = 0 \tag{2.40}$$

因此必须约束五个自由度 δx_w、δz_w、$\delta\alpha_w$、$\delta\beta_w$、$\delta\gamma_w$，才能同时保证 X 和 Z 方向上的尺寸要求。类似地，为了保证在 X、Y 方向上有尺寸要求，应约束的五个自由度为 δx_w、δy_w、$\delta\alpha_w$、$\delta\beta_w$、$\delta\gamma_w$；为了保证在 Y、Z 方向上有尺寸要求，应约束的五个自由度为 δy_w、δz_w、$\delta\alpha_w$、$\delta\beta_w$、$\delta\gamma_w$。

如图 2.6(c)所示，如果零件在 X、Y、Z 方向上同时有尺寸要求需要保证，那么应同时使得

$$\begin{cases} \delta x_w + \delta\beta_w z_P - \delta\gamma_w y_P = 0 \\ \delta y_w + \delta\gamma_w x_P - \delta\alpha_w z_P = 0 \\ \delta z_w + \delta\alpha_w y_P - \delta\beta_w x_P = 0 \end{cases} \tag{2.41}$$

为了使得式(2.41)成立，必须满足下列条件：

$$\delta x_w = \delta y_w = \delta z_w = \delta\alpha_w = \delta\beta_w = \delta\gamma_w = 0 \tag{2.42}$$

因此，只有当 6 个自由度都受到约束时，三个方向上的加工尺寸才能得到保证。

2.2.2 线对面的位置尺寸

以一个已知平面为基准要素、被测要素为一条直线，加工时要求保证被测直线相对于基准平面的位置尺寸，在此称为“线对面”有位置尺寸要求。图 2.7 所示，加工一个通孔，工序基准为底面，要求保证孔轴心线对底面的位置尺寸。

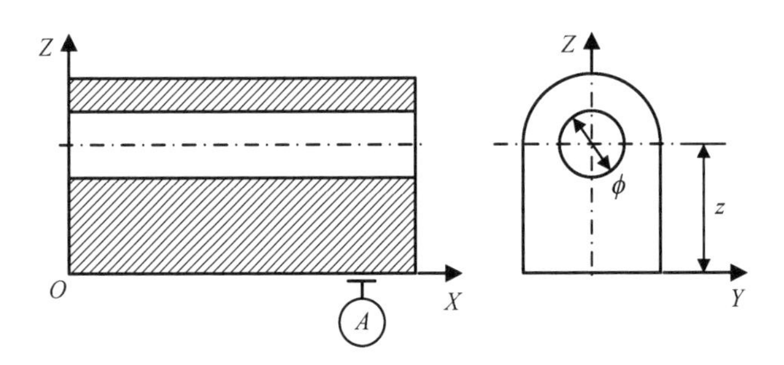

图 2.7 线对面的单个方向位置尺寸要求

以 YOZ 平面为基准平面，零件在 Z 方向上有加工要求，根据式(2.10)必须使得

$$\delta z_w + \delta\alpha_w y_P - \delta\beta_w x_P = 0 \tag{2.43}$$

由于 y_P 和 x_P 为任意数，要使得式(2.43)成立，必须满足下列条件：

$$\delta z_w = \delta\alpha_w = \delta\beta_w = 0 \tag{2.44}$$

即必须约束三个自由度 δz_w、$\delta\alpha_w$、$\delta\beta_w$，才能够保证 Z 方向上的尺寸要求。类似地，也可以知道为了保证 Y 方向上的加工要求，应约束自由度 δy_w、$\delta\alpha_w$、$\delta\gamma_w$；要保证 X 方向上的加工要求，应约束自由度 δx_w、$\delta\beta_w$、$\delta\gamma_w$。

以上得出了被测直线要素相对于基准平面在单方向上位置尺寸要求时，所对应必须限制的自由度情况。当被测直线要素相对于基准平面在两个或三个方向上都位置尺寸要求时，为避免赘述，直接给出结论：当被测直线在 X 和 Y 方向都有位置尺寸要求时，应限制自由度 δx_w、δy_w、$\delta\alpha_w$、$\delta\beta_w$、$\delta\gamma_w$；当被测直线在 X 和 Z 方向都有位置尺寸要求时，应限制自由度 δx_w、δz_w、$\delta\alpha_w$、$\delta\beta_w$、$\delta\gamma_w$；当被测直线在 Y 和 Z 方向都有位置尺寸要求时，应限制自由度 δy_w、δz_w、$\delta\alpha_w$、$\delta\beta_w$、$\delta\gamma_w$。如果被测直线相对于基准平面在任意方向上都有位置尺寸要求，那么被加工孔轴线为空间直线，此时只有当 6 个自由度都受到约束时，三个方向上的加工尺寸才能得到保证。

2.2.3　面对线的位置尺寸

以直线作为基准要素、待加工平面为被测要素(简称“面对线”)位置尺寸要求，如图 2.8 所示，其中以孔中心(即 X 轴)为基准要素，被测要素(待加工平面)平行于 XOY 平面，加工方向为 Z 方向，要求保证位置尺寸 z。

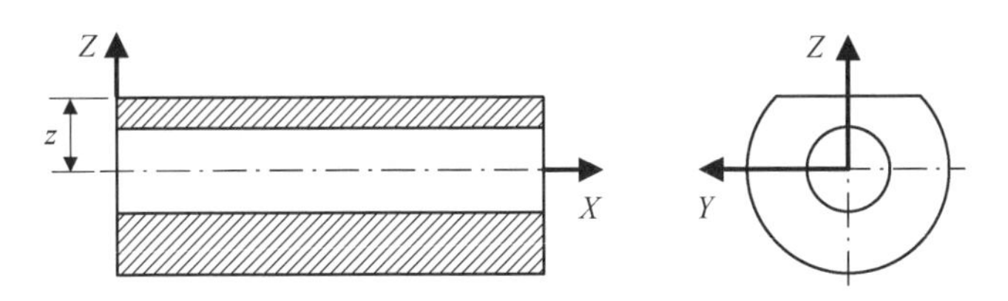

图 2.8　面对线的 Z 方向位置尺寸

由于零件在 Z 方向上有加工要求，根据式(2.10)可知，必须使得

$$\delta z_w + \delta\alpha_w y_P - \delta\beta_w x_P = 0 \tag{2.45}$$

由于 $y_P = 0$ 和 x_P 为任意数，要使得式(2.45)成立，必须满足下列条件：

$$\delta z_w = \delta\beta_w = 0 \tag{2.46}$$

即必须约束两个自由度 δz_w、$\delta\beta_w$，才能够保证 Z 方向上的尺寸要求。

仍然以 X 轴为基准要素方向，被测要素(待加工平面)平行于 XOZ 平面时的情况，如图 2.9 所示。

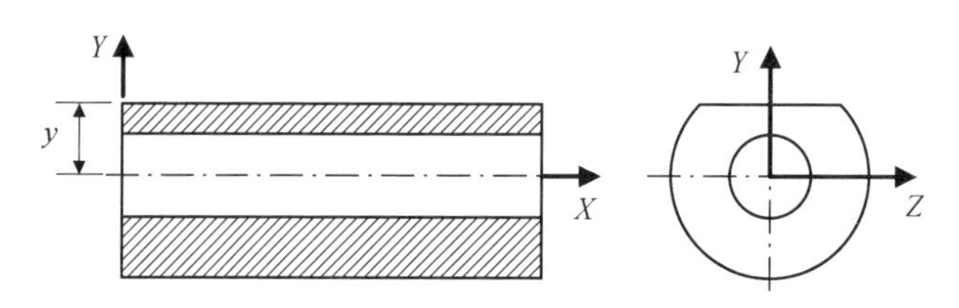

图 2.9　面对线的 Y 向位置尺寸

此时,加工方向在 Y 方向上,为了保证待加工平面在加工方向上对基准的平行度要求,须满足

$$\delta y_w + \delta\gamma_w x_P - \delta\alpha_w z_P = 0 \tag{2.47}$$

由于 $z_P = 0$、x_P 为任意数,要使得式(2.47)成立,必须满足下列条件:

$$\delta y_w = \delta\gamma_w = 0 \tag{2.48}$$

综上可知,如果工件的回转轴线方向在 X 轴上,待加工平面所处方位不同,其对应必须限制的自由度是不一样的,若被测平面处在 XOY 面平行的方位上,则应限制 δz_w、$\delta\beta_w$;若被测平面处在 XOZ 面平行的方位上,则应限制 δy_w、$\delta\gamma_w$。

类似地,基准要素方向为 Y 轴时,若被测平面处在 XOY 面平行的方位上,则应限制 δz_w、$\delta\alpha_w$;若被测平面处在 YOZ 面平行的方位上,则应限制 δx_w、$\delta\gamma_w$。如果工件以 Z 轴作为基准,若被测平面处在 XOZ 面平行的方位上,则应限制 δy_w、$\delta\alpha_w$;若被测平面处在 YOZ 面平行的方位上,则应限制 δx_w、$\delta\beta_w$。

如果零件在两个方向上有加工要求,那么必须限制更多的自由度。零件在 X、Z 两个方向上同时有加工要求,则应同时使得

$$\begin{cases} \delta x_w + \delta\beta_w z_P - \delta\gamma_w y_P = 0 \\ \delta z_w + \delta\alpha_w y_P - \delta\beta_w x_P = 0 \end{cases} \tag{2.49}$$

由于 y_P 为任意数,要使得式(2.49)成立,必须满足下列条件:

$$\delta x_w = \delta z_w = \delta\alpha_w = \delta\gamma_w = 0 \tag{2.50}$$

即必须约束四个自由度 δx_w、δz_w、$\delta\alpha_w$、$\delta\gamma_w$,才能同时保证 X 和 Z 方向上的尺寸要求。类似地,为了保证在 X、Y 方向上有尺寸要求,应约束的四个自由度为 δx_w、δy_w、$\delta\alpha_w$、$\delta\beta_w$;为了保证在 Y、Z 方向上有尺寸要求,应约束的四个自由度为 δy_w、δz_w、$\delta\beta_w$、$\delta\gamma_w$。

类似地,若在 X、Y、Z 方向上均有加工要求,且基准轴线为 X 轴,应限制自由度为 δx_w、δy_w、δz_w、$\delta\beta_w$、$\delta\gamma_w$;若基准轴线为 Y 轴,则限制 δx_w、δy_w、δz_w、$\delta\alpha_w$、$\delta\gamma_w$;若基准轴线为 Z 轴,则限制 δx_w、δy_w、δz_w、$\delta\alpha_w$、$\delta\beta_w$。

2.2.4　线对线的位置尺寸

分别以直线作为基准要素、待加工直线作为被测要素的位置尺寸要求，简称“线对线”的位置尺寸要求。如图 2.10 所示，在圆柱零件上加工一个通孔，以轴心线(即 X 轴)为基准线，保证通孔在 Y 或 Z 方向的尺寸要求，根据式(2.10)必须使得

$$\delta y_{\mathrm{w}}+\delta \gamma_{\mathrm{w}} x_{P}-\delta \alpha_{\mathrm{w}} z_{P}=0 \tag{2.51}$$

或

$$\delta z_{\mathrm{w}}+\delta \alpha_{\mathrm{w}} y_{P}-\delta \beta_{\mathrm{w}} x_{P}=0 \tag{2.52}$$

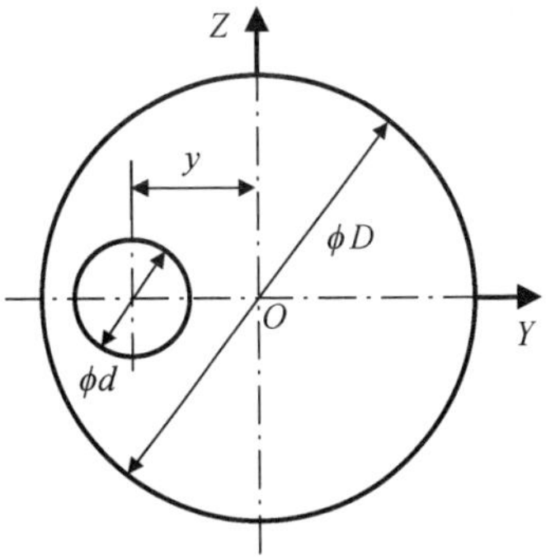

图 2.10　在单方向上有平行度要求

对于式(2.51)来说，$z_P=0$，x_P 为任意数；而在式(2.52)中，$y_P=0$，x_P 为任意数。因此，要使得式(2.51)或式(2.52)成立，必须满足下列条件：

$$\delta y_{\mathrm{w}}=\delta \gamma_{\mathrm{w}}=0 \tag{2.53}$$

或

$$\delta z_{\mathrm{w}}=\delta \beta_{\mathrm{w}}=0 \tag{2.54}$$

即必须约束两个自由度 δy_{w}、$\delta \gamma_{\mathrm{w}}$，才能够保证 Y 方向上的尺寸要求。同样，为了保证 Z 方向上的加工要求，应约束自由度 δz_{w}、$\delta \beta_{\mathrm{w}}$。

类似地，以 Y 轴为基准轴线时，若加工方向在 X 方向上，则应约束自由度 δx_{w}、$\delta \gamma_{\mathrm{w}}$，若加工方向在 Z 方向上，则应限制 δz_{w}、$\delta \alpha_{\mathrm{w}}$；以 Z 轴为基准轴线时，若加工方向在 X 方向上，则应限制 δx_{w}、$\delta \beta_{\mathrm{w}}$，若加工方向在 Y 方向上，则应限制 δy_{w}、$\delta \alpha_{\mathrm{w}}$。

若待加工通孔的轴心线对基准的尺寸位置要求由一个方向变为两个方向如图 2.11 所示。

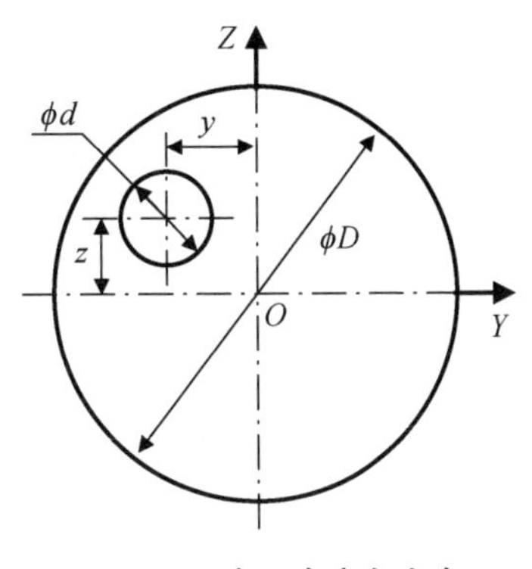

图 2.11　在两个方向上有平行度要求

如果零件在两个方向上有加工要求，那么必须限制更多的自由度。如果基准轴线在 X 轴上，零件在 Y、Z 两个方向上同时有加工要求，则应同时使得

$$\begin{cases}\delta y_{\mathrm{w}}+\delta \gamma_{\mathrm{w}} x_{P}-\delta \alpha_{\mathrm{w}} z_{P}=0 \\ \delta z_{\mathrm{w}}+\delta \alpha_{\mathrm{w}} y_{P}-\delta \beta_{\mathrm{w}} x_{P}=0\end{cases} \tag{2.55}$$

由于 x_P 为任意数，要使得式(2.55)成立，必须满足下列条件：

$$\delta y_w = \delta z_w = \delta\beta_w = \delta\gamma_w = 0 \tag{2.56}$$

即必须约束四个自由度 δy_w、δz_w、$\delta\beta_w$、$\delta\gamma_w$，才能同时保证 Y 和 Z 方向上的尺寸要求。类似地，如果基准轴线在 Y 轴上，为了保证在 X、Z 方向上的尺寸要求，应约束的四个自由度为 δx_w、δz_w、$\delta\alpha_w$、$\delta\gamma_w$；如果基准轴线在 Z 轴上，为了保证在 X、Y 方向上的尺寸要求，应约束的四个自由度为 δx_w、δy_w、$\delta\alpha_w$、$\delta\beta_w$。

如果线对线在任意方向上都有尺寸要求，即假设图 2.11 的加工表面为盲孔，此时应有

$$\begin{cases} \delta x_w + \delta\beta_w z_P - \delta\gamma_w y_P = 0 \\ \delta y_w + \delta\gamma_w x_P - \delta\alpha_w z_P = 0 \\ \delta z_w + \delta\alpha_w y_P - \delta\beta_w x_P = 0 \end{cases} \tag{2.57}$$

由于 x_P 为任意值，$y_P = z_P = 0$，则可得 $\delta x_w = \delta y_w = \delta z_w = \delta\beta_w = \delta\gamma_w = 0$，即应限制自由度为 δx_w、δy_w、δz_w、$\delta\beta_w$、$\delta\gamma_w$。

类似可得，若基准轴线在 Y 方向，则限制 δx_w、δy_w、δz_w、$\delta\alpha_w$、$\delta\gamma_w$；若基准轴线在 Z 方向，则限制 δx_w、δy_w、δz_w、$\delta\alpha_w$、$\delta\beta_w$。

综上所述，对于线性位置尺寸的加工要求来说，基准不同、加工要求不同，所要求限制的自由度也不同。为了更加清晰地了解尺寸与应限制自由度之间的关系，建立了与它们相关的层次模型，如表 2.1 所示。

表 2.1　线性尺寸的自由度层次模型

类型	加工要求方向	基　准	应限制的自由度	理论自由度 $\delta \boldsymbol{q}_w^*$	基向量 $\boldsymbol{\zeta}^*$
面对面或线对面	X	YOZ	δx_w、$\delta\beta_w$、$\delta\gamma_w$	$\lambda_y\boldsymbol{\zeta}_y + \lambda_z\boldsymbol{\zeta}_z + \lambda_\alpha\boldsymbol{\zeta}_\alpha$	$[\boldsymbol{\zeta}_y, \boldsymbol{\zeta}_z, \boldsymbol{\zeta}_\alpha]$
	Y	ZOX	δy_w、$\delta\alpha_w$、$\delta\gamma_w$	$\lambda_x\boldsymbol{\zeta}_x + \lambda_z\boldsymbol{\zeta}_z + \lambda_\beta\boldsymbol{\zeta}_\beta$	$[\boldsymbol{\zeta}_x, \boldsymbol{\zeta}_z, \boldsymbol{\zeta}_\beta]$
	Z	XOY	δz_w、$\delta\alpha_w$、$\delta\beta_w$	$\lambda_x\boldsymbol{\zeta}_x + \lambda_y\boldsymbol{\zeta}_y + \lambda_\gamma\boldsymbol{\zeta}_\gamma$	$[\boldsymbol{\zeta}_x, \boldsymbol{\zeta}_y, \boldsymbol{\zeta}_\gamma]$
	X、Z	YOZ、XOY	δx_w、δz_w、$\delta\alpha_w$、$\delta\beta_w$、$\delta\gamma_w$	$\lambda_y\boldsymbol{\zeta}_y$	$\boldsymbol{\zeta}_y$
	X、Y	YOZ、ZOX	δx_w、δy_w、$\delta\alpha_w$、$\delta\beta_w$、$\delta\gamma_w$	$\lambda_z\boldsymbol{\zeta}_z$	$\boldsymbol{\zeta}_z$
	Y、Z	ZOX、XOY	δy_w、δz_w、$\delta\alpha_w$、$\delta\beta_w$、$\delta\gamma_w$	$\lambda_x\boldsymbol{\zeta}_x$	$\boldsymbol{\zeta}_x$
	X、Y、Z	XOY、YOZ、ZOX	δx_w、δy_w、δz_w、$\delta\alpha_w$、$\delta\beta_w$、$\delta\gamma_w$	0	0

续　表

类型	加工要求方向	基　准	应限制的自由度	理论自由度 $\delta \boldsymbol{q}_{\mathrm{w}}^{*}$	基向量 $\boldsymbol{\zeta}^{*}$
线对线	X	Y	δx_{w}、$\delta \gamma_{\mathrm{w}}$	$\lambda_y \zeta_y + \lambda_z \zeta_z + \lambda_\alpha \zeta_\alpha + \lambda_\beta \zeta_\beta$	$[\zeta_y, \zeta_z, \zeta_\alpha, \zeta_\beta]$
		Z	δx_{w}、$\delta \beta_{\mathrm{w}}$	$\lambda_y \zeta_y + \lambda_z \zeta_z + \lambda_\alpha \zeta_\alpha + \lambda_\gamma \zeta_\gamma$	$[\zeta_y, \zeta_z, \zeta_\alpha, \zeta_\gamma]$
	Y	X	δy_{w}、$\delta \gamma_{\mathrm{w}}$	$\lambda_z \zeta_z + \lambda_x \zeta_x + \lambda_\alpha \zeta_\alpha + \lambda_\beta \zeta_\beta$	$[\zeta_z, \zeta_x, \zeta_\alpha, \zeta_\beta]$
		Z	δy_{w}、$\delta \alpha_{\mathrm{w}}$	$\lambda_z \zeta_z + \lambda_x \zeta_x + \lambda_\alpha \zeta_\alpha + \lambda_\gamma \zeta_\gamma$	$[\zeta_z, \zeta_x, \zeta_\alpha, \zeta_\gamma]$
	Z	X	δz_{w}、$\delta \beta_{\mathrm{w}}$	$\lambda_x \zeta_x + \lambda_y \zeta_y + \lambda_\alpha \zeta_\alpha + \lambda_\gamma \zeta_\gamma$	$[\zeta_x, \zeta_y, \zeta_\alpha, \zeta_\gamma]$
		Y	δz_{w}、$\delta \alpha_{\mathrm{w}}$	$\lambda_x \zeta_x + \lambda_y \zeta_y + \lambda_\beta \zeta_\beta + \lambda_\gamma \zeta_\gamma$	$[\zeta_x, \zeta_y, \zeta_\beta, \zeta_\gamma]$
	X、Z	Y	δx_{w}、δz_{w}、$\delta \alpha_{\mathrm{w}}$、$\delta \gamma_{\mathrm{w}}$	$\lambda_y \zeta_y + \lambda_\beta \zeta_\beta$	$[\zeta_y, \zeta_\beta]$
	X、Y	Z	δx_{w}、δy_{w}、$\delta \alpha_{\mathrm{w}}$、$\delta \beta_{\mathrm{w}}$	$\lambda_z \zeta_z + \lambda_\gamma \zeta_\gamma$	$[\zeta_z, \zeta_\gamma]$
	Y、Z	X	δy_{w}、δz_{w}、$\delta \beta_{\mathrm{w}}$、$\delta \gamma_{\mathrm{w}}$	$\lambda_x \zeta_x + \lambda_\alpha \zeta_\alpha$	$[\zeta_x, \zeta_\alpha]$
	X、Y、Z	X	δx_{w}、δy_{w}、δz_{w}、$\delta \beta_{\mathrm{w}}$、$\delta \gamma_{\mathrm{w}}$	$\lambda_\alpha \zeta_\alpha$	ζ_α
	X、Y、Z	Y	δx_{w}、δy_{w}、δz_{w}、$\delta \alpha_{\mathrm{w}}$、$\delta \gamma_{\mathrm{w}}$	$\lambda_\beta \zeta_\beta$	ζ_β
	X、Y、Z	Z	δx_{w}、δy_{w}、δz_{w}、$\delta \alpha_{\mathrm{w}}$、$\delta \beta_{\mathrm{w}}$	$\lambda_\gamma \zeta_\gamma$	ζ_γ
面对线	X	Y	δx_{w}、$\delta \gamma_{\mathrm{w}}$	$\lambda_y \zeta_y + \lambda_z \zeta_z + \lambda_\alpha \zeta_\alpha + \lambda_\beta \zeta_\beta$	$[\zeta_y, \zeta_z, \zeta_\alpha, \zeta_\beta]$
		Z	δx_{w}、$\delta \beta_{\mathrm{w}}$	$\lambda_y \zeta_y + \lambda_z \zeta_z + \lambda_\alpha \zeta_\alpha + \lambda_\gamma \zeta_\gamma$	$[\zeta_y, \zeta_z, \zeta_\alpha, \zeta_\gamma]$
	Y	X	δy_{w}、$\delta \gamma_{\mathrm{w}}$	$\lambda_z \zeta_z + \lambda_x \zeta_x + \lambda_\alpha \zeta_\alpha + \lambda_\beta \zeta_\beta$	$[\zeta_z, \zeta_x, \zeta_\alpha, \zeta_\beta]$
		Z	δy_{w}、$\delta \alpha_{\mathrm{w}}$	$\lambda_z \zeta_z + \lambda_x \zeta_x + \lambda_\beta \zeta_\beta + \lambda_\gamma \zeta_\gamma$	$[\zeta_z, \zeta_x, \zeta_\beta, \zeta_\gamma]$
	Z	X	δz_{w}、$\delta \beta_{\mathrm{w}}$	$\lambda_x \zeta_x + \lambda_y \zeta_y + \lambda_\alpha \zeta_\alpha + \lambda_\gamma \zeta_\gamma$	$[\zeta_x, \zeta_y, \zeta_\alpha, \zeta_\gamma]$
		Y	δz_{w}、$\delta \alpha_{\mathrm{w}}$	$\lambda_x \zeta_x + \lambda_y \zeta_y + \lambda_\beta \zeta_\beta + \lambda_\gamma \zeta_\gamma$	$[\zeta_x, \zeta_y, \zeta_\beta, \zeta_\gamma]$
	X、Z	Y	δx_{w}、δz_{w}、$\delta \alpha_{\mathrm{w}}$、$\delta \gamma_{\mathrm{w}}$	$\lambda_y \zeta_y + \lambda_\beta \zeta_\beta$	$[\zeta_y, \zeta_\beta]$
	X、Y	Z	δx_{w}、δy_{w}、$\delta \alpha_{\mathrm{w}}$、$\delta \beta_{\mathrm{w}}$	$\lambda_z \zeta_z + \lambda_\gamma \zeta_\gamma$	$[\zeta_z, \zeta_\gamma]$

续 表

类型	加工要求方向	基 准	应限制的自由度	理论自由度 $\delta \boldsymbol{q}_w^*$	基向量 $\boldsymbol{\zeta}^*$
面对线	Y、Z	X	δy_w、δz_w、$\delta\beta_w$、$\delta\gamma_w$	$\lambda_x\boldsymbol{\zeta}_x+\lambda_\alpha\boldsymbol{\zeta}_\alpha$	$[\boldsymbol{\zeta}_x,\ \boldsymbol{\zeta}_\alpha]$
	X、Y、Z	X	δx_w、δy_w、δz_w、$\delta\beta_w$、$\delta\gamma_w$	$\lambda_\alpha\boldsymbol{\zeta}_\alpha$	$\boldsymbol{\zeta}_\alpha$
	X、Y、Z	Y	δx_w、δy_w、δz_w、$\delta\alpha_w$、$\delta\gamma_w$	$\lambda_\beta\boldsymbol{\zeta}_\beta$	$\boldsymbol{\zeta}_\beta$
	X、Y、Z	Z	δx_w、δy_w、δz_w、$\delta\alpha_w$、$\delta\beta_w$	$\lambda_\gamma\boldsymbol{\zeta}_\gamma$	$\boldsymbol{\zeta}_\gamma$

2.3 定向位置的自由度层次模型

通常工序图上会标有本工序加工表面的形位公差要求。形状公差是控制加工表面几何要素的形状精度,依靠切削成型运动的几何精度来保证。而位置公差是控制加工表面几何要素与工件上其他几何要素之间的定向、定位和跳动等方面的精度要求。根据零件的工作条件,零件上某些要素对基准在方向上会有精度要求,此时用定向公差对关联要素的方向加以限制。定向公差是指关联要素对基准在方向上允许的变动全量。定向公差带的方向是固定的,它由基准确定,而其位置则可以在尺寸公差带内浮动。定向公差包括平行度、垂直度及倾斜度三种。

2.3.1 平行度与自由度之间的关系

1. 面对面的平行度

以一个已知平面作为基准要素、待加工平面作为被测要素,加工时要求保证待加工平面相对于基准平面的平行度误差,在此称为“面对面”的平行度公差要求。

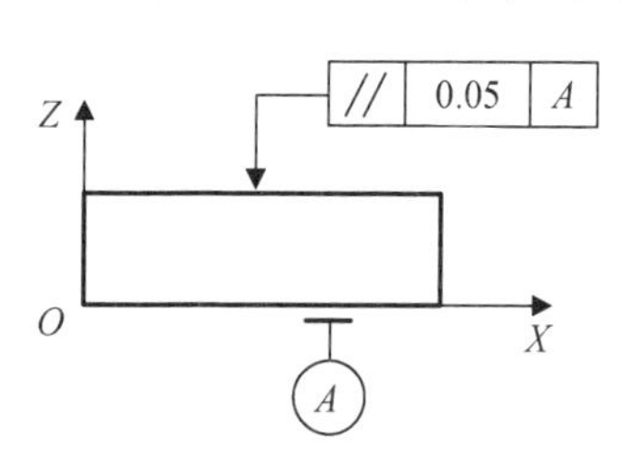

图 2.12 面对面的平行度公差

如图 2.12 所示,基准平面为下表面,上表面为待加工平面,现在要求保证上表面相对于基准平面之间的平行度公差。

基准平面为 XOY 平面,被加工要素为一平面,待加工方向为 Z 方向,为了保证待加工平面对基准平面 XOY 的平行度,必须限制待加工平面对基准在 Z 方向上的变动,由式(2.11)可得

$$\delta\alpha_{w} y_{P}-\delta\beta_{w} x_{P}=0 \tag{2.58}$$

由于 P 点是工序基准面上任意一点，即 P 点在 XOY 平面上，故 x_P 和 y_P 为任意值，为了保证上式对于任意一点 P 恒成立，则必须满足 $\delta\alpha_w=\delta\beta_w=0$，即应限制自由度 $\delta\alpha_w$、$\delta\beta_w$。

类似地，也可以知道基准平面为 XOZ 平面时，应限制自由度为 $\delta\alpha_w$、$\delta\gamma_w$；基准平面为 YOZ 平面时，应限制自由度为 $\delta\beta_w$、$\delta\gamma_w$。

2. 线对面的平行度

以一个已知平面为基准要素、被测要素为一条直线，加工时要求保证被测直线相对于基准平面的平行度误差，在此称为“线对面”有平行度公差要求。图 2.13 所示，加工一个通孔，工序基准为底面，要求保证孔轴心线对底面的平行度。

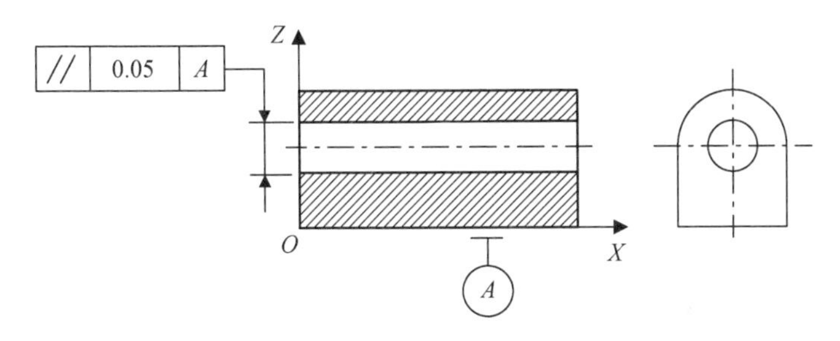

图 2.13　线对面的平行度公差

根据平行度公差要求，孔的轴线必须位于距离为公差值 0.05，且平行于基准平面的两个平行平面之间的区域，由于该加工方向为 Z 向，基准平面为 XOY 平面，为了保证待加工直线对基准平面 XOY 的平行度，必须使得

$$\delta\alpha_{w} y_{P}-\delta\beta_{w} x_{P}=0 \tag{2.59}$$

由于 P 点在 XOY 平面上，故有 $z_P=0$，x_P 和 y_P 为任意值，为了保证式(2.59)对于任意一点 P 恒成立，必有 $\delta\alpha_w=\delta\beta_w=0$，即应限制 $\delta\alpha_w$、$\delta\beta_w$。

类似地，也可以知道基准平面为 XOZ 平面时，应限制自由度为 $\delta\alpha_w$、$\delta\gamma_w$；基准平面为 YOZ 平面时，应限制自由度为 $\delta\beta_w$、$\delta\gamma_w$。

由此可知，以平面为基准要素的平行度公差要求限制的自由度是相同的，因此在建立层次模型时，面对面、线对面的平行度公差可以归纳到一起。

3. 面对线的平行度

以直线作为基准要素，待加工平面为被测要素的平行度要求，存在不同方向上的平面对于基准直线的平行度要求的情况，其限制的自由度也不一样。

现在基准要素方向为 X 轴为例，如图 2.14(a)所示，被测要素(即待加工平面)平行于 XOY 平面，公差带是距离为公差值 t，且平行于基准轴线的两平行平面之间的区域，加工方向在 Z 方向上，为了保证待加工平面对基准轴线的平行度，必须限制待加工直线轮廓要素对基准在 Z 方向上的变动，即有

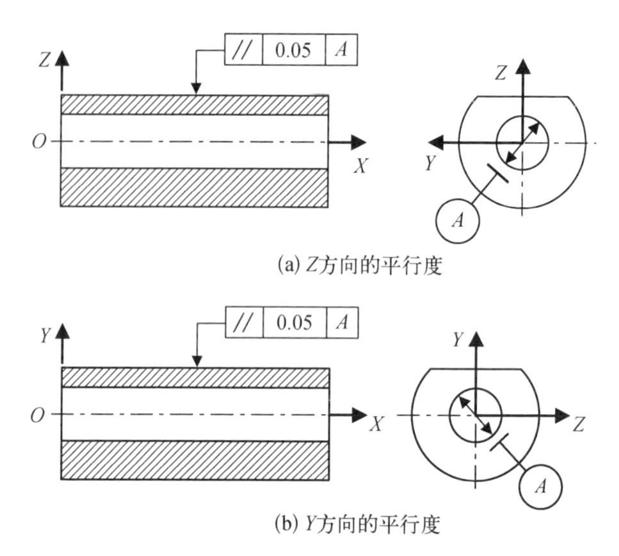

图 2.14 面对线的平行度

$$\delta\alpha_w y_P - \delta\beta_w x_P = 0 \tag{2.60}$$

由于 P 点在 X 轴上，可得 x_P 为任意值，$y_P=0$，代入上式，为使式(2.60)恒成立，就必须使 $\delta\beta_w=0$，即应限制 $\delta\beta_w$。

仍然以 X 轴为基准要素方向，如图 2.14(b)所示，被测要素(待加工平面)平行于 XOZ 平面时的情况。

此时，加工方向在 Y 方向上，为了保证待加工平面在加工方向上对基准的平行度要求，须满足

$$\delta\gamma_w x_P - \delta\alpha_w z_P = 0 \tag{2.61}$$

由于 P 点在 X 轴上，可得 x_P 为任意值，$z_P=0$，代入式(2.61)，为使式(2.61)恒成立，就必须使 $\delta\gamma_w=0$，即应限制 $\delta\gamma_w$。

从上面可以看出，如果工件的回转轴线方向在 X 轴上，待加工平面所处方位不同其对应必须限制的自由度是不一样的，若被测平面处在 XOY 面平行的方位上，则应限制 $\delta\beta_w$；若被测平面处在 XOZ 面平行的方位上，则应限制 $\delta\gamma_w$。

类似地，基准要素方向为 Y 轴时，若被测平面处在 XOY 面平行的方位上，则应限制 $\delta\alpha_w$；若被测平面处在 YOZ 面平行的方位上，则应限制 $\delta\gamma_w$。如果工件以 Z 轴作为基准，若被测平面处在 XOZ 面平行的方位上，则应限制 $\delta\alpha_w$；若被测平面处在 YOZ 面平行的方位上，则应限制 $\delta\beta_w$。

4. 线对线的平行度

在以直线作为基准要素，待加工直线作为被测要素（简称“线对线”）的平行度中，公差带方向存在一个方向上、两个方向和三个方向上有平行度要求的情况。

如图 2.15 所示，在连杆上，以下通孔轴线为基准线，加工上通孔，上通孔轴线对基准有平行度要求。根据平行度公差带的定义，ϕd 轴线必须位于距离为公差值 0.05，且在 Z 方向平行与基准轴线的两平行平面之间的区域。此基准线为 X 轴，加工方向在 Z 方向，则为了保证加工方向上对基准的平行度，须满足

$$\delta\alpha_{\mathrm{w}} y_P - \delta\beta_{\mathrm{w}} x_P = 0 \tag{2.62}$$

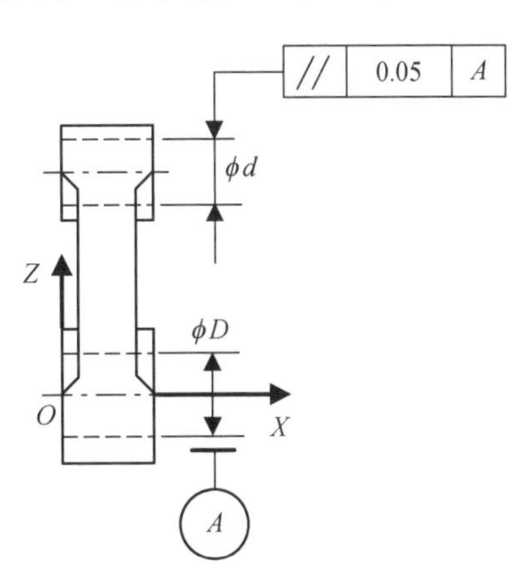

图 2.15　在单方向上有平行度要求

又因为 P 点在 X 轴上，x_P 为任意值，$y_P = z_P = 0$，代入式(2.63)，得 $\delta\beta_{\mathrm{w}} = 0$，即应限制 $\delta\beta_{\mathrm{w}}$。

仍然以 X 轴为基准，若加工方向在 Y 方向，则有

$$\delta\gamma_{\mathrm{w}} x_P - \delta\alpha_{\mathrm{w}} z_P = 0 \tag{2.63}$$

由于 P 点在 X 轴上，可得 x_P 为任意值，$z_P = 0$，为使式(2.63)恒成立，就必须使 $\delta\gamma_{\mathrm{w}} = 0$，即应限制 $\delta\gamma_{\mathrm{w}}$。

类似地，以 Y 轴为基准轴线时，若加工方向在 X 方向上，则应限制 $\delta\gamma_{\mathrm{w}}$，若加工方向在 Z 方向上，则应限制 $\delta\alpha_{\mathrm{w}}$；以 Z 轴为基准轴线时，若加工方向在 X 方向上，则应限制 $\delta\beta_{\mathrm{w}}$，若加工方向在 Y 方向上，则应限制 $\delta\alpha_{\mathrm{w}}$。

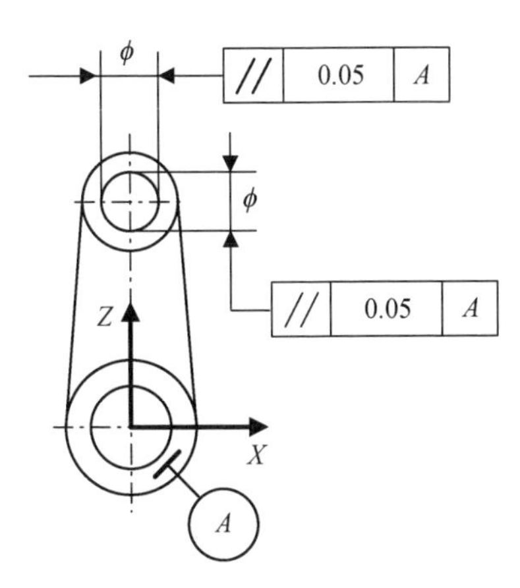

图 2.16　在两个方向上有平行度要求

若待加工通孔的轴心线对基准的平行度要求由一个方向变为两个方向。如图 2.16 所示，根据平行度的定义，直径为 ϕ 的孔的轴线必须位于正截面为公差值 0.05×0.05，且平行于基准轴线的四棱柱内。此基准线方向在 Y 轴，加工方向为 X 向与 Z 方向，为保证加工方向上对基准的平行度，必须使得

$$\begin{cases} \delta\beta_{\mathrm{w}} z_P - \delta\gamma_{\mathrm{w}} y_P = 0 \\ \delta\alpha_{\mathrm{w}} y_P - \delta\beta_{\mathrm{w}} x_P = 0 \end{cases} \tag{2.64}$$

由于 P 点在 Y 轴上，所以 y_P 为任意值，$x_P = z_P = 0$，代入解得 $\delta\alpha_{\mathrm{w}} = \delta\gamma_{\mathrm{w}} = 0$，即应限制自由度为 $\delta\alpha_{\mathrm{w}}$、$\delta\gamma_{\mathrm{w}}$。

类似地可以得到，如果基准轴线在 X 轴上，加工方向为 Y 向和 Z 方向，应限制自由度为 $\delta\beta_w$、$\delta\gamma_w$。若基准轴线在 Z 轴上，加工方向为 X 向和 Y 方向，应限制自由度为 $\delta\alpha_w$、$\delta\beta_w$。

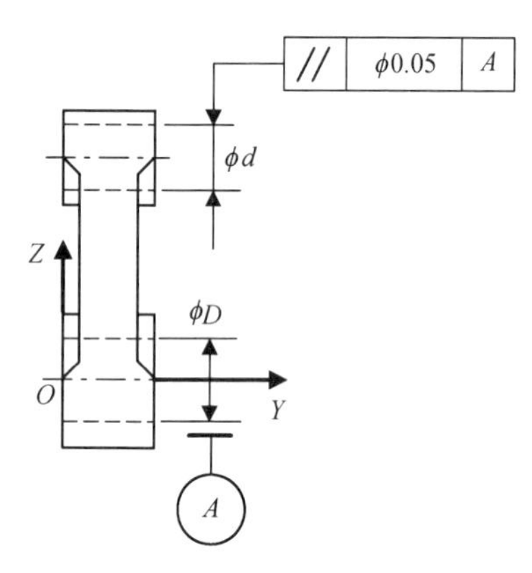

图 2.17 在任意方向上都有平行度要求

如果线对线在任意方向上都有平行度要求，那么公差带也变为任意方向。如图 2.17 所示，轴线 ϕd 必须位于直径为公差值 0.05，且平行于基准要素的圆柱面区域内。

实际上，一个平面内任意方向上的一段直线，均可用两条相互垂直的有向线段表示。对于待加工回转轴线，若实际加工方向与理论要求存在偏差，将该轴线投影到与基准轴线方向（Y 方向）垂直的平面内（XOZ 面），依据上述理论，线对线任意方向上的平行度要求就可变化为相互垂直的两个方向上的平行度要求。所以待加工轴线的加工精度方向为 X 方向与 Z 方向，有

$$\begin{cases}\delta\beta_w z_P - \delta\gamma_w y_P = 0 \\ \delta\alpha_w y_P - \delta\beta_w x_P = 0\end{cases} \tag{2.65}$$

因为 P 点在 Y 轴上，所以 y_P 为任意值，$x_P = z_P = 0$，代入解得 $\delta\alpha_w = \delta\gamma_w = 0$，即应限制的自由度为 $\delta\alpha_w$、$\delta\gamma_w$。

类似地可以得到，若基准轴线在 X 方向，则限制 $\delta\beta_w$、$\delta\gamma_w$；若基准轴线在 Z 方向，则限制 $\delta\alpha_w$、$\delta\beta_w$。

由上面两种情况可以看出，同一基准线方向上的线对线平行度公差，两个方向上的位置尺寸要求和任意方向上的位置尺寸要求其限制的自由度相同。

为了更为清晰地了解平行度与应限制的自由度之间的关系，建立了它们的层次模型，如表 2.2 所示。

表 2.2 平行度公差与工件自由度之间的层次模型

类型	加工要求方向	基准	应限制的自由度	理论自由度 $\delta\boldsymbol{q}_w^*$	基向量 $\boldsymbol{\zeta}^*$
面对面	X	YOZ	$\delta\beta_w$、$\delta\gamma_w$	$\lambda_x\boldsymbol{\zeta}_x+\lambda_y\boldsymbol{\zeta}_y+\lambda_z\boldsymbol{\zeta}_z+\lambda_\alpha\boldsymbol{\zeta}_\alpha$	$[\boldsymbol{\zeta}_x, \boldsymbol{\zeta}_y, \boldsymbol{\zeta}_z, \boldsymbol{\zeta}_\alpha]$
	Y	ZOX	$\delta\alpha_w$、$\delta\gamma_w$	$\lambda_x\boldsymbol{\zeta}_x+\lambda_y\boldsymbol{\zeta}_y+\lambda_z\boldsymbol{\zeta}_z+\lambda_\beta\boldsymbol{\zeta}_\beta$	$[\boldsymbol{\zeta}_x, \boldsymbol{\zeta}_y, \boldsymbol{\zeta}_z, \boldsymbol{\zeta}_\beta]$
	Z	XOY	$\delta\alpha_w$、$\delta\beta_w$	$\lambda_x\boldsymbol{\zeta}_x+\lambda_y\boldsymbol{\zeta}_y+\lambda_z\boldsymbol{\zeta}_z+\lambda_\gamma\boldsymbol{\zeta}_\gamma$	$[\boldsymbol{\zeta}_x, \boldsymbol{\zeta}_y, \boldsymbol{\zeta}_z, \boldsymbol{\zeta}_\gamma]$

续 表

类型	加工要求方向	基准	应限制的自由度	理论自由度 $\delta\boldsymbol{q}_w^*$	基向量 $\boldsymbol{\zeta}^*$
面对线	X	Y	$\delta\gamma_w$	$\lambda_x\zeta_x+\lambda_y\zeta_y+\lambda_z\zeta_z+\lambda_\alpha\zeta_\alpha+\lambda_\beta\zeta_\beta$	$[\zeta_x, \zeta_y, \zeta_z, \zeta_\alpha, \zeta_\beta]$
		Z	$\delta\beta_w$	$\lambda_x\zeta_x+\lambda_y\zeta_y+\lambda_z\zeta_z+\lambda_\alpha\zeta_\alpha+\lambda_\gamma\zeta_\gamma$	$[\zeta_x, \zeta_y, \zeta_z, \zeta_\alpha, \zeta_\gamma]$
	Y	X	$\delta\gamma_w$	$\lambda_x\zeta_x+\lambda_y\zeta_y+\lambda_z\zeta_z+\lambda_\alpha\zeta_\alpha+\lambda_\beta\zeta_\beta$	$[\zeta_x, \zeta_y, \zeta_z, \zeta_\alpha, \zeta_\beta]$
		Z	$\delta\alpha_w$	$\lambda_x\zeta_x+\lambda_y\zeta_y+\lambda_z\zeta_z+\lambda_\beta\zeta_\beta+\lambda_\gamma\zeta_\gamma$	$[\zeta_x, \zeta_y, \zeta_z, \zeta_\beta, \zeta_\gamma]$
	Z	X	$\delta\beta_w$	$\lambda_x\zeta_x+\lambda_y\zeta_y+\lambda_z\zeta_z+\lambda_\alpha\zeta_\alpha+\lambda_\gamma\zeta_\gamma$	$[\zeta_x, \zeta_y, \zeta_z, \zeta_\alpha, \zeta_\gamma]$
		Y	$\delta\alpha_w$	$\lambda_x\zeta_x+\lambda_y\zeta_y+\lambda_z\zeta_z+\lambda_\beta\zeta_\beta+\lambda_\gamma\zeta_\gamma$	$[\zeta_x, \zeta_y, \zeta_z, \zeta_\beta, \zeta_\gamma]$
线对线	X	Y	$\delta\gamma_w$	$\lambda_x\zeta_x+\lambda_y\zeta_y+\lambda_z\zeta_z+\lambda_\alpha\zeta_\alpha+\lambda_\beta\zeta_\beta$	$[\zeta_x, \zeta_y, \zeta_z, \zeta_\alpha, \zeta_\beta]$
		Z	$\delta\beta_w$	$\lambda_x\zeta_x+\lambda_y\zeta_y+\lambda_z\zeta_z+\lambda_\alpha\zeta_\alpha+\lambda_\gamma\zeta_\gamma$	$[\zeta_x, \zeta_y, \zeta_z, \zeta_\alpha, \zeta_\gamma]$
	Y	X	$\delta\gamma_w$	$\lambda_x\zeta_x+\lambda_y\zeta_y+\lambda_z\zeta_z+\lambda_\alpha\zeta_\alpha+\lambda_\beta\zeta_\beta$	$[\zeta_x, \zeta_y, \zeta_z, \zeta_\alpha, \zeta_\beta]$
		Z	$\delta\alpha_w$	$\lambda_x\zeta_x+\lambda_y\zeta_y+\lambda_z\zeta_z+\lambda_\beta\zeta_\beta+\lambda_\gamma\zeta_\gamma$	$[\zeta_x, \zeta_y, \zeta_z, \zeta_\beta, \zeta_\gamma]$
	Z	X	$\delta\beta_w$	$\lambda_x\zeta_x+\lambda_y\zeta_y+\lambda_z\zeta_z+\lambda_\alpha\zeta_\alpha+\lambda_\gamma\zeta_\gamma$	$[\zeta_x, \zeta_y, \zeta_z, \zeta_\alpha, \zeta_\gamma]$
		Y	$\delta\alpha_w$	$\lambda_x\zeta_x+\lambda_y\zeta_y+\lambda_z\zeta_z+\lambda_\beta\zeta_\beta+\lambda_\gamma\zeta_\gamma$	$[\zeta_x, \zeta_y, \zeta_z, \zeta_\beta, \zeta_\gamma]$
	X、Z	Y	$\delta\alpha_w$、$\delta\gamma_w$	$\lambda_x\zeta_x+\lambda_y\zeta_y+\lambda_z\zeta_z+\lambda_\beta\zeta_\beta$	$[\zeta_x, \zeta_y, \zeta_z, \zeta_\beta]$
	X、Y	Z	$\delta\alpha_w$、$\delta\beta_w$	$\lambda_x\zeta_x+\lambda_y\zeta_y+\lambda_z\zeta_z+\lambda_\gamma\zeta_\gamma$	$[\zeta_x, \zeta_y, \zeta_z, \zeta_\gamma]$
	Y、Z	X	$\delta\beta_w$、$\delta\gamma_w$	$\lambda_x\zeta_x+\lambda_y\zeta_y+\lambda_z\zeta_z+\lambda_\alpha\zeta_\alpha$	$[\zeta_x, \zeta_y, \zeta_z, \zeta_\alpha]$
	X、Y、Z	X	$\delta\beta_w$、$\delta\gamma_w$	$\lambda_x\zeta_x+\lambda_y\zeta_y+\lambda_z\zeta_z+\lambda_\alpha\zeta_\alpha$	$[\zeta_x, \zeta_y, \zeta_z, \zeta_\alpha]$
		Y	$\delta\alpha_w$、$\delta\gamma_w$	$\lambda_x\zeta_x+\lambda_y\zeta_y+\lambda_z\zeta_z+\lambda_\beta\zeta_\beta$	$[\zeta_x, \zeta_y, \zeta_z, \zeta_\beta]$
		Z	$\delta\alpha_w$、$\delta\beta_w$	$\lambda_x\zeta_x+\lambda_y\zeta_y+\lambda_z\zeta_z+\lambda_\gamma\zeta_\gamma$	$[\zeta_x, \zeta_y, \zeta_z, \zeta_\gamma]$
线对面	X	YOZ	$\delta\beta_w$、$\delta\gamma_w$	$\lambda_x\zeta_x+\lambda_y\zeta_y+\lambda_z\zeta_z+\lambda_\alpha\zeta_\alpha$	$[\zeta_x, \zeta_y, \zeta_z, \zeta_\alpha]$
	Y	ZOX	$\delta\alpha_w$、$\delta\gamma_w$	$\lambda_x\zeta_x+\lambda_y\zeta_y+\lambda_z\zeta_z+\lambda_\beta\zeta_\beta$	$[\zeta_x, \zeta_y, \zeta_z, \zeta_\beta]$
	Z	XOY	$\delta\alpha_w$、$\delta\beta_w$	$\lambda_x\zeta_x+\lambda_y\zeta_y+\lambda_z\zeta_z+\lambda_\gamma\zeta_\gamma$	$[\zeta_x, \zeta_y, \zeta_z, \zeta_\gamma]$

2.3.2　垂直度、倾斜度公差与自由度之间的关系

前面已经提到，定向公差包括平行度、垂直度及倾斜度三种，且已经分析了平行度公差与限制自由度关系，接下来分析其他两种定向公差。因为垂直度可以看作是倾斜度公差的一种特殊情况(被测要素与基准要素之间的夹角为 90°)，垂直度、倾斜度公差的被测要素、基准要素和公差带分类相同。所以将两者放在一起进行研究，只分析更具一般性的倾斜度公差与限制自由度关系就可以了。

1. 面对面的垂直度、倾斜度

以平面为基准要素，待加工平面为被测要素(简称“面对面”)的倾斜度公差中，面与面之间的角度是固定的，被测要素的加工误差方向总是与基准平面所要求的方向垂直，面与面的倾斜度公差带总是有唯一的方向。

如图 2.18 所示，铣一个与基准平面为特定角度的斜平面，待加工平面对基准平面有倾斜度要求。待加工斜面必须位于距离为公差值 0.1，且与基准平面成 60°角的两平行平面之间的区域。基准平面为 XOY 平面，加工误差方向与理想加工平面垂直。

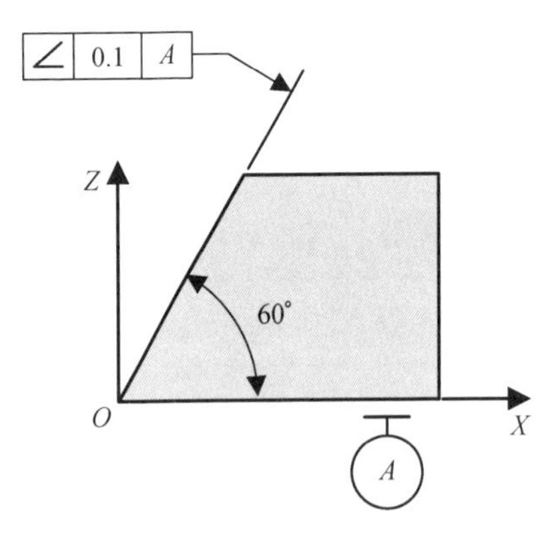

图 2.18　加工斜平面

把加工误差方向沿三个坐标轴进行分解，与基准坐标平面 XOY 平面平行的加工误差并不影响待加工精度，只有与基准平面垂直的方向(Z 方向)的加工误差才会影响其加工精度，故为保证被测平面要素对与基准平面的倾斜度要求，利用定向位置的限制自由度模型。待加工方向为 Z 方向，为了保证加工方向的位置精度，必须限制 Z 方向上的角度变动，则有

$$\delta\alpha_{w} y_{P} - \delta\beta_{w} x_{P} = 0 \tag{2.66}$$

由于 P 点是工序基准面上任意一点，即 P 点在 XOY 平面上，x_P 和 y_P 为任意值，为了保证上式对于任意一点 P 恒成立，则必须满足 $\delta\alpha_{w} = \delta\beta_{w} = 0$，即应限制 $\delta\alpha_{w}$、$\delta\beta_{w}$。

类似地，也可以知道基准平面为 XOZ 平面时，应限制自由度为 $\delta\alpha_{w}$、$\delta\gamma_{w}$；基准平面为 YOZ 平面时，应限制自由度为 $\delta\beta_{w}$、$\delta\gamma_{w}$。

2. 面对线的垂直度、倾斜度

以直线为基准要素、待加工平面为被测要素倾斜度公差中，平面与直线之间的角度为一确定角度，被测要素的加工误差方向总是与基准直线所要求的方向垂直，

故面与线的倾斜度公差带总是有唯一的方向，但与面对面的倾斜度模型不一样的是，有效加工误差方向有两个方向。

如图 2.19 所示，铣一个与回转轴线成 60°角的斜平面，斜平面对与基准平面有倾斜度公差要求。

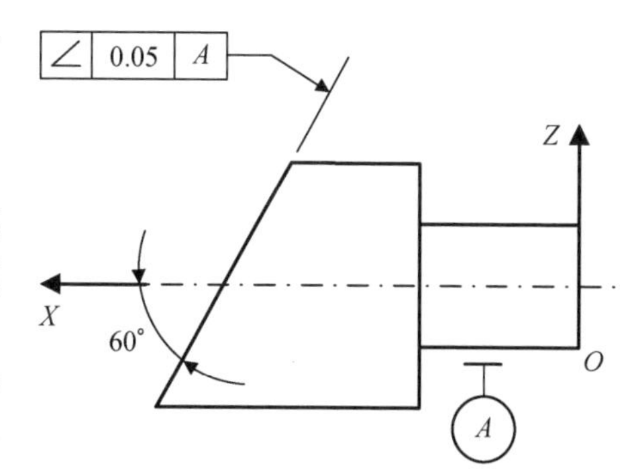

图 2.19　斜平面与轴线的倾斜度

根据倾斜度的定义，斜平面必须位于距离为公差值 0.05，且与基准轴线成 60°角的两平行平面之间，基准轴线为 X 轴，加工误差方向与理想加工平面垂直。我们同样将加工误差方向沿三个坐标轴进行分解，在基准轴线方向上（X 方向），加工误差并不影响其加工精度，而与基准轴线垂直的两个方向（Y 方向和 Z 方向）会影响其加工精度。为保证被测要素对基准平面的倾斜度要求，利用定向位置的限制自由度模型，应同时使得

$$\begin{cases}\delta\gamma_{\mathrm{w}} x_P - \delta\alpha_{\mathrm{w}} z_P = 0 \\ \delta\alpha_{\mathrm{w}} y_P - \delta\beta_{\mathrm{w}} x_P = 0\end{cases} \tag{2.67}$$

由于点 P 在 X 轴上，所以 x_P 为任意值，$y_P = z_P = 0$，代入解得 $\delta\beta_{\mathrm{w}} = \delta\gamma_{\mathrm{w}} = 0$，即应限制自由度为 $\delta\beta_{\mathrm{w}}$、$\delta\gamma_{\mathrm{w}}$。

类似地，若基准轴线为 Y 轴，应限制自由度为 $\delta\alpha_{\mathrm{w}}$、$\delta\gamma_{\mathrm{w}}$；若基准轴线为 Z 轴，则限制 $\delta\alpha_{\mathrm{w}}$、$\delta\beta_{\mathrm{w}}$。

3. 线对线的垂直度、倾斜度

在以直线作为基准要素，待加工直线轮廓要素作为被测要素的倾斜度公差中，线与线的加工要求方向若在不同的平面上，其限制的自由度也不同。

如图 2.20 所示，要求在圆柱体上钻斜孔，待加工孔的回转轴相对于基准轴线有倾斜度要求。

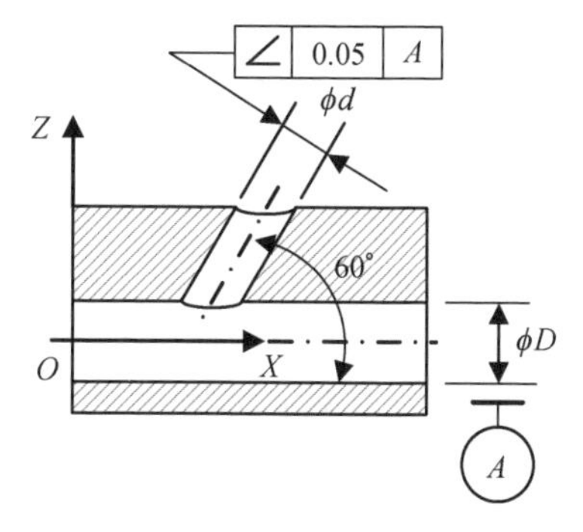

图 2.20　在圆柱体上钻斜孔

根据倾斜度公差的定义，ϕd 的轴线必须位于距离为公差值 0.05 处，且与基准轴线成 60°角的两平行平面之间。基准轴线在 X 轴上，待加工孔的回转轴线的加工误差方向为 Z 方向，为保证误差方向上的加工精度，必须使得

$$\delta\alpha_{\mathrm{w}} y_P - \delta\beta_{\mathrm{w}} x_P = 0 \tag{2.68}$$

因为 P 点在 X 轴上，所以 $y_P = z_P = 0$，x_P 为任意值，为了使得对于任意一点 P，式(2.68)都

成立，必须有 $\delta\beta_w=0$，即应限制 $\delta\beta_w$。

现在基准轴线仍为 X 轴，被测要素的方位为 Y 方向(即加工误差方向)，为保证加工误差方向 Y 的加工精度，必须使得

$$\delta\gamma_w x_P-\delta\alpha_w z_P=0 \tag{2.69}$$

因为 P 点在 X 轴上，所以 $y_P=z_P=0$，x_P 为任意值，为使式(2.69)恒成立，必须有 $\delta\gamma_w=0$，即应限制 $\delta\gamma_w$。

从以上例子可以看出，同一个基准线，加工要求方向不同，其限制的自由度也不一样。类似地，如果基准轴线为 Y 轴，加工误差方向在 X 方向，应限制 $\delta\gamma_w$；加工误差方向在 Z 方向，应限制 $\delta\alpha_w$。如果基准轴线为 Z 轴，加工误差方向在 X 方向，应限制 $\delta\beta_w$；加工误差方向在 Y 方向，应限制 $\delta\alpha_w$。

4. 线对面的垂直度、倾斜度

以平面为基准要素，待加工直线为被测要素(简称“线对面”)的倾斜度公差存在一个方向、两个方向和任意方向上的位置尺寸要求。

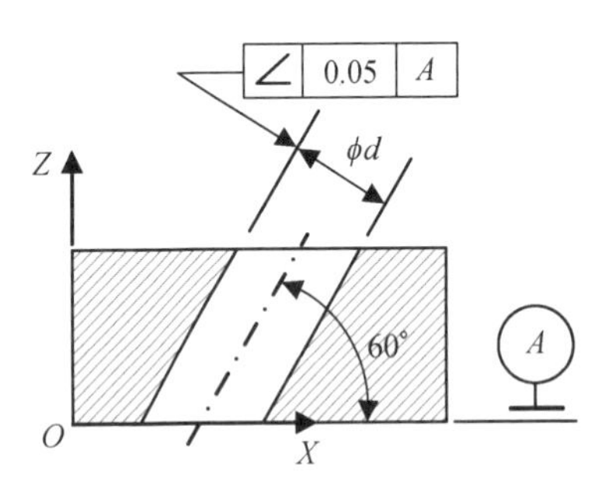

图 2.21　在长方体上钻斜孔

首先讨论在一个方向上有线对面倾斜度公差要求的情况，如图 2.21 所示。现在要在长方体上钻斜孔，要求待加工孔对于基准平面的倾斜度。

根据倾斜度公差带要求，ϕd 的轴线必须位于距离为公差值 0.05 处，且与基准轴线成 60°角的两平行平面之间，基准平面为 XOY 面，被测直线所在平面为 XOZ 面，加工误差方向在 Z 方向，由于线对面只在一个方向上有倾斜度要求，实际上就相当于以 X 轴为基准轴线，有效加工方向在 Z 方向的线对线倾斜度模型。为保证误差方向上的加工精度，必须使得

$$\delta\alpha_w y_P-\delta\beta_w x_P=0 \tag{2.70}$$

因为点 P 在 X 轴上，所以 $y_P=z_P=0$，x_P 为任意值，为了使得对于任意一点 P，式(2.70)都成立，必须有 $\delta\beta_w=0$，即应限制 $\delta\beta_w$。

通过在长方体上钻斜孔的例子可以看出，一个方向上的线对面的倾斜度公差带模型实际上就可以转化为线对线的倾斜度公差带模型。为了区别这两者的不同，需要规定基准平面和理想被测直线方位共线的直线称为被测直线所在坐标方向，如本例中的 X 轴，这样线对面的倾斜度模型更容易理解。

若基准面为 XOY 面，被测直线所在坐标方向为 Y 轴，点 P 在 Y 轴上，故有 $x_P=z_P=0$，y_P 为任意值，此时使得式(2.70)恒成立，必须有 $\delta\alpha_w=0$，即应限制 $\delta\alpha_w$。

若基准面为 XOZ 平面，被测直线所在坐标方向为 X 轴，应限制 $\delta\gamma_w$；被测直线所在坐标方向为 Z 轴，应限制 $\delta\alpha_w$。若基准面为 YOZ 面，被测直线所在坐标方向为 Y 轴，应限制 $\delta\gamma_w$；被测直线所在坐标方向为 Z 轴，应限制 $\delta\beta_w$。

其次讨论被测直线在两个方向上都有线对面倾斜度公差要求的情况，为了避免赘述，基于一个方向上有线对面倾斜度公差要求情况分析的结论进行讨论。若基准面为 XOY 平面，被测直线所在坐标方向为 X 轴，应限制 $\delta\beta_w$；被测直线所在坐标方向为 Y 轴，应限制 $\delta\alpha_w$。运用自由度的综合性，当基准平面为 XOY 平面，被测直线在 X 轴方向和 Y 方向都有倾斜度要求时，应限制自由度 $\delta\alpha_w$、$\delta\beta_w$。类似地，当基准平面为 XOZ 平面，被测直线在 X 轴方向和 Y 方向都有倾斜度要求时，应限制自由度 $\delta\alpha_w$、$\delta\gamma_w$；当基准平面为 YOZ 平面，被测直线在 X 轴方向和 Y 方向都有倾斜度要求时，应限制自由度 $\delta\beta_w$、$\delta\gamma_w$。

最后讨论被测直线在任意方向上都有线对面倾斜度公差要求的情况，那么公差带也变为任意方向。实际上，如果基准平面 XOY 平面时，不管被测回转轴线的方位在哪一个方向上，都可以将此方向用两个相互垂直的平面 XOZ 和 YOZ 的矢量表示出来，故可以将任意方向上的线对面的倾斜度模型转化为两个方向上的线对面的倾斜度模型。因此，类似于在两个方向上有线对面倾斜度公差要求，当基准平面为 XOY 平面，被测直线在任意方向上都有线对面倾斜度公差要求时，应限制自由度 $\delta\alpha_w$、$\delta\beta_w$。类似地，当基准平面为 XOZ 平面，被测直线在任意方向上都有线对面倾斜度公差要求时，应限制自由度 $\delta\alpha_w$、$\delta\gamma_w$；当基准平面为 YOZ 平面，被测直线在任意方向上都有线对面倾斜度公差要求时，应限制自由度 $\delta\beta_w$、$\delta\gamma_w$。

垂直度、倾斜度与工件自由度关系的层次模型，如表 2.3 所示。

表 2.3　垂直度、倾斜度与工件自由度关系的层次模型

类型	加工要求方向	基准	应限制的自由度	理论自由度 $\delta \boldsymbol{q}_w^*$	基向量 $\boldsymbol{\zeta}^*$
面对面	X	YOZ	$\delta\beta_w$、$\delta\gamma_w$	$\lambda_x\zeta_x+\lambda_y\zeta_y+\lambda_z\zeta_z+\lambda_\alpha\zeta_\alpha$	$[\zeta_x, \zeta_y, \zeta_z, \zeta_\alpha]$
	Y	ZOX	$\delta\alpha_w$、$\delta\gamma_w$	$\lambda_x\zeta_x+\lambda_y\zeta_y+\lambda_z\zeta_z+\lambda_\beta\zeta_\beta$	$[\zeta_x, \zeta_y, \zeta_z, \zeta_\beta]$
	Z	XOY	$\delta\alpha_w$、$\delta\beta_w$	$\lambda_x\zeta_x+\lambda_y\zeta_y+\lambda_z\zeta_z+\lambda_\gamma\zeta_\gamma$	$[\zeta_x, \zeta_y, \zeta_z, \zeta_\gamma]$
面对线	X	X	$\delta\beta_w$、$\delta\gamma_w$	$\lambda_x\zeta_x+\lambda_y\zeta_y+\lambda_z\zeta_z+\lambda_\alpha\zeta_\alpha$	$[\zeta_x, \zeta_y, \zeta_z, \zeta_\alpha]$
	Y	Y	$\delta\alpha_w$、$\delta\gamma_w$	$\lambda_x\zeta_x+\lambda_y\zeta_y+\lambda_z\zeta_z+\lambda_\beta\zeta_\beta$	$[\zeta_x, \zeta_y, \zeta_z, \zeta_\beta]$
	Z	Z	$\delta\alpha_w$、$\delta\beta_w$	$\lambda_x\zeta_x+\lambda_y\zeta_y+\lambda_z\zeta_z+\lambda_\gamma\zeta_\gamma$	$[\zeta_x, \zeta_y, \zeta_z, \zeta_\gamma]$

续 表

类型	加工要求方向	基准	应限制的自由度	理论自由度 $\delta \boldsymbol{q}_{\mathrm{w}}^{*}$	基向量 $\boldsymbol{\zeta}^{*}$
线对线	X	Y	$\delta\gamma_{\mathrm{w}}$	$\lambda_x\zeta_x+\lambda_y\zeta_y+\lambda_z\zeta_z+\lambda_\alpha\zeta_\alpha+\lambda_\beta\zeta_\beta$	$[\zeta_x, \zeta_y, \zeta_z, \zeta_\alpha, \zeta_\beta]$
		Z	$\delta\beta_{\mathrm{w}}$	$\lambda_x\zeta_x+\lambda_y\zeta_y+\lambda_z\zeta_z+\lambda_\gamma\zeta_\gamma+\lambda_\alpha\zeta_\alpha$	$[\zeta_x, \zeta_y, \zeta_z, \zeta_\gamma, \zeta_\alpha]$
	Y	X	$\delta\gamma_{\mathrm{w}}$	$\lambda_x\zeta_x+\lambda_y\zeta_y+\lambda_z\zeta_z+\lambda_\alpha\zeta_\alpha+\lambda_\beta\zeta_\beta$	$[\zeta_x, \zeta_y, \zeta_z, \zeta_\alpha+\lambda_\beta\zeta_\beta]$
		Z	$\delta\alpha_{\mathrm{w}}$	$\lambda_x\zeta_x+\lambda_y\zeta_y+\lambda_z\zeta_z+\lambda_\beta\zeta_\beta+\lambda_\gamma\zeta_\gamma$	$[\zeta_x, \zeta_y, \zeta_z, \zeta_\beta, \zeta_\gamma]$
	Z	X	$\delta\beta_{\mathrm{w}}$	$\lambda_x\zeta_x+\lambda_y\zeta_y+\lambda_z\zeta_z+\lambda_\gamma\zeta_\gamma+\lambda_\alpha\zeta_\alpha$	$[\zeta_x, \zeta_y, \zeta_z, \zeta_\gamma, \zeta_\alpha]$
		Y	$\delta\alpha_{\mathrm{w}}$	$\lambda_x\zeta_x+\lambda_y\zeta_y+\lambda_z\zeta_z+\lambda_\beta\zeta_\beta+\lambda_\gamma\zeta_\gamma$	$[\zeta_x, \zeta_y, \zeta_z, \zeta_\beta, \zeta_\gamma]$
线对面	X	Y	$\delta\gamma_{\mathrm{w}}$	$\lambda_x\zeta_x+\lambda_y\zeta_y+\lambda_z\zeta_z+\lambda_\alpha\zeta_\alpha+\lambda_\beta\zeta_\beta$	$[\zeta_x, \zeta_y, \zeta_z, \zeta_\alpha, \zeta_\beta]$
		Z	$\delta\beta_{\mathrm{w}}$	$\lambda_x\zeta_x+\lambda_y\zeta_y+\lambda_z\zeta_z+\lambda_\gamma\zeta_\gamma+\lambda_\alpha\zeta_\alpha$	$[\zeta_x, \zeta_y, \zeta_z, \zeta_\gamma, \zeta_\alpha]$
	Y	X	$\delta\gamma_{\mathrm{w}}$	$\lambda_x\zeta_x+\lambda_y\zeta_y+\lambda_z\zeta_z+\lambda_\alpha\zeta_\alpha+\lambda_\beta\zeta_\beta$	$[\zeta_x, \zeta_y, \zeta_z, \zeta_\alpha, \zeta_\beta]$
		Z	$\delta\alpha_{\mathrm{w}}$	$\lambda_x\zeta_x+\lambda_y\zeta_y+\lambda_z\zeta_z+\lambda_\beta\zeta_\beta+\lambda_\gamma\zeta_\gamma$	$[\zeta_x, \zeta_y, \zeta_z, \zeta_\beta, \zeta_\gamma]$
	Z	X	$\delta\beta_{\mathrm{w}}$	$\lambda_x\zeta_x+\lambda_y\zeta_y+\lambda_z\zeta_z+\lambda_\gamma\zeta_\gamma+\lambda_\alpha\zeta_\alpha$	$[\zeta_x, \zeta_y, \zeta_z, \zeta_\gamma, \zeta_\alpha]$
		Y	$\delta\alpha_{\mathrm{w}}$	$\lambda_x\zeta_x+\lambda_y\zeta_y+\lambda_z\zeta_z+\lambda_\beta\zeta_\beta+\lambda_\gamma\zeta_\gamma$	$[\zeta_x, \zeta_y, \zeta_z, \zeta_\beta, \zeta_\gamma]$
	X、Z	Y	$\delta\alpha_{\mathrm{w}}$、$\delta\gamma_{\mathrm{w}}$	$\lambda_x\zeta_x+\lambda_y\zeta_y+\lambda_z\zeta_z+\lambda_\beta\zeta_\beta$	$[\zeta_x, \zeta_y, \zeta_z, \zeta_\beta]$
	X、Y	Z	$\delta\alpha_{\mathrm{w}}$、$\delta\beta_{\mathrm{w}}$	$\lambda_x\zeta_x+\lambda_y\zeta_y+\lambda_z\zeta_z+\lambda_\gamma\zeta_\gamma$	$[\zeta_x, \zeta_y, \zeta_z, \zeta_\gamma]$
	Y、Z	X	$\delta\beta_{\mathrm{w}}$、$\delta\gamma_{\mathrm{w}}$	$\lambda_x\zeta_x+\lambda_y\zeta_y+\lambda_z\zeta_z+\lambda_\alpha\zeta_\alpha$	$[\zeta_x, \zeta_y, \zeta_z, \zeta_\alpha]$
	X、Y、Z	X	$\delta\beta_{\mathrm{w}}$、$\delta\gamma_{\mathrm{w}}$	$\lambda_x\zeta_x+\lambda_y\zeta_y+\lambda_z\zeta_z+\lambda_\alpha\zeta_\alpha$	$[\zeta_x, \zeta_y, \zeta_z, \zeta_\alpha]$
		Y	$\delta\alpha_{\mathrm{w}}$、$\delta\gamma_{\mathrm{w}}$	$\lambda_x\zeta_x+\lambda_y\zeta_y+\lambda_z\zeta_z+\lambda_\beta\zeta_\beta$	$[\zeta_x, \zeta_y, \zeta_z, \zeta_\beta]$
		Z	$\delta\alpha_{\mathrm{w}}$、$\delta\beta_{\mathrm{w}}$	$\lambda_x\zeta_x+\lambda_y\zeta_y+\lambda_z\zeta_z+\lambda_\gamma\zeta_\gamma$	$[\zeta_x, \zeta_y, \zeta_z, \zeta_\gamma]$

2.4 定位位置的自由度层次模型

定位公差是指关联要素对基准在位置上允许的变动全量。定位公差带相对于基准的位置是固定的。定位公差带既控制被测要素的位置误差，又控制被测要素的方向误差和形状误差。定向公差带既控制被测要素的方向误差，又控制其形状误差。而形状公差带则只能控制被测要素的形状误差。定位公差包括同轴度、对称度及位置度三种。

2.4.1　同轴度公差要求下自由度的限制

同轴度用于控制轴类零件的被测轴线对基准轴线的同轴度误差。同轴度公差带是直径为公差值 t，且与基准轴线同轴的圆柱面内的区域。图 2.22 是以 X 为基准轴线的同轴度，以 X 方向为基准轴线的同轴度误差表示的是在 Y 方向、Z 方向上有误差，则

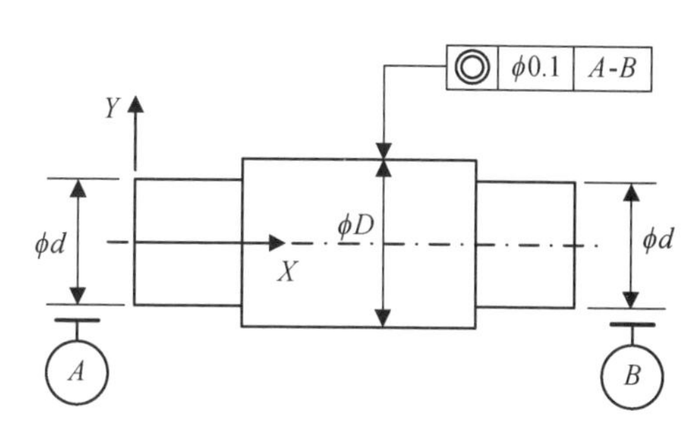

图 2.22　有同轴度要求的阶梯轴

$$\begin{cases}\delta y_{\mathrm{w}}+\delta\gamma_{\mathrm{w}}x_P-\delta\alpha_{\mathrm{w}}z_P=0\\ \delta z_{\mathrm{w}}+\delta\alpha_{\mathrm{w}}y_P-\delta\beta_{\mathrm{w}}x_P=0\end{cases}\tag{2.71}$$

由于点 P 在 X 轴上，即 $y_P=z_P=0$，而 x_P 为任意数，即有

$$\delta\beta_{\mathrm{w}}=\delta y_{\mathrm{w}}=\delta z_{\mathrm{w}}=\delta\gamma_{\mathrm{w}}=0\tag{2.72}$$

即必须约束四个自由度 δz_{w}、δy_{w}、$\delta\beta_{\mathrm{w}}$、$\delta\gamma_{\mathrm{w}}$，才能够保证以 X 轴为基准轴线的同轴度误差的要求。同理，为了保证以 Y 轴为基准轴线的同轴度误差的要求，应约束的自由度为 δz_{w}、δx_{w}、$\delta\alpha_{\mathrm{w}}$、$\delta\gamma_{\mathrm{w}}$；而为了保证以 Z 轴为基准轴线的同轴度误差的要求，应约束的自由度为 δx_{w}、δy_{w}、$\delta\alpha_{\mathrm{w}}$、$\delta\beta_{\mathrm{w}}$。

为了能够简单说明同轴度与应限制的自由度之间的关系，建立了它们的层次模型，如表 2.4 所示。

表 2.4　同轴度与工件自由度关系的层次模型

类型	加工要求方向	基准	应限制的自由度	理论自由度 $\delta\boldsymbol{q}_{\mathrm{w}}^{*}$	基向量 $\boldsymbol{\zeta}^{*}$
线对线	Y、Z	X	δy_{w}、δz_{w}、$\delta\beta_{\mathrm{w}}$、$\delta\gamma_{\mathrm{w}}$	$\lambda_x\boldsymbol{\zeta}_x+\lambda_\alpha\boldsymbol{\zeta}_\alpha$	$[\boldsymbol{\zeta}_x,\ \boldsymbol{\zeta}_\alpha]$
	Z、X	Y	δx_{w}、δz_{w}、$\delta\alpha_{\mathrm{w}}$、$\delta\gamma_{\mathrm{w}}$	$\lambda_y\boldsymbol{\zeta}_y+\lambda_\beta\boldsymbol{\zeta}_\beta$	$[\boldsymbol{\zeta}_y,\ \boldsymbol{\zeta}_\beta]$
	X、Y	Z	δx_{w}、δy_{w}、$\delta\alpha_{\mathrm{w}}$、$\delta\beta_{\mathrm{w}}$	$\lambda_z\boldsymbol{\zeta}_z+\lambda_\gamma\boldsymbol{\zeta}_\gamma$	$[\boldsymbol{\zeta}_z,\ \boldsymbol{\zeta}_\gamma]$

2.4.2　对称度公差与自由度之间的关系

对称度用于控制被测要素中心平面(或轴线)的共面(或共线)性误差。对称度

公差带是距离为公差值 t，且相对基准中心平面（或中心线、轴线）对称配置的两平行平面（或直线）之间的区域。若给定相互垂直的两个方向，则公差带是正截面尺寸为公差值 $t_1 \times t_2$ 的四棱柱内的区域。

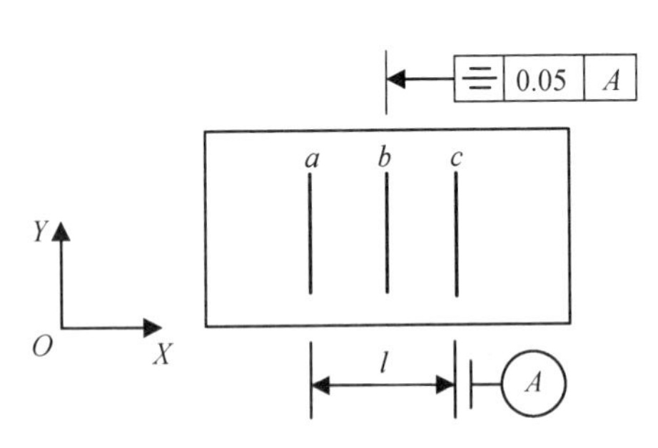

图 2.23　有对称度要求的三条刻度线

1. 面对线、线对线的对称度

如图 2.23 所示，以 X 轴为基准坐标方向，Y 轴为被测方向，零件在 X 方向上有对称度误差要求，那么必须使得

$$\delta x_w + \delta\beta_w z_P - \delta\gamma_w y_P = 0 \quad (2.73)$$

由于 x_P、z_P 为任意数，要使得式(2.73)成立，当且仅当

$$\delta x_w = \delta\beta_w = \delta\gamma_w = 0 \quad (2.74)$$

即必须约束三个自由度 δx_w、$\delta\beta_w$ 和 $\delta\gamma_w$，才能够保证在以 X 轴为基准坐标方向，Y 轴为被测要素误差方向的面对线、线对线的对称度要求。同理，为了保证以 X 轴为基准坐标方向，Z 轴为被测要素误差方向的面对线、线对线的对称度要求，应约束自由度 δz_w、$\delta\beta_w$ 和 $\delta\gamma_w$。

同理，为了保证在以 Y 轴为基准坐标方向，X 轴为被测要素误差方向的面对线、线对线的对称度要求，必须约束三个自由度 δx_w、$\delta\beta_w$ 和 $\delta\gamma_w$；为了保证以 Y 轴为基准坐标方向，Z 轴为被测要素误差方向的面对线、线对线的对称度要求，应约束自由度 δz_w、$\delta\alpha_w$ 和 $\delta\beta_w$。为了保证以 Z 轴为基准坐标方向，X 轴为被测要素误差方向的面对线、线对线的对称度要求，必须约束三个自由度 δx_w、$\delta\beta_w$ 和 $\delta\gamma_w$；为了保证以 Z 轴为基准坐标方向，Y 轴为被测要素误差方向的面对线、线对线的对称度要求，应约束自由度 δy_w、$\delta\alpha_w$、和 $\delta\gamma_w$。

2. 面对面的对称度

如图 2.24 所示，零件表示的是以 XOZ 为基准平面的面对面的对称度，知零件在 Y 方向上有对称度误差要求，那么必须使得

$$\delta y_w + \delta\gamma_w x_P - \delta\alpha_w z_P = 0 \quad (2.75)$$

又知 x_P、z_P 为任意数，要使得式(2.75)成立，当且仅当

$$\delta y_w = \delta\alpha_w = \delta\gamma_w = 0 \quad (2.76)$$

即必须约束三个自由度 δy_w、$\delta\alpha_w$ 和 $\delta\gamma_w$，才能够保证以 XOZ 为基准平面的面对面的对称度要求。同理，为了保证分别以 XOY、YOZ 为基准平

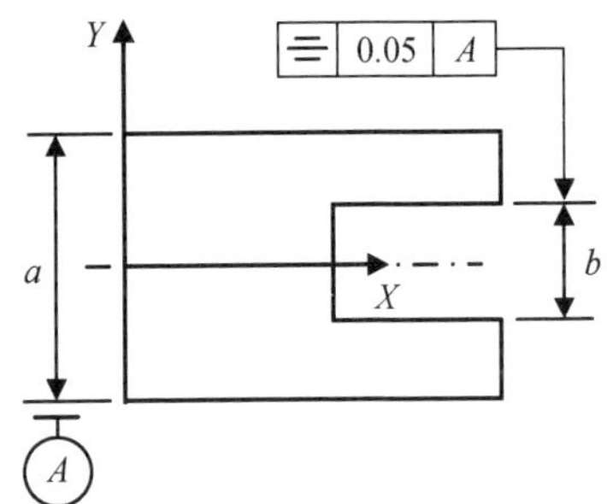

图 2.24　有面对面对称度要求的工件

面的面对面的对称度要求，应各自约束的自由度为 δz_w、$\delta\alpha_w$、$\delta\beta_w$ 和 δx_w、$\delta\beta_w$、$\delta\gamma_w$。

3. 线对面的对称度

如图 2.25 所示，零件上表示的是以 XOZ 为基准平面的线对面的对称度，知零件在 Y 方向上有对称度误差要求，那么必须使得

$$\delta y_w + \delta\gamma_w x_P - \delta\alpha_w z_P = 0 \tag{2.77}$$

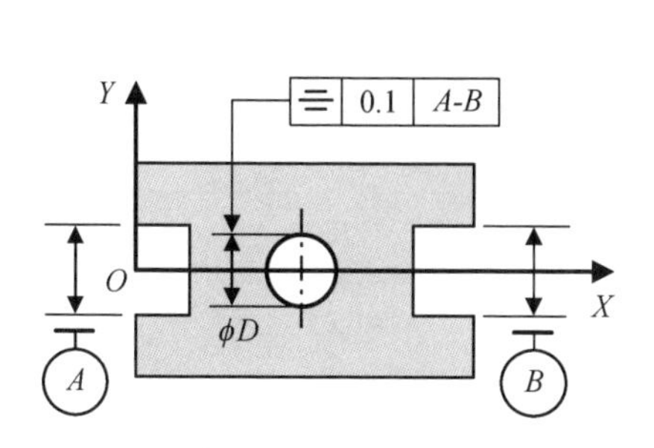

图 2.25 有线对面对称度要求的工件

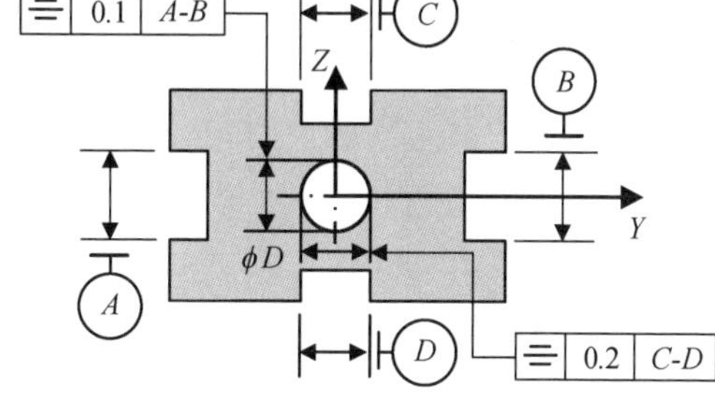

图 2.26 有线对面对称度要求的工件

又知 x_P、z_P 为任意数，要使得式(2.77)成立，当且仅当

$$\delta y_w = \delta\alpha_w = \delta\gamma_w = 0 \tag{2.78}$$

即必须约束三个自由度 δy_w、$\delta\alpha_w$ 和 $\delta\gamma_w$，才能够保证以 XOZ 为基准平面的线对面的对称度要求。同理，为了保证分别以 XOY、YOZ 为基准平面的线对面的对称度要求，应各自约束的自由度为 δz_w、$\delta\alpha_w$、$\delta\beta_w$ 和 δx_w、$\delta\beta_w$、$\delta\gamma_w$。

如图 2.26 所示，零件上表示的是以 XOZ、XOY 为基准平面的线对面的对称度，知零件在 Y、Z 方向上有对称度误差要求，那么必须使得

$$\begin{cases} \delta y_w + \delta\gamma_w x_P - \delta\alpha_w z_P = 0 \\ \delta z_w + \delta\alpha_w y_P - \delta\beta_w x_P = 0 \end{cases} \tag{2.79}$$

又知 x_P、y_P、z_P 为任意数，则要使式(2.79)成立，当且仅当

$$\delta\beta_w = \delta y_w = \delta\alpha_w = \delta z_w = \delta\gamma_w = 0 \tag{2.80}$$

即必须约束五个自由度 δx_w、$\delta\alpha_w$、δy_w、$\delta\beta_w$、$\delta\gamma_w$，才能够保证以 XOZ、XOY 为基准平面的线对面的对称度要求。同理，为了保证以 XOY、YOZ 为基准平面的线对面的对称度要求，应约束的自由度为 δz_w、$\delta\alpha_w$、$\delta\beta_w$、δx_w、$\delta\gamma_w$；而为了保证以 XOZ、YOZ 为基准平面的线对面的对称度要求，应约束的自由度为 δx_w、$\delta\alpha_w$、$\delta\beta_w$、δy_w、$\delta\gamma_w$。

综上所述，可以归纳总结出对称度与应限制的自由度之间的层次模型，能够更加清楚的显示出它们之间的逻辑关系，如表 2.5 所示。

表 2.5　对称度与工件自由度关系的层次模型

类　型	加工要求方向	基　准	应限制的自由度	理论自由度 $\delta \boldsymbol{q}_{w}^{*}$	基向量 $\boldsymbol{\zeta}^{*}$
面对面	X	YOZ	δx、$\delta\beta$、$\delta\gamma$	$\lambda_y\zeta_y+\lambda_z\zeta_z+\lambda_\alpha\zeta_\alpha$	$[\zeta_y, \zeta_z, \zeta_\alpha]$
	Y	ZOX	δy、$\delta\alpha$、$\delta\gamma$	$\lambda_x\zeta_x+\lambda_z\zeta_z+\lambda_\beta\zeta_\beta$	$[\zeta_x, \zeta_z, \zeta_\beta]$
	Z	XOZ	δz、$\delta\alpha$、$\delta\beta$	$\lambda_x\zeta_x+\lambda_y\zeta_y+\lambda_\gamma\zeta_\gamma$	$[\zeta_x, \zeta_y, \zeta_\gamma]$
面对线或线对线	X	X	δx、$\delta\beta$、$\delta\gamma$	$\lambda_y\zeta_y+\lambda_z\zeta_z+\lambda_\alpha\zeta_\alpha$	$[\zeta_y, \zeta_z, \zeta_\alpha]$
	Y	Y	δy、$\delta\alpha$、$\delta\gamma$	$\lambda_x\zeta_x+\lambda_z\zeta_z+\lambda_\beta\zeta_\beta$	$[\zeta_x, \zeta_z, \zeta_\beta]$
	Z	Z	δz、$\delta\alpha$、$\delta\beta$	$\lambda_x\zeta_x+\lambda_y\zeta_y+\lambda_\gamma\zeta_\gamma$	$[\zeta_x, \zeta_y, \zeta_\gamma]$
线对面	X	X	δx、$\delta\beta$、$\delta\gamma$	$\lambda_y\zeta_y+\lambda_z\zeta_z+\lambda_\alpha\zeta_\alpha$	$[\zeta_y, \zeta_z, \zeta_\alpha]$
	Y	Y	δy、$\delta\alpha$、$\delta\gamma$	$\lambda_x\zeta_x+\lambda_z\zeta_z+\lambda_\beta\zeta_\beta$	$[\zeta_x, \zeta_z, \zeta_\beta]$
	Z	Z	δz、$\delta\alpha$、$\delta\beta$	$\lambda_x\zeta_x+\lambda_y\zeta_y+\lambda_\gamma\zeta_\gamma$	$[\zeta_x, \zeta_y, \zeta_\gamma]$
	X、Y	YOZ、ZOX	δx、δy、$\delta\alpha$、$\delta\beta$、$\delta\gamma$	$\lambda_z\zeta_z$	ζ_z
	Y、Z	ZOX、XOY	δy、δz、$\delta\alpha$、$\delta\beta$、$\delta\gamma$	$\lambda_x\zeta_x$	ζ_x
	X、Z	YOZ、XOY	δx、δz、$\delta\alpha$、$\delta\beta$、$\delta\gamma$	$\lambda_y\zeta_y$	ζ_y

2.4.3　位置度公差与自由度之间的关系

位置度用于控制被测要素（点、线、面）对基准的位置度误差。根据零件的功能要求，位置度公差可分为给定一个方向、给定两个方向和任意方向的三种。

1. 点的位置度

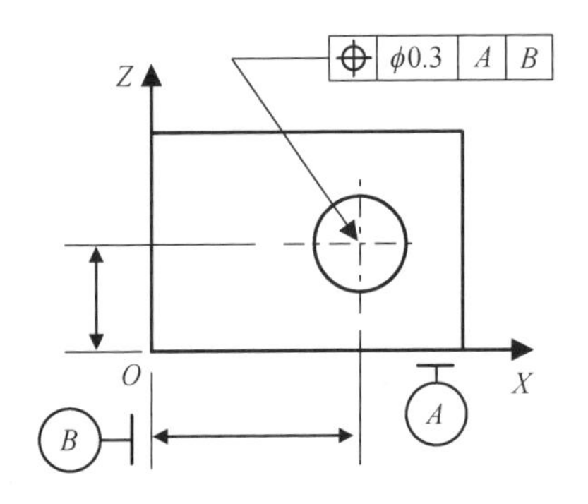

图 2.27　点在平面上的位置度

如图 2.27 所示，零件为薄板件，以 XOZ 面作为正确尺寸的方位，即是以 X 方向作为误差方向一，Z 方向作为误差方向二，并且其基准轴

是 Y 轴。由于 x_P、y_P 和 z_P 为任意数，要满足在 X、Z 两个方向上的点的位置度误差，就必须使得

$$\begin{cases}\delta x_{\mathrm{w}}+\delta\beta_{\mathrm{w}}z_P-\delta\gamma_{\mathrm{w}}y_P=0\\ \delta z_{\mathrm{w}}+\delta\alpha_{\mathrm{w}}y_P-\delta\beta_{\mathrm{w}}x_P=0\end{cases} \tag{2.81}$$

要使式(2.81)成立，当且仅当

$$\delta x_{\mathrm{w}}=\delta z_{\mathrm{w}}=\delta\alpha_{\mathrm{w}}=\delta\beta_{\mathrm{w}}=\delta\gamma_{\mathrm{w}}=0 \tag{2.82}$$

即必须约束五个自由度 δx_{w}、$\delta\alpha_{\mathrm{w}}$、$\delta\beta_{\mathrm{w}}$、$\delta z_{\mathrm{w}}$、$\delta\gamma_{\mathrm{w}}$，才能够保证以 XOZ 面为正确尺寸的方位的点的位置度要求。同理，为了保证以 XOY 面为正确尺寸的方位的点的位置度要求，应该约束的自由度为 δx_{w}、$\delta\alpha_{\mathrm{w}}$、$\delta y_{\mathrm{w}}$、$\delta\beta_{\mathrm{w}}$、$\delta\gamma_{\mathrm{w}}$；为了保证以 YOZ 面为正确尺寸的方位的点的位置度要求，应该约束的自由度为 $\delta\alpha_{\mathrm{w}}$、$\delta y_{\mathrm{w}}$、$\delta\beta_{\mathrm{w}}$、$\delta z_{\mathrm{w}}$、$\delta\gamma_{\mathrm{w}}$。

若点在空间内，为了确定一个点位置度就必须限制点在 X、Y、Z 三个方向上的位置度误差，如图 2.28 所示，那么必须使得

$$\begin{cases}\delta x_{\mathrm{w}}+\delta\beta_{\mathrm{w}}z_P-\delta\gamma_{\mathrm{w}}y_P=0\\ \delta y_{\mathrm{w}}+\delta\gamma_{\mathrm{w}}x_P-\delta\alpha_{\mathrm{w}}z_P=0\\ \delta z_{\mathrm{w}}+\delta\alpha_{\mathrm{w}}y_P-\delta\beta_{\mathrm{w}}x_P=0\end{cases} \tag{2.83}$$

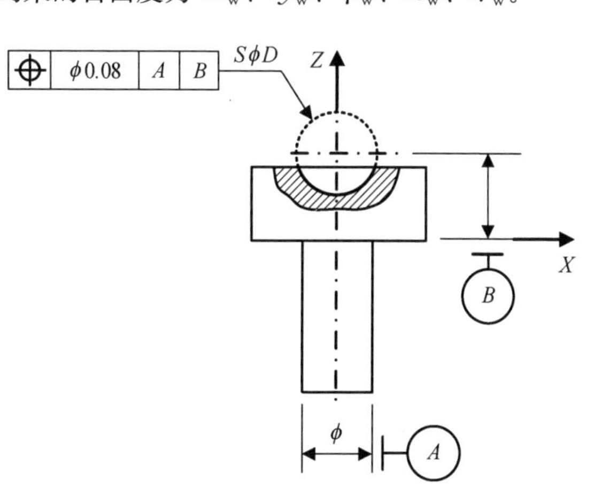

图 2.28　点在空间上的位置度

又知在空间内，x_P、y_P、z_P 为任意数。要使式(2.83)成立，当且仅当：

$$\delta x_{\mathrm{w}}=\delta\beta_{\mathrm{w}}=\delta y_{\mathrm{w}}=\delta\alpha_{\mathrm{w}}=\delta z_{\mathrm{w}}=\delta\gamma_{\mathrm{w}}=0 \tag{2.84}$$

即必须约束六个自由度 δx_{w}、$\delta\alpha_{\mathrm{w}}$、$\delta y_{\mathrm{w}}$、$\delta\beta_{\mathrm{w}}$、$\delta z_{\mathrm{w}}$、$\delta\gamma_{\mathrm{w}}$，才能够保证空间的点的位置度要求。

2. 线的位置度

线的位置度在给定一个方向时，公差带是距离为公差值 t，且以线的理想位置为中心对称配置的两平行平面(或直线)之间的区域，当给定相互垂直的两个方向时，则是正截面为尺寸公差值 $t_1\times t_2$，且以线的理想位置为中心线的四棱柱内的区域。在任意方向上，公差带是直径为公差值 t，且以线的理想位置为轴线的圆柱面内的区域。

如图 2.29 所示，零件上表示的是以一个方向 X 作为线的位置度误差方向，就必须使得

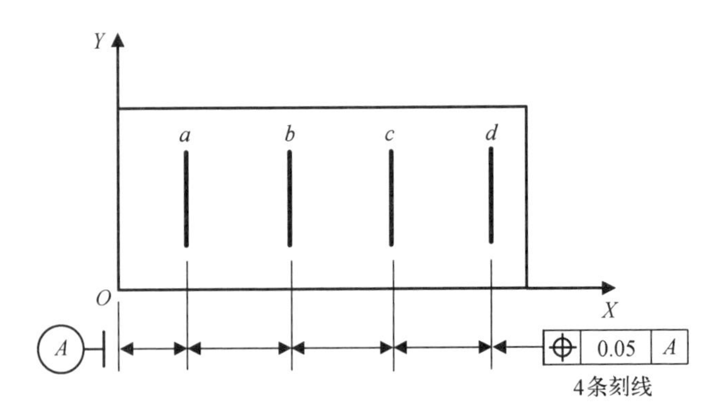

图 2.29 在一个方向有线的位置度要求

$$\delta x_{w} + \delta\beta_{w} z_{P} - \delta\gamma_{w} y_{P} = 0 \tag{2.85}$$

其中 y_P 和 z_P 为任意数，要使得式(2.85)成立，当且仅当

$$\delta x_{w} = \delta\beta_{w} = \delta\gamma_{w} = 0 \tag{2.86}$$

即必须约束三个自由度 δx_w、$\delta\beta_w$和 $\delta\gamma_w$，才能够保证以一个方向 X 作为线的位置度误差方向的要求。类似地，也可以知道为了保证以一个方向Y、Z 作为线的位置度误差方向的要求，应分别约束自由度 δy_w、$\delta\alpha_w$、$\delta\gamma_w$和 δz_w、$\delta\alpha_w$、$\delta\beta_w$。

为了保证 X 方向、Y 方向有线的位置度误差要求，必须约束五个自由度 δx_w、$\delta\alpha_w$、δy_w、$\delta\beta_w$、$\delta\gamma_w$；为了保证在 Y 方向、Z 方向有线的位置度误差要求的非回转类零件，应约束五个自由度 $\delta\alpha_w$、δy_w、$\delta\beta_w$、δz_w、$\delta\gamma_w$；为了保证在 X 方向、Z 方向有线的位置度误差要求的非回转类零件，应约束的五个自由度为 δx_w、$\delta\alpha_w$、$\delta\beta_w$、δz_w、$\delta\gamma_w$；为了保证任意方向有线的位置度要求，必须约束六个自由度 δx_w、$\delta\alpha_w$、δy_w、$\delta\beta_w$、δz_w、$\delta\gamma_w$。

3. 面的位置度

面的位置度的公差带是距离为公差值 t，且以面的理想位置为中心对称配置的两行平面之间的区域。当以 YOZ 为基准平面时，根据面的位置度的定义可知，其在 X 方向上有位置度公差。那么应使得

$$\delta x_{w} + \delta\beta_{w} z_{P} - \delta\gamma_{w} y_{P} = 0 \tag{2.87}$$

又知 x_P、y_P、z_P为任意数，要使式(2.87)成立，当且仅当

$$\delta x_{w} = \delta\beta_{w} = \delta\gamma_{w} = 0 \tag{2.88}$$

即必须约束三个自由度 δx_w、$\delta\beta_w$和 $\delta\gamma_w$，才能够保证以 YOZ 为基准平面的面的位置度公差的要求。同理，为了保证 XOZ 为基准平面的面的位置度公差的要求，应约束自由度为 δy_w、$\delta\alpha_w$、$\delta\gamma_w$；以 XOY 为基准平面的面的位置度公差的要求，应

约束自由度为 δz_{w}、$\delta\alpha_{w}$、$\delta\beta_{w}$。

为了更加简单、清楚地说明位置度与应限制的自由度之间的关系，建立了它们的层次模型，如表 2.6 所示。

表 2.6　位置度与工件自由度关系的层次模型

类型	加工要求方向	基　准	应限制的自由度	理论自由度 $\delta \boldsymbol{q}_{w}^{*}$	基向量 $\boldsymbol{\zeta}^{*}$
点	Z、X	XOY、YOZ	δx、δz、$\delta\alpha$、$\delta\beta$、$\delta\gamma$	$\lambda_y\boldsymbol{\zeta}_y$	$\boldsymbol{\zeta}_y$
	X、Y	YOZ、ZOX	δx、δy、$\delta\alpha$、$\delta\beta$、$\delta\gamma$	$\lambda_z\boldsymbol{\zeta}_z$	$\boldsymbol{\zeta}_z$
	Y、Z	ZOX、XOY	δy、δz、$\delta\alpha$、$\delta\beta$、$\delta\gamma$	$\lambda_x\boldsymbol{\zeta}_x$	$\boldsymbol{\zeta}_x$
	X、Y、Z	XOY、YOZ、ZOX	δx、δy、δz、$\delta\alpha$、$\delta\beta$、$\delta\gamma$	$\mathbf{0}$	$\mathbf{0}$
线	X	YOZ	δx、$\delta\beta$、$\delta\gamma$	$\lambda_y\boldsymbol{\zeta}_y+\lambda_z\boldsymbol{\zeta}_z+\lambda_\alpha\boldsymbol{\zeta}_\alpha$	$[\boldsymbol{\zeta}_y, \boldsymbol{\zeta}_z, \boldsymbol{\zeta}_\alpha]$
	Y	ZOX	δy、$\delta\alpha$、$\delta\gamma$	$\lambda_x\boldsymbol{\zeta}_x+\lambda_z\boldsymbol{\zeta}_z+\lambda_\beta\boldsymbol{\zeta}_\beta$	$[\boldsymbol{\zeta}_x, \boldsymbol{\zeta}_z, \boldsymbol{\zeta}_\beta]$
	Z	XOY	δz、$\delta\alpha$、$\delta\beta$	$\lambda_x\boldsymbol{\zeta}_x+\lambda_y\boldsymbol{\zeta}_y+\lambda_\gamma\boldsymbol{\zeta}_\gamma$	$[\boldsymbol{\zeta}_x, \boldsymbol{\zeta}_y, \boldsymbol{\zeta}_\gamma]$
	X、Z	YOZ、XOY	δx、δz、$\delta\alpha$、$\delta\beta$、$\delta\gamma$	$\lambda_y\boldsymbol{\zeta}_y$	$\boldsymbol{\zeta}_y$
	X、Y	YOZ、ZOX	δx、δy、$\delta\alpha$、$\delta\beta$、$\delta\gamma$	$\lambda_z\boldsymbol{\zeta}_z$	$\boldsymbol{\zeta}_z$
	Y、Z	ZOX、XOY	δy、δz、$\delta\alpha$、$\delta\beta$、$\delta\gamma$	$\lambda_x\boldsymbol{\zeta}_x$	$\boldsymbol{\zeta}_x$
	X、Y、Z	XOY、YOZ、ZOX	δx、δy、δz、$\delta\alpha$、$\delta\beta$、$\delta\gamma$	$\mathbf{0}$	$\mathbf{0}$
面	X	YOZ	δx、$\delta\beta$、$\delta\gamma$	$\lambda_y\boldsymbol{\zeta}_y+\lambda_z\boldsymbol{\zeta}_z+\lambda_\alpha\boldsymbol{\zeta}_\alpha$	$[\boldsymbol{\zeta}_y, \boldsymbol{\zeta}_z, \boldsymbol{\zeta}_\alpha]$
	Y	ZOX	δy、$\delta\alpha$、$\delta\gamma$	$\lambda_x\boldsymbol{\zeta}_x+\lambda_z\boldsymbol{\zeta}_z+\lambda_\beta\boldsymbol{\zeta}_\beta$	$[\boldsymbol{\zeta}_x, \boldsymbol{\zeta}_z, \boldsymbol{\zeta}_\beta]$
	Z	XOY	δz、$\delta\alpha$、$\delta\beta$	$\lambda_x\boldsymbol{\zeta}_x+\lambda_y\boldsymbol{\zeta}_y+\lambda_\gamma\boldsymbol{\zeta}_\gamma$	$[\boldsymbol{\zeta}_x, \boldsymbol{\zeta}_y, \boldsymbol{\zeta}_\gamma]$

2.4.4　跳动公差要求下自由度的限制

跳动公差是以特定的检测方式为依据而设定的公差项目，跳动公差又分为圆跳动和全跳动两类。圆跳动又分为径向圆跳动、端面圆跳动与斜向圆跳动；全跳动分为径向全跳动和端面全跳动。

径向圆跳动公差带是在垂直于基准轴线的任一测量平面内，半径差为公差值

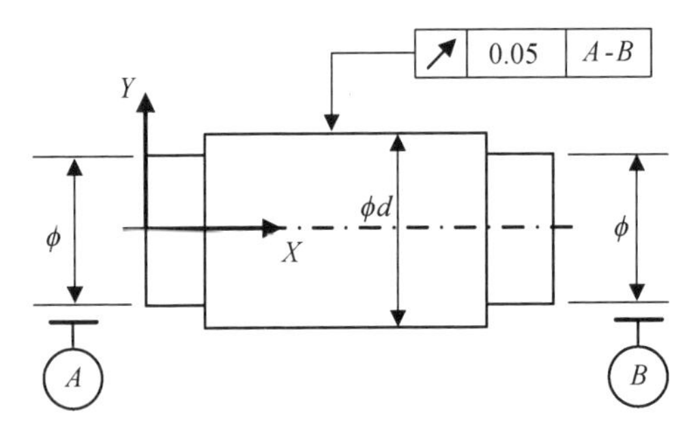

图 2.30　有径向圆跳动公差要求的阶梯轴

t,且圆心在基准轴线上的两同心圆之间的区域。如图 2.30 所示,以 X 为基准轴线的径向圆跳动,以 X 为基准轴线的径向圆跳动误差表示的是在 Y 方向、Z 方向上有误差,则有

$$\begin{cases}\delta y_{\mathrm{w}}+\delta\gamma_{\mathrm{w}}x_P-\delta\alpha_{\mathrm{w}}z_P=0\\ \delta z_{\mathrm{w}}+\delta\alpha_{\mathrm{w}}y_P-\delta\beta_{\mathrm{w}}x_P=0\end{cases}\tag{2.89}$$

由于 P 点在 X 轴上,即 $y_P=z_P=0$,而 x_P 为任意数,所以有

$$\delta\beta_{\mathrm{w}}=\delta y_{\mathrm{w}}=\delta z_{\mathrm{w}}=\delta\gamma_{\mathrm{w}}=0\tag{2.90}$$

即必须约束四个自由度 δz_{w}、δy_{w}、$\delta\beta_{\mathrm{w}}$、$\delta\gamma_{\mathrm{w}}$,才能够保证以 X 为基准轴线的径向圆跳动误差的要求。同理,为了保证以 Y 为基准轴线的径向圆跳动误差的要求,应约束的自由度为 δx_{w}、$\delta\alpha_{\mathrm{w}}$、$\delta z_{\mathrm{w}}$、$\delta\gamma_{\mathrm{w}}$;而为了保证以 Z 为基准轴线的径向圆跳动误差的要求,应约束的自由度为 δx_{w}、$\delta\alpha_{\mathrm{w}}$、$\delta y_{\mathrm{w}}$、$\delta\beta_{\mathrm{w}}$。

端面圆跳动公差带是在与基准轴线同轴的任一直径位置上的测量圆柱面上,沿母线方向宽度为公差值 t 的圆柱面区域。如图 2.31 所示,与 X 轴同轴且在 YOZ 面内一直径位置上的端面圆跳动,将其沿三个坐标轴进行分解后,可知

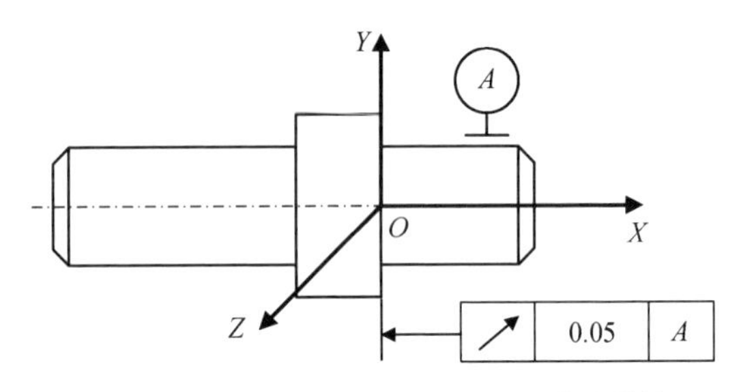

图 2.31　有端面圆跳动公差要求的阶梯轴

$$\begin{cases}\delta x_{\mathrm{w}}+\delta\beta_{\mathrm{w}}z_P-\delta\gamma_{\mathrm{w}}y_P=0\\ \delta y_{\mathrm{w}}+\delta\gamma_{\mathrm{w}}x_P-\delta\alpha_{\mathrm{w}}z_P=0\\ \delta z_{\mathrm{w}}+\delta\alpha_{\mathrm{w}}y_P-\delta\beta_{\mathrm{w}}x_P=0\end{cases}\tag{2.91}$$

由于 $x_P=0$,且 y_P、z_P 为任意数。要使式(2.91)成立,当且仅当

$$\delta x_{\mathrm{w}}=\delta\beta_{\mathrm{w}}=\delta y_{\mathrm{w}}=\delta z_{\mathrm{w}}=\delta\gamma_{\mathrm{w}}=0\tag{2.92}$$

即必须约束五个自由度 δx_{w}、δy_{w}、$\delta\beta_{\mathrm{w}}$、δz_{w}、$\delta\gamma_{\mathrm{w}}$,才能够保证以 X 轴为基准的端面圆跳动。同理,为了保证以 Y 轴为基准的端面圆跳动,应约束自由度为 δx_{w}、$\delta\alpha_{\mathrm{w}}$、$\delta y_{\mathrm{w}}$、$\delta z_{\mathrm{w}}$、$\delta\gamma_{\mathrm{w}}$;为了保证以 Z 轴为基准的端面圆跳动,应约束自由度为 δx_{w}、$\delta\alpha_{\mathrm{w}}$、$\delta y_{\mathrm{w}}$、$\delta\beta_{\mathrm{w}}$、$\delta z_{\mathrm{w}}$。

同理,可以推出全跳动所需限制自由度与圆跳动一致,此处不再赘述。由上述推导可知,其与自由度关系的层次模型如表 2.7 所示。

表 2.7　圆跳动、全跳动与工件自由度关系的层次模型

类　型	加工要求方向	基准	应限制的自由度	理论自由度 $\delta \boldsymbol{q}_{\mathrm{w}}^{*}$	基向量 $\boldsymbol{\zeta}^{*}$
径向圆跳动或全跳动	Y、Z	X	δx、$\delta \beta$、$\delta \gamma$	$\lambda_y \boldsymbol{\zeta}_y + \lambda_z \boldsymbol{\zeta}_z + \lambda_\alpha \boldsymbol{\zeta}_\alpha$	$[\boldsymbol{\zeta}_y, \boldsymbol{\zeta}_z, \boldsymbol{\zeta}_\alpha]$
	Z、X	Y	δy、$\delta \alpha$、$\delta \gamma$	$\lambda_x \boldsymbol{\zeta}_x + \lambda_z \boldsymbol{\zeta}_z + \lambda_\beta \boldsymbol{\zeta}_\beta$	$[\boldsymbol{\zeta}_x, \boldsymbol{\zeta}_z, \boldsymbol{\zeta}_\beta]$
	X、Y	Z	δz、$\delta \alpha$、$\delta \beta$	$\lambda_x \boldsymbol{\zeta}_x + \lambda_y \boldsymbol{\zeta}_y + \lambda_\gamma \boldsymbol{\zeta}_\gamma$	$[\boldsymbol{\zeta}_x, \boldsymbol{\zeta}_y, \boldsymbol{\zeta}_\gamma]$
端面圆跳动、斜向圆跳动或全跳动	X	X	δx、δy、δz、$\delta \beta$、$\delta \gamma$	$\lambda_\alpha \boldsymbol{\zeta}_\alpha$	$\boldsymbol{\zeta}_\alpha$
	Y	Y	δx、δy、δz、$\delta \alpha$、$\delta \gamma$	$\lambda_\beta \boldsymbol{\zeta}_\beta$	$\boldsymbol{\zeta}_\beta$
	Z	Z	δx、δy、δz、$\delta \alpha$、$\delta \beta$	$\lambda_\gamma \boldsymbol{\zeta}_\gamma$	$\boldsymbol{\zeta}_\gamma$

2.5　定位点布局模型

在空间直角坐标系中,若工件能够沿着(或绕着)X 轴(或 Y 轴、Z 轴)移动或转动,则称由移动或转动引起的工件位置变化 δx_{w}(或 δy_{w}、δz_{w})或 $\delta \alpha_{\mathrm{w}}$(或 $\delta \beta_{\mathrm{w}}$、$\delta \gamma_{\mathrm{w}}$)为理论自由度,此时 $\delta x_{\mathrm{w}} = \lambda_x$(或 $\delta y_{\mathrm{w}} = \lambda_y$、$\delta z_{\mathrm{w}} = \lambda_z$)或 $\delta \alpha_{\mathrm{w}} = \lambda_\alpha$(或 $\delta \beta_{\mathrm{w}} = \lambda_\beta$、$\delta \gamma_{\mathrm{w}} = \lambda_\gamma$);否则,称之为理论约束,此时 $\delta x_{\mathrm{w}} = 0$(或 $\delta y_{\mathrm{w}} = 0$、$\delta z_{\mathrm{w}} = 0$)或 $\delta \alpha_{\mathrm{w}} = 0$(或 $\delta \beta_{\mathrm{w}} = 0$、$\delta \gamma_{\mathrm{w}} = 0$)。而理论约束的获得,就是利用合理分布的定位点确定工件上的 6 个位置参数 x_{w}、y_{w}、z_{w}、α_{w}、β_{w}、γ_{w}或其中某些位置参数的值,使工件相对于夹具具有一个正确的位置,这个过程就是所谓的定位。

2.5.1　布局模型的建立

在工件定位过程中,自由度有理论自由度和实际自由度之分。相应地,约束自然也分为理论约束和实际约束两种。如图 2.32(a)所示,为了满足台阶面的加工要求 $l_0^{+\delta l}$ 和 $h_0^{+\delta h}$,在定位过程中工件只能在 Z 方向上移动。即为了加工出合格的台阶面,工件的理论自由度为 δz_{w},而 δx_{w}、δy_{w}、$\delta \alpha_{\mathrm{w}}$、$\delta \beta_{\mathrm{w}}$和 $\delta \gamma_{\mathrm{w}}$为理论约束,此时有应限制的自由度为 $\delta \boldsymbol{q}_{\mathrm{w}}^{*} = \lambda_z \boldsymbol{\zeta}_z$,其集合的形式可表示为 $\delta \boldsymbol{q}_{\mathrm{w}}^{*} = \{\delta x_{\mathrm{w}}, \delta y_{\mathrm{w}}, \delta \alpha_{\mathrm{w}}, \delta \beta_{\mathrm{w}}, \delta \gamma_{\mathrm{w}}\}$。

工件的理论约束是依赖于夹具的定位布局方案来限制的,图 2.32(b)为由 3 个

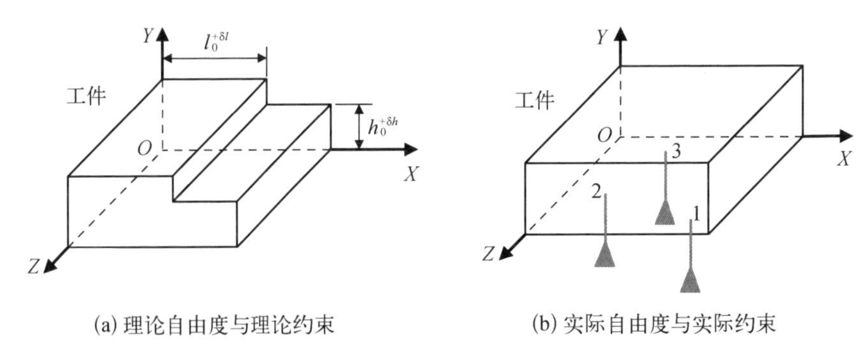

(a) 理论自由度与理论约束　　(b) 实际自由度与实际约束

图 2.32　自由度与约束

定位点组成的定位点布局方案，这 3 个定位点均布局在工件下表面。此时，工件既不能沿 Y 方向移动，也不能围绕 X 轴、Z 轴进行转动，即工件的自由度有 δx_{w}、δz_{w}、$\delta\beta_{\mathrm{w}}$，而约束为 δy_{w}、$\delta\alpha_{\mathrm{w}}$、$\delta\beta_{\mathrm{w}}$。这就是所谓的实际自由度和实际约束，若记 $\delta\boldsymbol{q}_{\mathrm{w}}^{\mathrm{h}}$ 为实际限制的自由度，则其集合形式应为 $\delta\boldsymbol{q}_{\mathrm{w}}^{\mathrm{h}}=\{\delta y_{\mathrm{w}},\ \delta\alpha_{\mathrm{w}},\ \delta\beta_{\mathrm{w}}\}$。

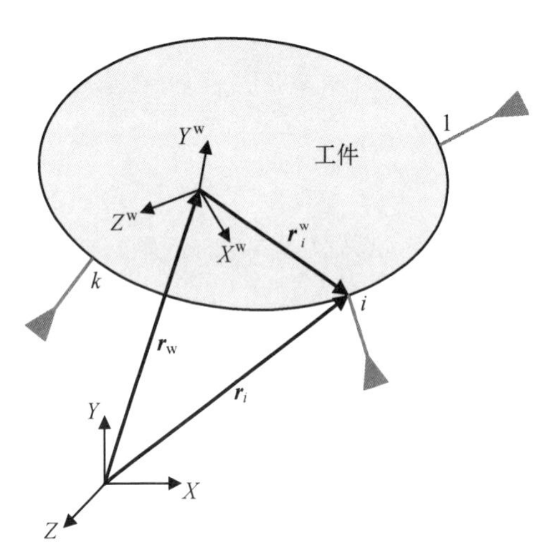

图 2.33　工件的定位

一般地，假定定位布局方案由 k 个定位点组成，如图 2.33 所示，工件由分段光滑的曲面组成，其曲面方程表示为

$$f(\boldsymbol{r}^{\mathrm{w}})=f(x^{\mathrm{w}},\ y^{\mathrm{w}},\ z^{\mathrm{w}})=0 \tag{2.93}$$

式中，$\boldsymbol{r}^{\mathrm{w}}=[x^{\mathrm{w}},\ y^{\mathrm{w}},\ z^{\mathrm{w}}]^{\mathrm{T}}$ 为工件上任意点在工件坐标系{WCS}中的坐标。

由于 $\boldsymbol{r}_{\mathrm{w}}=[x_{\mathrm{w}},\ y_{\mathrm{w}},\ z_{\mathrm{w}}]^{\mathrm{T}}$、$\boldsymbol{\Theta}_{\mathrm{w}}=[\alpha_{\mathrm{w}},\ \beta_{\mathrm{w}},\ \gamma_{\mathrm{w}}]^{\mathrm{T}}$ 分别表示{WCS}原点在全局坐标系{GCS}的位置以及{WCS}相对于{GCS}的方向，那么由{WCS}到{GCS}上点的坐标转换公式为

$$\boldsymbol{r}=\boldsymbol{T}(\boldsymbol{\Theta}_{\mathrm{w}})\boldsymbol{r}^{\mathrm{w}}+\boldsymbol{r}_{\mathrm{w}} \tag{2.94}$$

式中，$\boldsymbol{T}(\boldsymbol{\Theta}_{\mathrm{w}})$ 为正交的坐标转换矩阵。

将式(2.94)代入式(2.93)，可得{GCS}下的工件曲面方程为

$$f(\boldsymbol{T}(\boldsymbol{\Theta}_{\mathrm{w}})^{\mathrm{T}}(\boldsymbol{r}-\boldsymbol{r}_{\mathrm{w}}))=0 \tag{2.95}$$

其中，$\boldsymbol{T}(\boldsymbol{\Theta}_{\mathrm{w}})^{\mathrm{T}}$ 为矩阵 $\boldsymbol{T}(\boldsymbol{\Theta}_{\mathrm{w}})$ 的转置矩阵。

若令 $\boldsymbol{q}_{\mathrm{w}}=[\boldsymbol{r}_{\mathrm{w}}^{\mathrm{T}}, \boldsymbol{\Theta}_{\mathrm{w}}^{\mathrm{T}}]^{\mathrm{T}}=[x_{\mathrm{w}}, y_{\mathrm{w}}, z_{\mathrm{w}}, \alpha_{\mathrm{w}}, \beta_{\mathrm{w}}, \gamma_{\mathrm{w}}]^{\mathrm{T}}$ 表示工件的 6 个位置参数,那么式(2.95)可进一步描述为

$$f(\boldsymbol{q}_{\mathrm{w}}, \boldsymbol{r})=f(\boldsymbol{T}(\boldsymbol{\Theta}_{\mathrm{w}})^{\mathrm{T}}(\boldsymbol{r}-\boldsymbol{r}_{\mathrm{w}}))=0 \tag{2.96}$$

对于第 i 个定位接触点,其在{GCS}中的坐标 $\boldsymbol{r}_i=[x_i, y_i, z_i]^{\mathrm{T}}$,与在{WCS}中的坐标 $\boldsymbol{r}_i^{\mathrm{w}}=[x_i^{\mathrm{w}}, y_i^{\mathrm{w}}, z_i^{\mathrm{w}}]^{\mathrm{T}}$ 具有如下关系:

$$\boldsymbol{r}_i=\boldsymbol{T}(\boldsymbol{\Theta}_{\mathrm{w}})\boldsymbol{r}_i^{\mathrm{w}}+\boldsymbol{r}_{\mathrm{w}} \tag{2.97}$$

由于其位于工件表面之上,那么根据式(2.96)可知每个定位接触点与工件之间的关系为

$$f_i(\boldsymbol{q}_{\mathrm{w}})=f(\boldsymbol{q}_{\mathrm{w}}, \boldsymbol{r}_i)=f(\boldsymbol{T}(\boldsymbol{\Theta}_{\mathrm{w}})^{\mathrm{T}}(\boldsymbol{r}_i-\boldsymbol{r}_{\mathrm{w}}))=0, \quad 1 \leqslant i \leqslant k \tag{2.98}$$

假定 $\boldsymbol{q}_{\mathrm{w}}^*$ 为工件定位后的理论位置,则定位接触点 $\boldsymbol{r}_1, \boldsymbol{r}_2, \cdots, \boldsymbol{r}_i, \cdots, \boldsymbol{r}_k$ 必须保证与处于理论位置 $\boldsymbol{q}_{\mathrm{w}}^*$ 的工件相接触,并满足

$$f_i(\boldsymbol{q}_{\mathrm{w}}^*)=f(\boldsymbol{q}_{\mathrm{w}}^*, \boldsymbol{r}_i)=0, \ 1 \leqslant i \leqslant k \tag{2.99}$$

显然,这是一个联立方程:

$$\begin{cases} f(\boldsymbol{q}_{\mathrm{w}}, \boldsymbol{r}_1)=0 \\ f(\boldsymbol{q}_{\mathrm{w}}, \boldsymbol{r}_2)=0 \\ \vdots \\ f(\boldsymbol{q}_{\mathrm{w}}, \boldsymbol{r}_k)=0 \end{cases} \tag{2.100}$$

并且当 $\boldsymbol{r}_i(1 \leqslant i \leqslant k)$ 已知情况下有解 $\boldsymbol{q}_{\mathrm{w}}=\boldsymbol{q}_{\mathrm{w}}^*$ 存在。

在实际定位过程中,如果定位不合理,工件就一定不处于理论位置 $\boldsymbol{q}_{\mathrm{w}}^*$ 上,假定工件的位置在 $\boldsymbol{q}_{\mathrm{w}}^*$ 的邻域 $\delta\boldsymbol{q}_{\mathrm{w}}^{\mathrm{h}}$ 内变动。但是不管工件的位置在 $\delta\boldsymbol{q}_{\mathrm{w}}^{\mathrm{h}}$ 内如何变动,理论上定位接触点应当保证与工件表面相接触,否则失去定位的实际意义。将工件的任一位置 $\boldsymbol{q}_{\mathrm{w}}$ 代入式(2.99)得

$$f(\boldsymbol{q}_{\mathrm{w}}, \boldsymbol{r}_i)=f(\boldsymbol{q}_{\mathrm{w}}^*+\delta\boldsymbol{q}_{\mathrm{w}}^{\mathrm{h}}, \boldsymbol{r}_i), \ 1 \leqslant i \leqslant k \tag{2.101}$$

对式(2.101)在工件理论位置 $\boldsymbol{q}_{\mathrm{w}}^*$ 处进行泰勒展开(不计高阶微量),则有

$$f(\boldsymbol{q}_{\mathrm{w}}^*+\delta\boldsymbol{q}_{\mathrm{w}}^{\mathrm{h}}, \boldsymbol{r}_i)=f(\boldsymbol{q}_{\mathrm{w}}^*, \boldsymbol{r}_i)+\boldsymbol{g}_i^{\mathrm{T}}\delta\boldsymbol{q}_{\mathrm{w}}^{\mathrm{h}} \tag{2.102}$$

式中,$\boldsymbol{g}_i$ 为梯度向量,且 $\boldsymbol{g}_i=\left[\dfrac{\partial f_i}{\partial x_{\mathrm{w}}}, \dfrac{\partial f_i}{\partial y_{\mathrm{w}}}, \dfrac{\partial f_i}{\partial z_{\mathrm{w}}}, \dfrac{\partial f_i}{\partial \alpha_{\mathrm{w}}}, \dfrac{\partial f_i}{\partial \beta_{\mathrm{w}}}, \dfrac{\partial f_i}{\partial \gamma_{\mathrm{w}}}\right]^{\mathrm{T}}$。

令 $\boldsymbol{J}_i = \boldsymbol{g}_i^{\mathrm{T}}$，如果定位接触点与工件定位表面始终接触，且有

$$\boldsymbol{J}_i \delta \boldsymbol{q}_{\mathrm{w}}^{\mathrm{h}} = 0, \quad 1 \leqslant i \leqslant k \tag{2.103}$$

那么根据式(2.99)与式(2.102)可知，工件处于理论位置。

式(2.103)用矩阵形式可写为

$$\boldsymbol{J} \delta \boldsymbol{q}_{\mathrm{w}}^{\mathrm{h}} = \boldsymbol{O} \tag{2.104}$$

式中，$\boldsymbol{J}$ 为定位雅可比矩阵，且

$$\boldsymbol{J} = \begin{bmatrix} \dfrac{\partial f_1}{\partial x_{\mathrm{w}}} & \dfrac{\partial f_1}{\partial y_{\mathrm{w}}} & \dfrac{\partial f_1}{\partial z_{\mathrm{w}}} & \dfrac{\partial f_1}{\partial \alpha_{\mathrm{w}}} & \dfrac{\partial f_1}{\partial \beta_{\mathrm{w}}} & \dfrac{\partial f_1}{\partial \gamma_{\mathrm{w}}} \\ \dfrac{\partial f_2}{\partial x_{\mathrm{w}}} & \dfrac{\partial f_2}{\partial y_{\mathrm{w}}} & \dfrac{\partial f_2}{\partial z_{\mathrm{w}}} & \dfrac{\partial f_2}{\partial \alpha_{\mathrm{w}}} & \dfrac{\partial f_2}{\partial \beta_{\mathrm{w}}} & \dfrac{\partial f_2}{\partial \gamma_{\mathrm{w}}} \\ \cdots & \cdots & \cdots & \cdots & \cdots & \cdots \\ \dfrac{\partial f_k}{\partial x_{\mathrm{w}}} & \dfrac{\partial f_k}{\partial y_{\mathrm{w}}} & \dfrac{\partial f_k}{\partial z_{\mathrm{w}}} & \dfrac{\partial f_k}{\partial \alpha_{\mathrm{w}}} & \dfrac{\partial f_k}{\partial \beta_{\mathrm{w}}} & \dfrac{\partial f_k}{\partial \gamma_{\mathrm{w}}} \end{bmatrix} \tag{2.105}$$

在式(2.104)中，雅可比矩阵 $\boldsymbol{J}$ 的确定是求解 $\delta \boldsymbol{q}_{\mathrm{w}}^{\mathrm{h}}$ 的关键所在，之后利用 MATLAB 中的函数 null 可求解 $\delta \boldsymbol{q}_{\mathrm{w}}^{\mathrm{h}}$ 的值。

2.5.2　布局模型的求解

假定三维工件依次绕 X 轴、Y 轴、Z 轴旋转 α_{w}、β_{w}、γ_{w}，那么其坐标变换矩阵依次应为

$$\boldsymbol{T}(\alpha_{\mathrm{w}}) = \begin{bmatrix} 1 & 0 & 0 \\ 0 & \cos \alpha_{\mathrm{w}} & -\sin \alpha_{\mathrm{w}} \\ 0 & \sin \alpha_{\mathrm{w}} & \cos \alpha_{\mathrm{w}} \end{bmatrix} \tag{2.106}$$

$$\boldsymbol{T}(\beta_{\mathrm{w}}) = \begin{bmatrix} \cos \beta_{\mathrm{w}} & 0 & \sin \beta_{\mathrm{w}} \\ 0 & 1 & 0 \\ -\sin \beta_{\mathrm{w}} & 0 & \cos \beta_{\mathrm{w}} \end{bmatrix} \tag{2.107}$$

$$\boldsymbol{T}(\gamma_{\mathrm{w}}) = \begin{bmatrix} \cos \gamma_{\mathrm{w}} & -\sin \gamma_{\mathrm{w}} & 0 \\ \sin \gamma_{\mathrm{w}} & \cos \gamma_{\mathrm{w}} & 0 \\ 0 & 0 & 1 \end{bmatrix} \tag{2.108}$$

刚体任意方位的方向余弦矩阵(即转换矩阵) $\boldsymbol{T}(\boldsymbol{\Theta}_{\mathrm{w}})$ 可用三个转动的方向余弦矩阵顺次相乘求得

$$
\begin{aligned}
\boldsymbol{T}(\boldsymbol{\Theta}_{\mathrm{w}}) &= \boldsymbol{T}(\gamma_{\mathrm{w}})\boldsymbol{T}(\beta_{\mathrm{w}})\boldsymbol{T}(\alpha_{\mathrm{w}}) \\
&= \begin{bmatrix} \mathrm{c}\gamma_{\mathrm{w}} & -\mathrm{s}\gamma_{\mathrm{w}} & 0 \\ \mathrm{s}\gamma_{\mathrm{w}} & \mathrm{c}\gamma_{\mathrm{w}} & 0 \\ 0 & 0 & 1 \end{bmatrix} \begin{bmatrix} \mathrm{c}\beta_{\mathrm{w}} & 0 & \mathrm{s}\beta_{\mathrm{w}} \\ 0 & 1 & 0 \\ -\mathrm{s}\beta_{\mathrm{w}} & 0 & \mathrm{c}\beta_{\mathrm{w}} \end{bmatrix} \begin{bmatrix} 1 & 0 & 0 \\ 0 & \mathrm{c}\alpha_{\mathrm{w}} & -\mathrm{s}\alpha_{\mathrm{w}} \\ 0 & \mathrm{s}\alpha_{\mathrm{w}} & \mathrm{c}\alpha_{\mathrm{w}} \end{bmatrix} \\
&= \begin{bmatrix} \mathrm{c}\beta_{\mathrm{w}}\mathrm{c}\gamma_{\mathrm{w}} & -\mathrm{c}\alpha_{\mathrm{w}}\mathrm{s}\gamma_{\mathrm{w}} + \mathrm{s}\alpha_{\mathrm{w}}\mathrm{s}\beta_{\mathrm{w}}\mathrm{c}\gamma_{\mathrm{w}} & \mathrm{s}\alpha_{\mathrm{w}}\mathrm{s}\gamma_{\mathrm{w}} + \mathrm{c}\alpha_{\mathrm{w}}\mathrm{s}\beta_{\mathrm{w}}\mathrm{c}\gamma_{\mathrm{w}} \\ \mathrm{c}\beta_{\mathrm{w}}\mathrm{s}\gamma_{\mathrm{w}} & \mathrm{c}\alpha_{\mathrm{w}}\mathrm{c}\gamma_{\mathrm{w}} + \mathrm{s}\alpha_{\mathrm{w}}\mathrm{s}\beta_{\mathrm{w}}\mathrm{s}\gamma_{\mathrm{w}} & -\mathrm{s}\alpha_{\mathrm{w}}\mathrm{c}\gamma_{\mathrm{w}} + \mathrm{c}\alpha_{\mathrm{w}}\mathrm{s}\beta_{\mathrm{w}}\mathrm{s}\gamma_{\mathrm{w}} \\ -\mathrm{s}\beta_{\mathrm{w}} & \mathrm{s}\alpha_{\mathrm{w}}\mathrm{c}\beta_{\mathrm{w}} & \mathrm{c}\alpha_{\mathrm{w}}\mathrm{c}\beta_{\mathrm{w}} \end{bmatrix}
\end{aligned} \tag{2.109}
$$

式中，c 与 s 分别表示 cos 与 sin。

式(2.109)表明 $\boldsymbol{T}(\boldsymbol{\Theta}_{\mathrm{w}})$ 为 α_{w}、β_{w}、γ_{w} 的函数，因此根据 $\boldsymbol{T}(\boldsymbol{\Theta}_{\mathrm{w}})$ 对 α_{w}、β_{w}、γ_{w} 分别求微分可得

$$
\frac{\partial(\boldsymbol{T}(\boldsymbol{\Theta}_{\mathrm{w}})^{\mathrm{T}})}{\partial\alpha_{\mathrm{w}}} = \begin{bmatrix} 0 & 0 & 0 \\ \mathrm{s}\alpha_{\mathrm{w}}\mathrm{s}\gamma_{\mathrm{w}} + \mathrm{c}\alpha_{\mathrm{w}}\mathrm{s}\beta_{\mathrm{w}}\mathrm{c}\gamma_{\mathrm{w}} & -\mathrm{s}\alpha_{\mathrm{w}}\mathrm{c}\gamma_{\mathrm{w}} + \mathrm{c}\alpha_{\mathrm{w}}\mathrm{s}\beta_{\mathrm{w}}\mathrm{s}\gamma_{\mathrm{w}} & \mathrm{c}\alpha_{\mathrm{w}}\mathrm{c}\beta_{\mathrm{w}} \\ \mathrm{c}\alpha_{\mathrm{w}}\mathrm{s}\gamma_{\mathrm{w}} - \mathrm{s}\alpha_{\mathrm{w}}\mathrm{s}\beta_{\mathrm{w}}\mathrm{c}\gamma_{\mathrm{w}} & -\mathrm{c}\alpha_{\mathrm{w}}\mathrm{c}\gamma_{\mathrm{w}} - \mathrm{s}\alpha_{\mathrm{w}}\mathrm{s}\beta_{\mathrm{w}}\mathrm{s}\gamma_{\mathrm{w}} & -\mathrm{s}\alpha_{\mathrm{w}}\mathrm{c}\beta_{\mathrm{w}} \end{bmatrix} \tag{2.110}
$$

$$
\frac{\partial(\boldsymbol{T}(\boldsymbol{\Theta}_{\mathrm{w}})^{\mathrm{T}})}{\partial\beta_{\mathrm{w}}} = \begin{bmatrix} -\mathrm{s}\beta_{\mathrm{w}}\mathrm{c}\gamma_{\mathrm{w}} & -\mathrm{s}\beta_{\mathrm{w}}\mathrm{s}\gamma_{\mathrm{w}} & -\mathrm{c}\beta_{\mathrm{w}} \\ \mathrm{s}\alpha_{\mathrm{w}}\mathrm{c}\beta_{\mathrm{w}}\mathrm{c}\gamma_{\mathrm{w}} & \mathrm{s}\alpha_{\mathrm{w}}\mathrm{c}\beta_{\mathrm{w}}\mathrm{s}\gamma_{\mathrm{w}} & -\mathrm{s}\alpha_{\mathrm{w}}\mathrm{s}\beta_{\mathrm{w}} \\ \mathrm{c}\alpha_{\mathrm{w}}\mathrm{c}\beta_{\mathrm{w}}\mathrm{c}\gamma_{\mathrm{w}} & \mathrm{c}\alpha_{\mathrm{w}}\mathrm{c}\beta_{\mathrm{w}}\mathrm{s}\gamma_{\mathrm{w}} & -\mathrm{c}\alpha_{\mathrm{w}}\mathrm{s}\beta_{\mathrm{w}} \end{bmatrix} \tag{2.111}
$$

$$
\frac{\partial(\boldsymbol{T}(\boldsymbol{\Theta}_{\mathrm{w}})^{\mathrm{T}})}{\partial\gamma_{\mathrm{w}}} = \begin{bmatrix} -\mathrm{c}\beta_{\mathrm{w}}\mathrm{s}\gamma_{\mathrm{w}} & \mathrm{c}\beta_{\mathrm{w}}\mathrm{c}\gamma_{\mathrm{w}} & 0 \\ -\mathrm{c}\alpha_{\mathrm{w}}\mathrm{c}\gamma_{\mathrm{w}} - \mathrm{s}\alpha_{\mathrm{w}}\mathrm{s}\beta_{\mathrm{w}}\mathrm{s}\gamma_{\mathrm{w}} & -\mathrm{c}\alpha_{\mathrm{w}}\mathrm{s}\gamma_{\mathrm{w}} + \mathrm{s}\alpha_{\mathrm{w}}\mathrm{s}\beta_{\mathrm{w}}\mathrm{c}\gamma_{\mathrm{w}} & 0 \\ \mathrm{s}\alpha_{\mathrm{w}}\mathrm{c}\gamma_{\mathrm{w}} - \mathrm{c}\alpha_{\mathrm{w}}\mathrm{s}\beta_{\mathrm{w}}\mathrm{c}\gamma_{\mathrm{w}} & -\mathrm{c}\alpha_{\mathrm{w}}\mathrm{c}\gamma_{\mathrm{w}} - \mathrm{s}\alpha_{\mathrm{w}}\mathrm{s}\beta_{\mathrm{w}}\mathrm{s}\gamma_{\mathrm{w}} & 0 \end{bmatrix} \tag{2.112}
$$

对于二维工件，其正交坐标转换矩阵为

$$
\boldsymbol{T}(\boldsymbol{\Theta}_{\mathrm{w}}) = \boldsymbol{T}(\gamma_{\mathrm{w}}) = \begin{bmatrix} \cos\gamma_{\mathrm{w}} & \sin\gamma_{\mathrm{w}} \\ -\sin\gamma_{\mathrm{w}} & \cos\gamma_{\mathrm{w}} \end{bmatrix} \tag{2.113}
$$

则有

$$
\frac{\partial(\boldsymbol{T}(\boldsymbol{\Theta}_{\mathrm{w}})^{\mathrm{T}})}{\partial\gamma_{\mathrm{w}}} = \begin{bmatrix} -\sin\gamma_{\mathrm{w}} & -\cos\gamma_{\mathrm{w}} \\ \cos\gamma_{\mathrm{w}} & -\sin\gamma_{\mathrm{w}} \end{bmatrix} \tag{2.114}
$$

联合式(2.109)与式(2.107)可得

$$
\begin{cases} f_i(\boldsymbol{q}_{\mathrm{w}}^*) = f(\boldsymbol{q}_{\mathrm{w}}^*, \boldsymbol{r}_i) = 0 \\ \boldsymbol{r}_i = \boldsymbol{T}(\boldsymbol{\Theta}_{\mathrm{w}})\boldsymbol{r}_i^{\mathrm{w}} + \boldsymbol{r}_{\mathrm{w}} \end{cases} \tag{2.115}
$$

对式(2.115)进行微分,并整理得

$$\begin{cases} \dfrac{\partial f_i}{\partial x_\mathrm{w}} = -\left(\dfrac{\partial f_i}{\partial \boldsymbol{r}_i^\mathrm{w}}\right)^\mathrm{T} \boldsymbol{T}(\boldsymbol{\Theta}_\mathrm{w})^\mathrm{T} \dfrac{\partial \boldsymbol{r}_\mathrm{w}}{\partial x_\mathrm{w}} \\ \dfrac{\partial f_i}{\partial y_\mathrm{w}} = -\left(\dfrac{\partial f_i}{\partial \boldsymbol{r}_i^\mathrm{w}}\right)^\mathrm{T} \boldsymbol{T}(\boldsymbol{\Theta}_\mathrm{w})^\mathrm{T} \dfrac{\partial \boldsymbol{r}_\mathrm{w}}{\partial y_\mathrm{w}} \\ \dfrac{\partial f_i}{\partial z_\mathrm{w}} = -\left(\dfrac{\partial f_i}{\partial \boldsymbol{r}_i^\mathrm{w}}\right)^\mathrm{T} \boldsymbol{T}(\boldsymbol{\Theta}_\mathrm{w})^\mathrm{T} \dfrac{\partial \boldsymbol{r}_\mathrm{w}}{\partial z_\mathrm{w}} \\ \dfrac{\partial f_i}{\partial \alpha_\mathrm{w}} = \left(\dfrac{\partial f_i}{\partial \boldsymbol{r}_i^\mathrm{w}}\right)^\mathrm{T} \dfrac{(\partial \boldsymbol{T}(\boldsymbol{\Theta}_\mathrm{w})^\mathrm{T})}{\partial \alpha_\mathrm{w}} \boldsymbol{r}_i^\mathrm{w} \\ \dfrac{\partial f_i}{\partial \beta_\mathrm{w}} = \left(\dfrac{\partial f_i}{\partial \boldsymbol{r}_i^\mathrm{w}}\right)^\mathrm{T} \dfrac{(\partial \boldsymbol{T}(\boldsymbol{\Theta}_\mathrm{w})^\mathrm{T})}{\partial \beta_\mathrm{w}} \boldsymbol{r}_i^\mathrm{w} \\ \dfrac{\partial f_i}{\partial \gamma_\mathrm{w}} = \left(\dfrac{\partial f_i}{\partial \boldsymbol{r}_i^\mathrm{w}}\right)^\mathrm{T} \dfrac{(\partial \boldsymbol{T}(\boldsymbol{\Theta}_\mathrm{w})^\mathrm{T})}{\partial \gamma_\mathrm{w}} \boldsymbol{r}_i^\mathrm{w} \end{cases} \tag{2.116}$$

式中,$\dfrac{\partial f_i}{\partial \boldsymbol{r}_i^\mathrm{w}} = \left[\dfrac{\partial f_i}{\partial x_i^\mathrm{w}}, \dfrac{\partial f_i}{\partial y_i^\mathrm{w}}, \dfrac{\partial f_i}{\partial z_i^\mathrm{w}}\right]^\mathrm{T}$ 为工件表面 $f(\boldsymbol{r}^\mathrm{w})=0$ 在第 i 个定位接触点 $\boldsymbol{r}_i^\mathrm{w} = [x_i^\mathrm{w}, y_i^\mathrm{w}, z_i^\mathrm{w}]^\mathrm{T}$ 的法向量。

若进一步记 $\boldsymbol{n}_i^\mathrm{w} = [n_{ix}^\mathrm{w}, n_{iy}^\mathrm{w}, n_{iz}^\mathrm{w}]^\mathrm{T}$ 为工件在第 i 个定位接触点 $\boldsymbol{r}_i^\mathrm{w}$ 处的法向量,则有

$$\begin{cases} n_{ix}^\mathrm{w} = \dfrac{\partial f_i}{\partial x_i^\mathrm{w}} \\ n_{iy}^\mathrm{w} = \dfrac{\partial f_i}{\partial y_i^\mathrm{w}} \\ n_{iz}^\mathrm{w} = \dfrac{\partial f_i}{\partial z_i^\mathrm{w}} \end{cases} \tag{2.117}$$

当{WCS}与{GCS}的相应坐标轴同向时,有 $\alpha_\mathrm{w} = \beta_\mathrm{w} = \gamma_\mathrm{w} = 0$。将式(2.110)与式(2.111)代入式(2.116)得

$$\begin{cases} \dfrac{\partial f_i}{\partial x_\mathrm{w}} = -(\boldsymbol{n}_i^\mathrm{w})^\mathrm{T} \boldsymbol{e}_x, \quad \dfrac{\partial f_i}{\partial y_\mathrm{w}} = -(\boldsymbol{n}_i^\mathrm{w})^\mathrm{T} \boldsymbol{e}_y \\ \dfrac{\partial f_i}{\partial z_\mathrm{w}} = -(\boldsymbol{n}_i^\mathrm{w})^\mathrm{T} \boldsymbol{e}_z, \quad \dfrac{\partial f_i}{\partial \alpha_\mathrm{w}} = (\boldsymbol{n}_i^\mathrm{w})^\mathrm{T} \boldsymbol{I}_x \boldsymbol{r}_i^\mathrm{w} \\ \dfrac{\partial f_i}{\partial \beta_\mathrm{w}} = (\boldsymbol{n}_i^\mathrm{w})^\mathrm{T} \boldsymbol{I}_y \boldsymbol{r}_i^\mathrm{w}, \quad \dfrac{\partial f_i}{\partial \gamma_\mathrm{w}} = (\boldsymbol{n}_i^\mathrm{w})^\mathrm{T} \boldsymbol{I}_z \boldsymbol{r}_i^\mathrm{w} \end{cases} \tag{2.118}$$

式中，$\boldsymbol{I}_x$、$\boldsymbol{I}_y$、$\boldsymbol{I}_z$ 为斜对称矩阵；$\boldsymbol{e}_x$、$\boldsymbol{e}_y$、$\boldsymbol{e}_z$ 为单位向量；且有

$$\begin{cases} \boldsymbol{I}_x = \begin{bmatrix} 0 & 0 & 0 \\ 0 & 0 & 1 \\ 0 & -1 & 0 \end{bmatrix} \\ \boldsymbol{I}_y = \begin{bmatrix} 0 & 0 & -1 \\ 0 & 0 & 0 \\ 1 & 0 & 0 \end{bmatrix} \\ \boldsymbol{I}_z = \begin{bmatrix} 0 & 1 & 0 \\ -1 & 0 & 0 \\ 0 & 0 & 0 \end{bmatrix} \end{cases} \tag{2.119}$$

$$\begin{cases} \boldsymbol{e}_x = [1,\ 0,\ 0]^{\mathrm{T}} \\ \boldsymbol{e}_y = [0,\ 1,\ 0]^{\mathrm{T}} \\ \boldsymbol{e}_z = [0,\ 0,\ 1]^{\mathrm{T}} \end{cases} \tag{2.120}$$

这样，由式(2.105)整理得定位雅克比矩阵为

$$\begin{aligned} \boldsymbol{J}_i &= [-(\boldsymbol{n}_i^{\mathrm{w}})^{\mathrm{T}},\ -(\boldsymbol{n}_i^{\mathrm{w}} \times \boldsymbol{r}_i^{\mathrm{w}})^{\mathrm{T}}] \\ &= [-n_{ix}^{\mathrm{w}},\ -n_{iy}^{\mathrm{w}},\ -n_{iz}^{\mathrm{w}},\ n_{iz}^{\mathrm{w}} y_i^{\mathrm{w}} - n_{iy}^{\mathrm{w}} z_i^{\mathrm{w}},\ n_{ix}^{\mathrm{w}} z_i^{\mathrm{w}} - n_{iz}^{\mathrm{w}} x_i^{\mathrm{w}},\ n_{iy}^{\mathrm{w}} x_i^{\mathrm{w}} - n_{ix}^{\mathrm{w}} y_i^{\mathrm{w}}] \end{aligned} \tag{2.121}$$

对于二维工件，式(2.122)可简化为

$$\boldsymbol{J}_i = [-n_{ix}^{\mathrm{w}},\ -n_{iy}^{\mathrm{w}},\ n_{iy}^{\mathrm{w}} x_i^{\mathrm{w}} - n_{ix}^{\mathrm{w}} y_i^{\mathrm{w}}] \tag{2.122}$$

由式(2.104)可知，工件位置参数可表示为

$$\delta \boldsymbol{q}_{\mathrm{w}}^{\mathrm{h}} = \ker(\boldsymbol{J})\boldsymbol{\lambda} \tag{2.123}$$

式中，$\ker(\boldsymbol{J})$ 为由矩阵 $\boldsymbol{J}$ 零空间的标准正交基组成的矩阵；$\boldsymbol{\lambda}$ 为任意常数向量。

2.6　定位确定性的判据

工件定位时，一般只需确定影响加工精度的位置参数，因此工件定位时不一定都要限制 6 个自由度参数。根据完全定位、部分定位、过定位以及欠定位等定位方式，可以获得以下推论作为判断定位正确性的定量依据。

2.6.1　理论条件

根据工件的加工要求，按照式(2.10)、式(2.11)或表 2.1～表 2.7 可以预先确定

工件的理论自由度 $\delta\boldsymbol{q}_{\mathrm{w}}^{*}$，例如，在式(2.14)中，$\delta\boldsymbol{q}_{\mathrm{w}}^{*}=\begin{bmatrix}\delta x_{\mathrm{w}}\\ \delta y_{\mathrm{w}}\\ \delta z_{\mathrm{w}}\\ \delta\alpha_{\mathrm{w}}\\ \delta\beta_{\mathrm{w}}\\ \delta\gamma_{\mathrm{w}}\end{bmatrix}=\lambda_{x}\boldsymbol{\zeta}_{x}+\lambda_{y}\boldsymbol{\zeta}_{y}+\lambda_{\gamma}\boldsymbol{\zeta}_{\gamma}$，由此可知 $\delta\boldsymbol{q}_{\mathrm{w}}^{*}$ 的解空间由基础解系 $\boldsymbol{\zeta}_{x}$、$\boldsymbol{\zeta}_{y}$、$\boldsymbol{\zeta}_{\gamma}$ 组成，因此 $\delta\boldsymbol{q}_{\mathrm{w}}^{*}$ 的解空间的秩为 $\mathrm{rank}(\delta\boldsymbol{q}_{\mathrm{w}}^{*})=\mathrm{rank}(\boldsymbol{\zeta}^{*})=\mathrm{rank}([\boldsymbol{\zeta}_{x},\ \boldsymbol{\zeta}_{y},\ \boldsymbol{\zeta}_{\gamma}])=3$。或者，$\{\delta\boldsymbol{q}_{\mathrm{w}}^{*}\}=\{\delta z_{\mathrm{w}},\ \delta\alpha_{\mathrm{w}},\ \delta\beta_{\mathrm{w}}\}$，显然 $\mathrm{rank}(\delta\boldsymbol{q}_{\mathrm{w}}^{*})=\mathrm{rank}(\boldsymbol{\zeta}_{x},\ \boldsymbol{\zeta}_{y},\ \boldsymbol{\zeta}_{\gamma})=3$。而根据式(2.31)所计算的结果 $\delta\boldsymbol{q}_{\mathrm{w}}^{\mathrm{h}}$ 则为工件的实际约束。

若记集合$\{\boldsymbol{I}\}$为所限制的六个自由度全集，那么$\{\delta\boldsymbol{q}_{\mathrm{w}}^{*}\}$和$\{\delta\boldsymbol{q}_{\mathrm{w}}^{\mathrm{h}}\}$之间具有四种逻辑关系，如图 2.34 所示。再记$\{\delta\boldsymbol{q}_{\mathrm{w}}^{\mathrm{h}}\}\supseteq\{\delta\boldsymbol{q}_{\mathrm{w}}^{*}\}$表示理论约束是实际约束的子集、$\{\delta\boldsymbol{q}_{\mathrm{w}}^{\mathrm{h}}\}\subset\{\delta\boldsymbol{q}_{\mathrm{w}}^{*}\}$表示实际约束是理论约束的真子集，那么当且仅当$\{\delta\boldsymbol{q}_{\mathrm{w}}^{*}\}$包含于$\{\delta\boldsymbol{q}_{\mathrm{w}}^{\mathrm{h}}\}$之内，即

$$\{\delta\boldsymbol{q}_{\mathrm{w}}^{*}\}\subseteq\{\delta\boldsymbol{q}_{\mathrm{w}}^{\mathrm{h}}\}\subseteq\{\boldsymbol{I}\}\tag{2.124}$$

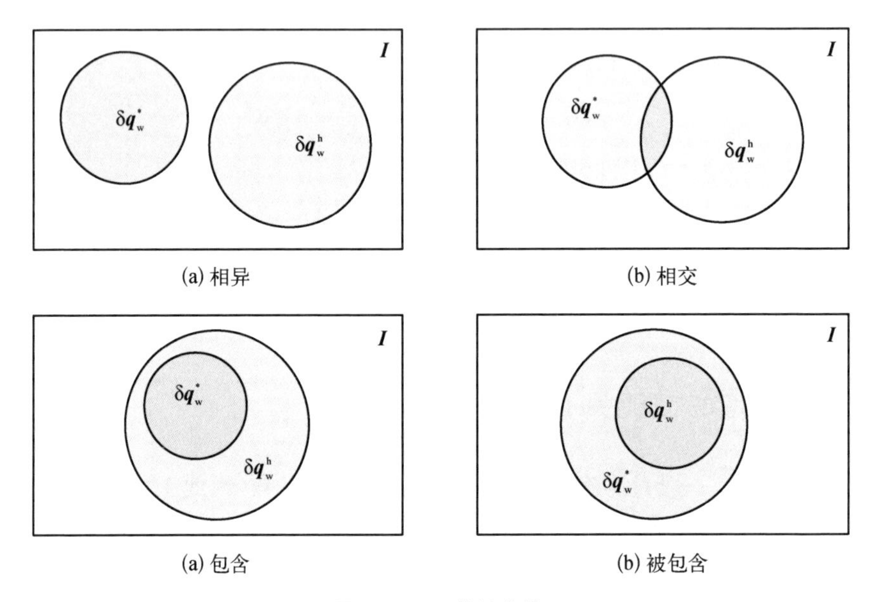

(a) 相异　(b) 相交

(a) 包含　(b) 被包含

图 2.34　工件的定位

定位点布局方案是正确的，或者说定位点布局方案具有定位正确性；否则不正确。

由于在 $\delta\boldsymbol{q}_{\mathrm{w}}^{*}$ 包含于 $\delta\boldsymbol{q}_{\mathrm{w}}^{\mathrm{h}}$ 的逻辑关系中，必定存在 $\mathrm{rank}(\delta\boldsymbol{q}_{\mathrm{w}}^{\mathrm{h}})=\mathrm{rank}(\delta\boldsymbol{q}_{\mathrm{w}}^{*})-\mathrm{rank}(\boldsymbol{J}\delta\boldsymbol{q}_{\mathrm{w}}^{*})$。再根据式(2.104)可知，齐次线性方程组中系数矩阵 $\boldsymbol{J}$ 的秩假定为 $\mathrm{rank}(\boldsymbol{J})$，那么 $\delta\boldsymbol{q}_{\mathrm{w}}^{\mathrm{h}}$ 的解向量的秩则为 $\mathrm{rank}(\delta\boldsymbol{q}_{\mathrm{w}}^{\mathrm{h}})=6-\mathrm{rank}(\boldsymbol{J})$。因此，定位正确性的理论条件可描述为

$$\mathrm{rank}(\boldsymbol{J})+\mathrm{rank}(\delta\boldsymbol{q}_{\mathrm{w}}^{*})-\mathrm{rank}(\boldsymbol{J}\delta\boldsymbol{q}_{\mathrm{w}}^{*})=6 \tag{2.125}$$

同时，容易知道定位不正确的充分必要条件为

$$\mathrm{rank}(\boldsymbol{J})+\mathrm{rank}(\delta\boldsymbol{q}_{\mathrm{w}}^{*})-\mathrm{rank}(\boldsymbol{J}\delta\boldsymbol{q}_{\mathrm{w}}^{*})<6 \tag{2.126}$$

2.6.2　工艺条件

由式(2.104)可知，对于具有 k 个定位点的定位方案来说，其定位雅可比矩阵的秩与定位点数目总是存在着下列关系：

$$\mathrm{rank}(\boldsymbol{J})\leqslant k \tag{2.127}$$

从工程应用方面的观点来看，当 $\mathrm{rank}(\boldsymbol{J})<k$ 时说明此定位方案是不合理的。原因是过多的定位元件，不但增加了夹具的制造成本和重量，而且减少了刀具对工件的可达性。因此，从制造工艺方面考虑，当且仅当下列条件：

$$\mathrm{rank}(\boldsymbol{J})=k \tag{2.128}$$

成立时，定位方案是正确的。

2.6.3　推论及流程

根据定位正确性的理论条件式(2.125)和工艺条件式(2.128)，可得到各种类型的定位点布局方案，其详细定义及推论如下。

定义 1：如果 $\mathrm{rank}(\boldsymbol{J})+\mathrm{rank}(\delta\boldsymbol{q}_{\mathrm{w}}^{*})-\mathrm{rank}(\boldsymbol{J}\delta\boldsymbol{q}_{\mathrm{w}}^{*})=6$ 且 $\mathrm{rank}(\boldsymbol{J})=k$，则称定位点布局方案为唯一定位。

定义 2：如果 $\mathrm{rank}(\boldsymbol{J})+\mathrm{rank}(\delta\boldsymbol{q}_{\mathrm{w}}^{*})-\mathrm{rank}(\boldsymbol{J}\delta\boldsymbol{q}_{\mathrm{w}}^{*})<6$，则称定位点布局方案为欠定位。

定义 3：如果 $\mathrm{rank}(\boldsymbol{J})<k$，则称定位点布局方案为过定位。

推论 1：如果 $\mathrm{rank}(\boldsymbol{J})+\mathrm{rank}(\delta\boldsymbol{q}_{\mathrm{w}}^{*})-\mathrm{rank}(\boldsymbol{J}\delta\boldsymbol{q}_{\mathrm{w}}^{*})=6$ 且 $\mathrm{rank}(\boldsymbol{J})=k=6$，则称这种唯一定位称之为完全定位。

推论 2：如果 $\mathrm{rank}(\boldsymbol{J})+\mathrm{rank}(\delta\boldsymbol{q}_{\mathrm{w}}^{*})-\mathrm{rank}(\boldsymbol{J}\delta\boldsymbol{q}_{\mathrm{w}}^{*})=6$ 且 $\mathrm{rank}(\boldsymbol{J})=k<6$，则称这种唯一定位称之为部分定位。

推论 3：如果 $\mathrm{rank}(\boldsymbol{J})+\mathrm{rank}(\delta\boldsymbol{q}_{\mathrm{w}}^{*})-\mathrm{rank}(\boldsymbol{J}\delta\boldsymbol{q}_{\mathrm{w}}^{*})=6$ 且 $\mathrm{rank}(\boldsymbol{J})<k$、$\mathrm{rank}(\boldsymbol{J})<6$，则称定位点布局方案为部分过定位方案。

推论 4：如果 $\mathrm{rank}(\boldsymbol{J})+\mathrm{rank}(\delta\boldsymbol{q}_{\mathrm{w}}^{*})-\mathrm{rank}(\boldsymbol{J}\delta\boldsymbol{q}_{\mathrm{w}}^{*})=6$ 且 $\mathrm{rank}(\boldsymbol{J})=6<k$，则称定位点布局方案为完全过定位方案。

推论 5：如果 $\mathrm{rank}(\boldsymbol{J})+\mathrm{rank}(\delta\boldsymbol{q}_{\mathrm{w}}^{*})-\mathrm{rank}(\boldsymbol{J}\delta\boldsymbol{q}_{\mathrm{w}}^{*})<6$ 且 $\mathrm{rank}(\boldsymbol{J})<k$，则称定位点布局方案为欠过定位方案。

推论 6：如果 $\mathrm{rank}(\boldsymbol{J})+\mathrm{rank}(\delta\boldsymbol{q}_{\mathrm{w}}^{*})-\mathrm{rank}(\boldsymbol{J}\delta\boldsymbol{q}_{\mathrm{w}}^{*})<6$ 且 $\mathrm{rank}(\boldsymbol{J})=k$，则称定位点布局方案为欠定位方案。

由上述定义可知，各类定位点布局方案之间的逻辑关系可用图 2.35 表示。根据式(2.125)和式(2.128)可知，完全定位和部分定位是正确的定位方案，欠定位和欠过定位是不合理、不正确的，应在定位方案设计中避免，而部分过定位和完全过定位一般也视为不合理方案，各自的定位确定性判断流程，如图 2.36 所示。

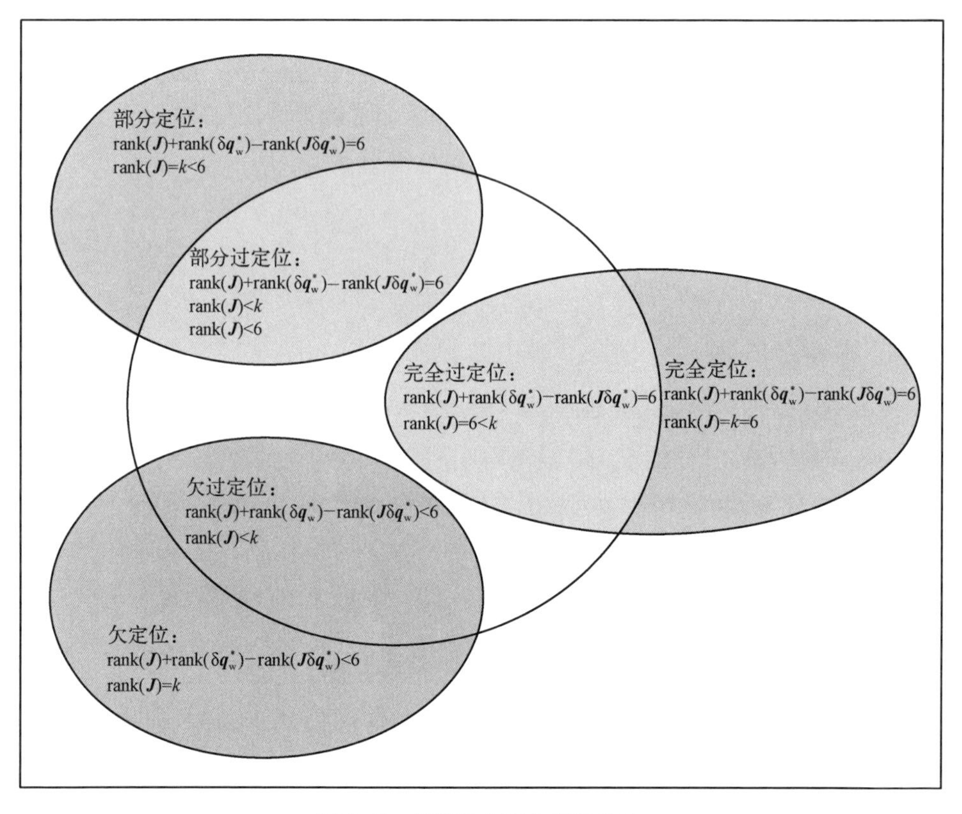

图 2.35　各定位方案之间的关系

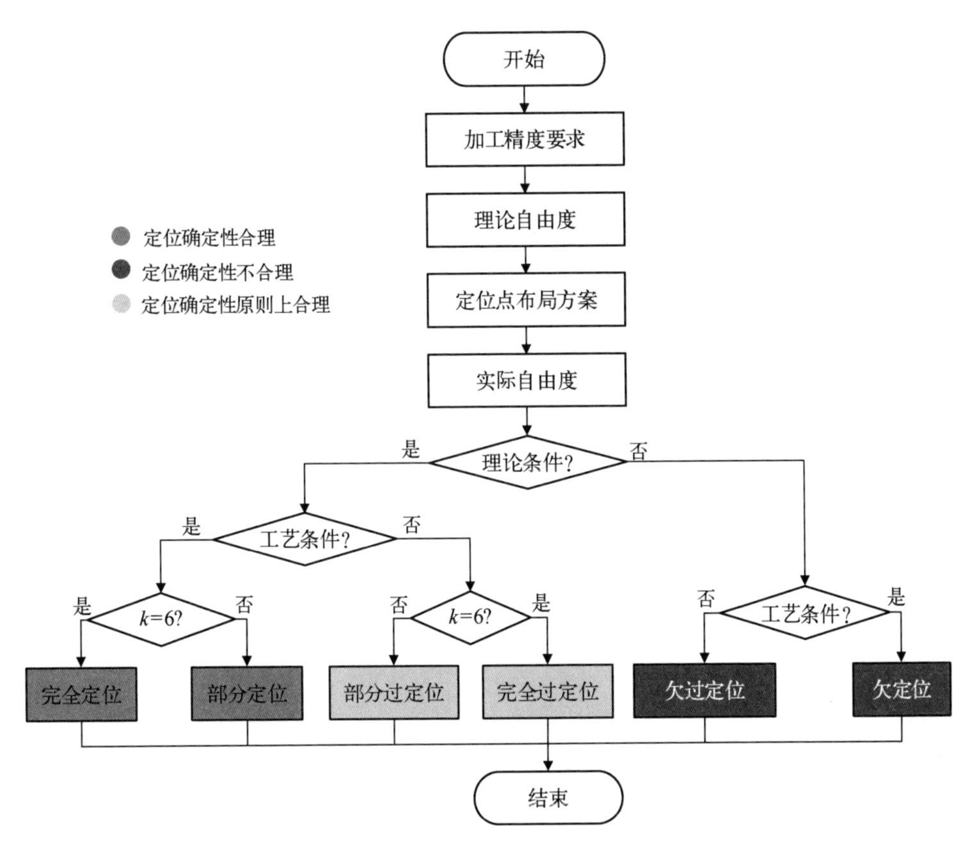

图 2.36　定位正确性的判断流程

2.7　应用与分析

一般地，定位点布局方案的设计主要任务就是在各个定位基准上合理布局定位点，即确定各定位基准上合理的定位点数目。定位点布局方案可以通过改变定位基准和定位点的数目获得，如图 2.37 所示。然而，并不是所有的定位点布局方案都是正确合理的。

图 2.37(a)中，只有一个定位基准，在其上布局了 2 个定位点，限制了 δx_w、δy_w两个移动自由度。图 2.37(b)比图 2.37(a)不仅多了一个定位基准，而且该定位基准上还布局了一个定位点，因此不仅限制了 δx_w、δy_w两个移动自由度，而且还限制了 $\delta\gamma_w$这个绕 O 点的转动自由度。图 2.37(c)与图 2.37(b)一样有两个定位基准，但不同的地方是，定位基准 2 上，图 2.37(b)布局了 2 个定位点，而图 2.37(c)只

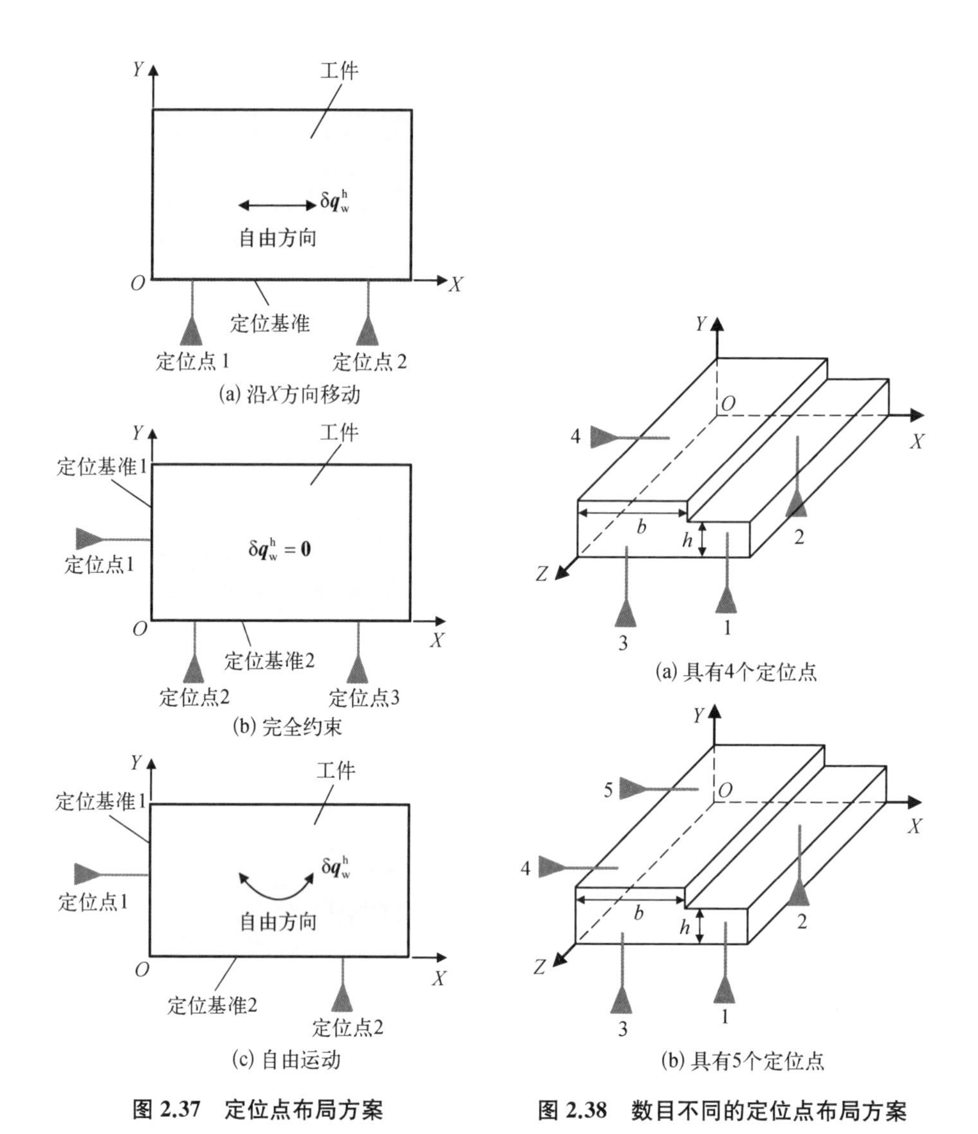

图 2.37　定位点布局方案

图 2.38　数目不同的定位点布局方案

布局了 1 个定位点，导致图 2.37(c)不能限制工件的自由度。

本节通过列举两个典型实例来分别详细说明使用定位确定性判断方法分析与验证定位点数目及其布局合理性的全过程。

2.7.1　验证定位点数目的合理性

图 2.38 所示为工件加工台阶面的定位点布局方案，分别由 4 个和 5 个定位点组成。各个定位点的位置与单位法向量分别如表 2.8 所示。工件的加工要求为 X 方向上的尺寸 b 和 Y 方向上的尺寸 h。

表 2.8　各个定位点的位置与单位法向量

"3-1"定位布局方案			"3-2"定位布局方案		
定位点	坐标 $\boldsymbol{r}_i$	单位法向 $\boldsymbol{n}_i$	定位点	坐标 $\boldsymbol{r}_i$	单位法向 $\boldsymbol{n}_i$
1	$[x_1, 0, z_1]^{\mathrm{T}}$	$[0, 0, 1]^{\mathrm{T}}$	1	$[x_1, 0, z_1]^{\mathrm{T}}$	$[0, 0, 1]^{\mathrm{T}}$
2	$[x_2, 0, z_2]^{\mathrm{T}}$	$[0, 0, 1]^{\mathrm{T}}$	2	$[x_2, 0, z_2]^{\mathrm{T}}$	$[0, 0, 1]^{\mathrm{T}}$
3	$[x_3, 0, z_3]^{\mathrm{T}}$	$[0, 0, 1]^{\mathrm{T}}$	3	$[x_3, 0, z_3]^{\mathrm{T}}$	$[0, 0, 1]^{\mathrm{T}}$
4	$[0, y_4, z_4]^{\mathrm{T}}$	$[0, 1, 0]^{\mathrm{T}}$	4	$[0, y_4, z_4]^{\mathrm{T}}$	$[0, 1, 0]^{\mathrm{T}}$
—	—	—	5	$[0, y_5, z_5]^{\mathrm{T}}$	$[0, 1, 0]^{\mathrm{T}}$

第一步,确定理论自由度。对于图 2.38(a)所示的第一个定位点布局方案,假定{GCS}与{WCS}重合。由于在 X、Y 方向上均有尺寸要求,那么由表 2.1 可知,δx_{w}、δy_{w}、$\delta\alpha_{\mathrm{w}}$、$\delta\beta_{\mathrm{w}}$、$\delta\gamma_{\mathrm{w}}$五个自由度必须限制,即理论自由度 $\delta\boldsymbol{q}_{\mathrm{w}}^{*}=[\delta x_{\mathrm{w}}, \delta y_{\mathrm{w}}, \delta z_{\mathrm{w}}, \delta\alpha_{\mathrm{w}}, \delta\beta_{\mathrm{w}}, \delta\gamma_{\mathrm{w}}]^{\mathrm{T}}=\lambda\boldsymbol{\zeta}$(其中 $\boldsymbol{\zeta}=\boldsymbol{\zeta}_z$)。即应限制的自由度为$\{\delta\boldsymbol{q}_{\mathrm{w}}^{*}\}=\{\delta x_{\mathrm{w}}, \delta y_{\mathrm{w}}, \delta\alpha_{\mathrm{w}}, \delta\beta_{\mathrm{w}}, \delta\gamma_{\mathrm{w}}\}$。

第二步,确定实际自由度。根据式(2.121)可得定位雅可比矩阵 $\boldsymbol{J}=\begin{bmatrix} 0 & -1 & 0 & -z_1 & 0 & x_1 \\ 0 & -1 & 0 & -z_2 & 0 & x_2 \\ 0 & -1 & 0 & -z_3 & 0 & x_3 \\ -1 & 0 & 0 & 0 & z_4 & -y_4 \end{bmatrix}$,利用 MATLAB 中的 rank 函数计算可得 $\mathrm{rank}(\boldsymbol{J})=4$,再用 null 函数计算可得实际自由度为

$$\delta\boldsymbol{q}_{\mathrm{w}}^{\mathrm{h}}=\begin{bmatrix} \delta x_{\mathrm{w}} \\ \delta y_{\mathrm{w}} \\ \delta z_{\mathrm{w}} \\ \delta\alpha_{\mathrm{w}} \\ \delta\beta_{\mathrm{w}} \\ \delta\gamma_{\mathrm{w}} \end{bmatrix}=\begin{bmatrix} 0 & z_4 \\ 0 & 0 \\ 1 & 0 \\ 0 & 0 \\ 0 & 1 \\ 0 & 0 \end{bmatrix}\begin{bmatrix} \lambda_1 \\ \lambda_2 \end{bmatrix} \tag{2.129}$$

式中,$\lambda=[\lambda_1, \lambda_2]^{\mathrm{T}}$,且 λ_1 与 λ_2 为两个任意常数。

由式(2.129)可知,$\delta y_{\mathrm{w}}=\delta\alpha_{\mathrm{w}}=\delta\gamma_{\mathrm{w}}=0$,因此有实际自由度 $\delta\boldsymbol{q}_{\mathrm{w}}^{\mathrm{h}}=\lambda_x\boldsymbol{\zeta}_x+\lambda_z\boldsymbol{\zeta}_z+\lambda_\beta\boldsymbol{\zeta}_\beta$,即定位点布局方案实际限制的自由度为$\{\delta\boldsymbol{q}_{\mathrm{w}}^{\mathrm{h}}\}=\{\delta y_{\mathrm{w}}, \delta\alpha_{\mathrm{w}}, \delta\gamma_{\mathrm{w}}\}$。

第三步，判定定位确定性。由于 $\mathrm{rank}(\delta \boldsymbol{q}_{\mathrm{w}}^{*})=1$、$\mathrm{rank}(\boldsymbol{J}\delta \boldsymbol{q}_{\mathrm{w}}^{*})=0$ 和 $\mathrm{rank}(\delta \boldsymbol{q}_{\mathrm{w}}^{\mathrm{h}})=3$，则有 $\mathrm{rank}(\boldsymbol{J})+\mathrm{rank}(\delta \boldsymbol{q}_{\mathrm{w}}^{*})-\mathrm{rank}(\boldsymbol{J}\delta \boldsymbol{q}_{\mathrm{w}}^{*})=4+1-0=5$，$\mathrm{rank}(\boldsymbol{J})=k=4$。根据图 2.37 的判断流程，可知该定位点布局方案属于欠定位。

同理，可以得到图 2.38(b)所示的定位点布局方案所限制的自由度为 $\delta \boldsymbol{q}_{\mathrm{w}}^{\mathrm{h}}=\lambda_z \boldsymbol{\zeta}_z$，其集合形式为 $\{\delta \boldsymbol{q}_{\mathrm{w}}^{\mathrm{h}}\}=\{\delta x_{\mathrm{w}},\ \delta y_{\mathrm{w}},\ \delta \alpha_{\mathrm{w}},\ \delta \beta_{\mathrm{w}},\ \delta \gamma_{\mathrm{w}}\}$。由于 $\mathrm{rank}(\boldsymbol{J})=5$、$\mathrm{rank}(\delta \boldsymbol{q}_{\mathrm{w}}^{*})=1$、$\mathrm{rank}(\boldsymbol{J}\delta \boldsymbol{q}_{\mathrm{w}}^{*})=0$ 和 $\mathrm{rank}(\delta \boldsymbol{q}_{\mathrm{w}}^{\mathrm{h}})=1$，那么 $\mathrm{rank}(\boldsymbol{J})+\mathrm{rank}(\delta \boldsymbol{q}_{\mathrm{w}}^{*})-\mathrm{rank}(\boldsymbol{J}\delta \boldsymbol{q}_{\mathrm{w}}^{*})=5+1-0=6$，$\mathrm{rank}(\boldsymbol{J})=k=5$。根据图 2.37 的判断流程，可知该定位点布局方案属于部分定位。

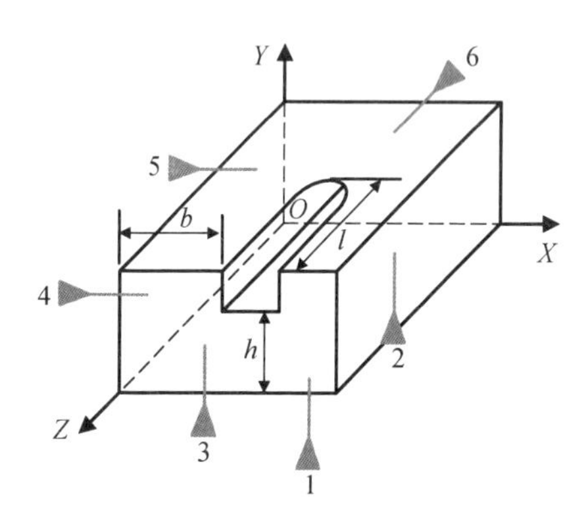

图 2.39　工件铣槽的定位点布局方案

2.7.2　验证定位点布局的合理性

图 2.39 为工件铣槽的定位点布局方案，由分布在底面的 3 个定位点、左侧面的 2 个定位点以及后侧面的 1 个定位点组成。假定全局坐标系{GCS}与工件坐标系{WCS}重合，那么各个定位点的位置与单位法向量如表 2.9 所示。

表 2.9　定位元件的位置与方向

定位元件	坐标 $\boldsymbol{r}_i$	单位法向量 $\boldsymbol{n}_i$
1	$[x_1,\ 0,\ z_1]^{\mathrm{T}}$	$[0,\ 0,\ 1]^{\mathrm{T}}$
2	$[x_2,\ 0,\ z_2]^{\mathrm{T}}$	$[0,\ 0,\ 1]^{\mathrm{T}}$
3	$[x_3,\ 0,\ z_3]^{\mathrm{T}}$	$[0,\ 0,\ 1]^{\mathrm{T}}$
4	$[0,\ y_4,\ z_4]^{\mathrm{T}}$	$[0,\ 1,\ 0]^{\mathrm{T}}$
5	$[0,\ y_5,\ z_5]^{\mathrm{T}}$	$[0,\ 1,\ 0]^{\mathrm{T}}$
6	$[x_6,\ y_6,\ 0]^{\mathrm{T}}$	$[0,\ 0,\ 1]^{\mathrm{T}}$

由于铣槽在 X、Y、Z 三个方向上均有加工要求，可知理论自由度 $\delta \boldsymbol{q}_{\mathrm{w}}^{*}=\boldsymbol{0}$，即应限制工件的 6 个自由度，即 $\{\delta \boldsymbol{q}_{\mathrm{w}}^{*}\}=\{\delta x_{\mathrm{w}},\ \delta y_{\mathrm{w}},\ \delta z_{\mathrm{w}},\ \delta \alpha_{\mathrm{w}},\ \delta \beta_{\mathrm{w}},\ \delta \gamma_{\mathrm{w}}\}$。

根据表 2.9 的定位点布局方案，可得定位雅可比矩阵为

$$
\boldsymbol{J}=\begin{bmatrix}
0 & -1 & 0 & -z_1 & 0 & x_1 \\
0 & -1 & 0 & -z_2 & 0 & x_2 \\
0 & -1 & 0 & -z_3 & 0 & x_3 \\
-1 & 0 & 0 & 0 & z_4 & -y_4 \\
-1 & 0 & 0 & 0 & z_5 & -y_5 \\
0 & 0 & -1 & y_6 & -x_6 & 0
\end{bmatrix} \tag{2.130}
$$

因此，定位雅可比矩阵 $\boldsymbol{J}$ 的行列式可描述为

$$
|\boldsymbol{J}|=(z_4-z_5)(-x_1z_2+z_1x_2-z_1x_3+x_1z_3+z_2x_3-z_3x_2) \tag{2.131}
$$

显然，当

$$
z_4-z_5\neq 0 \tag{2.132}
$$

或

$$
-x_1z_2+z_1x_2-z_1x_3+x_1z_3+z_2x_3-z_3x_2\neq 0 \tag{2.133}
$$

时，有

$$
|\boldsymbol{J}|\neq 0 \tag{2.134}
$$

从而定位雅可比矩阵 $\boldsymbol{J}$ 的秩为

$$
\mathrm{rank}(\boldsymbol{J})=6 \tag{2.135}
$$

在满足式(2.132)和式(2.133)的条件时，存在 $\mathrm{rank}(\boldsymbol{J})+\mathrm{rank}(\delta\boldsymbol{q}_{\mathrm{w}}^{*})-\mathrm{rank}(\boldsymbol{J}\delta\boldsymbol{q}_{\mathrm{w}}^{*})=6+0-0=6$，故图 2.40 的定位点布局方案为完全定位。

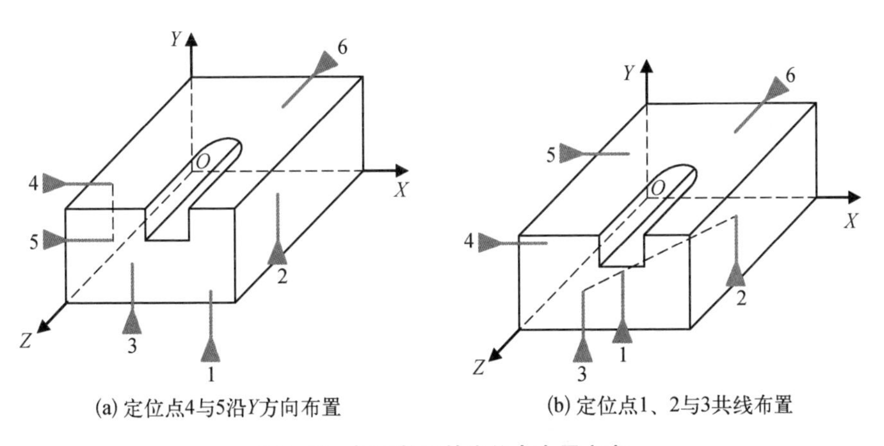

(a) 定位点4与5沿Y方向布置　　(b) 定位点1、2与3共线布置

图 2.40　相同数目的定位点布局方案

然而，当 $z_4-z_5=0$ 时，定位点 4 与定位点 5 沿着 Y 轴平行布置，如图 2.40(a) 所示，此时存在下列关系：

$$\begin{bmatrix} 0 & -1 & 0 & -z_1 & 0 & x_1 \\ 0 & -1 & 0 & -z_2 & 0 & x_2 \\ 0 & -1 & 0 & -z_3 & 0 & x_3 \\ -1 & 0 & 0 & 0 & z_4 & -y_4 \\ -1 & 0 & 0 & 0 & z_4 & -y_5 \\ 0 & 0 & -1 & y_6 & -x_6 & 0 \end{bmatrix} \begin{bmatrix} \delta x_w \\ \delta y_w \\ \delta z_w \\ \delta \alpha_w \\ \delta \beta_w \\ \delta \gamma_w \end{bmatrix} = 0 \tag{2.136}$$

利用 MATLAB 中 null 函数计算式(2.136)，可得实际自由度为

$$\delta \boldsymbol{q}_w^h = \begin{bmatrix} \delta x_w \\ \delta y_w \\ \delta z_w \\ \delta \alpha_w \\ \delta \beta_w \\ \delta \gamma_w \end{bmatrix} = \begin{bmatrix} z_4 \\ 0 \\ -x_6 \\ 0 \\ 1 \\ 0 \end{bmatrix} \lambda \tag{2.137}$$

式中，λ 为任意常数。

由此可知，$\delta y_w=\delta \alpha_w=\delta \gamma_w=0$。式(2.137)中的实际自由度亦可等效为 $\delta \boldsymbol{q}_w^h= \lambda_x \boldsymbol{\zeta}_x+\lambda_z \boldsymbol{\zeta}_z+\lambda_\beta \boldsymbol{\zeta}_\beta$，即定位点布局方案实际限制的自由度为 $\{\delta \boldsymbol{q}_w^h\}=\{\delta y_w, \delta \alpha_w, \delta \gamma_w\}$。

事实上，利用 rank 函数计算可得定位雅克比矩阵 $\boldsymbol{J}$ 的秩为

$$\operatorname{rank}(\boldsymbol{J})=5 \tag{2.138}$$

此外，$\operatorname{rank}(\boldsymbol{J})+\operatorname{rank}(\delta \boldsymbol{q}_w^*)-\operatorname{rank}(\boldsymbol{J}\delta \boldsymbol{q}_w^*)=5+0-0=5$。显然，定位点 4 与定位点 5 平行于 Y 轴布置的定位点布局方案属于欠过定位。因此，该方案是不正确的，不能够保证工件的加工要求。

如果布置在底面的定位点 1、2、3 共线，如图 2.40(b)所示。众所周知，由定位点 1、2、3 形成的三角形面积为

$$\begin{aligned} S_{\Delta 123} &= \frac{1}{2}\begin{vmatrix} x_1 & z_1 & 1 \\ x_2 & z_2 & 1 \\ x_3 & z_3 & 1 \end{vmatrix} \\ &= \frac{1}{2}(x_1 z_2 - z_1 x_2 + z_1 x_3 - x_1 z_3 - z_2 x_3 + z_3 x_2) \end{aligned} \tag{2.139}$$

因此，当 $-x_1z_2+z_1x_2-z_1x_3+x_1z_3+z_2x_3-z_3x_2=0$ 时，$S_{\Delta123}=0$，说明定位点 1、2、3 共线。此时，实际限制的自由度应为

$$\delta \boldsymbol{q}_{\mathrm{w}}^{\mathrm{h}}=\begin{bmatrix}\delta x_{\mathrm{w}}\\ \delta y_{\mathrm{w}}\\ \delta z_{\mathrm{w}}\\ \delta \alpha_{\mathrm{w}}\\ \delta \beta_{\mathrm{w}}\\ \delta \gamma_{\mathrm{w}}\end{bmatrix}=\begin{bmatrix}-\dfrac{z_5y_4-y_5z_4}{z_5-z_4}\\ \dfrac{z_3x_2-z_2x_3}{z_3-z_2}\\ \dfrac{x_3-x_2}{z_3-z_2}y_6-\dfrac{y_5-y_4}{z_5-z_4}x_6\\ \dfrac{x_3-x_2}{z_3-z_2}\\ -\dfrac{y_5-y_4}{z_5-z_4}\\ 1\end{bmatrix}\lambda \tag{2.140}$$

式中，λ 为任意数。

综上可知，$\delta x_{\mathrm{w}}\neq 0$，$\delta y_{\mathrm{w}}\neq 0$，$\delta z_{\mathrm{w}}\neq 0$，$\delta \alpha_{\mathrm{w}}\neq 0$，$\delta \beta_{\mathrm{w}}\neq 0$，$\delta \gamma_{\mathrm{w}}\neq 0$，因此实际限制的自由度为空集，即 $\{\delta \boldsymbol{q}_{\mathrm{w}}^{\mathrm{h}}\}=\{\varnothing\}$。

由于 $\mathrm{rank}(\boldsymbol{J})=5$ 且 $\mathrm{rank}(\boldsymbol{J})+\mathrm{rank}(\delta \boldsymbol{q}_{\mathrm{w}}^{*})-\mathrm{rank}(\boldsymbol{J}\delta \boldsymbol{q}_{\mathrm{w}}^{*})=5+0-0=5$，故图 2.40(b)所示的定位点布局方案亦属于欠过定位方式。

第3章

工件稳定性的分析

工件在夹具中的装夹是定位与夹紧相互密切联系的统一过程。工件在实现定位后，由于在加工过程中要受到工件重力、切削力等外载的作用，必须设计合理机构可以将工件可靠地压紧夹牢，保证工件在加工过程中具有定位稳定性和生产安全性。工件稳定性不仅是夹具设计中不可或缺的重要部分，也是确定或优化设计工件定位和夹紧方案以及判断其可靠性的主要依据。

3.1 工件稳定性模型

所谓工件稳定性是指在加工过程中，保证工件在切削力、切削扭矩等外力作用下仍能在夹具中保持由定位元件所确定的、满足加工精度要求的加工位置，并且不发生振动或移动的能力。基于上述工件稳定性的描述可知，当且仅当工件在每一个夹紧步骤中满足静力平衡方程以及摩擦约束条件，工件在夹紧顺序方案中是稳定的。

图 3.1 为工件的多重夹紧方案，$\boldsymbol{F}_{\mathrm{m}}$ 为加工力，$\boldsymbol{F}_1$、$\boldsymbol{F}_2$ 为分别为夹紧元件 C_1、

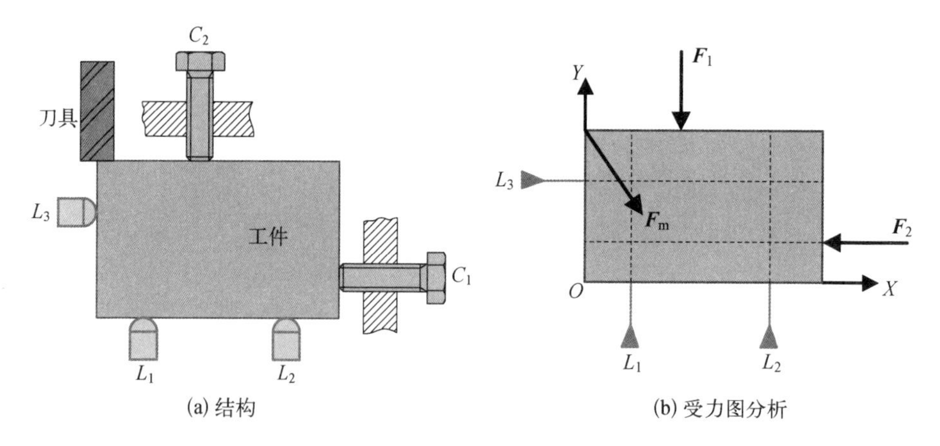

(a) 结构　　(b) 受力图分析

图 3.1　多重夹紧元件稳定性问题

C_2提供的夹紧力。该夹紧方案有 2 种夹紧顺序方案，根据夹紧力的作用过程均可分为 3 个夹紧步骤，如表 3.1 所示。为了简单明了地说明工件稳定性问题，不计重力与摩擦力。显然，在夹紧顺序方案 A 的步骤 1、2 中，工件始终能够处于平衡状态，保持其稳定性；而在步骤 3 中，只要夹紧元件 C_1与夹紧元件 C_2所提供的夹紧力足够大，工件仍然能够保持平衡。

表 3.1　夹紧过程的分解

序　号	夹紧顺序方案 A	夹紧顺序方案 B
夹紧步骤 1	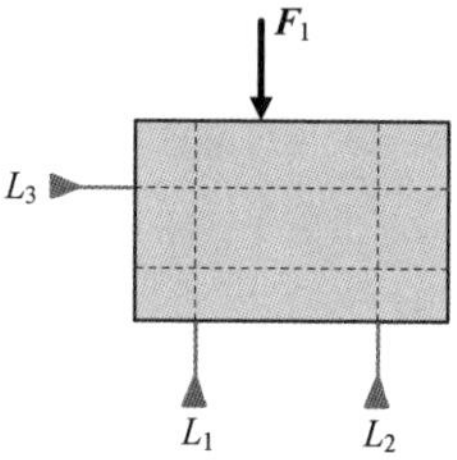 $\boldsymbol{F}_1$　L_3　L_1　L_2	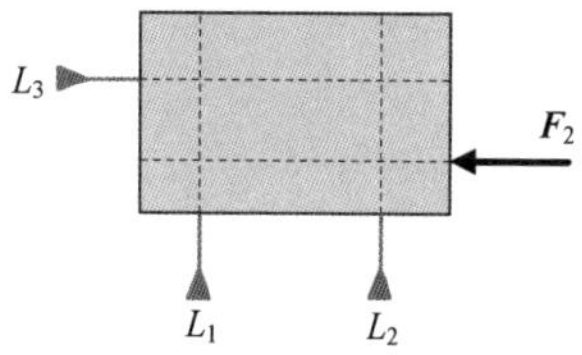 L_3　$\boldsymbol{F}_2$　L_1　L_2
夹紧步骤 2	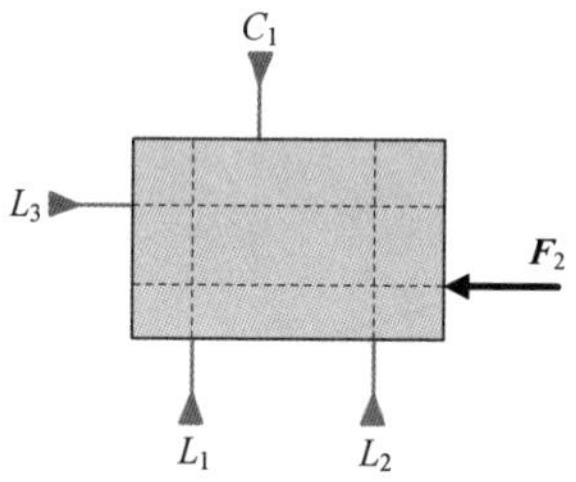 C_1　L_3　$\boldsymbol{F}_2$　L_1　L_2	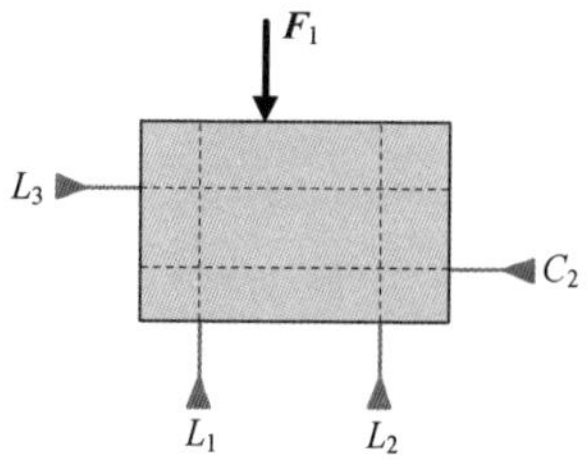 $\boldsymbol{F}_1$　L_3　C_2　L_1　L_2
夹紧步骤 3	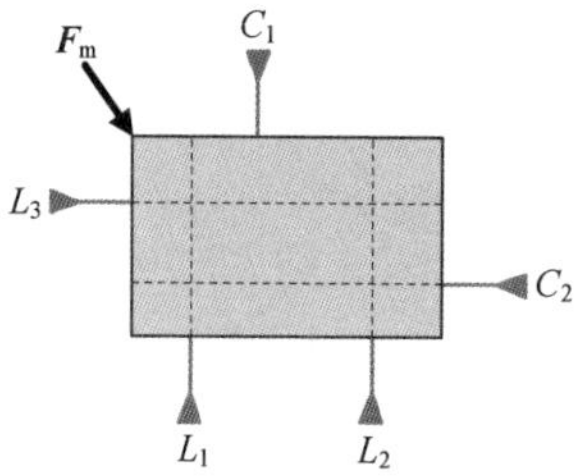 $\boldsymbol{F}_m$　C_1　L_3　C_2　L_1　L_2	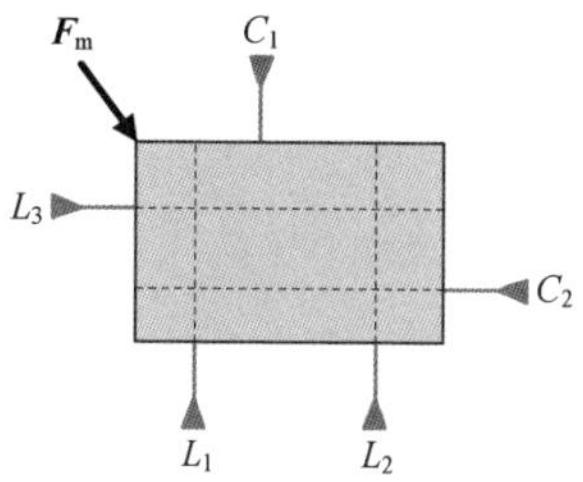 $\boldsymbol{F}_m$　C_1　L_3　C_2　L_1　L_2

然而在夹紧顺序方案 B 的夹紧步骤 1 中，夹紧元件 C_2无论施加多大的夹紧力 $\boldsymbol{F}_2$，均使工件产生顺时针方向的转动 $\delta\boldsymbol{q}_{\mathrm{w}}^{\mathrm{h}}$，从而破坏了工件的平衡状态，也进一步破坏了工件的定位，使得工件不具有稳定性，如图 3.2 所示。

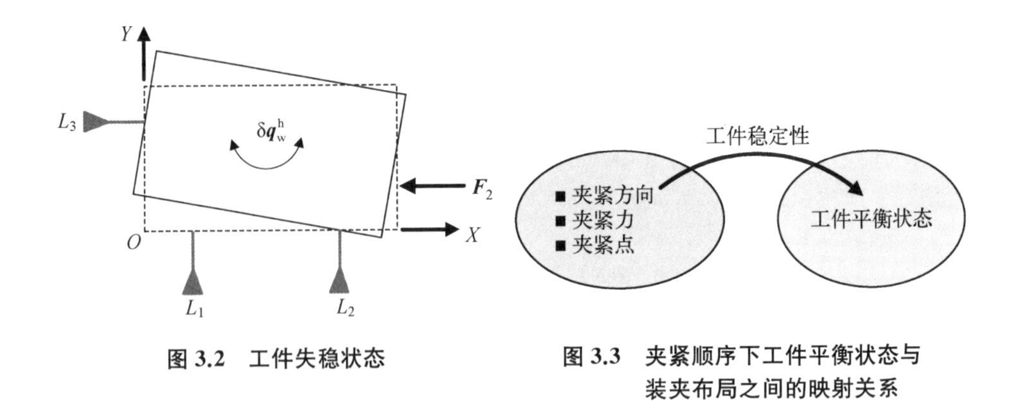

图 3.2　工件失稳状态

图 3.3　夹紧顺序下工件平衡状态与装夹布局之间的映射关系

因此,稳定夹紧的目的就是在每一个夹紧步骤中,用合理布置的夹紧元件(即夹紧点)、足够的夹紧力来保证工件的静态平衡。从数学观点来看,工件稳定性是装夹布局方案到工件平衡状态上的一种映射关系,如图 3.3 所示。

3.1.1　静力平衡条件

假定工件的装夹布局方案由 k 个定位元件和 n 个夹紧元件组成,如图 3.4 所示。工件受到加工力旋量 $\boldsymbol{W}_{\text{mach}}$、重力旋量 $\boldsymbol{W}_{\text{grav}}$ 等外载作用。忽略工件与定位元件以及夹紧元件之间的摩擦。

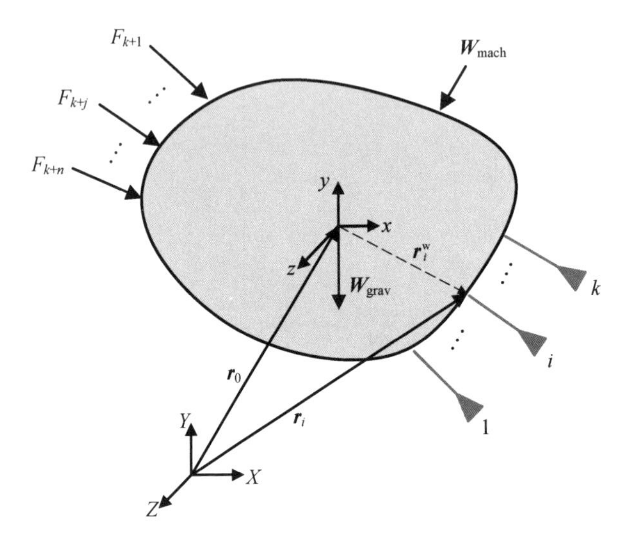

图 3.4　工件的夹紧方案

假定 $\boldsymbol{n}_i$ 为工件在第 i 个装夹元件接触位置 $\boldsymbol{r}_i=[x_i,\ y_i,\ z_i]^{\text{T}}$ 处的单位内法向量,$\boldsymbol{t}_i$ 和 $\boldsymbol{b}_i$ 分别为工件在第 i 个接触点处的两个正交的单位切向量。在加工过程

中，加工力随着加工时间 t 而发生变化，因此装夹元件处的接触力也将随着加工时间而变化，假定 $\boldsymbol{F}_i=\boldsymbol{F}_{in}+\boldsymbol{F}_{it}+\boldsymbol{F}_{ib}$ 为全局坐标系{GCS}中的第 i 个接触点处的接触力，其中 $\boldsymbol{F}_{in}$、$\boldsymbol{F}_{it}$、$\boldsymbol{F}_{ib}$ 分别表示接触点 i 处接触力 $\boldsymbol{F}_i=[F_{in},\ F_{it},\ F_{ib}]^{\mathrm{T}}$ 在法向 $\boldsymbol{n}_i=[n_{ix},\ n_{iy},\ n_{iz}]^{\mathrm{T}}$、切向 $\boldsymbol{t}_i=[t_{ix},\ t_{iy},\ t_{iz}]^{\mathrm{T}}$ 与 $\boldsymbol{b}_i=[b_{ix},\ b_{iy},\ b_{iz}]^{\mathrm{T}}$ 上的三个分量，即

$$\begin{cases}\boldsymbol{F}_{in}=F_{in}\boldsymbol{n}_i\\ \boldsymbol{F}_{it}=F_{it}\boldsymbol{t}_i\\ \boldsymbol{F}_{ib}=F_{ib}\boldsymbol{b}_i\end{cases} \tag{3.1}$$

因此，$\boldsymbol{F}_i$ 对工件所产生的接触力旋量可表示为

$$\boldsymbol{W}_i=\begin{bmatrix}\boldsymbol{F}_i\\ \boldsymbol{r}_i\times\boldsymbol{F}_i\end{bmatrix}=\boldsymbol{G}_i\boldsymbol{F}_i \tag{3.2}$$

式中，$\boldsymbol{G}_i=[\boldsymbol{G}_{in},\ \boldsymbol{G}_{it},\ \boldsymbol{G}_{ib}]$ 为装夹元件 i 的布局矩阵，且 $\boldsymbol{G}_{in}=\begin{bmatrix}\boldsymbol{n}_i\\ \boldsymbol{r}_i\times\boldsymbol{n}_i\end{bmatrix}$、$\boldsymbol{G}_{it}=\begin{bmatrix}\boldsymbol{t}_i\\ \boldsymbol{r}_i\times\boldsymbol{t}_i\end{bmatrix}$、$\boldsymbol{G}_{ib}=\begin{bmatrix}\boldsymbol{b}_i\\ \boldsymbol{r}_i\times\boldsymbol{b}_i\end{bmatrix}$。

然而，在定位、夹紧以及加工过程中，每个元件对工件的作用是不同的。如果元件对工件施加作用力，则称该元件为主动元件；如果元件对工件提供运动约束而承受作用力，则称之为被动元件。值得注意的是，主动元件处只存在法向接触力(即夹紧力)，而不存在切向接触力(即摩擦力)。那么相应于主动元件 $\boldsymbol{G}_i$ 处的接触力向量可以表示为 $\boldsymbol{F}_i=[F_{in},\ 0,\ 0]^{\mathrm{T}}$，而被动元件 $\boldsymbol{G}_i$ 处的接触力向量可以表示为 $\boldsymbol{F}_i=[F_{in},\ F_{ib},\ F_{it}]^{\mathrm{T}}$。其中，主动元件处的接触力 $\boldsymbol{F}_i$ 称为主动接触力，而被动元件处的接触力 $\boldsymbol{F}_i$ 称为被动接触力。

根据实际的操作过程，装夹方案的任意一个夹紧顺序方案均可分解为 $n+2$ 个夹紧步骤，而工件在每一个夹紧步骤中都必须保持静态平衡状态(图 3.4)。

在夹紧步骤 1 中，工件仅受到其自身重力的作用，如图 3.5 所示。此时定位元件 1、2、…、k 为被动元件，故工件的静力平衡方程可描述为

$$\boldsymbol{G}_{1,\ \mathrm{pas}}\boldsymbol{F}_{1,\ \mathrm{pas}}+\boldsymbol{W}_{1,\ \mathrm{ext}}=\boldsymbol{0} \tag{3.3}$$

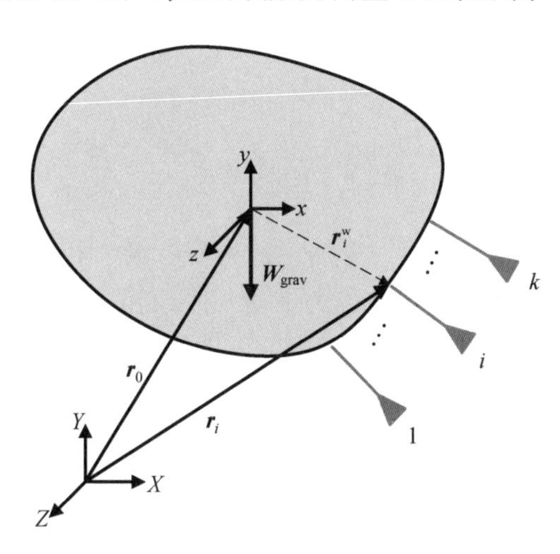

图 3.5　夹紧步骤 1

式中，$\boldsymbol{G}_{1,\text{pas}}=[\boldsymbol{G}_1, \boldsymbol{G}_2, \cdots, \boldsymbol{G}_k]$为步骤 1 中被动元件的布局矩阵；$\boldsymbol{F}_{1,\text{pas}}=[\boldsymbol{F}_1^{\mathrm{T}}, \boldsymbol{F}_2^{\mathrm{T}}, \cdots, \boldsymbol{F}_k^{\mathrm{T}}]^{\mathrm{T}}=[F_{1\boldsymbol{n}}, F_{1\boldsymbol{t}}, F_{1\boldsymbol{b}}, F_{2\boldsymbol{n}}, F_{2\boldsymbol{t}}, F_{2\boldsymbol{b}}, \cdots, F_{k\boldsymbol{n}}, F_{k\boldsymbol{t}}, F_{k\boldsymbol{b}}]^{\mathrm{T}}$为步骤 1 中被动元件处的被动接触力向量；$\boldsymbol{W}_{1,\text{ext}}=\boldsymbol{W}_{\text{grav}}$为步骤 1 中的外力旋量。

在图 3.6 所示的夹紧步骤 2 中，夹紧元件 $k+1$ 对工件施加了夹紧力 F_{k+1}。显然夹紧元件 $k+1$ 为主动元件，定位元件 1、2、…、k 为被动元件。因此，步骤 2 中的工件静力平衡方程可描述为

$$\boldsymbol{G}_{2,\text{pas}}\boldsymbol{F}_{2,\text{pas}}+\boldsymbol{G}_{2,\text{act}}\boldsymbol{F}_{2,\text{act}}+\boldsymbol{W}_{2,\text{ext}}=\boldsymbol{0} \tag{3.4}$$

式中，$\boldsymbol{G}_{2,\text{pas}}=[\boldsymbol{G}_1, \boldsymbol{G}_2, \cdots, \boldsymbol{G}_k]$为步骤 2 中被动元件的布局矩阵；$\boldsymbol{F}_{2,\text{pas}}=[\boldsymbol{F}_1^{\mathrm{T}}, \boldsymbol{F}_2^{\mathrm{T}}, \cdots, \boldsymbol{F}_k^{\mathrm{T}}]^{\mathrm{T}}=[F_{1\boldsymbol{n}}, F_{1\boldsymbol{t}}, F_{1\boldsymbol{b}}, F_{2\boldsymbol{n}}, F_{2\boldsymbol{t}}, F_{2\boldsymbol{b}}, \cdots, F_{k\boldsymbol{n}}, F_{k\boldsymbol{t}}, F_{k\boldsymbol{b}}]^{\mathrm{T}}$为步骤 2 中被动元件处的被动接触力向量；$\boldsymbol{W}_{2,\text{ext}}=\boldsymbol{W}_{\text{grav}}$为步骤 2 中的外力旋量；$\boldsymbol{G}_{2,\text{act}}=\boldsymbol{G}_{(k+1)\boldsymbol{n}}$、$\boldsymbol{F}_{2,\text{act}}=F_{(k+1)\boldsymbol{n}}$分别为夹紧步骤 2 中施加的主动元件布局矩阵及其相应的夹紧力向量。

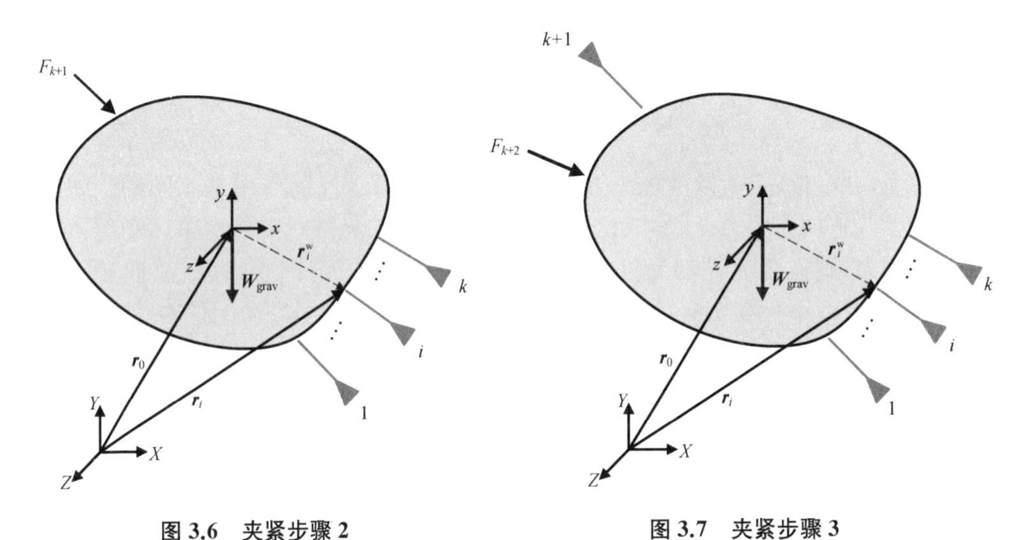

图 3.6　夹紧步骤 2　　　　图 3.7　夹紧步骤 3

而在图 3.7 所示的夹紧步骤 3 中，夹紧元件 $k+2$ 对工件提供了夹紧力 F_{k+2}，夹紧元件 $k+2$ 为主动元件，定位元件 1、2、…、k 以及夹紧元件 $k+1$ 为被动元件。因此，步骤 3 中的工件静力平衡方程可表达为

$$\boldsymbol{G}_{3,\text{pas}}\boldsymbol{F}_{3,\text{pas}}+\boldsymbol{G}_{3,\text{act}}\boldsymbol{F}_{3,\text{act}}+\boldsymbol{W}_{3,\text{ext}}=\boldsymbol{0} \tag{3.5}$$

式中，$\boldsymbol{G}_{3,\text{pas}}=[\boldsymbol{G}_1, \boldsymbol{G}_2, \cdots, \boldsymbol{G}_k, \boldsymbol{G}_{k+1}]$为步骤 3 中被动元件的布局矩阵；$\boldsymbol{F}_{3,\text{pas}}=[\boldsymbol{F}_1^{\mathrm{T}}, \boldsymbol{F}_2^{\mathrm{T}}, \cdots, \boldsymbol{F}_k^{\mathrm{T}}, \boldsymbol{F}_{k+1}^{\mathrm{T}}]^{\mathrm{T}}=[F_{1\boldsymbol{n}}, F_{1\boldsymbol{t}}, F_{1\boldsymbol{b}}, F_{2\boldsymbol{n}}, F_{2\boldsymbol{t}}, F_{2\boldsymbol{b}}, \cdots, F_{(k+1)\boldsymbol{n}}, F_{(k+1)\boldsymbol{t}}, F_{(k+1)\boldsymbol{b}}]^{\mathrm{T}}$ 为步骤 3 中被动元件处的被动接触力向量；$\boldsymbol{W}_{3,\text{ext}}=\boldsymbol{W}_{\text{grav}}$为步骤 3 中的外

力旋量；$\boldsymbol{G}_{3,\text{act}}=\boldsymbol{G}_{(k+2)\boldsymbol{n}}$、$\boldsymbol{F}_{3,\text{act}}=F_{(k+2)\boldsymbol{n}}$分别为夹紧步骤 3 中施加的主动元件布局矩阵及其相应的夹紧力向量。

值得注意的是，若步骤 2 中夹紧元件 $k+1$ 为液压元件或刚性元件等，所施加的夹紧力 $F_{(k+1)\boldsymbol{n}}$ 可转化为步骤 3 的预紧力，则 $\boldsymbol{G}_{3,\text{pas}}=[\boldsymbol{G}_1, \boldsymbol{G}_2, \cdots, \boldsymbol{G}_k, \boldsymbol{G}_{(k+1)\boldsymbol{b}}, \boldsymbol{G}_{(k+1)\boldsymbol{t}}]$为步骤 3 中被动元件的布局矩阵；$\boldsymbol{F}_{3,\text{pas}}=[\boldsymbol{F}_1^{\text{T}}, \boldsymbol{F}_2^{\text{T}}, \cdots, \boldsymbol{F}_k^{\text{T}}, F_{(k+1)\boldsymbol{t}}, F_{(k+1)\boldsymbol{b}}]^{\text{T}}=[F_{1\boldsymbol{n}}, F_{1\boldsymbol{t}}, F_{1\boldsymbol{b}}, \cdots, F_{k\boldsymbol{n}}, F_{k\boldsymbol{t}}, F_{k\boldsymbol{b}}, F_{(k+1)\boldsymbol{t}}, F_{(k+1)\boldsymbol{b}}]^{\text{T}}$为步骤 3 中被动元件处的被动接触力向量；$\boldsymbol{W}_{3,\text{ext}}=\boldsymbol{W}_{\text{grav}}$为步骤 3 中的外力旋量；$\boldsymbol{G}_{3,\text{act}}=[\boldsymbol{G}_{(k+1)\boldsymbol{n}}, \boldsymbol{G}_{(k+2)\boldsymbol{n}}]$、$\boldsymbol{F}_{3,\text{act}}=[F_{(k+1)\boldsymbol{n}}, F_{(k+2)\boldsymbol{n}}]^{\text{T}}$分别为夹紧步骤 3 中施加的主动元件布局矩阵及其相应的夹紧力向量。

依此类推，在图 3.8 所示的夹紧步骤 j 中，夹紧元件 $k+j-1$ 对工件提供了夹紧力 F_{k+j-1}，夹紧元件 $k+j-1$ 为主动元件，定位元件 1、2、…、k 以及夹紧元件 $k+1$、$k+1$、…、$k+j-2$ 为被动元件。由此可得步骤 j 中工件的静力平衡方程可表达为

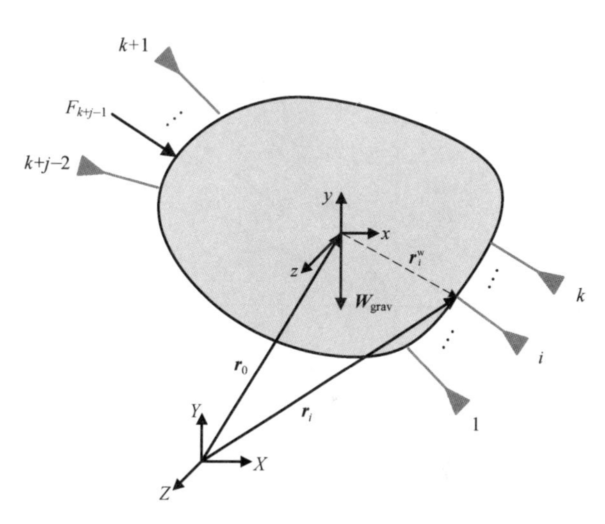

图 3.8　夹紧步骤 j

$$\boldsymbol{G}_{j,\text{pas}}\boldsymbol{F}_{j,\text{pas}}+\boldsymbol{G}_{j,\text{act}}\boldsymbol{F}_{j,\text{act}}+\boldsymbol{W}_{j,\text{ext}}=\boldsymbol{0} \tag{3.6}$$

式中，$\boldsymbol{G}_{j,\text{pas}}=[\boldsymbol{G}_1, \boldsymbol{G}_2, \cdots, \boldsymbol{G}_k, \cdots, \boldsymbol{G}_{k+j-2}]$为步骤 j 中被动元件的布局矩阵；$\boldsymbol{F}_{j,\text{pas}}=[\boldsymbol{F}_1^{\text{T}}, \boldsymbol{F}_2^{\text{T}}, \cdots, \boldsymbol{F}_k^{\text{T}}, \cdots, \boldsymbol{F}_{k+j-2}^{\text{T}}]^{\text{T}}=[F_{1\boldsymbol{n}}, F_{1\boldsymbol{t}}, F_{1\boldsymbol{b}}, F_{2\boldsymbol{n}}, F_{2\boldsymbol{t}}, F_{2\boldsymbol{b}}, \cdots, F_{(k+j-2)\boldsymbol{n}}, F_{(k+j-2)\boldsymbol{t}}, F_{(k+j-2)\boldsymbol{b}}]^{\text{T}}$为步骤 j 中被动元件处的被动接触力向量；$\boldsymbol{W}_{j,\text{ext}}=\begin{cases}\boldsymbol{W}_{\text{grav}}, 1\leqslant j\leqslant n+1\\ \boldsymbol{W}_{\text{grav}}+\boldsymbol{W}_{\text{mach}}, j=n+2\end{cases}$为步骤 j 中的外力旋量，$\boldsymbol{G}_{j,\text{act}}=\boldsymbol{G}_{(k+j-1)\boldsymbol{n}}$、$\boldsymbol{F}_{j,\text{act}}=F_{(k+j-1)\boldsymbol{n}}$分别为夹紧步骤 j 中施加的主动元件结构矩阵及其相应的夹紧力向量。若步骤 j 中夹紧元件 $k+1$ 为液压元件等恒力元件，则 $\boldsymbol{G}_{j,\text{pas}}=[\boldsymbol{G}_1, \boldsymbol{G}_2, \cdots, \boldsymbol{G}_k, \boldsymbol{G}_{(k+1)\boldsymbol{b}}, \boldsymbol{G}_{(k+1)\boldsymbol{t}}, \cdots, \boldsymbol{G}_{(k+j-2)\boldsymbol{b}}, \boldsymbol{G}_{(k+j-2)\boldsymbol{t}}]$为步骤 j 中被动元件的布局矩阵；$\boldsymbol{F}_{j,\text{pas}}=[\boldsymbol{F}_1^{\text{T}}, \boldsymbol{F}_2^{\text{T}}, \cdots, \boldsymbol{F}_k^{\text{T}}, F_{(k+1)\boldsymbol{t}}, F_{(k+1)\boldsymbol{b}}, \cdots, F_{(k+j-2)\boldsymbol{b}}, F_{(k+j-2)\boldsymbol{t}}]^{\text{T}}=[F_{1\boldsymbol{n}}, F_{1\boldsymbol{t}}, F_{1\boldsymbol{b}}, F_{2\boldsymbol{n}}, F_{2\boldsymbol{t}}, F_{2\boldsymbol{b}}, \cdots, F_{(k+1)\boldsymbol{t}}, F_{(k+1)\boldsymbol{b}}, \cdots, F_{(k+j-2)\boldsymbol{b}}, F_{(k+j-2)\boldsymbol{t}}]^{\text{T}}$为步骤 j 中被动元件处的被动接触力向量；$\boldsymbol{W}_{j,\text{ext}}=$

$\begin{cases} \boldsymbol{W}_{\text{grav}}, 1 \leqslant j \leqslant n+1 \\ \boldsymbol{W}_{\text{grav}} + \boldsymbol{W}_{\text{mach}}, j = n+2 \end{cases}$ 为步骤 j 中的外力旋量，$\boldsymbol{G}_{j,\,\text{act}} = [\boldsymbol{G}_{(k+1)\boldsymbol{n}}, \boldsymbol{G}_{(k+2)\boldsymbol{n}}, \cdots, \boldsymbol{G}_{(k+j-1)\boldsymbol{n}}]$、$\boldsymbol{F}_{3,\,\text{act}} = [F_{(k+1)\boldsymbol{n}}, F_{(k+2)\boldsymbol{n}}, \cdots, F_{(k+j-1)\boldsymbol{n}}]^{\mathrm{T}}$ 分别为夹紧步骤 j 中施加的主动元件布局矩阵及其相应的夹紧力向量。

3.1.2 摩擦锥约束

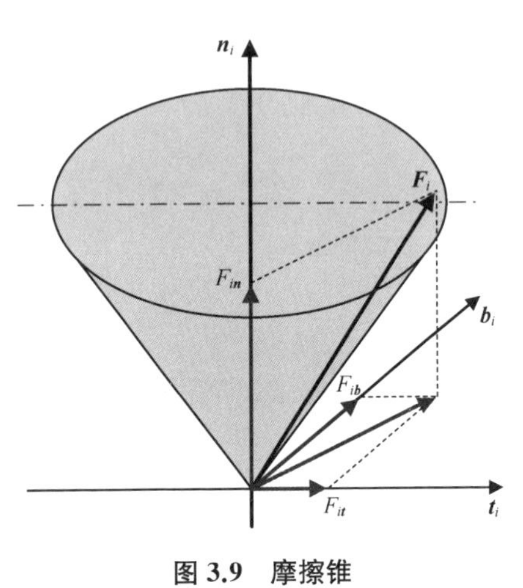

图 3.9　摩擦锥

如图 3.9 所示，为了保证工件与第 i 个装夹元件始终接触，接触力的方向必须始终指向工件表面，即有

$$F_{in} \geqslant 0,\ 1 \leqslant i \leqslant \begin{cases} k, & j = 1 \\ k+j-1, & 2 \leqslant j \leqslant n+1 \\ k+n, & j = n+2 \end{cases} \tag{3.7}$$

另外，为了不破坏工件的准确定位，工件与装夹元件之间不应存在滑动。因此，基于库仑摩擦定理，有

$$(F_{it})^2 + (F_{ib})^2 \leqslant (\mu_i F_{in})^2,\ 1 \leqslant i \leqslant \begin{cases} k, & j = 1 \\ k+j-1, & 2 \leqslant j \leqslant n+1 \\ k+n, & j = n+2 \end{cases} \tag{3.8}$$

式中，μ_i 为第 i 个装夹元件与工件之间的摩擦系数。

3.1.3 分析模型

综上可知，当考虑工件与夹具之间的摩擦时，则在整个夹紧过程中工件稳定性的充要条件为

$$\begin{aligned} & \boldsymbol{G}_{j,\,\text{pas}} \boldsymbol{F}_{j,\,\text{pas}} + \boldsymbol{G}_{j,\,\text{act}} \boldsymbol{F}_{j,\,\text{act}} + \boldsymbol{W}_{j,\,\text{ext}} = \boldsymbol{0} \\ & \text{s.t.} \\ & \begin{cases} F_{in} \geqslant 0 \\ (F_{it})^2 + (F_{ib})^2 \leqslant (\mu_i F_{in})^2 \end{cases} \end{aligned} \tag{3.9}$$

而无摩擦工件稳定性是有摩擦工件稳定性的一个特例，即如果

$$\begin{cases} \boldsymbol{t}_i = \boldsymbol{0} \\ \boldsymbol{b}_i = \boldsymbol{0} \end{cases} \tag{3.10}$$

$$\begin{cases} F_{it}=0 \\ F_{ib}=0 \end{cases} \tag{3.11}$$

将式(3.10)和式(3.11)代入式(3.9)，即可获得无摩擦工件稳定性模型为

$$\begin{aligned} & \boldsymbol{G}_{j,\mathrm{pa}}\boldsymbol{F}_{j,\mathrm{pa}}+\boldsymbol{G}_{j,\mathrm{ac}}\boldsymbol{F}_{j,\mathrm{ac}}+\boldsymbol{W}_{j,\mathrm{ext}}=\boldsymbol{0} \\ & \text{s.t.} \\ & \boldsymbol{F}_{j,\mathrm{pa}}\geqslant 0,\ \boldsymbol{F}_{j,\mathrm{ac}}\geqslant 0 \end{aligned} \tag{3.12}$$

式中，$\boldsymbol{G}_{j,\mathrm{pa}}=[\boldsymbol{G}_{1\boldsymbol{n}},\ \boldsymbol{G}_{2\boldsymbol{n}},\ \cdots,\ \boldsymbol{G}_{k\boldsymbol{n}},\ \cdots,\ \boldsymbol{G}_{(k+j-2)\boldsymbol{n}}]$；$\boldsymbol{F}_{j,\mathrm{pa}}=[F_{1\boldsymbol{n}},\ F_{2\boldsymbol{n}},\ \cdots,\ F_{k\boldsymbol{n}},\ \cdots,\ F_{(k+j-2)\boldsymbol{n}}]^{\mathrm{T}}$；$\boldsymbol{W}_{j,\mathrm{ext}}=\begin{cases}\boldsymbol{W}_{\mathrm{grav}},\ 1\leqslant j\leqslant n+1 \\ \boldsymbol{W}_{\mathrm{grav}}+\boldsymbol{W}_{\mathrm{mach}},\ j=n+2\end{cases}$；$\boldsymbol{G}_{j,\mathrm{ac}}=\boldsymbol{G}_{(k+j-1)\boldsymbol{n}}$、$\boldsymbol{F}_{j,\mathrm{ac}}=F_{(k+j-1)\boldsymbol{n}}$。若步骤 j 中夹紧元件 $k+1$ 为液压元件等恒力元件，则 $\boldsymbol{G}_{j,\mathrm{pa}}=[\boldsymbol{G}_{1\boldsymbol{n}},\ \boldsymbol{G}_{2\boldsymbol{n}},\ \cdots,\ \boldsymbol{G}_{k\boldsymbol{n}}]$；$\boldsymbol{F}_{j,\mathrm{pa}}=[F_{1\boldsymbol{n}},\ F_{2\boldsymbol{n}},\ \cdots,\ F_{k\boldsymbol{n}}]^{\mathrm{T}}$；$\boldsymbol{W}_{j,\mathrm{ext}}=\begin{cases}\boldsymbol{W}_{\mathrm{grav}},\ 1\leqslant j\leqslant n+1 \\ \boldsymbol{W}_{\mathrm{grav}}+\boldsymbol{W}_{\mathrm{mach}},\ j=n+2\end{cases}$；$\boldsymbol{G}_{j,\mathrm{ac}}=[\boldsymbol{G}_{(k+1)\boldsymbol{n}},\ \boldsymbol{G}_{(k+2)\boldsymbol{n}},\ \cdots,\ \boldsymbol{G}_{(k+j-1)\boldsymbol{n}}]$、$\boldsymbol{F}_{j,\mathrm{ac}}=[F_{(k+1)\boldsymbol{n}},\ F_{(k+2)\boldsymbol{n}},\ \cdots,\ F_{(k+j-1)\boldsymbol{n}}]^{\mathrm{T}}$。

夹具设计中稳定性的分析是评价和分析一定装夹方式与切削力条件下工件的静态平衡状况。因此，如果工件在夹紧步骤 j 中处于稳定状态，那么式(3.9)或式(3.12)有解；反之，如果式(3.9)或式(3.12)有解，那么工件在夹紧步骤 j 中稳定。从机械装夹的观点来看，工件稳定性可以分为以下三类：

当 $j=1$ 时，工件只受到其自身重力的作用。如果式(3.9)或式(3.12)有解，那么工件具有定位稳定性；

当 $2\leqslant j\leqslant n+1$ 时，工件除了受到重力外，还受到夹紧力的作用。如果式(3.9)或式(3.12)有解，那么工件具有夹紧稳定性；

当 $j=n+2$ 时，工件既受到重力与夹紧力的作用，又受到加工力的作用。如果式(3.9)或式(3.12)有解，那么工件具有加工稳定性。

3.2　模型的求解

事实上，只要判断出稳定性模型中被动接触力有解，不需进一步求解出被动接触力的大小，即可表明工件处于平衡状态。也就是说，工件稳定性的分析问题可转换为被动接触力的解的存在性的判断问题。

3.2.1　线性规划技术

若 $b_u\geqslant 0\ (1\leqslant u\leqslant s)$，那么对于下列联立的线性方程组

$$\begin{cases} a_{11}x_1 + a_{12}x_2 + \cdots + a_{1r}x_r = b_1 \\ a_{21}x_1 + a_{22}x_2 + \cdots + a_{2r}x_r = b_2 \\ \vdots \\ a_{s1}x_1 + a_{s2}x_2 + \cdots + a_{sr}x_r = b_s \end{cases} \tag{3.13}$$

$$\text{s.t.}$$

$$x_1,\ x_2,\ \cdots,\ x_r \geqslant 0$$

其解的存在性可根据求解下列线性规划问题进行检验

$$\max w = c_1x_1 + c_2x_2 + \cdots + c_rx_r$$

$$\text{s.t.}$$

$$\begin{cases} a_{11}x_1 + a_{12}x_2 + \cdots + a_{1r}x_r \leqslant b_1 \\ a_{21}x_1 + a_{22}x_2 + \cdots + a_{2r}x_r \leqslant b_2 \\ \vdots \\ a_{s1}x_1 + a_{s2}x_2 + \cdots + a_{sr}x_r \leqslant b_s \\ x_1,\ x_2,\ \cdots,\ x_r \geqslant 0 \end{cases} \tag{3.14}$$

式中，$c_v = \sum_{u=1}^{s} a_{uv}$ 为系数矩阵$\boldsymbol{A} = \begin{bmatrix} a_{11} & a_{12} & \cdots & a_{1j} & \cdots & a_{1r} \\ a_{21} & a_{22} & \cdots & a_{2j} & \cdots & a_{2r} \\ \vdots & \vdots & \vdots & \vdots & \vdots & \vdots \\ a_{i1} & a_{i2} & \cdots & a_{ij} & \cdots & a_{ir} \\ \vdots & \vdots & \vdots & \vdots & \vdots & \vdots \\ a_{s1} & a_{s2} & \cdots & a_{sj} & \cdots & a_{sr} \end{bmatrix}$中第 v 列所有元素之和。

那么，当且仅当向量 $\boldsymbol{b} = [b_1,\ b_2,\ \cdots,\ b_s]^{\mathrm{T}}$ 中所有列向量之和等于 $\max(w)$，即

$$\max(w) = \sum_{u=1}^{s} b_u \tag{3.15}$$

式(3.13)有解。

3.2.2 形封闭模型的求解

在式(3.9)或式(3.12)中，如果给定装夹元件的位置与方向以及外力，确定其解的存在性。这类稳定性问题属于形封闭问题，也称为力的存在性问题。

1. *无摩擦时形封闭模型的求解*

当重力、切削力等外载已知，根据式(3.12)可知无摩擦时力的存在性分析模型

可描述为

$$
\begin{aligned}
&\boldsymbol{G}_{j,\text{pa}}\boldsymbol{F}_{j,\text{pa}}+\boldsymbol{G}_{j,\text{ac}}\boldsymbol{F}_{j,\text{ac}}=-\boldsymbol{W}_{j,\text{ext}}\\
&\text{s.t.}\\
&\boldsymbol{F}_{j,\text{pa}}\geqslant\boldsymbol{0},\ \boldsymbol{F}_{j,\text{ac}}\geqslant\boldsymbol{0}
\end{aligned}
\tag{3.16}
$$

由于$-\boldsymbol{W}_{j,\text{ex}}$中任一元素$-W_u$可正可负，与式(3.13)中的要求$b_u\geqslant 0$不符。若记$-W_u$的符号函数为

$$
\text{sgn}(-W_u)=\begin{cases}1,\ -W_u\geqslant 0\\-1,\ -W_u<0\end{cases},\ 1\leqslant u\leqslant 6 \tag{3.17}
$$

那么式(3.17)的矩阵形式为

$$
\text{sgn}(-\boldsymbol{W}_{j,\text{ext}})=[\text{sgn}(-W_1),\text{sgn}(-W_2),\cdots,\ \text{sgn}(-W_6)]^{\text{T}} \tag{3.18}
$$

如果 $\text{sgn}(-\boldsymbol{W}_{j,\text{ext}})$的元素呈对角分布，则记其为

$$
\text{diag}(\text{sgn}(-\boldsymbol{W}_{j,\text{ext}}))=\begin{bmatrix}
\text{sgn}(-W_1) & 0 & 0 & 0 & 0 & 0\\
0 & \text{sgn}(-W_2) & 0 & 0 & 0 & 0\\
0 & 0 & \text{sgn}(-W_3) & 0 & 0 & 0\\
0 & 0 & 0 & \text{sgn}(-W_4) & 0 & 0\\
0 & 0 & 0 & 0 & \text{sgn}(-W_5) & 0\\
0 & 0 & 0 & 0 & 0 & \text{sgn}(-W_6)
\end{bmatrix} \tag{3.19}
$$

现对式(3.19)的左右两侧同时乘以 $\text{diag}(\text{sgn}(-\boldsymbol{W}_{j,\text{ext}}))$，那么式(3.19)可转化为

$$
\begin{aligned}
&\boldsymbol{AX}=\boldsymbol{Y}\\
&\text{s.t.}\\
&\boldsymbol{X}\geqslant\boldsymbol{0}
\end{aligned}
\tag{3.20}
$$

式中，$\boldsymbol{A}=\text{diag}(\text{sgn}(-\boldsymbol{W}_{j,\text{ext}}))[\boldsymbol{G}_{j,\text{pa}},\ \boldsymbol{G}_{j,\text{ac}}]$；$\boldsymbol{X}=[\boldsymbol{F}_{j,\text{pa}}^{\text{T}},\ \boldsymbol{F}_{j,\text{ac}}^{\text{T}}]^{\text{T}}$；$\boldsymbol{Y}=[\text{diag}(\text{sgn}(-\boldsymbol{W}_{j,\text{ext}}))](-\boldsymbol{W}_{j,\text{ext}})$。

此时，式(3.20)中的$\boldsymbol{Y}\geqslant\boldsymbol{0}$，与式(3.13)中$b_i\geqslant 0$的要求相符。显然，如果式(3.20)有解，即接触力有解(除了支撑反力，夹紧力亦有解)，说明可以在给定的夹紧元件位置上施加夹紧力。比较式(3.20)与式(3.13)可知，无摩擦力封闭的分析问题可转化为下列线性规划问题

$$\max Q_{\mathrm{Nonf}}=C_1X_1+C_2X_2+\cdots+C_{k+j-2}X_{k+j-2}$$
$$\text{s.t.}$$
$$\begin{cases}A_{11}X_1+A_{12}X_2+\cdots+A_{1(k+j-2)}X_{k+j-2}\leqslant Y_1\\A_{21}X_1+A_{22}X_2+\cdots+A_{2(k+j-2)}X_{k+j-2}\leqslant Y_2\\\vdots\\A_{61}X_1+A_{62}X_2+\cdots+A_{6(k+j-2)}X_{k+j-2}\leqslant Y_6\\X_1,\ X_2,\ \cdots,\ X_{k+j-2}\geqslant 0\end{cases}\tag{3.21}$$

式中，$Y_u(1\leqslant u\leqslant 6)$ 为向量 $\boldsymbol{Y}$ 中第 u 个元素，$A_{uv}(1\leqslant u\leqslant 6,\ 1\leqslant v\leqslant k+j-2)$ 为矩阵 $\boldsymbol{A}$ 中第 u 行第 v 列元素，且 $C_v=\sum_{u=1}^{6}A_{uv}$。那么当且仅当

$$\max(Q_{\mathrm{Nonf}})=\sum_{u=1}^{6}Y_u\tag{3.22}$$

式(3.16)有解。

这里，定义 $\max(Q_{\mathrm{Nonf}})$、$\sum_{u=1}^{6}Y_u$ 分别为内力量度、外力量度。那么当且仅当内力量度与外力量度相等，即存在性指标为 $I_{\mathrm{close}}=\max(Q_{\mathrm{Nonf}})-\sum_{u=1}^{6}Y_u=0$ 时，式(3.16)有解。

2. 有摩擦时形封闭模型的求解

类似地，根据式(3.9)可知，工件与装夹元件存在摩擦时，力的存在性分析模型可描述为

$$\begin{gathered}\boldsymbol{G}_{j,\ \mathrm{pas}}\boldsymbol{F}_{j,\ \mathrm{pas}}+\boldsymbol{G}_{j,\ \mathrm{act}}\boldsymbol{F}_{j,\ \mathrm{act}}=-\boldsymbol{W}_{j,\ \mathrm{ext}}\\\text{s.t.}\\\boldsymbol{F}_{in}\geqslant 0,(F_{ib})^2+(F_{it})^2\leqslant(\mu_iF_{in})^2\end{gathered}\tag{3.23}$$

根据式(3.23)可知，$(F_{it})^2+(F_{ib})^2\leqslant(\mu_iF_{in})^2$ 不是线性的，属于二次不等式。而且，除了变量 $F_{in}\geqslant 0$ 之外，变量 F_{it} 与 F_{ib} 为可正可负的任意值，不存在 $F_{it}\geqslant 0$ 与 $F_{ib}\geqslant 0$ 的非负关系。由此可知，不能运用线性规划技术求解方程[式(3.23)]。因此，必须首先将式(3.23)转化成线性的，其次必须将方程中的变量，即 F_{it} 与 F_{ib} 转化成非负的关系。

为了线性表示摩擦锥，可将摩擦锥近似为内接多面体或外切多面体，如图 3.10 与图 3.11 所示。

如图 3.11 所示，假定摩擦锥近似地用外切正 $4q$（q 为自然数）边形替换，其中 α_s 为正多边形 s 的垂线的倾斜角。那么

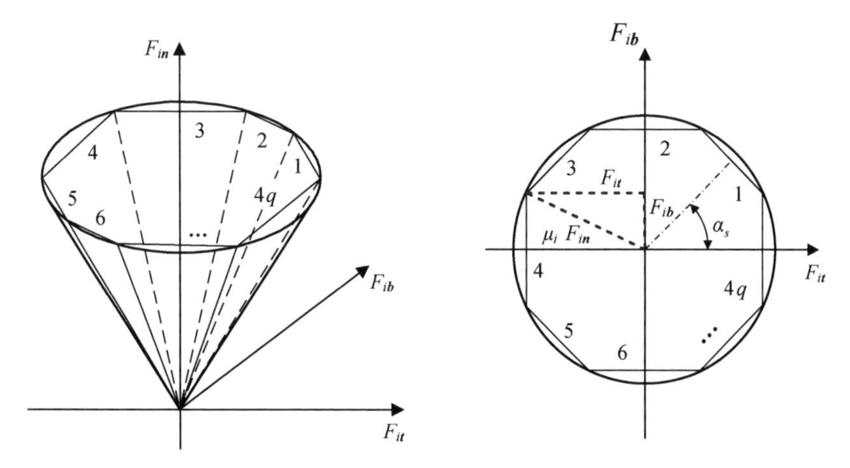

图 3.10　摩擦锥的内接多面体近似替换

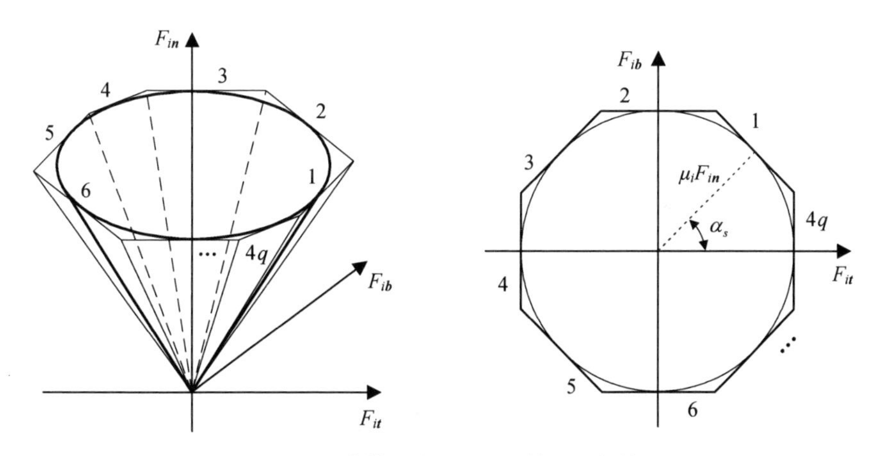

图 3.11　摩擦锥的外切多面体近似替换

$$\alpha_s = \frac{\pi}{4} + \frac{\pi}{2q}(s-1),\ 1 \leqslant s \leqslant 4q \tag{3.24}$$

式中，$0 \leqslant \alpha_s \leqslant 2\pi$。所以外切正多边形的边长函数可描述为

$$\mu_i F_{in} - F_{it}\cos\alpha_s - F_{ib}\sin\alpha_s = 0 \tag{3.25}$$

那么,摩擦锥 $(F_{it})^2 + (F_{ib})^2 \leqslant (\mu_i F_{in})^2$ 的近似表示方程为

$$\mu_i F_{in} - F_{it}\cos\alpha_s - F_{ib}\sin\alpha_s \geqslant 0 \tag{3.26}$$

式中，$1 \leqslant s \leqslant 4q$。将其用矩阵形式可表示为

$$\boldsymbol{H}_i \boldsymbol{F}_i \geqslant 0 \tag{3.27}$$

其中

$$\boldsymbol{H}_i = \begin{bmatrix} \mu_i & -\cos\alpha_1 & -\sin\alpha_1 \\ \mu_i & -\cos\alpha_2 & -\sin\alpha_2 \\ \vdots & \vdots & \vdots \\ \mu_i & -\cos\alpha_{4q} & -\sin\alpha_{4q} \end{bmatrix} \tag{3.28}$$

并称之为外切多面体 i 的结构矩阵。

显然，外切正多面体的切平面数目越多，近似程度越高。其相对误差为

$$E_r = \frac{4q}{\pi}\tan\left(\frac{\pi}{4q}\right) - 1 \tag{3.29}$$

如果用内接正 $4q$ 多边形近似表示摩擦锥，那么摩擦锥的线性方程为

$$\mu_i F_{in}\cos\left(\frac{\pi}{4q}\right) - F_{it}\cos\alpha_s - F_{ib}\sin\alpha_s \geqslant 0 \tag{3.30}$$

式中，$1 \leqslant s \leqslant 4q$，且内接多面体 i 的结构矩阵为

$$\boldsymbol{H}_i = \begin{bmatrix} \mu_i\cos\left(\frac{\pi}{4q}\right) & -\cos\alpha_1 & -\sin\alpha_1 \\ \mu_i\cos\left(\frac{\pi}{4q}\right) & -\cos\alpha_2 & -\sin\alpha_2 \\ \vdots & \vdots & \vdots \\ \mu_i\cos\left(\frac{\pi}{4q}\right) & -\cos\alpha_{4q} & -\sin\alpha_{4q} \end{bmatrix} \tag{3.31}$$

而可正可负的 F_{it} 与 F_{ib}，可通过两个非负变量之差进行描述如下：

$$\begin{cases} F_{it} = u1_i - v1_i \\ F_{ib} = u2_i - v2_i \end{cases} \tag{3.32}$$

式中，$u1_i$、$u2_i$、$v1_i$、$v2_i$ 为非负的变量。

将式(3.26)、式(3.30)与式(3.32)代入式(3.23)，有摩擦工件稳定性模型可转化为

$$\begin{aligned} &\mathrm{diag}(\mathrm{sgn}(-\boldsymbol{W}_{j,\,\mathrm{ext}}))\,\overline{\boldsymbol{G}}\,\overline{\boldsymbol{F}} = \mathrm{diag}(\mathrm{sgn}(-\boldsymbol{W}_{j,\,\mathrm{ext}}))(-\boldsymbol{W}_{j,\,\mathrm{ext}}) \\ &\text{s.t.} \\ &\overline{\boldsymbol{F}} \geqslant 0,\ \boldsymbol{h}\,\overline{\boldsymbol{F}} \geqslant 0 \end{aligned} \tag{3.33}$$

式中

$$\overline{\boldsymbol{G}} = [\overline{\boldsymbol{G}}_1,\ \overline{\boldsymbol{G}}_2,\ \cdots,\ \overline{\boldsymbol{G}}_{k+j-1}] \tag{3.34}$$

为夹紧步骤 j 中的装夹元件扩展结构矩阵：

$$\overline{\boldsymbol{G}}_i = [\boldsymbol{G}_{in},\ \boldsymbol{G}_{it},\ -\boldsymbol{G}_{it},\ \boldsymbol{G}_{ib},\ -\boldsymbol{G}_{ib}],\ 1 \leqslant i \leqslant k+j-1 \tag{3.35}$$

为装夹元件 i 的扩展(布局)矩阵：

$$\overline{\boldsymbol{F}} = [\overline{\boldsymbol{F}}_1^{\mathrm{T}},\ \overline{\boldsymbol{F}}_2^{\mathrm{T}},\ \cdots,\ \overline{\boldsymbol{F}}_{k+j-1}^{\mathrm{T}}]^{\mathrm{T}} \tag{3.36}$$

为步骤 j 中的接触力扩展向量：

$$\overline{\boldsymbol{F}}_i = [\boldsymbol{F}_{in},\ u1_i,\ v1_i,\ u2_i,\ v2_i]^{\mathrm{T}} \tag{3.37}$$

为装夹元件 i 接触力扩展向量：

$$\boldsymbol{h} = \mathrm{diag}(\overline{\boldsymbol{H}}_1,\ \overline{\boldsymbol{H}}_2,\ \cdots,\ \overline{\boldsymbol{H}}_{k+j-1}) \tag{3.38}$$

为摩擦锥的近似扩展结构矩阵：

$$\overline{\boldsymbol{H}}_i = \begin{cases} \begin{bmatrix} \mu_i & -\cos\alpha_1 & \cos\alpha_1 & -\sin\alpha_1 & \sin\alpha_1 \\ \mu_i & -\cos\alpha_2 & \cos\alpha_2 & -\sin\alpha_2 & \sin\alpha_2 \\ \vdots & \vdots & \vdots & \vdots & \vdots \\ \mu_i & -\cos\alpha_{4q} & \cos\alpha_{4q} & -\sin\alpha_{4q} & \sin\alpha_{4q} \end{bmatrix}, \text{外切多边形} \\ \begin{bmatrix} \mu_i\cos\left(\dfrac{\pi}{4q}\right) & -\cos\alpha_1 & \cos\alpha_1 & -\sin\alpha_1 & \sin\alpha_1 \\ \mu_i\cos\left(\dfrac{\pi}{4q}\right) & -\cos\alpha_2 & \cos\alpha_2 & -\sin\alpha_2 & \sin\alpha_2 \\ \vdots & \vdots & \vdots & \vdots & \vdots \\ \mu_i\cos\left(\dfrac{\pi}{4q}\right) & -\cos\alpha_{4q} & \cos\alpha_{4q} & -\sin\alpha_{4q} & \sin\alpha_{4q} \end{bmatrix}, \text{内接多边形} \end{cases} \tag{3.39}$$

为多面体 i 的扩展结构矩阵。

令 $\boldsymbol{a} = \mathrm{diag}(\mathrm{sgn}(-\boldsymbol{W}_{j,\,\mathrm{ext}}))\,\overline{\boldsymbol{G}}$、$\boldsymbol{y} = \mathrm{diag}(\mathrm{sgn}(-\boldsymbol{W}_{j,\,\mathrm{ext}}))(-\boldsymbol{W}_{j,\,\mathrm{ext}})$ 和 $\boldsymbol{x} = \overline{\boldsymbol{F}}$，则有

$$\begin{aligned} &\boldsymbol{ax} = \boldsymbol{y} \\ &\text{s.t.} \\ &\boldsymbol{x} \geqslant \boldsymbol{0},\ \boldsymbol{hx} \geqslant \boldsymbol{0} \end{aligned} \tag{3.40}$$

比较式(3.40)与式(3.14)，那么有摩擦工件稳定性模型[式(3.9)]最终可转化为下列线性规划问题：

$$\max Q_{\text{Frict}} = \boldsymbol{C}_{\text{Frict}}^{\text{T}} \boldsymbol{x}$$
$$\text{s.t.}$$
$$\begin{cases} \boldsymbol{a}\boldsymbol{x} \leqslant \boldsymbol{y} \\ \boldsymbol{x} \geqslant \boldsymbol{0} \\ \boldsymbol{h}\boldsymbol{x} \geqslant \boldsymbol{0} \end{cases} \tag{3.41}$$

式中，$\boldsymbol{C}_{\text{Fric}} = [C_1, C_2, \cdots, C_{5(k+j-1)}]^{\text{T}}$，$\boldsymbol{C}_m = \sum_{l=1}^{6} \boldsymbol{a}_{lm}$ 为矩阵 $\boldsymbol{a}$ 中第 m 列所有元素之和。

那么当且仅当内力量度 $\max(Q_{\text{Frict}})$、外力量度 $\sum_{u=1}^{6} y_u$ 相等，即存在性指标为 $I_{\text{close}} = 0$ 时，式(3.9)有解。

3.2.3 力封闭模型的求解

如果给定工件上接触点的位置与方向、外力以及夹紧力，确定式(3.9)或式(3.12)的解的存在性。这类稳定性问题属于力封闭问题，也称为力的可行性问题。

1. 无摩擦时力封闭模型的求解

若不考虑工件与装夹元件之间的摩擦，则可由式(3.12)和式(3.20)得无摩擦状态下的力封闭模型为

$$\boldsymbol{B}\boldsymbol{X} = \boldsymbol{Z}$$
$$\text{s.t.} \tag{3.42}$$
$$\boldsymbol{X} \geqslant \boldsymbol{0}$$

式中，$\boldsymbol{Z} = \text{diag}(\text{sgn}(-\boldsymbol{W}_{j,\text{ext}} - \boldsymbol{G}_{j,\text{ac}}\boldsymbol{F}_{j,\text{ac}}))(-\boldsymbol{W}_{j,\text{ext}} - \boldsymbol{G}_{j,\text{ac}}\boldsymbol{F}_{j,\text{ac}})$；$\boldsymbol{X} = \boldsymbol{F}_{j,\text{pa}}$；$\boldsymbol{B} = \text{diag}(\text{sgn}(-\boldsymbol{W}_{j,\text{ext}} - \boldsymbol{G}_{j,\text{ac}}\boldsymbol{F}_{j,\text{ac}}))\boldsymbol{G}_{j,\text{pa}}$。

如果式(3.42)中 $\boldsymbol{F}_{j,\text{pa}}$ 有解，那么工件在夹紧力 $\boldsymbol{F}_{j,\text{ac}}$ 的作用下，能够抵抗受到外载 $\boldsymbol{W}_{j,\text{ext}}$ 而处于平衡状态。

对于无摩擦情况下式(3.42)的夹紧力的可行性方程，可利用式(3.43)和式(3.44)进行计算与分析：

$$\max q_{\text{Nonf}} = \boldsymbol{D}_{\text{Nonf}}^{\text{T}} \boldsymbol{X}$$
$$\text{s.t.}$$
$$\begin{cases} \boldsymbol{B}\boldsymbol{X} \leqslant \boldsymbol{Z} \\ \boldsymbol{X} \geqslant \boldsymbol{0} \end{cases} \tag{3.43}$$

式中，向量 $\boldsymbol{D}_{\text{Nonf}}$ 中的第 j 个元素 $D_j = \sum_{i=1}^{6} B_{ij}$ 为矩阵 $\boldsymbol{B}$ 中第 j 列所有元素之和。

这里，定义 $I_{\text{feas}}=\max(q_{\text{Nonf}})-\sum_{i=1}^{6}Z_i$ 为可行性指标，那么当且仅当内力量度 $\max(q_{\text{Nonf}})$、外力量度 $\sum_{i=1}^{6}Z_i$ 相等，即可行性指标为

$$I_{\text{feas}}=0 \tag{3.44}$$

时，式(3.42)有解。

2. 有摩擦时力封闭模型的求解

如果考虑工件与装夹元件之间的摩擦，那么结合式(3.33)～式(3.40)，根据式(3.9)可得有摩擦状态下的力封闭模型为

$$\begin{aligned}&\boldsymbol{bx}=\boldsymbol{z}\\&\text{s.t.}\\&\boldsymbol{x}\geqslant\boldsymbol{0},\ \boldsymbol{hx}\geqslant\boldsymbol{0}\end{aligned} \tag{3.45}$$

式中，$\boldsymbol{z}=\text{diag}(\text{sgn}(-\boldsymbol{W}_{j,\text{ ext}}-\boldsymbol{G}_{j,\text{ act}}\boldsymbol{F}_{j,\text{ act}}))(-\boldsymbol{W}_{j,\text{ ext}}-\boldsymbol{G}_{j,\text{ act}}\boldsymbol{F}_{j,\text{ act}})$；$\boldsymbol{x}=\boldsymbol{F}_{j,\text{ pas}}$；$\boldsymbol{b}=\text{diag}(\text{sgn}(-\boldsymbol{W}_{j,\text{ ext}}-\boldsymbol{G}_{j,\text{ act}}\boldsymbol{F}_{j,\text{ act}}))\boldsymbol{G}_{j,\text{ pas}}$。

类似地，对于式(3.42)中有摩擦的力的可行性方程，可利用式(3.46)进行分析与判断

$$\begin{aligned}&\max q_{\text{Fric}}=\boldsymbol{d}_{\text{Fric}}^{\text{T}}\boldsymbol{x}\\&\text{s.t.}\\&\begin{cases}\boldsymbol{bx}\leqslant\boldsymbol{z}\\\boldsymbol{z}\geqslant\boldsymbol{0}\end{cases}\end{aligned} \tag{3.46}$$

式中，向量 $\boldsymbol{d}_{\text{Fric}}$ 中的第 j 个元素 $d_j=\sum_{i=1}^{6}b_{ij}$ 为矩阵 $\boldsymbol{b}$ 中第 j 列所有元素之和。

那么，当且仅当内力量度 $\max(q_{\text{Fric}})$、外力量度 $\sum_{i=1}^{6}z_i$ 相等，即可行性指标为 $I_{\text{feas}}=0$ 时，式(3.45)有解。此时，工件处于稳定状态，说明夹紧力 $\boldsymbol{F}_{j,\text{ act}}$ 是可行的。

3.3 稳定性分析

本节针对形封闭(即力的存在性)、力封闭(即力的可行性)等稳定性问题，列举三个典型实例详细说明有摩擦、无摩擦情况下工件稳定性模型及其算法的应用。

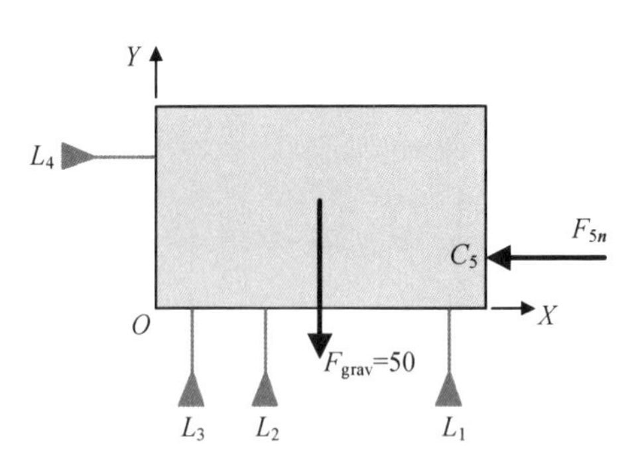

图 3.12　工件的装夹方案

3.3.1　力的存在性分析

为了简单明了地说明工件稳定性分析模型的应用，假定夹具与工件之间的摩擦忽略不计，且工件为二维，其轮廓尺寸为 80 mm × 50 mm。工件的重力为 50 N，重心为 $\boldsymbol{r}_{\text{grav}}=[40\text{ mm},\ 25\text{ mm}]^{\mathrm{T}}$。工件的定位夹紧方案如图 3.12 所示，其中 4 个定位元件与 1 个夹紧元件的位置与方向如表 3.2 所示。

表 3.2　装夹元件的坐标与单位法向量

装夹元件	L_1	L_2	L_3	L_4	C_5
坐　标	$[70,\ 0]^{\mathrm{T}}$	$[30,\ 0]^{\mathrm{T}}$	$[10,\ 0]^{\mathrm{T}}$	$[0,\ 40]^{\mathrm{T}}$	$[80,\ 10]^{\mathrm{T}}$
单位法向量	$[0,\ 1]^{\mathrm{T}}$	$[0,\ 1]^{\mathrm{T}}$	$[0,\ 1]^{\mathrm{T}}$	$[1,\ 0]^{\mathrm{T}}$	$[-1,\ 0]^{\mathrm{T}}$

首先，根据式(3.12)可得工件稳定性模型为

$$\begin{gathered}\begin{cases}F_{4n}-F_{5n}=0\\F_{1n}+F_{2n}+F_{3n}=50\\70F_{1n}+30F_{2n}+10F_{3n}-40F_{4n}+10F_{5n}=2\,000\end{cases}\\\text{s.t.}\\\begin{cases}F_{1n},\ F_{2n},\ F_{3n},\ F_{4n},\ F_{5n}\geqslant 0\\60\leqslant F_{5n}\leqslant 6\,000\end{cases}\end{gathered}\tag{3.47}$$

其次，根据式(3.20)将工件稳定性模型转化为线性规划问题

$$\begin{gathered}\min w_1=-w=-(71F_{1n}+31F_{2n}+11F_{3n}-39F_{4n}+9F_{5n})\\\text{s.t.}\\\begin{cases}F_{4n}-F_{5n}\leqslant 0\\F_{1n}+F_{2n}+F_{3n}\leqslant 50\\70F_{1n}+30F_{2n}+10F_{3n}-40F_{4n}+10F_{5n}\leqslant 2\,000\\-F_{1n},\ -F_{2n},\ -F_{3n},\ -F_{4n},\ -F_{5n}\leqslant 0\\60\leqslant F_{5n}\leqslant 6\,000\end{cases}\end{gathered}\tag{3.48}$$

利用 MATLAB 工具箱中的 linprog 函数进行求解，可得稳定性分析的结果如

表 3.3 所示。显然，存在性指标 $I_{feas} \neq 0$，因此工件是不稳定的。即在 60 N 至 6 000 N 的范围内，夹紧力 F_{5n} 无解。

表 3.3　稳定性分析

接触力/N					内力量度	外力量度	存在性指标
L_1	L_2	L_3	L_4	C_5			
50	0	0	52.5	60	2 042.5	2 050	−7.5

3.3.2　无摩擦时力的可行性分析

为了装夹工件，设计的夹具如图 3.13 所示。其中 L_1、L_2、L_3 和 L_4 为 4 个定位元件，C_5 和 C_6 为 2 个提供夹紧力 F_{5n}、F_{6n} 的夹紧元件，重力为 $F_{grav} = 50$ N，加工力为 $\boldsymbol{F}_{mach} = [-150\ \text{N},\ -100\ \text{N}]^T$；重心 $\boldsymbol{r}_{grav} = [-1.5,\ -0.5]^T$，加工位置 $\boldsymbol{r}_{grav} = [0.5,\ 1]^T$。各装夹元件处的位置与单位内法向量如表 3.4 所示，夹紧顺序方案如表 3.5 所示。

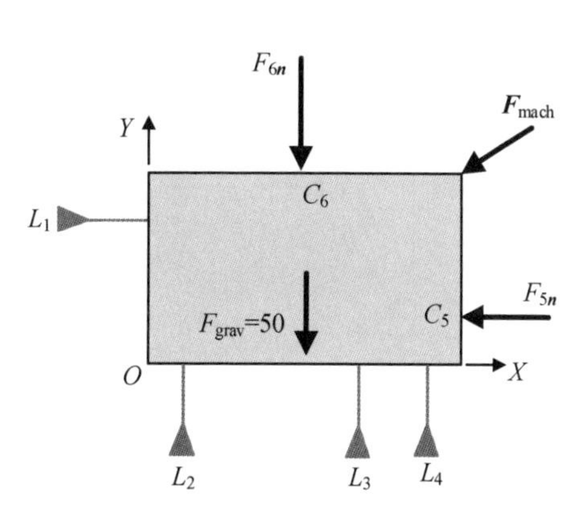

图 3.13　工件的装夹方案

表 3.4　相关位置与法向量参数

装夹元件	L_1	L_2	L_3	L_4	C_5	C_6
位　置	$[-3.5,\ 0]^T$	$[-3,\ -2]^T$	$[-1,\ -2]^T$	$[0,\ -2]^T$	$[0.5,\ -1]^T$	$[-1.5,\ 1]^T$
法向量	$[1,\ 0]^T$	$[0,\ 1]^T$	$[0,\ 1]^T$	$[0,\ 1]^T$	$[-1,\ 0]^T$	$[0,\ -1]^T$

表 3.5　夹紧顺序方案

夹紧步骤	夹紧顺序方案 A	夹紧顺序方案 B
1		

续　表

夹紧步骤	夹紧顺序方案 A	夹紧顺序方案 B
2	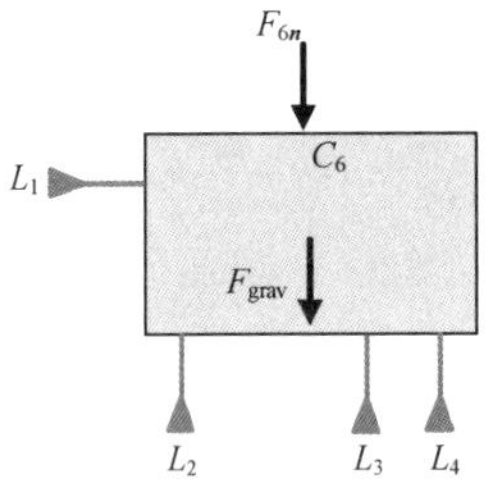 F_{6n} C_6 L_1 F_{grav} L_2 L_3 L_4	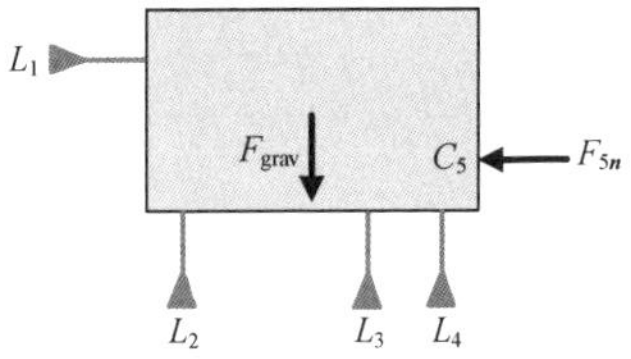 L_1 F_{grav} C_5 F_{5n} L_2 L_3 L_4
3	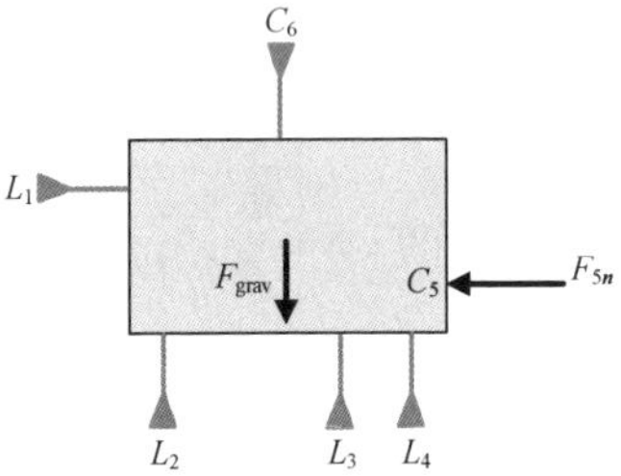 C_6 L_1 F_{grav} C_5 F_{5n} L_2 L_3 L_4	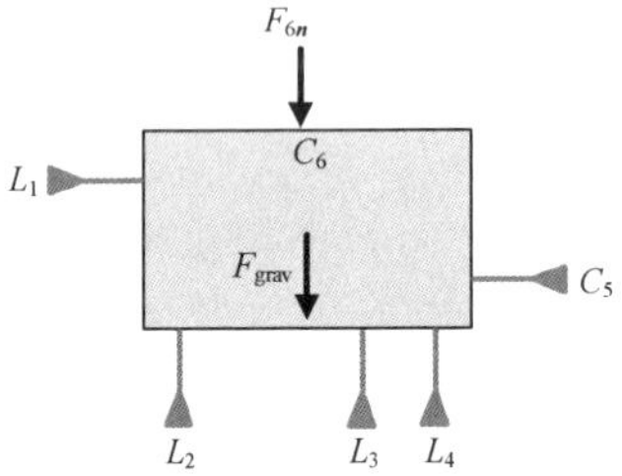 F_{6n} C_6 L_1 F_{grav} C_5 L_2 L_3 L_4
4	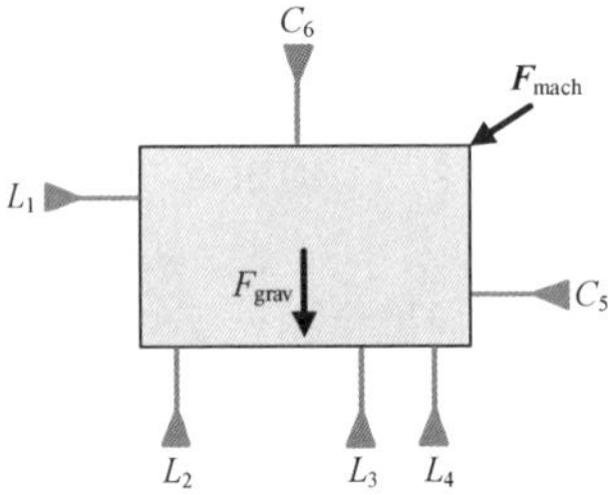 C_6 $\boldsymbol{F}_{mach}$ L_1 F_{grav} C_5 L_2 L_3 L_4	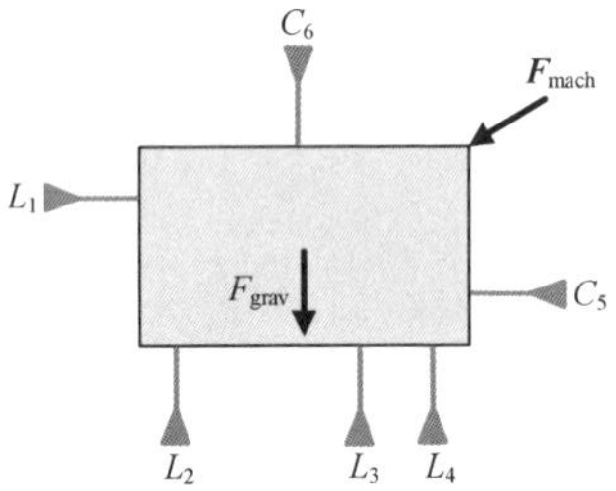 C_6 $\boldsymbol{F}_{mach}$ L_1 F_{grav} C_5 L_2 L_3 L_4

根据式(3.43)可得稳定性分析的结果分别如表 3.6、表 3.7 所示。

表 3.6　夹紧方案 A 中工件稳定性分析

项　目	工件稳定性			
	定位稳定性	夹紧稳定性		加工稳定性
夹紧步骤	1	2	3	4
外力旋量	$[0, -50, 75]^T$	$[0, -50, 75]^T$	$[0, -50, 75]^T$	$[-150, -150, -100]^T$
外力量度	125	125	125	400

续　表

项　　目	工件稳定性			
	定位稳定性	夹紧稳定性		加工稳定性
内力量度	125	125	125	400
结果分析	稳定	强稳定	强稳定	稳定

表 3.7　夹紧方案 B 中工件稳定性分析

项　　目	工件稳定性			
	定位稳定性	夹紧稳定性		加工稳定性
夹紧步骤	1	2	3	4
外力旋量	$[0, -50, 75]^T$	$[0, -50, 75]^T$	$[0, -50, 75]^T$	$[-150, -150, -100]^T$
外力量度	125	125	125	400
内力量度	125	125	125	400
结果分析	稳定	弱稳定	强稳定	稳定

在夹紧方案 A 中，夹紧步骤 2 与步骤 3 中均为强稳定，因为夹紧力大小为任意值时，工件都处于稳定状态，分别如图 3.14、图 3.15 所示。而在夹紧方案 B 中夹紧步骤 2 为弱稳定，如图 3.16 所示，当夹紧力在[0, 75]区间内时，工件处于稳定状态，而在(75, +∞)区间上时工件则不稳定；夹紧步骤 3 为强稳定，如图 3.17 所示，夹紧力为任意值工件都具有稳定性。

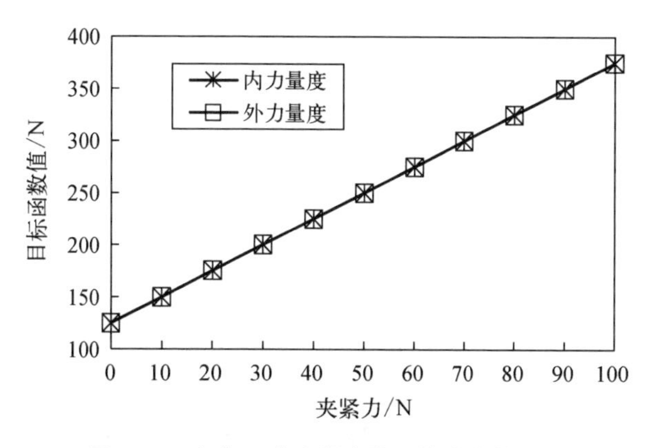

图 3.14　方案 A 中夹紧步骤 2 的稳定性分析

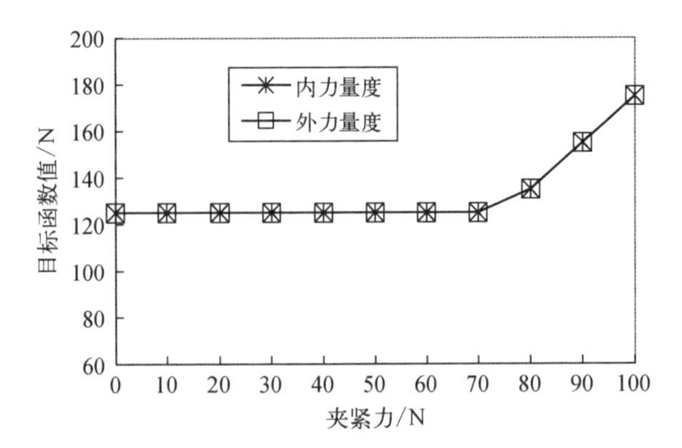

图 3.15　方案 A 中夹紧步骤 3 的稳定性分析

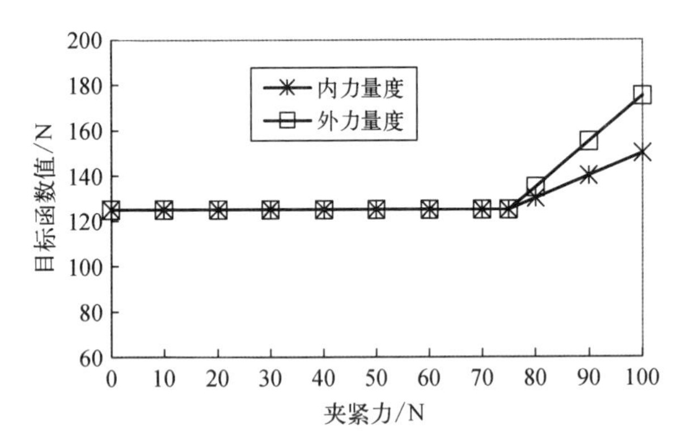

图 3.16　方案 B 中夹紧步骤 2 的稳定性分析

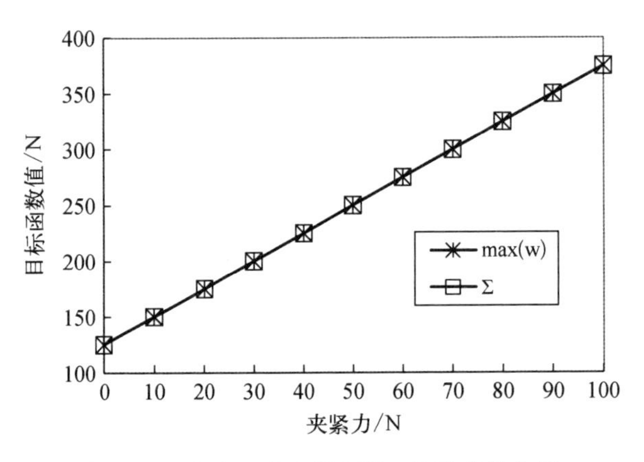

图 3.17　方案 B 中夹紧步骤 3 的稳定性分析

3.3.3 有摩擦时力的可行性分析

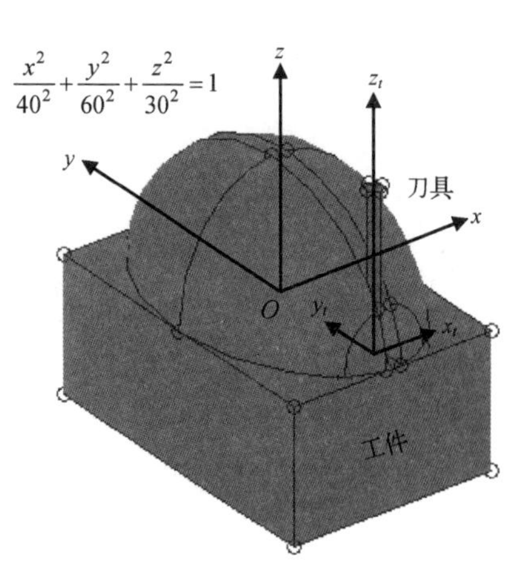

图 3.18　工件的铣槽工序

如图 3.18 所示工件，由一个 80 mm × 120 mm × 50 mm 的方块和一个半椭球体组成。夹具方案为根据"3-2-1"定位原则确定的 6 个球头定位元件以及一个夹紧元件，其坐标及其法向、切向单位向量如表 3.8 所示。工件的重量为 50 N。工件与定位元件/夹紧元件之间的静摩擦系数为 0.3。夹紧元件施加的法向力为 $F_{7n}=200$ N。

表 3.8　定位元件坐标与方向

元件	坐　标	单位法向量 $\boldsymbol{n}_i$	单位切向量 $\boldsymbol{\tau}_i$	单位切向量 $\boldsymbol{\eta}_i$
1	(−30, 50, −50)	(0, 0, 1)	(1, 0, 0)	(0, 1, 0)
2	(30, 50, −50)	(0, 0, 1)	(1, 0, 0)	(0, 1, 0)
3	(−30, −50, −50)	(0, 0, 1)	(1, 0, 0)	(0, 1, 0)
4	(40, 50, −20)	(−1, 0, 0)	(0, 1, 0)	(0, 0, −1)
5	(40, −50, −20)	(−1, 0, 0)	(0, 1, 0)	(0, 0, −1)
6	(0, −60, −20)	(0, 1, 0)	(1, 0, 0)	(0, 0, −1)
7	$(-20, 30, 15\sqrt{2})$	$\left(\frac{\sqrt{5}}{5}, -\frac{2\sqrt{5}}{15}, -\frac{4\sqrt{10}}{15}\right)$	$\left(\frac{4}{\sqrt{70}}, -\frac{6}{\sqrt{70}}, \frac{3\sqrt{2}}{\sqrt{70}}\right)$	$\left(-\frac{2}{\sqrt{7}}, -\frac{5}{3\sqrt{7}}, -\frac{\sqrt{2}}{3\sqrt{7}}\right)$

铣槽工序就是在工件上加工一通槽，进给速度为 5 mm/s。工件的瞬时加工力为铣削力 f_x、f_y、f_z 以及力矩 m_z：

$$
\begin{aligned}
f_x &= 25\sin(\pi t/4)\ \text{N} \\
f_y &= 30\ \text{N} \\
f_z &= -20\ \text{N} \\
m_z &= 800\ \text{Nmm}
\end{aligned}
$$

这里,利用外接正多边形近似描述摩擦锥。定位与夹紧稳定性分析结果分别如表 3.9 所示。

表 3.9　定位稳定性与夹紧稳定性分析

工件稳定性	定位稳定性	夹紧稳定性
外力旋量	$[0, 0, -50, 0, 0, 0]^T$	$[0, 0, -50, 0, 0, 0]^T$
外力量度	50	50
内力量度	50	50
结果分析	稳定	稳定

加工过程是一个动态,加工力会随着加工时间的推移而变化,因此加工稳定性必须在整个加工周期进行分析与验证。分析的结果如表 3.10 所示。

表 3.10　加工稳定性分析

时间/s	外　力　旋　量	外力量度	内里亮度	分析
0	$[0, 30, -70, 1\,200, 0, 800]^T$	2 100	2 100	稳定
2	$[25, 30, -70, 502.5, 414.6, 2\,050]^T$	3 092.1	3 092.1	稳定
4	$[0, 30, -70, 129.2, 0, 800]^T$	1 029.2	1 029.2	稳定
6	$[-25, 30, -70, -179.4, -649.5, 50]^T$	1 003.9	1 003.9	稳定
8	$[0, 30, -70, -448.5, 0, 800]^T$	1 348.5	1 348.5	稳定
10	$[25, 30, -70, -687.4, 739.5, 1\,050]^T$	2 601.9	2 601.9	稳定
12	$[0, 30, -70, -900, 0, 800]^T$	1 800	1 800	稳定
14	$[-25, 30, -70, -1\,087.4, -739.5, 1\,050]^T$	3 001.9	3 001.9	稳定
16	$[0, 30, -70, -1\,248.5, 0, 800]^T$	2 148.5	2 148.5	稳定
18	$[25, 30, -70, -1\,379.4, 649.5, 50]^T$	2 203.9	2 203.9	稳定
20	$[0, 30, -70, -1\,470.8, 0, 800]^T$	2 370.8	2 370.8	稳定

续　表

时间/s	外　力　旋　量	外力量度	内里亮度	分析
22	$[-25, 30, -70, -1\,497.5, -414.6, 2\,050]^T$	4 087.1	4 087.1	稳定
24	$[0, 30, -70, -1\,200, 0, 800]^T$	2 100	2 100	稳定

从表 3.10 的分析结果可看出，工件在整个加工过程中均具有稳定性，说明夹紧元件 7 的位置与夹紧力的大小是可行的。

第4章

夹紧合理性分析

工件在实现定位后，工件在加工过程中受到加工力、惯性力以及重力等外力的作用。如果不夹紧工件或夹紧力过小，工件在外力作用下可能发生移动或转动，造成工件位置的发生偏移。工件移动与转动将会破坏工件在定位过程中获得的正确位置，损坏刀具以及机床，甚至导致人身事故。因此，必须设计夹紧方案对工件施加可靠的夹紧力，从而保证工件在加工过程中具有生产安全性。然而，当夹紧力过大，工件-夹具系统将又产生不适当的变形与表面损伤，最终导致夹紧误差而影响工件的加工质量，图 4.1 为夹紧源误差、目标误差及夹紧方案的映射关系图。

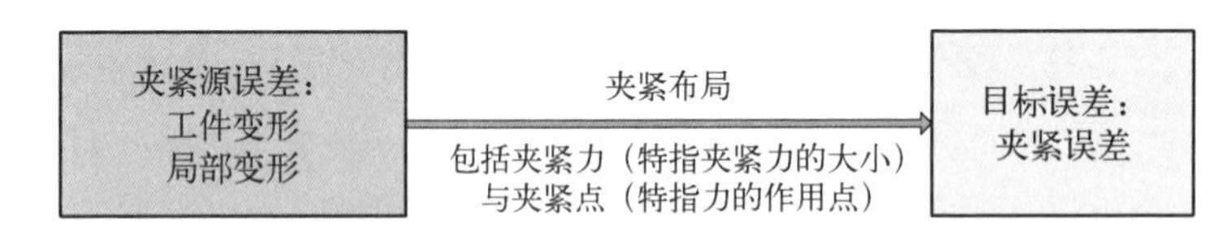

图 4.1　夹紧源误差、目标误差及夹紧方案的映射关系图

从数学角度来说，夹紧方案的实质就是夹紧源误差到夹紧变形上的一种映射，如图 4.1 所示。在设计夹紧方案时，为了解决夹紧的可靠性与夹紧变形之间的矛盾，必须建立一种描述夹紧力大小、作用点与夹紧误差之间关系的夹紧合理性模型。

4.1　局部变形

工件-夹具系统在一定的加工力与重力、夹紧力的影响下产生三个方面的变形：夹持元件（包括定位元件与夹紧元件）的变形，如图 4.2(b)所示；工件-夹具接触区域的局部接触变形以及工件的变形，如图 4.2(c)和(d)所示。然而，只有定位元件处的接触变形与定位元件变形才能导致工件位置发生偏移，而夹紧元件处的接触变形与夹紧元件变形对工件位置偏移没有直接影响。

从图 4.2 中可以看出，定位元件变形与定位元件-工件接触变形所组成的局部

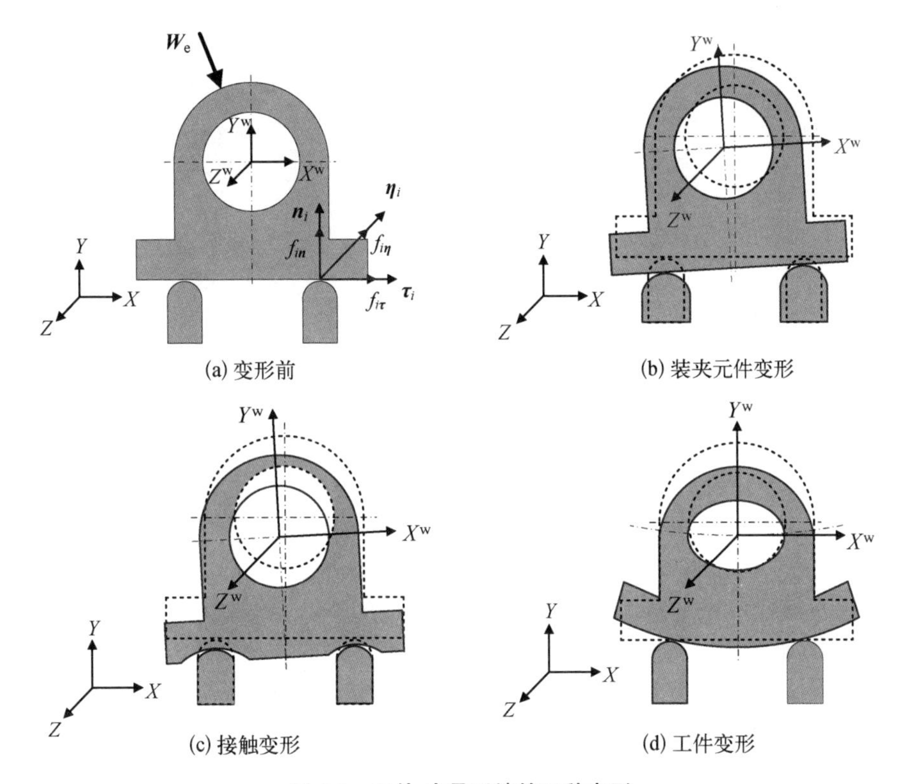

图 4.2　工件-夹具系统的三种变形

变形导致工件坐标系$\{X^wY^wZ^w\}$相对于全局坐标系$\{XYZ\}$产生位置偏移，是产生夹紧误差的一个因素；而工件变形则是产生夹紧误差的另一个因素。

4.1.1　接触变形

两弹性体相互接触时，除了由物体内部变形引起的一般弹性位移外，位于弹性半平面边界上的一点也会作附加的位移。这种位移是由该弹性体表面结构决定的表面局部变形而引起的，称之为接触变形。为了计算弹性接触变形，必须确定接触刚度。在处理一般光滑弹性体接触问题时，根据接触区域相对于弹性体宏观尺寸很小的特点，Hertz 将无限大弹性半空间布希涅斯克理论用于有限大弹性体中，从而成功解决了接触问题。

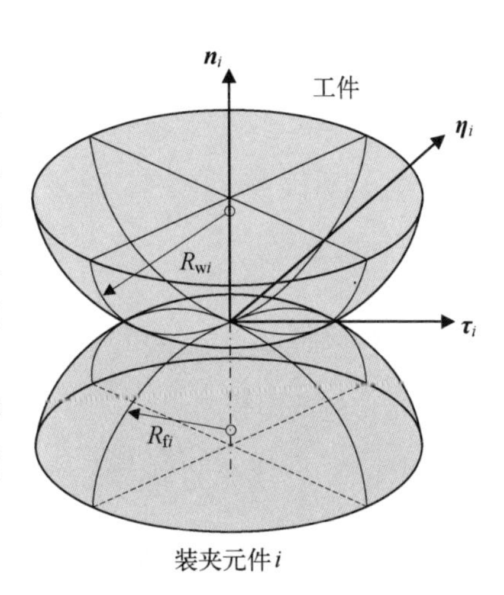

图 4.3　球面与球面之间的点接触

图 4.3 为球面与球面之间的点接触模型，此时夹持元件与工件在接触点 i 处均为球面，

R_{fi} 与 R_{wi} 分别为夹持元件 i 与工件的半径，E_{fi} 与 E_{wi} 分别为夹持元件 i 与工件的弹性模量，G_{fi} 与 G_{wi} 分别为夹持元件 i 与工件的剪切模量。当球面与球面相接触时，在受力情况下两物体的接触面为一个半径为 r_i 的圆区域。

$$r_i = \left(\frac{3R_i^*}{4E_i^*}\right)^{\frac{1}{3}} (f_{in})^{\frac{1}{3}} \tag{4.1}$$

式中，f_{in} 为第 i 个接触点在法向 $\boldsymbol{n}_i$ 上的接触力；

$$\frac{1}{R_i^*} = \frac{1}{R_{wi}} + \frac{1}{R_{fi}} \tag{4.2}$$

为当量半径；

$$\frac{1}{E_i^*} = \frac{1-\nu_{wi}^2}{E_{wi}} + \frac{1-\nu_{fi}^2}{E_{fi}} \tag{4.3}$$

为当量接触弹性模量；

根据 Hertz 理论及其在摩擦接触领域中的扩展，可知接触点 i 在法向 $\boldsymbol{n}_i$、切向 $\boldsymbol{\tau}_i$ 与 $\boldsymbol{\eta}_i$ 上的接触刚度分别为

$$\begin{cases} k_{cin} = \left(\dfrac{16R_i^* E_i^{*2}}{9}\right)^{\frac{1}{3}} (f_{in})^{\frac{1}{3}} \\ k_{ci\tau} = 8G_i^* \left(\dfrac{3R_i^*}{4E_i^*}\right)^{\frac{1}{3}} (f_{in})^{\frac{1}{3}} \\ k_{ci\eta} = 8G_i^* \left(\dfrac{3R_i^*}{4E_i^*}\right)^{\frac{1}{3}} (f_{in})^{\frac{1}{3}} \end{cases} \tag{4.4}$$

式中，

$$\frac{1}{G_i^*} = \frac{2-\nu_{wi}}{G_{wi}} + \frac{2-\nu_{fi}}{G_{fi}} \tag{4.5}$$

为当量接触剪切模量。

在式(4.4)中，当 R_{fi} 或 R_{wi} 趋于无穷大时，可获得平面与球面之间的点接触模型的接触刚度。

当装夹元件与工件在接触处均为平面时，如果工件的表面远大于夹持元件表面，那么它们之间的接触近似地看作为点接触，此时工件与夹持元件的接触区域为

半径为 a_{fi} 的圆，如图 4.4 所示。因此，夹持元件 i 与工件之间的接触刚度为

$$\begin{cases} k_{ci\boldsymbol{n}} = \dfrac{2E_{wi}}{1-\nu_{wi}^2}a_{fi} \\ k_{ci\boldsymbol{\tau}} = \dfrac{8G_{wi}}{\pi(2-\nu_{wi})}a_{fi} \\ k_{ci\boldsymbol{\eta}} = \dfrac{8G_{wi}}{\pi(2-\nu_{wi})}a_{fi} \end{cases} \tag{4.6}$$

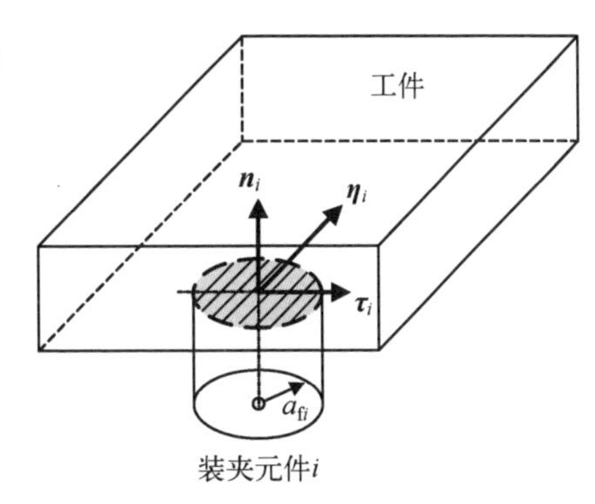

图 4.4　平面与平面之间的点接触模型

式中，a_{fi} 为平头夹持元件的半径。

图 4.5(a)所示，工件与第 i 个装夹元件在点 P_i 处为曲面与曲面之间的接触。假定工件与夹持元件在接触区域是变形体，而其他部分为刚体。工件表面在接触点 i 处的主曲率半径分别为 $R_{wi} \geqslant R'_{wi}$，夹持元件的主曲率半径为 $R_{fi} \geqslant R'_{fi}$。那么工件与夹持元件 i 接触的当量半径为

$$R_i^* = \sqrt{R_{ai}R_{bi}} \tag{4.7}$$

式中

$$R_{ai} = \frac{1}{(A_i + B_i) - (B_i - A_i)} \tag{4.8}$$

$$R_{bi} = \frac{1}{(A_i + B_i) + (B_i - A_i)} \tag{4.9}$$

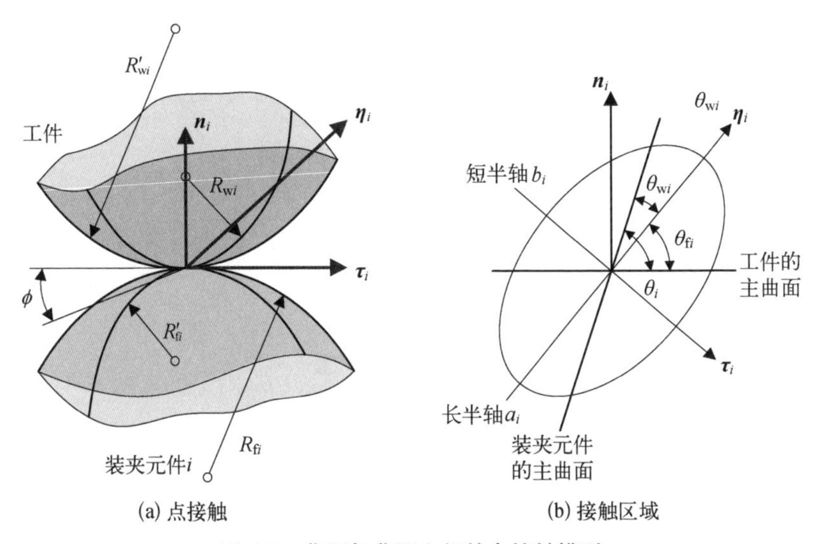

图 4.5　曲面与曲面之间的点接触模型

注：ϕ 为工件与夹持元件在接触点 i 处的主曲率面之间的夹角

$$A_i + B_i = \frac{1}{2}\left(\frac{1}{R_{wi}} + \frac{1}{R'_{wi}} + \frac{1}{R_{fi}} + \frac{1}{R'_{fi}}\right) \tag{4.10}$$

$$B_i - A_i = \frac{1}{2}\left[\left(\frac{1}{R_{\mathrm{wi}}} - \frac{1}{R'_{\mathrm{wi}}}\right)^2 + \left(\frac{1}{R_{\mathrm{fi}}} - \frac{1}{R'_{\mathrm{fi}}}\right)^2 + 2\left(\frac{1}{R_{\mathrm{wi}}} - \frac{1}{R'_{\mathrm{wi}}}\right)\left(\frac{1}{R_{\mathrm{fi}}} - \frac{1}{R'_{\mathrm{fi}}}\right)\cos 2\phi\right]^{\frac{1}{2}} \tag{4.11}$$

当曲面工件与曲面夹持元件发生接触变形时，工件与夹持元件的接触区域为椭圆，如图 4.5(b)所示，其相应参数分别为

$$\begin{cases} a_i = \alpha_i\left(\dfrac{R_{ai}}{R_{bi}}\right)^{\frac{1}{3}}\left(\dfrac{3R_i^*}{4E_i^*}f_{in}\right)^{\frac{1}{3}} \\ b_i = \alpha_i\left(\dfrac{R_{bi}}{R_{ai}}\right)^{\frac{1}{3}}\left(\dfrac{3R_i^*}{4E_i^*}f_{in}\right)^{\frac{1}{3}} \end{cases} \tag{4.12}$$

因此夹持元件 i 与工件之间的接触刚度为

$$\begin{cases} k_{\mathrm{ci}\boldsymbol{n}} = \left(\dfrac{16E_i^{*2}R_i^*}{9}f_{in}\right)^{\frac{1}{3}}\dfrac{1}{\beta_i} \\ k_{\mathrm{ci}\boldsymbol{\tau}} = 8a_iG_i^*\dfrac{1}{\gamma_i} \\ k_{\mathrm{ci}\boldsymbol{\eta}} = 8a_iG_i^*\dfrac{1}{\lambda_i} \end{cases} \tag{4.13}$$

式中，ν_i^* 为当量泊松比；α_i、β_i、γ_i、λ_i 为修正因子，其表达式分别为

$$\alpha_i \approx 1 - \left[\left(\frac{R_{ai}}{R_{bi}}\right)^{0.0602} - 1\right]^{1.456} \tag{4.14}$$

$$\beta_i \approx 1 - \left[\left(\frac{R_{ai}}{R_{bi}}\right)^{0.0684} - 1\right]^{1.531} \tag{4.15}$$

$$\gamma_i \approx 1 + (1.4 - 0.8\nu_i^*)\log\left(\frac{a_i}{b_i}\right) \tag{4.16}$$

$$\lambda_i \approx 1 + (1.4 + 0.8\nu_i^*)\log\left(\frac{a_i}{b_i}\right) \tag{4.17}$$

$$\frac{1}{\nu_i^*} = \frac{1}{2\nu_{\mathrm{wi}}} + \frac{1}{2\nu_{\mathrm{fi}}} \tag{4.18}$$

在工件定位夹紧中，曲面与曲面接触类型主要是曲面工件与球面或平面夹持元件之间的点接触，其接触刚度很容易根据式(4.7)～式(4.18)推导获得。

4.1.2　夹持元件变形

如图 4.6 所示，假定 $K_{\mathrm{fi}\boldsymbol{n}}$、$K_{\mathrm{fi}\boldsymbol{\tau}}$ 与 $K_{\mathrm{fi}\boldsymbol{\eta}}$ 为夹持元件在三个方向上的刚度。根据“单位力法”，利用有限元软件求出夹持元件的刚度。

在全局坐标系{GCS}中，假定夹持元件在接触点处分别受到 X、Y、Z 方向上单位力 $\overline{\boldsymbol{F}}_i=[\overline{F}_{iX},\ \overline{F}_{iY},\ \overline{F}_{iZ}]^{\mathrm{T}}$ 的作用，那么

$$\begin{cases}\overline{F}_{iX}=1\\ \overline{F}_{iY}=1\\ \overline{F}_{iZ}=1\end{cases} \tag{4.19}$$

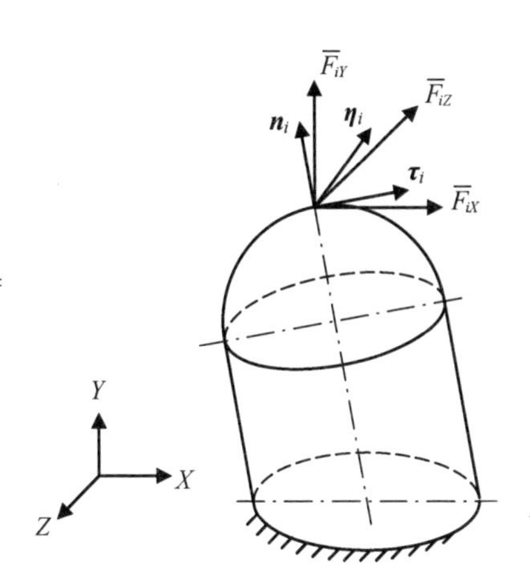

图 4.6　夹持元件模型

利用有限元软件计算夹持元件各个节点在全局坐标系{XYZ}中的变形，并找出最大的节点变形 $\overline{\boldsymbol{U}}_{\mathrm{fi}}$。

将 $\overline{\boldsymbol{U}}_{\mathrm{fi}}$ 转换成接触坐标系{$\boldsymbol{n}_i\boldsymbol{\tau}_i\boldsymbol{\eta}_i$}中的变形 $\bar{\boldsymbol{u}}_{\mathrm{fi}}$。那么

$$\overline{\boldsymbol{U}}_{\mathrm{fi}}=\boldsymbol{T}(\boldsymbol{\Theta}_i)\,\bar{\boldsymbol{u}}_{\mathrm{fi}} \tag{4.20}$$

式中，

$$\boldsymbol{T}(\boldsymbol{\Theta}_i)=[\boldsymbol{n}_i,\ \boldsymbol{\tau}_i,\ \boldsymbol{\eta}_i]=\begin{bmatrix}n_{ix} & \tau_{ix} & \eta_{ix}\\ n_{iy} & \tau_{iy} & \eta_{iy}\\ n_{iz} & \tau_{iz} & \eta_{iz}\end{bmatrix} \tag{4.21}$$

由于 $\overline{\boldsymbol{F}}_i=[\overline{F}_{iX},\ \overline{F}_{iY},\ \overline{F}_{iZ}]^{\mathrm{T}}$ 为{XYZ}中的单位力，那么将其转换成{$\boldsymbol{n}_i\boldsymbol{\tau}_i\boldsymbol{\eta}_i$}中的力 $\overline{\boldsymbol{f}}_i=[\overline{f}_{i\boldsymbol{n}},\ \overline{f}_{i\boldsymbol{\tau}},\ \overline{f}_{i\boldsymbol{\eta}}]^{\mathrm{T}}$ 为

$$\overline{\boldsymbol{F}}_i=\boldsymbol{T}(\boldsymbol{\Theta}_i)\,\overline{\boldsymbol{f}}_i \tag{4.22}$$

在接触坐标系{XYZ}中夹持元件 i 的接触力与变形之间的关系为

$$\boldsymbol{F}_i=\boldsymbol{K}_{\mathrm{fi}}\,\overline{\boldsymbol{U}}_{\mathrm{fi}} \tag{4.23}$$

式中，$\boldsymbol{K}_{\mathrm{fi}}=\begin{bmatrix}K_{\mathrm{fi}\boldsymbol{n}} & & \\ & K_{\mathrm{fi}\boldsymbol{\tau}} & \\ & & K_{\mathrm{fi}\boldsymbol{\eta}}\end{bmatrix}$。

将式(4.20)～式(4.22)代入式(4.23)可得

$$\boldsymbol{T}(\boldsymbol{\Theta}_i)\,\overline{\boldsymbol{f}}_i = \boldsymbol{K}_{\mathrm{f}i}\boldsymbol{T}(\boldsymbol{\Theta}_i)\,\boldsymbol{u}_{\mathrm{f}i} \tag{4.24}$$

整理式(4.24)可得接触坐标系{CCS}中夹持元件 i 的刚度为

$$\boldsymbol{k}_{\mathrm{f}i} = \boldsymbol{T}(\boldsymbol{\Theta}_i)^{\mathrm{T}}\boldsymbol{K}_{\mathrm{f}i}\boldsymbol{T}(\boldsymbol{\Theta}_i) \tag{4.25}$$

式中，$\boldsymbol{k}_{\mathrm{f}i} = \begin{bmatrix} k_{\mathrm{f}i\boldsymbol{n}} & & \\ & k_{\mathrm{f}i\boldsymbol{\tau}} & \\ & & k_{\mathrm{f}i\boldsymbol{\eta}} \end{bmatrix}$。

特别地，平头定位元件/夹紧元件可以看作悬臂梁，那么根据材料力学可知其法向刚度及切向刚度分别为

$$\begin{cases} k_{\mathrm{f}i\boldsymbol{n}} = \dfrac{\pi E_{\mathrm{f}i} r_{\mathrm{f}i}^2}{L_{\mathrm{f}i}} \\ k_{\mathrm{f}i\boldsymbol{\tau}} = \dfrac{3\pi G_{\mathrm{f}i} r_{\mathrm{f}i}^2}{4L_{\mathrm{f}i}} \\ k_{\mathrm{f}i\boldsymbol{\eta}} = \dfrac{3\pi G_{\mathrm{f}i} r_{\mathrm{f}i}^2}{4L_{\mathrm{f}i}} \end{cases} \tag{4.26}$$

式中，$r_{\mathrm{f}i}$ 与 $L_{\mathrm{f}i}$ 分别为夹持元件的半径与长度。

4.1.3　局部变形

在接触 i 处，工件-定位元件接触区域中接触刚度与定位元件刚度可以在法向 $\boldsymbol{n}_i$ 与两个切向 $\boldsymbol{\tau}_i$、$\boldsymbol{\eta}_i$ 上模型化成两个线性弹簧，如图 4.7 所示。

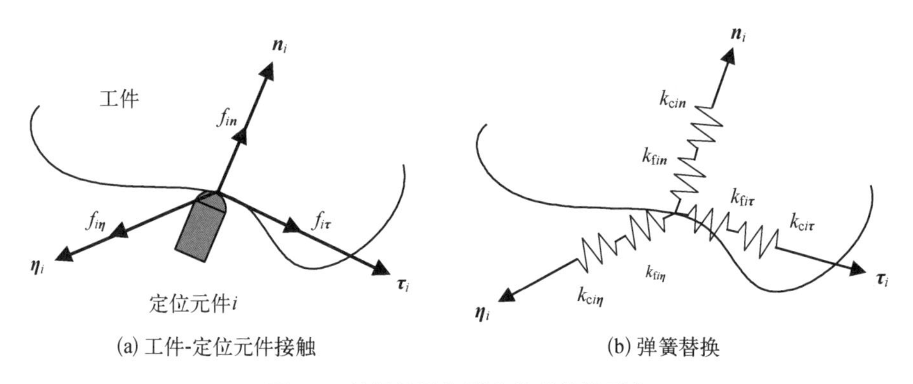

图 4.7　接触处局部刚度的弹簧模型化

由胡克定律可知，在接触点 i 处接触力与定位元件变形的关系为

$$\begin{cases}\delta e_{in}=\dfrac{f_{in}}{k_{\mathrm{f}in}}\\ \delta e_{i\tau}=\dfrac{f_{i\tau}}{k_{\mathrm{f}i\tau}}\\ \delta e_{i\eta}=\dfrac{f_{i\eta}}{k_{\mathrm{f}i\eta}}\end{cases}\tag{4.27}$$

而接触点 i 处接触力与接触变形的关系为

$$\begin{cases}\delta c_{in}=\dfrac{f_{in}}{k_{\mathrm{c}in}}\\ \delta c_{i\tau}=\dfrac{f_{i\tau}}{k_{\mathrm{c}i\tau}}\\ \delta c_{i\eta}=\dfrac{f_{i\eta}}{k_{\mathrm{c}i\eta}}\end{cases}\tag{4.28}$$

整理式(4.27)～式(4.28)可得局部变形为

$$\delta\boldsymbol{e}_i+\delta\boldsymbol{c}_i=\boldsymbol{k}_i^{-1}\boldsymbol{f}_i,\ i=1,\ 2,\ \cdots,\ m\tag{4.29}$$

式中，$\boldsymbol{f}_i=[f_{in},\ f_{i\tau},\ f_{i\eta}]^{\mathrm{T}}$ 为第 i 个接触处的接触力；$\delta\boldsymbol{e}_i=[\delta e_{in},\ \delta e_{i\tau},\ \delta e_{i\eta}]^{\mathrm{T}}$、$\delta\boldsymbol{c}_i=[\delta c_{in},\ \delta c_{i\tau},\ \delta c_{i\eta}]^{\mathrm{T}}$ 分别为装夹元件变形与接触变形。

$$\boldsymbol{k}_i=\begin{bmatrix}k_{in}&0&0\\0&k_{i\tau}&0\\0&0&k_{i\eta}\end{bmatrix},\ i=1,\ 2,\ \cdots,\ m\tag{4.30}$$

为第 i 个接触处的局部刚度；且有

$$\begin{cases}\dfrac{1}{k_{in}}=\dfrac{1}{k_{\mathrm{c}in}}+\dfrac{1}{k_{\mathrm{f}in}}\\ \dfrac{1}{k_{i\tau}}=\dfrac{1}{k_{\mathrm{c}i\tau}}+\dfrac{1}{k_{\mathrm{f}i\tau}}\\ \dfrac{1}{k_{i\eta}}=\dfrac{1}{k_{\mathrm{c}i\eta}}+\dfrac{1}{k_{\mathrm{f}i\eta}}\end{cases}\tag{4.31}$$

4.2　工件位置偏移

夹紧工件时，工件-定位元件接触区域在夹紧力作用下产生包括接触变形与定位元件变形的局部变形，从而引起工件的位置偏移。假定工件-夹具系统包含 m 个定位元件与 n 个夹紧元件。

4.2.1 静力平衡关系

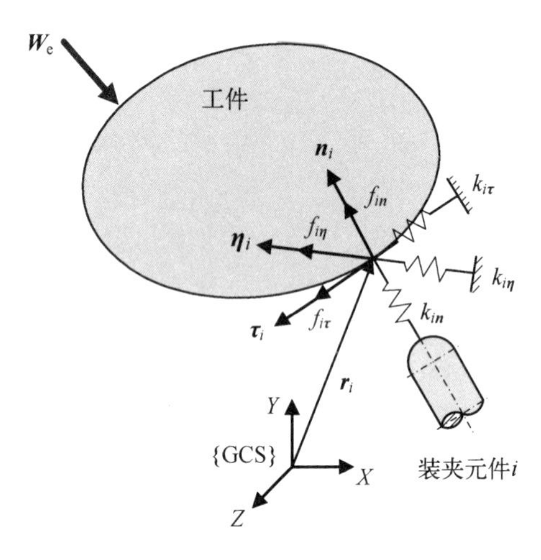

图 4.8 工件的静力平衡

假定工件受到加工力、重力等外力及力矩组成的加工力旋量 $\boldsymbol{W}_{\mathrm{m}}$、重力旋量 $\boldsymbol{W}_{\mathrm{g}}$ 以及夹紧力；工件与定位元件以及夹紧元件之间存在摩擦。假定 $\boldsymbol{n}_i$ 为工件在第 i 个定位元件（或夹紧元件）接触位置 $\boldsymbol{r}_i$ 处的单位内法向量。另外，假定 $\boldsymbol{\tau}_i$ 和 $\boldsymbol{\eta}_i$ 分别为工件在第 i 个接触点处的两个正交的单位切向量。如图 4.8 所示。

$\boldsymbol{f}_i=\boldsymbol{f}_{in}+\boldsymbol{f}_{i\tau}+\boldsymbol{f}_{i\eta}$ 为{GCS}中的第 i 个接触点处的接触力，其中 $\boldsymbol{f}_{in}$、$\boldsymbol{f}_{i\tau}$、$\boldsymbol{f}_{i\eta}$ 分别表示接触点 i 处接触力 $\boldsymbol{f}_i$ 在法向 $\boldsymbol{n}_i$，切向 $\boldsymbol{\tau}_i$ 与 $\boldsymbol{\eta}_i$ 上的三个分量，即有

$$\begin{cases}\boldsymbol{f}_{in}=f_{in}\boldsymbol{n}_i\\ \boldsymbol{f}_{i\tau}=f_{i\tau}\boldsymbol{\tau}_i\\ \boldsymbol{f}_{i\eta}=f_{i\eta}\boldsymbol{\eta}_i\end{cases}\tag{4.32}$$

那么根据工件的受力情况，可知其静力平衡方程为

$$\sum_{i=1}^{m}\begin{bmatrix}\boldsymbol{f}_i\\ \boldsymbol{r}_i\times\boldsymbol{f}_i\end{bmatrix}+\sum_{j=m+1}^{m+n}\begin{bmatrix}\boldsymbol{f}_{jn}\\ \boldsymbol{r}_j\times\boldsymbol{f}_{jn}\end{bmatrix}+\boldsymbol{W}_{\mathrm{m}}+\boldsymbol{W}_{\mathrm{g}}=\boldsymbol{0}\tag{4.33}$$

化简式(4.33)，则其矩阵形式为

$$\boldsymbol{G}_1\boldsymbol{f}_1=-\boldsymbol{G}_{cn}\boldsymbol{f}_{cn}-\boldsymbol{W}_{\mathrm{e}}\tag{4.34}$$

式中，

$$\boldsymbol{G}_1=\begin{bmatrix}\boldsymbol{n}_1 & \boldsymbol{\tau}_1 & \boldsymbol{\eta}_1 & \cdots & \boldsymbol{n}_m & \boldsymbol{\tau}_m & \boldsymbol{\eta}_m\\ \boldsymbol{r}_1\times\boldsymbol{n}_1 & \boldsymbol{r}_1\times\boldsymbol{\tau}_1 & \boldsymbol{r}_1\times\boldsymbol{\eta}_1 & \cdots & \boldsymbol{r}_m\times\boldsymbol{n}_m & \boldsymbol{r}_m\times\boldsymbol{\tau}_m & \boldsymbol{r}_m\times\boldsymbol{\eta}_m\end{bmatrix}\tag{4.35}$$

$$\boldsymbol{G}_{cn}=\begin{bmatrix}\boldsymbol{n}_{m+1} & \cdots & \boldsymbol{n}_{m+n}\\ \boldsymbol{r}_{m+1}\times\boldsymbol{n}_{m+1} & \cdots & \boldsymbol{r}_{m+1}\times\boldsymbol{n}_{m+n}\end{bmatrix}\tag{4.36}$$

$$\boldsymbol{f}_{cn}=[f_{(m+1)\boldsymbol{n}},\ f_{(m+2)\boldsymbol{n}},\ \cdots,\ f_{(m+n)\boldsymbol{n}}]^{\mathrm{T}}\tag{4.37}$$

$$\boldsymbol{W}_{\mathrm{e}}=\boldsymbol{W}_{\mathrm{g}}+\boldsymbol{W}_{\mathrm{m}} \tag{4.38}$$

4.2.2　摩擦锥

如图 4.9 所示，为了保证工件始终与第 i 个夹持元件接触，接触力的方向必须始终指向工件表面，即有

$$f_{in}\geqslant 0 \tag{4.39}$$

另外，夹持元件对工件所产生的摩擦力与法向接触力的合力必须在摩擦锥内。因此，基于库仑摩擦定理，有

$$(f_{i\tau})^2+(f_{i\boldsymbol{\eta}})^2\leqslant(\mu_i f_{in})^2 \tag{4.40}$$

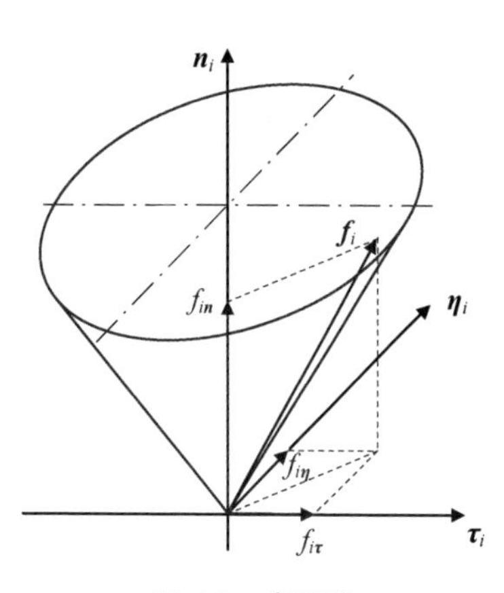

图 4.9　摩擦锥

或

$$\begin{bmatrix}f_{in}\\f_{i\tau}\\f_{i\boldsymbol{\eta}}\end{bmatrix}^{\mathrm{T}}\begin{bmatrix}\mu_i^2 & & \\ & -1 & \\ & & -1\end{bmatrix}\begin{bmatrix}f_{in}\\f_{i\tau}\\f_{i\boldsymbol{\eta}}\end{bmatrix}\geqslant 0 \tag{4.41}$$

式中，μ_i 为第 i 个夹持元件与工件之间的摩擦系数。

4.2.3　接触力与局部变形的关系

根据式(4.31)可知，在所有定位元件处接触力与局部变形之间的关系为

$$\boldsymbol{f}_l=\boldsymbol{k}_l(\delta\boldsymbol{e}_l+\delta\,\boldsymbol{c}_l) \tag{4.42}$$

式中，

$$\boldsymbol{f}_l=[\boldsymbol{f}_1^{\mathrm{T}},\ \boldsymbol{f}_2^{\mathrm{T}},\ \cdots,\ \boldsymbol{f}_m^{\mathrm{T}}]^{\mathrm{T}}=[f_{1\boldsymbol{n}},\ f_{1\tau},\ f_{1\boldsymbol{\eta}},\ \cdots,\ f_{m\boldsymbol{n}},\ f_{m\tau},\ f_{m\boldsymbol{\eta}}]^{\mathrm{T}} \tag{4.43}$$

为定位元件上的接触力；

$$\boldsymbol{k}_l=\mathrm{diag}(\boldsymbol{k}_1,\ \boldsymbol{k}_2,\ \cdots,\ \boldsymbol{k}_m) \tag{4.44}$$

为定位元件刚度；

$$\delta\boldsymbol{e}_l+\delta\,\boldsymbol{c}_l=[(\delta\boldsymbol{e}_1+\delta\,\boldsymbol{c}_1)^{\mathrm{T}},\ (\delta\boldsymbol{e}_2+\delta\,\boldsymbol{c}_2)^{\mathrm{T}},\ \cdots,\ (\delta\boldsymbol{e}_m+\delta\,\boldsymbol{c}_m)^{\mathrm{T}}]^{\mathrm{T}} \tag{4.45}$$

为定位元件处的局部变形。

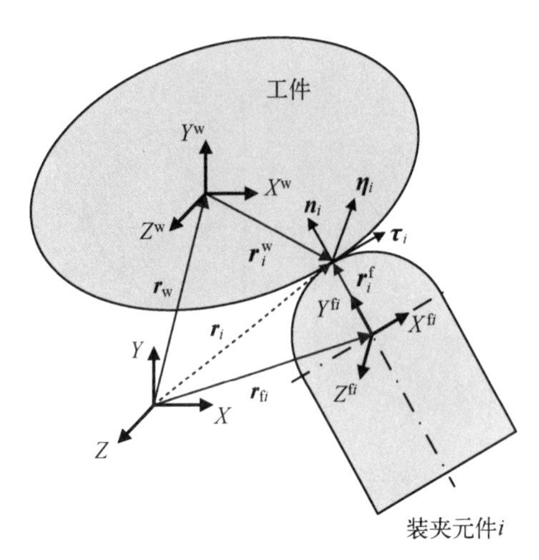

图 4.10 工件的夹持方案

4.2.4 局部变形与工件位置偏移的关系

如图 4.10 所示，工件和第 i 个定位元件之间的接触点 i 的位置可用式(4.46)和式(4.47)等价地表示：

$$\boldsymbol{r}_i(\boldsymbol{r}_w,\boldsymbol{\Theta}_w,\boldsymbol{r}_i^w)=\boldsymbol{r}_w+\boldsymbol{T}(\boldsymbol{\Theta}_w)\boldsymbol{r}_i^w \tag{4.46}$$

及

$$\boldsymbol{r}_i(\boldsymbol{r}_{fi},\boldsymbol{\Theta}_{fi},\boldsymbol{r}_i^f)=\boldsymbol{r}_{fi}+\boldsymbol{T}(\boldsymbol{\Theta}_{fi})\boldsymbol{r}_i^f \tag{4.47}$$

式中，$\boldsymbol{r}_w$、$\boldsymbol{\Theta}_w$ 与 $\boldsymbol{r}_{fi}$、$\boldsymbol{\Theta}_{fi}$ 分别为工件与定位元件 i 相对于{GCS}的位置与方向。$\boldsymbol{r}_i^w=[x_i^w,\ y_i^w,\ z_i^w]^T$ 为接触点 i 在{WCS}中的位置向量，$\boldsymbol{r}_i^f$ 为接触点 i 在{GCS}中的位置向量。$\boldsymbol{T}(\boldsymbol{\Theta}_w)$ 为{WCS}相对于{GCS}的方位矩阵，$\boldsymbol{T}(\boldsymbol{\Theta}_{fi})$ 为$\{FCS\}_i$相对于{GCS}的方位矩阵。

由于工件与定位元件 i 在接触点 i 处始终保持接触，因此

$$\boldsymbol{r}_i(\boldsymbol{r}_w,\boldsymbol{\Theta}_w,\boldsymbol{r}_i^w)=\boldsymbol{r}_i(\boldsymbol{r}_{fi},\boldsymbol{\Theta}_{fi},\boldsymbol{r}_i^f) \tag{4.48}$$

如图 4.11 所示，接触点 i 处的局部变形 δd_i 不仅引起定位元件上的接触点偏

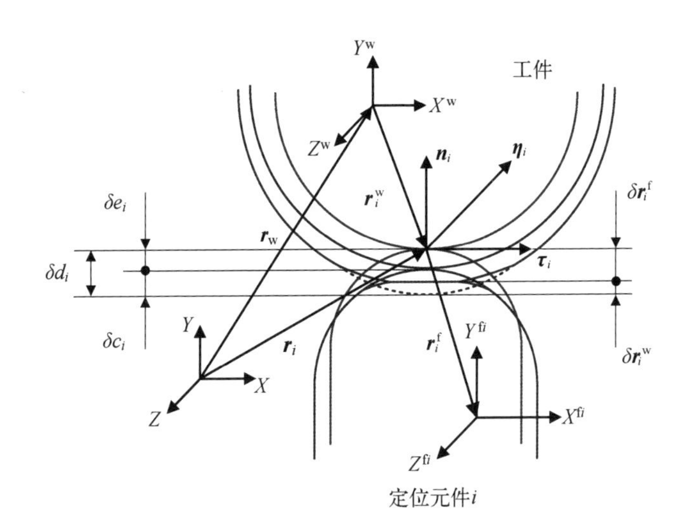

图 4.11 工件-夹具系统的局部变形

离其理想位置而产生偏移误差 $\delta \boldsymbol{r}_i^{\mathrm{f}}$，而且也会使得工件上实际接触点偏离其理想接触点位置而产生偏移误差 $\delta \boldsymbol{r}_i^{\mathrm{w}}$，分别对式(4.46)与式(4.47)进行微分可得

$$\delta \boldsymbol{r}_i(\boldsymbol{r}_{\mathrm{w}}, \boldsymbol{\Theta}_{\mathrm{w}}, \boldsymbol{r}_i^{\mathrm{w}}) = \delta \boldsymbol{r}_{\mathrm{w}} + \delta \boldsymbol{T}(\boldsymbol{\Theta}_{\mathrm{w}}) \boldsymbol{r}_i^{\mathrm{w}} + \boldsymbol{T}(\boldsymbol{\Theta}_{\mathrm{w}}) \delta \boldsymbol{r}_i^{\mathrm{w}} \tag{4.49}$$

$$\delta \boldsymbol{r}_i(\boldsymbol{r}_{\mathrm{f}i}, \boldsymbol{\Theta}_{\mathrm{f}i}, \boldsymbol{r}_i^{\mathrm{f}}) = \boldsymbol{T}(\boldsymbol{\Theta}_{\mathrm{f}i}) \delta \boldsymbol{r}_i^{\mathrm{f}} \tag{4.50}$$

式中，$\delta \boldsymbol{r}_{\mathrm{w}}$、$\delta \boldsymbol{\Theta}_{\mathrm{w}}$ 分别为工件的位置 $\boldsymbol{r}_{\mathrm{w}}$、方向 $\boldsymbol{\Theta}_{\mathrm{w}}$ 的偏差。

在实际夹持过程中，工件与夹持元件必须始终保持接触，因此

$$\delta \boldsymbol{r}_i(\boldsymbol{r}_{\mathrm{w}}, \boldsymbol{\Theta}_{\mathrm{w}}, \boldsymbol{r}_i^{\mathrm{w}}) = \delta \boldsymbol{r}_i(\boldsymbol{r}_{\mathrm{f}i}, \boldsymbol{\Theta}_{\mathrm{f}i}, \boldsymbol{r}_i^{\mathrm{f}}) \tag{4.51}$$

根据式(4.49)和式(4.50)可得定位元件处局部弹性变形与工件位置误差的关系为

$$\boldsymbol{U}_i^{\mathrm{w}} \delta \boldsymbol{q}_{\mathrm{w}} = \delta d_i, \ i = 1, \cdots, m \tag{4.52}$$

式中，$\delta \boldsymbol{q}_{\mathrm{w}} = [\delta \boldsymbol{r}_{\mathrm{w}}^{\mathrm{T}}, \delta \boldsymbol{\Theta}_{\mathrm{w}}^{\mathrm{T}}]^{\mathrm{T}}$ 为由于夹紧所引起的工件位置偏移；

$$\boldsymbol{U}_i^{\mathrm{w}} = [\boldsymbol{I}_{3\times 3}, -\boldsymbol{T}(\boldsymbol{\Theta}_{\mathrm{w}}) \boldsymbol{R}_i^{\mathrm{w}}] \tag{4.53}$$

$$\boldsymbol{R}_i^{\mathrm{w}} = \begin{bmatrix} 0 & -z_i^{\mathrm{w}} \mathrm{c}\alpha_{\mathrm{w}} \mathrm{c}\beta_{\mathrm{w}} + y_i^{\mathrm{w}} \mathrm{s}\alpha_{\mathrm{w}} & y_i^{\mathrm{w}} \mathrm{c}\alpha_{\mathrm{w}} + z_i^{\mathrm{w}} \mathrm{s}\alpha_{\mathrm{w}} \mathrm{c}\beta_{\mathrm{w}} \\ z_i^{\mathrm{w}} \mathrm{c}\alpha_{\mathrm{w}} \mathrm{c}\beta_{\mathrm{w}} - y_i^{\mathrm{w}} \mathrm{s}\alpha_{\mathrm{w}} & 0 & -x_i^{\mathrm{w}} + z_i^{\mathrm{w}} \mathrm{s}\beta_{\mathrm{w}} \\ -y_i^{\mathrm{w}} \mathrm{c}\alpha_{\mathrm{w}} - z_i^{\mathrm{w}} \mathrm{s}\alpha_{\mathrm{w}} \mathrm{c}\beta_{\mathrm{w}} & x_i^{\mathrm{w}} - z_i^{\mathrm{w}} \mathrm{s}\beta_{\mathrm{w}} & 0 \end{bmatrix} \tag{4.54}$$

$$\begin{aligned} \delta d_i &= \boldsymbol{T}(\boldsymbol{\Theta}_{\mathrm{f}i}) \boldsymbol{r}_i^{\mathrm{f}} - \boldsymbol{T}(\boldsymbol{\Theta}_{\mathrm{w}}) \delta \boldsymbol{r}_i^{\mathrm{w}} \\ &= \boldsymbol{T}(\boldsymbol{\Theta}_i) [\delta d_{i\boldsymbol{n}}, \delta d_{i\boldsymbol{\tau}}, \delta d_{i\boldsymbol{\eta}}]^{\mathrm{T}} \\ &= \boldsymbol{T}(\boldsymbol{\Theta}_i) [\delta c_{i\boldsymbol{n}} + \delta e_{i\boldsymbol{n}}, \delta c_{i\boldsymbol{\tau}} + \delta e_{i\boldsymbol{\tau}}, \delta c_{i\boldsymbol{\eta}} + \delta e_{i\boldsymbol{\eta}}]^{\mathrm{T}} \\ &= \boldsymbol{T}(\boldsymbol{\Theta}_i) (\delta \boldsymbol{c}_i + \delta \boldsymbol{e}_i) \end{aligned} \tag{4.55}$$

为了不失一般性，假定{WCS}与{GCS}的相应坐标轴同向，则 $\alpha_{\mathrm{w}} = \beta_{\mathrm{w}} = \gamma_{\mathrm{w}} = 0$。那么根据式(4.52)～式(4.55)可得

$$\boldsymbol{E}_i^{\mathrm{w}} \delta \boldsymbol{q}_{\mathrm{w}} = \delta \boldsymbol{d}_i \tag{4.56}$$

式中

$$\boldsymbol{E}_i^{\mathrm{w}} = \begin{cases} \begin{bmatrix} 1 & 0 & 0 & 0 & z_i^{\mathrm{w}} & -y_i^{\mathrm{w}} \\ 0 & 1 & 0 & -z_i^{\mathrm{w}} & 0 & x_i^{\mathrm{w}} \\ 0 & 0 & 1 & y_i^{\mathrm{w}} & -x_i^{\mathrm{w}} & 0 \end{bmatrix}, & \text{工件为三维时} \\ \begin{bmatrix} 1 & 0 & y_i^{\mathrm{w}} \\ 0 & 1 & -x_i^{\mathrm{w}} \end{bmatrix}, & \text{工件为二维时} \end{cases} \tag{4.57}$$

根据式(4.56)可知,由于定位元件处局部变形所引起的工件位置偏移为

$$\boldsymbol{E}_l^{\mathrm{w}}\delta\boldsymbol{q}_{\mathrm{w}}=\delta d_l \tag{4.58}$$

其中

$$\boldsymbol{E}_l^{\mathrm{w}}=[(\boldsymbol{E}_1^{\mathrm{w}})^{\mathrm{T}},(\boldsymbol{E}_2^{\mathrm{w}})^{\mathrm{T}},\cdots,(\boldsymbol{E}_m^{\mathrm{w}})^{\mathrm{T}}]^{\mathrm{T}} \tag{4.59}$$

将式(4.54)和式(4.41)代入式(4.57)并整理可得

$$\delta\boldsymbol{q}_{\mathrm{w}}=(E_l^{\mathrm{w}})^{+}\,\boldsymbol{T}(\boldsymbol{\Theta}_l)\,(\boldsymbol{k}_l)^{-1}\,\boldsymbol{f}_l \tag{4.60}$$

式中,$(\boldsymbol{E}_l^{\mathrm{w}})^{+}$ 为矩阵 $\boldsymbol{E}_l^{\mathrm{w}}$ 的 Moore-Penrose 逆;且

$$\boldsymbol{T}(\boldsymbol{\Theta}_l)=\mathrm{diag}(\boldsymbol{T}(\boldsymbol{\Theta}_1),\boldsymbol{T}(\boldsymbol{\Theta}_2),\cdots,\boldsymbol{T}(\boldsymbol{\Theta}_m)) \tag{4.61}$$

4.2.5　求解技术

由式(4.60)可知,接触力是工件位置偏移的决定因素,因此接触力的求解方法是分析工件位置偏移的基础。事实上,利用总余能原理可以获取接触力的真实值。工件-夹具系统的总余能可表示为

$$\Pi^{*}=U^{*}-W^{*} \tag{4.62}$$

在式(4.60)所描述的工件-夹具系统中,工件被假定为刚体。因此系统中仅存在局部变形,其总余能为

$$U^{*}=\frac{1}{2}\,\boldsymbol{f}_l^{\mathrm{T}}\boldsymbol{k}_l^{-1}\boldsymbol{f}_l \tag{4.63}$$

另外,当机动夹紧机构提供夹紧力时,由于指定位移 $\overline{\boldsymbol{\delta}}_l$ 为零,故其方向上的势能则可表示为

$$W^{*}=\boldsymbol{f}_l^{\mathrm{T}}\,\overline{\boldsymbol{\delta}}_l=0 \tag{4.64}$$

那么接触力可以通过求解下列问题的极值而获得

$$\begin{aligned}
&\text{Find }\boldsymbol{f}_l\\
&\min\ \frac{1}{2}\,\boldsymbol{f}_l^{\mathrm{T}}\,\boldsymbol{k}_l^{-1}\,\boldsymbol{f}_l\\
&\text{s.t.}\\
&\begin{cases}\boldsymbol{G}_l\,\boldsymbol{f}_l=-\boldsymbol{G}_{cn}\,\boldsymbol{f}_{cn}-\boldsymbol{W}_{\mathrm{e}}\\ \boldsymbol{f}_l^{\mathrm{T}}\,\boldsymbol{\mu}_l\,\boldsymbol{f}_l\geqslant\boldsymbol{0}\end{cases}
\end{aligned} \tag{4.65}$$

式中，第一组为工件静力平衡约束；第二组为摩擦锥约束，且有

$$\boldsymbol{\mu}_l = \mathrm{diag}(\boldsymbol{\mu}_1, \boldsymbol{\mu}_2, \cdots, \boldsymbol{\mu}_m) \tag{4.66}$$

$$\boldsymbol{\mu}_i = \begin{bmatrix} \mu_i^2 & & \\ & -1 & \\ & & -1 \end{bmatrix} \tag{4.67}$$

4.3　工件变形

事实上，工件是弹性变形体，一般利用有限元方法计算接触力与工件变形。相对于式(4.65)，柔性工件与夹持元件之间的接触力则可利用下列规划问题求得

$$\begin{aligned} &\text{Find } \boldsymbol{f}_{\mathrm{w}} \\ &\min \frac{1}{2} \boldsymbol{f}_{\mathrm{w}}^{\mathrm{T}} \boldsymbol{k}_{\mathrm{w}}^{-1} \boldsymbol{f}_{\mathrm{w}} \\ &\text{s.t.} \\ &\begin{cases} \boldsymbol{G}_l \boldsymbol{f}_l = -\boldsymbol{G}_{cn} \boldsymbol{f}_{cn} - \boldsymbol{W}_{\mathrm{e}} \\ \boldsymbol{f}_l^{\mathrm{T}} \boldsymbol{\mu}_l \boldsymbol{f}_l \geqslant 0 \end{cases} \end{aligned} \tag{4.68}$$

式中，$\boldsymbol{k}_{\mathrm{w}}$ 为工件刚度矩阵。$\boldsymbol{f}_{\mathrm{w}}$ 为包括重力 $\boldsymbol{f}_{\mathrm{g}}$、加工力 $\boldsymbol{f}_{\mathrm{m}}$、夹紧力 $\boldsymbol{f}_{cn}$ 的外载向量。

式(4.68)可利用商用的有限元软件进行接触力的求解。当根据式(4.68)计算获得接触力后，根据 Hooke 定理可知工件变形为

$$\boldsymbol{U}_{\mathrm{w}} = \boldsymbol{k}_{\mathrm{w}}^{-1} \boldsymbol{f}_{\mathrm{w}} \tag{4.69}$$

式中，$\boldsymbol{U}_{\mathrm{w}} = [\boldsymbol{U}_{\mathrm{w}1}, \cdots, \boldsymbol{U}_{\mathrm{w}r}]^{\mathrm{T}} = [u_1, v_1, w_1, \cdots, u_r, v_r, w_r]^{\mathrm{T}}$ 为工件的节点变形。

4.4　夹紧合理性建模与应用

夹紧合理性用来衡量工件的夹紧变形误差，如果夹紧变形满足工件的加工精度，那么夹紧机构的设计是合理的。

4.4.1　夹紧合理性模型

如图 4.12 所示，假定工件上的某个工序点为 P，其位置坐标在工件坐标系

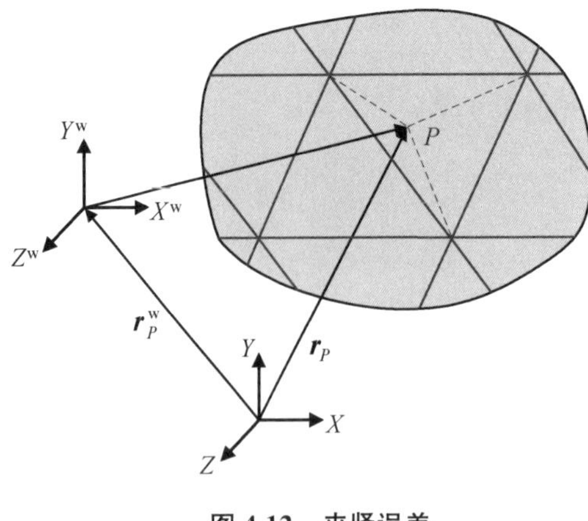

图 4.12　夹紧误差

$\{X^wY^wZ^w\}$ 中为 $\boldsymbol{r}_P^w = [x_P^w,\ y_P^w,\ z_P^w]^T$。再假定 $\{X^wY^wZ^w\}$ 与 $\{XYZ\}$ 重合，那么工序点 P 处的夹紧误差 $\delta\boldsymbol{r}_P$ 为

$$\delta\boldsymbol{r}_P = \boldsymbol{E}_P^w\delta\boldsymbol{q}_w + \delta\boldsymbol{r}_P^w \tag{4.70}$$

其中

$$\boldsymbol{E}_P^w = \begin{bmatrix} 1 & 0 & 0 & 0 & z_P^w & -y_P^w \\ 0 & 1 & 0 & -z_P^w & 0 & x_P^w \\ 0 & 0 & 1 & y_P^w & -x_P^w & 0 \end{bmatrix} \tag{4.71}$$

$\delta\boldsymbol{r}_P^w$ 为工件在工序点 P 处的变形，其大小可近似地等于距离工序点最近的节点变形 $\boldsymbol{U}_{wN} = [u_N,\ v_N,\ w_N]^T,\ 1 \leqslant N \leqslant r$。

4.4.2　夹紧合理性分析

由两个定位元件和两个夹紧元件组成的工件-夹具系统如图 4.13 所示。其中两个定位元件分别简化成刚度为 K 的弹簧与抗弯刚度为 EI 的悬臂梁。假定工件的抗弯刚度也为 EI，试分析工件的夹紧误差。根据奇异函数 $f(x)$ 的定义有

$$f(x) = \langle x - a\rangle^n = \begin{cases} 0,\ x < a \\ (x-a)^n,\ x \geqslant a,\ n \geqslant 0 \end{cases} \tag{4.72}$$

且 $f(x)$ 服从积分法则

$$\int \langle x - a\rangle^n \mathrm{d}x = \frac{\langle x - a\rangle^{n+1}}{n+1} + c,\ n \geqslant 0(c\ 为任意数) \tag{4.73}$$

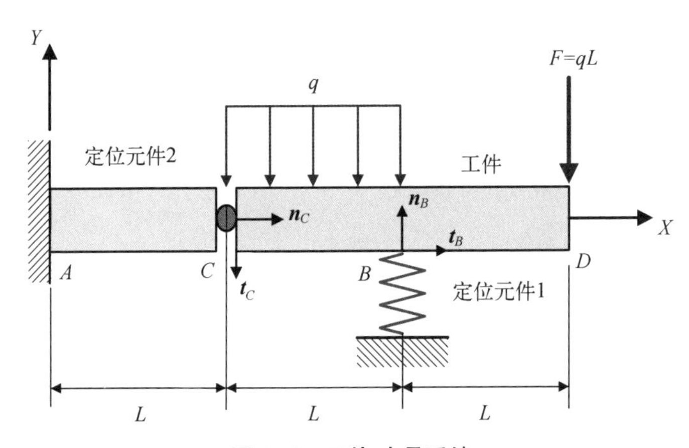

图 4.13　工件-夹具系统

假定所有坐标均相同。工件与定位元件的接触点为 C 与 B。那么接触力可确定为

$$\boldsymbol{f}=[(\boldsymbol{f}_C)^{\mathrm{T}},(\boldsymbol{f}_B)^{\mathrm{T}}]^{\mathrm{T}}=[0,\ -\frac{1}{2}qL,\ 0,\ \frac{5}{2}qL]^{\mathrm{T}} \tag{4.74}$$

根据式(4.60)计算可得工件位置偏移为

$$\delta\boldsymbol{q}_{\mathrm{w}}=[0,\ \frac{1}{3EI}qL^4+\frac{5}{2K}qL,\ \frac{1}{6EI}qL^3+\frac{5}{2K}q]^{\mathrm{T}} \tag{4.75}$$

利用材料力学容易获得工件弯曲变形为

$$\boldsymbol{U}_{\mathrm{w}}=[U_{\mathrm{w}x},\ U_{\mathrm{wy}}]^{\mathrm{T}}=[0,\ U_{\mathrm{wy}}]^{\mathrm{T}} \tag{4.76}$$

其中，$U_{\mathrm{wy}}=-\frac{1}{8EI}qL^3+\frac{1}{8EI}qL^3x-\frac{1}{12EI}qL\langle x-L\rangle^3+\frac{5}{12EI}qL\langle x-2L\rangle^3-\frac{1}{24EI}q\langle x-L\rangle^4+\frac{1}{24EI}q\langle x-2L\rangle^4$。

根据式(4.70)计算可得夹紧变形为

$$\delta\boldsymbol{r}=[\delta x,\ \delta y]^{\mathrm{T}}=[0,\ \delta y]^{\mathrm{T}} \tag{4.77}$$

式中

$$\begin{aligned}\delta y=&\frac{1}{4EI}qL^3(x-L)-\left(\frac{5}{2K}+\frac{7L^3}{24EI}\right)q(x-L)\\&-\frac{1}{12EI}qL\langle x-L\rangle^3+\frac{5}{12EI}qL\langle x-2L\rangle^3\\&-\frac{1}{24EI}q\langle x-L\rangle^4+\frac{1}{24EI}q\langle x-2L\rangle^4\qquad(x\geqslant L)\\&+\frac{1}{6EI}qL^4,\end{aligned} \tag{4.78}$$

事实上，根据材料力学中的弯曲变形理论，可得梁的挠曲线方程 $v_y(x)$ 为

$$\begin{aligned}v_y(x)=&\frac{1}{4EI}qL^2x^2-\frac{1}{12EI}qLx^3-\left(\frac{5}{2K}+\frac{7L^3}{24EI}\right)q\langle x-L\rangle^1\\&+\frac{5}{12EI}qL\langle x-2L\rangle^3-\frac{1}{24EI}q\langle x-L\rangle^4\qquad(x\geqslant 0)\\&+\frac{1}{24EI}q\langle x-2L\rangle^4,\end{aligned} \tag{4.79}$$

比较式(4.78)与式(4.79)可知，在工件任意一点处，利用模型(4.70)所获得的预测值与理论计算值是完全一致的。

第5章 可达可离性分析

工件的可达可离性反映了将工件安装到/脱离出夹具装夹布局的可能性，分析可达/可离性有助于在工件上正确选择装夹表面和装夹点。本章依据工件与装夹元件的实际接触或装配情况，利用泰勒定理提出了工件可达可离性模型。通过将工件安装到/脱离出装夹布局的可能性等价于可达可离性模型的解的存在性，借助任意数可表达为两个非负数之差这一数学技巧作为桥梁，将工件可达可离性模型的解的存在性问题转化为线性规划问题，提出了工件可达可离性的判断方法。尤其是在判断可达可离性模型有解的情况下，继而考虑了工件安装到或脱离出装夹布局的方向性。在此基础上，进一步将可达可离的方向性转化为可达可离性模型的通解，构建了求解线性不等式方程组的旋转算法。

5.1 可达可离性模型

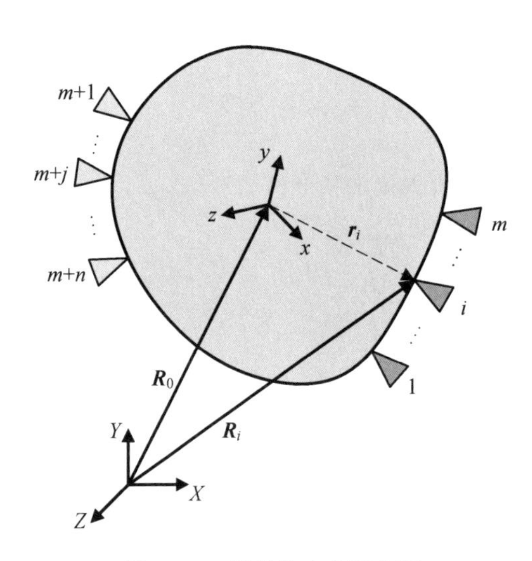

图 5.1 工件的装夹布局方案

图 5.1 为工件的装夹布局方案，由 m 个定位元件和 n 个夹紧元件组成，其旨在通过定位元件确定其与刀具之间的合理位置与方向，然后由夹紧元件提供夹紧力抵抗切削力/切削扭矩对定位所获得的工件方位的破坏作用。

图中全局坐标系 $\{XYZ\}$ 为固定在机床上的定坐标系，而工件坐标系 $\{xyz\}$ 则是固定在工件上的动坐标系。假设工件为刚体，其表面分段可微，并将关于 $\{xyz\}$ 下的工件表面方程表示为

$$g(\boldsymbol{\Xi})=0 \tag{5.1}$$

其中，$\boldsymbol{\Xi}=[x, y, z]^{\mathrm{T}}$为$\{xyz\}$下任意点的坐标。

此处记当点 $\boldsymbol{\Xi}$ 在工件外部时，有 $g(\boldsymbol{\Xi})>0$；在工件内部时，有 $g(\boldsymbol{\Xi})<0$。再记 $\boldsymbol{R}_0=[X_0, Y_0, Z_0]^{\mathrm{T}}$为$\{xyz\}$原点在$\{XYZ\}$中的位置，$\boldsymbol{\Theta}_0=[\alpha_0, \beta_0, \gamma_0]^{\mathrm{T}}$表示$\{xyz\}$相对于$\{XYZ\}$的方向，其中 α_0、β_0、γ_0 为三个相互独立的角，那么从 $\boldsymbol{\Xi}=[x, y, z]^{\mathrm{T}}$到 $\boldsymbol{R}=[X, Y, Z]^{\mathrm{T}}$的坐标变换为

$$\boldsymbol{R}=\boldsymbol{T}(\boldsymbol{\Theta}_0)\boldsymbol{\Xi}+\boldsymbol{R}_0 \tag{5.2}$$

其中，坐标转换正交矩阵 $\boldsymbol{T}(\boldsymbol{\Theta}_0)$为

$$\boldsymbol{T}(\boldsymbol{\Theta}_0)=\begin{bmatrix} \mathrm{c}\beta_0\mathrm{c}\gamma_0 & -\mathrm{c}\alpha_0\mathrm{s}\gamma_0+\mathrm{s}\alpha_0\mathrm{s}\beta_0\mathrm{c}\gamma_0 & \mathrm{s}\alpha_0\mathrm{s}\gamma_0+\mathrm{c}\alpha_0\mathrm{s}\beta_0\mathrm{c}\gamma_0 \\ \mathrm{c}\beta_0\mathrm{s}\gamma_0 & \mathrm{c}\alpha_0\mathrm{c}\gamma_0+\mathrm{s}\alpha_0\mathrm{s}\beta_0\mathrm{s}\gamma_0 & -\mathrm{s}\alpha_0\mathrm{c}\gamma_0+\mathrm{c}\alpha_0\mathrm{s}\beta_0\mathrm{s}\gamma_0 \\ -\mathrm{s}\beta_0 & \mathrm{s}\alpha_0\mathrm{c}\beta_0 & \mathrm{c}\alpha_0\mathrm{c}\beta_0 \end{bmatrix} \tag{5.3}$$

且 $\mathrm{c}=\cos$，$\mathrm{s}=\sin$。

若记 $\boldsymbol{T}(\boldsymbol{\Theta}_0)^{\mathrm{T}}$为 $\boldsymbol{T}(\boldsymbol{\Theta}_0)$的转置矩阵，则由式(5.2)可得

$$\boldsymbol{\Xi}=\boldsymbol{T}(\boldsymbol{\Theta}_0)^{\mathrm{T}}(\boldsymbol{R}-\boldsymbol{R}_0) \tag{5.4}$$

将其带入式(5.1)，可求出$\{XYZ\}$下的工件表面方程为

$$g[\boldsymbol{T}(\boldsymbol{\Theta}_0)^{\mathrm{T}}(\boldsymbol{R}-\boldsymbol{R}_0)]=0 \tag{5.5}$$

记 $\boldsymbol{R}_i=[X_i, Y_i, Z_i]^{\mathrm{T}}$为第 i 个定位元件的位置，那么当第 i 个定位元件与工件表面接触，则有

$$g(\boldsymbol{R}_i)=g[\boldsymbol{T}(\boldsymbol{\Theta}_0)^{\mathrm{T}}(\boldsymbol{R}_i-\boldsymbol{R}_0)]=0 \tag{5.6}$$

将$\{xyz\}$在$\{XYZ\}$中的位置向量 $\boldsymbol{R}_0$ 与方向向量 $\boldsymbol{\Theta}_0$ 合并，得到$\{xyz\}$在$\{XYZ\}$中的方位向量 $\boldsymbol{q}=[X_0, Y_0, Z_0, \alpha_0, \beta_0, \gamma_0]^{\mathrm{T}}$，则由式(5.6)可知

$$g(\boldsymbol{q}, \boldsymbol{R}_i)=g(\boldsymbol{R}_i)=0 \tag{5.7}$$

为了描述更为清晰、简便，记 $g_i(\boldsymbol{q})=g(\boldsymbol{q}, \boldsymbol{R}_i)$，则有

$$g_i(\boldsymbol{q})=g[\boldsymbol{T}(\boldsymbol{\Theta}_0)^{\mathrm{T}}(\boldsymbol{R}_i-\boldsymbol{R}_0)]=0 \tag{5.8}$$

由式(5.8)可知，第 i 个定位元件与工件表面之间的位置关系，即在工件表面之外、之上、之内的三种位置关系分别对应于

$$\begin{cases} g_i(\boldsymbol{q})>0 \\ g_i(\boldsymbol{q})=0 \\ g_i(\boldsymbol{q})<0 \end{cases} \tag{5.9}$$

记 $\boldsymbol{q}^* = [X^*, Y^*, Z^*, \alpha^*, \beta^*, \gamma^*]^{\mathrm{T}}$ 为工件的理论位置，此时 m 个定位元件都与工件表面相接触，即 $g_i(\boldsymbol{q}^*) = 0$，$1 \leqslant i \leqslant m$；再设 $\Delta \boldsymbol{q} = [\delta_1, \delta_2, \delta_3, \delta_4, \delta_5, \delta_6]^{\mathrm{T}}$ 为工件实际位置 $\boldsymbol{q}$ 距理论位置 $\boldsymbol{q}^*$ 的极小偏移量，则根据泰勒定理可得

$$g_i(\boldsymbol{q}) = g_i(\boldsymbol{q}^*) + a_i \Delta \boldsymbol{q} \tag{5.10}$$

其中，$a_i = \left[\dfrac{\partial g_i}{\partial X_0}, \dfrac{\partial g_i}{\partial Y_0}, \dfrac{\partial g_i}{\partial Z_0}, \dfrac{\partial g_i}{\partial \alpha_0}, \dfrac{\partial g_i}{\partial \beta_0}, \dfrac{\partial g_i}{\partial \gamma_0}\right]^{\mathrm{T}}$ 为 $g_i(\boldsymbol{q})$ 对 $\boldsymbol{q}$ 求偏导数所得的梯度向量。

由于在第 i 个定位元件处工件表面的外法向量 $\boldsymbol{n}_i = \dfrac{\partial g_i(\boldsymbol{q})}{\partial \boldsymbol{r}_i} = \left[\dfrac{\partial g_i(\boldsymbol{q})}{\partial x_0}, \dfrac{\partial g_i(\boldsymbol{q})}{\partial y_0}, \dfrac{\partial g_i(\boldsymbol{q})}{\partial z_0}\right]^{\mathrm{T}}$，那么当 $\{xyz\}$ 与 $\{XYZ\}$ 的相应坐标轴同向时（即 $\alpha_0 = \beta_0 = \gamma_0 = 0$），存在

$$\boldsymbol{a}_i = \begin{bmatrix} \boldsymbol{n}_i \\ \boldsymbol{r}_i \times \boldsymbol{n}_i \end{bmatrix} \tag{5.11}$$

其中，$1 \leqslant i \leqslant m$。

为了更为清晰地理解式(5.10)，可用矩阵形式对其进一步描述如下：

$$g(\boldsymbol{q}) = g(\boldsymbol{q}^*) + \boldsymbol{J} \Delta \boldsymbol{q} \tag{5.12}$$

式中，定位雅克比矩阵 $\boldsymbol{J}$ 为

$$\boldsymbol{J} = [\boldsymbol{a}_1^{\mathrm{T}}, \cdots, \boldsymbol{a}_i^{\mathrm{T}}, \cdots, \boldsymbol{a}_m^{\mathrm{T}}] \tag{5.13}$$

结合式(5.9)与式(5.12)可知，工件与定位元件之间存在的实际位置关系应为

$$\boldsymbol{J} \Delta \boldsymbol{q} \geqslant \boldsymbol{0} \tag{5.14}$$

值得注意的是，当且仅当

$$\boldsymbol{J} \Delta \boldsymbol{q} = \boldsymbol{0} \tag{5.15}$$

成立时，所有的定位元件均与工件接触，否则存在某个或某些定位元件与工件脱离。即若不等式(5.14)有解但不满足等式(5.15)，即 $\Delta \boldsymbol{q}$ 中 δ_1、δ_2、δ_3、δ_4、δ_5、δ_6 不全为 0 时，工件具有可达可离性。

5.2　可达可离性的判断方法

如上节所述，工件是否具有可达性或可离性，必须判断不等式(5.14)是否具有

不满足等式(5.15)的解。事实上,若记 $\zeta_i(1\leqslant i\leqslant m)$为极小的非负数,那么不等式(5.14)等价于

$$\boldsymbol{J}\Delta\boldsymbol{q}-\boldsymbol{\zeta}=\boldsymbol{0} \tag{5.16}$$

式中,$\boldsymbol{\zeta}=[\zeta_1,\cdots,\zeta_i,\cdots,\zeta_m]^{\mathrm{T}}$。

由于 $\delta_i(1\leqslant i\leqslant 6)$为任意数,可通过两个非负数之差进行表示,即

$$\delta_i=u_i-v_i \tag{5.17}$$

其中 $u_i\geqslant 0$ 和 $v_i\geqslant 0$。

分别记 $\boldsymbol{u}=[u_1,u_2,u_3,u_4,u_5,u_6]^{\mathrm{T}}$和 $\boldsymbol{v}=[v_1,v_2,v_3,v_4,v_5,v_6]^{\mathrm{T}}$,那么式(5.16)可进一步描述为

$$\begin{aligned}&\boldsymbol{ax}=\boldsymbol{0}\\&\text{s.t.}\\&\boldsymbol{x}\geqslant\boldsymbol{0}\end{aligned} \tag{5.18}$$

式中,$\boldsymbol{a}=[\boldsymbol{J},-\boldsymbol{J},-\boldsymbol{I}_{m\times m}]$,$\boldsymbol{I}_{m\times m}$为 $m\times m$ 阶单位矩阵,$\boldsymbol{x}=[\boldsymbol{u}^{\mathrm{T}},\boldsymbol{v}^{\mathrm{T}},\boldsymbol{\zeta}^{\mathrm{T}}]^{\mathrm{T}}$。

这样,式(5.16)的解的存在性可根据求解下列具有收敛性的线性规划问题获得位置量度 max(λ)后进行检验:

$$\begin{aligned}&\max\lambda=b_1x_1+b_2x_2+\cdots+b_rx_r\\&\text{s.t.}\\&\begin{cases}a_{11}x_1+a_{12}x_2+\cdots+a_{1r}x_r\leqslant 0\\a_{21}x_1+a_{22}x_2+\cdots+a_{2r}x_r\leqslant 0\\\vdots\\a_{m1}x_1+a_{m2}x_2+\cdots+a_{mr}x_r\leqslant 0\\x_1,x_2,\cdots,x_r\geqslant 0\end{cases}\end{aligned} \tag{5.19}$$

式中,$r=12+m$,$x_i(1\leqslant i\leqslant r)$为向量 $\boldsymbol{x}$ 中第 i 个元素,$a_{ij}(1\leqslant i\leqslant m,1\leqslant j\leqslant r)$为矩阵 $\boldsymbol{a}$ 中第 i 行第 j 列元素,且 $b_j=\sum_{i=1}^{r}a_{ij}$。

那么,当且仅当位置量度等于位置阈度,即

$$\max(\lambda)=0 \tag{5.20}$$

式(5.18)有解,同理,式(5.14)有解。

然而,还必须进一步排除不等式(5.14)的解中,属于式(5.15)的解,也就是说,(u_i-v_i)或$-(u_i-v_i)$至少有一个不为 0 $(1\leqslant i\leqslant 6)$。这个条件等价于下列 12 个方程中至少有一个有解

$$\begin{aligned}&\boldsymbol{a}\boldsymbol{x}=\boldsymbol{0}\\&\text{s.t.}\\&\boldsymbol{x}\geqslant\boldsymbol{0}\\&(u_i-v_i)-\sigma_i=\eta_i\end{aligned}\tag{5.21}$$

或者

$$\begin{aligned}&\boldsymbol{a}\boldsymbol{x}=\boldsymbol{0}\\&\text{s.t.}\\&\boldsymbol{x}\geqslant\boldsymbol{0}\\&-(u_i-v_i)-\sigma_i=\eta_i\end{aligned}\tag{5.22}$$

式中，$\sigma_i(1\leqslant i\leqslant 6)$为任意非负数，而 $\eta_i(1\leqslant i\leqslant 6)$为任意给定的极小正数。

为了更为简洁、清晰地表达式(5.21)和式(5.22)，可进一步将其表达如下：

$$\begin{aligned}&\boldsymbol{a}_k\boldsymbol{x}_k=\boldsymbol{b}_k\\&\text{s.t.}\\&\boldsymbol{x}_k\geqslant\boldsymbol{0}\end{aligned}\tag{5.23}$$

其中：$\boldsymbol{a}_k=\begin{bmatrix}\boldsymbol{J} & -\boldsymbol{J} & -\boldsymbol{I}_{m\times m} & \boldsymbol{0}_{1\times m}^{\mathrm{T}}\\ \boldsymbol{o}_k & -\boldsymbol{o}_k & \boldsymbol{0}_{1\times m} & -1\end{bmatrix}$，$\boldsymbol{x}_k=[\boldsymbol{u}^{\mathrm{T}},\ \boldsymbol{v}^{\mathrm{T}},\ \boldsymbol{\zeta}^{\mathrm{T}},\ \sigma_k]^{\mathrm{T}}$，$\boldsymbol{o}_k=\begin{cases}\Big[\underbrace{0,\ \cdots,\ 0}_{k-1},\ 1,\ \underbrace{0,\ \cdots,\ 0}_{6-k}\Big],1\leqslant k\leqslant 6\\ \Big[\underbrace{0,\ \cdots,\ 0}_{k-7},\ -1,\ \underbrace{0,\ \cdots,\ 0}_{12-k}\Big],7\leqslant k\leqslant 12\end{cases}$，$\boldsymbol{b}_k=\begin{bmatrix}\boldsymbol{0}_{1\times m}^{\mathrm{T}}\\ \eta_k\end{bmatrix}$。

类似地，式(5.23)有解可根据求解下列具有收敛性的线性规划问题进行检验：

$$\begin{aligned}&\max\ \tau_k=e_{k,1}x_{k,1}+e_{k,2}x_{k,2}+\cdots+e_{k,w}x_{k,w}\\&\text{s.t.}\\&\begin{cases}a_{k,11}x_{k,1}+a_{k,12}x_{k,2}+\cdots+a_{k,1w}x_{k,w}\leqslant\varphi_{k,1}\\a_{k,21}x_{k,2}+a_{k,22}x_{k,2}+\cdots+a_{k,2w}x_{k,w}\leqslant\varphi_{k,2}\\\vdots\\a_{k,t1}x_{k,1}+a_{k,t2}x_{k,2}+\cdots+a_{k,tw}x_{k,w}\leqslant\varphi_{k,t}\\x_{k,1},\ x_{k,2},\ \cdots,\ x_{k,w}\geqslant 0\end{cases}\end{aligned}\tag{5.24}$$

式中，$w=m+13$，$t=m+1$，$x_{k,i}(1\leqslant i\leqslant w)$为向量 $\boldsymbol{x}_k$ 中第 i 个元素，$\varphi_{k,i}(1\leqslant i\leqslant t)$为向量 $\boldsymbol{b}_k$ 中第 i 个元素，$e_{k,ij}(1\leqslant i\leqslant t,\ 1\leqslant j\leqslant w)$为矩阵 $\boldsymbol{a}_k$ 中第 i 行第 j 列元素，且 $e_{k,j}=\sum_{i=1}^{t}a_{k,ij}$。

那么,当且仅当位置量度 $\max(\tau_k)$ 等于位置阈度,即

$$\max(\tau_k)=\sum_{i=1}^{t}\varphi_{k,i} \tag{5.25}$$

式(5.23)有解。

事实上,k 从1开始,若根据式(5.24)和式(5.25)判断式(5.23)有解,此过程即可结束,此时可判断等式(5.15)无解;若式(5.23)无解,则继续判断 $k=k+1$ 时式(5.23)的解的存在性,直至 $k=12$ 为止。

综上所述,若式(5.20)和式(5.25)成立,则工件具有可达性或可离性。

5.3　可达可离方向的分析算法

若工件具有可达性或可离性,那么工件又在哪个方向上可达可离呢?该问题涉及不等式(5.14)的求解方法。事实上,若令 $\boldsymbol{A}=-\boldsymbol{J}^{\mathrm{T}}$,则式(5.14)可进一步表示如下:

$$\boldsymbol{A}^{\mathrm{T}}\Delta\boldsymbol{q}\leqslant\boldsymbol{0} \tag{5.26}$$

其中,系数矩阵 $\boldsymbol{A}=[\boldsymbol{a}_1,\ \boldsymbol{a}_2,\ \cdots,\ \boldsymbol{a}_i,\ \cdots,\ \boldsymbol{a}_m]$ 为梯度向量矩阵,$\boldsymbol{a}_i$ 为 $\boldsymbol{A}$ 中第 i 个 $(1\leqslant i\leqslant m)$ 列向量。

假定不等式(5.26)的解的一般形式为

$$\Delta\boldsymbol{q}=\boldsymbol{V}\boldsymbol{\rho}+\boldsymbol{W}\boldsymbol{\pi} \tag{5.27}$$

其中,$\boldsymbol{\rho}$ 为任意的实数向量;$\boldsymbol{\pi}$ 为任意的非负实数向量;$\boldsymbol{V}$、$\boldsymbol{W}$ 为解的基向量矩阵。

显然,获得通解 $\Delta\boldsymbol{q}$ 的关键之处在于求解出基向量矩阵 $\boldsymbol{V}$ 和 $\boldsymbol{W}$。将单位旋量(即梯度向量)$\boldsymbol{a}_1$、$\boldsymbol{a}_2$、$\cdots$、$\boldsymbol{a}_m$ 进行非负线性组合后,可形成一个多面凸锥 $\boldsymbol{A}_\pi=\{\boldsymbol{x}\mid\boldsymbol{x}=\pi_1\boldsymbol{a}_1+\pi_2\boldsymbol{a}_2+\cdots+\pi_m\boldsymbol{a}_m;\ \pi_i\geqslant 0;\ 1\leqslant i\leqslant m\}$。类似地,由单位旋量 $\boldsymbol{a}_1$、$\boldsymbol{a}_2$、$\cdots$、$\boldsymbol{a}_m$ 亦可组成一个线性空间 $\boldsymbol{A}_\rho=\{\boldsymbol{y}\mid\boldsymbol{y}=\rho_1\boldsymbol{a}_1+\rho_2\boldsymbol{a}_2+\cdots+\rho_k\boldsymbol{a}_k;\ 1\leqslant i\leqslant k\}$,$\boldsymbol{A}_\rho$ 也称为一种特殊的多面凸锥。由此称列向量组 $\boldsymbol{a}_1$、$\boldsymbol{a}_2$、$\cdots$、$\boldsymbol{a}_m$ 为凸锥 $\boldsymbol{A}_\pi$、线性空间 $\boldsymbol{A}_\rho$ 的生成元,故系数矩阵 $\boldsymbol{A}$ 也可称为基向量矩阵的生成元矩阵。

凸锥 $\boldsymbol{A}_\pi$ 的对偶锥为 $\boldsymbol{A}_\pi^{\mathrm{P}}=\{\boldsymbol{u}\mid\boldsymbol{A}^{\mathrm{T}}\boldsymbol{u}\leqslant 0\}=\{\boldsymbol{u}\mid\boldsymbol{a}_i^{\mathrm{T}}\boldsymbol{u}\leqslant 0;\ 1\leqslant i\leqslant m\}$。此外,对于多面凸锥 $\boldsymbol{A}_\pi$,可将生成元矩阵 $\boldsymbol{A}$ 分为 $\boldsymbol{B}$、$\boldsymbol{C}$ 两个部分:

$$\boldsymbol{B}=\{\boldsymbol{b}_i\mid\boldsymbol{b}_i\in\boldsymbol{A}_\pi,\ \text{且}-\boldsymbol{b}_i\in\boldsymbol{A}_\pi\} \tag{5.28}$$

$$\boldsymbol{C}=\{\boldsymbol{c}_j\mid\boldsymbol{c}_j\in\boldsymbol{A}_\pi,\ \text{但}-\boldsymbol{c}_j\notin\boldsymbol{A}_\pi\} \tag{5.29}$$

这样,多面凸锥 $\boldsymbol{A}_\pi$ 的一般形式可由一个线性空间 $\boldsymbol{B}$ 和一个多面凸锥 $\boldsymbol{C}$ 组成,即 $\boldsymbol{A}_\pi=\boldsymbol{B}+\boldsymbol{C}$。这样,则 $(\boldsymbol{B}+\boldsymbol{C})^{\mathrm{P}}$ 为锥 $(\boldsymbol{B}+\boldsymbol{C})$ 的对偶锥,且

$$\boldsymbol{A}_{\pi}^{\mathrm{P}}=\{\boldsymbol{u} \mid \boldsymbol{b}_{i}^{\mathrm{T}}\boldsymbol{u}=0,\ \boldsymbol{c}_{j}^{\mathrm{T}}\boldsymbol{u}\leqslant 0\} \tag{5.30}$$

由此可见，为了获得基向量矩阵 $\boldsymbol{V}$ 和 $\boldsymbol{W}$，势必要找出对偶锥 $\boldsymbol{A}_{\pi}^{\mathrm{P}}$ 的生成元 $\boldsymbol{u}$ 或生成元矩阵 $\boldsymbol{U}$。这里，$\boldsymbol{V}$、$\boldsymbol{W}$ 亦可称为第一类生成元矩阵和第二类生成元矩阵。

5.3.1　对偶锥生成元矩阵的计算方法

记 $\boldsymbol{A}$ 的行数、列数分别为 n 和 m，则构建解算基向量矩阵 $\boldsymbol{V}$ 和 $\boldsymbol{W}$ 的旋转算法具体叙述如下：

步骤一，初始化生成元矩阵。

初始化计数器 $h=1$。

初始化基向量矩阵 $\boldsymbol{V}^{h}=\boldsymbol{I}_{n}$，$\boldsymbol{W}^{h}=\varnothing$，则生成元矩阵 $\boldsymbol{U}^{h}=[\boldsymbol{V}^{h},\ \boldsymbol{W}^{h}]$。其中 $\boldsymbol{I}_{n}$ 为 n 维单位矩阵，$\varnothing$ 表示空集。

初始化 $\boldsymbol{U}^{h}$ 中各列的列号记录集合 $I_{j}^{h}=\varnothing$（其中 $\boldsymbol{u}_{j}^{h}\in\boldsymbol{U}^{h}$，$\boldsymbol{v}_{j}^{h}\in\boldsymbol{V}^{h}$，$\boldsymbol{w}_{j}^{h}\in\boldsymbol{W}^{h}$，$1\leqslant j\leqslant n$）。

步骤二，确定枢轴列。

计算标识向量 $\boldsymbol{t}^{h}=\boldsymbol{a}_{h}^{\mathrm{T}}\boldsymbol{U}^{h}$，搜索 $\boldsymbol{t}^{h}$ 中的非 0 元素。

令枢轴列号 $p=\{j \mid t_{j}^{h}\neq 0,\ \boldsymbol{u}_{j}^{h}\in\boldsymbol{V}^{h},\ 1\leqslant j\leqslant n\}$，若 p 不存在，则令 $p=0$。

步骤三，执行第一类旋转变换。

若 $p\neq 0$，旋转变换 $\boldsymbol{U}^{h}$ 中各列 $\boldsymbol{u}_{j}^{h}=\begin{cases}-\dfrac{\boldsymbol{u}_{j}^{h}}{t_{p}^{h}},\ j=p\\ \boldsymbol{u}_{j}^{h}+t_{j}^{h}\boldsymbol{u}_{p}^{h},\ j\neq p,\ 1\leqslant j\leqslant n\end{cases}$。若 $p=0$，执行步骤六。

步骤四，更新基向量矩阵。

若 $\boldsymbol{a}_{h}\in\boldsymbol{B}$ 更新生成元矩阵为 $\begin{cases}\boldsymbol{V}^{h+1}=\boldsymbol{V}^{h}-\boldsymbol{u}_{p}^{h}\\ \boldsymbol{W}^{h+1}=\boldsymbol{W}^{h}\end{cases}$，若 $\boldsymbol{a}_{h}\notin\boldsymbol{B}$ 更新生成元矩阵为 $\begin{cases}\boldsymbol{V}^{h+1}=\boldsymbol{V}^{h}-\boldsymbol{u}_{p}^{h}\\ \boldsymbol{W}^{h+1}=\boldsymbol{W}^{h}\cup\boldsymbol{u}_{p}^{h}\end{cases}$。

更新非枢轴列的列号记录集合 $I_{j}^{h+1}=I_{j}^{h}\cup\{h\}$（其中 $j\neq p$，$1\leqslant j\leqslant n$）。

步骤五，判断终止条件。

若 $h<m$，更新计数器 $h=h+1$，并返回步骤二；否则迭代过程结束。

步骤六，执行第二类旋转变换。

将 h 加至对应 $t_{j}^{h}=0$ 的 I_{j}^{h} 中，即 $I_{j}^{h}=I_{j}^{h}\cup\{h\}$（其中 $1\leqslant j\leqslant n$）。

构建集合 $Z=\{\boldsymbol{w}_{k(i,\ j)}^{h} \mid \boldsymbol{w}_{k(i,\ j)}^{h}=\dfrac{\boldsymbol{w}_{i}^{h}}{|t_{i}^{h}|}+\dfrac{\boldsymbol{w}_{j}^{h}}{|t_{j}^{h}|},\ t_{i}^{h}<0,\ t_{j}^{h}>0\}$。

计算 $I^h_{k(i,j)}=(I^h_i\cap I^h_j)\cup\{h\}$。

找出 Z 的最大真子集 $Z^*=\{\boldsymbol{w}^h_{k(i,j)}\mid I^h_{k(i,j)}\not\subset I^h_{k(p,q)},\ I^h_{k(i,j)}\not\subset I^h_s,\ \boldsymbol{w}^h_s\in\boldsymbol{W}^h,\ t^h_s=0\}$。

步骤七,更新第二类基向量矩阵。

依据 $t^h_j>0$ 的条件更新 $\boldsymbol{W}^h=\begin{cases}\boldsymbol{W}^h-\boldsymbol{w}^h_j,\ t^h_j>0\\ \boldsymbol{W}^h,\ t^h_j\leqslant 0\end{cases}$。

依据 $\boldsymbol{a}_h\in\boldsymbol{B}$ 的条件更新 $\boldsymbol{W}^h=\begin{cases}\boldsymbol{W}^h-\boldsymbol{w}^h_k,\ \boldsymbol{a}_h\in\boldsymbol{B},\ \boldsymbol{a}^{\mathrm{T}}_h\boldsymbol{w}^h_k<0\\ \boldsymbol{W}^h,\text{其他}\end{cases}$。

将 Z^* 中所有向量加至 $\boldsymbol{W}^h$,更新 $\boldsymbol{W}^{h+1}=\{\boldsymbol{W}^h,\ Z^*\}$。

更新中各列的列号记录集合 $I^{h+1}_j=I^h_j$。并返回步骤五。

5.3.2　系数矩阵的分解方法

根据 $\boldsymbol{B}$ 和 $\boldsymbol{C}$ 的定义,判断 $\boldsymbol{A}_{n\times m}$ 中任意一个列向量 $\boldsymbol{a}_i\in\boldsymbol{B}$,还是 $\boldsymbol{a}_i\in\boldsymbol{C}$,仅需判断是否存在 $-\boldsymbol{a}_i\in\boldsymbol{A}_\pi$。

若 $-\boldsymbol{a}_i\in\boldsymbol{A}_\pi$,则 $\boldsymbol{b}_i=\boldsymbol{a}_i$;若 $-\boldsymbol{a}_i\notin\boldsymbol{A}_\pi$,则 $\boldsymbol{c}_i=\boldsymbol{a}_i$。$-\boldsymbol{a}_i$ 是否属于 $\boldsymbol{A}_\pi$,可等效地表示为关于 π_1、π_2、…、π_i、…、π_m 的方程 $-\boldsymbol{a}_i=\pi_1\boldsymbol{a}_1+\pi_2\boldsymbol{a}_2+\cdots+\pi_i\boldsymbol{a}_i+\cdots+\pi_m\boldsymbol{a}_m$ 是否有解。若方程有解,则 $-\boldsymbol{a}_i\in\boldsymbol{A}_\pi$,若方程无解,则 $-\boldsymbol{a}_i\notin\boldsymbol{A}_\pi$。由于 $\boldsymbol{a}_i=[a_{1,i},\ a_{2,i},\ \cdots,\ a_{n,i}]^{\mathrm{T}}$,方程 $-\boldsymbol{a}_i=\pi_1\boldsymbol{a}_1+\pi_2\boldsymbol{a}_2+\cdots+\pi_i\boldsymbol{a}_i+\cdots+\pi_m\boldsymbol{a}_m$ 可描述为

$$\begin{cases}a_{1,1}\pi_1+a_{1,2}\pi_2+\cdots+a_{1,i}\pi_i+\cdots+a_{1,m}\pi_m=-a_{1,i}\\ a_{2,1}\pi_1+a_{2,2}\pi_2+\cdots+a_{2,i}\pi_i+\cdots+a_{2,m}\pi_m=-a_{2,i}\\ \vdots\\ a_{n,1}\pi_1+a_{n,2}\pi_2+\cdots+a_{n,i}\pi_i+\cdots+a_{n,m}\pi_m=-a_{n,i}\end{cases}\tag{5.31}$$

$$\text{s.t.}\quad \pi_1,\ \pi_2,\ \cdots,\ \pi_m\geqslant 0$$

其解的存在性可根据求解下列线性规划问题进行检验,即

$$\max\Sigma_i=\lambda_1\pi_1+\lambda_2\pi_2+\cdots+\lambda_m\pi_m$$

$$\text{s.t.}\quad\begin{cases}s_1a_{1,1}\pi_1+s_1a_{1,2}\pi_2+\cdots+s_1a_{1,m}\pi_m=-s_1a_{1,i}\\ s_2a_{2,1}\pi_1+s_2a_{2,2}\pi_2+\cdots+s_2a_{2,m}\pi_m=-s_2a_{2,i}\\ \vdots\\ s_na_{n,1}\pi_1+s_na_{n,2}\pi_2+\cdots+s_na_{n,m}\pi_m=-s_na_{n,i}\\ \pi_1,\ \pi_2,\ \cdots,\ \pi_m\geqslant 0\end{cases}\tag{5.32}$$

其中，$\lambda_i = \sum_{j=1}^{n} s_j a_{j,i}$，$s_j$ 为 $-a_{j,i}$ 的符号值，即

$$s_j = \begin{cases} 1, & -a_{j,i} \geqslant 0 \\ -1, & -a_{j,i} < 0 \end{cases} \tag{5.33}$$

那么，当且仅当

$$\max(\Sigma_i) = \sum_{j=1}^{n} (-s_j a_{j,i}) = -\lambda_i \tag{5.34}$$

式(5.31)中的 π_1、π_2、…、π_m 的有解。此时，必有 $\boldsymbol{a}_i \in \boldsymbol{B}$。

若

$$\max(\Sigma_i) \neq \sum_{j=1}^{n} (-s_j a_{j,i}) \tag{5.35}$$

式(5.31)中的 π_1、π_2、…、π_m 的有解。此时，必有 $\boldsymbol{a}_i \in \boldsymbol{C}$。

5.3.3　方向的判定方法

通过旋转算法解算出式(5.27)的工件位置变化 $\Delta\boldsymbol{q}$，但是个通解形式，并不明确在哪一个或哪一些方向上能够发生位置变化，即不能人为地判断出工件在什么方向上可以安装或拆卸下来。

如图 5.2 所示，记工件的移动、转动方向为 $\boldsymbol{e}_k$ ($k = \pm x, \pm y, \pm z, \pm \alpha, \pm \beta, \pm \gamma$)。那么，如果 $\boldsymbol{e}_k$ 为式(5.27)中 $\Delta\boldsymbol{q}$ 的解，表明工件可以沿着方向 $\boldsymbol{e}_k$ 进行安装或拆卸。

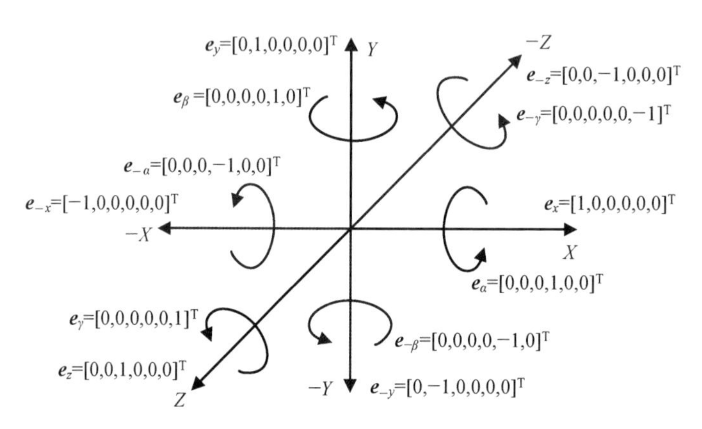

图 5.2　工件的可达可离方向

由式(5.27)可知，$\boldsymbol{\rho}$ 为任意数，而 $\boldsymbol{\pi}$ 为任意的非负实数。事实上，任意数可利用两个非负数之差进行表示，即有

$$\boldsymbol{\rho} = \boldsymbol{u} - \boldsymbol{v} \tag{5.36}$$

式中，$u_i \geqslant 0$ 和 $v_i \geqslant 0$

这样，将式(5.36)代入式(5.27)中，$\Delta \boldsymbol{q}$ 可转化为 $\Delta \boldsymbol{q} = -[\boldsymbol{V},\ -\boldsymbol{V}]\begin{bmatrix}\boldsymbol{u} \\ \boldsymbol{v}\end{bmatrix} - \boldsymbol{W}\boldsymbol{\pi}$。显然，若要判断 $\boldsymbol{e}_k$ 为 $\Delta \boldsymbol{q}$ 的解，即可等效地描述为

$$
\begin{aligned}
&\boldsymbol{E}\boldsymbol{x} = \boldsymbol{e}_k \\
&\text{s.t.} \\
&\boldsymbol{x} \geqslant \boldsymbol{0}
\end{aligned}
\tag{5.37}
$$

式中，$\boldsymbol{E} = [\boldsymbol{V},\ -\boldsymbol{V},\ \boldsymbol{W}]$，$\boldsymbol{x} = [\boldsymbol{u}^{\mathrm{T}},\ \boldsymbol{v}^{\mathrm{T}},\ \boldsymbol{\pi}^{\mathrm{T}}]^{\mathrm{T}}$。

为保证式(5.37)中 $\boldsymbol{e}_k$ 的值均非负，定义符号函数如下：

$$
t_{k,i} = \begin{cases} 1, (\boldsymbol{e}_k)_i \geqslant 0 \\ -1, (\boldsymbol{e}_k)_i < 0 \end{cases}
\tag{5.38}
$$

这样，将式(5.37)两边同时乘以式(5.38)的符号值，式(5.37)可进一步转化为

$$
\begin{aligned}
&\boldsymbol{\Omega}_k \boldsymbol{x} = \boldsymbol{\eta}_k \\
&\text{s.t.} \\
&\boldsymbol{x} \geqslant \boldsymbol{0}
\end{aligned}
\tag{5.39}
$$

式中，$\boldsymbol{t}_k = \begin{bmatrix} t_{k,1} & & & & & \\ & t_{k,2} & & & & \\ & & t_{k,3} & & & \\ & & & t_{k,4} & & \\ & & & & t_{k,5} & \\ & & & & & t_{k,6} \end{bmatrix}$，$\boldsymbol{\Omega}_k = \boldsymbol{t}_k \boldsymbol{E}$，$\boldsymbol{\eta}_k = \boldsymbol{t}\boldsymbol{e}_k$。

因此，对于方向 $\boldsymbol{e}_k$ 来说，若式(5.37)中 $\boldsymbol{x}$ 有解，则表明工件可沿方向 $\boldsymbol{e}_k$ 进行安装或拆下，工件在夹具中的装卸方向即可转化为式(5.37)的解的存在性问题。可根据求解下列具有收敛性的线性规划问题：

$$
\begin{aligned}
&\max \theta_k = \sum_i c_{k,i} x_i \\
&\text{s.t.} \\
&\begin{cases}
\sum_i (\Omega_k)_{1,i} x_i \leqslant \eta_{k,1} \\
\sum_i (\Omega_k)_{2,i} x_i \leqslant \eta_{k,2} \\
\cdots \\
\sum_i (\Omega_k)_{6,i} x_i \leqslant \eta_{k,6} \\
x_i \geqslant 0
\end{cases}
\end{aligned}
\tag{5.40}
$$

式中，$(\Omega_k)_{r,i}$ 为矩阵 $\boldsymbol{\Omega}_k$ 中的第 r 行第 i 列元素，x_i 为向量 $\boldsymbol{x}$ 中第 i 个元素，$\eta_{k,r}$ 为向量 $\boldsymbol{\eta}_k$ 中第 r 个元素，$c_{k,i}=\sum_{r=1}^{6}(\Omega_k)_{r,i}$，且 $1\leqslant r\leqslant 6$。

那么，当且仅当

$$\max(\theta_k)=\sum_{i=1}^{6}\eta_{k,i} \tag{5.41}$$

式(5.37)有解，即 $\boldsymbol{e}_k$ 为工件在夹具中可以安装或拆卸的方向。

5.3.4　旋转算法的应用

记 $\boldsymbol{A}=(\boldsymbol{a}_1,\boldsymbol{a}_2,\boldsymbol{a}_3,\boldsymbol{a}_4,\boldsymbol{a}_5,\boldsymbol{a}_6,\boldsymbol{a}_7,\boldsymbol{a}_8)$，$\boldsymbol{x}=\begin{bmatrix}x_1\\x_2\\x_3\\x_4\end{bmatrix}$，其中各列向量 $\boldsymbol{a}_1=\begin{bmatrix}0\\0\\0\\-1\end{bmatrix}$、$\boldsymbol{a}_2=\begin{bmatrix}1\\0\\1\\2\end{bmatrix}$、$\boldsymbol{a}_3=\begin{bmatrix}0\\1\\1\\1\end{bmatrix}$、$\boldsymbol{a}_4=\begin{bmatrix}0\\1\\0\\1\end{bmatrix}$、$\boldsymbol{a}_5=\begin{bmatrix}1\\0\\0\\1\end{bmatrix}$、$\boldsymbol{a}_6=\begin{bmatrix}2\\1\\2\\0\end{bmatrix}$、$\boldsymbol{a}_7=\begin{bmatrix}1\\0\\-3\\-2\end{bmatrix}$、$\boldsymbol{a}_8=\begin{bmatrix}1\\-1\\-1\\1\end{bmatrix}$，为此四元一次不等式组表达如下：

$$\begin{cases}-x_4\leqslant 0\\x_1+x_3+2x_4\leqslant 0\\x_2+x_3+x_4\leqslant 0\\x_2+x_4\leqslant 0\\x_1+x_4\leqslant 0\\2x_1+x_2+2x_3\leqslant 0\\x_1-3x_3-2x_4\leqslant 0\\x_1-x_2-x_3+x_4\leqslant 0\end{cases} \tag{5.42}$$

由于 $\boldsymbol{A}=\begin{bmatrix}0&1&0&0&1&2&1&1\\0&0&1&1&0&1&0&-1\\0&1&1&0&0&2&-3&-1\\-1&2&1&1&1&0&-2&1\end{bmatrix}$，故 $\boldsymbol{B}=\varnothing$，$\boldsymbol{C}=\boldsymbol{A}$，$m=8$，$n=$

4。这样，式(5.42)中 $\boldsymbol{x}$ 的求解过程可详述如下：

步骤一，初始化基向量矩阵。令 $h=1$，$\boldsymbol{V}^1=\boldsymbol{I}_{4\times4}=\begin{bmatrix}1&0&0&0\\0&1&0&0\\0&0&1&0\\0&0&0&1\end{bmatrix}$，$\boldsymbol{W}^1=\varnothing$(其中 $\varnothing$ 表示空集)，则

$$\boldsymbol{U}^1=\begin{array}{c}\begin{matrix}\boldsymbol{v}_1^1 & \boldsymbol{v}_2^1 & \boldsymbol{v}_3^1 & \boldsymbol{v}_4^1\end{matrix}\\ \begin{bmatrix}1&0&0&0\\0&1&0&0\\0&0&1&0\\0&0&0&1\end{bmatrix}\end{array}。$$

令对偶锥的生成元矩阵中非枢轴列的列号记录集合为空集，即 $I_j^1=\varnothing$（其中 $1\leqslant j\leqslant 4$）。

步骤二，确定枢轴列。由于 $\boldsymbol{t}^1=\boldsymbol{a}_1^{\mathrm{T}}\boldsymbol{U}^1=[0,\ 0,\ 0,\ -1]$，故枢轴列号 $p=4$，对应的枢轴列为 $\boldsymbol{u}_4^1$；

步骤三，执行第一类旋转变换。$\boldsymbol{U}^1$ 中各列执行第一类旋转变换后如表 5.1 所示。

表 5.1　第一次枢轴变换

变换前	变换后	变换前	变换后	变换前	变换后	变换前	变换后
$\boldsymbol{u}_1^1$	$\boldsymbol{u}_1^2$	$\boldsymbol{u}_2^1$	$\boldsymbol{u}_2^2$	$\boldsymbol{u}_3^1$	$\boldsymbol{u}_3^2$	$\boldsymbol{u}_4^1$	$\boldsymbol{u}_4^2$
1	1	0	0	0	0	0	0
0	0	1	1	0	0	0	0
0	0	0	0	1	1	0	0
0	0	0	0	0	0	1	1
I_1^1	I_1^2	I_2^1	I_2^2	I_3^1	I_3^2	I_4^1	I_4^2
$\varnothing$	1	$\varnothing$	1	$\varnothing$	1	$\varnothing$	$\varnothing$

步骤四，更新基向量矩阵。由于 $\boldsymbol{a}_1\notin\boldsymbol{B}$，将枢轴列 $\boldsymbol{u}_4^1$ 从 $\boldsymbol{V}^1$ 中剔除后再加入 $\boldsymbol{W}^1$，获得 $\boldsymbol{v}_1^2=[0,\ 1,\ 0,\ 0]^{\mathrm{T}}$、$\boldsymbol{v}_2^2=[0,\ 0,\ 1,\ 0]^{\mathrm{T}}$、$\boldsymbol{v}_3^2=[0,\ 0,\ 0,\ 1]^{\mathrm{T}}$ 以及 $\boldsymbol{w}_1^2=[0,$

0, 0, 1]^{T}。因此，$\boldsymbol{V}^2=[\boldsymbol{v}_1^2, \boldsymbol{v}_2^2, \boldsymbol{v}_3^2]$，$\boldsymbol{W}^2=\boldsymbol{w}_1^2$，$\boldsymbol{U}^2=\begin{array}{c} \begin{matrix} \boldsymbol{v}_1^2 & \boldsymbol{v}_2^2 & \boldsymbol{v}_3^2 & \boldsymbol{w}_1^2 \end{matrix} \\ \begin{bmatrix} 0 & 0 & 0 & 0 \\ 1 & 0 & 0 & 0 \\ 0 & 1 & 0 & 0 \\ 0 & 0 & 1 & 1 \end{bmatrix} \end{array}$。

将 $h=1$ 加至集合 $I_j^2(j=1, 2, 3)$ 的非枢轴列中，可得 $I_1^2=\{1\}$，$I_2^2=\{1\}$，$I_3^2=\{1\}$，$I_4^2=\varnothing$。

步骤五，判断终止条件。由于 $h=1<m$，故令 $h=2$。

此时 $\boldsymbol{t}^2=\boldsymbol{a}_2^{\mathrm{T}}\boldsymbol{U}^2=[1, 0, 1, 2]$，则枢轴列号 $p=1$，即对应的枢轴列为 $\boldsymbol{u}_1^2$，对 $\boldsymbol{U}^2$ 进行第一类旋转变换，变换后各列见表 5.2 所示。

表 5.2　第二次枢轴变换

变换前	变换后	变换前	变换后	变换前	变换后	变换前	变换后
$\boldsymbol{u}_1^2$	$\boldsymbol{u}_1^3$	$\boldsymbol{u}_2^2$	$\boldsymbol{u}_2^3$	$\boldsymbol{u}_3^2$	$\boldsymbol{u}_3^3$	$\boldsymbol{u}_4^2$	$\boldsymbol{u}_4^3$
1	−1	0	0	0	−1	0	−2
0	0	1	1	0	0	0	0
0	0	0	0	1	1	0	0
0	0	0	0	0	0	1	1
I_1^2	I_1^3	I_2^2	I_2^3	I_3^2	I_3^3	I_4^2	I_4^3
1	1	1	1、2	1	1、2	∅	2

由于 $\boldsymbol{a}_2\notin\boldsymbol{B}$，应将枢轴列 $\boldsymbol{u}_1^2$ 从 $\boldsymbol{V}^2$ 中剔除后再加入 $\boldsymbol{W}^2$，因此有 $\boldsymbol{w}_1^3=[-1, 0, 0, 0]^{\mathrm{T}}$、$\boldsymbol{v}_1^3=[0, 1, 0, 0]^{\mathrm{T}}$、$\boldsymbol{v}_2^3=[-1, 0, 1, 0]^{\mathrm{T}}$、$\boldsymbol{w}_2^3=[-2, 0, 0, 1]^{\mathrm{T}}$。因此，

$\boldsymbol{V}^3=[\boldsymbol{v}_1^3, \boldsymbol{v}_2^3]$，$\boldsymbol{W}^3=[\boldsymbol{w}_1^3, \boldsymbol{w}_2^3]$，$\boldsymbol{U}^3=\begin{array}{c} \begin{matrix} \boldsymbol{w}_1^3 & \boldsymbol{v}_1^3 & \boldsymbol{v}_2^3 & \boldsymbol{w}_2^3 \end{matrix} \\ \begin{bmatrix} -1 & 0 & -1 & -2 \\ 0 & 1 & 0 & 0 \\ 0 & 0 & 1 & 0 \\ 0 & 0 & 0 & 1 \end{bmatrix} \end{array}$。

将 $h=2$ 加至集合 $I_j^2\,(j=2, 3, 4)$ 的非枢轴列中，即有 $I_1^3=\{1\}$，$I_2^3=\{1, 2\}$，$I_3^3=\{1, 2\}$，$I_4^3=\{2\}$。

因 $h=2<m$，可令 $h=3$。计算出 $\boldsymbol{t}^3=\boldsymbol{a}_3^{\mathrm{T}}\boldsymbol{U}^3=[0, 1, 1, 1]$，可知枢轴列号为

$p=2$,对应的枢轴列为 $\boldsymbol{u}_2^3$,这样 $\boldsymbol{U}^3$ 进行第一类旋转变换后的各列如表 5.3 所示。

表 5.3　第三次枢轴变换

变换前	变换后	变换前	变换后	变换前	变换后	变换前	变换后
$\boldsymbol{u}_1^3$	$\boldsymbol{u}_1^4$	$\boldsymbol{u}_2^3$	$\boldsymbol{u}_2^4$	$\boldsymbol{u}_3^3$	$\boldsymbol{u}_3^4$	$\boldsymbol{u}_4^3$	$\boldsymbol{u}_4^4$
−1	−1	0	0	−1	−1	−2	−2
0	0	1	−1	0	−1	0	−1
0	0	0	0	1	1	0	0
0	0	0	0	0	0	1	1
I_1^3	I_1^4	I_2^3	I_2^4	I_3^3	I_3^4	I_4^3	I_4^4
1	1、3	1、2	1、2	1、2	1、2、3	2	2、3

由于 $\boldsymbol{a}_3\notin\boldsymbol{B}$,应将枢轴列 $\boldsymbol{u}_2^3$ 从 $\boldsymbol{V}^3$ 中剔除后再加入 $\boldsymbol{W}^3$,故有 $\boldsymbol{w}_1^4=[-1,\ 0,\ 0,\ 0]^{\mathrm{T}}$、$\boldsymbol{w}_2^4=[0,\ -1,\ 0,\ 0]^{\mathrm{T}}$、$\boldsymbol{v}_1^4=[-1,\ -1,\ 1,\ 0]^{\mathrm{T}}$、$\boldsymbol{w}_3^4=[-2,\ -1,\ 0,\ 1]^{\mathrm{T}}$。因此,

$$\boldsymbol{V}^4=\boldsymbol{v}_1^4,\ \boldsymbol{W}^4=[\boldsymbol{w}_1^4,\ \boldsymbol{w}_2^4,\ \boldsymbol{w}_3^4],\ \boldsymbol{U}^4=\begin{array}{c}\begin{matrix}\boldsymbol{w}_1^4 & \boldsymbol{w}_2^4 & \boldsymbol{v}_1^4 & \boldsymbol{w}_3^4\end{matrix}\\ \begin{bmatrix}-1 & 0 & -1 & -2\\ 0 & -1 & -1 & -1\\ 0 & 0 & 1 & 0\\ 0 & 0 & 0 & 1\end{bmatrix}\end{array}。$$

将 $h=3$ 加至集合 $I_j^2\ (j=1,\ 3,\ 4)$的非枢轴列中,即可得到 $I_1^4=\{1,\ 3\}$,$I_2^4=\{1,\ 2\}$,$I_3^4=\{1,\ 2,\ 3\}$,$I_4^4=\{2,\ 3\}$。

继续令 $h=4$,计算 $\boldsymbol{t}^4=\boldsymbol{a}_4^{\mathrm{T}}\boldsymbol{U}^4=[0,\ -1,\ -1,\ 0]$。由于仅有对应 t_3^4 的列属于 $\boldsymbol{V}^4$,故枢轴号为 $p=3$,对 $\boldsymbol{U}^4$ 进行旋转变换后,各列向量如表 5.4 所示。

表 5.4　第四次枢轴变换

变换前	变换后	变换前	变换后	变换前	变换后	变换前	变换后
$\boldsymbol{u}_1^4$	$\boldsymbol{u}_1^5$	$\boldsymbol{u}_2^4$	$\boldsymbol{u}_2^5$	$\boldsymbol{u}_3^4$	$\boldsymbol{u}_3^5$	$\boldsymbol{u}_4^4$	$\boldsymbol{u}_4^5$
−1	−1	0	1	−1	−1	−2	−2

续　表

变换前	变换后	变换前	变换后	变换前	变换后	变换前	变换后
0	0	−1	0	−1	−1	−1	−1
0	0	0	−1	1	1	0	0
0	0	0	0	0	0	1	1
I_1^4	I_1^5	I_2^4	I_2^5	I_3^4	I_3^5	I_4^4	I_4^5
1、3	1、3、4	1、2	1、2、4	1、2、3	1、2、3	2、3	2、3、4

由于 $\boldsymbol{a}_4 \notin \boldsymbol{B}$，将枢轴列 $\boldsymbol{u}_3^4$ 从 $\boldsymbol{V}^4$ 中剔除后再加入 $\boldsymbol{W}^4$，可得 $\boldsymbol{w}_1^5=[-1, 0, 0, 0]^{\mathrm{T}}$、$\boldsymbol{w}_2^5=[1, 0, -1, 0]^{\mathrm{T}}$、$\boldsymbol{w}_3^5=[-1, -1, 1, 0]^{\mathrm{T}}$、$\boldsymbol{w}_4^5=[-2, -1, 0, 1]^{\mathrm{T}}$，因此，

$$\boldsymbol{V}^5=\varnothing, \boldsymbol{W}^5=[\boldsymbol{w}_1^5, \boldsymbol{w}_2^5, \boldsymbol{w}_3^5, \boldsymbol{w}_4^5], \boldsymbol{U}^5=\begin{array}{c} \begin{matrix}\boldsymbol{w}_1^5 & \boldsymbol{w}_2^5 & \boldsymbol{w}_3^5 & \boldsymbol{w}_4^5\end{matrix} \\ \begin{bmatrix}-1 & 1 & -1 & -2\\ 0 & 0 & -1 & -1\\ 0 & -1 & 1 & 0\\ 0 & 0 & 0 & 1\end{bmatrix}\end{array}。$$

将 $h=4$ 加至集合 I_j^4 ($j=1, 2, 4$)的非枢轴列中，即可得到 $I_1^5=\{1, 3, 4\}$，$I_2^5=\{1, 2, 4\}$，$I_3^5=\{1, 2, 3\}$，$I_4^5=\{2, 3, 4\}$。

当 $h=5$ 时，$\boldsymbol{t}^5=\boldsymbol{a}_5^{\mathrm{T}}\boldsymbol{U}^5=[-1, 1, -1, -1]$。即使 $t_j^5\neq 0$，但 $\boldsymbol{u}_j^5\notin\boldsymbol{V}^5$，故 $p=0$，且 $I_1^5=\{1, 3, 4\}$，$I_2^5=\{1, 2, 4\}$，$I_3^5=\{1, 2, 3\}$，$I_4^5=\{2, 3, 4\}$。

由于 $t_1^5<0$，$t_2^5>0$，$t_3^5<0$，$t_4^5<0$，故令 $i=2$，$j=1, 3, 4$，得到扩展列 $\boldsymbol{w}_{1(2,1)}^5=[0, 0, -1, 0]^{\mathrm{T}}$，$\boldsymbol{w}_{2(2,3)}^5=[0, -1, 0, 0]^{\mathrm{T}}$，$\boldsymbol{w}_{3(2,4)}^5=[-1, -1, -1, 1]^{\mathrm{T}}$，因此 $\boldsymbol{Z}=\{\boldsymbol{w}_{1(2,1)}^5, \boldsymbol{w}_{2(2,3)}^5, \boldsymbol{w}_{3(2,4)}^5\}$，故 $Z^*=Z$，同时 $I_{1(2,1)}^5=\{1, 4, 5\}$，$I_{2(2,3)}^5=\{1, 2, 5\}$，$I_{3(2,4)}^5=\{2, 4, 5\}$。

由于 $t_2^5>0$，故从 $\boldsymbol{W}^5$ 中剔除 t_2^5 对应的列向量 $\boldsymbol{w}_2^5$，即有 $\boldsymbol{W}^5=[\boldsymbol{w}_1^5, \boldsymbol{w}_3^5, \boldsymbol{w}_4^5]$。由于 $\boldsymbol{a}_5\notin\boldsymbol{B}$，将 Z^* 中所有向量加至 $\boldsymbol{W}^5$，即可得 $\boldsymbol{U}^6=$

$$\begin{array}{c} \begin{matrix}\boldsymbol{w}_1^6 & \boldsymbol{w}_2^6 & \boldsymbol{w}_3^6 & \boldsymbol{w}_4^6 & \boldsymbol{w}_5^6 & \boldsymbol{w}_6^6\end{matrix} \\ \begin{bmatrix}-1 & -1 & -2 & 0 & 0 & -1\\ 0 & -1 & -1 & 0 & -1 & -1\\ 0 & 1 & 0 & -1 & 0 & -1\\ 0 & 0 & 1 & 0 & 0 & 1\end{bmatrix}\end{array}$$

，如表 5.5 所示。此时，$I_1^6=\{1, 3, 4\}$，$I_2^6=$

$\{1, 2, 3\}$, $I_3^6=\{2, 3, 4\}$, $I_4^6=\{1, 4, 5\}$, $I_5^6=\{1, 2, 5\}$, $I_6^6=\{2, 4, 5\}$。

表 5.5　第五次枢轴变换

变换前	$\boldsymbol{w}_1^5$	$\boldsymbol{w}_2^5$	$\boldsymbol{w}_3^5$	$\boldsymbol{w}_4^5$	$\boldsymbol{w}_{1(2,1)}^5$	$\boldsymbol{w}_{2(2,3)}^5$	$\boldsymbol{w}_{3(2,4)}^5$
	−1	1	−1	−2	0	0	−1
	0	0	−1	−1	0	−1	−1
	0	−1	1	0	−1	0	−1
	0	0	0	1	0	0	1
	I_1^5	I_2^5	I_3^5	I_4^5	$I_{1(2,1)}^5$	$I_{2(2,3)}^5$	$I_{3(2,4)}^5$
	1、3、4	1、2、4	1、2、3	2、3、4	1、4、5	1、2、3	2、3、4
变换后	$\boldsymbol{w}_1^6$		$\boldsymbol{w}_2^6$	$\boldsymbol{w}_3^6$	$\boldsymbol{w}_4^6$	$\boldsymbol{w}_5^6$	$\boldsymbol{w}_6^6$
	−1		−1	−2	0	0	−1
	0		−1	−1	0	−1	−1
	0		1	0	−1	0	−1
	0		0	1	0	0	1
	I_1^6		I_2^6	I_3^6	I_4^6	I_5^6	I_6^6
	1、3、4		1、2、3	2、3、4	1、4、5	1、2、3	2、3、4

继续令 $h=6$，计算 $\boldsymbol{t}^6=\boldsymbol{a}_6^{\mathrm{T}}\boldsymbol{U}^6=[-2, -1, -5, -2, -1, -5]$。由于 $\boldsymbol{U}^6$ 中只有 $\boldsymbol{w}_j^6$ 而不存在 $\boldsymbol{v}_j^6$，故 $p=0$，$I_1^6=\{1, 3, 4\}$，$I_2^6=\{1, 2, 3\}$，$I_3^6=\{2, 3, 4, 5\}$，$I_4^6=\{1, 4, 5\}$，$I_5^6=\{1, 2, 5\}$，$I_6^6=\{2, 4, 5\}$。

因 $\boldsymbol{t}^6$ 中仅有负值，故 $\boldsymbol{Z}=\varnothing$，显然 $\boldsymbol{Z}^*=\varnothing$。又 $\boldsymbol{a}_6\notin\boldsymbol{B}$，故 $\boldsymbol{U}^7=$

$$\begin{array}{cccccc} \boldsymbol{w}_1^7 & \boldsymbol{w}_2^7 & \boldsymbol{w}_3^7 & \boldsymbol{w}_4^7 & \boldsymbol{w}_5^7 & \boldsymbol{w}_6^7 \end{array}$$

$$\begin{bmatrix} -1 & -1 & -2 & 0 & 0 & -1 \\ 0 & -1 & -1 & 0 & -1 & -1 \\ 0 & 1 & 0 & -1 & 0 & -1 \\ 0 & 0 & 1 & 0 & 0 & 1 \end{bmatrix}。$$

由于 $h=6<m$，令 $h=7$。由于 $\boldsymbol{t}^7=\boldsymbol{a}_7^{\mathrm{T}}\boldsymbol{U}^7=[-1, -4, -4, 3, 0, 0]$，由于

$\boldsymbol{U}^7$ 中只有 $\boldsymbol{w}_j^7$ 而不存在 $\boldsymbol{v}_j^7$，故 $p=0$，且 $I_1^7=\{1,\ 3,\ 4\}$，$I_2^7=\{1,\ 2,\ 3\}$，$I_3^7=\{2,\ 3,\ 4\}$，$I_4^7=\{1,\ 4,\ 5\}$，$I_5^7=\{1,\ 2,\ 5,\ 7\}$，$I_6^7=\{2,\ 4,\ 5,\ 7\}$。

由于 $t_1^7<0$，$t_2^7<0$，$t_3^7<0$，$t_4^7>0$，故令 $i=1,\ 2,\ 3$ 和 $j=4$，得到扩展列 $\boldsymbol{w}_{1(1,\ 4)}^7=\dfrac{\boldsymbol{w}_1^7}{|t_1^7|}+\dfrac{\boldsymbol{w}_4^7}{|t_4^7|}=[-1,\ 0,\ -1/3,\ 0]^{\mathrm{T}}$，$\boldsymbol{w}_{2(2,\ 4)}^7=\dfrac{\boldsymbol{w}_2^7}{|t_2^7|}+\dfrac{\boldsymbol{w}_4^7}{|t_4^7|}=[-1/4,\ -1/4,\ -1/12,\ 0]^{\mathrm{T}}$，$\boldsymbol{w}_{3(3,\ 4)}^7=\dfrac{\boldsymbol{w}_3^7}{|t_3^7|}+\dfrac{\boldsymbol{w}_4^7}{|t_4^7|}=[-1/2,\ -1/4,\ -1/3,\ 1/4]^{\mathrm{T}}$，组成的向量集 $\boldsymbol{Z}$，即 $\boldsymbol{Z}=\{\boldsymbol{w}_{1(1,\ 4)}^7,\ \boldsymbol{w}_{2(2,\ 4)}^7,\ \boldsymbol{w}_{3(3,\ 4)}^7\}$，同时 $I_{1(1,\ 4)}^7=\{1,\ 4,\ 7\}$，$I_{2(2,\ 4)}^7=\{1,\ 7\}$，$I_{3(3,\ 4)}^7=\{4,\ 7\}$；

由于 $I_{3(3,\ 4)}^7\subset I_{1(1,\ 4)}^7$，$I_{3(3,\ 4)}^7\subset I_{1(1,\ 4)}^7$，故 $I_{3(3,\ 4)}^7\notin Z^*$，$I_{3(3,\ 4)}^7\notin Z^*$。但 $I_{1(1,\ 4)}^7\not\subset I_5^7$，$I_{1(1,\ 4)}^7\not\subset I_6^7$，故 $\boldsymbol{Z}^*=\{\boldsymbol{w}_{\mathrm{k}(1,\ 4)}^7\}$。

因为 $t_4^7>0$，故从 $\boldsymbol{W}^7$ 中剔除 t_4^7 对应的列向量 $\boldsymbol{w}_4^7$，即有 $\boldsymbol{W}^7=[\boldsymbol{w}_1^7,\ \boldsymbol{w}_2^7,\ \boldsymbol{w}_3^7,\ \boldsymbol{w}_5^7,\ \boldsymbol{w}_6^7]$。又因为，$\boldsymbol{a}_7\notin\boldsymbol{B}$，将 Z^* 中所有向量加至 $\boldsymbol{W}^7$，即 $\boldsymbol{W}^8=\{\boldsymbol{W}^7,\ \boldsymbol{Z}^*\}$，第七次迭代结果如表 5.6 所示。

表 5.6　第七次枢轴变换

变换前	$\boldsymbol{w}_1^7$	$\boldsymbol{w}_2^7$	$\boldsymbol{w}_3^7$	$\boldsymbol{w}_4^7$	$\boldsymbol{w}_5^7$	$\boldsymbol{w}_6^7$	$\boldsymbol{w}_{1(1,\ 4)}^7$
	−1	−1	−2	0	0	−1	−1
	0	−1	−1	0	−1	−1	0
	0	1	0	−1	0	−1	−1/3
	0	0	1	0	0	1	0
	I_1^7	I_2^7	I_3^7	I_4^7	I_5^7	I_6^7	$I_{1(1,\ 4)}^7$
	1、3、4	1、2、3	2、3、4	1、4、5	1、2、5、7	2、4、5、7	1、4、7
变换后	$\boldsymbol{w}_1^8$	$\boldsymbol{w}_2^8$	$\boldsymbol{w}_3^8$		$\boldsymbol{w}_4^8$	$\boldsymbol{w}_5^8$	$\boldsymbol{w}_6^8$
	−1	−1	−2		0	−1	−1
	0	−1	−1		−1	−1	0
	0	1	0		0	−1	−1/3
	0	0	1		0	1	0
	I_1^8	I_2^8	I_3^8		I_4^8	I_5^8	I_6^8
	1、3、4	1、2、3	2、3、4、8		1、2、5、7	2、4、5、7	1、4、7

由于 $h=7<m$，令 $h=8$，计算 $\boldsymbol{t}^8=\boldsymbol{a}_8^{\mathrm{T}}\boldsymbol{U}^8=[-1,\ -1,\ 0,\ 1,\ 2,\ -2]$。可见 $t_3^8=0$，则 $I_1^8=\{1,\ 3,\ 4\}$，$I_2^8=\{1,\ 2,\ 3\}$，$I_3^8=\{2,\ 3,\ 4,\ 8\}$，$I_4^8=\{1,\ 2,\ 5,\ 7\}$，$I_5^8=\{2,\ 4,\ 5,\ 7\}$，$I_6^8=\{1,\ 4,\ 7\}$，且更新 $\boldsymbol{U}^8$ 后为 $\boldsymbol{U}^8=$

$$\begin{array}{cccccc} \boldsymbol{w}_1^8 & \boldsymbol{w}_2^8 & \boldsymbol{w}_3^8 & \boldsymbol{w}_4^8 & \boldsymbol{w}_5^8 & \boldsymbol{w}_6^8 \end{array}$$
$$\begin{bmatrix} -1 & -1 & -2 & 0 & -1 & -1 \\ 0 & -1 & -1 & -1 & -1 & 0 \\ 0 & 1 & 0 & 0 & -1 & -\dfrac{1}{3} \\ 0 & 0 & 1 & 0 & 1 & 0 \end{bmatrix}。$$

由于 $t_1^8<0$、$t_2^8<0$、$t_6^8<0$ 以及 $t_4^8>0$、$t_5^8>0$，故令 $i=1,\ 2,\ 6$，$j=4,\ 5$，得到扩展列 $\boldsymbol{w}_{1(1,\ 4)}^8=\dfrac{\boldsymbol{w}_1^8}{|t_1^8|}+\dfrac{\boldsymbol{w}_4^8}{|t_4^8|}=[-1,\ -1,\ 0,\ 0]^{\mathrm{T}}$，$\boldsymbol{w}_{2(1,\ 5)}^8=\dfrac{\boldsymbol{w}_1^8}{|t_1^8|}+\dfrac{\boldsymbol{w}_5^8}{|t_5^8|}=[-3/2,\ -1/2,\ -1/2,\ 1/2]^{\mathrm{T}}$，$\boldsymbol{w}_{3(2,\ 4)}^8=\dfrac{\boldsymbol{w}_2^8}{|t_2^8|}+\dfrac{\boldsymbol{w}_4^8}{|t_4^8|}=[-1,\ -2,\ 1,\ 0]^{\mathrm{T}}$，$\boldsymbol{w}_{4(2,\ 5)}^8=\dfrac{\boldsymbol{w}_2^8}{|t_2^8|}+\dfrac{\boldsymbol{w}_5^8}{|t_5^8|}=[-3/2,\ -3/2,\ 1/2,\ 1/2]^{\mathrm{T}}$，$\boldsymbol{w}_{5(6,\ 4)}^8=\dfrac{\boldsymbol{w}_6^8}{|t_6^8|}+\dfrac{\boldsymbol{w}_4^8}{|t_4^8|}=[-1/2,\ -1,\ -1/6,\ 0]^{\mathrm{T}}$，$\boldsymbol{w}_{6(6,\ 5)}^8=\dfrac{\boldsymbol{w}_6^8}{|t_6^8|}+\dfrac{\boldsymbol{w}_5^8}{|t_5^8|}=[-1,\ -1/2,\ -2/3,\ 1/2]^{\mathrm{T}}$。

$$\begin{array}{cccccc} \boldsymbol{w}_{1(1,\ 4)}^8 & \boldsymbol{w}_{2(1,\ 5)}^8 & \boldsymbol{w}_{3(2,\ 4)}^8 & \boldsymbol{w}_{4(2,\ 5)}^8 & \boldsymbol{w}_{5(6,\ 4)}^8 & \boldsymbol{w}_{6(6,\ 5)}^8 \end{array}$$

这样，$\boldsymbol{Z}=\begin{bmatrix} -1 & -\dfrac{3}{2} & -1 & -\dfrac{3}{2} & -\dfrac{1}{2} & -1 \\ -1 & -\dfrac{1}{2} & -2 & -\dfrac{3}{2} & -1 & -\dfrac{1}{2} \\ 0 & -\dfrac{1}{2} & 1 & -\dfrac{1}{2} & -\dfrac{1}{6} & -\dfrac{2}{3} \\ 0 & \dfrac{1}{2} & 0 & \dfrac{1}{2} & 0 & \dfrac{1}{2} \end{bmatrix}$，同时 $I_{1(1,\ 4)}^8=\{1,\ 8\}$，$I_{2(1,\ 5)}^8=\{4,\ 8\}$，$I_{3(2,\ 4)}^8=\{1,\ 2,\ 8\}$，$I_{4(2,\ 5)}^8=\{2,\ 8\}$，$I_{5(6,\ 4)}^8=\{1,\ 7,\ 8\}$，$I_{6(6,\ 5)}^8=\{4,\ 7,\ 8\}$。

由于 $I_{1(1,\ 4)}^8\subset I_{3(2,\ 4)}^8$，$I_{2(1,\ 5)}^8\subset I_{6(6,\ 5)}^8$，$I_{4(2,\ 5)}^8\subset I_{3(2,\ 4)}^8$ 且 $I_{2(1,\ 5)}^8\subset I_3^8=\{2,\ 3,\ 4,\ 8\}$、$I_{4(2,\ 5)}^8\subset I_3^8=\{2,\ 3,\ 4,\ 8\}$，即排除 $I_{1(1,\ 4)}^8$、$I_{2(1,\ 5)}^8$、$I_{4(2,\ 5)}^8$，对应排除 $\boldsymbol{Z}$ 中 $\boldsymbol{w}_{1(1,\ 4)}^8$、$\boldsymbol{w}_{2(1,\ 5)}^8$、$\boldsymbol{w}_{4(2,\ 5)}^8$，故到 $Z^*=\{\boldsymbol{w}_{3(2,\ 4)}^8,\ \boldsymbol{w}_{5(6,\ 4)}^8,\ \boldsymbol{w}_{6(6,\ 5)}^8\}$。

因 $t_4^8>0$ 与 $t_5^8>0$，故从 $\boldsymbol{W}^8$ 中剔除 t_4^8、t_5^8 对应的列向量 $\boldsymbol{w}_4^8$、$\boldsymbol{w}_5^8$，即有 $\boldsymbol{W}^8=$

$[\boldsymbol{w}_1^8, \boldsymbol{w}_2^8, \boldsymbol{w}_3^8, \boldsymbol{w}_6^8]$。又，由于 $\boldsymbol{a}_8 \notin \boldsymbol{B}$，将 Z^* 中所有向量加至 $\boldsymbol{W}^8$，即 $\boldsymbol{W}^9=\{\boldsymbol{W}^8, Z^*\}$，第八次迭代结果如表 5.7 所示。

表 5.7　第八次枢轴变换

变换前	$\boldsymbol{w}_1^8$	$\boldsymbol{w}_2^8$	$\boldsymbol{w}_3^8$	$\boldsymbol{w}_4^8$	$\boldsymbol{w}_5^8$	$\boldsymbol{w}_6^8$	$\boldsymbol{w}_{3(2,4)}^8$	$\boldsymbol{w}_{5(6,4)}^8$	$\boldsymbol{w}_{6(6,5)}^8$
	−1	−1	−2	0	−1	−1	−1	−1/2	−1
	0	−1	−1	−1	−1	0	−2	−1	−1/2
	0	1	0	0	−1	−1/3	1	−1/6	−2/3
	0	0	1	0	1	0	0	0	1/2
	I_1^8	I_2^8	I_3^8	I_4^8	I_5^8	I_6^8	$I_{3(2,4)}^8$	$I_{5(6,4)}^8$	$I_{6(6,5)}^8$
	1、3、4	1、2、3	2、3、4、8	1、2、5、7	2、4、5、7	1、4、7	1、2、8	1、7、8	4、7、8
变换后	$\boldsymbol{w}_1^9$	$\boldsymbol{w}_2^9$	$\boldsymbol{w}_3^9$			$\boldsymbol{w}_4^9$	$\boldsymbol{w}_5^9$	$\boldsymbol{w}_6^9$	$\boldsymbol{w}_7^9$
	−1	−1	−2			−1	−1	−1/2	−1
	0	−1	−1			0	−2	−1	−1/2
	0	1	0			−1/3	1	−1/6	−2/3
	0	0	1			0	0	0	1/2
	I_1^9	I_2^9	I_3^9			I_6^9	I_7^9	I_8^9	I_9^9
	1、3、4	1、2、3	2、3、4、8			1、4、7	1、2、8	1、7、8	4、7、8

由于 $h=m=8$，故算法结束，此时有

$$\boldsymbol{W}=\begin{bmatrix} -1 & -1 & -2 & -1 & -1 & -\frac{1}{2} & -1 \\ 0 & -1 & -1 & 0 & -2 & -1 & -\frac{1}{2} \\ 0 & 1 & 0 & -\frac{1}{3} & 1 & -\frac{1}{6} & -\frac{2}{3} \\ 0 & 0 & 1 & 0 & 0 & 0 & \frac{1}{2} \end{bmatrix}$$

和 $\boldsymbol{V}=\varnothing$，最终 $\boldsymbol{x}=\begin{bmatrix} -1 & -1 & -2 & -1 & -1 & -\frac{1}{2} & -1 \\ 0 & -1 & -1 & 0 & -2 & -1 & -\frac{1}{2} \\ 0 & 1 & 0 & -\frac{1}{3} & 1 & -\frac{1}{6} & -\frac{2}{3} \\ 0 & 0 & 1 & 0 & 0 & 0 & \frac{1}{2} \end{bmatrix}\begin{bmatrix} \pi_1 \\ \pi_2 \\ \pi_3 \\ \pi_4 \\ \pi_5 \\ \pi_6 \\ \pi_7 \end{bmatrix}$（其中 $\pi_i \geqslant 0,\ 1 \leqslant i \leqslant 7$）。

5.4　可达可离性分析与应用

本节通过列举多个典型实例来说明工件在装夹布局中可达/可离性分析方法的应用。

5.4.1　三维工件

图 5.3 为拨叉被钻床夹具固定以用于加工的主视图和俯视图。工件由五个定位元件 L_1、L_2、L_3、L_4、L_5 定位，位置坐标分别为 $\boldsymbol{r}_1=[0,\ 0,\ 25\ \text{mm}]^{\mathrm{T}}$、$\boldsymbol{r}_2=\left[-\frac{25\sqrt{3}}{2}\ \text{mm},\ 0,\ -12.5\ \text{mm}\right]^{\mathrm{T}}$、$\boldsymbol{r}_3=\left[\frac{25\sqrt{3}}{2}\ \text{mm},\ 0,\ -12.5\ \text{mm}\right]^{\mathrm{T}}$、$\boldsymbol{r}_4=[-15\sqrt{2}\ \text{mm},\ 10,\ -15\sqrt{2}\ \text{mm}]^{\mathrm{T}}$ 和 $\boldsymbol{r}_5=[-15\sqrt{2}\ \text{mm},\ 10\ \text{mm},\ 15\sqrt{2}\ \text{mm}]^{\mathrm{T}}$，相应的单位法向量分别为 $\boldsymbol{n}_1=[0,\ 1,\ 0]^{\mathrm{T}}$、$\boldsymbol{n}_2=[0,\ 1,\ 0]^{\mathrm{T}}$、$\boldsymbol{n}_3=[0,\ 1,\ 0]^{\mathrm{T}}$、$\boldsymbol{n}_4=\left[\frac{\sqrt{2}}{2},\ 0,\ \frac{\sqrt{2}}{2}\right]^{\mathrm{T}}$ 以及 $\boldsymbol{n}_5=\left[\frac{\sqrt{2}}{2},\ 0,\ -\frac{\sqrt{2}}{2}\right]^{\mathrm{T}}$。接下来分析工件的可达/可离性，过程如下：

首先，由式(5.13)可得定位雅克比矩阵为 $\boldsymbol{J}=\begin{bmatrix} 0 & 1 & 0 & -25 & 0 & 0 \\ 0 & 1 & 0 & 12.5 & 0 & -\frac{25\sqrt{3}}{2} \\ 0 & 1 & 0 & 12.5 & 0 & \frac{25\sqrt{3}}{2} \\ \frac{\sqrt{2}}{2} & 0 & \frac{\sqrt{2}}{2} & 5\sqrt{2} & 0 & -5\sqrt{2} \\ \frac{\sqrt{2}}{2} & 0 & -\frac{\sqrt{2}}{2} & -5\sqrt{2} & 0 & -5\sqrt{2} \end{bmatrix}$。

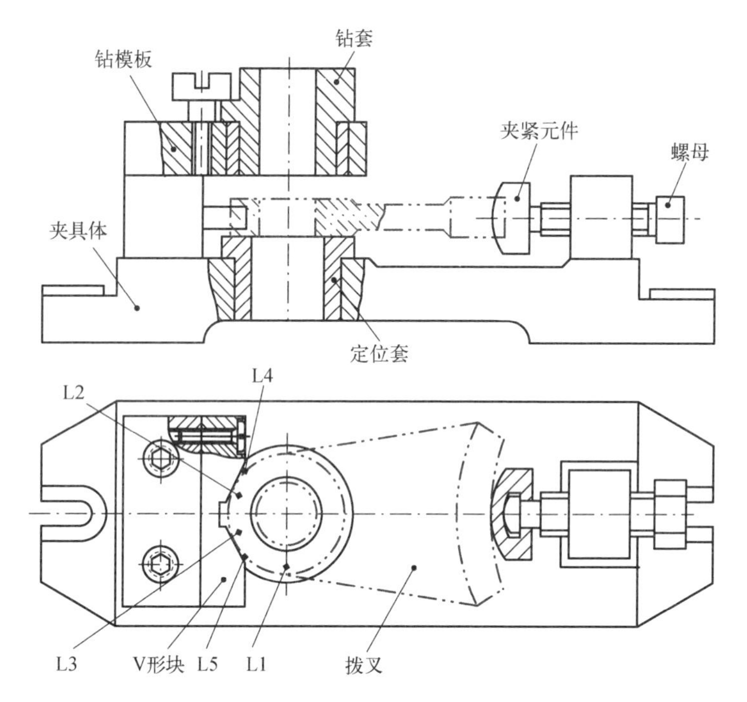

图 5.3　拨叉被钻床夹具固定以用于加工的主视图和俯视图

再由式(5.11)得 $\boldsymbol{a}_1=[0,\ 1,\ 0,\ -25,\ 0,\ 0]^{\mathrm{T}}$，$\boldsymbol{a}_2=\left[0,\ 1,\ 0,\ 12.5,\ 0,\ -\frac{25\sqrt{3}}{2}\right]^{\mathrm{T}}$，$\boldsymbol{a}_3=\left[0,\ 1,\ 0,\ 12.5,\ 0,\ \frac{25\sqrt{3}}{2}\right]^{\mathrm{T}}$，$\boldsymbol{a}_4=\left[\frac{\sqrt{2}}{2},\ 0,\ \frac{\sqrt{2}}{2},\ 5\sqrt{2},\ 0,\ -5\sqrt{2}\right]^{\mathrm{T}}$，$\boldsymbol{a}_5=\left[\frac{\sqrt{2}}{2},\ 0,\ -\frac{\sqrt{2}}{2},\ -5\sqrt{2},\ 0,\ -5\sqrt{2}\right]^{\mathrm{T}}$。据此，可利用系数矩阵 $\boldsymbol{A}=[\boldsymbol{a}_1,\ \boldsymbol{a}_2,\ \boldsymbol{a}_3,\ \boldsymbol{a}_4,\ \boldsymbol{a}_5]$的分解方法，得出矩阵 $\boldsymbol{B}=\varnothing$ 和 $\boldsymbol{C}=\boldsymbol{A}$，如表 5.8 所示。

表 5.8　系数矩阵的分解

向量	参　　数		分属矩阵
	$\max(\Sigma_i)$	$-\lambda_i$	
$-\boldsymbol{a}_1$	23.000 0	26	$\boldsymbol{C}$
$-\boldsymbol{a}_2$	32.150 6	35.150 6	$\boldsymbol{C}$
$-\boldsymbol{a}_3$	32.150 6	35.150 6	$\boldsymbol{C}$

续　表

向量	参　数		分属矩阵
	$\max(\Sigma_i)$	$-\lambda_i$	
$-\boldsymbol{a}_4$	$-2.0491\mathrm{e}^{11}$	15.556 3	$\boldsymbol{C}$
$-\boldsymbol{a}_5$	$-3.8625\mathrm{e}^{12}$	15.556 3	$\boldsymbol{C}$

由于 $\boldsymbol{A}$ 的行数、列数分别为 $n=6$、$m=5$，利用生成元矩阵 $\boldsymbol{U}$ 的计算方法，可计算出基向量矩阵 $\boldsymbol{V}$ 和 $\boldsymbol{W}$，详细过程如下。

步骤一，初始化生成元矩阵 $\boldsymbol{U}$。令迭代次数计数器 $h=1$。令 $\boldsymbol{V}^1=\begin{bmatrix}1&0&0&0&0&0\\0&1&0&0&0&0\\0&0&1&0&0&0\\0&0&0&1&0&0\\0&0&0&0&1&0\\0&0&0&0&0&1\end{bmatrix}$，$\boldsymbol{W}^1=\varnothing$。令 $\boldsymbol{U}^1$ 中各列的列号记录集合为空集，即 $I_j^1=\varnothing(1\leqslant j\leqslant 6)$。

步骤二，确定枢轴列。计算 $\boldsymbol{t}^1=\boldsymbol{a}_1^{\mathrm{T}}\boldsymbol{U}^1=[0,1,0,-25,0,0]$，则枢轴 $p=2$，对应的枢轴列为 $\boldsymbol{u}_2^1=[0,1,0,0,0,0]^{\mathrm{T}}$。

步骤三，执行第一类旋转变换。第一次变换后，枢轴列 $\boldsymbol{u}_2^2=[0,-1,0,0,0,0]^{\mathrm{T}}$，其他非枢轴列见表 5.9 所示。

表 5.9　第一次枢轴变换后的非枢轴列

向　量		$u_{1,i}$	$u_{2,i}$	$u_{3,i}$	$u_{4,i}$	$u_{5,i}$	$u_{6,i}$
$\boldsymbol{u}_1$	变换前 $\boldsymbol{u}_1^1$	1	0	0	0	0	0
	变换后 $\boldsymbol{u}_1^2$	1	0	0	0	0	0
$\boldsymbol{u}_3$	变换前 $\boldsymbol{u}_3^1$	0	1	0	0	0	0
	变换后 $\boldsymbol{u}_3^2$	0	0	1	0	0	0
$\boldsymbol{u}_4$	变换前 $\boldsymbol{u}_4^1$	0	0	0	1	0	0
	变换后 $\boldsymbol{u}_4^2$	0	25	0	1	0	0

续　表

向　量		$u_{1,i}$	$u_{2,i}$	$u_{3,i}$	$u_{4,i}$	$u_{5,i}$	$u_{6,i}$
$\boldsymbol{u}_5$	变换前 $\boldsymbol{u}_5^1$	0	0	0	0	1	0
	变换后 $\boldsymbol{u}_5^2$	0	0	0	0	1	0
$\boldsymbol{u}_6$	变换前 $\boldsymbol{u}_6^1$	0	0	0	0	0	1
	变换后 $\boldsymbol{u}_6^2$	0	0	0	0	0	1

步骤四,更新生成元矩阵。首先将 $h=1$ 加至非枢轴列的集合 I_j^1 $(j\neq 2,\ 1\leqslant j\leqslant 6)$中,得到 $I_1^2=\{1\}$,$I_2^2=\varnothing$,$I_3^2=\{1\}$,$I_4^2=\{1\}$,$I_5^2=\{1\}$,$I_6^2=\{1\}$。其次,$\boldsymbol{a}_1\notin\boldsymbol{B}$ 使得 $\boldsymbol{V}^2=[\boldsymbol{v}_1^1,\ \boldsymbol{v}_3^1,\ \boldsymbol{v}_4^1,\ \boldsymbol{v}_5^1,\ \boldsymbol{v}_6^1]$ 和 $\boldsymbol{W}^2=\boldsymbol{v}_2^1$。这样,第一次旋转变换的结果如表 5.10 所示。

表 5.10　第一次迭代结果

元素	$\boldsymbol{v}_1$	$\boldsymbol{w}_1$	$\boldsymbol{v}_2$	$\boldsymbol{v}_3$	$\boldsymbol{v}_4$	$\boldsymbol{v}_5$
1	1	0	0	0	0	0
2	0	−1	0	25	0	0
3	0	0	1	0	0	0
4	0	0	0	1	0	0
5	0	0	0	0	1	0
6	0	0	0	0	0	1

步骤五,判断终止条件。由于 $h=1<m=5$,令 $h=2$。计算点积 $\boldsymbol{t}^2=\boldsymbol{a}_2^{\mathrm{T}}\boldsymbol{U}^2=[0,\ -1,\ 0,\ 37.5,\ 0,\ -21.650\,6]$,则枢轴 $p=4$,对应枢轴列为 $\boldsymbol{u}_4^2=\boldsymbol{v}_3^2=[0,\ 25,\ 0,\ 1,\ 0,\ 0]^{\mathrm{T}}$。执行第二次的第一类旋转变换,枢轴列变换为 $\boldsymbol{u}_4^3=[0,\ -0.666\,7,\ 0,\ -0.026\,7,\ 0,\ 0]^{\mathrm{T}}$,其他列变换后见表 5.11。将 $h=2$ 加至非枢轴列的集合 I_j^2 $(j\neq 4,\ 1\leqslant j\leqslant 6)$中,得到 $I_1^3=\{1,\ 2\}$,$I_2^3=\{2\}$,$I_3^3=\{1,\ 2\}$,$I_4^3=\{1\}$,$I_5^3=\{1,\ 2\}$,$I_6^3=\{1,\ 2\}$。由于 $\boldsymbol{a}_2\notin\boldsymbol{B}$,故 $\boldsymbol{V}^3=[\boldsymbol{v}_1^2,\ \boldsymbol{v}_2^2,\ \boldsymbol{v}_4^2,\ \boldsymbol{v}_5^2]$ 和 $\boldsymbol{W}^2=[\boldsymbol{w}_1^2,\ \boldsymbol{v}_3^2]$,如表 5.12 所示。

表 5.11　第二次枢轴变换后的非枢轴列

向　量		$u_{1,i}$	$u_{2,i}$	$u_{3,i}$	$u_{4,i}$	$u_{5,i}$	$u_{6,i}$
$\boldsymbol{u}_1$	变换前 $\boldsymbol{u}_1^2$	1	0	0	0	0	0
	变换后 $\boldsymbol{u}_1^3$	1	0	0	0	0	0
$\boldsymbol{u}_2$	变换前 $\boldsymbol{u}_2^2$	0	−1	0	0	0	0
	变换后 $\boldsymbol{u}_2^3$	0	−0.333 3	0	0.026 7	0	0
$\boldsymbol{u}_3$	变换前 $\boldsymbol{u}_3^2$	0	0	1	0	0	0
	变换后 $\boldsymbol{u}_3^3$	0	0	1	0	0	0
$\boldsymbol{u}_5$	变换前 $\boldsymbol{u}_5^2$	0	0	0	0	1	0
	变换后 $\boldsymbol{u}_5^3$	0	0	0	0	1	0
$\boldsymbol{u}_6$	变换前 $\boldsymbol{u}_6^2$	0	0	0	0	0	1
	变换后 $\boldsymbol{u}_6^3$	0	14.433 8	0	0.577 35	0	1

表 5.12　第二次迭代结果

元素	$\boldsymbol{v}_1$	$\boldsymbol{w}_1$	$\boldsymbol{v}_2$	$\boldsymbol{w}_2$	$\boldsymbol{v}_3$	$\boldsymbol{v}_4$
1	1	0	0	0	0	0
2	0	−0.333 3	0	−0.666 7	0	14.433 8
3	0	0	1	0	0	0
4	0	0.026 67	0	−0.026 7	0	0.577 4
5	0	0	0	0	1	0
6	0	0	0	0	0	1

依然存在 $h=2<m=5$，继续令 $h=3$。由于 $\boldsymbol{t}^3=\boldsymbol{a}_3^{\mathrm{T}}\boldsymbol{U}^3=[0,\ 0,\ 0,\ -1,\ 0,\ 43.301\ 3]$，故枢轴 $p=6$，对应枢轴列为 $\boldsymbol{u}_6^3=\boldsymbol{v}_4^3=[0,\ 14.433\ 8,\ 0,\ 0.577\ 4,\ 0,\ 1]^{\mathrm{T}}$。执行第三次旋转变换后，枢轴列 $\boldsymbol{u}_6^4=[0,\ -0.333\ 3,\ 0,\ -0.013\ 3,\ 0,\ -0.023\ 1]^{\mathrm{T}}$，其他列变换后见表 5.13。然后将 $h=3$ 加至非枢轴列的集合 I_j^3（$j\neq$

6, $1 \leqslant j \leqslant 6$)中,得到 $I_1^4=\{1, 2, 3\}$,$I_2^4=\{2, 3\}$,$I_3^4=\{1, 2, 3\}$,$I_4^4=\{1, 3\}$,$I_5^4=\{1, 2, 3\}$,$I_6^4=\{1, 2\}$。由于 $\boldsymbol{a}_3 \notin \boldsymbol{B}$,故 $\boldsymbol{V}^4=[\boldsymbol{v}_1^3, \boldsymbol{v}_2^3, \boldsymbol{v}_3^3]$ 和 $\boldsymbol{W}^4=[\boldsymbol{w}_1^3, \boldsymbol{w}_2^3, \boldsymbol{v}_4^3]$,如表 5.14 所示。

表 5.13　第三次枢轴变换后的非枢轴列

向　量		$u_{1,i}$	$u_{2,i}$	$u_{3,i}$	$u_{4,i}$	$u_{5,i}$	$u_{6,i}$
$\boldsymbol{u}_1$	变换前 $\boldsymbol{u}_1^3$	1	0	0	0	0	0
	变换后 $\boldsymbol{u}_1^4$	1	0	0	0	0	0
$\boldsymbol{u}_2$	变换前 $\boldsymbol{u}_2^3$	0	−0.333 3	0	0.026 67	0	0
	变换后 $\boldsymbol{u}_2^4$	0	−0.333 3	0	0.026 67	0	0
$\boldsymbol{u}_3$	变换前 $\boldsymbol{u}_3^3$	0	0	1	0	0	0
	变换后 $\boldsymbol{u}_3^4$	0	0	1	0	0	0
$\boldsymbol{u}_4$	变换前 $\boldsymbol{u}_4^3$	0	−0.666 7	0	−0.026 67	0	0
	变换后 $\boldsymbol{u}_4^4$	0	−0.333 33	0	−0.013 33	0	0.023 094 011
$\boldsymbol{u}_5$	变换前 $\boldsymbol{u}_5^3$	0	0	0	0	1	0
	变换后 $\boldsymbol{u}_5^4$	0	0	0	0	1	0

表 5.14　第三次迭代结果

元素	列　向　量					
	$\boldsymbol{v}_1$	$\boldsymbol{w}_1$	$\boldsymbol{v}_2$	$\boldsymbol{w}_2$	$\boldsymbol{v}_3$	$\boldsymbol{w}_3$
1	1	0	0	0	0	0
2	0	−0.333 3	0	−0.333 3	0	−0.333 3
3	0	0	1	0	0	0
4	0	0.026 7	0	−0.013 3	0	−0.013 3
5	0	0	0	0	1	0
6	0	0	0	0.023 1	0	−0.023 1

$h=3<m=5$ 使得迭代过程继续进行，故令 $h=4$，得 $\boldsymbol{t}^4=\boldsymbol{a}_4^{\mathrm{T}}\boldsymbol{U}^4=[0.707\,1,\ 0.188\,6,\ 0.707\,1,\ -0.257\,6,\ 0,\ 0.069\,0]$，则枢轴 $p=1$，对应枢轴列为 $\boldsymbol{u}_1^4=\boldsymbol{v}_1^4$。接下来进行第四次变换，这样枢轴列 $\boldsymbol{u}_1^5=[-1.414\,2,\ 0,\ 0,\ 0,\ 0,\ 0]^{\mathrm{T}}$，其他列变换后见表 5.15。将 $h=4$ 加至非枢轴列的集合 I_j^4 $(j\neq 1,\ 1\leqslant j\leqslant 6)$ 中，得到 $I_1^5=\{1,\ 2,\ 3\}$，$I_2^5=\{2,\ 3,\ 4\}$，$I_3^5=\{1,\ 2,\ 3,\ 4\}$，$I_4^5=\{1,\ 3,\ 4\}$，$I_5^5=\{1,\ 2,\ 3,\ 4\}$，$I_6^5=\{1,\ 2,\ 4\}$。因 $\boldsymbol{a}_4\notin\boldsymbol{B}$，故得 $\boldsymbol{V}^5=[\boldsymbol{v}_2^4,\ \boldsymbol{v}_3^4]$ 和 $\boldsymbol{W}^5=[\boldsymbol{w}_1^4,\ \boldsymbol{w}_2^4,\ \boldsymbol{w}_3^4,\ \boldsymbol{v}_1^4]$，如表 5.16 所示。

表 5.15　第四次枢轴变换后的非枢轴列

向　量		$u_{1,i}$	$u_{2,i}$	$u_{3,i}$	$u_{4,i}$	$u_{5,i}$	$u_{6,i}$
$\boldsymbol{u}_2$	变换前 $\boldsymbol{u}_2^4$	0	−0.333 3	0	0.026 7	0	0
	变换后 $\boldsymbol{u}_2^5$	−0.266 7	−0.333 3	0	0.026 7	0	0
$\boldsymbol{u}_3$	变换前 $\boldsymbol{u}_3^4$	0	0	1	0	0	0
	变换后 $\boldsymbol{u}_3^5$	−1	0	1	0	0	0
$\boldsymbol{u}_4$	变换前 $\boldsymbol{u}_4^4$	0	−0.333	0	−0.013 3	0	0.023 1
	变换后 $\boldsymbol{u}_4^5$	0.364 3	−0.333 3	0	−0.013 3	0	0.023 1
$\boldsymbol{u}_5$	变换前 $\boldsymbol{u}_5^4$	0	0	0	0	1	0
	变换后 $\boldsymbol{u}_5^5$	0	0	0	0	1	0
$\boldsymbol{u}_6$	变换前 $\boldsymbol{u}_6^4$	0	−0.333 3	0	−0.013 3	0	−0.023 1
	变换后 $\boldsymbol{u}_6^5$	−0.097 6	−0.333 3	0	−0.013 3	0	−0.023 1

表 5.16　第四次迭代结果

元素	$\boldsymbol{w}_1$	$\boldsymbol{w}_2$	$\boldsymbol{v}_1$	$\boldsymbol{w}_3$	$\boldsymbol{v}_2$	$\boldsymbol{w}_4$
1	−1.414 2	−0.266 7	−1	0.364 3	0	−0.097 6
2	0	−0.333 3	0	−0.333 3	0	−0.333 3
3	0	0	1	0	0	0

续　表

元素	$\boldsymbol{w}_1$	$\boldsymbol{w}_2$	$\boldsymbol{v}_1$	$\boldsymbol{w}_3$	$\boldsymbol{v}_2$	$\boldsymbol{w}_4$
4	0	0.026 7	0	−0.013 3	0	−0.013 3
5	0	0	0	0	1	0
6	0	0	0	0.023 1	0	−0.023 1

因为 $h=4<m$,继续执行下一次旋转变换,故令 $h=5$。计算 $\boldsymbol{t}^5=\boldsymbol{a}_5^{\mathrm{T}}\boldsymbol{U}^5=[-1,\ -0.377\,1,\ -1.414\,2,\ 0.188\,6,\ 0,\ 0.188\,6]$,则枢轴 $p=3$,对应枢轴列为 $\boldsymbol{u}_3^5=\boldsymbol{v}_1^5$。旋转变换枢轴列得 $\boldsymbol{u}_3^6=[-0.707\,1,\ 0,\ 0.707\,1,\ 0,\ 0,\ 0]^{\mathrm{T}}$,其他列变换后如表 5.17 所示。随后将 $h=5$ 加至非枢轴列的集合 I_j^5 $(j\neq 3,\ 1\leqslant j\leqslant 6)$中,得到 $I_1^6=\{1,\ 2,\ 3,\ 5\}$,$I_2^6=\{2,\ 3,\ 4,\ 5\}$,$I_3^6=\{1,\ 2,\ 3,\ 4\}$,$I_4^6=\{1,\ 3,\ 4,\ 5\}$,$I_5^6=\{1,\ 2,\ 3,\ 4,\ 5\}$,$I_6^6=\{1,\ 2,\ 4,\ 5\}$。因 $\boldsymbol{a}_5\notin\boldsymbol{B}$,故得 $\boldsymbol{V}^6=\boldsymbol{v}_2^5$ 和 $\boldsymbol{W}^6=[\boldsymbol{w}_1^5,\ \boldsymbol{w}_2^5,\ \boldsymbol{w}_3^5,\ \boldsymbol{w}_4^5,\ \boldsymbol{v}_1^5]$,如表 5.18 所示。

表 5.17　第五次枢轴变换后的非枢轴列

向　量		$u_{1,i}$	$u_{2,i}$	$u_{3,i}$	$u_{4,i}$	$u_{5,i}$	$u_{6,i}$
$\boldsymbol{u}_1$	变换前 $\boldsymbol{u}_1^5$	−1.414 2	0	0	0	0	0
	变换后 $\boldsymbol{u}_1^6$	−0.707 1	0	−0.707 1	0	0	0
$\boldsymbol{u}_2$	变换前 $\boldsymbol{u}_2^5$	−0.266 7	−0.333 3	0	0.026 7	0	0
	变换后 $\boldsymbol{u}_2^6$	0	−0.333 3	−0.266 7	0.026 7	0	0
$\boldsymbol{u}_4$	变换前 $\boldsymbol{u}_4^5$	0.364 3	−0.333 3	0	−0.013 3	0	0.023 1
	变换后 $\boldsymbol{u}_4^6$	0.230 9	−0.333 3	0.133 3	−0.013 3	0	0.023 1
$\boldsymbol{u}_5$	变换前 $\boldsymbol{u}_5^5$	0	0	0	0	1	0
	变换后 $\boldsymbol{u}_5^6$	0	0	0	0	1	0
$\boldsymbol{u}_6$	变换前 $\boldsymbol{u}_6^5$	−0.097 6	−0.333 3	0	−0.013 3	0	−0.023 1
	变换后 $\boldsymbol{u}_6^6$	−0.230 9	−0.333 3	0.133 3	−0.013 3	0	−0.023 1

表 5.18　第五次迭代结果

元素	$\boldsymbol{w}_1$	$\boldsymbol{w}_2$	$\boldsymbol{w}_3$	$\boldsymbol{w}_4$	$\boldsymbol{v}_1$	$\boldsymbol{w}_5$
1	−0.707 1	0	−0.707 1	0.230 9	0	−0.230 9
2	0	−0.333 3	0	−0.333 3	0	−0.333 3
3	−0.707 1	−0.266 7	0.707 1	0.133 3	0	0.133 3
4	0	0.026 7	0	−0.013 3	0	−0.013 3
5	0	0	0	0	1	0
6	0	0	0	0.023 1	0	−0.023 1

由于 $h=m=5$，算法结束，获得工件位置变化为

$$\Delta\boldsymbol{q}=\begin{bmatrix}0\\0\\0\\0\\1\\0\end{bmatrix}\rho+\begin{bmatrix}-0.707\,1 & 0 & -0.707\,1 & 0.230\,9 & -0.230\,9\\ 0 & -0.333\,3 & 0 & -0.333\,3 & -0.333\,3\\ -0.707\,1 & -0.266\,7 & 0.707\,1 & 0.133\,3 & 0.133\,3\\ 0 & 0.026\,7 & 0 & -0.013\,3 & -0.013\,3\\ 0 & 0 & 0 & 0 & 0\\ 0 & 0 & 0 & 0.023\,1 & -0.023\,1\end{bmatrix}\begin{bmatrix}\pi_1\\ \pi_2\\ \pi_3\\ \pi_4\\ \pi_5\end{bmatrix}\tag{5.43}$$

其中 ρ 为任意值，$\pi_i(1\leqslant i\leqslant 5)$ 为非负任意值。

由式(5.31)可知，基向量矩阵 $\boldsymbol{V}=[0,\ 0,\ 0,\ 0,\ 1,\ 0]^{\mathrm{T}}$，$\boldsymbol{W}=$
$$\begin{bmatrix}-0.707\,1 & 0 & -0.707\,1 & 0.230\,9 & -0.230\,9\\ 0 & -0.333\,3 & 0 & -0.333\,3 & -0.333\,3\\ -0.707\,1 & -0.266\,7 & 0.707\,1 & 0.133\,3 & 0.133\,3\\ 0 & 0.026\,7 & 0 & -0.013\,3 & -0.013\,3\\ 0 & 0 & 0 & 0 & 0\\ 0 & 0 & 0 & 0.023\,1 & -0.023\,1\end{bmatrix}$$，故 $\boldsymbol{E}=[\boldsymbol{V},\ -\boldsymbol{V},\ \boldsymbol{W}]$。先判断工件在方向 $\boldsymbol{e}_x$ 上的装卸性。由于 $\boldsymbol{e}_x$ 中所有元素均非负，故 $\boldsymbol{t}$ 为 6×6 阶单位矩阵，依据式(5.40)可得如下线性规划问题

$$
\max \theta_x = x_1 - x_2 - 1.414\,2x_3 - 0.573\,3x_4 + 0.040\,7x_6 - 0.467\,3x_7
$$

$$
\text{s.t.}
$$

$$
\begin{cases}
-0.707\,1x_3 - 0.707\,1x_5 + 0.230\,9x_6 - 0.230\,9x_7 \leqslant 1 \\
-0.333\,3x_4 - 0.333\,3x_6 - 0.333\,3x_7 \leqslant 0 \\
-0.707\,1x_3 - 0.266\,7x_4 + 0.707\,1x_5 + 0.133\,3x_6 + 0.133\,3x_7 \leqslant 0 \\
0.026\,7x_4 - 0.013\,3x_6 - 0.013\,3x_7 \leqslant 0 \\
x_1 - x_2 \leqslant 0 \\
0.023\,1x_6 - 0.023\,1x_7 \leqslant 0 \\
x_1,\ x_2,\ x_3,\ x_4,\ x_5,\ x_6,\ x_7 \geqslant 0
\end{cases}
\tag{5.44}
$$

求解后得 $\max(\theta_x) = -4.920\,9\mathrm{e}^4$，而 $\sum_{i=1}^{6} \eta_{x,\,i} = 1$，由此可知 $\boldsymbol{e}_x$ 不是 $\Delta\boldsymbol{q}$ 的解，即工件于 x 轴的正方向不具装卸性。

类似地，分别判断其他方向是否属于 $\Delta\boldsymbol{q}$ 的解的情况，如表 5.19 所示。

表 5.19　第五次迭代结果

序号		系数矩阵 $\boldsymbol{\Omega}_k$	向量 $\boldsymbol{\eta}_k$	计算结果	
方向 k	向量 $\boldsymbol{e}_k$			$\max(\boldsymbol{\theta}_k)$	$\sum_{i=1}^{6} \eta_{x,\,i}$
x	$\begin{bmatrix}1\\0\\0\\0\\0\\0\end{bmatrix}$	$\begin{bmatrix}0 & 0 & -0.707\,1 & 0 & -0.707\,1 & 0.230\,9 & -0.230\,9\\0 & 0 & 0 & -0.333\,3 & 0 & -0.333\,3 & -0.333\,3\\0 & 0 & -0.707\,1 & -0.266\,7 & 0.707\,1 & 0.133\,3 & 0.133\,3\\0 & 0 & 0 & 0.026\,7 & 0 & -0.013\,3 & -0.013\,3\\1 & -1 & 0 & 0 & 0 & 0 & 0\\0 & 0 & 0 & 0 & 0 & 0.023\,1 & -0.023\,1\end{bmatrix}$	$\begin{bmatrix}1\\0\\0\\0\\0\\0\end{bmatrix}$	1.000 0	1
$-x$	$\begin{bmatrix}-1\\0\\0\\0\\0\\0\end{bmatrix}$	$\begin{bmatrix}0 & 0 & 0.707\,1 & 0 & 0.707\,1 & -0.230\,9 & 0.230\,9\\0 & 0 & 0 & -0.333\,3 & 0 & -0.333\,3 & -0.333\,3\\0 & 0 & -0.707\,1 & -0.266\,7 & 0.707\,1 & 0.133\,3 & 0.133\,3\\0 & 0 & 0 & 0.026\,7 & 0 & -0.013\,3 & -0.013\,3\\1 & -1 & 0 & 0 & 0 & 0 & 0\\0 & 0 & 0 & 0 & 0 & 0.023\,1 & -0.023\,1\end{bmatrix}$	$\begin{bmatrix}1\\0\\0\\0\\0\\0\end{bmatrix}$	$-3.778\,2\mathrm{e}^{12}$	1
y	$\begin{bmatrix}0\\1\\0\\0\\0\\0\end{bmatrix}$	$\begin{bmatrix}0 & 0 & -0.707\,1 & 0 & -0.707\,1 & 0.230\,9 & -0.230\,9\\0 & 0 & 0 & -0.333\,3 & 0 & -0.333\,3 & -0.333\,3\\0 & 0 & -0.707\,1 & -0.266\,7 & 0.707\,1 & 0.133\,3 & 0.133\,3\\0 & 0 & 0 & 0.026\,7 & 0 & -0.013\,3 & -0.013\,3\\1 & -1 & 0 & 0 & 0 & 0 & 0\\0 & 0 & 0 & 0 & 0 & 0.023\,1 & -0.023\,1\end{bmatrix}$	$\begin{bmatrix}0\\1\\0\\0\\0\\0\end{bmatrix}$	1.000 0	1

续　表

序号		系数矩阵 $\boldsymbol{\Omega}_k$	向量 $\boldsymbol{\eta}_k$	计算结果	
方向 k	向量 $\boldsymbol{e}_k$			$\max(\boldsymbol{\theta}_k)$	$\sum_{i=1}^{6}\eta_{x,i}$
$-y$	$\begin{bmatrix}0\\-1\\0\\0\\0\\0\end{bmatrix}$	$\begin{bmatrix}0 & 0 & -0.707\,1 & 0 & -0.707\,1 & 0.230\,9 & -0.230\,9\\0 & 0 & 0 & 0.333\,3 & 0 & 0.333\,3 & 0.333\,3\\0 & 0 & -0.707\,1 & -0.266\,7 & 0.707\,1 & 0.133\,3 & 0.133\,3\\0 & 0 & 0 & 0.026\,7 & 0 & -0.013\,3 & -0.013\,3\\1 & -1 & 0 & & 0 & 0 & 0\\0 & 0 & 0 & 0 & 0 & 0.023\,1 & -0.023\,1\end{bmatrix}$	$\begin{bmatrix}0\\1\\0\\0\\0\\0\end{bmatrix}$	$-1.057\,3\mathrm{e}^{13}$	1
z	$\begin{bmatrix}0\\0\\1\\0\\0\\0\end{bmatrix}$	$\begin{bmatrix}0 & 0 & -0.707\,1 & 0 & -0.707\,1 & 0.230\,9 & -0.230\,9\\0 & 0 & 0 & -0.333\,3 & 0 & -0.333\,3 & -0.333\,3\\0 & 0 & -0.707\,1 & -0.266\,7 & 0.707\,1 & 0.133\,3 & 0.133\,3\\0 & 0 & 0 & 0.026\,7 & 0 & -0.013\,3 & -0.013\,3\\1 & -1 & 0 & 0 & 0 & 0 & 0\\0 & 0 & 0 & 0 & 0 & 0.023\,1 & -0.023\,1\end{bmatrix}$	$\begin{bmatrix}0\\0\\1\\0\\0\\0\end{bmatrix}$	$-3.480\,1\mathrm{e}^{14}$	1
$-z$	$\begin{bmatrix}0\\0\\-1\\0\\0\\0\end{bmatrix}$	$\begin{bmatrix}0 & 0 & -0.707\,1 & 0 & -0.707\,1 & 0.230\,9 & -0.230\,9\\0 & 0 & 0 & -0.333\,3 & 0 & -0.333\,3 & -0.333\,3\\0 & 0 & 0.707\,1 & 0.266\,7 & -0.707\,1 & -0.133\,3 & -0.133\,3\\0 & 0 & 0 & 0.026\,7 & 0 & -0.013\,3 & -0.013\,3\\1 & -1 & 0 & 0 & 0 & 0 & 0\\0 & 0 & 0 & 0 & 0 & 0.023\,1 & -0.023\,1\end{bmatrix}$	$\begin{bmatrix}0\\0\\1\\0\\0\\0\end{bmatrix}$	$-1.358\,8\mathrm{e}^{13}$	1
α	$\begin{bmatrix}0\\0\\0\\1\\0\\0\end{bmatrix}$	$\begin{bmatrix}0 & 0 & -0.707\,1 & 0 & -0.707\,1 & 0.230\,9 & -0.230\,9\\0 & 0 & 0 & -0.333\,3 & 0 & -0.333\,3 & -0.333\,3\\0 & 0 & -0.707\,1 & -0.266\,7 & 0.707\,1 & 0.133\,3 & 0.133\,3\\0 & 0 & 0 & 0.026\,7 & 0 & -0.013\,3 & -0.013\,3\\1 & -1 & 0 & 0 & 0 & 0 & 0\\0 & 0 & 0 & 0 & 0 & 0.023\,1 & -0.023\,1\end{bmatrix}$	$\begin{bmatrix}0\\0\\0\\1\\0\\0\end{bmatrix}$	$-1.875\,6\mathrm{e}^{12}$	1
$-\alpha$	$\begin{bmatrix}0\\0\\0\\-1\\0\\0\end{bmatrix}$	$\begin{bmatrix}0 & 0 & -0.707\,1 & 0 & -0.707\,1 & 0.230\,9 & -0.230\,9\\0 & 0 & 0 & -0.333\,3 & 0 & -0.333\,3 & -0.333\,3\\0 & 0 & -0.707\,1 & -0.266\,7 & 0.707\,1 & 0.133\,3 & 0.133\,3\\0 & 0 & 0 & -0.026\,7 & 0 & 0.013\,3 & 0.013\,3\\1 & -1 & 0 & 0 & 0 & 0 & 0\\0 & 0 & 0 & 0 & 0 & 0.023\,1 & -0.023\,1\end{bmatrix}$	$\begin{bmatrix}0\\0\\0\\1\\0\\0\end{bmatrix}$	$-3.488\,1\mathrm{e}^{12}$	1
β	$\begin{bmatrix}0\\0\\0\\0\\1\\0\end{bmatrix}$	$\begin{bmatrix}0 & 0 & -0.707\,1 & 0 & -0.707\,1 & 0.230\,9 & -0.230\,9\\0 & 0 & 0 & -0.333\,3 & 0 & -0.333\,3 & -0.333\,3\\0 & 0 & -0.707\,1 & -0.266\,7 & 0.707\,1 & 0.133\,3 & 0.133\,3\\0 & 0 & 0 & 0.026\,7 & 0 & -0.013\,3 & -0.013\,3\\1 & -1 & 0 & 0 & 0 & 0 & 0\\0 & 0 & 0 & 0 & 0 & 0.023\,1 & -0.023\,1\end{bmatrix}$	$\begin{bmatrix}0\\0\\0\\0\\1\\0\end{bmatrix}$	1.000 0	1

续 表

序号		系数矩阵 $\boldsymbol{\Omega}_k$	向量 $\boldsymbol{\eta}_k$	计算结果	
方向 k	向量 $\boldsymbol{e}_k$			$\max(\boldsymbol{\theta}_k)$	$\sum_{i=1}^{6}\eta_{x,i}$
$-\beta$	$\begin{bmatrix}0\\0\\0\\0\\-1\\0\end{bmatrix}$	$\begin{bmatrix}0&0&-0.7071&0&-0.7071&0.2309&-0.2309\\0&0&0&-0.3333&0&-0.3333&-0.3333\\0&0&-0.7071&-0.2667&0.7071&0.1333&0.1333\\0&0&0&0.0267&0&-0.0133&-0.0133\\-1&1&0&0&0&0&0\\0&0&0&0&0&0.0231&-0.0231\end{bmatrix}$	$\begin{bmatrix}0\\0\\0\\0\\1\\0\end{bmatrix}$	1.0000	1
γ	$\begin{bmatrix}0\\0\\0\\0\\0\\1\end{bmatrix}$	$\begin{bmatrix}0&0&-0.7071&0&-0.7071&0.2309&-0.2309\\0&0&0&-0.3333&0&-0.3333&-0.3333\\0&0&-0.7071&-0.2667&0.7071&0.1333&0.1333\\0&0&0&0.0267&0&-0.0133&-0.0133\\1&-1&0&0&0&0&0\\0&0&0&0&0&0.0231&-0.0231\end{bmatrix}$	$\begin{bmatrix}0\\0\\0\\0\\0\\1\end{bmatrix}$	$-3.7936e^{12}$	1
$-\gamma$	$\begin{bmatrix}0\\0\\0\\0\\0\\-1\end{bmatrix}$	$\begin{bmatrix}0&0&-0.7071&0&-0.7071&0.2309&-0.2309\\0&0&0&-0.3333&0&-0.3333&-0.3333\\0&0&-0.7071&-0.2667&0.7071&0.1333&0.1333\\0&0&0&0.0267&0&-0.0133&-0.0133\\1&-1&0&0&0&0&0\\0&0&0&0&0&-0.0231&0.0231\end{bmatrix}$	$\begin{bmatrix}0\\0\\0\\0\\0\\1\end{bmatrix}$	$-1.7422e^{12}$	1

5.4.2 二维工件

图 5.4 为三种形状不同的工件，装夹布局也不相同，具体方案见表 5.20 第 2 列，各元件位置与法向量分别列于第 3 列和第 4 列。

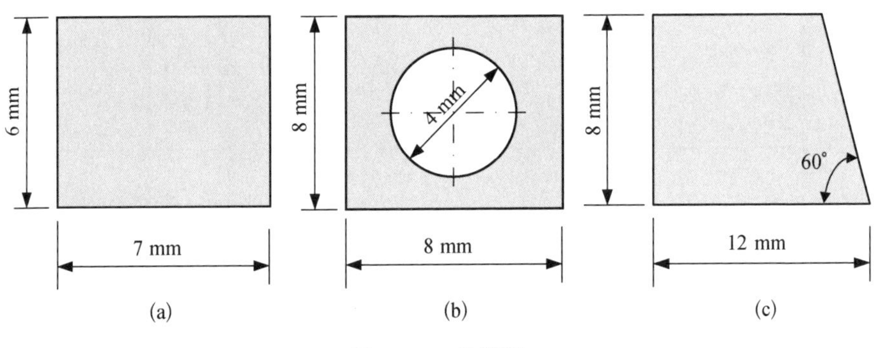

图 5.4 工件类型

表 5.20 二维工件可达/可离性分析

方案	装夹简图	位 置	向 量	可达可离性	可达可离方向
1		$\boldsymbol{r}_1=[2,0]^T$ $\boldsymbol{r}_2=[5,0]^T$ $\boldsymbol{r}_3=[5,6]^T$ $\boldsymbol{r}_4=[2,6]^T$ $\boldsymbol{r}_5=[0,3]^T$	$\boldsymbol{n}_1=[0,1]^T$ $\boldsymbol{n}_2=[0,1]^T$ $\boldsymbol{n}_3=[0,-1]^T$ $\boldsymbol{n}_4=[0,-1]^T$ $\boldsymbol{n}_5=[1,0]^T$	$\max(\lambda)=0$ $\max(\tau_1)=0.01$ $\boldsymbol{b}_1=[0,0,0,0,0,0.01]^T$ 结论：具有可达可离性	$\Delta q=\pi\begin{bmatrix}1\\0\\0\end{bmatrix}$ $(\pi\geqslant 0)$ 结论：只能沿 X 移动
2		$\boldsymbol{r}_1=[2,0]^T$ $\boldsymbol{r}_2=[5,0]^T$ $\boldsymbol{r}_3=[3,6]^T$ $\boldsymbol{r}_4=[0,3]^T$	$\boldsymbol{n}_1=[0,1]^T$ $\boldsymbol{n}_2=[0,1]^T$ $\boldsymbol{n}_3=[0,-1]^T$ $\boldsymbol{n}_4=[1,0]^T$	$\max(\lambda)=0$ $\max(\tau_1)=0.01$ $\boldsymbol{b}_1=[0,0,0,0,0.01]^T$ 结论：具有可达可离性	$\Delta q=\pi\begin{bmatrix}1\\0\\0\end{bmatrix}$ $(\pi\geqslant 0)$ 结论：只能沿 X 移动
3		$\boldsymbol{r}_1=[7,1]^T$ $\boldsymbol{r}_2=[7,5]^T$ $\boldsymbol{r}_3=[4,7]^T$ $\boldsymbol{r}_4=[0,5]^T$ $\boldsymbol{r}_5=[0,1]^T$	$\boldsymbol{n}_1=[-1,0]^T$ $\boldsymbol{n}_2=[-1,0]^T$ $\boldsymbol{n}_3=[0,-1]^T$ $\boldsymbol{n}_4=[1,0]^T$ $\boldsymbol{n}_5=[1,0]^T$	$\max(\lambda)=0$ $\max(\tau_1)=0.002$ $\max(\tau_2)=0$ $\max(\tau_3)=0$ $\max(\tau_4)=0.002$ $\max(\tau_5)=0.01$ $\boldsymbol{b}_1=\boldsymbol{b}_2=\boldsymbol{b}_3=\boldsymbol{b}_4=\boldsymbol{b}_5=[0,0,0,0,0.01]^T$ 结论：具有可达可离性	$\Delta q=\pi\begin{bmatrix}0\\-1\\0\end{bmatrix}$ $(\pi\geqslant 0)$ 结论：只能沿 Y 移动
4		$\boldsymbol{r}_1=[0,-2]^T$ $\boldsymbol{r}_2=[2,0]^T$ $\boldsymbol{r}_3=[0,2]^T$ $\boldsymbol{r}_4=[-2,0]^T$	$\boldsymbol{n}_1=[0,-1]^T$ $\boldsymbol{n}_2=[1,0]^T$ $\boldsymbol{n}_3=[0,1]^T$ $\boldsymbol{n}_4=[-1,0]^T$	$\max(\lambda)=0$ $\max(\tau_1)=0$ $\max(\tau_2)=0$ $\max(\tau_3)=0.01$ $\boldsymbol{b}_1=\boldsymbol{b}_2=\boldsymbol{b}_3=[0,0,0,0,0.01]^T$ 结论：具有可达可离性	$\Delta q=\rho\begin{bmatrix}0\\0\\1\end{bmatrix}$ $(\rho\in\boldsymbol{R})$ 结论：只能绕 O 转动

续 表

方案	装夹简图	位　置	向　量	可达可离性	可达可离方向
5	Y, L_3, O, L_1, L_2, X	$\boldsymbol{r}_1=[2,0]^T$ $\boldsymbol{r}_2=[10,0]^T$ $\boldsymbol{r}_3=[9,3\sqrt{3}]^T$	$\boldsymbol{n}_1=[0,1]^T$ $\boldsymbol{n}_2=[0,1]^T$ $\boldsymbol{n}_3=\left[-\frac{\sqrt{3}}{2},-\frac{1}{2}\right]^T$	$\max(\lambda)=0$ $\max(\tau_1)=0.01$ $\boldsymbol{b}_1=[0,0,0,0.01]^T$ 结论：具有可达可离性	$\Delta q=\begin{bmatrix}-1 & -5 & 1\\ 0 & 5\sqrt{3} & -\sqrt{3}\\ 0 & \frac{\sqrt{3}}{2} & -\frac{\sqrt{3}}{2}\end{bmatrix}\begin{bmatrix}\pi_1\\ \pi_2\\ \pi_3\end{bmatrix}$ $(\pi_i\geqslant 0,1\leqslant i\leqslant 3)$ 结论：不仅能沿 X、Y 移动，还能绕 O 转动
6	Y, L_4, L_3, O, L_1, L_2, X	$\boldsymbol{r}_1=[2,0]^T$ $\boldsymbol{r}_2=[10,0]^T$ $\boldsymbol{r}_3=[9,3\sqrt{3}]^T$ $\boldsymbol{r}_4=[0,3\sqrt{3}]^T$	$\boldsymbol{n}_1=[0,1]^T$ $\boldsymbol{n}_2=[0,1]^T$ $\boldsymbol{n}_3=\left[-\frac{\sqrt{3}}{2},-\frac{1}{2}\right]^T$ $\boldsymbol{n}_4=[1,0]^T$	$\max(\lambda)=0$ $\max(\tau_1)=0.003\,3$ $\max(\tau_2)=0.009\,5$ $\max(\tau_3)=0.005$ $\max(\tau_4)=0.009$ $\max(\tau_5)=0.002\,2$ $\max(\tau_6)=0$ $\boldsymbol{b}_1=\boldsymbol{b}_2=\boldsymbol{b}_3=\boldsymbol{b}_4=\boldsymbol{b}_5=\boldsymbol{b}_6$ $=[0,0,0,0,0.01]^T$ 结论：不具有可达可离性	结论：由于不具有可达/可离性，故不需要继续往下计算可达/可离方向
7	Y, L_4, L_3, O, L_1, L_2, X	$\boldsymbol{r}_1=[2,0]^T$ $\boldsymbol{r}_2=[8,0]^T$ $\boldsymbol{r}_3=[9,3\sqrt{3}]^T$ $\boldsymbol{r}_4=[0,3\sqrt{3}]^T$	$\boldsymbol{n}_1=[0,1]^T$ $\boldsymbol{n}_2=[0,1]^T$ $\boldsymbol{n}_3=\left[-\frac{\sqrt{3}}{2},-\frac{1}{2}\right]^T$ $\boldsymbol{n}_4=[1,0]^T$	$\max(\lambda)=0$ $\max(\tau_1)=0.003\,3$ $\max(\tau_2)=0.01$ $\boldsymbol{b}_1=\boldsymbol{b}_2=[0,0,0,0,0.01]^T$ 结论：具有可达可离性	$\Delta q=\pi\begin{bmatrix}-8\\ 8\sqrt{3}\\ -\sqrt{3}\end{bmatrix}\ (\pi\geqslant 0)$ 结论：不仅能沿 X、Y 移动，还能绕 O 转动

首先依据式(5.19)判断式(5.14)是否有解，若有解，则继续按照式(5.21)和式(5.22)；其次，依此判断由第1种至第6种情况下式(5.15)的解的存在性，直至判断出式(5.15)无解为止，以便确定工件在装夹布局中的可达可离性；最后，在工件具有可达可离性的情况下，则根据旋转算法解出工件位置偏移 Δq，以此判断出工件的可达可离方向。这里，若取 $\eta_1=\eta_2=\eta_3=\eta_4=\eta_5=\eta_6=0.01$，则计算结果如表5.20的第5列和第6列所示。由于二维工件只有三个自由度，按照所提出的"先有解-再求解"算法解算出来的结果，易于直觉判断与验证。

第6章

定位准确性分析

通过分析工件在夹具定位方案中的运动机制，依据坐标转换技术，不仅推导出工件位置偏移为接触点位置变化的函数，而且推导出衡量定位性能的定位误差为工件位置偏移的函数。由此可知，合理建立接触点位置变化的计算方法是成功求解定位误差的关键所在。因此，依据工件与定位元件的接触副类型，提出接触点位置变化的有向尺寸路径模型，以此解算出矢量环不存在未知参数的接触点位置变化；针对矢量环存在未知参数的有向尺寸路径，依据“定位元件的装配关系”搜索有向尺寸链，并进一步推导出计算存在未知参数的有向尺寸路径的有向尺寸链模型。根据有向尺寸链模型中矢量环的参数状态，按照系数相加的参数同类合并原则提出了工件位置偏移的表格计算法。

6.1 分析模型

工件在夹具中定位，旨在通过定位元件布局方案与工件的接触，合理地确定工件相对于刀具之间的位置和方向，以保证工件在加工过程中获得所规定的要求。然而，由于工件的制造误差、定位元件的制造误差以及各定位元件之间的安装误差，必然导致工件产生位置偏移，这就是所谓的定位“准不准”的问题。

6.1.1 工件位置偏移

图 6.1 为工件的定位方案，由 k 个定位元件组成。假定与第 i 个定位元件接触的定位表面方程，在工件坐标系 $X^{w}O^{w}Y^{w}$ 中可描述为

$$f_i(\boldsymbol{r}^{w})=f(x^{w},\ y^{w},\ z^{w})=0 \tag{6.1}$$

式中，$\boldsymbol{r}^{w}=[x^{w},\ y^{w},\ z^{w},]^{T}$ 为工件上任意点在 $X^{w}O^{w}Y^{w}$ 中的坐标。

由于工件坐标系 $X^{w}O^{w}Y^{w}$ 到全局坐标系 XOY 上的点的坐标转换公式为

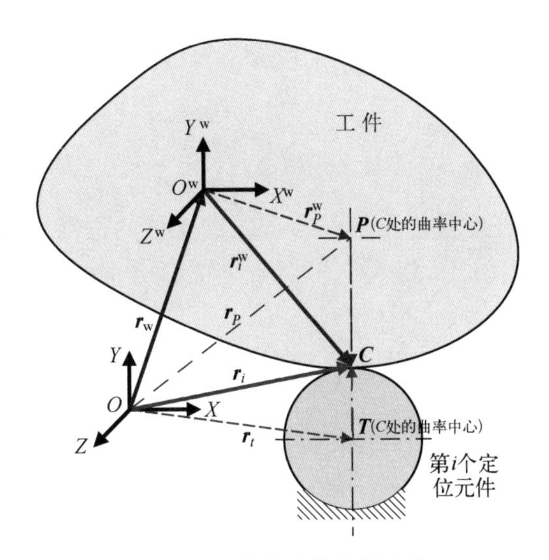

图 6.1　工件的定位布局方案

$$\boldsymbol{r} = \boldsymbol{T}(\boldsymbol{\Theta}_w)\boldsymbol{r}^w + \boldsymbol{r}_w \tag{6.2}$$

式中，$\boldsymbol{r} = [x,\ y,\ z]^T$ 为工件上任意点在全局坐标系 XOY 中的坐标；$\boldsymbol{r}_w = [x_w,\ y_w,\ z_w]^T$ 和 $\boldsymbol{\Theta}_w = [\alpha_w,\ \beta_w,\ \gamma_w]^T$ 为 $X^wO^wY^w$ 相对于 XOY 的位置与方向；$\boldsymbol{T}(\boldsymbol{\Theta}_w)$ 为正交坐标旋转变换矩阵，若记 c = cos 和 s = sin，则有

$$\boldsymbol{T}(\boldsymbol{\Theta}_w) = \begin{bmatrix} \mathrm{c}\beta_w \mathrm{c}\gamma_w & -\mathrm{c}\alpha_w \mathrm{s}\gamma_w + \mathrm{s}\alpha_w \mathrm{s}\beta_w \mathrm{c}\gamma_w & \mathrm{s}\alpha_w \mathrm{s}\gamma_w + \mathrm{c}\alpha_w \mathrm{s}\beta_w \mathrm{c}\gamma_w \\ \mathrm{c}\beta_w \mathrm{s}\gamma_w & \mathrm{c}\alpha_w \mathrm{c}\gamma_w + \mathrm{s}\alpha_w \mathrm{s}\beta_w \mathrm{s}\gamma_w & -\mathrm{s}\alpha_w \mathrm{c}\gamma_w + \mathrm{c}\alpha_w \mathrm{s}\beta_w \mathrm{s}\gamma_w \\ -\mathrm{s}\beta_w & \mathrm{s}\alpha_w \mathrm{c}\beta_w & \mathrm{c}\alpha_w \mathrm{c}\beta_w \end{bmatrix} \tag{6.3}$$

通过式(6.2)，可将 $\boldsymbol{r}^w$ 表示为 $\boldsymbol{r}$、$\boldsymbol{r}_w$、$\boldsymbol{\Theta}_w$ 的函数，即

$$\boldsymbol{r}^w = \boldsymbol{T}(\boldsymbol{\Theta}_w)^T(\boldsymbol{r} - \boldsymbol{r}_w) \tag{6.4}$$

那么将式(6.3)代入式(6.1)后，工件的定位表面方程又可表示为

$$f_i(\boldsymbol{r}_w,\ \boldsymbol{\Theta}_w,\ \boldsymbol{r}) = f_i(\boldsymbol{T}(\boldsymbol{\Theta}_w)^T(\boldsymbol{r} - \boldsymbol{r}_w)) = 0 \tag{6.5}$$

由式(6.4)可知，第 i ($i = 1,\ 2,\ \cdots,\ k$) 个定位元件的位置存在如下关系：

$$\boldsymbol{r}_i^w = \boldsymbol{T}(\boldsymbol{\Theta}_w)^T(\boldsymbol{r}_i - \boldsymbol{r}_w) \tag{6.6}$$

又因为，第 i ($i = 1,\ 2,\ \cdots,\ k$) 个定位元件 $\boldsymbol{r}_i = [x_i,\ y_i,\ z_i]^T$ 在工件的定位表面上，所以存在

$$f_i(\boldsymbol{r}_w,\ \boldsymbol{\Theta}_w,\ \boldsymbol{r}_i) = f_i(\boldsymbol{T}(\boldsymbol{\Theta}_w)^T(\boldsymbol{r}_i - \boldsymbol{r}_w)) = 0 \tag{6.7}$$

记 $\boldsymbol{q}_{\mathrm{w}}=[\boldsymbol{r}_{\mathrm{w}}^{\mathrm{T}},\ \boldsymbol{\Theta}_{\mathrm{w}}^{\mathrm{T}}]^{\mathrm{T}}$ 为工件的 6 个位置参数，即 $\boldsymbol{q}_{\mathrm{w}}=[x_{\mathrm{w}},\ y_{\mathrm{w}},\ z_{\mathrm{w}},\ \alpha_{\mathrm{w}},\ \beta_{\mathrm{w}},\ \gamma_{\mathrm{w}}]^{\mathrm{T}}$，那么式(6.7)可表达如下

$$f_i(\boldsymbol{q}_{\mathrm{w}},\ \boldsymbol{r}_i)=f_i(\boldsymbol{T}(\boldsymbol{\Theta}_{\mathrm{w}})^{\mathrm{T}}(\boldsymbol{r}_i-\boldsymbol{r}_{\mathrm{w}}))=0 \tag{6.8}$$

由式(6.8)可知，若接触点位置 $\boldsymbol{r}_i$ 发生变化，工件的位置和方向 $\boldsymbol{q}_{\mathrm{w}}$ 也会随之发生变化。因此，结合式(6.6)，将式(6.8)对 $\boldsymbol{q}_{\mathrm{w}}$ 与 $\boldsymbol{r}_i$ 微分得

$$\frac{\partial f_i}{\partial \boldsymbol{q}_{\mathrm{w}}}\delta \boldsymbol{q}_{\mathrm{w}}+\frac{\partial f_i}{\partial \boldsymbol{r}_i^{\mathrm{w}}}\boldsymbol{T}(\boldsymbol{\Theta}_{\mathrm{w}})^{\mathrm{T}}\delta \boldsymbol{r}_i=0 \tag{6.9}$$

式中，$\delta\boldsymbol{q}_{\mathrm{w}}=[\delta x_{\mathrm{w}},\ \delta y_{\mathrm{w}},\ \delta z_{\mathrm{w}},\ \delta\alpha_{\mathrm{w}},\ \delta\beta_{\mathrm{w}},\ \delta\gamma_{\mathrm{w}}]^{\mathrm{T}}$ 为工件位置偏移；$\delta\boldsymbol{r}_i=[\delta x_i,\ \delta y_i,\ \delta z_i]^{\mathrm{T}}$ 为第 i 个接触点位置变化。

由于 $\boldsymbol{q}_{\mathrm{w}}=[x_{\mathrm{w}},\ y_{\mathrm{w}},\ z_{\mathrm{w}},\ \alpha_{\mathrm{w}},\ \beta_{\mathrm{w}},\ \gamma_{\mathrm{w}}]^{\mathrm{T}}$，故有 $\dfrac{\partial f_i}{\partial \boldsymbol{q}_{\mathrm{w}}}=\left[\dfrac{\partial f_i}{\partial x_{\mathrm{w}}},\ \dfrac{\partial f_i}{\partial y_{\mathrm{w}}},\ \dfrac{\partial f_i}{\partial z_{\mathrm{w}}},\ \dfrac{\partial f_i}{\partial \alpha_{\mathrm{w}}},\ \dfrac{\partial f_i}{\partial \beta_{\mathrm{w}}},\ \dfrac{\partial f_i}{\partial \gamma_{\mathrm{w}}}\right]^{\mathrm{T}}$，为此依然结合式(6.6)，将式(6.8)对 x_{w}、y_{w}、z_{w}、α_{w}、β_{w}、γ_{w}进行微分可得

$$\begin{cases}
\dfrac{\partial f_i}{\partial x_{\mathrm{w}}}=\left(\dfrac{\partial f_i}{\partial \boldsymbol{r}_i^{\mathrm{w}}}\right)^{\mathrm{T}}\boldsymbol{T}(\boldsymbol{\Theta}_{\mathrm{w}})^{\mathrm{T}}\dfrac{\partial \boldsymbol{r}_{\mathrm{w}}}{\partial x_{\mathrm{w}}}\\
\dfrac{\partial f_i}{\partial y_{\mathrm{w}}}=\left(\dfrac{\partial f_i}{\partial \boldsymbol{r}_i^{\mathrm{w}}}\right)^{\mathrm{T}}\boldsymbol{T}(\boldsymbol{\Theta}_{\mathrm{w}})^{\mathrm{T}}\dfrac{\partial \boldsymbol{r}_{\mathrm{w}}}{\partial y_{\mathrm{w}}}\\
\dfrac{\partial f_i}{\partial z_{\mathrm{w}}}=\left(\dfrac{\partial f_i}{\partial \boldsymbol{r}_i^{\mathrm{w}}}\right)^{\mathrm{T}}\boldsymbol{T}(\boldsymbol{\Theta}_{\mathrm{w}})^{\mathrm{T}}\dfrac{\partial \boldsymbol{r}_{\mathrm{w}}}{\partial z_{\mathrm{w}}}\\
\dfrac{\partial f_i}{\partial \alpha_{\mathrm{w}}}=\left(\dfrac{\partial f_i}{\partial \boldsymbol{r}_i^{\mathrm{w}}}\right)^{\mathrm{T}}\dfrac{\boldsymbol{T}(\boldsymbol{\Theta}_{\mathrm{w}})^{\mathrm{T}}}{\partial \alpha_{\mathrm{w}}}\boldsymbol{T}(\boldsymbol{\Theta}_{\mathrm{w}})\boldsymbol{r}_i^{\mathrm{w}}\\
\dfrac{\partial f_i}{\partial \beta_{\mathrm{w}}}=\left(\dfrac{\partial f_i}{\partial \boldsymbol{r}_i^{\mathrm{w}}}\right)^{\mathrm{T}}\dfrac{\boldsymbol{T}(\boldsymbol{\Theta}_{\mathrm{w}})^{\mathrm{T}}}{\partial \beta_{\mathrm{w}}}\boldsymbol{T}(\boldsymbol{\Theta}_{\mathrm{w}})\boldsymbol{r}_i^{\mathrm{w}}\\
\dfrac{\partial f_i}{\partial \gamma_{\mathrm{w}}}=\left(\dfrac{\partial f_i}{\partial \boldsymbol{r}_i^{\mathrm{w}}}\right)^{\mathrm{T}}\dfrac{\boldsymbol{T}(\boldsymbol{\Theta}_{\mathrm{w}})^{\mathrm{T}}}{\partial \gamma_{\mathrm{w}}}\boldsymbol{T}(\boldsymbol{\Theta}_{\mathrm{w}})\boldsymbol{r}_i^{\mathrm{w}}
\end{cases} \tag{6.10}$$

式中，$\dfrac{\partial f_i}{\partial \boldsymbol{r}_i^{\mathrm{w}}}=\left[\dfrac{\partial f_i}{\partial x_i^{\mathrm{w}}},\ \dfrac{\partial f_i}{\partial y_i^{\mathrm{w}}},\ \dfrac{\partial f_i}{\partial z_i^{\mathrm{w}}}\right]^{\mathrm{T}}$ 为工件表面在第 i 个定位接触点 $\boldsymbol{r}_i^{\mathrm{w}}=[x_i^{\mathrm{w}},\ y_i^{\mathrm{w}},\ z_i^{\mathrm{w}}]^{\mathrm{T}}$ 的法向量，记 $\boldsymbol{n}_i^{\mathrm{w}}=[n_{ix}^{\mathrm{w}},\ n_{iy}^{\mathrm{w}},\ n_{iz}^{\mathrm{w}}]^{\mathrm{T}}=\dfrac{\partial f_i}{\partial \boldsymbol{r}_i^{\mathrm{w}}}$。

根据式(6.3)，可得正交坐标旋转变换矩阵 $\boldsymbol{T}(\boldsymbol{\Theta}_{\mathrm{w}})$ 对 α_{w}、β_{w}、γ_{w}的微分分别为

$$\frac{\partial \boldsymbol{T}(\boldsymbol{\Theta}_{\mathrm{w}})^{\mathrm{T}}}{\partial \alpha_{\mathrm{w}}}=\begin{bmatrix} 0 & 0 & 0 \\ \mathrm{s}\alpha_{\mathrm{w}}\mathrm{s}\gamma_{\mathrm{w}}+\mathrm{c}\alpha_{\mathrm{w}}\mathrm{s}\beta_{\mathrm{w}}\mathrm{c}\gamma_{\mathrm{w}} & -\mathrm{s}\alpha_{\mathrm{w}}\mathrm{c}\gamma_{\mathrm{w}}+\mathrm{c}\alpha_{\mathrm{w}}\mathrm{s}\beta_{\mathrm{w}}\mathrm{s}\gamma_{\mathrm{w}} & \mathrm{c}\alpha_{\mathrm{w}}\mathrm{c}\beta_{\mathrm{w}} \\ \mathrm{c}\alpha_{\mathrm{w}}\mathrm{s}\gamma_{\mathrm{w}}-\mathrm{s}\alpha_{\mathrm{w}}\mathrm{s}\beta_{\mathrm{w}}\mathrm{c}\gamma_{\mathrm{w}} & -\mathrm{c}\alpha_{\mathrm{w}}\mathrm{c}\gamma_{\mathrm{w}}-\mathrm{s}\alpha_{\mathrm{w}}\mathrm{s}\beta_{\mathrm{w}}\mathrm{s}\gamma_{\mathrm{w}} & -\mathrm{s}\alpha_{\mathrm{w}}\mathrm{c}\beta_{\mathrm{w}} \end{bmatrix} \tag{6.11}$$

$$\frac{\partial \boldsymbol{T}(\boldsymbol{\Theta}_{\mathrm{w}})^{\mathrm{T}}}{\partial \beta_{\mathrm{w}}}=\begin{bmatrix} -\mathrm{s}\beta_{\mathrm{w}}\mathrm{c}\gamma_{\mathrm{w}} & -\mathrm{s}\beta_{\mathrm{w}}\mathrm{s}\gamma_{\mathrm{w}} & -\mathrm{c}\beta_{\mathrm{w}} \\ \mathrm{s}\alpha_{\mathrm{w}}\mathrm{c}\beta_{\mathrm{w}}\mathrm{c}\gamma_{\mathrm{w}} & \mathrm{s}\alpha_{\mathrm{w}}\mathrm{c}\beta_{\mathrm{w}}\mathrm{s}\gamma_{\mathrm{w}} & -\mathrm{s}\alpha_{\mathrm{w}}\mathrm{s}\beta_{\mathrm{w}} \\ \mathrm{c}\alpha_{\mathrm{w}}\mathrm{c}\beta_{\mathrm{w}}\mathrm{c}\gamma_{\mathrm{w}} & \mathrm{c}\alpha_{\mathrm{w}}\mathrm{c}\beta_{\mathrm{w}}\mathrm{s}\gamma_{\mathrm{w}} & -\mathrm{c}\alpha_{\mathrm{w}}\mathrm{s}\beta_{\mathrm{w}} \end{bmatrix} \tag{6.12}$$

$$\frac{\partial \boldsymbol{T}(\boldsymbol{\Theta}_{\mathrm{w}})^{\mathrm{T}}}{\partial \gamma_{\mathrm{w}}}=\begin{bmatrix} -\mathrm{c}\beta_{\mathrm{w}}\mathrm{s}\gamma_{\mathrm{w}} & \mathrm{c}\beta_{\mathrm{w}}\mathrm{c}\gamma_{\mathrm{w}} & 0 \\ -\mathrm{c}\alpha_{\mathrm{w}}\mathrm{c}\gamma_{\mathrm{w}}-\mathrm{s}\alpha_{\mathrm{w}}\mathrm{s}\beta_{\mathrm{w}}\mathrm{s}\gamma_{\mathrm{w}} & -\mathrm{c}\alpha_{\mathrm{w}}\mathrm{s}\gamma_{\mathrm{w}}+\mathrm{s}\alpha_{\mathrm{w}}\mathrm{s}\beta_{\mathrm{w}}\mathrm{c}\gamma_{\mathrm{w}} & 0 \\ \mathrm{s}\alpha_{\mathrm{w}}\mathrm{c}\gamma_{\mathrm{w}}-\mathrm{c}\alpha_{\mathrm{w}}\mathrm{s}\beta_{\mathrm{w}}\mathrm{c}\gamma_{\mathrm{w}} & -\mathrm{c}\alpha_{\mathrm{w}}\mathrm{c}\gamma_{\mathrm{w}}-\mathrm{s}\alpha_{\mathrm{w}}\mathrm{s}\beta_{\mathrm{w}}\mathrm{s}\gamma_{\mathrm{w}} & 0 \end{bmatrix} \tag{6.13}$$

为简便计算，一般选定 $X^{\mathrm{w}}O^{\mathrm{w}}Y^{\mathrm{w}}$ 与 XOY 重合，有 $\alpha_{\mathrm{w}}=\beta_{\mathrm{w}}=\gamma_{\mathrm{w}}=0$。又因为 $\dfrac{\partial \boldsymbol{r}_{\mathrm{w}}}{\partial x_{\mathrm{w}}}=[1,\ 0,\ 0]^{\mathrm{T}}$、$\dfrac{\partial \boldsymbol{r}_{\mathrm{w}}}{\partial y_{\mathrm{w}}}=[0,\ 1,\ 0]^{\mathrm{T}}$、$\dfrac{\partial \boldsymbol{r}_{\mathrm{w}}}{\partial z_{\mathrm{w}}}=[0,\ 0,\ 1]^{\mathrm{T}}$，将式(6.10)～式(6.13)代入式(6.9)，可得工件位置偏移模型为

$$\boldsymbol{J}\delta\boldsymbol{q}_{\mathrm{w}}=-\boldsymbol{N}^{\mathrm{T}}\delta\boldsymbol{r} \tag{6.14}$$

式中，$\boldsymbol{J}=[\boldsymbol{J}_1^{\mathrm{T}},\ \boldsymbol{J}_2^{\mathrm{T}},\ \cdots,\ \boldsymbol{J}_k^{\mathrm{T}}]^{\mathrm{T}}$，$\boldsymbol{J}_i=[-n_{ix}^{\mathrm{w}},\ -n_{iy}^{\mathrm{w}},\ -n_{iz}^{\mathrm{w}},\ n_{iz}^{\mathrm{w}}y_i-n_{iy}^{\mathrm{w}}z_i,\ n_{ix}^{\mathrm{w}}z_i-n_{iz}^{\mathrm{w}}x_i,\ n_{iy}^{\mathrm{w}}x_i-n_{ix}^{\mathrm{w}}y_i]$ 为定位雅可比矩阵；$\boldsymbol{N}=\mathrm{diag}(\boldsymbol{n}_1^{\mathrm{w}},\ \boldsymbol{n}_2^{\mathrm{w}},\ \cdots,\ \boldsymbol{n}_k^{\mathrm{w}})$ 为单位法向量矩阵；$\delta\boldsymbol{r}=[\delta\boldsymbol{r}_1^{\mathrm{T}},\ \delta\boldsymbol{r}_2^{\mathrm{T}},\ \cdots,\ \delta\boldsymbol{r}_k^{\mathrm{T}}]^{\mathrm{T}}$ 为接触点位置偏移向量。

特别地，当工件为二维工程图时，式(6.14)中的 $\boldsymbol{J}_i=[-n_{ix}^{\mathrm{w}},\ -n_{iy}^{\mathrm{w}},\ n_{iy}^{\mathrm{w}}x_i-n_{ix}^{\mathrm{w}}y_i]$。

6.1.2 定位精度

定位精度是指工件在夹具中定位后所获得的工序基准的实际方位与理想方位的符合程度。一般采用定位误差来衡量，即工序基准的实际方位与理想方位的偏离程度。定位误差越小，定位精度越高。如图 6.1 所示，$\boldsymbol{r}_P=[x_P,\ y_P,\ z_P]^{\mathrm{T}}$、$\boldsymbol{r}_P^{\mathrm{w}}=[x_P^{\mathrm{w}},\ y_P^{\mathrm{w}},\ z_P^{\mathrm{w}}]^{\mathrm{T}}$ 分别为工序基准点 $\boldsymbol{P}$ 在 XOY 和 $X^{\mathrm{w}}O^{\mathrm{w}}Y^{\mathrm{w}}$ 中的坐标，根据式(6.2)可知 $\boldsymbol{P}$ 在 XOY 与 $X^{\mathrm{w}}O^{\mathrm{w}}Y^{\mathrm{w}}$ 中的坐标之间的转换关系为

$$\boldsymbol{r}_P=\boldsymbol{T}(\boldsymbol{\Theta}_{\mathrm{w}})\boldsymbol{r}_P^{\mathrm{w}}+\boldsymbol{r}_{\mathrm{w}} \tag{6.15}$$

式中

$$\delta \boldsymbol{T}(\boldsymbol{\Theta}_{w}) = \begin{bmatrix} \begin{matrix} -s\beta_{w}c\gamma_{w}\delta\beta_{w} \\ -c\beta_{w}s\gamma_{w}\delta\gamma_{w} \end{matrix} & \begin{matrix} (s\alpha_{w}s\gamma_{w}+c\alpha_{w}s\beta_{w}c\gamma_{w})\delta\alpha_{w} \\ +s\alpha_{w}c\beta_{w}c\gamma_{w}\delta\beta_{w} \\ -(c\alpha_{w}c\gamma_{w}+s\alpha_{w}s\beta_{w}s\gamma_{w})\delta\gamma_{w} \end{matrix} & \begin{matrix} (c\alpha_{w}s\gamma_{w}-s\alpha_{w}s\beta_{w}c\gamma_{w})\delta\alpha_{w} \\ +c\alpha_{w}c\beta_{w}c\gamma_{w}\delta\beta_{w} \\ +(s\alpha_{w}c\gamma_{w}-c\alpha_{w}s\beta_{w}s\gamma_{w})\delta\gamma_{w} \end{matrix} \\ \begin{matrix} -s\beta_{w}s\gamma_{w}\delta\beta_{w} \\ +c\beta_{w}c\gamma_{w}\delta\gamma_{w} \end{matrix} & \begin{matrix} (-s\alpha_{w}c\gamma_{w}+c\alpha_{w}s\beta_{w}s\gamma_{w})\delta\alpha_{w} \\ +s\alpha_{w}c\beta_{w}s\gamma_{w}\delta\beta_{w} \\ -(c\alpha_{w}s\gamma_{w}-s\alpha_{w}s\beta_{w}c\gamma_{w})\delta\gamma_{w} \end{matrix} & \begin{matrix} (-c\alpha_{w}c\gamma_{w}-s\alpha_{w}s\beta_{w}s\gamma_{w})\delta\alpha_{w} \\ +c\alpha_{w}c\beta_{w}s\gamma_{w}\delta\beta_{w} \\ +(s\alpha_{w}s\gamma_{w}+c\alpha_{w}s\beta_{w}c\gamma_{w})\delta\gamma_{w} \end{matrix} \\ -c\beta_{w}\delta\beta_{w} & \begin{matrix} c\alpha_{w}c\beta_{w}\delta\alpha_{w} \\ -s\alpha_{w}s\beta_{w}\delta\beta_{w} \end{matrix} & \begin{matrix} -s\alpha_{w}c\beta_{w}\delta\alpha_{w} \\ -c\alpha_{w}s\beta_{w}\delta\beta_{w} \end{matrix} \end{bmatrix} \tag{6.16}$$

若 $X^{w}O^{w}Y^{w}$ 与 XOY 相应坐标轴同向，则对式(6.15)进行微分并整理得

$$\delta \boldsymbol{r}_{P} = \boldsymbol{\Xi}_{P}\delta q_{w} + \delta \boldsymbol{r}_{P}^{w} \tag{6.17}$$

式中工序基准点位置矩阵 $\boldsymbol{\Xi}_{P} = \begin{bmatrix} 1 & 0 & 0 & 0 & z_{P} & -y_{P} \\ 0 & 1 & 0 & -z_{P} & 0 & x_{P} \\ 0 & 0 & 1 & y_{P} & -x_{P} & 0 \end{bmatrix}$。

6.2 接触点位置误差模型

由式(6.14)和式(6.17)可知，求解定位误差 $\delta \boldsymbol{r}_{P}$ 的关键，在于计算工件的位置偏移 $\delta \boldsymbol{q}_{w}$，而为了解算出工件位置偏移 $\delta \boldsymbol{q}_{w}$，关键在于接触点位置变化 $\delta \boldsymbol{r}$ 的合理计算。

6.2.1 有向尺寸路径

由于工件定位时，无论定位方案的形式有多少种，工件与定位元件的接触副却只有平-平接触(工件定位表面与定位元件表面均为平面)、平-曲接触(工件定位表面为平面，定位元件表面为曲面)、曲-平(工件定位表面为曲面，定位元件表面为平面)和曲-曲接触(工件定位表面和定位元件表面均为曲面)这四种类型，如图 6.2 所示。一般地，以主要定位点为坐标原点建立全局坐标系 XOY，而 $X^{w}O^{w}Y^{w}$ 则与 XOY 重合。这样，无论哪一类接触副，均可按照“由坐标原点经定位点再经接触点至对刀点”的搜索原则，找出一条由 m 个矢量环组成的有向尺寸路径。故这里称由长度 l 及其矢量角 θ 共同描述的尺寸为矢量环，记为 $\boldsymbol{d} = (l, \theta)$。

假定第 i 条有向尺寸路径 $\boldsymbol{r}_{i}$ 由 m 个矢量环 $\boldsymbol{d}_{i1} = (l_{1}, \theta_{1})$，$\boldsymbol{d}_{i2} = (l_{2}, \theta_{2})$，…，

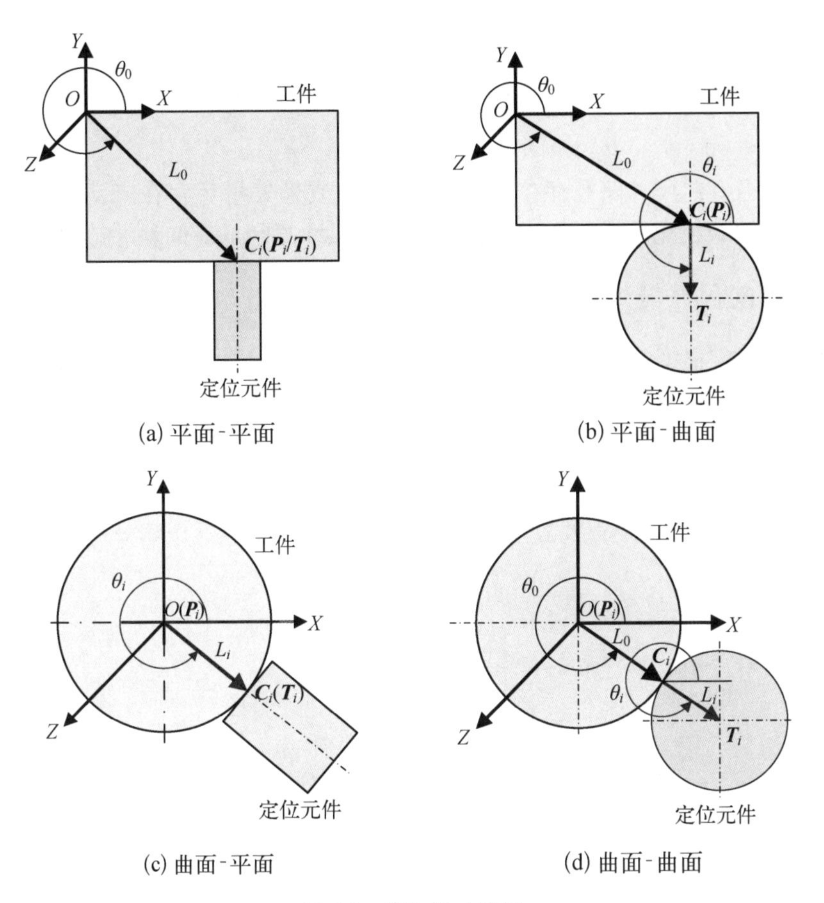

图 6.2　有向尺寸路径

$\boldsymbol{d}_{im}=(l_m, \theta_m)$组成，其中$l_1, l_2, \cdots, l_m$为尺寸环的长度，而$\theta_1, \theta_2, \cdots, \theta_m$为尺寸环的角度。因此，接触点的坐标可表示为

$$\boldsymbol{r}_i=\boldsymbol{n}_i\boldsymbol{L}_i \tag{6.18}$$

式中，$\boldsymbol{N}_i=[\boldsymbol{n}_1, \boldsymbol{n}_2, \cdots, \boldsymbol{n}_m]$为方向矩阵，$\boldsymbol{L}_i=[l_1, l_2, \cdots, l_m]^{\mathrm{T}}$为尺寸向量；$\boldsymbol{n}_j=[\cos\theta_j, \sin\theta_j]^{\mathrm{T}}(j=1, 2, \cdots, m)$为尺寸$L_j$的方向。

对式(6.18)中的变量L_j、$\theta_j(j=1, 2, \cdots, m)$进行微分后，便可获得接触点的位置变化，即

$$\delta\boldsymbol{r}_i=\boldsymbol{N}_i\delta\boldsymbol{L}_i+\boldsymbol{\Lambda}_i\delta\boldsymbol{\theta}_i \tag{6.19}$$

式中，$\delta\boldsymbol{L}_i=[\delta l_1, \delta l_2, \cdots, \delta l_m]^{\mathrm{T}}$为尺寸公差向量，$\delta\boldsymbol{\theta}_i=[\delta\theta_1, \delta\theta_2, \cdots, \delta\theta_m]^{\mathrm{T}}$为角度公差向量，$\boldsymbol{\Lambda}_i=[\boldsymbol{R}_1, \boldsymbol{R}_2, \cdots, \boldsymbol{R}_m]$为角度公差系数，$\boldsymbol{R}_j=[-l_j\sin\theta_j, l_j\cos\theta_j]^{\mathrm{T}}(j=1, 2, \cdots, m)$为第$i$条路径中的第$j$个角度公差系数。

这样，根据式(6.19)可得接触点位置公差的计算模型为

$$\delta \boldsymbol{r}_i = \boldsymbol{B}_i \delta \boldsymbol{Y}_i,\ i = 1,\ 2,\ \cdots,\ k \tag{6.20}$$

式中，$\delta \boldsymbol{Y}_i = [\delta \boldsymbol{L}_i^{\mathrm{T}},\ \delta \boldsymbol{\theta}_i^{\mathrm{T}}]^{\mathrm{T}}$，$\boldsymbol{B}_i = [\boldsymbol{N}_i,\ \boldsymbol{\Lambda}_i]$。

然而，当有向尺寸路径存在未知的矢量环，或是矢量环存在未知参数，则应依据“定位元件的装配关系”，搜索包含该条有向尺寸路径的有向尺寸链进行求解。

6.2.2　有向尺寸链

这样，假定根据第 s 条有向尺寸路径、第 t 条有向尺寸路径搜索到的第 s 条有向尺寸链中，包括第 s 条有向尺寸路径中 i 个矢量环 $\boldsymbol{d}_{sj} = (l_j,\ \theta_j)\ (j = 1,\ 2,\ \cdots,\ i)$、第 t 条有向尺寸路径中 $n - i$ 个矢量环 $\boldsymbol{d}_{tj} = (l_j,\ \theta_j)\ (j = i + 1,\ i + 2,\ \cdots,\ n)$，共 n 个矢量环 $\boldsymbol{d}_{rj} = (L_j,\ \Theta_j)\ (j = 1,\ 2,\ \cdots,\ n)$组成，如图 6.3 所示。由图 6.3(b)可知，有向尺寸链中各环分别投影到 X 轴和 Y 轴上，可得线性尺寸 L_j 与角度尺寸 Θ_j 的关系为

$$\begin{cases} \sum\limits_{i=1}^{n} L_i \cos \Theta_i = 0 \\ \sum\limits_{i=1}^{n} L_i \sin \Theta_i = 0 \end{cases} \tag{6.21}$$

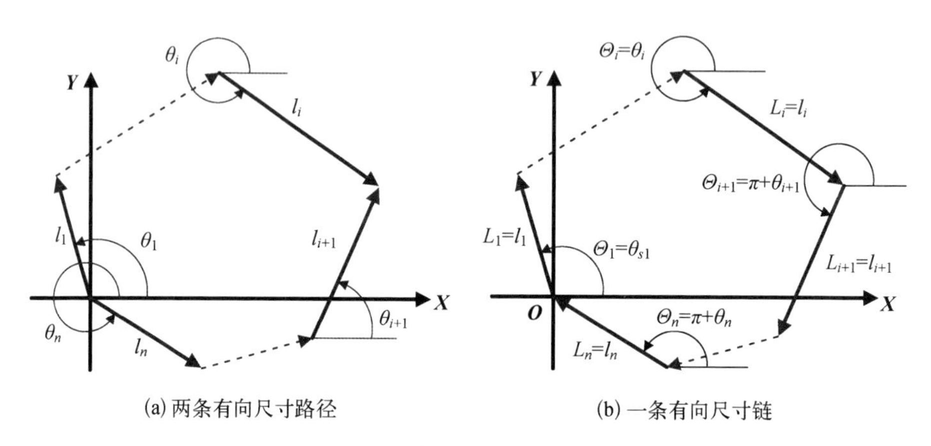

(a) 两条有向尺寸路径　　(b) 一条有向尺寸链

图 6.3　有向尺寸链的获取

由于 $\sum\limits_{j=i+1}^{n} L_j \cos \Theta_j = -\sum\limits_{j=i+1}^{n} l_j \cos \theta_j$、$\sum\limits_{j=i+1}^{n} L_j \sin \Theta_j = -\sum\limits_{j=i+1}^{n} l_j \sin \theta_j$ 与 $\sum\limits_{j=1}^{i} L_j \cos \Theta_j = \sum\limits_{j=1}^{i} l_j \cos \theta_j$、$\sum\limits_{j=1}^{i} L_j \sin \Theta_j = \sum\limits_{j=1}^{i} l_j \sin \theta_j$，故有下列关系：

$$\begin{cases}\sum_{j=1}^{i} l_j\cos\theta_j + \sum_{j=i+1}^{n} l_j\cos\theta_j = 0\\ \sum_{j=1}^{i} l_j\sin\theta_j + \sum_{j=i+1}^{n} l_j\sin\theta_j = 0\end{cases} \tag{6.22}$$

整理式(6.22)可得图 6.3(a)的两条有向尺寸路径中各矢量环存在下列关系：

$$\begin{cases}\sum_{j=1}^{n} l_j\cos\theta_j = 0\\ \sum_{j=1}^{n} l_j\sin\theta_j = 0\end{cases} \tag{6.23}$$

对式(6.23)求导，可得线性尺寸 L_{ki} 的公差 δL_{ki} 与角度尺寸 Θ_{ki} 的公差 $\delta\Theta_{ki}$ 之间有如下关系：

$$\begin{cases}\sum_{i=1}^{n} (\cos\theta_i\delta l_i - l_i\sin\theta_i\delta\theta_i) = 0\\ \sum_{i=1}^{n} (\sin\theta_i\delta l_i + l_i\cos\theta_i\delta\theta_i) = 0\end{cases} \tag{6.24}$$

在夹具装配图中尺寸标注完善的情况下，式(6.23)和式(6.24)存在的未知参数均不会超过 2 个。在有向尺寸链中，若未知参数均为尺寸，则尺寸链类型为尺寸型；若未知参数均为角度，则尺寸链类型为角度型；若未知参数中一个为尺寸另一个为角度，则尺寸链属于混合型。

假定第 s 条有向尺寸路径 $\boldsymbol{d}_{su}$、…、$\boldsymbol{d}_{sp}$、…、$\boldsymbol{d}_{sv}$ 包含在有向尺寸链 $\boldsymbol{d}_1$、$\boldsymbol{d}_2$、…、$\boldsymbol{d}_n$($1\leqslant u\leqslant v\leqslant n$)中，则必存在“尺寸路径和尺寸链均只有未知参数 x_p 和 δx_p($1\leqslant u\leqslant p\leqslant v\leqslant n$)”“尺寸路径和尺寸链均存在未知参数 x_p、x_q 和 δx_p、δx_q($x=l$ 或 θ, $1\leqslant u\leqslant p\leqslant q\leqslant v\leqslant n$)”“尺寸路径只存在未知参数 x_p、δx_p 但尺寸链存在未知参数 x_p、x_q 和 δx_p、δx_q($1\leqslant u\leqslant p\leqslant v\leqslant q\leqslant n$)”等三种方式。然而，无论哪种方式，由式(6.23)均可求得未知参数 x_p(或 x_p、x_q)的大小为

$$\boldsymbol{AL} = -\boldsymbol{A}^*\boldsymbol{L}^* \tag{6.25}$$

其中，若 $x=l$，则称该有向尺寸链为尺寸型。此时式(6.25)中 $\boldsymbol{L}=[l_p, l_q]^{\mathrm{T}}$、$\boldsymbol{A}=[\boldsymbol{n}_p, \boldsymbol{n}_q]$ 为有向尺寸链中未知尺寸的大小及其系数矩阵，而 $\boldsymbol{L}^*=[l_1, \cdots, l_{p-1}, l_{p+1}, \cdots, l_{q-1}, l_{q+1}, \cdots, l_n]^{\mathrm{T}}$、$\boldsymbol{A}^*=[\boldsymbol{n}_1, \cdots, \boldsymbol{n}_{p-1}, \boldsymbol{n}_{p+1}, \cdots, \boldsymbol{n}_{q-1},$

$\boldsymbol{n}_{q+1}$, … $\boldsymbol{n}_n$]为有向尺寸链中已知尺寸的大小及其系数矩阵。根据式(6.25)可得

$$\boldsymbol{L}=-(\boldsymbol{A}^{\mathrm{T}}\boldsymbol{A})^{-1}\boldsymbol{A}^{\mathrm{T}}\boldsymbol{A}^{*}\boldsymbol{L}^{*} \tag{6.26}$$

若 $x=\theta$,称该有向尺寸链为角度型。这样,式(6.25)中 $\boldsymbol{L}=[l_p, l_q]^{\mathrm{T}}$ 为有向尺寸链中对应未知角度的尺寸,$\boldsymbol{A}=[\boldsymbol{n}_p, \boldsymbol{n}_q]$ 为有向尺寸链中的未知角度,而 $\boldsymbol{L}^{*}=[l_1, \cdots, l_{p-1}, l_{p+1}, \cdots, l_{q-1}, l_{q+1}, \cdots, l_n]^{\mathrm{T}}$、$\boldsymbol{A}^{*}=[\boldsymbol{n}_1, \cdots, \boldsymbol{n}_{p-1}, \boldsymbol{n}_{p+1}, \cdots, \boldsymbol{n}_{q-1}, \boldsymbol{n}_{q+1}, \cdots \boldsymbol{n}_n]$分别为有向尺寸链中对应已知角度的尺寸及其系数矩阵,且有

$$\boldsymbol{A}=-\boldsymbol{A}^{*}\boldsymbol{L}^{*}\boldsymbol{L}^{\mathrm{T}}(\boldsymbol{L}\boldsymbol{L}^{\mathrm{T}})^{-1} \tag{6.27}$$

若 $x_p=l_p$ 且 $x_q=\theta_q$,则称该有向尺寸链为混合型。式(6.25)中的 $\boldsymbol{L}=[l_p, l_q]^{\mathrm{T}}$、$\boldsymbol{A}=[\boldsymbol{n}_{p,p}, \boldsymbol{n}_{q,p}]$分别是有向尺寸链中对应未知尺寸与已知角度的尺寸及其相对系数矩阵,而 $\boldsymbol{L}^{*}=[l_1, \cdots, l_{p-1}, l_{p+1}, \cdots, l_{q-1}, l_{q+1}, \cdots, l_n]^{\mathrm{T}}$、$\boldsymbol{A}^{*}=[\boldsymbol{n}_{1,p}, \cdots, \boldsymbol{n}_{p-1,p}, \boldsymbol{n}_{p+1,p}, \cdots, \boldsymbol{n}_{q-1,p}, \boldsymbol{n}_{q+1,p}, \cdots, \boldsymbol{n}_{n,p}]$分别是有向尺寸链中对应已知尺寸与已知角度的尺寸及其相对系数矩阵,其中 $\boldsymbol{n}_{i,p}=[\cos(\theta_i-\theta_p), \sin(\theta_i-\theta_p)]^{\mathrm{T}}$。由式(6.25)可得

$$\begin{cases}\boldsymbol{A}_0=-\boldsymbol{A}^{*}\boldsymbol{L}^{*}\boldsymbol{L}_0^{\mathrm{T}}(\boldsymbol{L}_0\boldsymbol{L}_0^{\mathrm{T}})^{-1}\\ \boldsymbol{L}=-(\boldsymbol{A}^{\mathrm{T}}\boldsymbol{A})^{-1}\boldsymbol{A}^{\mathrm{T}}\boldsymbol{A}^{*}\boldsymbol{L}^{*}\end{cases} \tag{6.28}$$

式中,$\boldsymbol{A}_0=\sin\theta_{p,q}$,$\boldsymbol{L}_0=L_q$。

根据式(6.26)～式(6.28)计算出位置参数后,可进一步求得该条有向尺寸链所包含的对应于第 s 条有向尺寸路径中第 s 个接触点的位置变化为

$$\delta\boldsymbol{r}_s=\boldsymbol{e}_s\delta\boldsymbol{y}_s-\boldsymbol{p}_s(\boldsymbol{P}_s^{\mathrm{T}}\boldsymbol{P}_s)^{-1}\boldsymbol{P}_s^{\mathrm{T}}\boldsymbol{E}_s\delta\boldsymbol{Y}_s \tag{6.29}$$

式中,若 $x=l$,则 $\delta\boldsymbol{Y}_s=[\delta l_1, \cdots, \delta l_{p-1}, \delta l_{p+1}, \cdots, \delta l_{q-1}, \delta l_{q+1}, \cdots, \delta l_n, \delta\theta_1, \cdots, \delta\theta_n]^{\mathrm{T}}$、$\boldsymbol{E}_s=[\boldsymbol{n}_1, \cdots, \boldsymbol{n}_{p-1}, \boldsymbol{n}_{p+1}, \cdots, \boldsymbol{n}_{q-1}, \boldsymbol{n}_{q+1}, \cdots, \boldsymbol{n}_n, \boldsymbol{R}_1, \cdots, \boldsymbol{R}_n]$分别为有向尺寸链中已知尺寸的公差及其系数矩阵,$\delta\boldsymbol{y}_s=[\delta l_u, \cdots, \delta l_{p-1}, \delta l_{p+1}, \cdots, \delta l_{q-1}, \delta l_{q+1}, \cdots, \delta l_v, \delta\theta_u, \cdots, \delta\theta_v]^{\mathrm{T}}$ 或 $\delta\boldsymbol{y}_s=[\delta l_u, \cdots, \delta l_{p-1}, \delta l_{p+1}, \cdots, \delta l_v, \delta\theta_u, \cdots, \delta\theta_v]^{\mathrm{T}}$、$\boldsymbol{e}_s=[\boldsymbol{n}_u, \cdots, \boldsymbol{n}_{p-1}, \boldsymbol{n}_{p+1}, \cdots, \boldsymbol{n}_{q-1}, \boldsymbol{n}_{q+1}, \cdots, \boldsymbol{n}_v, \boldsymbol{R}_u, \cdots, \boldsymbol{R}_v]$或 $\boldsymbol{e}_s=[\boldsymbol{n}_u, \cdots, \boldsymbol{n}_{p-1}, \boldsymbol{n}_{p+1}, \cdots, \boldsymbol{n}_v, \boldsymbol{R}_u, \cdots, \boldsymbol{R}_v]$分别为有向尺寸路径中已知尺寸的公差及其系数矩阵。

若 $x=\theta$,则 $\delta\boldsymbol{Y}_s=[\delta l_1, \cdots, \delta l_n, \delta\theta_1, \cdots, \delta\theta_{p-1}, \delta\theta_{p+1}, \cdots, \delta\theta_{q-1}, \delta\theta_{q+1}, \cdots, \delta\theta_n]^{\mathrm{T}}$、$\boldsymbol{E}_s=[\boldsymbol{n}_1, \cdots, \boldsymbol{n}_n, \boldsymbol{R}_1, \cdots, \boldsymbol{R}_{p-1}, \boldsymbol{R}_{p+1}, \cdots, \boldsymbol{R}_{q-1}, \boldsymbol{R}_{q+1}, \cdots, \boldsymbol{R}_n]$分别是有向尺寸链中已知参数的公差及其系数矩阵,$\delta\boldsymbol{y}_s=[\delta l_u, \cdots, \delta l_v, \delta\theta_u, \cdots, \delta\theta_{p-1}, \delta\theta_{p+1}, \cdots, \delta\theta_{q-1}, \delta\theta_{q+1}, \cdots, \delta\theta_v]^{\mathrm{T}}$ 或 $\delta\boldsymbol{y}_s=$

$[\delta l_u, \cdots, \delta l_v, \delta\theta_u, \cdots, \delta\theta_{p-1}, \delta\theta_{p+1}, \cdots, \delta\theta_v]^{\mathrm{T}}$、$\boldsymbol{e}_s=[\boldsymbol{n}_u, \cdots, \boldsymbol{n}_v, \boldsymbol{R}_u, \cdots, \boldsymbol{R}_{p-1}, \boldsymbol{R}_{p+1}, \cdots, \boldsymbol{R}_{q-1}, \boldsymbol{R}_{q+1}, \cdots, \boldsymbol{R}_v]$或 $\boldsymbol{e}_s=[\boldsymbol{n}_u, \cdots, \boldsymbol{n}_v, \boldsymbol{R}_u, \cdots, \boldsymbol{R}_{p-1}, \boldsymbol{R}_{p+1}, \cdots, \boldsymbol{R}_v]$分别为有向尺寸路径中已知参数的公差向量及其系数矩阵。

若 $x_p=l_p$ 且 $x_q=\theta_q$，则 $\delta\boldsymbol{Y}_s=[\delta l_1, \cdots, \delta l_{p-1}, \delta l_{p+1}, \cdots, \delta l_n, \delta\theta_1, \cdots, \delta\theta_{q-1}, \delta\theta_{q+1}, \cdots, \delta\theta_n]^{\mathrm{T}}$、$\boldsymbol{E}_s=[\boldsymbol{n}_1, \cdots, \boldsymbol{n}_{p-1}, \boldsymbol{n}_{p+1}, \cdots, \boldsymbol{n}_n, \boldsymbol{R}_1, \cdots, \boldsymbol{R}_{q-1}, \boldsymbol{R}_{q+1}, \boldsymbol{R}_n]$ 分别是有向尺寸链中已知参数的公差及其系数矩阵，而 $\delta\boldsymbol{y}_s=[\delta l_u, \cdots, \delta l_{p-1}, \delta l_{p+1}, \cdots, \delta l_v, \delta\theta_1, \cdots, \delta\theta_{q-1}, \delta\theta_{q+1}, \cdots, \delta\theta_n]^{\mathrm{T}}$ 或 $\delta\boldsymbol{y}_s=[\delta l_u, \cdots, \delta l_{p-1}, \delta l_{p+1}, \cdots, \delta l_v, \delta\theta_1, \cdots, \delta\theta_n]^{\mathrm{T}}$或 $\delta\boldsymbol{y}_s=[\delta l_u, \cdots, \delta l_v, \delta\theta_1, \cdots, \delta\theta_{q-1}, \delta\theta_{q+1}, \cdots, \delta\theta_n]^{\mathrm{T}}$、$\boldsymbol{e}_s=[\boldsymbol{n}_u, \cdots, \boldsymbol{n}_{p-1}, \boldsymbol{n}_{p+1}, \cdots, \boldsymbol{n}_v, \boldsymbol{R}_u, \cdots, \boldsymbol{R}_{q-1}, \boldsymbol{R}_{q+1}, \cdots, \boldsymbol{R}_v]$ 或 $\boldsymbol{e}_s=[\boldsymbol{n}_u, \cdots, \boldsymbol{n}_{p-1}, \boldsymbol{n}_{p+1}, \cdots, \boldsymbol{n}_v, \boldsymbol{R}_u, \cdots, \boldsymbol{R}_v]$ 或 $\boldsymbol{e}_s=[\boldsymbol{n}_u, \cdots, \boldsymbol{n}_v, \boldsymbol{R}_u, \cdots, \boldsymbol{R}_{q-1}, \boldsymbol{R}_{q+1}, \cdots, \boldsymbol{R}_v]$分别为有向尺寸路径中已知参数的公差及其系数矩阵。

且 $\boldsymbol{P}_s=[\boldsymbol{n}_p, \boldsymbol{n}_q]$或 $\boldsymbol{P}_s=\boldsymbol{n}_p$ 为有向尺寸链中未知参数的公差的系数矩阵，$\boldsymbol{p}_s=[\boldsymbol{n}_p, \boldsymbol{n}_q]$或 $\boldsymbol{p}_s=\boldsymbol{n}_p$ 为有向尺寸路径中未知参数的公差的系数矩阵。

由式(6.29)可知，$\delta\boldsymbol{y}_s$ 其实包含在 $\delta\boldsymbol{Y}_s$ 中，因此可通过包含矩阵 $\boldsymbol{H}_s$ 使得 $\delta\boldsymbol{y}_s=\boldsymbol{H}_s\delta\boldsymbol{Y}_s$。这样，式(6.29)无论哪一类型的未知变量，其中第 i 个接触点位置变化的计算形式一致，故可统一表达为

$$\delta\boldsymbol{r}_s=\boldsymbol{B}_s\delta\boldsymbol{Y}_s,\ s=1, 2, \cdots, k \tag{6.30}$$

式中，系数矩阵 $\boldsymbol{B}_s=\boldsymbol{e}_s\boldsymbol{H}_s-\boldsymbol{E}_s$。

综合式(6.20)和式(6.30)可知，无论是有向尺寸路径模型，还是有向尺寸链模型，接触点位置变化均具有相似的模型。若定位方案中具有 k 个接触点，则根据式(6.30)得接触点位置变化的有向尺寸链模型的矩阵形式为

$$\delta\boldsymbol{r}=\boldsymbol{B}\delta\boldsymbol{Y} \tag{6.31}$$

式中，系数矩阵 $\boldsymbol{B}=\mathrm{diag}(\boldsymbol{B}_1, \boldsymbol{B}_1, \cdots, \boldsymbol{B}_k)$，已知参数向量 $\delta\boldsymbol{Y}=[\delta\boldsymbol{Y}_1^{\mathrm{T}}, \delta\boldsymbol{Y}_2^{\mathrm{T}}, \cdots, \delta\boldsymbol{Y}_k^{\mathrm{T}}]$。值得注意的是，$\delta\boldsymbol{Y}_s$ 中不能存在重复的参数，否则必须对重复参数进行同类项合并。

若定位方案中所有尺寸或角度均表达为对称偏差形式，则将式(6.31)代入式(6.14)，经整理后得工件位置偏移为

$$\delta\boldsymbol{q}_{\mathrm{w}}=[abs(-\boldsymbol{J}^{+}\boldsymbol{N}^{\mathrm{T}}\boldsymbol{B})]\delta\boldsymbol{Y} \tag{6.32}$$

6.2.3 尺寸链表格求解法

依据式(6.25)和式(6.30)，将已知参数及其系数、未知参数及其系数列入

表 6.2 中，可见求解未知参数时非常有规律，因而可进一步归纳表格计算方法如下：

步骤一，按照未知参数的类型，确定尺寸链类型。

表 6.1 为尺寸型尺寸链，未知参数为尺寸 l_p、l_q 两个尺寸，链中各个矢量环的参数见表 6.1 所示。

表 6.1　参数明细表

长度及其方向		公　差		状态
长度 l_i	方向 $\boldsymbol{n}_i$	长度公差 δl_i	方向公差 $\delta \boldsymbol{n}_i$	
l_1	$\boldsymbol{n}_1=[\cos\theta_1,\ \sin\theta_1]^{\mathrm{T}}$	δl_1	$\delta\boldsymbol{n}_1=[-\sin\theta_1,\ \cos\theta_1]^{\mathrm{T}}\delta\theta_1$	已知
…	…	…	…	
l_u	$\boldsymbol{n}_u=[\cos\theta_u,\ \sin\theta_u]^{\mathrm{T}}$	δl_u	$\delta\boldsymbol{n}_u=[-\sin\theta_u,\ \cos\theta_u]^{\mathrm{T}}\delta\theta_u$	
…	…	…	…	
l_{p-1}	$\boldsymbol{n}_{p-1}=[\cos\theta_{p-1},\ \sin\theta_{p-1}]^{\mathrm{T}}$	δl_{p-1}	$\delta\boldsymbol{n}_{p-1}=[-\sin\theta_{p-1},\ \cos\theta_{p-1}]^{\mathrm{T}}\delta\theta_{p-1}$	
l_{p+1}	$\boldsymbol{n}_{p+1}=[\cos\theta_{p+1},\ \sin\theta_{p+1}]^{\mathrm{T}}$	δl_{p+1}	$\delta\boldsymbol{n}_{p+1}=[-\sin\theta_{p+1},\ \cos\theta_{p+1}]^{\mathrm{T}}\delta\theta_{p+1}$	
…	…	…	…	
l_{q-1}	$\boldsymbol{n}_{q-1}=[\cos\theta_{q-1},\ \sin\theta_{q-1}]^{\mathrm{T}}$	δl_{q-1}	$\delta\boldsymbol{n}_{q-1}=[-\sin\theta_{q-1},\ \cos\theta_{q-1}]^{\mathrm{T}}\delta\theta_{q-1}$	
l_{q+1}	$\boldsymbol{n}_{q+1}=[\cos\theta_{q+1},\ \sin\theta_{q+1}]^{\mathrm{T}}$	δl_{q+1}	$\delta\boldsymbol{n}_{q+1}=[-\sin\theta_{q+1},\ \cos\theta_{q+1}]^{\mathrm{T}}\delta\theta_{q+1}$	
…	…	…	…	
l_v	$\boldsymbol{n}_v=[\cos\theta_v,\ \sin\theta_v]^{\mathrm{T}}$	δl_v	$\delta\boldsymbol{n}_v=[-\sin\theta_v,\ \cos\theta_v]^{\mathrm{T}}\delta\theta_v$	
…	…	…	…	
l_n	$\boldsymbol{n}_n=[\cos\theta_n,\ \sin\theta_n]^{\mathrm{T}}$	δl_n	$\delta\boldsymbol{n}_n=[-\sin\theta_n,\ \cos\theta_n]^{\mathrm{T}}\delta\theta_n$	
l_p	$\boldsymbol{n}_p=[\cos\theta_p,\ \sin\theta_p]^{\mathrm{T}}$	δl_p	$\delta\boldsymbol{n}_p=[-\sin\theta_p,\ \cos\theta_p]^{\mathrm{T}}\delta\theta_p$	未知
l_q	$\boldsymbol{n}_q=[\cos\theta_q,\ \sin\theta_q]^{\mathrm{T}}$	δl_q	$\delta\boldsymbol{n}_q=[-\sin\theta_q,\ \cos\theta_q]^{\mathrm{T}}\delta\theta_q$	

步骤二，依据尺寸链的类型，确定已知参数及其系数矩阵、未知参数及其系数矩阵。

根据表 6.1 中的尺寸型尺寸链信息，可获得各个矢量环的长度、角度及其公差等信息（见表 6.2），以便后续进行参数查重、系数合并。

表 6.2　查重前的参数计算表

参数		系数 $\boldsymbol{n}_i$	参数		系数 $\boldsymbol{R}_i$
长度 l_i	公差 δl_i		角度 θ_i	公差 $\delta\theta_i$	
l_1	δl_1	$\boldsymbol{n}_1=[\cos\theta_1,\ \sin\theta_1]^{\mathrm{T}}$	θ_1	$\delta\theta_1$	$\boldsymbol{R}_1=[-l_1\sin\theta_1,\ l_1\cos\theta_1]^{\mathrm{T}}$
…	…	…	…	…	…
l_u	δl_u	$\boldsymbol{n}_u=[\cos\theta_u,\ \sin\theta_u]^{\mathrm{T}}$	θ_u	$\delta\theta_u$	$\boldsymbol{R}_u=[-l_u\sin\theta_u,\ l_u\cos\theta_u]^{\mathrm{T}}$
…	…	…	…	…	…
l_α	δl_α	$\boldsymbol{n}_\alpha=[\cos\theta_\alpha,\ \sin\theta_\alpha]^{\mathrm{T}}$	θ_α	$\delta\theta_\alpha$	$\boldsymbol{R}_\alpha=[-l_\alpha\sin\theta_\alpha,\ l_\alpha\cos\theta_\alpha]^{\mathrm{T}}$
…	…	…	…	…	…
l_ω	δl_ω	$\boldsymbol{n}_\omega=[\cos\theta_\omega,\ \sin\theta_\omega]^{\mathrm{T}}$	θ_ω	$\delta\theta_\omega$	$\boldsymbol{R}_\omega=[-l_\omega\sin\theta_\omega,\ l_\omega\cos\theta_\omega]^{\mathrm{T}}$
…	…	…	…	…	…
l_{p-1}	δl_{p-1}	$\boldsymbol{n}_{p-1}=[\cos\theta_{p-1},\ \sin\theta_{p-1}]^{\mathrm{T}}$	θ_{p-1}	$\delta\theta_{p-1}$	$\boldsymbol{R}_{p-1}=[-l_{p-1}\sin\theta_{p-1},\ l_{p-1}\cos\theta_{p-1}]^{\mathrm{T}}$
l_{p+1}	δl_{p+1}	$\boldsymbol{n}_{p+1}=[\cos\theta_{p+1},\ \sin\theta_{p+1}]^{\mathrm{T}}$	θ_{p+1}	$\delta\theta_{p+1}$	$\boldsymbol{R}_{p+1}=[-l_{p+1}\sin\theta_{p+1},\ l_{p+1}\cos\theta_{p+1}]^{\mathrm{T}}$
…	…	…	…	…	…
l_β	δl_β	$\boldsymbol{n}_\beta=[\cos\theta_\beta,\ \sin\theta_\beta]^{\mathrm{T}}$	θ_β	$\delta\theta_\beta$	$\boldsymbol{R}_\beta=[-l_\beta\sin\theta_\beta,\ l_\beta\cos\theta_\beta]^{\mathrm{T}}$
…	…	…	…	…	…
l_{q-1}	δl_{q-1}	$\boldsymbol{n}_{q-1}=[\cos\theta_{q-1},\ \sin\theta_{q-1}]^{\mathrm{T}}$	θ_{q-1}	$\delta\theta_{q-1}$	$\boldsymbol{R}_{q-1}=[-l_{q-1}\sin\theta_{q-1},\ l_{q-1}\cos\theta_{q-1}]^{\mathrm{T}}$
l_{q+1}	δl_{q+1}	$\boldsymbol{n}_{q+1}=[\cos\theta_{q+1},\ \sin\theta_{q+1}]^{\mathrm{T}}$	θ_{q+1}	$\delta\theta_{q+1}$	$\boldsymbol{R}_{q+1}=[-l_{q+1}\sin\theta_{q+1},\ l_{q+1}\cos\theta_{q+1}]^{\mathrm{T}}$
…	…	…	…	…	…
l_v	δl_v	$\boldsymbol{n}_v=[\cos\theta_v,\ \sin\theta_v]^{\mathrm{T}}$	θ_v	$\delta\theta_v$	$\boldsymbol{R}_v=[-l_v\sin\theta_v,\ l_v\cos\theta_v]^{\mathrm{T}}$
…	…	…	…	…	…

续　表

参数		系数 $\boldsymbol{n}_i$	参数		系数 $\boldsymbol{R}_i$
长度 l_i	公差 δl_i		角度 θ_i	公差 $\delta\theta_i$	
l_η	δl_η	$\boldsymbol{n}_\eta=[\cos\theta_\eta,\ \sin\theta_\eta]^{\mathrm{T}}$	θ_η	$\delta\theta_\eta$	$\boldsymbol{R}_\eta=[-l_\eta\sin\theta_\eta,\ l_\eta\cos\theta_\eta]^{\mathrm{T}}$
…	…	…	…	…	…
l_n	δl_n	$\boldsymbol{n}_n=[\cos\theta_n,\ \sin\theta_n]^{\mathrm{T}}$	θ_n	$\delta\theta_n$	$\boldsymbol{R}_n=[-l_n\sin\theta_n,\ l_n\cos\theta_n]^{\mathrm{T}}$
l_p	δl_p	$\boldsymbol{n}_p=[\cos\theta_p,\ \sin\theta_p]^{\mathrm{T}}$	θ_p	$\delta\theta_p$	$\boldsymbol{R}_p=[-l_p\sin\theta_p,\ l_p\cos\theta_p]^{\mathrm{T}}$
l_q	δl_q	$\boldsymbol{n}_q=[\cos\theta_q,\ \sin\theta_q]^{\mathrm{T}}$	θ_q	$\delta\theta_q$	$\boldsymbol{R}_q=[-l_q\sin\theta_q,\ l_q\cos\theta_q]^{\mathrm{T}}$

步骤三，根据待求参数的重复性，进行待求参数的同类合并。

若存在重复性的参数，参数及其相应公差必须进行合并，使其具有独立性。如对表 6.2 的尺寸链查重后，假定发现尺寸 $l_\alpha=\cdots=l_\omega=\cdots=l_{p-1}=l_{p+1}=\cdots=l_\beta=l$，公差 $\delta l_\alpha=\cdots=\delta l_\omega=\cdots=\delta l_{p-1}=\delta l_{p+1}=\cdots=\delta l_\beta=\delta l$，因此相应的系数应合并为 $\boldsymbol{n}=\boldsymbol{n}_\alpha+\cdots+\boldsymbol{n}_\omega+\cdots+\boldsymbol{n}_{p-1}+\boldsymbol{n}_{p+1}+\cdots+\boldsymbol{n}_\beta$；再如角度 $\theta_\omega=\cdots=\theta_{p-1}=\theta_{p+1}=\cdots=\theta_\beta=\cdots=\theta_{q-1}=\theta_{q+1}=\cdots=\theta_v=\cdots=\theta_\eta=\theta$，公差也应有 $\delta\theta_\omega=\cdots=\delta\theta_{p-1}=\delta\theta_{p+1}=\cdots=\delta\theta_\beta=\cdots=\delta\theta_{q-1}=\delta\theta_{q+1}=\cdots=\delta\theta_v=\cdots=\delta\theta_\eta=\delta\theta$ 的关系，此时相应的系数必须合并为 $\boldsymbol{R}=\boldsymbol{R}_\omega+\cdots+\boldsymbol{R}_{p-1}+\boldsymbol{R}_{p+1}+\cdots+\boldsymbol{R}_\beta+\cdots+\boldsymbol{R}_{q-1}+\boldsymbol{R}_{q+1}+\cdots+\boldsymbol{R}_v+\cdots+\boldsymbol{R}_\eta$，如表 6.3 所示。

表 6.3　查重后的参数计算表

参数		系数 $\boldsymbol{n}_i$	参数		系数 $\boldsymbol{R}_i$
长度 l_i	公差 δl_i		角度 θ_i	公差 $\delta\theta_i$	
l_1	δl_1	$\boldsymbol{n}_1=[\cos\theta_1,\ \sin\theta_1]^{\mathrm{T}}$	θ_1	$\delta\theta_1$	$\boldsymbol{R}_1=[-l_1\sin\theta_1,\ l_1\cos\theta_1]^{\mathrm{T}}$
…	…	…	…	…	…
l_u	δl_u	$\boldsymbol{n}_u=[\cos\theta_u,\ \sin\theta_u]^{\mathrm{T}}$	θ_u	$\delta\theta_u$	$\boldsymbol{R}_u=[-l_u\sin\theta_u,\ l_u\cos\theta_u]^{\mathrm{T}}$
…	…	…	…	…	…

续　表

<table>
<tr><th colspan="2">参数</th><th rowspan="2">系数 $\boldsymbol{n}_i$</th><th colspan="2">参数</th><th rowspan="2">系数 $\boldsymbol{R}_i$</th></tr>
<tr><th>长度 l_i</th><th>公差 δl_i</th><th>角度 θ_i</th><th>公差 $\delta\theta_i$</th></tr>
<tr><td rowspan="3">l</td><td rowspan="3">δl</td><td rowspan="3">$\boldsymbol{n}=[\cos\theta_\alpha+\cdots+\cos\theta_\omega+\cdots+\cos\theta_{p-1}+\cos\theta_{p+1}+\cdots+\cos\theta_\beta,\ \sin\theta_\alpha+\cdots+\sin\theta_\omega+\cdots+\sin\theta_{p-1}+\sin\theta_{p+1}+\cdots+\sin\theta_\beta]^{\mathrm{T}}$</td><td>$\theta_\alpha$</td><td>$\delta\theta_\alpha$</td><td>$\boldsymbol{R}_\alpha=[-l_\alpha\sin\theta_\alpha,\ l_\alpha\cos\theta_\alpha]^{\mathrm{T}}$</td></tr>
<tr><td>…</td><td>…</td><td>…</td></tr>
<tr><td rowspan="8">θ</td><td rowspan="8">$\delta\theta$</td><td rowspan="8">$\boldsymbol{R}=[-l_\omega\sin\theta_\omega-\cdots-l_{p-1}\sin\theta_{p-1}-l_{p+1}\sin\theta_{p+1}-\cdots-l_\beta\sin\theta_\beta-\cdots-l_{q-1}\sin\theta_{q-1}-l_{q+1}\sin\theta_{q+1}-\cdots-l_v\sin\theta_v-\cdots-l_\eta\sin\theta_\eta,\ l_\omega\cos\theta_\omega+\cdots+l_{p-1}\cos\theta_{p-1}+l_{p+1}\cos\theta_{p+1}+\cdots+l_\beta\cos\theta_\beta+\cdots+l_{q-1}\cos\theta_{q-1}+l_{q+1}\cos\theta_{q+1}+\cdots+l_v\cos\theta_v+\cdots+l_\eta\cos\theta_\eta]^{\mathrm{T}}$
$\boldsymbol{r}=[-l_\omega\sin\theta_\omega-\cdots-l_{p-1}\sin\theta_{p-1}-l_{p+1}\sin\theta_{p+1}-\cdots-l_\beta\sin\theta_\beta-\cdots-l_{q-1}\sin\theta_{q-1}-l_{q+1}\sin\theta_{q+1}-\cdots-l_v\sin\theta_v,\ l_\omega\cos\theta_\omega+\cdots+l_{p-1}\cos\theta_{p-1}+l_{p+1}\cos\theta_{p+1}+\cdots+l_\beta\cos\theta_\beta+\cdots+l_{q-1}\cos\theta_{q-1}+l_{q+1}\cos\theta_{q+1}+\cdots+l_v\cos\theta_v]^{\mathrm{T}}$</td></tr>
<tr><td>…</td><td>…</td><td>…</td></tr>
<tr><td>l_{q-1}</td><td>δl_{q-1}</td><td>$\boldsymbol{n}_{q-1}=[\cos\theta_{q-1},\ \sin\theta_{q-1}]^{\mathrm{T}}$</td></tr>
<tr><td>l_{q+1}</td><td>δl_{q+1}</td><td>$\boldsymbol{n}_{q+1}=[\cos\theta_{q+1},\ \sin\theta_{q+1}]^{\mathrm{T}}$</td></tr>
<tr><td>…</td><td>…</td><td>…</td></tr>
<tr><td>l_v</td><td>δl_v</td><td>$\boldsymbol{n}_v=[\cos\theta_v,\ \sin\theta_v]^{\mathrm{T}}$</td></tr>
<tr><td>…</td><td>…</td><td>…</td></tr>
<tr><td>l_η</td><td>δl_η</td><td>$\boldsymbol{n}_\eta=[\cos\theta_\eta,\ \sin\theta_\eta]^{\mathrm{T}}$</td></tr>
<tr><td>…</td><td>…</td><td>…</td><td>…</td><td>…</td><td>…</td></tr>
<tr><td>l_n</td><td>δl_n</td><td>$\boldsymbol{n}_n=[\cos\theta_n,\ \sin\theta_n]^{\mathrm{T}}$</td><td>$\theta_n$</td><td>$\delta\theta_n$</td><td>$\boldsymbol{R}_n=[-l_n\sin\theta_n,\ l_n\cos\theta_n]^{\mathrm{T}}$</td></tr>
<tr><td>l_p</td><td>δl_p</td><td>$\boldsymbol{n}_p=[\cos\theta_p,\ \sin\theta_p]^{\mathrm{T}}$</td><td>$\theta_p$</td><td>$\delta\theta_p$</td><td>$\boldsymbol{R}_p=[-l_p\sin\theta_p,\ l_p\cos\theta_p]^{\mathrm{T}}$</td></tr>
<tr><td>l_q</td><td>δl_q</td><td>$\boldsymbol{n}_q=[\cos\theta_q,\ \sin\theta_q]^{\mathrm{T}}$</td><td>$\theta_q$</td><td>$\delta\theta_q$</td><td>$\boldsymbol{R}_q=[-l_q\sin\theta_q,\ l_q\cos\theta_q]^{\mathrm{T}}$</td></tr>
</table>

步骤四，依据查重后的尺寸链，计算第一个接触点的位置变化。

由于该链为尺寸型，可根据 $\boldsymbol{L}_1^*=[l_1,\ \cdots,\ l_u,\ \cdots,\ l,\ \cdots,\ l_{q-1},\ l_{q+1},\ \cdots,\ l_v,\ \cdots,\ l_\eta,\ \cdots,\ l_n]^{\mathrm{T}}$、$\boldsymbol{A}_1^*=[\boldsymbol{n}_1,\ \cdots,\ \boldsymbol{n}_u,\ \cdots,\ \boldsymbol{n},\ \cdots,\ \boldsymbol{n}_{q-1},\ \boldsymbol{n}_{q+1},\ \cdots,\ \boldsymbol{n}_v,\ \cdots,\ \boldsymbol{n}_\eta,\ \cdots,\ \boldsymbol{n}_n]$ 以及 $\boldsymbol{A}_1=[\boldsymbol{n}_p,\ \boldsymbol{n}_q]$，由式(6.23)先计算出未知长度为 $\boldsymbol{L}_1=-(\boldsymbol{A}_1^{\mathrm{T}}\boldsymbol{A}_1)^{-1}\boldsymbol{A}_1^{\mathrm{T}}\boldsymbol{A}_1^*\boldsymbol{L}_1^*$。

再根据 $\delta \boldsymbol{L}_1^* = [\delta l_1, \cdots, \delta l_u, \cdots, \delta l, \cdots, \delta l_{q-1}, \delta l_{q+1}, \cdots, \delta l_v, \cdots, \delta l_\eta, \cdots, \delta l_n]^{\mathrm{T}}$、$\delta \boldsymbol{\Theta}_1^* = [\delta\theta_1, \cdots, \delta\theta_u, \cdots, \delta\theta_\alpha, \cdots, \delta\theta, \cdots, \delta\theta_n]^{\mathrm{T}}$、$\delta \boldsymbol{l}_1^* = [\delta l_u, \cdots, \delta l, \cdots, \delta l_{q-1}, \delta l_{q+1}, \cdots, \delta l_v]^{\mathrm{T}}$、$\delta \boldsymbol{\theta}_1^* = [\delta\theta_u, \cdots, \delta\theta_\alpha, \cdots, \delta\theta]^{\mathrm{T}}$,以及 $\boldsymbol{N}_1^* = [\boldsymbol{n}_1, \cdots, \boldsymbol{n}_u, \cdots, \boldsymbol{n}, \cdots, \boldsymbol{n}_{q-1}, \boldsymbol{n}_{q+1}, \cdots, \boldsymbol{n}_v, \cdots, \boldsymbol{n}_\eta, \cdots, \boldsymbol{n}_n]$、$\boldsymbol{R}_1^* = [\boldsymbol{R}_1, \cdots, \boldsymbol{R}_u, \cdots, \boldsymbol{R}_\alpha, \cdots, \boldsymbol{R}, \cdots, \boldsymbol{R}_n]$、$\boldsymbol{n}_1^* = [\boldsymbol{n}_u, \cdots, \boldsymbol{n}, \cdots, \boldsymbol{n}_{q-1}, \boldsymbol{n}_{q+1}, \cdots, \boldsymbol{n}_v]$、$\boldsymbol{r}_1^* = [\boldsymbol{R}_u, \cdots, \boldsymbol{R}_\alpha, \cdots, \boldsymbol{r}]$,获得 $\delta \boldsymbol{Y}_1 = [(\delta \boldsymbol{L}_1^*)^{\mathrm{T}}, (\delta \boldsymbol{\Theta}_1^*)^{\mathrm{T}}]^{\mathrm{T}}$、$\boldsymbol{E}_1 = [\boldsymbol{N}_1^*, \boldsymbol{R}_1^*]$ 和 $\delta \boldsymbol{y}_1 = [(\delta \boldsymbol{l}_1^*)^{\mathrm{T}}, (\delta \boldsymbol{\theta}_1^*)^{\mathrm{T}}]^{\mathrm{T}}$、$\boldsymbol{e}_1 = [\boldsymbol{n}_1^*, \boldsymbol{r}_1^*]$,又,$\boldsymbol{P}_1 = [\boldsymbol{n}_p, \boldsymbol{n}_q]$和 $\boldsymbol{p}_1 = [\boldsymbol{n}_p, \boldsymbol{n}_q]$,故由式(6.29)或式(6.30)可得第一个接触点的位置变化为 $\delta \boldsymbol{r}_1 = \boldsymbol{e}_1 \delta \boldsymbol{y}_1 - \boldsymbol{p}_1 (\boldsymbol{P}_1^{\mathrm{T}} \boldsymbol{P}_1)^{-1} \boldsymbol{P}_1^{\mathrm{T}} \boldsymbol{E}_1 \delta \boldsymbol{Y}_1$。

步骤五,依据接触点位置变化,评估定位误差。

反复按照以上步骤,获得所有接触点的位置变化 $\delta \boldsymbol{r}_1$、$\delta \boldsymbol{r}_2$、…、$\delta \boldsymbol{r}_k$,即 $\delta \boldsymbol{r} = [\delta \boldsymbol{r}_1^{\mathrm{T}}, \delta \boldsymbol{r}_2^{\mathrm{T}}, \cdots, \delta \boldsymbol{r}_k^{\mathrm{T}}]^{\mathrm{T}}$ 后,依据式(6.14)可求得工件位置偏移 $\delta \boldsymbol{q}_{\mathrm{w}}$,最后根据式(6.17)获得定位误差,最终可进行定位准确性评估。

6.3 实例与实验

这里列举两个典型实例来说明基于工件位置偏差的定位精度预测方法。第一个实例为“双圆柱”定位方案中工件位置偏移的计算与分析,并利用实验测试手段验证预测方法的有效性;第二个实例为“一面两孔”定位方案中定位误差的分析与预测,并与文献值进行了比较,结果表明两者具有高度一致性。

6.3.1 单边接触式定位方案

图 6.4 为盘套类零件端面加工孔的双圆柱定位方案,各尺寸可转化为对称偏差形式 $D = 39.969 \pm 0.031$ mm,$d_1 = d_2 = 10 \pm 0.004\,9$ mm,$L = 35.281\,0 \pm 0.007\,6$ mm。

步骤一,查找有向尺寸路径。

该双圆柱定位方案中共有两个接触点 C_1 和 C_2,对应的定位点、对刀点分别为 P_1、P_2 和 T_1、T_2,坐标系的建立以主要定位点为准建立,如图 6.5(a)所示。

为了计算第一个接触点 C_1 处的位置变化,依据“由坐标原点(一般与主要定位点重合)经定位点再经接触点至对刀点”搜索原则,可得第一条有向尺寸路径,共有(R, θ_1)、(r_1, θ_1)两个矢量环,如图 6.5(a)所示。同理,可得经过第二个接触点 C_2 的第二条有向尺寸路径,由(R, θ_2)、(r_1, θ_2)两个矢量环组成,如图 6.5(b)所示。

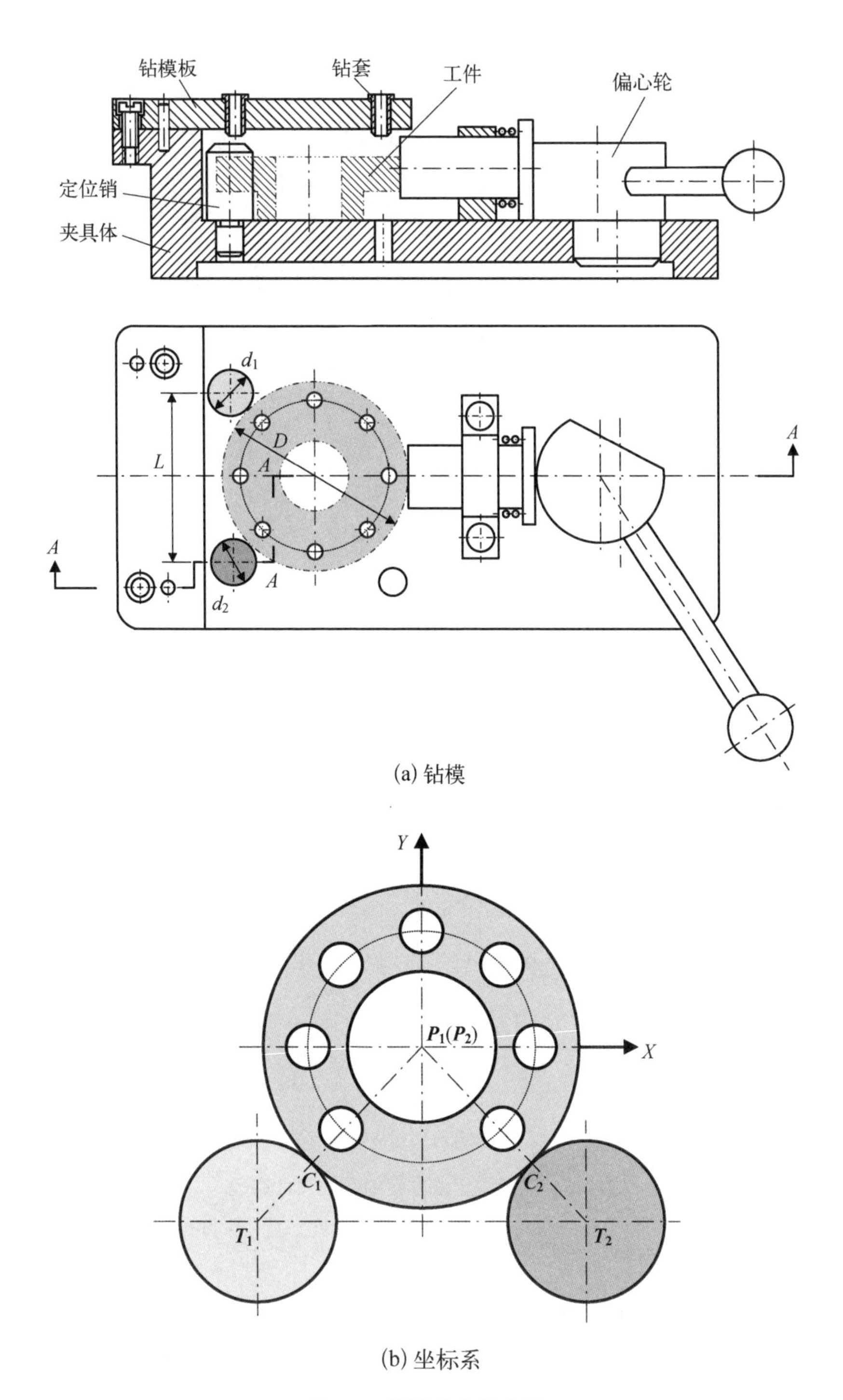

(a) 钻模

(b) 坐标系

图 6.4　双圆柱定位方案

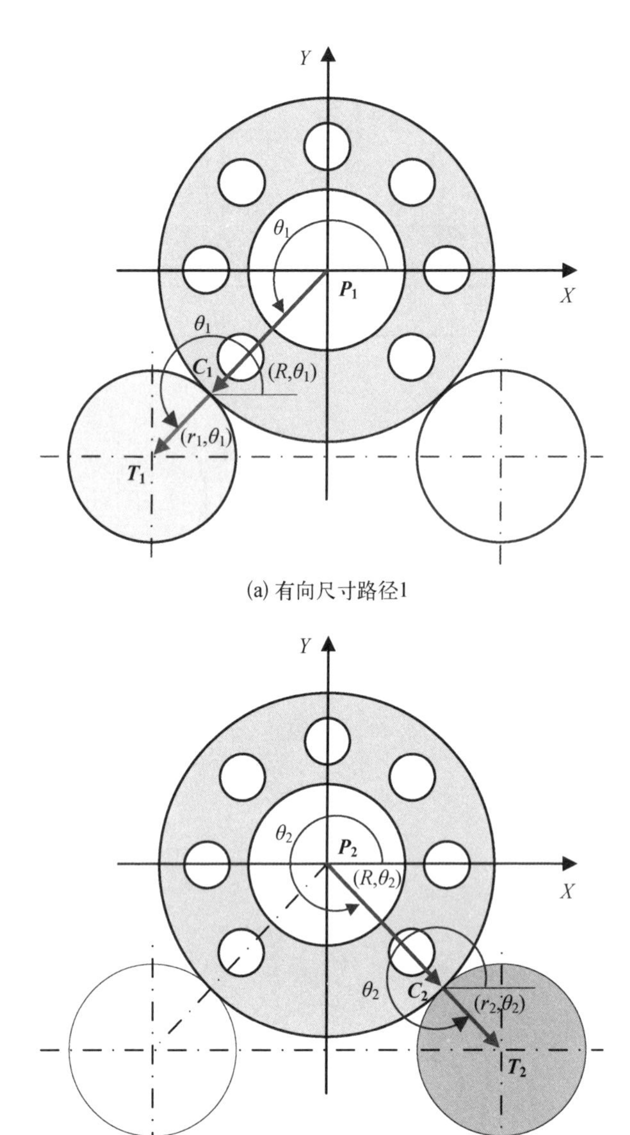

(a) 有向尺寸路径1

(b) 有向尺寸路径2

图 6.5　双圆柱定位方案的有向尺寸路径

步骤二，搜索有向尺寸链。

由于第一条有向尺寸路径中存在未知参数为角度 θ_1，可根据“定位元件的装配关系”的搜索原则，与第二条有向尺寸路径形成一条封闭的有向尺寸链，如图 6.6 所示。在该尺寸链中，存在未知参数为角度 θ_1 与 θ_2，故该链为角度型尺寸链。

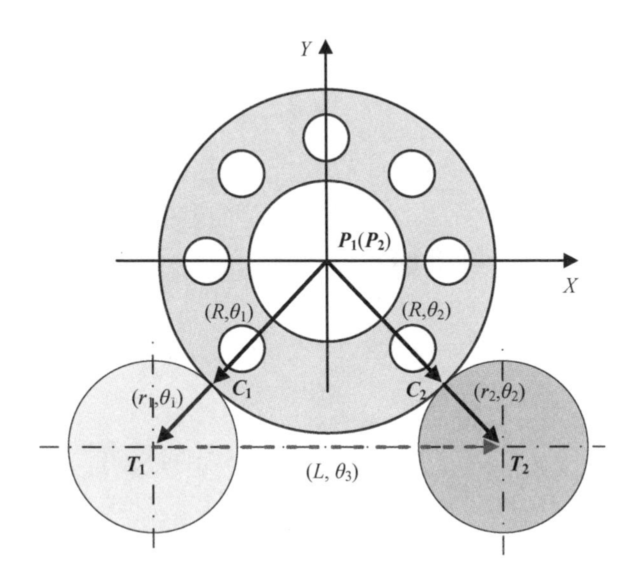

图 6.6　双圆柱定位方案的有向尺寸路径和尺寸链

步骤三，计算尺寸链参数。

由表 6.4 可知，θ_1 与 θ_2 为待求参数。经查重后，该有向尺寸链中 $\boldsymbol{L}^* = L$、$\boldsymbol{A}^* = \boldsymbol{n}_3$ 以及 $\boldsymbol{L} = [R + r_1,\ R + r_2]^{\mathrm{T}}$、$\boldsymbol{A} = [\boldsymbol{n}_1,\ \boldsymbol{n}_4]$，容易求解出 $\theta_1 = 225.1°$ 和 $\theta_2 = 134.9°$。

表 6.4　双圆柱定位方案有向尺寸链的公差及其系数

矢量环	长度			方向		
	尺寸	公差	系数	角度	公差	系数
查重前	R	δR	$\boldsymbol{n}_1 = [\cos\theta_1,\ \sin\theta_1]^{\mathrm{T}}$	θ_1	$\delta\theta_1$	$\boldsymbol{R}_1 = [-R\sin\theta_1,\ R\cos\theta_1]^{\mathrm{T}}$
	r_1	δr_1	$\boldsymbol{n}_2 = [\cos\theta_1,\ \sin\theta_1]^{\mathrm{T}}$	θ_1	$\delta\theta_1$	$\boldsymbol{R}_2 = [-r_1\sin\theta_1,\ r_1\cos\theta_1]^{\mathrm{T}}$
	L	δL	$\boldsymbol{n}_3 = [1,\ 0]^{\mathrm{T}}$	θ_3	$\delta\theta_3$	$\boldsymbol{R}_3 = [0,\ L]^{\mathrm{T}}$
	r_2	δr_2	$\boldsymbol{n}_4 = [\cos\theta_2,\ \sin\theta_2]^{\mathrm{T}}$	θ_2	$\delta\theta_2$	$\boldsymbol{R}_4 = [-r_2\sin\theta_2,\ r_2\cos\theta_2]^{\mathrm{T}}$
	R	δR	$\boldsymbol{n}_5 = [\cos\theta_2,\ \sin\theta_2]^{\mathrm{T}}$	θ_2	$\delta\theta_2$	$\boldsymbol{R}_5 = [-R\sin\theta_2,\ R\cos\theta_2]^{\mathrm{T}}$
查重后	L	δL	$\boldsymbol{n}_3 = [1,\ 0]^{\mathrm{T}}$	θ_3	$\delta\theta_3$	$\boldsymbol{R}_3 = [0,\ L]^{\mathrm{T}}$
	$R + r_1$	$\delta R + \delta r_1$	$\boldsymbol{n}_1 = [\cos\theta_1,\ \sin\theta_1]^{\mathrm{T}}$	θ_1	$\delta\theta_1$	$\boldsymbol{R}_1 + \boldsymbol{R}_2 = [-(R + r_1)\sin\theta_1,\ (R + r_1)\cos\theta_1]^{\mathrm{T}}$
	$R + r_2$	$\delta R + \delta r_2$	$\boldsymbol{n}_4 = [\cos\theta_2,\ \sin\theta_2]^{\mathrm{T}}$	θ_2	$\delta\theta_2$	$\boldsymbol{R}_4 + \boldsymbol{R}_5 = [-(R + r_2)\sin\theta_2,\ (R + r_2)\cos\theta_2]^{\mathrm{T}}$

步骤四,计算接触点位置变化。

有向尺寸链中, $\boldsymbol{E}_1=\begin{bmatrix}-1.4118 & -0.7059 & 1 & -0.7059\\ 0 & -0.7083 & 0 & 0.7083\end{bmatrix}$、$\delta\boldsymbol{Y}_1=[\delta R, \delta r_1, \delta L, \delta r_2]^{\mathrm{T}}$、$\boldsymbol{P}_1=\begin{bmatrix}17.69 & -17.69\\ -17.63 & -17.63\end{bmatrix}$。由于第1条有向尺寸路径的 $\boldsymbol{e}_1=\begin{bmatrix}-0.7059 & -0.7059\\ -0.7083 & -0.7083\end{bmatrix}$、$\delta\boldsymbol{y}_1=[\delta R, \delta r_1]^{\mathrm{T}}$与 $\boldsymbol{p}_1=\begin{bmatrix}17.69\\ -17.63\end{bmatrix}$,可得第一条有向尺寸路径中接触点的位置误差为 $\delta\boldsymbol{r}_1=\begin{bmatrix}0.212 & 0.0335 & 0.05183 & 0.0335\\ 0.85 & 0.134 & 0.207 & 0.134\end{bmatrix}\begin{bmatrix}\delta R\\ \delta r_1\\ \delta L\\ \delta r_2\end{bmatrix}$。同理,可得第二条有向尺寸路径中接触点的位置误差为 $\delta\boldsymbol{r}_2=\begin{bmatrix}0.212 & 0.0335 & 0.05183 & 0.0335\\ 0.85 & 0.134 & 0.207 & 0.134\end{bmatrix}\begin{bmatrix}\delta R\\ \delta r_1\\ \delta L\\ \delta r_2\end{bmatrix}$。

步骤五,计算工件位置偏移。

由于雅克比定位矩阵 $\boldsymbol{J}=\begin{bmatrix}0.7059 & 0.7083 & 0\\ -0.7059 & 0.7083 & 0\end{bmatrix}$,法向量矩阵 $\boldsymbol{N}=\begin{bmatrix}-0.7059 & 0\\ -0.7083 & 0\\ 0 & 0.7059\\ 0 & -0.7083\end{bmatrix}$,经计算后可得工件位置偏移为 $\delta\boldsymbol{q}_{\mathrm{w}}=\begin{bmatrix}0.0072\\ 0.0291\\ 0\end{bmatrix}$。通过表格法计算出来的工件位置偏移 $\delta\boldsymbol{q}_{\mathrm{w}}$,其大小与文献值(秦国华等,2006)完全一致。

6.3.2　任意边接触式定位方案

如图6.7所示,工件采用一面两孔方式定位,两定位孔直径分别为 $D_1=40_{0}^{+0.025}$ mm和 $D_2=40_{0}^{+0.039}$ mm,两孔之间的距离为 $L_{12}=100\pm0.08$ mm。而相距 $l_{12}=100\pm0.02$ mm的两定位销,其直径则分别为 $d_1=40_{-0.032}^{-0.007}$ mm和 $d_2=40_{-0.053}^{-0.020}$ mm。现欲在工件上钻孔 O_3 及孔 O_4,计算工件的定位误差,这里孔 O_3 的加工要求为 $l_3'=50.25\pm0.25$ mm和 $h_3'=70.15\pm0.15$ mm,而孔 O_4 的加工要求为 $l_4'=40.1\pm0.1$ mm和 $h_4'=70.15\pm0.15$ mm。

值得一提的是,对于任意接触的定位方案,定位孔和定位销的装配尺寸理论上应

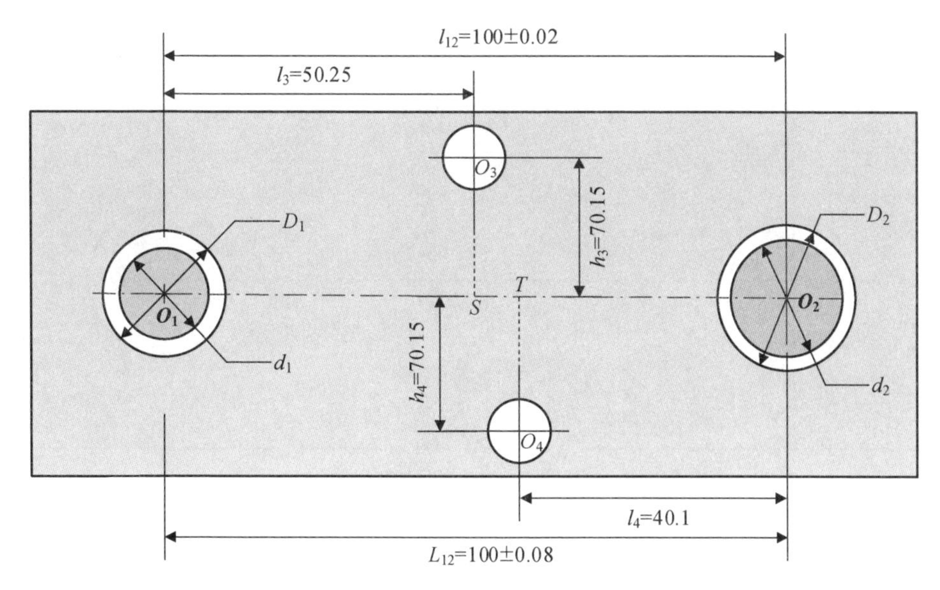

图 6.7　一面两孔定位方案

为 $D_1 = 40_{0}^{+0.025}$ mm、$d_1 = 40_{-0.032}^{0}$ mm 和 $D_2 = 40_{0}^{+0.039}$ mm、$d_2 = 40_{-0.053}^{0}$ mm。但为了孔和销的顺利装配，定位销的直径一般偏小，以致孔和销之间的配合具有最小间隙，进一步增大了定位误差。第一对配合的最小间隙为 0.007 mm，第二对配合的最小间隙为 0.020 mm，其值均为定位销的上偏差，为此应按定位销的理论值计算定位误差。

步骤一，查找有向尺寸路径，计算接触点位置误差。第 1 条有向尺寸路径由 (R_1, α) 和 $(r_1, \pi+\alpha)$ 两个矢量环组成，第 2 条有向尺寸路径由 (L_{12}, Θ)、$(R_2, \beta-\pi)$ 以及 (r_2, β) 三个矢量环组成，其中 $\Theta = 0$，如图 6.8(a) 和 6.8(b) 所示，其中 $R_1 = 20.006\ 25 \pm 0.012\ 5$，$r_1 = 19.992 \pm 0.016$，$R_2 = 20.009\ 75 \pm 0.019\ 5$，$r_2 = 19.986\ 75 \pm 0.026\ 5$。

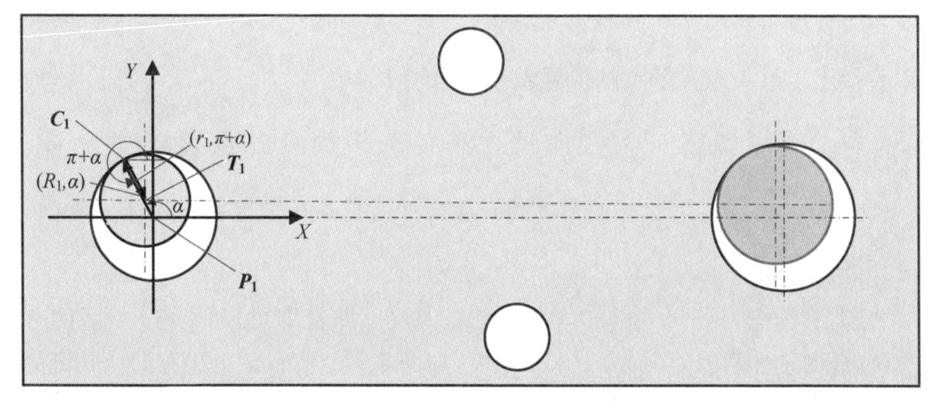

(a) 第一条有向尺寸路径

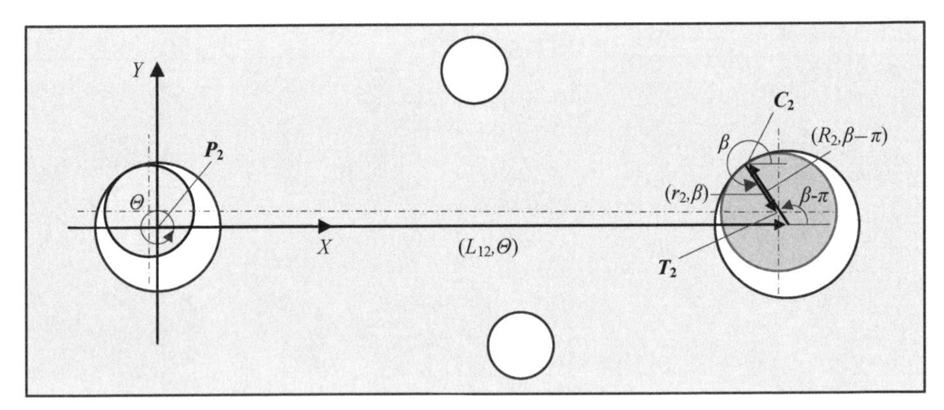

(b) 第二条有向尺寸路径

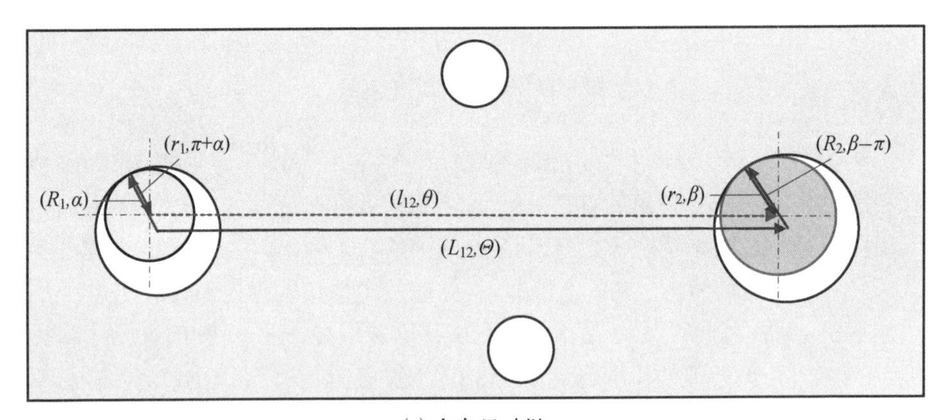

(c) 有向尺寸链

图 6.8　一面两孔定位方案的有向尺寸路径和尺寸链

当工件与定位销在任意角度 α 接触时，第 1 条有向尺寸路径不含未知参数，故可以直接求出第 1 个接触点的位置误差。由于 $\boldsymbol{E}_1 = \begin{bmatrix} \cos\alpha & \cos(\pi+\alpha) \\ \sin\alpha & \sin(\pi+\alpha) \end{bmatrix}$、$\delta \boldsymbol{Y}_1 = [\delta R_1,\ \delta r_1]^{\mathrm{T}}$，可得第一条有向尺寸路径中接触点的位置误差为 $\delta \boldsymbol{r}_1 = \begin{bmatrix} \cos\alpha & -\cos\alpha \\ \sin\alpha & -\sin\alpha \end{bmatrix} \begin{bmatrix} \delta R_1 \\ \delta r_1 \end{bmatrix}$。而第 2 条有向尺寸路径存在角度 β 这个未知参数，为此需要利用有向尺寸链求解接触点位置误差。

步骤二，搜索有向尺寸链。连接 2 条有向尺寸路径即可形成一个封闭的有向尺寸链，此时链中存在 θ、β 两个未知角度，如图 6.8(c)所示。由于有向尺寸链为角度型，则有向尺寸链中对应已知角度的尺寸 $\boldsymbol{L}^* = [20.006\ 25,\ 19.990\ 25,\ 100]^{\mathrm{T}}$、其

系数矩阵 $\boldsymbol{A}^{*}=\begin{bmatrix}\cos\alpha & \cos(\pi+\alpha) & 1\\ \sin\alpha & \sin(\pi+\alpha) & 0\end{bmatrix}$，而有向尺寸链中对应未知角度的尺寸 $\boldsymbol{L}=[19.981\ 75-20.009\ 75,\ 100]^{\mathrm{T}}$、有向尺寸链中的未知角度 $\boldsymbol{A}=\begin{bmatrix}\cos\beta & \cos\Theta\\ \sin\beta & \sin\Theta\end{bmatrix}$，显然有 β、Θ 均为 α 的函数，记为 $\beta=f(\alpha)$ 和 $\Theta=g(\alpha)$。

由表 6.5 可得有向尺寸链中 $\boldsymbol{E}_2=\begin{bmatrix}\cos\alpha & -\cos\alpha & 1 & \cos\beta & -\cos\beta & \cos\Theta\\ \sin\alpha & -\sin\alpha & 0 & \sin\beta & -\sin\beta & \sin\Theta\end{bmatrix}$、$\delta\boldsymbol{Y}_2=[\delta R_1,\ \delta r_1,\ \delta l_{12},\ \delta r_2,\ \delta R_2,\ \delta L_{12}]^{\mathrm{T}}$、$\boldsymbol{P}_2=\begin{bmatrix}-L_{12}\sin\Theta & -(R_2-r_2)\sin\beta\\ L_{12}\cos\Theta & (R_2-r_2)\cos\beta\end{bmatrix}$，第 2 条有向尺寸路径中 $\boldsymbol{e}_2=\begin{bmatrix}\cos\beta & -\cos\beta & \cos\Theta\\ \sin\beta & -\sin\beta & \sin\Theta\end{bmatrix}$、$\boldsymbol{p}_2=\begin{bmatrix}-L_{12}\sin\Theta & -(R_2-r_2)\sin\beta\\ L_{12}\cos\Theta & (R_2-r_2)\cos\beta\end{bmatrix}$、$\delta\boldsymbol{y}_2=[\delta r_2,\ \delta R_2,\ \delta L_{12}]^{\mathrm{T}}$，则第 2 个接触点的位置误差为 $\delta\boldsymbol{r}_2=\begin{bmatrix}\cos\alpha & \cos\alpha & 1 & 0 & 0 & 0\\ \sin\alpha & \sin\alpha & 0 & 0 & 0 & 0\end{bmatrix}\begin{bmatrix}\delta R_1\\ \delta r_1\\ \delta l_{12}\\ \delta r_2\\ \delta R_2\\ \delta L_{12}\end{bmatrix}$。

表 6.5　一面两孔定位方案有向尺寸链的公差及其系数

矢量环	长　度			方　向		
	尺寸	公差	系　数	角度	公差	系　数
查重前	R_1	δR_1	$[\cos\alpha,\ \sin\alpha]^{\mathrm{T}}$	α	$\delta\alpha$	$[-R_1\sin\alpha,\ R_1\cos\alpha]^{\mathrm{T}}$
	r_1	δr_1	$[\cos(\pi+\alpha),\ \sin(\pi+\alpha)]^{\mathrm{T}}$	$\pi+\alpha$	$\delta\alpha$	$[-r_1\sin\alpha,\ r_1\cos\alpha]^{\mathrm{T}}$
	l_{12}	δl_{12}	$[1,\ 0]^{\mathrm{T}}$	θ	$\delta\theta$	$[-l_{12}\sin\theta,\ l_{12}\cos\theta]^{\mathrm{T}}$
	r_2	δr_2	$[\cos\beta,\ \sin\beta]^{\mathrm{T}}$	β	$\delta\beta$	$[-r_2\sin\beta,\ r_2\cos\beta]^{\mathrm{T}}$
	R_2	δR_2	$[\cos(\beta-\pi),\ \sin(\beta-\pi)]^{\mathrm{T}}$	$\beta-\pi$	$\delta\beta$	$[-R_2\sin(\beta-\pi),\ R_2\cos(\beta-\pi)]^{\mathrm{T}}$
	L_{12}	δL_{12}	$[\cos\Theta,\ \sin\Theta]^{\mathrm{T}}$	Θ	$\delta\Theta$	$[-L_{12}\sin\Theta,\ L_{12}\cos\Theta]^{\mathrm{T}}$

续　表

<table>
<tr><th rowspan="2">矢量环</th><th colspan="3">长　度</th><th colspan="3">方　向</th></tr>
<tr><th>尺寸</th><th>公差</th><th>系　数</th><th>角度</th><th>公差</th><th>系　数</th></tr>
<tr><td rowspan="5">查重后</td><td>R_1</td><td>δR_1</td><td>$[\cos\alpha,\ \sin\alpha]^{\mathrm{T}}$</td><td>$\alpha$</td><td>0</td><td>$[-(R_1+r_1)\sin\alpha,\ (R_1+r_1)\cos\alpha]^{\mathrm{T}}$</td></tr>
<tr><td>r_1</td><td>δr_1</td><td>$[\cos(\pi+\alpha),\ \sin(\pi+\alpha)]^{\mathrm{T}}$</td><td>$\theta$</td><td>0</td><td>$[-l_{12}\sin\theta,\ l_{12}\cos\theta]^{\mathrm{T}}$</td></tr>
<tr><td>l_{12}</td><td>δl_{12}</td><td>$[1,\ 0]^{\mathrm{T}}$</td><td rowspan="2">β</td><td rowspan="2">$\delta\beta$</td><td rowspan="2">$[-(R_2-r_2)\sin\beta,\ (R_2-r_2)\cos\beta]^{\mathrm{T}}$</td></tr>
<tr><td>r_2-R_2</td><td>$\delta r_2-\delta R_2$</td><td>$[\cos\beta,\ \sin\beta]^{\mathrm{T}}$</td></tr>
<tr><td>L_{12}</td><td>δL_{12}</td><td>$[\cos\Theta,\ \sin\Theta]^{\mathrm{T}}$</td><td>$\Theta$</td><td>$\delta\Theta$</td><td>$[-L_{12}\sin\Theta,\ L_{12}\cos\Theta]^{\mathrm{T}}$</td></tr>
</table>

综合两个接触点位置误差,故接触点的位置偏移为 $\delta\boldsymbol{r}=\begin{bmatrix}\cos\alpha & \cos\alpha & 0 & 0 & 0 & 0\\ \sin\alpha & \sin\alpha & 0 & 0 & 0 & 0\\ \cos\alpha & \cos\alpha & 1 & 0 & 0 & 0\\ \sin\alpha & \sin\alpha & 0 & 0 & 0 & 0\end{bmatrix}\begin{bmatrix}\delta R_1\\ \delta r_1\\ \delta l_{12}\\ \delta r_2\\ \delta R_2\\ \delta L_{12}\end{bmatrix}$。

由于工件的定位雅可比矩阵 $\boldsymbol{J}=\begin{bmatrix}-\cos\alpha & -\sin\alpha & 0\\ -\cos\beta & -\sin\beta & 100\sin\beta\end{bmatrix}$ 及工件的单位法向量矩阵 $\boldsymbol{N}=\begin{bmatrix}\cos\alpha & 0\\ \sin\alpha & 0\\ 0 & \cos\beta\\ 0 & \sin\beta\end{bmatrix}$,通过以步长为10°将接触角 α ($0^\circ\leqslant\alpha\leqslant 360^\circ$)离散,计算可得工件位置偏移 $\delta\boldsymbol{q}_{\mathrm{w}}$,如表6.6所示,其中工件位置偏移 $\delta\boldsymbol{q}_{\mathrm{w}}$ 的计算值和文献值完全吻合。

对于孔 O_3 来说,其中心位置 O_3 的坐标为 $\boldsymbol{r}_{O_3}=[l_3,\ h_3]^{\mathrm{T}}$。随着工件位置的偏移,中心的 O_3 位置也将发生偏移,最终形成定位误差,如表6.6所示。由于水平方向包括 $\alpha=0^\circ$ 和 $\alpha=180^\circ$,垂直方向包括 $\alpha=90^\circ$ 和 $\alpha=270^\circ$,由表6.6可知水平方向和垂直方向的定位误差均为 $\delta\boldsymbol{r}_P=0.057\ \mathrm{mm}<0.25\ \mathrm{mm}$ 和 $\delta\boldsymbol{r}_P=0.127\,4\ \mathrm{mm}<0.15\ \mathrm{mm}$。

表 6.6　定位误差的计算

接触角 α	工件位置偏移 $\delta \boldsymbol{q}_w$	孔 O_3 水平方向误差 $\delta \boldsymbol{r}_P$		孔 O_3 垂直方向误差 $\delta \boldsymbol{r}_P$		孔 O_4 水平方向定位 $\delta \boldsymbol{r}_P$		孔 O_4 垂直方向定位 $\delta \boldsymbol{r}_P$	
		基准	误　差	基准	误　差	基准	误　差	基准	误　差
0	[0.028 5, 0, 0.000 2]^T	$\boldsymbol{O_1}$	**[0.028 5, 0]^T**	$\boldsymbol{S}$	[0.028 5, −0.010 05]^T	$\boldsymbol{O_2}$	[**0.108 5**, −0.02]^T	$\boldsymbol{T}$	[0.108 5, −0.011 98]^T
10	[0.024 6, 0.004 35, 0.000 26]^T	O_1	[0.024 6, 0.004 35]^T	S	[0.024 6, −0.012 6]^T	O_2	[0.104 6, −0.022]^T	T	[0.104 6, −0.013 1]^T
20	[0.023 49, 0.008 55, 0.000 29]^T	O_1	[0.023 49, 0.008 55]^T	S	[0.023 49, −0.015 6]^T	O_2	[0.103 49, −0.027]^T	T	[0.103 49, −0.017 9]^T
30	[0.021 6, 0.012 5, 0.000 32]^T	O_1	[0.021 6, 0.012 5]^T	S	[0.021 6, −0.021]^T	O_2	[0.101 6, −0.033 5]^T	T	[0.101 6, −0.027 6]^T
40	[0.019, 0.016, 0.000 36]^T	O_1	[0.019, 0.016]^T	S	[0.019, −0.026]^T	O_2	[0.099, −0.035 6]^T	T	[0.099, −0.036]^T
50	[0.016 1, 0.019 15, 0.000 41]^T	O_1	[0.016 1, 0.019 1]^T	S	[0.016 1, −0.033 1]^T	O_2	[0.096 1, −0.037 8]^T	T	[0.096 1, −0.041]^T
60	[0.012 5, 0.021 6, 0.000 46]^T	O_1	[0.012 5, 0.021 6]^T	S	[0.012 5, −0.042]^T	O_2	[0.092 5, −0.038 9]^T	T	[0.092 5, −0.049 5]^T
70	[0.008 5, 0.023 49, 0.000 51]^T	O_1	[0.008 5, 0.023 49]^T	S	[0.008 5, −0.047 1]^T	O_2	[0.088 5, −0.039 9]^T	T	[0.088 5, −0.056 6]^T
80	[0.004 3, 0.024 6, 0.000 62]^T	O_1	[0.004 3, 0.024 6]^T	S	[0.004 3, −0.053]^T	O_2	[0.084 3, −0.041]^T	T	[0.084 3, −0.061 1]^T
90	[0, 0.028 5, 0.000 7]^T	$\boldsymbol{O_1}$	[0, 0.028 5]^T	$\boldsymbol{S}$	[0, **−0.063 7**]^T	$\boldsymbol{O_2}$	[0.08, −0.041 5]^T	$\boldsymbol{T}$	[0.08, **−0.070 43**]^T
100	[0.004 1, 0.023, 0.000 63]^T	O_1	[0.004 1, 0.023]^T	S	[0.004 1, −0.055]^T	O_2	[0.084 1, −0.040 8]^T	T	[0.084 1, −0.059]^T
110	[0.006 54, 0.017 99, 0.000 54]^T	O_1	[0.006 54, 0.017 99]^T	S	[0.006 54, −0.049]^T	O_2	[0.086 54, −0.039 5]^T	T	[0.086 54, −0.052]^T

续 表

接触角 α	工件位置偏移 $\delta \boldsymbol{q}_w$	孔 O_3 水平方向误差 $\delta \boldsymbol{r}_P$		孔 O_3 垂直方向误差 $\delta \boldsymbol{r}_P$		孔 O_4 水平方向定位 $\delta \boldsymbol{r}_P$		孔 O_4 垂直方向定位 $\delta \boldsymbol{r}_P$	
		基准	误差	基准	误差	基准	误差	基准	误差
120	$[0.0098, 0.0108, 0.00047]^T$	O_1	$[0.0098, 0.0108]^T$	S	$[0.0098, -0.0419]^T$	O_2	$[0.0898, -0.0389]^T$	T	$[0.0898, -0.0465]^T$
130	$[0.0159, 0.0083, 0.00041]^T$	O_1	$[0.0159, 0.0083]^T$	S	$[0.0159, -0.037]^T$	O_2	$[0.0959, -0.0375]^T$	T	$[0.0959, -0.0416]^T$
140	$[0.0185, 0.0077, 0.00036]^T$	O_1	$[0.0185, 0.0077]^T$	S	$[0.0185, -0.029]^T$	O_2	$[0.0985, -0.036]^T$	T	$[0.0985, -0.0326]^T$
150	$[0.0199, 0.0065, 0.00032]^T$	O_1	$[0.0199, 0.0065]^T$	S	$[0.0199, -0.0197]^T$	O_2	$[0.0999, -0.0335]^T$	T	$[0.0999, -0.0264]^T$
160	$[0.021, 0.0059, 0.00029]^T$	O_1	$[0.021, 0.0059]^T$	S	$[0.021, -0.0177]^T$	O_2	$[0.101, -0.027]^T$	T	$[0.101, -0.022]^T$
170	$[0.023, 0.0045, 0.00025]^T$	O_1	$[0.023, 0.0045]^T$	S	$[0.023, -0.0141]^T$	O_2	$[0.103, -0.022]^T$	T	$[0.103, -0.0166]^T$
180	$[0.0285, 0, 0.0002]^T$	$\boldsymbol{O_1}$	$[\mathbf{0.0285}, 0]^T$	$\boldsymbol{S}$	$[0.0285, -0.01005]^T$	$\boldsymbol{O_2}$	$[\mathbf{0.1085}, -0.02]^T$	$\boldsymbol{T}$	$[0.1085, -0.01198]^T$
190	$[0.0245, 0.0043, 0.00026]^T$	O_1	$[0.0245, 0.00435]^T$	S	$[0.0245, -0.0156]^T$	O_2	$[0.1045, -0.0217]^T$	T	$[0.1045, -0.0126]^T$
200	$[0.023, 0.0085, 0.00029]^T$	O_1	$[0.023, 0.0085]^T$	S	$[0.023, -0.0216]^T$	O_2	$[0.103, -0.026]^T$	T	$[0.103, -0.0179]^T$
210	$[0.0216, 0.0046, 0.00032]^T$	O_1	$[0.0216, 0.0125]^T$	S	$[0.0216, -0.029]^T$	O_2	$[0.1016, -0.032]^T$	T	$[0.1016, -0.0276]^T$
220	$[0.019, 0.0016, 0.00036]^T$	O_1	$[0.019, 0.016]^T$	S	$[0.019, -0.0345]^T$	O_2	$[0.099, -0.035]^T$	T	$[0.099, -0.036]^T$
230	$[0.0161, 0.01915, 0.00041]^T$	O_1	$[0.0161, 0.0191]^T$	S	$[0.0161, -0.0399]^T$	O_2	$[0.0961, -0.037]^T$	T	$[0.0961, -0.041]^T$

续　表

接触角 α	工件位置偏移 $\delta \boldsymbol{q}_w$	孔 O_3 水平方向误差 $\delta \boldsymbol{r}_P$		孔 O_3 垂直方向误差 $\delta \boldsymbol{r}_P$		孔 O_4 水平方向定位 $\delta \boldsymbol{r}_P$		孔 O_4 垂直方向定位 $\delta \boldsymbol{r}_P$	
		基准	误　差	基准	误　差	基准	误　差	基准	误　差
240	[0.012 6，0.021 6，0.000 46]^{T}	O_1	[0.012 6，0.021 6]^{T}	S	[0.012 6，−0.042]^{T}	O_2	[0.092 6，−0.038]^{T}	T	[0.092 6，−0.049 5]^{T}
250	[0.008 7，0.023 49，0.000 51]^{T}	O_1	[0.008 7，0.023 49]^{T}	S	[0.008 7，−0.047 1]^{T}	O_2	[0.088 7，−0.039 5]^{T}	T	[0.088 7，−0.056 6]^{T}
260	[0.004 4，0.024 6，0.000 62]^{T}	O_1	[0.004 4，0.024 6]^{T}	S	[0.004 4，−0.053]^{T}	O_2	[0.084 4，−0.040 8]^{T}	T	[0.084 4，−0.061 1]^{T}
270	[0，0.028 5，0.000 7]^{T}	$\boldsymbol{O_1}$	[0，0.028 5]^{T}	$\boldsymbol{S}$	[0，**−0.063 7**]^{T}	$\boldsymbol{O_2}$	[0.08，−0.041 5]^{T}	$\boldsymbol{T}$	[0.08，**−0.070 43**]^{T}
280	[0.004 2，0.023，0.000 63]^{T}	O_1	[0.004 2，0.023]^{T}	S	[0.004 2，−0.056]^{T}	O_2	[0.084 2，−0.041]^{T}	T	[0.084 2，−0.059]^{T}
290	[0.006 55，0.017 99，0.000 54]^{T}	O_1	[0.006 55，0.017 99]^{T}	S	[0.006 55，−0.049]^{T}	O_2	[0.086 55，−0.039]^{T}	T	[0.086 55，−0.052]^{T}
300	[0.009 8，0.010 8，0.000 46]^{T}	O_1	[0.009 8，0.010 8]^{T}	S	[0.009 8，−0.041 9]^{T}	O_2	[0.089 8，−0.038]^{T}	T	[0.089 8，−0.046 5]^{T}
310	[0.015 9，0.008 3，0.000 41]^{T}	O_1	[0.015 9，0.008 3]^{T}	S	[0.015 9，−0.037]^{T}	O_2	[0.095 9，−0.036]^{T}	T	[0.095 9，−0.041 6]^{T}
320	[0.018 5，0.007 7，0.000 36]^{T}	O_1	[0.018 5，0.007 7]^{T}	S	[0.018 5，−0.029]^{T}	O_2	[0.098 5，−0.031]^{T}	T	[0.098 5，−0.032 6]^{T}
330	[0.019 9，0.006 5，0.000 32]^{T}	O_1	[0.019 9，0.006 5]^{T}	S	[0.019 9，−0.019 7]^{T}	O_2	[0.099 9，−0.026]^{T}	T	[0.099 9，−0.026 4]^{T}
340	[0.022，0.005 9，0.000 29]^{T}	O_1	[0.022，0.005 9]^{T}	S	[0.022，−0.017 7]^{T}	O_2	[0.102，−0.022 7]^{T}	T	[0.102，−0.022]^{T}
350	[0.023，0.004 5，0.000 26]^{T}	O_1	[0.023，0.004 5]^{T}	S	[0.023，−0.012 6]^{T}	O_2	[0.103，−0.021 5]^{T}	T	[0.103，−0.016 6]^{T}

水平方向的尺寸要求为 50.25±0.25 mm,基准为 P_1,其坐标为 $\boldsymbol{r}_{P_1}=\boldsymbol{r}_{O_1}=[0,\ 0]^{\mathrm{T}}$,而垂直方向的尺寸要求为 70.15±0.15 mm,基准为 S,坐标为 $\boldsymbol{r}_S=[l_3,\ 0]^{\mathrm{T}}$。

对于孔 O_4 来说,水平尺寸 40.1±0.1 mm 的基准坐标为 $\boldsymbol{r}_{O_2}=[l_{12},\ 0]^{\mathrm{T}}$,而垂直尺寸 70.15±0.15 mm 的基准 T 的坐标为 $\boldsymbol{r}_{\mathrm{T}}=[L_{12}-l_4,\ 0]^{\mathrm{T}}$。由于水平方向包括 $\alpha=0°$ 和 $\alpha=180°$,垂直方向包括 $\alpha=90°$ 和 $\alpha=270°$,由表 6.6 可知水平方向和垂直方向的定位误差均为 $\delta\boldsymbol{r}_P=0.057$ mm<0.25 mm 和 $\delta\boldsymbol{r}_P=0.127\,4$ mm<0.15 mm。

孔 O_4 的水平方向和垂直方向的定位误差分别为 $\delta\boldsymbol{r}_P=0.217$ mm>0.1 mm 和 $\delta\boldsymbol{r}_P=0.140\,86$ mm<0.15。显然孔 O_4 水平方向的加工要求不能满足。其中孔 O_3 和 O_4 的定位误差计算结果均与文献值完全相同。

6.3.3 实验验证

这里针对实例 1 的双圆柱定位方案,采用实验测量方法进行工件位置偏移的验证。由于工件位置偏移 $\delta\boldsymbol{q}_{\mathrm{w}}$ 是一个随机变量,为了统计分析与验证计算后的工件位置偏移,对 60 个工件进行了位置误差的测量,测量方案如图 6.9 所示,测量设备为桥式坐标测量机 Global Status。

图 6.9 测量方案

在该定位方案中,利用坐标测量机测量圆柱工件中心的位置偏移,测量结果如表 6.7 所示。根据表 6.7 中 60 个工件位置偏移的实测数据,可以列出 δx_{w} 的频数分布表,分别如表 6.8 所示。

表 6.7　工件位置偏移测量结果

直径 D	水平方向 δx_w	垂直方向 δy_w	直径 D	水平方向 δx_w	垂直方向 δy_w
39.955	−0.006	−0.009	39.974	0.002	0.001
39.948	−0.004	−0.018	39.977	0.002	0.005
39.943	−0.002	−0.021	39.959	0.001	−0.008
39.964	−0.003	0.001	39.972	0.001	0.002
39.967	−0.003	0.002	39.968	−0.004	−0.001
39.973	−0.001	0.008	39.982	0.006	0.018
39.963	−0.004	−0.003	39.959	0.003	−0.011
39.981	−0.002	0.012	39.677	0.003	−0.001
39.965	−0.005	−0.002	39.984	0	0.008
39.955	−0.004	−0.012	39.979	0.001	0.010
39.968	−0.005	0.002	39.98	0.002	0.010
39.958	−0.003	−0.004	39.987	0.004	0.020
39.946	−0.002	−0.017	39.667	0.001	−0.002
39.963	−0.002	−0.001	39.950	0.003	−0.020
39.956	0.002	−0.007	39.985	0.004	0.014
39.963	−0.001	−0.006	39.977	−0.001	0.001
39.958	−0.002	−0.010	39.984	0	0.013
39.971	−0.003	0.007	39.984	−0.001	0.008
39.958	0.002	−0.002	39.979	0.001	0.009
39.952	0.001	−0.014	39.968	−0.004	−0.002
39.953	−0.001	−0.008	39.958	−0.001	−0.009
39.955	−0.001	−0.008	39.953	−0.002	−0.004
39.962	−0.001	−0.001	39.973	0.006	0.005

续　表

直径 D	水平方向 δx_w	垂直方向 δy_w	直径 D	水平方向 δx_w	垂直方向 δy_w
39.966	−0.002	−0.001	39.975	0	0.001
39.956	−0.002	−0.013	39.977	0	0.004
39.966	−0.003	−0.005	39.975	0.001	0.007
39.695	0	−0.001	39.975	0.001	0.009
39.983	0.003	0.019	39.979	−0.001	0.010
39.948	−0.001	−0.016	39.981	−0.001	0.015
39.976	0	0.003	39.982	−0.002	0.013

表 6.8　水平方向测量值的频数分布表

组号	组距/mm	组中值/mm	组数	频率
1	−0.007～−0.005	−0.006	1	0.016 7
2	−0.005～−0.003	−0.004	7	0.116 7
3	−0.003～−0.001	−0.002	14	0.233 3
4	−0.001～0.001	0	17	0.283 3
5	0.001～0.003	0.002	13	0.216 7
6	0.003～0.005	0.004	6	0.1
7	0.005～0.007	0.006	2	0.033 3

以组距为横坐标，相应的频数为纵坐标作出直方图，如图 6.9 所示，观测对象 δx_w的实际曲线符合正态分布，故可得工件位置偏移 δx_w的均值和标准差分别为 $\mu_{\delta x}=-0.000\ 5$ 与 $S_{\delta x}=0.002\ 6$。同理可得工件位置偏移 δy_w的均值和标准差分别为 $\mu_{\delta y}=0$ 与 $S_{\delta y}=0.009\ 8$。

因此，根据“6σ”原则可知 $\delta x_w=\pm 0.007\ 8$ 和 $\delta y_w=\pm 0.029\ 4$。比较实验数据可知，观测对象 δx_w与 δy_w计算结果的相对误差分别为 7.69%与 1.02%。由此说明模型计算结果与实验测量数据具有很好的一致性。

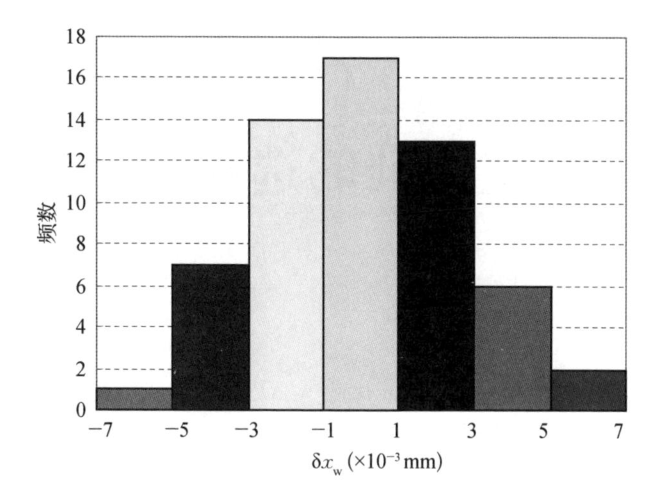

图 6.10　工件位置偏移的统计分析

第7章

定位基准的选择算法

定位基准选择是计算机辅助工艺计划(CAPP)的主要内容之一,是联接 CAPP 和计算机辅助夹具设计(CAFD)的桥梁。定位基准的选择直接影响零件的工艺路线决策、加工质量和加工成本,是一个影响因素众多的复杂问题。

7.1 层次结构模型

影响定位基准决策的因素主要有结构因素和工艺因素两个方面。结构因素主要考虑所选定位表面需要具备稳定可靠、刚性强、夹具结构简单、刀具调整和进退方便、工件装夹方便等因素,如表面特征、表面粗糙度等;而工艺因素是影响零件加工精度方面的一些因素,如基准重合原则等。

在深入分析实际问题的基础上,将有关的各个因子按照不同属性自上而下地分解成若干层次,同一层的各个因子从属于上一层的因子或对上一层因子有影响,同时又支配下一层的因子或受到下一层因子的作用。层次结构模型能够清晰地表达这些因子的关系,最上层为目标层,通常只有 1 个因子;最下层为方案层;中间可以有一个或几个层次,通常为准则层。当准则过多时(如多于 9 个)应进一步分解出子准则层。图 7.1 为定位基准选择的层次结构模型。第一层为目标层,目的就是要获得加工工序中所需要的定位基准表面。而在定位基准选择时,主要考虑表面粗糙度、表面特征、定位有效域、尺寸误差等四个评价因子,从而构成了层次结构模型的准则层。方案层为加工工序中所有候选的定位基准表面。这里,B_1表示表面粗糙度,B_2表示表面特征域,B_3表示定位有效域,B_4表示尺寸误差。若加工工序中待加工工件有 n 个可选作定位基准的表面,则分别记为 C_1、C_2、…、C_i、…、C_n。

工件定位基准的评价因子从结构上主要考虑所选定位基准表面应使得工件装夹方便、稳定、夹具元件的可及性高、夹具结构简单、刀具调整和进退方便等因素,而从工艺上主要考虑影响工件加工精度等因素,因此本文规定四种基准评价因子。

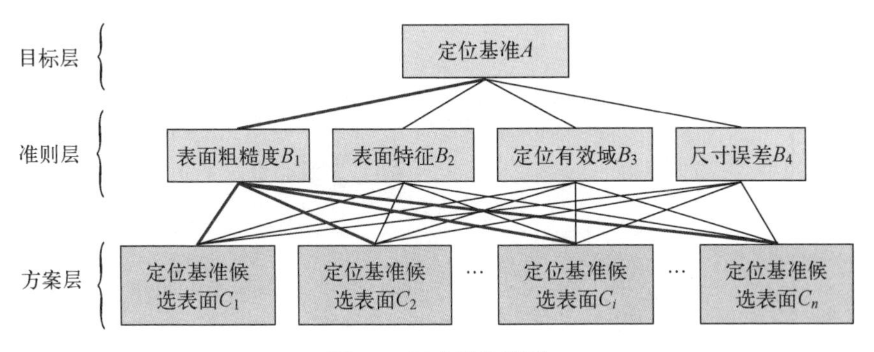

图 7.1　层次结构模型

7.1.1　表面粗糙度

按照国标 GB/T 1031—2009《产品几何技术规划(GPS)表面结构轮廓法 表面粗糙度参数及其数值》,表面粗糙度 Ra 一般取 0.012、0.025、0.05、0.1、0.2、0.4、0.8、1.6、3.2、6.3、12.5、25、50、100 等。而表面的粗糙度值越小,引起的定位误差越小,选作定位基准的可能性越大。因此,与表面粗糙度相关的因子 R 可构造如下

$$R=\begin{cases}0.1,\ Ra>100\\ 0.8\left(1-\dfrac{\log Ra}{\log 100}\right)+0.1,\ 1<Ra\leqslant 100\\ 0.9,\ Ra<1\end{cases}\tag{7.1}$$

7.1.2　表面特征

工件的几何形状由若干个表面组成,通常选取一些常用的、规则的表面作为定位基准表面。因此,在确定定位方案的过程中,组成工件的特征被分解成特征表面,倒角、圆角等附加特征可被忽略。特征表面的评估值 S 如表 7.1 所示。

表 7.1　表面特征的评估值

序号	特征表面	例　图	评估值
1	平　　面		0.8

续　表

序号	特征表面	例　图	评估值
2	外圆柱面		0.7
3	内圆柱面		0.6
4	圆 锥 面		0.3
5	其他曲面		0.2

7.1.3　定位有效域

一般而言,表面面积越小,定位越不稳定,太小或太窄的表面都不适合作为定位基准。因此,对于候选定位基准表面,必须具有足够大的有效定位面积。设 A 为候选定位基准的面积,定位有效域因子 L 可定义为

$$L=\frac{A}{A_{\max}} \tag{7.2}$$

式中,$A_{\max}$ 为候选定位基准中的最大面积。

7.1.4　尺寸误差

为了保证工件的加工精度,一般选择工序基准作为定位基准。而且与加工特征具有越多的尺寸关系,该表面越有可能被选作定位基准。因此,尺寸误差因子 D 可定义为

$$D=\begin{cases}0.1+k\left(1-\dfrac{\Delta}{T}\right),\ \Delta\leqslant T\\0.1,\ \Delta>T\end{cases} \tag{7.3}$$

式中,Δ 为基准不重合误差,即在加工要求方向上的定位基准与工序基准之间尺寸误差;T 为工序尺寸公差(即加工要求);k 为系数,当所选择的定位基准与加工特

征的尺寸关系数 $N \geqslant 3$ 时，取 $k=0.8$，如果 $N=2$ 则取 $k=0.7$，如果 $N=1$ 取 $k=0.6$；如果 $N=0$ 取 $k=0$。

7.2　判断矩阵

从层次结构模型的第 2 层开始，对于从属于(或影响)上一层每个因素的同一层诸因素，用成对比较法构造判断矩阵，直到最下层。一般来说，采用标度法建立准则层和方案层的判断矩阵。

通过相互比较确定准则层各因子对目标的权重，构造判断矩阵。在层次分析法中，为了使矩阵中各因子的重要性能够进行定量显示，引进 1～9 标度法，如表 7.2 所示。

表 7.2　标度表

标　度	含　　义
1	表示两个因子相比，具有同样的重要性
3	表示两个因子相比，前者比后者稍重要
5	表示两个因子相比，前者比后者明显重要
7	表示两个因子相比，前者比后者极其重要
9	表示两个因子相比，前者比后者强烈重要
2，4，6，8	表示上述相邻判断的中间值

对于要比较的两个因子 B_i 和 B_j 而言，若 B_i 和 B_j 具有相同重要性，则其重要性比值取 $b_{ij}=1:1$，强烈重要就是 $b_{ij}=9:1$。值得注意的是，若 B_i 和 B_j 的重要性之比为 b_{ij}，那么 B_j 和 B_i 的重要性之比为 $b_{ji}=1/b_{ij}$。两两比较后，即可将比值 b_{ij} 排列成准则层对目标层的判断矩阵 $\boldsymbol{P}_{2\to1,1}$ 为

$$\boldsymbol{P}_{2\to1,1}=\begin{matrix} & B_1 & B_2 & B_3 & B_4 \\ B_1 \\ B_2 \\ B_3 \\ B_4 \end{matrix}\begin{matrix} \\ \begin{bmatrix} b_{11} & b_{12} & b_{13} & b_{14} \\ b_{21} & b_{22} & b_{23} & b_{24} \\ b_{31} & b_{32} & b_{33} & b_{34} \\ b_{41} & b_{41} & b_{43} & b_{44} \end{bmatrix}\end{matrix} \tag{7.4}$$

另外，根据上述准则层中的四个因子，计算出任意两个候选定位基准 C_i 与 C_j 相对应的 R、S、L、和 D 值。通过比较 C_i 与 C_j（i，$j=1$，2，…，n）相对应的表面粗糙度 Ra 的大小，可知 C_i、C_j 表面特征的重要性，再根据表 7.2 取其重要性比值 r_{ij}，形成候选定位基准对准则层中表面特征的判断矩阵 $\boldsymbol{P}_{3\to2,\,1}$ 如下

$$\boldsymbol{P}_{3\to2,\,1}=\begin{matrix} \\ C_1 \\ C_2 \\ \vdots \\ C_n \end{matrix}\begin{matrix} \begin{matrix} C_1 & C_2 & \cdots & C_n \end{matrix} \\ \begin{bmatrix} r_{11} & r_{12} & \cdots & r_{1n} \\ r_{21} & r_{22} & \cdots & r_{21} \\ \vdots & \vdots & \vdots & \vdots \\ r_{n1} & r_{12} & \cdots & r_{nn} \end{bmatrix} \end{matrix} \tag{7.5}$$

类似地，可得方案层各候选定位基准对准则层中表面特征、定位有效域和尺寸误差的判断矩阵分别为

$$\boldsymbol{P}_{3\to2,\,2}=\begin{matrix} \\ C_1 \\ C_2 \\ \vdots \\ C_n \end{matrix}\begin{matrix} \begin{matrix} C_1 & C_2 & \cdots & C_n \end{matrix} \\ \begin{bmatrix} s_{11} & s_{12} & \cdots & s_{1n} \\ s_{21} & s_{22} & \cdots & s_{21} \\ \vdots & \vdots & \vdots & \vdots \\ s_{n1} & s_{12} & \cdots & s_{nn} \end{bmatrix} \end{matrix} \tag{7.6}$$

$$\boldsymbol{P}_{3\to2,\,3}=\begin{matrix} \\ C_1 \\ C_2 \\ \vdots \\ C_n \end{matrix}\begin{matrix} \begin{matrix} C_1 & C_2 & \cdots & C_n \end{matrix} \\ \begin{bmatrix} l_{11} & l_{12} & \cdots & l_{1n} \\ l_{21} & l_{22} & \cdots & l_{21} \\ \vdots & \vdots & \vdots & \vdots \\ l_{n1} & l_{12} & \cdots & l_{nn} \end{bmatrix} \end{matrix} \tag{7.7}$$

$$\boldsymbol{P}_{3\to2,\,4}=\begin{matrix} \\ C_1 \\ C_2 \\ \vdots \\ C_n \end{matrix}\begin{matrix} \begin{matrix} C_1 & C_2 & \cdots & C_n \end{matrix} \\ \begin{bmatrix} d_{11} & d_{12} & \cdots & d_{1n} \\ d_{21} & d_{22} & \cdots & d_{21} \\ \vdots & \vdots & \vdots & \vdots \\ d_{n1} & d_{12} & \cdots & d_{nn} \end{bmatrix} \end{matrix} \tag{7.8}$$

7.3　层权向量

首先判断矩阵构造好后，可计算出其相应的最大特征值及其特征向量。然后

利用一致性指标、随机一致性指标和一致性比率进行一致性检验。最后经过检验，若检验通过，特征向量归一化后即为层权向量；若不通过，则需重新构造判断矩阵。

假定层次结构模型中第 p 层对第 $p-1$ 层第 q 个因子（$2 \leqslant p \leqslant m$，$1 \leqslant q \leqslant n_{p-1}$）的判断矩阵为 $\boldsymbol{P}_{p \to p-1,\ q} = (p_{ij})_{n_p \times n_p}$，则 $\boldsymbol{P}_{p \to p-1,\ q}$ 的最大特征值与特征向量为

$$\boldsymbol{P}_{p \to p-1,\ q} \boldsymbol{W}_{p \to p-1,\ q} = \lambda_{p \to p-1,\ q} \boldsymbol{W}_{p \to p-1,\ q} \tag{7.9}$$

其中，$\boldsymbol{W}_{p \to p-1,\ q} = [W_1,\ W_2,\ \cdots,\ W_{n_p}]^{\mathrm{T}}$ 为 $\boldsymbol{P}_{p \to p-1,\ q}$ 的特征向量；$\lambda_{p \to p-1,\ q}$ 为 $\boldsymbol{P}_{p \to p-1,\ q}$ 的最大特征值。

逐一对特征向量 $\boldsymbol{W}_{p \to p-1,\ q}$ 的各个元素 W_i（$1 \leqslant i \leqslant n_{p-1}$），按照 $w_i = \dfrac{W_i}{\sum_{k=1}^{n_p} W_k}$ 进行归一化后，则可得待定权向量为

$$\boldsymbol{w}_{p \to p-1,\ q} = [w_1,\ w_2,\ \cdots,\ w_{n_p}]^{\mathrm{T}} \tag{7.10}$$

然后，判断矩阵 $\boldsymbol{P}_{p \to p-1,\ q}$ 相应的一致性指标 $\mathrm{CI}_{p \to p-1,\ q}$、随机一致性指标 $\mathrm{RI}_{p \to p-1,\ q}$、一致性比率 $\mathrm{CR}_{p \to p-1,\ q}$ 分别为

$$\mathrm{CI}_{p \to p-1,\ q} = \frac{\lambda_{p \to p-1,\ q} - n_p}{n_p - 1} \tag{7.11}$$

$$\mathrm{CR}_{p \to p-1,\ q} = \frac{\mathrm{CI}_{p \to p-1,\ q}}{\mathrm{RI}_{p \to p-1,\ q}} \tag{7.12}$$

其中，随机一致性指标 $\mathrm{RI}_{p \to p-1,\ q}$ 可按如表 7.3 进行取值。

表 7.3　随机一致性指标的取值

因子数	1	2	3	4	5	6
随机一致性指标	0	0	0.52	0.89	1.12	1.226
因子数	7	8	9	10	11	12
随机一致性指标	1.36	1.41	1.46	1.49	1.52	1.54
因子数	13	14	15	16	17	18
随机一致性指标	1.56	1.58	1.59	1.594 3	1.606 4	1.613 3

续 表

因子数	19	20	21	22	23	24
随机一致性指标	1.620 7	1.629 2	1.635 8	1.640 3	1.646 2	1.649 7
因子数	25	26	27	28	29	30
随机一致性指标	1.655 6	1.658 7	1.663 1	1.667 0	1.669 3	1.672 4

7.4 组合权向量

在层次分析法中，最终是要得到各因子对目标的相对权重，尤其是要得到最底层各因子对目标的权重，即所谓的“组合权重”，或称之为决策因子。然后根据组合权重的值，由大到小实现定位基准的选择。根据式(7.10)～式(7.12)可得第 p 层对第 $p-1$ 层的待定权向量、一致性指标、随机一致性指标分别为

$$\boldsymbol{w}_{p\to p-1}=\begin{bmatrix}\boldsymbol{w}_{p\to p-1,\,1}^{\mathrm{T}}\\ \vdots\\ \boldsymbol{w}_{p\to p-1,\,q}^{\mathrm{T}}\\ \vdots\\ \boldsymbol{w}_{p\to p-1,\,n_{p-1}}^{\mathrm{T}}\end{bmatrix}^{\mathrm{T}} \tag{7.13}$$

$$\mathbf{CI}_{p\to p-1}=\begin{bmatrix}\mathrm{CI}_{p\to p-1,\,1}\\ \vdots\\ \mathrm{CI}_{p\to p-1,\,q}\\ \vdots\\ \mathrm{CI}_{p\to p-1,\,n_{p-1}}\end{bmatrix} \tag{7.14}$$

$$\mathbf{CR}_{p\to p-1}=\begin{bmatrix}\mathrm{CR}_{p\to p-1,\,1}\\ \vdots\\ \mathrm{CR}_{p\to p-1,\,q}\\ \vdots\\ \mathrm{CR}_{p\to p-1,\,n_{p-1}}\end{bmatrix} \tag{7.15}$$

这样，方案层对目标层的待定组合权向量可进一步分别表示为

$$\boldsymbol{w}_{p\to 1}=\prod_{i=p}^{2}\boldsymbol{w}_{i\to i-1} \tag{7.16}$$

当且仅当 $\mathrm{CR}_{p\to p-1,q}<0.1(1\leqslant q\leqslant n_{p-1})$，表明 p 层水平以上的所有判断矩阵具有整体满意一致性，此时 $\boldsymbol{w}_{p\to 1}$ 即为第 p 层对目标层的组合权向量；若 $\mathrm{CR}_{p\to p-1,Q}=\max\limits_{1\leqslant q\leqslant n_{p-1}}\{\mathrm{CR}_{p\to p-1,q}\}\geqslant 0.1$，则计算加权一致性指标余子项、加权随机一致性指标余子项分别为

$$A_{p\to p-1,Q}=\mathbf{CI}'^{\mathrm{T}}_{p\to p-1}\boldsymbol{w}'_{p-1\to 1} \tag{7.17}$$

$$B_{p\to p-1,Q}=\mathbf{RI}'^{\mathrm{T}}_{p\to p-1}\boldsymbol{w}'_{p-1\to 1} \tag{7.18}$$

式中，$\mathbf{CI}'_{p\to p-1}=[\mathrm{CI}_{p\to p-1,1},\cdots,\mathrm{CI}_{p\to p-1,Q-1},\mathrm{CI}_{p\to p-1,Q+1},\cdots,\mathrm{CI}_{p\to p-1,n_{p-1}}]^{\mathrm{T}}$ 为加权一致性指标余子项；$\mathbf{RI}'_{p\to p-1}=[\mathrm{RI}_{p\to p-1,1},\cdots,\mathrm{RI}_{p\to p-1,Q-1},\mathrm{RI}_{p\to p-1,Q+1},\cdots,\mathrm{RI}_{p\to p-1,n_{p-1}}]^{\mathrm{T}}$ 为加权随机一致性指标余子项；$\boldsymbol{w}'_{p-1\to 1}=[(\boldsymbol{w}_{p-1\to 1})_1,\cdots,(\boldsymbol{w}_{p-1\to 1})_{Q-1},(\boldsymbol{w}_{p-1\to 1})_{Q+1},\cdots,(\boldsymbol{w}_{p\to p-1})_{n_{p-1}}]^{\mathrm{T}}$ 为第 $p-1$ 层对目标层的待定层权向量余子项；$(\boldsymbol{w}_{p-1\to 1})_i$ 为第 $p-1$ 层对目标层的待定层权向量 $\boldsymbol{w}_{p-1\to 1}$ 的第 i 个元素。

若 $\dfrac{A_{p\to p-1,Q}}{B_{p\to p-1,Q}}\geqslant 0.1$，第 p 层水平判断不具整体满意一致性；若 $\dfrac{A_{p\to p-1,Q}}{B_{p\to p-1,Q}}<0.1$，第 p 层水平以上的所有判断具有整体满意一致性的充分必要条件是

$$\mathrm{CI}_{p\to p-1,Q}w_{p-1\to 1,Q}<\frac{\mathrm{CR}_{p\to p-1,Q}(0.1B_{p\to p-1,Q}-A_{p\to p-1,Q})}{\mathrm{CR}_{p\to p-1,Q}-0.1} \tag{7.19}$$

7.5　判断矩阵的调整

由上可知，当 $\dfrac{A_{p\to p-1,Q}}{B_{p\to p-1,Q}}\geqslant 0.1$ 或者 $\dfrac{A_{p\to p-1,Q}}{B_{p\to p-1,Q}}<0.1$，$\mathrm{CI}_{p\to p-1,Q}w_{p-1\to 1,Q}\geqslant\dfrac{\mathrm{CR}_{p\to p-1,Q}(0.1B_{p\to p-1,Q}-A_{p\to p-1,Q})}{\mathrm{CR}_{p\to p-1,Q}-0.1}$ 时，判断矩阵 $\boldsymbol{P}_{p\to p-1,Q}$ 必须被调整。

首先，根据和法调整判断矩阵 $\boldsymbol{P}_{p\to p-1,Q}$ 的待定权向量 $\boldsymbol{v}_{p\to p-1,Q}=[v_1,\cdots,v_i,\cdots,v_{n_p}]^{\mathrm{T}}$ 为

$$v_i=\sum_{j=1}^{n_p}\left(p_{ij}\Big/\sum_{k=1}^{n_p}p_{kj}\right) \tag{7.20}$$

因此，扰动误差矩阵 $\boldsymbol{\Delta}_{p\to p-1,Q}=(\Delta_{ij})_{n_p\times n_p}$ 可按照下式计算：

$$\Delta_{ij}=\left(p_{ij}-\frac{v_i}{v_j}\right)\Big/\left(\frac{v_i}{v_j}\right) \tag{7.21}$$

其中 $i, j=1, 2, \cdots, n_p$。

此时,可根据式(7.21)重新计算判断矩阵的一致性指标为

$$\mathrm{CI}_{p\to p-1,Q}=\sum_{i=1}^{n_p}\sum_{j=1}^{n_p}\frac{\Delta_{ij}}{n_p(n_p-1)} \tag{7.22}$$

当 $\mathrm{CI}_{p\to p-1,Q}<0.1\mathrm{RI}_{p\to p-1,Q}$时,判断矩阵 $\boldsymbol{P}_{p\to p-1,Q}$ 调整成功。否则,找出扰动误差矩阵 $\boldsymbol{\Delta}_{p\to p-1,Q}$ 中所有元素的最大绝对值:

$$\Delta_{IJ}=\max\{|\Delta_{ij}|\ i, j=1, 2, \cdots, n_p\} \tag{7.23}$$

当 $\Delta_{IJ}\leqslant 0.8$ 时,若 $p_{IJ}>1$ 令 $p_{IJ}=p_{IJ}-1$,否则令 $p_{IJ}=\dfrac{p_{IJ}}{p_{IJ}+1}$;当 $\Delta_{IJ}>0.8$ 时,若 $p_{IJ}>2$ 置 $p_{IJ}=p_{IJ}-2$,若 $p_{IJ}=2$ 置 $p_{IJ}=\dfrac{1}{2}$,否则置 $p_{IJ}=\dfrac{p_{IJ}}{2p_{IJ}+1}$。

7.6 算法与应用

7.6.1 算法与流程

综上所述,构建定位基准的选择流程如图 7.2 所示,主要包括层次结构模型的建立、层权向量的计算、一致性检验、组合权向量的确定等四个方面,详细算法如下:

步骤一,确定定位基准的所有候选表面,候选集记为 **Feat** $=\{F_i \mid i=1, 2, \cdots, \ddot{I}\}$。

步骤二,构建选择定位基准的层次分析模型,**Mod** $=\{A_l, B_m, C_n \mid l=1, 1\leqslant m\leqslant 4, 1\leqslant n\leqslant \ddot{I}\}$。

步骤三,初始化层数计数器 $p=2$。

步骤四,初始化因子计数器 $q=1$。

步骤五,构造第 p 层对第 $p-1$ 层第 q 个因子的判断矩阵 $\boldsymbol{P}_{p\to p-1,q}=(p_{ij})_{n_p\times n_p}$ (其中且 $n_1=1, n_2=4, n_3=\ddot{I}$)。

步骤六,解算出判断矩阵 $\boldsymbol{P}_{p\to p-1,q}$ 的最大特征值 $\lambda_{p\to p-1,q}$ 与归一化的特征向

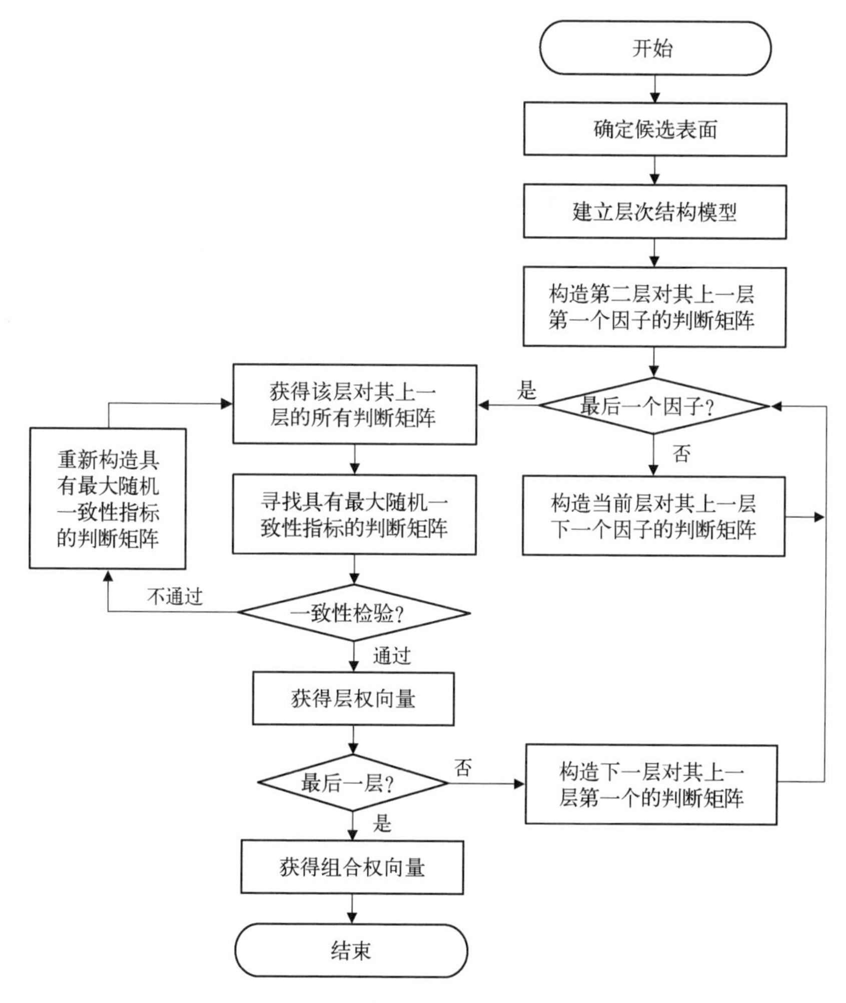

图7.2　定位基准的选择流程

量 $\boldsymbol{w}_{p\to p-1,q}$。

步骤七，计算对应于判断矩阵 $\boldsymbol{P}_{p\to p-1,q}$ 的随机一致性指标 $\mathrm{CR}_{p\to p-1,q}$。

步骤八，判断第 $p-1$ 层的当前因子是否为最后一个因子，即判断 $q=n_{p-1}$ 吗？若不是，则 $q=q+1$，转到步骤五；否则，获得当前层对上一层的所有判断矩阵 $\boldsymbol{P}_{p\to p-1,q}$ 及其相应的随机一致性指标 $\mathrm{CR}_{p\to p-1,q}$（其中 $2\leqslant p\leqslant 3$，$1\leqslant q\leqslant n_{p-1}$），然后转入步骤九。

步骤九，在当前层对上一层的所有随机一致性指标中，找出最大的随机一致性指标 $\mathrm{CR}_{p\to p-1,Q}=\max\limits_{1\leqslant q\leqslant n_{p-1}}\{\mathrm{CR}_{p\to p-1,q}\}$ $(1\leqslant Q\leqslant n_{p-1})$。

步骤十，判断 $\mathrm{CR}_{p\to p-1,Q}\geqslant 0.1$？若不成立，可确定层权向量 $\boldsymbol{w}_{p\to p-1}$，否则转到

步骤十三。

步骤十一，判断当前层是否为最后一层，即判断 $p=3$? 若不是，则 $p=p+1$，转到步骤四；否则，转到步骤十二。

步骤十二，确定组合权向量 $\boldsymbol{w}_{p\to 1}$，实现定位基准的选择。

步骤十三，计算加权一致性指标余子项 $A_{p\to p-1,Q}$ 和加权随机一致性指标余子项 $B_{p\to p-1,Q}$。

步骤十四，判断 $\dfrac{A_{p\to p-1,Q}}{B_{p\to p-1,Q}}\geqslant 0.1$? 若不成立，转至步骤十五，否则转到步骤十六。

步骤十五，判断 $\mathrm{CI}_{p\to p-1,Q}w_{p-1\to 1,Q}<\dfrac{\mathrm{CR}_{p\to p-1,Q}(0.1B_{p\to p-1,Q}-A_{p\to p-1,Q})}{\mathrm{CR}_{p\to p-1,Q}-0.1}$? 若不成立，转到步骤十六，成立则转至步骤十七。

步骤十六，调整判断矩阵 $\boldsymbol{P}_{p\to p-1,Q}$ 的待定权向量 $\boldsymbol{v}_{p\to p-1,Q}$。

步骤十七，计算扰动误差矩阵 $\boldsymbol{\Delta}_{p\to p-1,Q}$。

步骤十八，计算判断矩阵 $\boldsymbol{P}_{p\to p-1,Q}$ 的一致性指标 $\mathrm{CI}_{p\to p-1,Q}$。

步骤十九，判断 $\mathrm{CI}_{p\to p-1,Q}<0.1\mathrm{RI}_{p\to p-1,Q}$? 若成立，转至步骤九，否则找出扰动误差矩阵 $\boldsymbol{\Delta}_{p\to p-1,Q}$ 中所有元素的最大绝对值 $\Delta_{IJ}=\max\{|\Delta_{ij}|\ i,j=1,2,\cdots,n_p\}$。

步骤二十，判断当 $\Delta_{IJ}\leqslant 0.8$? 若成立，转至步骤二十一，否则转至步骤二十二。

步骤二十一，判断 $p_{IJ}>1$? 若成立，令 $p_{IJ}=p_{IJ}-1$ 后转至步骤十八，否则 $p_{IJ}=\dfrac{p_{IJ}}{p_{IJ}+1}$，然后再转至步骤十八。

步骤二十二，判断 $p_{IJ}=2$? 若成立，令 $p_{IJ}=\dfrac{1}{2}$ 后转至步骤十八，否则转至步骤二十三。

步骤二十三，判断 $p_{IJ}>2$? 若成立，令 $p_{IJ}=p_{IJ}-2$ 后转至步骤十八，否则 $p_{IJ}=\dfrac{p_{IJ}}{2p_{IJ}+1}$，然后转至步骤十八。

7.6.2　应用与分析

工件上特征孔 f_9 为待加工表面，与夹具有关的加工要求为 Y 方向上的尺寸 20 ± 0.05 mm 与 Z 方向上的尺寸 25 ± 0.02 mm，如图 7.3 所示。其他特征均已加工完毕，可作为待加工表面 f_9 的候选定位基准(未注公差按 IT12 级考虑)。这样，定位基准的选择过程详细所述如下。

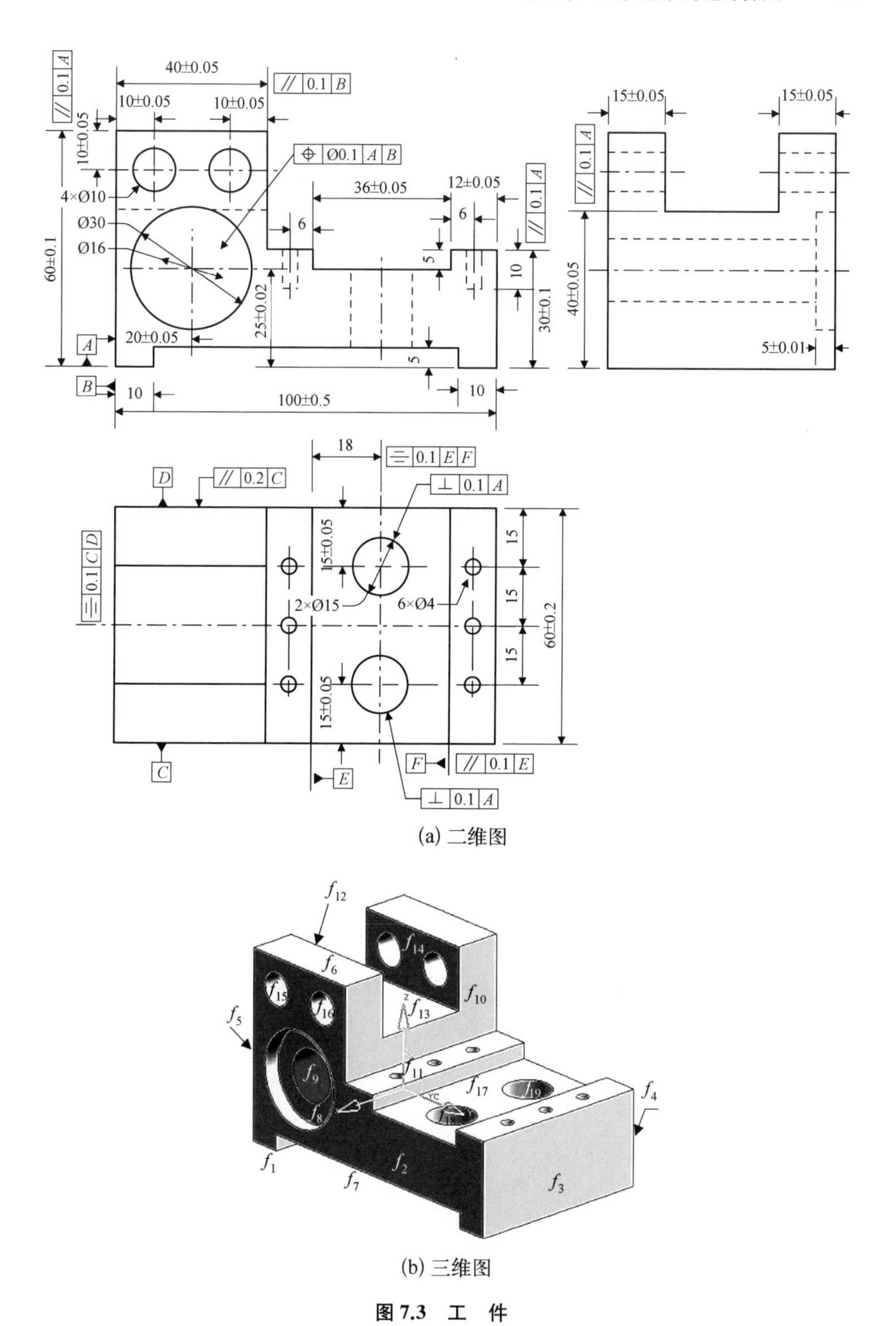

(a) 二维图

(b) 三维图

图7.3 工 件

首先确定定位基准候选表面的集合，由于表面 f_9 为待加工表面，一般不作为定位基准，故 **Feat** $=\{F_i \mid f_1, f_2, f_3, f_4, f_5, f_6, f_7, f_8, f_{10}, f_{11}, f_{12}, f_{13}, f_{14}, f_{15}, f_{16}, f_{17}, f_{18}, f_{19}\}$。因为表面 f_{15} 和 f_{16}、表面 f_{18} 和 f_{19} 具有相同特征，因此候选表面 **Feat** $=\{F_i \mid f_1, f_2, f_3, f_4, f_5, f_6, f_7, f_8, f_{10}, f_{11}, f_{12}, f_{13}, f_{14}, f_{15}, f_{17}, f_{18}\}$。

根据定位基准选择方案的层次结构模型可构造准则层对目标层的判断矩阵为

$$\boldsymbol{P}_{2\to1,\,1}=\begin{bmatrix}1 & \frac{1}{9} & 4 & \frac{1}{5}\\ 9 & 1 & 7 & 2\\ \frac{1}{4} & \frac{1}{7} & 1 & \frac{1}{3}\\ 5 & \frac{1}{2} & 3 & 1\end{bmatrix}\tag{7.24}$$

计算准则层对目标层判断矩阵 $\boldsymbol{P}_{2\to1,\,1}$ 的特征向量并进行归一化，可知待定权向量为

$$\boldsymbol{w}_{2\to1,\,1}=\begin{bmatrix}0.113\,0\\ 0.548\,3\\ 0.064\,7\\ 0.274\,0\end{bmatrix}\tag{7.25}$$

而 $\mathrm{CI}_{2\to1,\,1}=0.152\,1$，$\mathrm{CR}_{2\to1,\,1}=0.170\,9$。$\mathrm{CR}_{2\to1,\,1}>0.1$，不满足一致性要求，必须校正判断矩阵 $\boldsymbol{P}_{2\to1,\,1}$。根据式(7.20)和式(7.21)，可得扰动误差矩阵为

$$\boldsymbol{\Delta}_{2\to1,\,1}=\begin{bmatrix}0 & -0.461\,1 & 1.289\,7 & -0.515\,3\\ 0.855\,8 & 0 & -0.173\,8 & -0.000\,5\\ -0.563\,3 & 0.210\,3 & 0 & 0.411\,3\\ 1.063\,0 & 0.000\,5 & -0.291\,4 & 0\end{bmatrix}\tag{7.26}$$

显然，在扰动误差矩阵 $\boldsymbol{\Delta}_{2\to1,\,1}$ 中，$\boldsymbol{\Delta}_{13}=1.289\,7$ 为所有元素的最大值。由于 $\boldsymbol{\Delta}_{13}>0.8$，而且 $p_{13}=4>2$，因此令 $p_{13}=2$。这样，对判断矩阵 $\boldsymbol{P}_{2\to1,\,1}$ 进行校正后为

$$\boldsymbol{P}_{2\to1,\,1}=\begin{bmatrix}1 & \frac{1}{9} & 2 & \frac{1}{5}\\ 9 & 1 & 7 & 2\\ \frac{1}{2} & \frac{1}{7} & 1 & \frac{1}{3}\\ 5 & \frac{1}{2} & 3 & 1\end{bmatrix}\tag{7.27}$$

校正后判断矩阵 $\boldsymbol{P}_{2\to1,1}$ 的归一化特征向量为

$$\boldsymbol{w}_{2\to1,1}=\begin{bmatrix}0.0846\\0.5638\\0.0712\\0.2804\end{bmatrix} \tag{7.28}$$

此时，$\mathrm{CI}_{2\to1,1}=0.0525$，$\mathrm{CR}_{2\to1,1}=0.0589$。$\mathrm{CR}<0.1$，符合一致性要求，校正完成。

接下来，构造方案层对准则层的判断矩阵，由于各定位基准候选表面的评价因子计算结果如表 7.4 所示。

表 7.4　定位基准候选表面的选择因子

标号	特征	面积	表面粗糙度	尺寸 25			尺寸 20		
				关系数 N	基准不重合误差 Δ	公差 T	关系数 N	基准不重合误差 Δ	公差 T
f_1	平面	6 000	6.3	1	0	0.04	0	0	0.1
f_2	平面	4 200	1.6	0	0	0.04	0	0	0.1
f_3	平面	1 800	1.6	0	0	0.04	1	1	0.1
f_4	平面	4 200	1.6	0	0	0.04	0	0	0.1
f_5	平面	3 600	1.6	0	0	0.04	1	0	0.1
f_6	平面	2 400	12.5	0	0.2	0.04	0	0	0.1
f_7	平面	4 800	3.2	1	0.12	0.04	0	0	0.1
f_8	平面	706	1.6	0	0	0.04	0	0	0.1
f_{10}	平面	1 800	1.6	0	0	0.04	1	0.1	0.1
f_{11}	平面	3 600	3.2	1	0.2	0.04	0	0	0.1
f_{12}	平面	800	12.5	0	0	0.04	0	0	0.1

续　表

标号	特征	面积	表面粗糙度	尺寸 25			尺寸 20		
				关系数 N	基准不重合误差 Δ	公差 T	关系数 N	基准不重合误差 Δ	公差 T
f_{13}	平面	1 200	12.5	1	0.1	0.04	0	0	0.1
f_{14}	平面	800	12.5	0	0	0.04	0	0	0.1
f_{15} f_{16}	内圆柱面	471	12.5	1	0.3	0.04	1	0.1	0.1
f_{17}	平面	2 160	1.6	1	0.32	0.04	0	0	0.1
f_{18} f_{19}	内圆柱面	942	12.5	0	0	0.04	1	1.2	0.1

这样可得方案层对准则层第一、二、三、四个因子的判断矩阵分别为

$$
\boldsymbol{P}_{3\rightarrow 2,\,1}=\begin{bmatrix}
1 & 0.950\,6 & 0.950\,6 & 0.950\,6 & 0.950\,6 & 1.518\,4 & 1.003\,4 & 0.950\,6 \\
1.052\,0 & 1 & 1 & 1 & 1 & 1.597\,4 & 1.055\,6 & 1 \\
1.052\,0 & 1 & 1 & 1 & 1 & 1.597\,4 & 1.055\,6 & 1 \\
1.052\,0 & 1 & 1 & 1 & 1 & 1.597\,4 & 1.055\,6 & 1 \\
1.052\,0 & 1 & 1 & 1 & 1 & 1.597\,4 & 1.055\,6 & 1 \\
0.658\,6 & 0.626\,0 & 0.626\,0 & 0.626\,0 & 0.626\,0 & 1 & 0.660\,8 & 0.626\,0 \\
0.996\,6 & 0.947\,3 & 0.947\,3 & 0.947\,3 & 0.947\,3 & 1.503\,2 & 1 & 0.947\,3 \\
1.052\,0 & 1 & 1 & 1 & 1 & 1.597\,4 & 1.055\,6 & 1 \\
1.052\,0 & 1 & 1 & 1 & 1 & 1.597\,4 & 1.055\,6 & 1 \\
0.996\,6 & 0.947\,3 & 0.947\,3 & 0.947\,3 & 0.947\,3 & 1.512\,3 & 1 & 0.947\,3 \\
0.658\,6 & 0.626\,0 & 0.626\,0 & 0.626\,0 & 0.626\,0 & 1 & 0.660\,8 & 0.626\,0 \\
0.658\,6 & 0.626\,0 & 0.626\,0 & 0.626\,0 & 0.626\,0 & 1 & 0.660\,8 & 0.626\,0 \\
0.658\,6 & 0.626\,0 & 0.626\,0 & 0.626\,0 & 0.626\,0 & 1 & 0.660\,8 & 0.626\,0 \\
0.658\,6 & 0.626\,0 & 0.626\,0 & 0.626\,0 & 0.626\,0 & 1 & 0.660\,8 & 0.626\,0 \\
1.052\,0 & 1 & 1 & 1 & 1 & 1.597\,4 & 1.055\,6 & 1 \\
0.658\,6 & 0.626\,0 & 0.626\,0 & 0.626\,0 & 0.626\,0 & 1 & 0.660\,8 & 0.626\,0
\end{bmatrix}
$$

$$
\left.\begin{matrix}
0.950\,6 & 1.003\,4 & 1.518\,4 & 1.518\,4 & 1.518\,4 & 1.518\,4 & 0.950\,6 & 1.518\,4 \\
1 & 1.055\,6 & 1.597\,4 & 1.597\,4 & 1.597\,4 & 1.597\,4 & 1 & 1.597\,4 \\
1 & 1.055\,6 & 1.597\,4 & 1.597\,4 & 1.597\,4 & 1.597\,4 & 1 & 1.597\,4 \\
1 & 1.055\,6 & 1.597\,4 & 1.597\,4 & 1.597\,4 & 1.597\,4 & 1 & 1.597\,4 \\
1 & 1.055\,6 & 1.597\,4 & 1.597\,4 & 1.597\,4 & 1.597\,4 & 1 & 1.597\,4 \\
0.626\,0 & 0.660\,8 & 1 & 1 & 1 & 1 & 0.626\,0 & 1 \\
0.947\,3 & 1 & 1.513\,2 & 1.513\,2 & 1.513\,2 & 1.513\,2 & 0.947\,3 & 1.513\,2 \\
1 & 1.055\,6 & 1.597\,4 & 1.597\,4 & 1.597\,4 & 1.597\,4 & 1 & 1.597\,4 \\
1 & 1.055\,6 & 1.597\,4 & 1.597\,4 & 1.597\,4 & 1.597\,4 & 1 & 1.597\,4 \\
0.947\,3 & 1 & 1.512\,3 & 1.512\,3 & 1.512\,3 & 1.512\,3 & 0.947\,3 & 1.512\,3 \\
0.626\,0 & 0.660\,8 & 1 & 1 & 1 & 1 & 0.626\,0 & 1 \\
0.626\,0 & 0.660\,8 & 1 & 1 & 1 & 1 & 0.626\,0 & 1 \\
0.626\,0 & 0.660\,8 & 1 & 1 & 1 & 1 & 0.626\,0 & 1 \\
0.626\,0 & 0.660\,8 & 1 & 1 & 1 & 1 & 0.626\,0 & 1 \\
1 & 1.055\,6 & 1.597\,4 & 1.597\,4 & 1.597\,4 & 1.597\,4 & 1 & 1.597\,4 \\
0.626\,0 & 0.660\,8 & 1 & 1 & 1 & 1 & 0.626\,0 & 1
\end{matrix}\right] \tag{7.29}
$$

$$
\boldsymbol{P}_{3\to 2,\,2} = \left[\begin{matrix}
1 & 1 & 1 & 1 & 1 & 1 & 1 & 1 \\
1 & 1 & 1 & 1 & 1 & 1 & 1 & 1 \\
1 & 1 & 1 & 1 & 1 & 1 & 1 & 1 \\
1 & 1 & 1 & 1 & 1 & 1 & 1 & 1 \\
1 & 1 & 1 & 1 & 1 & 1 & 1 & 1 \\
1 & 1 & 1 & 1 & 1 & 1 & 1 & 1 \\
1 & 1 & 1 & 1 & 1 & 1 & 1 & 1 \\
1 & 1 & 1 & 1 & 1 & 1 & 1 & 1 \\
1 & 1 & 1 & 1 & 1 & 1 & 1 & 1 \\
1 & 1 & 1 & 1 & 1 & 1 & 1 & 1 \\
1 & 1 & 1 & 1 & 1 & 1 & 1 & 1 \\
1 & 1 & 1 & 1 & 1 & 1 & 1 & 1 \\
1 & 1 & 1 & 1 & 1 & 1 & 1 & 1 \\
0.75 & 0.75 & 0.75 & 0.75 & 0.75 & 0.75 & 0.75 & 0.75 \\
1 & 1 & 1 & 1 & 1 & 1 & 1 & 1 \\
0.75 & 0.75 & 0.75 & 0.75 & 0.75 & 0.75 & 0.75 & 0.75
\end{matrix}\right.
$$

$$
\left.\begin{matrix}
1 & 1 & 1 & 1 & 1 & 1.333\,3 & 1 & 1.333\,3 \\
1 & 1 & 1 & 1 & 1 & 1.333\,3 & 1 & 1.333\,3 \\
1 & 1 & 1 & 1 & 1 & 1.333\,3 & 1 & 1.333\,3 \\
1 & 1 & 1 & 1 & 1 & 1.333\,3 & 1 & 1.333\,3 \\
1 & 1 & 1 & 1 & 1 & 1.333\,3 & 1 & 1.333\,3 \\
1 & 1 & 1 & 1 & 1 & 1.333\,3 & 1 & 1.333\,3 \\
1 & 1 & 1 & 1 & 1 & 1.333\,3 & 1 & 1.333\,3 \\
1 & 1 & 1 & 1 & 1 & 1.333\,3 & 1 & 1.333\,3 \\
1 & 1 & 1 & 1 & 1 & 1.333\,3 & 1 & 1.333\,3 \\
1 & 1 & 1 & 1 & 1 & 1.333\,3 & 1 & 1.333\,3 \\
1 & 1 & 1 & 1 & 1 & 1.333\,3 & 1 & 1.333\,3 \\
1 & 1 & 1 & 1 & 1 & 1.333\,3 & 1 & 1.333\,3 \\
1 & 1 & 1 & 1 & 1 & 1.333\,3 & 1 & 1.333\,3 \\
0.75 & 0.75 & 0.75 & 0.75 & 0.75 & 1 & 0.75 & 1 \\
1 & 1 & 1 & 1 & 1 & 1.333\,3 & 1 & 1.333\,3 \\
0.75 & 0.75 & 0.75 & 0.75 & 0.75 & 1 & 0.75 & 1
\end{matrix}\right] \tag{7.30}
$$

$$
\boldsymbol{P}_{3\rightarrow 2,\,3}=\left[\begin{matrix}
1 & 0.7 & 2.333 & 1 & 1.167\,7 & 1.75 & 0.875 & 5.949\,0 \\
1.428\,6 & 1 & 3.333\,3 & 1.428\,6 & 1.666\,7 & 2.5 & 1.25 & 8.498\,6 \\
0.428\,6 & 0.3 & 1 & 0.428\,6 & 0.5 & 0.75 & 0.375 & 2.549\,6 \\
1 & 0.7 & 2.333\,3 & 1 & 1.166\,7 & 1.75 & 0.875 & 5.949\,0 \\
0.857\,1 & 0.6 & 2 & 0.857\,1 & 1 & 1.5 & 0.75 & 5.099\,2 \\
0.571\,4 & 0.4 & 1.333\,3 & 0.571\,4 & 0.666\,7 & 1 & 0.5 & 3.399\,4 \\
1.142\,9 & 0.8 & 2.666\,7 & 1.142\,9 & 1.333\,3 & 2 & 1 & 6.798\,9 \\
0.168\,1 & 0.117\,7 & 0.392\,2 & 0.168\,1 & 0.196\,1 & 0.294\,2 & 0.147\,1 & 1 \\
0.428\,6 & 0.3 & 1 & 0.428\,6 & 0.5 & 0.75 & 0.375 & 2.549\,6 \\
0.857\,1 & 0.6 & 2 & 0.857\,1 & 1 & 1.5 & 0.75 & 5.099\,2 \\
0.190\,5 & 0.133\,3 & 0.444\,4 & 0.190\,5 & 0.222\,2 & 0.333\,3 & 0.166\,7 & 1.133\,1 \\
0.285\,7 & 0.2 & 0.666\,7 & 0.285\,7 & 0.333\,3 & 0.5 & 0.25 & 1.699\,7 \\
0.190\,5 & 0.133\,3 & 0.444\,4 & 0.190\,5 & 0.222\,2 & 0.333\,3 & 0.166\,7 & 1.133\,1 \\
0.112\,1 & 0.111\,1 & 0.261\,7 & 0.112\,1 & 0.130\,8 & 0.196\,3 & 0.111\,1 & 0.667\,1 \\
0.514\,3 & 0.36 & 1.2 & 0.514\,3 & 0.6 & 0.9 & 0.45 & 3.059\,5 \\
0.224\,3 & 0.157\,0 & 0.523\,3 & 0.224\,3 & 0.261\,7 & 0.392\,5 & 0.196\,3 & 1.334\,3
\end{matrix}\right.
$$

$$
\left.\begin{matrix}
2.3333 & 1.1667 & 5.25 & 3.5 & 5.25 & 8.9172 & 1.9444 & 4.4586 \\
3.3333 & 1.6667 & 7.5 & 5 & 7.5 & 9 & 2.7778 & 6.3694 \\
1 & 0.5 & 2.25 & 1.5 & 2.25 & 3.8217 & 0.8333 & 1.9108 \\
2.3333 & 1.1667 & 5.25 & 3.5 & 5.25 & 8.9172 & 1.9444 & 4.4586 \\
2 & 1 & 4.5 & 3 & 4.5 & 7.6433 & 1.6667 & 3.8217 \\
1.3333 & 0.6667 & 3 & 2 & 3 & 5.0955 & 1.1111 & 2.5478 \\
2.6667 & 1.3333 & 6 & 4 & 6 & 9 & 2.2222 & 5.0955 \\
0.3911 & 0.1961 & 0.8825 & 0.5883 & 0.8825 & 1.4989 & 0.3269 & 0.7495 \\
1 & 0.5 & 2.25 & 1.5 & 2.25 & 3.8217 & 0.8333 & 1.9108 \\
2 & 1 & 4.5 & 3 & 4.5 & 7.6433 & 1.6667 & 3.8217 \\
0.4444 & 0.2222 & 1 & 0.6667 & 1 & 1.6985 & 0.3704 & 0.8493 \\
0.6667 & 0.3333 & 1.5 & 1 & 1.5 & 2.5478 & 0.5556 & 1.2739 \\
0.4444 & 0.2222 & 1 & 0.6667 & 1 & 1.6985 & 0.3704 & 0.8493 \\
0.2617 & 0.1308 & 0.5888 & 0.3925 & 0.5888 & 1 & 0.2181 & 0.5 \\
1.2 & 0.6 & 2.7 & 1.8 & 2.7 & 4.5860 & 1 & 2.2930 \\
0.5233 & 0.2617 & 1.1775 & 0.7850 & 1.1775 & 2 & 0.4361 & 1
\end{matrix}\right] \tag{7.31}
$$

$$
\boldsymbol{P}_{3\to 2,4} = \begin{bmatrix}
1 & 7 & 7 & 7 & 1 & 7 & 7 & 7 & 7 & 7 & 7 & 7 & 7 & 7 & 7 & 7 \\
0.1429 & 1 & 1 & 1 & 0.1429 & 1 & 1 & 1 & 1 & 1 & 1 & 1 & 1 & 1 & 1 & 1 \\
0.1429 & 1 & 1 & 1 & 0.1429 & 1 & 1 & 1 & 1 & 1 & 1 & 1 & 1 & 1 & 1 & 1 \\
0.1429 & 1 & 1 & 1 & 0.1429 & 1 & 1 & 1 & 1 & 1 & 1 & 1 & 1 & 1 & 1 & 1 \\
1 & 7 & 7 & 7 & 1 & 7 & 7 & 7 & 7 & 7 & 7 & 7 & 7 & 7 & 7 & 7 \\
0.1429 & 1 & 1 & 1 & 0.1429 & 1 & 1 & 1 & 1 & 1 & 1 & 1 & 1 & 1 & 1 & 1 \\
0.1429 & 1 & 1 & 1 & 0.1429 & 1 & 1 & 1 & 1 & 1 & 1 & 1 & 1 & 1 & 1 & 1 \\
0.1429 & 1 & 1 & 1 & 0.1429 & 1 & 1 & 1 & 1 & 1 & 1 & 1 & 1 & 1 & 1 & 1 \\
0.1429 & 1 & 1 & 1 & 0.1429 & 1 & 1 & 1 & 1 & 1 & 1 & 1 & 1 & 1 & 1 & 1 \\
0.1429 & 1 & 1 & 1 & 0.1429 & 1 & 1 & 1 & 1 & 1 & 1 & 1 & 1 & 1 & 1 & 1 \\
0.1429 & 1 & 1 & 1 & 0.1429 & 1 & 1 & 1 & 1 & 1 & 1 & 1 & 1 & 1 & 1 & 1 \\
0.1429 & 1 & 1 & 1 & 0.1429 & 1 & 1 & 1 & 1 & 1 & 1 & 1 & 1 & 1 & 1 & 1 \\
0.1429 & 1 & 1 & 1 & 0.1429 & 1 & 1 & 1 & 1 & 1 & 1 & 1 & 1 & 1 & 1 & 1 \\
0.1429 & 1 & 1 & 1 & 0.1429 & 1 & 1 & 1 & 1 & 1 & 1 & 1 & 1 & 1 & 1 & 1 \\
0.1429 & 1 & 1 & 1 & 0.1429 & 1 & 1 & 1 & 1 & 1 & 1 & 1 & 1 & 1 & 1 & 1 \\
0.1429 & 1 & 1 & 1 & 0.1429 & 1 & 1 & 1 & 1 & 1 & 1 & 1 & 1 & 1 & 1 & 1
\end{bmatrix} \tag{7.32}
$$

这样，方案层对准则层的一致性指标和一致性比率计算结果如表 7.5 所示。

表 7.5 方案层对准则层的一致性比率

判断矩阵	一致性指标	一致性比率
$\boldsymbol{P}_{3\to 2,1}$	0.000 2	0.000 1
$\boldsymbol{P}_{3\to 2,2}$	0.000 3	0.000 2
$\boldsymbol{P}_{3\to 2,3}$	0.000 5	0.000 3
$\boldsymbol{P}_{3\to 2,4}$	0.000 3	0.000 2

由表 7.5 可知，所有判断矩阵的一致性比率均小于 0.1，即方案层对准则层的判断矩阵满足整体一致性要求。因此，方案层对准则层的权向量分别为

$$\boldsymbol{w}_{3\to 2,1}=[0.070\,2,\ 0.073\,5,\ 0.073\,5,\ 0.073\,5,\ 0.073\,5,\ 0.046\,0,\ 0.069\,6,\ 0.073\,5, 0.073\,5,\ 0.069\,6,\ 0.046\,0,\ 0.046\,0,\ 0.046\,0,\ 0.046\,0,\ 0.073\,5,\ 0.046\,0]^{\mathrm{T}} \tag{7.33}$$

$$\boldsymbol{w}_{3\to 2,2}=[0.064\,5,\ 0.064\,5,\ 0.064\,5,\ 0.064\,5,\ 0.064\,5,\ 0.064\,5,\ 0.064\,5,\ 0.064\,5, 0.064\,5,\ 0.064\,5,\ 0.064\,5,\ 0.064\,5,\ 0.064\,5,\ 0.048\,4,\ 0.064\,5,\ 0.048\,4]^{\mathrm{T}} \tag{7.34}$$

$$\boldsymbol{w}_{3\to 2,3}=[0.149\,5,\ 0.106\,8,\ 0.045\,8,\ 0.106\,8,\ 0.091\,5,\ 0.061\,0,\ 0.121\,1,\ 0.017\,9, 0.045\,8,\ 0.091\,5,\ 0.020\,3,\ 0.030\,5,\ 0.020\,3,\ 0.012\,4,\ 0.054\,9,\ 0.023\,9]^{\mathrm{T}} \tag{7.35}$$

$$\boldsymbol{w}_{3\to 2,4}=[0.250\,0,\ 0.035\,7,\ 0.035\,7,\ 0.035\,7,\ 0.250\,0,\ 0.035\,7,\ 0.035\,7,\ 0.035\,7, 0.035\,7,\ 0.035\,7,\ 0.035\,7,\ 0.035\,7,\ 0.035\,7,\ 0.035\,7,\ 0.035\,7,\ 0.035\,7]^{\mathrm{T}} \tag{7.36}$$

根据式(7.16)可得方案层对目标层的组合权向量为

$$\boldsymbol{w}_{3\to 1}=[0.123\,0,\ 0.060\,2,\ 0.055\,9,\ 0.060\,2,\ 0.119\,2,\ 0.054\,6,\ 0.060\,9,\ 0.053\,9, 0.055\,9,\ 0.058\,8,\ 0.051\,7,\ 0.052\,4,\ 0.051\,7,\ 0.042\,1,\ 0.056\,5,\ 0.042\,9]^{\mathrm{T}} \tag{7.37}$$

由此可知，候选定位基准的优先排序为 $f_1>f_5>f_7>f_2$、$f_4>f_{11}>f_{17}>f_3$、$f_{10}>f_8>f_6>f_{13}>f_{12}$、$f_{14}>f_{18}$、$f_{19}>f_{15}$、$f_{16}$。

第8章

定位点布局规划方法

在金属切削加工过程中，工件相对于刀具的正确方位是保证加工精度的首要条件，这个正确的工件方位是通过合理地布局定位点方案约束工件自由度实现的。因此，本章在定位正确性分析方法的基础上，通过引入分布迭代思想，提出了逐个在定位基准上逐个布局定位点的生成式逐点设计方法。

8.1 定位点布局方案

定位点布局方案是定位基准及其定位元件数目的合称。当且仅当定位点布局方案所限制的自由度相同时，定位点布局方案才属于同一个方案。

图 8.1 为自由工件，工件在空间中具有六个自由度，具体包括沿坐标系{XYZ}三个坐标轴的移动自由度 δx_{w}、δy_{w}和 δz_{w}，以及绕这三个的转动自由度 $\delta\alpha_{\mathrm{w}}$、$\delta\beta_{\mathrm{w}}$和 $\delta\gamma_{\mathrm{w}}$。定位时，为了使得工件在加工过程具有一个正确的位置和方向，必须设计合理的定位点布局方案来约束工件相应的自由度。

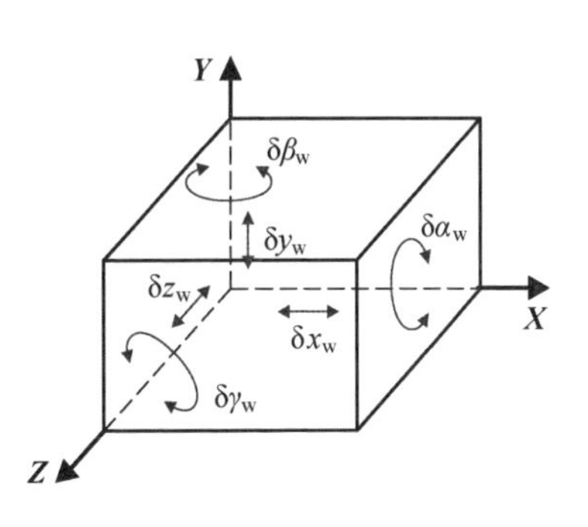

图 8.1　自由工件

显然，定位基准和定位点数目可以组合出多种方案。图 8.2 为在工件下表面上布局定位点，图 8.2(a)均布置了 3 个定位点(不在同一条直线上)，因为 3 个定位点的位置均不相同，但所限制的自由度相同，即 δy_{w}、$\delta\alpha_{\mathrm{w}}$和 $\delta\gamma_{\mathrm{w}}$，所以认为图 8.2(a)的定位点布局方案属于同一个方案。图 8.2(b)中的两个定位点布局方案则是在下表面分别布置了 3 个和 2 个定位点的方案，布置 3 个定位点的方案限制了 δy_{w}、$\delta\alpha_{\mathrm{w}}$、$\delta\gamma_{\mathrm{w}}$，而布置 2 个定位点的方案没有限制自由度，故两者不属于同一个方案。

图 8.3 中的定位点布局方案中，下端面和左侧面为定位基准。在图 8.3(a)中，下表面布置 3 个不共线的定位点，限制了 δy_{w}、$\delta\alpha_{\mathrm{w}}$、$\delta\gamma_{\mathrm{w}}$，左侧面布置 2 个定位点

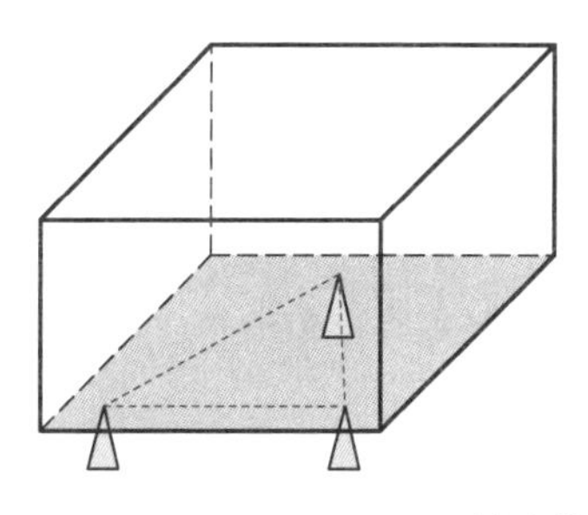
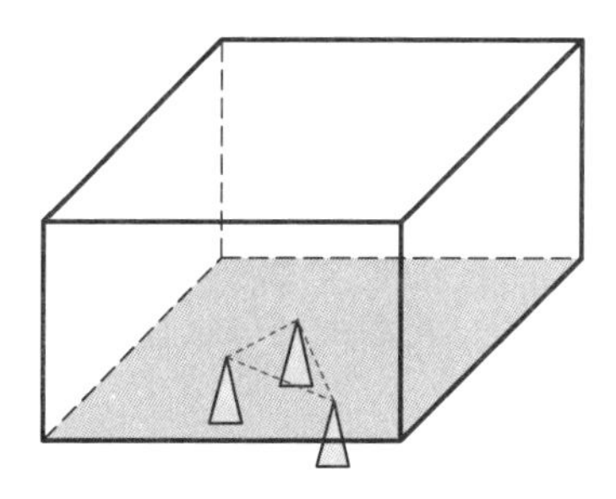

(a) 定位点数目相同

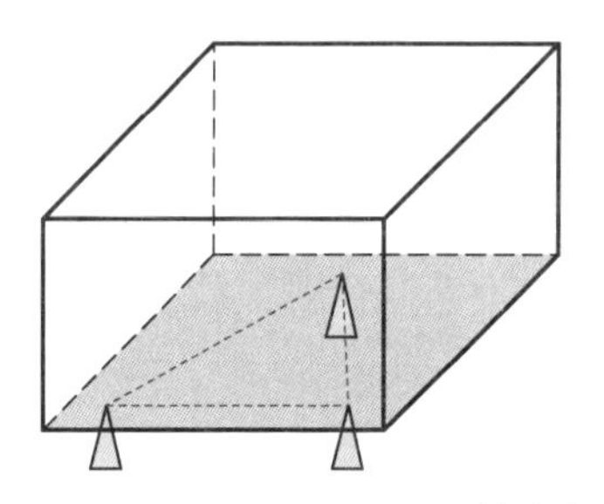
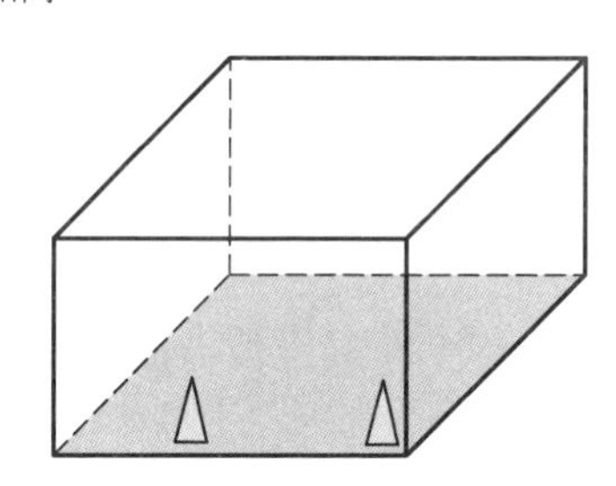

(b) 定位点数目不同

图 8.2 单个定位基准

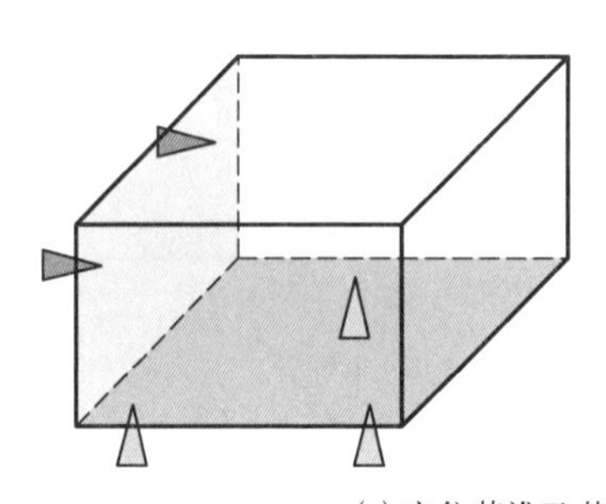
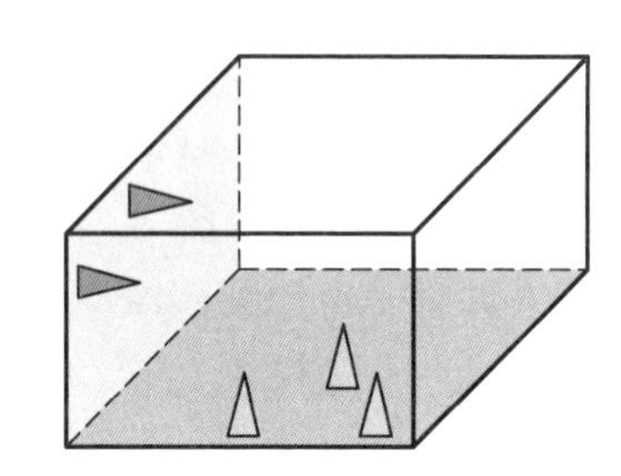

(a) 定位基准及其定位点数目均相同

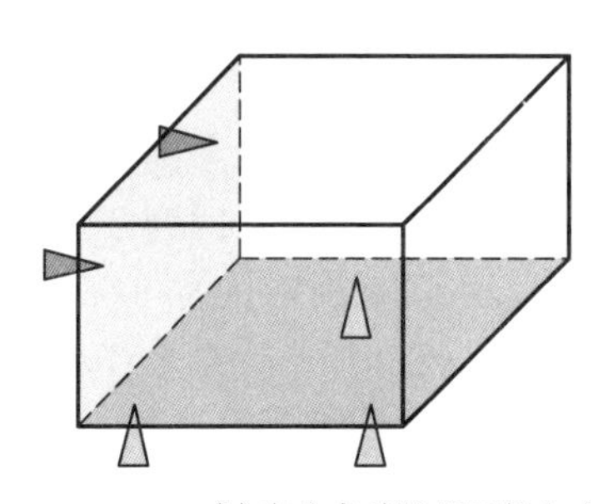
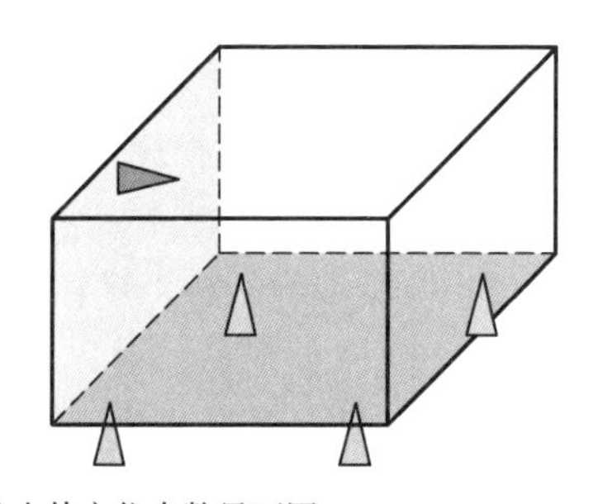

(b) 定位点总数相同但各个定位基准上的定位点数目不同

图 8.3 多个定位基准

(其连线与下表面不垂直),限制了 δx_w、$\delta\beta_w$,共限制了 δx_w、δy_w、$\delta\alpha_w$、$\delta\beta_w$、$\delta\gamma_w$五个自由度。图 8.3(b)的两个定位点布局方案中,一个是在下表面布置 3 个定位点、在左侧面布置 2 个定位点,而另一个则是在下表面布置 4 个定位点、在左侧面布置 1 个定位点。第一个方案限制了 δx_w、δy_w、$\delta\alpha_w$、$\delta\beta_w$、$\delta\gamma_w$ 五个自由度,第二个方案限制了 δy_w、$\delta\alpha_w$、$\delta\gamma_w$三个自由度。由此可知,这两个方案尽管具有两个相同的定位基准,定位点的总数也一样,但属于不同的方案。

图 8.4 所示的定位点布局方案中,具有相同数量的定位基准和定位点。图 8.4(a)中第一个方案中下表面为定位基准,其上布置 3 个定位点,限制了 δy_w、$\delta\alpha_w$、$\delta\gamma_w$,而第二个方案的定位基准为右侧面,也布置了 3 个定位点,限制了 δx_w、$\delta\beta_w$、$\delta\gamma_w$,因此这两者不属于同一个定位点布局方案。图 8.4(b)的第一个方案是在第一定位基准(即下表面)布置 3 个定位点,在第二定位基准(即左侧面)布置 2 个定位点,限制了工件的 δx_w、δy_w、$\delta\alpha_w$、$\delta\beta_w$、$\delta\gamma_w$五个自由度;而第二个方案的下表面也是第一定位基准,布置了 3 个定位点,后侧面为第二定位基准,布局了 2 个定位点,限制了工件的 δy_w、δz_w、$\delta\alpha_w$、$\delta\beta_w$、$\delta\gamma_w$ 五个自由度。由于限制的自由度不同,故图 8.4(b)中的两个定位点布局方案是不相同的。

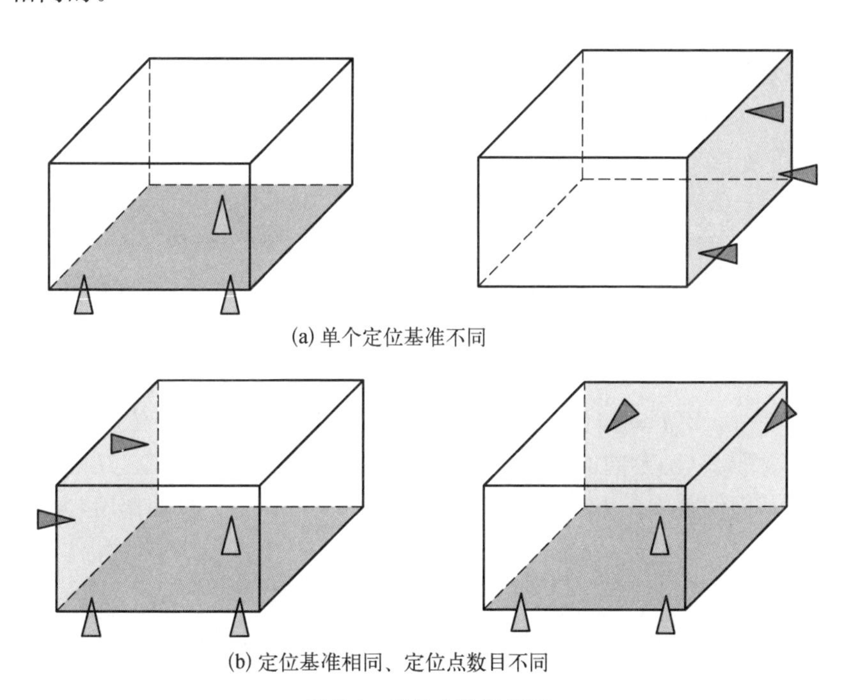

(a) 单个定位基准不同

(b) 定位基准相同、定位点数目不同

图 8.4　定位点数目相同

8.2 定位不确定性成因

定位点布局方案旨在能够合理地确定工件的位置，因而必须具备定位确定性，其充要条件为

$$\begin{cases}\mathrm{rank}(\boldsymbol{J}) + \mathrm{rank}(\delta\boldsymbol{q}_{\mathrm{w}}^{*}) - \mathrm{rank}(\boldsymbol{J}\delta\boldsymbol{q}_{\mathrm{w}}^{*}) = 6 \\ \mathrm{rank}(\boldsymbol{J}) = k\end{cases} \tag{8.1}$$

否则，定位点布局方案不具定位确定性，即该定位点布局方案具有定位不确定性，因此不能够正确、合理地定位工件。

定位点布局方案是否合理、正确，取决于定位点的数目及其在定位基准上的位置。定位点过少或过多将导致出现欠定位或过定位现象，即使合理数目的定位点，若其位置布置不当，也会造成欠定位或过定位。由此可见，找出不合理定位点布局的原因才是设计定位点布局的关键所在。

图 8.5(a)为在工件顶部铣削通槽的工序简图，通槽具有 $l \pm \delta l$、$h \pm \delta h$ 两个尺寸要求，分别在 X 方向和 Y 方向。这样，理论自由度为 $\delta\boldsymbol{q}_{\mathrm{w}}^{*} = \lambda_z \boldsymbol{\zeta}_z$，故 $\mathrm{rank}(\delta\boldsymbol{q}_{\mathrm{w}}^{*}) = \mathrm{rank}(\boldsymbol{\zeta}_z) = 1$。这样，应该限制的自由度(即理论约束)有 5 个。理论上，在定位合理的情况下，一个定位点应该限制一个自由度。

图 8.5(b)为定位点布局方案 1，在工件底面布局 L_1、L_2、L_3 三个定位点，在工件左侧面布局 L_4、L_5 两个定位点，定位点数目 $k = 5$。因此，有 $\mathrm{rank}(\boldsymbol{J}) = k = 5$，$\mathrm{rank}(\boldsymbol{J}\delta\boldsymbol{q}_{\mathrm{w}}^{*}) = 0$，$\mathrm{rank}(\delta\boldsymbol{q}_{\mathrm{w}}^{\mathrm{h}}) = 1$。由于 $\mathrm{rank}(\boldsymbol{J}) + \mathrm{rank}(\delta\boldsymbol{q}_{\mathrm{w}}^{*}) - \mathrm{rank}(\boldsymbol{J}\delta\boldsymbol{q}_{\mathrm{w}}^{*}) = 5 + 1 - 0 = 6$，故该定位点布局方案具有定位确定性，属于部分定位。

图 8.5(c)为定位点布局方案 2，定位点数目同样为 $k = 5$，底面布局 L_1、L_2、L_3 三个定位点，只是布局在左侧面的 L_4、L_5 两个定位点，其位置连线与 Y 轴平行，故有 $\mathrm{rank}(\boldsymbol{J}) = 4$，$\mathrm{rank}(\boldsymbol{J}\delta\boldsymbol{q}_{\mathrm{w}}^{*}) = 0$，$\mathrm{rank}(\delta\boldsymbol{q}_{\mathrm{w}}^{\mathrm{h}}) = 3$。又因为 $\mathrm{rank}(\boldsymbol{J}) + \mathrm{rank}(\delta\boldsymbol{q}_{\mathrm{w}}^{*}) - \mathrm{rank}(\boldsymbol{J}\delta\boldsymbol{q}_{\mathrm{w}}^{*}) = 4 + 1 - 0 = 5$，所以该方案不具有定位确定性，属于欠过定位。与图 8.5(b)不同的是，布局在同一个表面上的定位点 L_4、L_5，有一个定位点失效，从而使得 L_4、L_5 这两个定位点没有起到限制自由度的作用，少限制了 2 个自由度。

在图 8.5(d)为定位点布局方案 3，定位点数目依然为 $k = 5$，定位点 L_1、L_2、L_3 布局在底面上，但在后侧面布局了 L_4、L_5 两个定位点。因此，$\mathrm{rank}(\boldsymbol{J}) = k = 5$，$\mathrm{rank}(\boldsymbol{J}\delta\boldsymbol{q}_{\mathrm{w}}^{*}) = 2$，$\mathrm{rank}(\delta\boldsymbol{q}_{\mathrm{w}}^{\mathrm{h}}) = 1$。由于 $\mathrm{rank}(\boldsymbol{J}) + \mathrm{rank}(\delta\boldsymbol{q}_{\mathrm{w}}^{*}) - \mathrm{rank}(\boldsymbol{J}\delta\boldsymbol{q}_{\mathrm{w}}^{*}) = 5 + 1 - 2 = 4$，故该定位点布局方案不具有定位确定性，属于欠定位。与图 8.5(a)不同

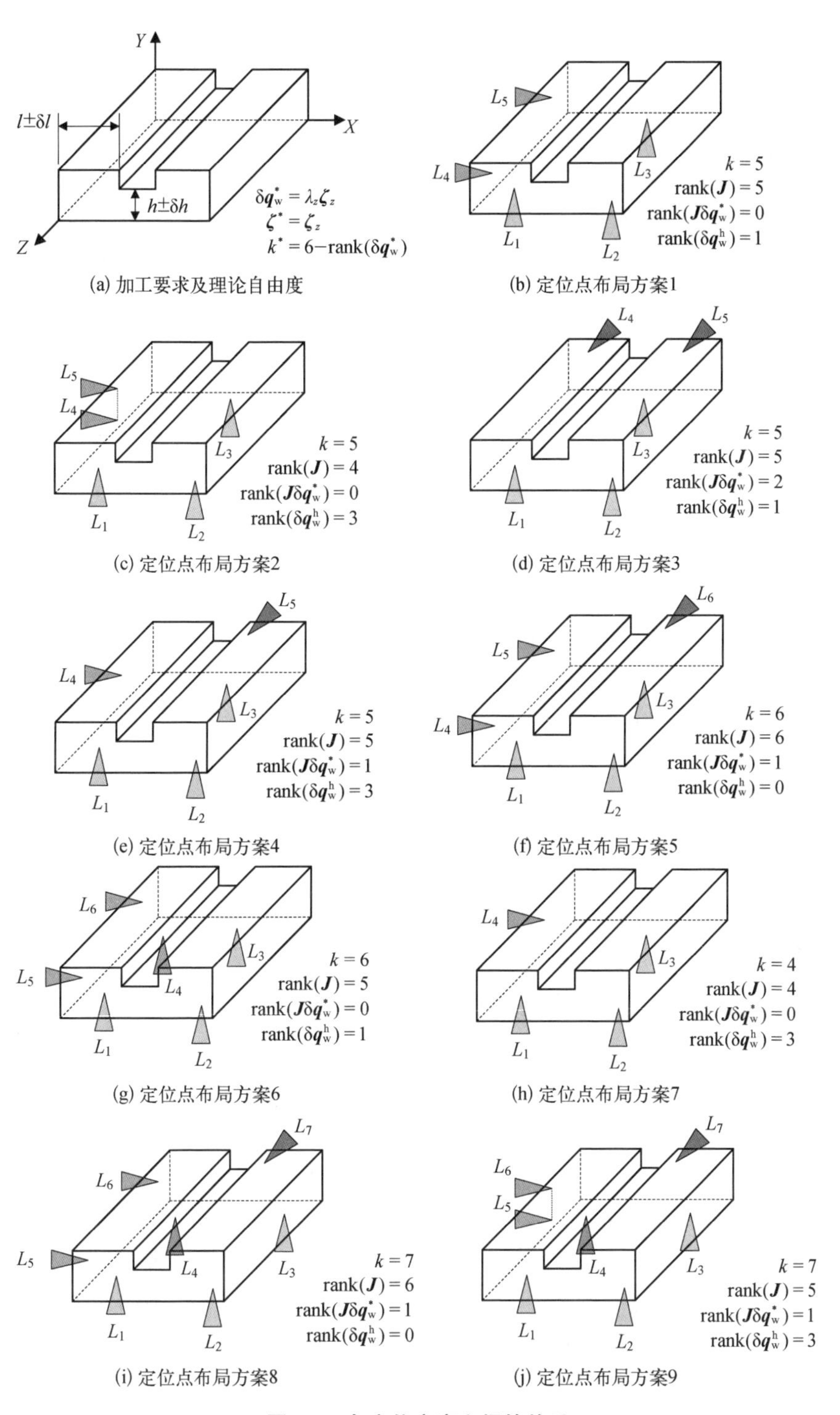

图 8.5　各定位方案之间的关系

的是，布局在同一个表面上的定位点 L_4、L_5，并没有起到实质性的作用，限制了 2 个不需要限制的自由度。

在图 8.5(e)为定位点布局方案 4，除了在底面布局了 L_1、L_2、L_3 三个定位点外，在左侧面和后侧面各布置了 1 个定位点，分别是 L_4 与 L_5，定位点数目同样为 $k=5$，但 $\mathrm{rank}(\boldsymbol{J})=k=5$，$\mathrm{rank}(\boldsymbol{J}\delta\boldsymbol{q}_{\mathrm{w}}^{*})=1$，$\mathrm{rank}(\delta\boldsymbol{q}_{\mathrm{w}}^{\mathrm{h}})=3$。又因为 $\mathrm{rank}(\boldsymbol{J})+\mathrm{rank}(\delta\boldsymbol{q}_{\mathrm{w}}^{*})-\mathrm{rank}(\boldsymbol{J}\delta\boldsymbol{q}_{\mathrm{w}}^{*})=5+1-3=3$，显然该方案也不具有定位正确性，依然属于欠定位。与图 8.5(a)的区别之处在于，分布在不同表面上的 L_4 与 L_5，尽管均有效，但并没有起到限制自由度的作用，少限制了 2 个自由度。

图 8.5(f)为定位点布局方案 5，布局了 $k=6$ 个定位点，即在底面布局了 L_1、L_2、L_3 三个定位点，左侧面布局了 L_4、L_5 两个定位点，后侧面布局了 1 个定位点，即定位点 L_6。因此，$\mathrm{rank}(\boldsymbol{J})=k=6$，$\mathrm{rank}(\boldsymbol{J}\delta\boldsymbol{q}_{\mathrm{w}}^{*})=1$，$\mathrm{rank}(\delta\boldsymbol{q}_{\mathrm{w}}^{\mathrm{h}})=0$。由于 $\mathrm{rank}(\boldsymbol{J})+\mathrm{rank}(\delta\boldsymbol{q}_{\mathrm{w}}^{*})-\mathrm{rank}(\boldsymbol{J}\delta\boldsymbol{q}_{\mathrm{w}}^{*})=6+1-1=6$，故该定位点布局方案具有定位确定性，但属于完全定位。区别于图 8.5(a)的地方，就是多了一个定位点，从而多限制了 1 个不需要限制的自由度。

而在图 8.5(g)为定位点布局方案 6，依然布局了 $k=6$ 个定位点，在底面布局了 L_1、L_2、L_3、L_4 四个定位点，在左侧面布局了 L_5、L_6 两个定位点，但 $\mathrm{rank}(\boldsymbol{J})=5$，$\mathrm{rank}(\boldsymbol{J}\delta\boldsymbol{q}_{\mathrm{w}}^{*})=0$，$\mathrm{rank}(\delta\boldsymbol{q}_{\mathrm{w}}^{\mathrm{h}})=1$。即使 $\mathrm{rank}(\boldsymbol{J})+\mathrm{rank}(\delta\boldsymbol{q}_{\mathrm{w}}^{*})-\mathrm{rank}(\boldsymbol{J}\delta\boldsymbol{q}_{\mathrm{w}}^{*})=5+1-0=6$，但 $\mathrm{rank}(\boldsymbol{J})<k$，故该方案布局定位确定性，属于部分过定位。与图 8.5(a)的区别就是，多了一个定位点，但并没有多限制一个自由度。

图 8.5(h)为定位点布局方案 7，仅布局了 $k=4$ 个定位点，底面布置了 L_1、L_2、L_3 三个定位点，而左侧面仅布置了一个定位点 L_4。显然有 $\mathrm{rank}(\boldsymbol{J})=4$，$\mathrm{rank}(\boldsymbol{J}\delta\boldsymbol{q}_{\mathrm{w}}^{*})=0$，$\mathrm{rank}(\delta\boldsymbol{q}_{\mathrm{w}}^{\mathrm{h}})=3$。因为 $\mathrm{rank}(\boldsymbol{J})+\mathrm{rank}(\delta\boldsymbol{q}_{\mathrm{w}}^{*})-\mathrm{rank}(\boldsymbol{J}\delta\boldsymbol{q}_{\mathrm{w}}^{*})=5$，故该方案布局不具有定位确定性，属于欠定位。不同于图 8.5(a)的地方，就是少了一个定位点。

图 8.5(i)为定位点布局方案 8，底面布置了 L_1、L_2、L_3、L_4 四个定位点，左侧面布置了 L_5、L_6 两个定位点，并且在后侧面上布置了一个定位点 L_7，共有 $k=7$ 个定位点。显然有 $\mathrm{rank}(\boldsymbol{J})=6$，$\mathrm{rank}(\boldsymbol{J}\delta\boldsymbol{q}_{\mathrm{w}}^{*})=1$，$\mathrm{rank}(\delta\boldsymbol{q}_{\mathrm{w}}^{\mathrm{h}})=0$。因为 $\mathrm{rank}(\boldsymbol{J})+\mathrm{rank}(\delta\boldsymbol{q}_{\mathrm{w}}^{*})-\mathrm{rank}(\boldsymbol{J}\delta\boldsymbol{q}_{\mathrm{w}}^{*})=6$，$\mathrm{rank}(\boldsymbol{J})<k$，故该方案布局不具有定位确定性，属于完全过定位。与图 8.5(a)相比，区别之处在于多了两个定位点，并且多限制了 1 个不需要限制的自由度。

在图 8.5(j)的定位点布局方案中，在底面上布局了 L_1、L_2、L_3、L_4 四个定位点，在左侧面布置了位置连线与 Y 轴平行的 L_5、L_6 两个定位点，而在后侧面上布

置了一个定位点 L_7，此时有 $\text{rank}(\boldsymbol{J})=5$，$\text{rank}(\boldsymbol{J}\delta\boldsymbol{q}_w^*)=1$，$\text{rank}(\delta\boldsymbol{q}_w^h)=3$。因为 $\text{rank}(\boldsymbol{J})+rank(\delta\boldsymbol{q}_w^*)-\text{rank}(\boldsymbol{J}\delta\boldsymbol{q}_w^*)=3$，$\text{rank}(\boldsymbol{J})<k$，故该方案布局不具有定位确定性，属于欠过定位。与图 8.5(a)相比，不同区别之处有三点：一是多了两个定位点；二是布局在同一个表面上的定位点 L_5、L_6，其中一个定位点失效；三是多限制了 1 个不需要限制的自由度。

为了查找出来定位不确定性的原因，本文定义了以下引理和概念。

引理 1：$k_{\min}=6-\text{rank}(\delta\boldsymbol{q}_w^*)$ 为合理的定位点布局方案所需要的最小定位点数目，也是为了满足加工要求必须限制的自由度数目。

引理 2：$k_{\max}=6$ 为合理的定位方案所需的最大定位点数目。

定义 1：$k'=\text{rank}(\boldsymbol{J}\delta\boldsymbol{q}_w^*)$ 为合理的定位点布局方案中无用的定位点数目，也就是不须限制但实际限制了的自由度数目。

定义 2：$k''=k-\text{rank}(\boldsymbol{J})$ 为合理的定位点布局方案中无效的定位点数目，即没有起到限制自由度作用的定位点数目。

定义 3：$\bar{k}=\text{rank}(\boldsymbol{J})$ 为合理的定位点布局方案中有效的定位点数目，即可能起到限制自由度作用的定位点数目。

定义 4：$\hat{k}=\text{rank}(\boldsymbol{J})-\text{rank}(\boldsymbol{J}\delta\boldsymbol{q}_w^*)$ 为合理的定位点布局方案中有用的定位点数目，即限制应该限制的自由度数目。

那么，根据图 8.5 中各个定位点布局方案的定位确定性分析来看，可进一步获得定位确定性的分析定理。

定理 1：如果定位点布局方案为欠定位，那么其充要条件为有用数目小于最小数目，且不存在无效数目，即 $\hat{k}<k_{\min}$ 且 $k''=0$。

定理 2：如果定位点布局方案为过定位，那么其充要条件为存在无效的定位点，即雅可比矩阵行不满秩，即 $k''>0$。

定理 3：如果定位点布局方案为唯一定位，那么其充要条件为有用数目等于最小数目，且不存在无效数目，即雅可比矩阵行满秩，即 $\hat{k}=k_{\min}$ 且 $k''=0$。

推论 1：如果定位点布局方案为完全定位，那么其充要条件为有用数目等于最小数目，有效数目等于最大数目，且不存在无效数目，此时雅可比矩阵行满秩且列满秩，$\hat{k}=k_{\min}$、$\bar{k}=k_{\max}$ 且 $k''=0$。

推论 2：如果定位点布局方案为部分定位，那么其充要条件为有用数目等于最小数目有效数目小于最大数目，且不存在无效数目，此时雅可比矩阵行满秩但列不满秩，即 $\hat{k}=k_{\min}$、$\bar{k}<k_{\max}$ 且 $k''=0$。

推论 3：如果定位点布局方案为欠过定位，那么其充要条件为有用数目小于最小数目，且存在无效数目，此时雅可比矩阵行不满秩，即 $\hat{k}<k_{\min}$ 且 $k''>0$。

推论 4：如果定位点布局方案为部分过定位，那么其充要条件为有用数目等于最小数目，有效数目小于最大数目，且存在无效数目，此时雅可比矩阵行不满秩且列不满秩，即 $\hat{k}=k_{\min}$、$\bar{k}<k_{\max}$ 且 $k''>0$。

推论 5：如果定位点布局方案为完全过定位，那么其充要条件为有用数目等于最小数目，有效数目等于最大数目，且存在无效数目，此时雅可比矩阵行满秩且列满秩，即 $\hat{k}=k_{\min}$、$\bar{k}=k_{\max}$ 且 $k'>0$。

由上述定理和推论可知，欠定位是由定位点的用用数目不够而造成的，而过定位则是由于定位点布局方案中存在着无效的定位点。

8.3 生成式设计算法

事实上，在设计定位点布局方案时，根据加工要求必定事先知道方案中至少需要 $k_{\min}$ 个定位点。但并不知道一个定位基准上应布置多少个定位点，才能使得方案中不存在无效的定位点。

因此，必须从第一定位基准直到最后一个定位基准，逐个地布置定位点。每布局一个定位点，就形成了一个新的定位点布局方案，称之为定位点布局子方案。这样，基于分布迭代的思想，反复确定定位点布局子方案，直至其具有定位正确性为止，最终的定位点布局子方案就是所要设计的定位点布局方案。定位方案设计算法如图 8.6 所示，具体叙述如下。

步骤一，根据已知的加工要求，确定理论自由度及其标准正交基向量。

步骤二，计算最小定位点数 $k_{\min}=6-\operatorname{rank}(\delta \boldsymbol{q}_{\mathrm{w}}^{*})$。

步骤三，选择第一个定位基准。

步骤四，在当前定位基准上布局第一个定位点。

步骤五，判断有用定位点数和最小定位点数的关系？如果 $\hat{k}<k_{\min}$，转入步骤六；否则转入步骤九。

步骤六，判断是否存在无效定位点数？如果 $k''=0$，转入步骤七；否则转入步骤八。

步骤七，定位方案属于欠定位。在当前定位基准上增设下一个定位点，返回步骤五。

步骤八，定位方案属于欠过定位。另选下一个定位基准，将当前这个定位点重新布置在该定位基准上，返回步骤五。

步骤九，判断定位点数与最大定位点数的关系？如果 $\bar{k}<k_{\max}$，转入步骤十；否则转入步骤十一。

步骤十，定位方案属于部分定位。设计过程结束。

步骤十一，定位方案属于唯一定位。设计过程结束。

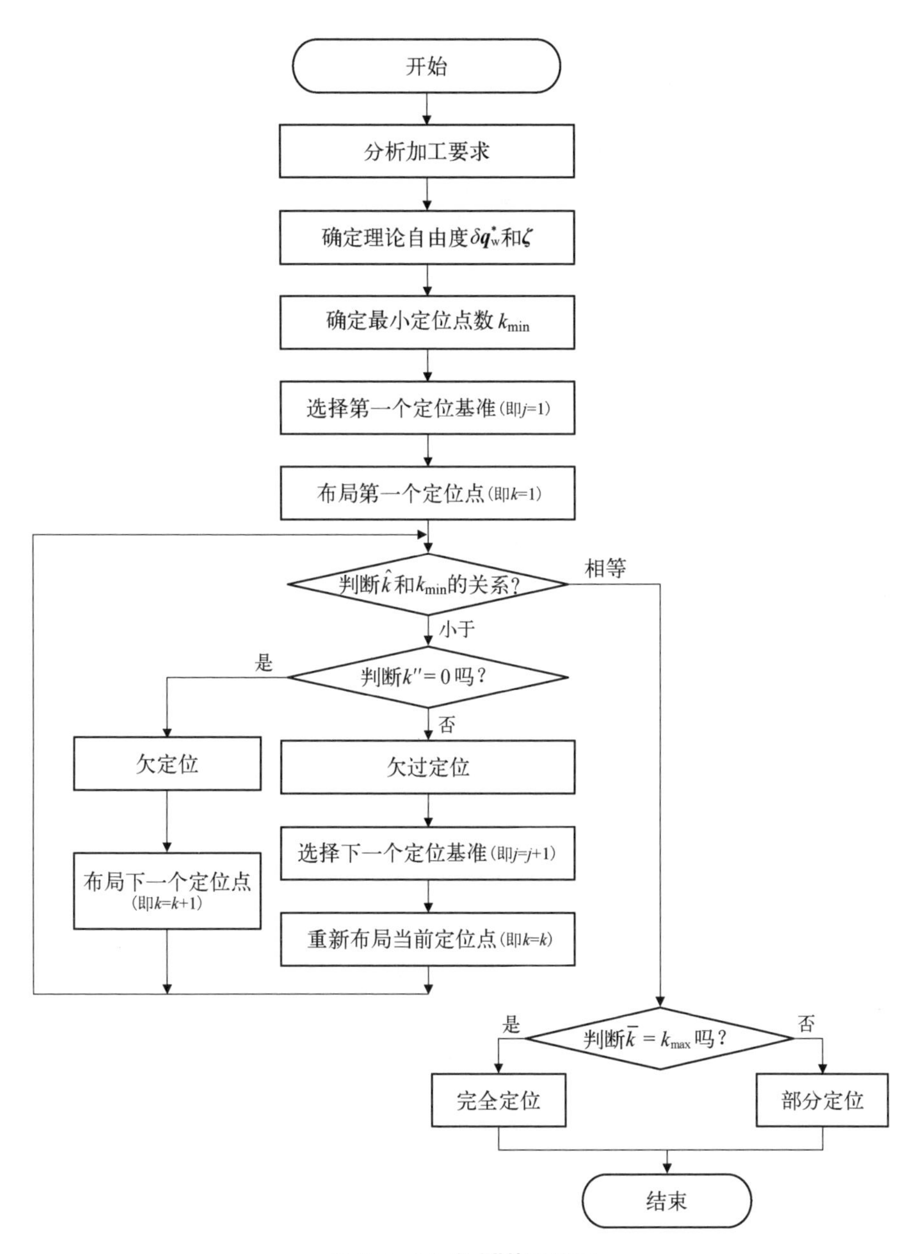

图 8.6　“生成式”算法流程

由于上述设计过程并不参照任何夹具案例的设计结果，由设计人员或系统根据加工要求自主完成定位方案的设计过程，故称之为“生成”式逐点设计方法。

8.4 应用与设计过程

为了说明逐点设计算法的具体应用，假定工件为规则的棱柱形，如图 8.7 所示，待加工表面为台阶表面，要求保证加工尺寸 a 和 b。因此，加工过程中最为关键的环节就是合理设计定位方案，以确定工件相对刀具的正确位置和方向。

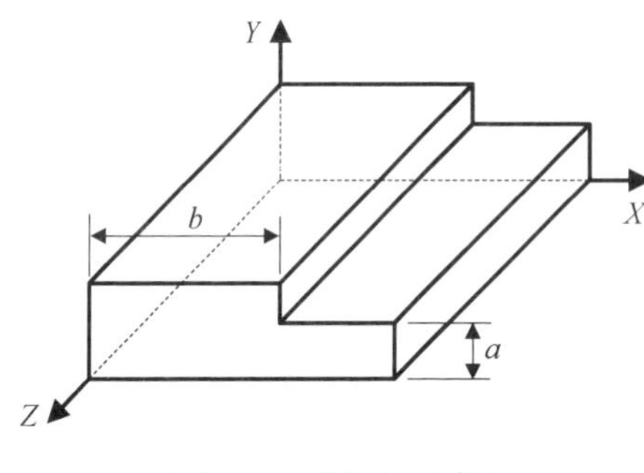

图 8.7 工件及加工表面

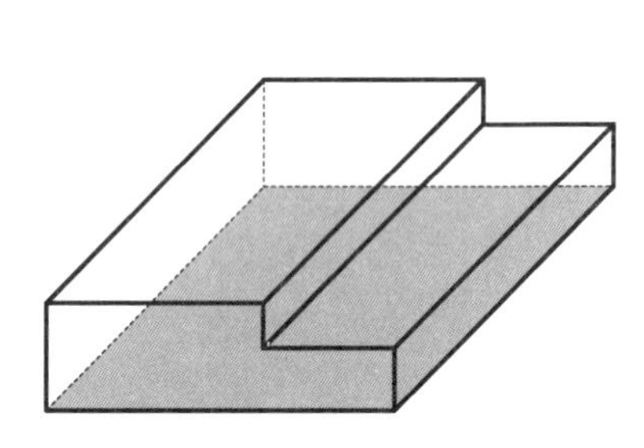

图 8.8 第一个定位基准

定位方案的设计过程详细所述如下。

步骤一，确定理论自由度。

为了同时保证 X 方向上的加工尺寸 a 和 Y 方向上的加工尺寸 b，理论自由度应为 $\delta \boldsymbol{q}_{\mathrm{w}}^{*}=\boldsymbol{\zeta}_{z}\lambda_{z}$，其中基向量 $\boldsymbol{\zeta}_{z}=[0,\ 0,\ 1,\ 0,\ 0,\ 0]^{\mathrm{T}}$，$\lambda_{z}$ 为任意数。

步骤二，计算最小定位点数。

由于 $k_{\min}=6-\operatorname{rank}(\delta \boldsymbol{q}_{\mathrm{w}}^{*})$，故最小定位点数目 $k_{\min}=5$。

步骤三，选择第一个定位基准。

由于工件底面为设计基准，且面积较大，故选择该表面为第一个定位基准，如图 8.8 所示。

步骤四，布局第一个定位点。

在当前定位基准(即底面)上布局第一个定位点 L_1，形成一个定位布局子方案，如 8.9(a)所示。

步骤五，判断有用定位点数和最小定位点数的关系。

由于雅可比矩阵 $\boldsymbol{J}=[0,\ -1,\ 0,\ -z_1,\ 0,\ x_1]$，故 $\operatorname{rank}(\boldsymbol{J})=1$，$\operatorname{rank}(\boldsymbol{J}\delta \boldsymbol{q}_{\mathrm{w}}^{*})=0$。由此可得定位点的有用数目为 $\hat{k}=1$，小于最小数目 $k_{\min}$。

步骤六，判断无效的定位点数。

由于 $k''=k-\operatorname{rank}(\boldsymbol{J})=1-1=0$，不存在无效的定位点。

步骤七，分析定位确定性。

当前的定位布局子方案属于欠定位形式，为不合理定位方案。根据定理 1 可

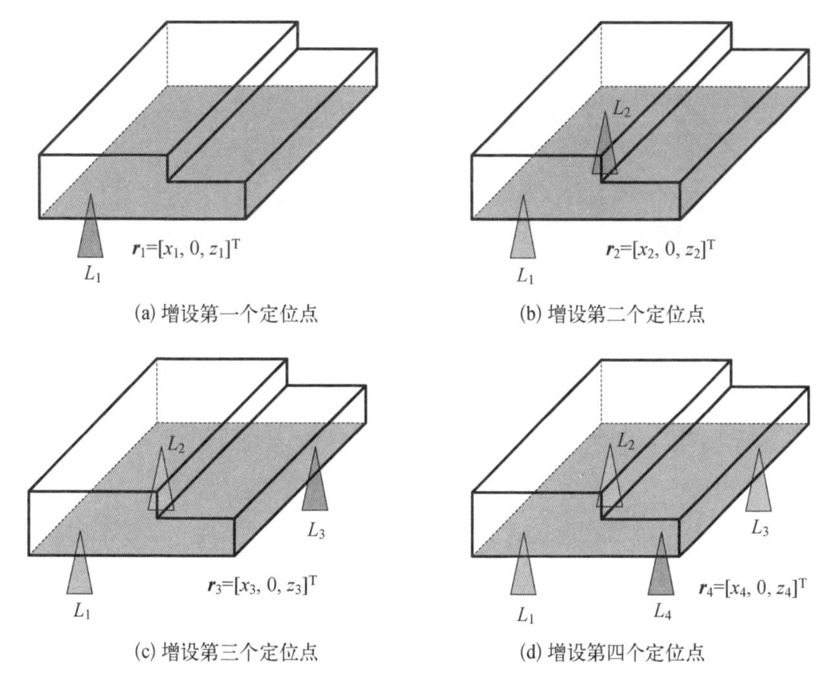

图 8.9　第一个定位基准及定位点设计

知定位点有用数目不够，故应在当前的定位基准（即底面）上布局下一个（即第二个）定位点 L_2，形成第二个定位布局子方案，如图 8.9(b)所示。此时雅可比矩阵为 $\boldsymbol{J}=\begin{bmatrix}0 & -1 & 0 & -z_1 & 0 & x_1\\0 & -1 & 0 & -z_2 & 0 & x_2\end{bmatrix}$。因此，$\text{rank}(\boldsymbol{J})=2$，$\text{rank}(\boldsymbol{J}\delta\boldsymbol{q}_w^*)=0$，则有 $\hat{k}<k_{\min}$ 且 $k''=0$。

当前定位布局子方案仍然属于欠定位，故继续在当前定位基准（即底面）上布局第三个定位点 L_3，如图 8.9(c)所示。此时 $\boldsymbol{J}=\begin{bmatrix}0 & -1 & 0 & -z_1 & 0 & x_1\\0 & -1 & 0 & -z_2 & 0 & x_2\\0 & -1 & 0 & -z_3 & 0 & x_3\end{bmatrix}$，因此 $\text{rank}(\boldsymbol{J})=3$，$\text{rank}(\boldsymbol{J}\delta\boldsymbol{q}_w^*)=0$，$\hat{k}<k_{\min}$ 且 $k''=0$。

具有三个定位点的定位方案仍然属于欠定位，为此在第一个定位基准上增设第四个定位点 L_4，即 $k=4$，如图 8.9(d)所示。计算该定位布局子方案的雅可比矩阵为 $\boldsymbol{J}=\begin{bmatrix}0 & -1 & 0 & -z_1 & 0 & x_1\\0 & -1 & 0 & -z_2 & 0 & x_2\\0 & -1 & 0 & -z_3 & 0 & x_3\\0 & -1 & 0 & -z_4 & 0 & x_4\end{bmatrix}$，容易获知 $\text{rank}(\boldsymbol{J})=3$，$\text{rank}(\boldsymbol{J}\delta\boldsymbol{q}_w^*)=1$，

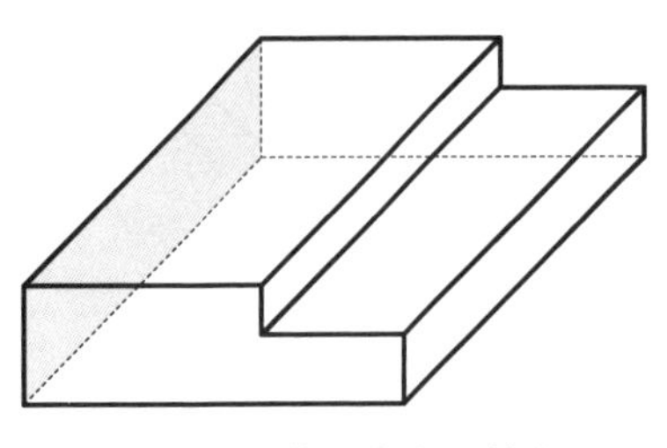

图 8.10 第二个定位基准

故 $\hat{k} < k_{\min}$, $k''=1$。

根据推论 3 可知,此时的定位方案为欠过定位。由定理 2 可知定位点的有用数目不但不够,而且出现一个没有起到定位作用的定位点 L_4。因此,需要根据基准重合原则等选择左侧面为第二个定位基准,如图 8.10 所示。然后,将第四个定位点 L_4布局在当前定位基准(即左侧面)上,如图 8.11(a)所示。计算雅可比矩阵 $\boldsymbol{J}=\begin{bmatrix} 0 & -1 & 0 & -z_1 & 0 & x_1 \\ 0 & -1 & 0 & -z_2 & 0 & x_2 \\ 0 & -1 & 0 & -z_3 & 0 & x_3 \\ -1 & 0 & 0 & 0 & z_4 & -y_4 \end{bmatrix}$,因此,rank($\boldsymbol{J}$)=4,rank($\boldsymbol{J}\delta\boldsymbol{q}_{\mathrm{w}}^{*}$)=0,故 $\hat{k} < k_{\min}$ 且 $k''=0$。

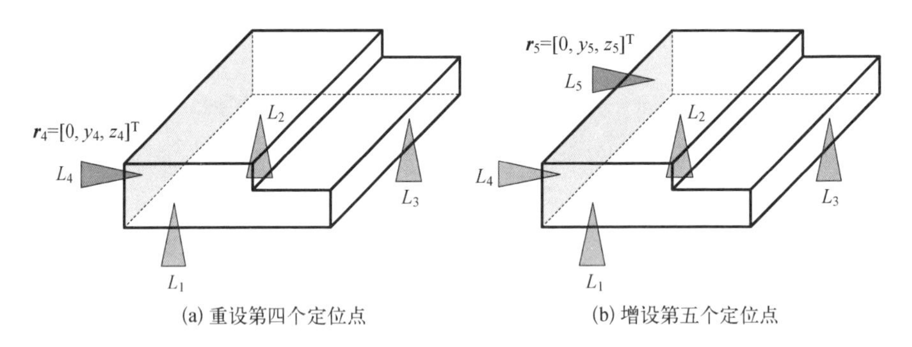

(a) 重设第四个定位点　　(b) 增设第五个定位点

图 8.11 第二个定位基准及定位点设计

由此可知图 8.11(a)中的定位方案依然为欠定位,显然定位点数目不够,因此在当前定位基准(即左侧面)上继续布局第五个定位点 L_5,如图 8.11(b)所示此时雅可比矩阵为 $\boldsymbol{J}=\begin{bmatrix} 0 & -1 & 0 & -z_1 & 0 & x_1 \\ 0 & -1 & 0 & -z_2 & 0 & x_2 \\ 0 & -1 & 0 & -z_3 & 0 & x_3 \\ -1 & 0 & 0 & 0 & z_4 & -y_4 \\ -1 & 0 & 0 & 0 & z_5 & -y_5 \end{bmatrix}$,因此有 rank($\boldsymbol{J}$)=5,rank($\boldsymbol{J}\delta\boldsymbol{q}_{\mathrm{w}}^{*}$)=0,故 $\hat{k}=k_{\min}$、$k''=0$。

步骤八,判断终止条件。

由于 $\bar{k} < k_{\max}$,故该方案属于部分定位。设计过程结束。最终图 8.11(b)中的该定位布局子方案能够确定工件相对于刀具的位置和方向,从而能够保证加工精度的要求。

第9章

夹紧表面的选择算法

夹紧方案的规划包括夹紧表面的选择和夹紧力的确定两个环节。而夹紧表面的合理选择，直接影响工件的定位精度和夹紧稳定性。在构建选择夹紧表面层次结构模型的基础上，进行指标层相对于目标层判断矩阵的一致性检验，通过计算方案层相对于指标层决策矩阵的理想解，提出夹紧表面的 AHP-TOSIS 选择方法。

9.1 层次结构模型

夹紧的目的是在不破坏定位精度，保持零件加工的稳定性。因此，构造选择夹紧表面的层次结构模型如图 9.1 所示。

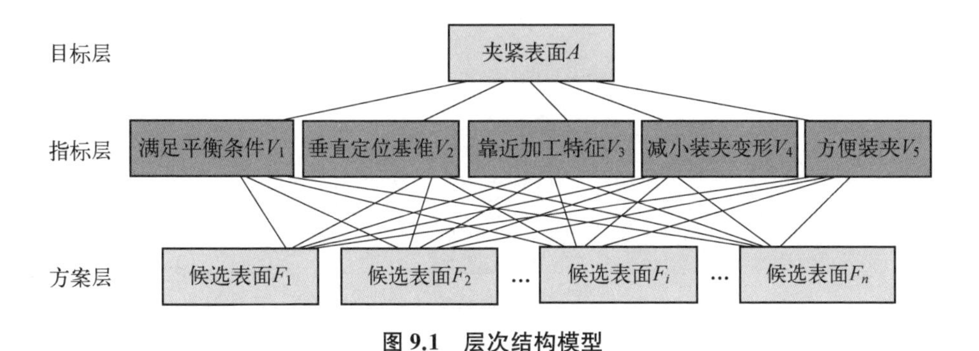

图 9.1 层次结构模型

第一层为目标层，目的就是获得零件夹紧方案的夹紧表面。

第二层为指标层，为选择夹紧表面密切相关的因素。指标层考虑的因素主要有五大类：一是满足平衡方程，这是选择夹紧表面首先要考虑的问题；二是夹紧表面的法向应指向定位基准表面（尤其是第一定位基准表面），以避免破坏定位精度；三是考虑夹紧表面应尽量靠近加工表面，以防止在加工过程中产生振动；四是尽量减小装夹变形，进一步提高加工精度。因此，在候选的夹紧表面上，应使得夹紧力作用方向尽可能与切削力等外载方向保持一致，减小夹紧力大小，或者使得夹紧力作用点能够处于工件刚性较好的部位；五是方便装夹，候选表面的特征应能确保装夹方便、稳定，以及能够使得夹具结构简单等因素。

第三层为方案层，为可能作为夹紧表面的候选表面。

根据指标层各个因素的目的，定义各个选择因子如下。第一个指标层选择因子是候选的夹紧表面能够提供平衡约束条件。假定在第 i $(1 \leqslant i \leqslant n)$个候选表面上，施加的夹紧力经初步判断能够平衡切削力等外载作用时，则平衡条件因子 $v_{1,i}$ 取值为 1，若无法提供有效夹紧则取值为 0，即第一个选择因子 $v_{1,i}$ 可构造如下：

$$v_{1,i} = \begin{cases} 1, \text{满足平衡条件} \\ 0, \text{不满足平衡条件} \end{cases} \tag{9.1}$$

第二个选择因子是候选表面的法向。若第 i $(1 \leqslant i \leqslant n)$个候选表面的法向 $\boldsymbol{n}_i$ 正对第一定位基准表面时，法向因子 $v_{2,i}$ 取值最大；正对第二定位基准面，法向因子 $v_{2,i}$ 取值次之；正对第三定位基准面，法向因子 $v_{2,i}$ 取值再次之；正对其他表面，法向因子 $v_{2,i}$ 取值最小。故第二个选择因子 $v_{2,i}$ 的表达式定义如下：

$$v_{2,i} = \begin{cases} 0.9, \ \boldsymbol{n}_i \in I_1 \\ 0.7, \ \boldsymbol{n}_i \in I_2 \\ 0.5, \ \boldsymbol{n}_i \in I_3 \\ 0.1, \ \boldsymbol{n}_i \in I_4 \end{cases} \tag{9.2}$$

式中，I_1、I_2、I_3、I_4 的意义见表 9.1 所示。

表 9.1　候选表面法向的取值

法向	属　　性
I_1	候选表面的法向正对于第一定位基准
I_2	候选表面的法向正对于第二定位基准
I_3	候选表面的法向正对于第三定位基准
I_4	候选表面的法向正对于其他表面

第三个选择因子是候选表面的位置。若第 i $(1 \leqslant i \leqslant n)$个候选表面的位置 K_i 越靠近加工表面，加工引起的振动越小，故第三个选择因子 $v_{3,i}$ 可表达为

$$v_{3,i}=\begin{cases}0.1, & \dfrac{K_i}{K_{\max}}>0.9\\ 0.5, & 0.6<\dfrac{K_i}{K_{\max}}\leqslant 0.9\\ 0.9, & \dfrac{K_i}{K_{\max}}\leqslant 0.6\end{cases} \tag{9.3}$$

式中，K_i 为第 i 个候选表面的形心到待加工表面形心之间的距离；$K_{\max}$ 为所有距离中的最大距离。

第四个选择因子是装夹变形 $v_{4,i}$。装夹变形将严重影响加工质量，夹紧力小或夹紧点作用在工件刚性好的部位，装夹变形也小。因此，装夹变形因子 $v_{4,i}$ 可构造如下：

$$v_{4,i}=\begin{cases}0.1,\text{变形较大}\\ 0.9,\text{变形较小}\end{cases} \tag{9.4}$$

第五个选择因子为候选表面的特征。通常选取一些常用的、规则的表面作为夹紧表面，这是因为规则且面积大的表面易于保证夹紧稳定和结构简单，所以在选择夹紧表面的过程中，零件被分解成特征表面，而倒角、圆角等附加特征可被忽略。因此，第五个选择因子 $v_{5,i}$ 的表达式可构造如下：

$$v_{5,i}=\begin{cases}0.8, & F_i\in H_1\\ 0.7, & F_i\in H_2\\ 0.6, & F_i\in H_3\\ 0.3, & F_i\in H_4\\ 0.2, & F_i\in H_5\end{cases} \tag{9.5}$$

式中，H_1、H_2、H_3、H_4、H_5 的意义见表 9.2 所示。

表 9.2　候选表面的特征

特　征	类　型	例　图	取　值
H_1	平面		0.8
H_2	外圆		0.7

续　表

特　征	类　型	例　图	取　值
H_3	内孔		0.6
H_4	锥面		0.3
H_5	其他		0.2

9.2　判断矩阵

采用标度法建立指标层对目标层的判断矩阵。通过相互比较确定指标层各因子 $V_i(1 \leqslant i \leqslant 3)$ 对目标层中唯一因子 A 的权重，来构造判断矩阵 $\mathbf{A}$ 中的各个元素 $a_{i,j}(1 \leqslant j \leqslant 3)$。在层次分析法中，为使矩阵中各因子的重要性能够进行定量显示，引进 1-9 标度法，如表 9.3 所示。

表 9.3　标度表

标度	含　义
1	表示两个因子相比，具有同样的重要性
3	表示两个因子相比，前者比后者稍重要
5	表示两个因子相比，前者比后者明显重要
7	表示两个因子相比，前者比后者极其重要
9	表示两个因子相比，前者比后者强烈重要
2，4，6，8	表示上述相邻判断的中间值

对于要比较的两个因子 V_i 和 V_j 而言，若 V_i 和 V_j 具有相同重要性，则其重要性比值取 $a_{i,j}=1:1$，强烈重要就是 $a_{i,j}=9:1$。值得注意的是，若 V_i 和 V_j 的重要

性之比为 $a_{i,j}$，那么 V_j 和 V_i 的重要性之比为 $a_{j,i}=1/a_{i,j}$。两两比较后，即可将比值 $a_{i,j}$ 排列成指标层对目标层的判断矩阵 $\boldsymbol{A}$ 为

$$\boldsymbol{A}=\begin{matrix} & V_1 & V_2 & V_3 & V_4 & V_5 \\ V_1 & a_{1,1} & a_{1,2} & a_{1,3} & a_{1,4} & a_{1,5} \\ V_2 & a_{2,1} & a_{2,2} & a_{2,3} & a_{2,4} & a_{2,5} \\ V_3 & a_{3,1} & a_{3,2} & a_{3,3} & a_{3,4} & a_{3,5} \\ V_4 & a_{4,1} & a_{4,2} & a_{4,3} & a_{4,4} & a_{4,5} \\ V_5 & a_{5,1} & a_{5,2} & a_{5,3} & a_{5,4} & a_{5,5} \end{matrix} \tag{9.6}$$

9.3　层权向量

由于判断矩阵 $\boldsymbol{A}$ 是根据标度法两两比较得到的，具有较大的主观性和不确定性，故需要对判断矩阵 $\boldsymbol{A}$ 进行一致性检验。

首先，假定判断矩阵 $\boldsymbol{A}$ 的最大特征值 $\lambda_{\max}$ 及其相应的特征向量 $\boldsymbol{W}=[W_1, W_2, W_3, W_4, W_5]^{\mathrm{T}}$，特征向量可按下式进行归一化

$$w_i=\frac{W_i}{\max\{W_1, W_2, W_3, W_4, W_5\}} \tag{9.7}$$

然后根据一致性比率(CR)对判断矩阵 $\boldsymbol{A}$ 进行一致性检验。若检验通过，归一化的特征向量 $\boldsymbol{w}=[w_1, w_2, w_3, w_4, w_5]^{\mathrm{T}}$ 即可作为层权向量，否则需重新构造判断矩阵 $\boldsymbol{A}$。

$$\mathrm{CR}=\frac{\mathrm{CI}}{\mathrm{RI}} \tag{9.8}$$

式中，CI 为判断矩阵的一致性指标，且

$$\mathrm{CI}=\frac{\lambda_{\max}-n}{n-1} \tag{9.9}$$

式中，n 为判断矩阵 $\boldsymbol{A}$ 的阶数。

RI 为判断矩阵的平均随机一致性指标，其值随判断矩阵 $\boldsymbol{A}$ 的阶数变化而不同，其取值如表 9.4 所示。

表 9.4　随机一致性指标的取值

判断矩阵的阶数	随机一致性指标	判断矩阵的阶数	随机一致性指标	判断矩阵的阶数	随机一致性指标
1	0	6	1.23	11	1.52
2	0	7	1.36	12	1.54
3	0.52	8	1.41	13	1.56
4	0.89	9	1.46	14	1.58
5	1.12	10	1.49	15	1.59

对判断矩阵 **A** 进行一致性检验，CR 的值越小，判断矩阵 **A** 进行一致性越好，通常当

$$\mathrm{CR} \leqslant 0.1 \tag{9.10}$$

认为判断矩阵中的各元素一致性较好。此时，归一化的特征向量即可作为层权向量。

若判断矩阵 **A** 的 CR 值具有如下关系：

$$\mathrm{CR} > 0.1 \tag{9.11}$$

说明判断矩阵 **A** 中各元素一致性较差，需要重新构造新的判断矩阵 **A**，直至 CR 值满足式(9.10)。

9.4　贴近度

根据式(9.1)～式(9.5)中指标层的五个因子，计算出候选表面 F_i 相对应的平衡 $v_{1,i}$、法向 $v_{2,i}$、位置 $v_{3,i}$、变形 $v_{4,i}$ 和特征 $v_{5,i}$ 的值，从而形成方案层中候选表面对指标层中各个因子的决策矩阵 **V** 如下

$$\boldsymbol{A} = \begin{array}{c} \\ V_1 \\ V_2 \\ V_3 \\ V_4 \\ V_5 \end{array} \begin{array}{c} \begin{matrix} V_1 & V_2 & V_3 & V_4 & V_5 \end{matrix} \\ \begin{bmatrix} a_{1,1} & a_{1,2} & a_{1,3} & a_{1,4} & a_{1,5} \\ a_{2,1} & a_{2,2} & a_{2,3} & a_{2,4} & a_{2,5} \\ a_{3,1} & a_{3,2} & a_{3,3} & a_{3,4} & a_{3,5} \\ a_{4,1} & a_{4,2} & a_{4,3} & a_{4,4} & a_{4,5} \\ a_{5,1} & a_{5,2} & a_{5,3} & a_{5,4} & a_{5,5} \end{bmatrix} \end{array} \tag{9.12}$$

规范化决策矩阵 **V**，旨在消除决策矩阵中指标的不可共度性，使各指标之间可以相互比较，规范化的决策矩阵记为 $\boldsymbol{H}=(h_{i,j})_{n\times 5}$，其元素 $h_{i,j}$ 表示如下

$$h_{ij}=\frac{v_{i,j}}{\max_{j}(v_{i,j})} \tag{9.13}$$

这样，即可再构造出加权的规范化决策矩阵 $\boldsymbol{L}=(l_{i,j})_{n\times 5}$，其中

$$l_{i,j}=w_i h_{i,j} \tag{9.14}$$

由此可得加权规范化决策矩阵 $\boldsymbol{L}$ 的正理想解 $\boldsymbol{P}^{+}$ 值和负理想解 $\boldsymbol{P}^{-}$ 值如下

$$\boldsymbol{P}^{+}=\begin{bmatrix} l_1^{+} \\ l_2^{+} \\ l_3^{+} \\ l_4^{+} \\ l_5^{+} \end{bmatrix} \tag{9.15}$$

$$\boldsymbol{P}^{-}=\begin{bmatrix} l_1^{-} \\ l_2^{-} \\ l_3^{-} \\ l_4^{-} \\ l_5^{-} \end{bmatrix} \tag{9.16}$$

式中，$l_j^{+}=\max_{j}(l_{i,j})$，$l_j^{-}=\min_{j}(l_{i,j})$。

因此，根据加权规范化决策矩阵 $\boldsymbol{L}$、正理想解 $\boldsymbol{P}^{+}$、负理想解 $\boldsymbol{P}^{-}$，可求得每一个候选夹紧表面与理想解的贴近度值 O_i。根据 O_i 的值对候选夹紧表面进行排序。贴近度值越大，越优先作为夹紧表面。贴近度值 O_i 的计算公式如下

$$O_i=\frac{L_i^{-}}{L_i^{+}+L_i^{-}} \tag{9.17}$$

式中，$L_i^{+}=\sqrt{\sum_{j=1}^{3}(l_j^{+}-l_{i,j})^2}$、$L_i^{-}=\sqrt{\sum_{j=1}^{3}(l_j^{-}-l_{i,j})^2}$ 分别为第 i 个候选夹紧表面分别到正理想解和负理想解的距离。

9.5 应用与分析

为了清楚地了解和运用所建立的夹紧表面选择方法，本节列举一个针对斜插

架钻孔工序的典型实例，从定位基准到夹紧表面分析一个较为系统的选择过程。图 9.2 是大批量加工斜插架 $\phi 10$ 孔的工序间图，加工要求包括：Z 向的 40 mm，X 向的 25±0.06 mm，以及孔径 $\phi 10$ mm。

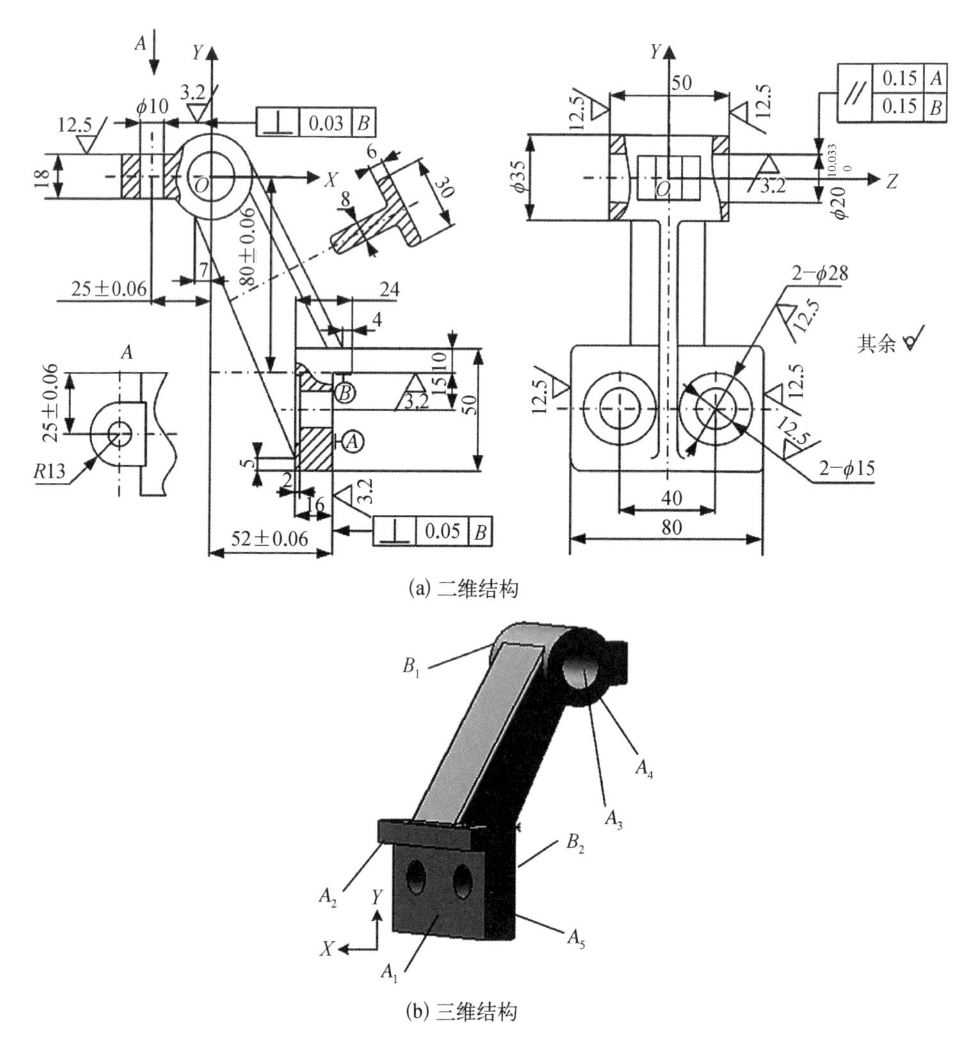

(a) 二维结构

(b) 三维结构

图 9.2　斜插架的钻孔工序简图

9.5.1　选择定位基准

平面 A_1、A_2、A_4、A_5 和内圆柱面 A_3 为候选定位基准表面，因而可建立钻 $\phi 10$ 孔的定位基准层次结构模型如图 9.3 所示。

这样，构造准则层对目标层的判断矩阵为

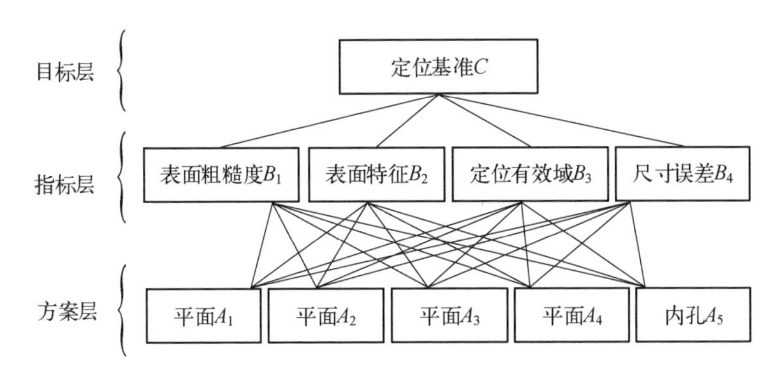

图 9.3　斜插架定位基准层次结构分析模型

$$\boldsymbol{P}_{2\to(1,1)}=\begin{matrix} & B_1 & B_2 & B_3 & B_4 \\ B_1 & 1 & 9/2 & 9/7 & 3/2 \\ B_2 & 2/9 & 1 & 2/7 & 2/5 \\ B_3 & 7/9 & 7/2 & 1 & 7/5 \\ B_4 & 2/3 & 5/2 & 5/7 & 1 \end{matrix} \tag{9.18}$$

容易求得 $\boldsymbol{P}_{2\to(1,1)}$ 的最大特征为 $\lambda_{2\to(1,1)}=4.004\,2$，特征向量为 $\boldsymbol{W}_{2\to(1,1)}=[0.692\,4,\ 0.160\,9,\ 0.563\,1,\ 0.421\,4]^{\mathrm{T}}$，$\boldsymbol{W}_{2\to(1,1)}$ 归一化后为 $\boldsymbol{w}_{2\to(1,1)}=[0.376\,8,\ 0.087\,5,\ 0.306\,4,\ 0.229\,3]^{\mathrm{T}}$。

根据斜插架的几何及工艺信息，获得各个候选表面相对于指标层的 4 个选择因子值，如表 9.5 所示。

表 9.5　候选定位基准表面的相对于准则层数值

候选表面	A_1	A_2	A_3	A_4	A_5
表面粗糙度/μm	3.2	3.2	3.2	12.5	12.5
表面特征	H_1	H_1	H_2	H_1	H_1
面积/mm^2	2 844.8	640.0	2 911.0	625.4	878.3
关系数	1	0	1	1	0
基准不重合误差	0.12	0	0	0	0

续 表

候选表面	A_1	A_2	A_3	A_4	A_5
尺寸公差	0.12	0.12	0.12	0.12	0.12
选择因子 B_1	0.70	0.70	0.70	0.46	0.46
选择因子 B_2	0.8	0.8	0.6	0.8	0.8
选择因子 B_3	0.98	0.22	1	0.21	0.30
选择因子 B_4	0.1	0.1	0.7	0.7	0.1

由于 $\mathrm{CI}_{2\to(1,1)}=\dfrac{\lambda_{2\to(1,1)}-n}{n-1}=\dfrac{4.0042-4}{4-1}=0.0014$。因此，$\mathrm{CR}_{2\to(1,1)}=\dfrac{\mathrm{CI}_{2\to(1,1)}}{\mathrm{RI}_{2\to(1,1)}}=\dfrac{0.0014}{0.52}=0.0027$。由于 $\mathrm{CR}_{2\to(1,1)}<0.1$，符合一致性要求，故 $\boldsymbol{w}_{2\to(1,1)}$ 可作为层权向量。

根据表 9.5 中的选择因子值，可以计算出任意两个候选定位基准表面 A_i 与 A_j 相对应的 B_1、B_2、B_3、B_4 值。通过比较 A_i 与 A_j $(i, j=1, 2, \cdots, 5)$ 相对应的表面粗糙度 B_1 的大小，可知候选表面 A_i、A_j 的重要性，再根据表 9.3 取其重要性比值 r_{ij}，各候选定位基准表面对指标层中表面粗糙度 B_1 的判断矩阵 $\boldsymbol{P}_{3\to(2,1)}$ 及其特征向量 $\boldsymbol{w}_{3\to(2,1)}$ 分别为

$$
\boldsymbol{P}_{3\to(2,1)}=\begin{matrix} & A_1 & A_2 & A_3 & A_4 & A_5 \\ A_1 & 1 & 1 & 5/4 & 5/3 & 5/3 \\ A_2 & 1 & 1 & 1 & 5/3 & 5/3 \\ A_3 & 5/4 & 1 & 1 & 5/3 & 5/3 \\ A_4 & 3/5 & 3/5 & 3/5 & 1 & 1 \\ A_5 & 3/5 & 3/5 & 3/5 & 1 & 1 \end{matrix} \tag{9.19}
$$

$$
\boldsymbol{w}_{3\to(2,1)}=\begin{bmatrix} 0.2282 \\ 0.2490 \\ 0.2376 \\ 0.1426 \\ 0.1426 \end{bmatrix} \tag{9.20}
$$

此时，一致性指标为 $\mathrm{CI}_{3\to(2,1)}=0.0020$，从而有一致性比率为 $\mathrm{CR}_{3\to(2,1)}=$

0.001 8。

类似地，可得方案层各候选定位基准对指标层中表面特征 B_2、定位有效域 B_3、尺寸误差 B_4 的判断矩阵分别为

$$\boldsymbol{P}_{3\to(2,\,2)}=\begin{matrix} & A_1 & A_2 & A_3 & A_4 & A_5 \\ A_1 & 1 & 1 & 8/7 & 1 & 1 \\ A_2 & 1 & 1 & 4/3 & 1 & 1 \\ A_3 & 7/8 & 3/4 & 1 & 3/4 & 3/4 \\ A_4 & 1 & 1 & 4/3 & 1 & 1 \\ A_5 & 1 & 1 & 4/3 & 1 & 1 \end{matrix} \tag{9.21}$$

$$\boldsymbol{P}_{3\to(2,\,3)}=\begin{matrix} & A_1 & A_2 & A_3 & A_4 & A_5 \\ A_1 & 1 & 1/9 & 1 & 9 & 9 \\ A_2 & 1/9 & 1 & 1/9 & 1 & 7/8 \\ A_3 & 1 & 9 & 1 & 9 & 9 \\ A_4 & 1/9 & 1 & 1/9 & 1 & 1 \\ A_5 & 1/9 & 8/7 & 1/9 & 1 & 1 \end{matrix} \tag{9.22}$$

$$\boldsymbol{P}_{3\to(2,\,4)}=\begin{matrix} & A_1 & A_2 & A_3 & A_4 & A_5 \\ A_1 & 1 & 1/9 & 1 & 9 & 9 \\ A_2 & 1/9 & 1 & 1/9 & 1 & 7/8 \\ A_3 & 1 & 9 & 1 & 9 & 9 \\ A_4 & 1/9 & 1 & 1/9 & 1 & 1 \\ A_5 & 1/9 & 8/7 & 1/9 & 1 & 1 \end{matrix} \tag{9.23}$$

$$\boldsymbol{P}_{3\to(2,\,5)}=\begin{matrix} & A_1 & A_2 & A_3 & A_4 & A_5 \\ A_1 & 1 & 1 & 8/7 & 1 & 1 \\ A_2 & 1 & 1 & 4/3 & 1 & 1 \\ A_3 & 7/8 & 3/4 & 1 & 3/4 & 3/4 \\ A_4 & 1 & 1 & 4/3 & 1 & 1 \\ A_5 & 1 & 1 & 4/3 & 1 & 1 \end{matrix} \tag{9.24}$$

经计算可得各个判断矩阵的一致性比率分别为 $CR_{3\to(2,\,2)}=0.000\,6$、$CR_{3\to(2,\,3)}=0.000\,5$、$CR_{3\to(2,\,4)}=0.000\,5$、$CR_{3\to(2,\,5)}=0.000\,6$，均符合一致性要求。因此，如下的各个判断矩阵的归一化特征向量均可作为层权向量，即

$$\boldsymbol{w}_{3\to(2,2)}=\begin{bmatrix}0.2045\\0.2108\\0.1632\\0.2108\\0.2108\end{bmatrix} \tag{9.25}$$

$$\boldsymbol{w}_{3\to(2,3)}=\begin{bmatrix}0.4285\\0.0464\\0.4285\\0.0476\\0.0489\end{bmatrix} \tag{9.26}$$

$$\boldsymbol{w}_{3\to(2,4)}=\begin{bmatrix}0.4285\\0.0464\\0.4285\\0.0476\\0.0489\end{bmatrix} \tag{9.27}$$

$$\boldsymbol{w}_{3\to(2,5)}=\begin{bmatrix}0.2045\\0.2108\\0.1632\\0.2108\\0.2108\end{bmatrix} \tag{9.28}$$

综合式(9.25)～式(9.28)，可得方案层对目标层的组合权向量为

$$\boldsymbol{w}_{3\to1}=\begin{bmatrix}0.1742\\0.1488\\0.2930\\0.2484\\0.1356\end{bmatrix} \tag{9.29}$$

由此可见，候选定位基准表面的选择顺序依次为 A_3、A_4、A_1、A_2、A_5。

9.5.2 布局定位点

为了保证通孔 $\phi 10$ 的加工要求，理论约束自由度应为 $\delta\boldsymbol{q}_{\mathrm{w}}^{*}=\boldsymbol{\zeta}_y\lambda_y$，其中基向量 $\boldsymbol{\zeta}_y=[0,1,0,0,0,0]^{\mathrm{T}}$，为 λ_y 任意值。

根据候选定位基准表面的决策因子，应在 A_3 面上布局第 $k=1$ 个定位点，此时有雅克比矩阵为

$$\boldsymbol{J}=-\left[\frac{x_1}{\sqrt{x_1^2+y_1^2}},\ \frac{y_1}{\sqrt{x_1^2+y_1^2}},\ 0,\ \frac{y_1z_1}{\sqrt{x_1^2+y_1^2}},\ -\frac{x_1z_1}{\sqrt{x_1^2+y_1^2}},\ 0\right] \tag{9.30}$$

式中，$\boldsymbol{r}_1=[x_1,\ y_1,\ z_1]^{\mathrm{T}}$、$\boldsymbol{n}_1=\left[\frac{x_1}{\sqrt{x_1^2+y_1^2}},\ \frac{y_1}{\sqrt{x_1^2+y_1^2}},\ 0\right]^{\mathrm{T}}$ 分别为第一个定位点的位置坐标及其单位法向量。

由于 $\operatorname{rank}(\boldsymbol{J})=1$，且 $\operatorname{rank}(\boldsymbol{\zeta}_y)+\operatorname{rank}(\boldsymbol{J})-\operatorname{rank}(\boldsymbol{J\zeta}_y)=1$，故应在 A_3 面上布局第 $k=2$ 个定位点。若记 $\boldsymbol{r}_2=[x_2,\ y_2,\ z_2]^{\mathrm{T}}$、$\boldsymbol{n}_2=\left[\frac{x_2}{\sqrt{x_2^2+y_2^2}},\ \frac{y_2}{\sqrt{x_2^2+y_2^2}},\ 0\right]^{\mathrm{T}}$ 为第二个定位点的坐标及其单位法向量，则有雅克比矩阵为

$$\boldsymbol{J}=-\begin{bmatrix}\frac{x_1}{\sqrt{x_1^2+y_1^2}}, & \frac{y_1}{\sqrt{x_1^2+y_1^2}}, & 0, & \frac{y_1z_1}{\sqrt{x_1^2+y_1^2}}, & -\frac{x_1z_1}{\sqrt{x_1^2+y_1^2}}, & 0\\ \frac{x_2}{\sqrt{x_2^2+y_2^2}}, & \frac{y_2}{\sqrt{x_2^2+y_2^2}}, & 0, & \frac{y_2z_2}{\sqrt{x_2^2+y_2^2}}, & -\frac{x_2z_2}{\sqrt{x_2^2+y_2^2}}, & 0\end{bmatrix} \tag{9.31}$$

由于 $\operatorname{rank}(\boldsymbol{J})=2$，$\operatorname{rank}(\boldsymbol{\zeta}_y)+\operatorname{rank}(\boldsymbol{J})-\operatorname{rank}(\boldsymbol{J\zeta}_y)=2$，故继续在 A_3 面上布局第 $k=3$ 个定位点，若用 $\boldsymbol{r}_3=[x_3,\ y_3,\ z_3]^{\mathrm{T}}$、$\boldsymbol{n}_3=\left[\frac{x_3}{\sqrt{x_3^2+y_3^2}},\ \frac{y_3}{\sqrt{x_3^2+y_3^2}},\ 0\right]^{\mathrm{T}}$ 分别描述其坐标和法向量，则得雅克比矩阵为

$$\boldsymbol{J}=-\begin{bmatrix}\frac{x_1}{\sqrt{x_1^2+y_1^2}}, & \frac{y_1}{\sqrt{x_1^2+y_1^2}}, & 0, & \frac{y_1z_1}{\sqrt{x_1^2+y_1^2}}, & -\frac{x_1z_1}{\sqrt{x_1^2+y_1^2}}, & 0\\ \frac{x_2}{\sqrt{x_2^2+y_2^2}}, & \frac{y_2}{\sqrt{x_2^2+y_2^2}}, & 0, & \frac{y_2z_2}{\sqrt{x_2^2+y_2^2}}, & -\frac{x_2z_2}{\sqrt{x_2^2+y_2^2}}, & 0\\ \frac{x_3}{\sqrt{x_3^2+y_3^2}}, & \frac{y_3}{\sqrt{x_3^2+y_3^2}}, & 0, & \frac{y_3z_3}{\sqrt{x_3^2+y_3^2}}, & -\frac{x_3z_3}{\sqrt{x_3^2+y_3^2}}, & 0\end{bmatrix} \tag{9.32}$$

因 $\mathrm{rank}(\boldsymbol{J})=3$，且 $\mathrm{rank}(\boldsymbol{\zeta}_y)+\mathrm{rank}(\boldsymbol{J})-\mathrm{rank}(\boldsymbol{J}\boldsymbol{\zeta}_y)=3$，故在 A_3 面上增设第 $k=4$ 个定位点，则雅克比矩阵

$$\boldsymbol{J}=-\begin{bmatrix}\frac{x_1}{\sqrt{x_1^2+y_1^2}}, & \frac{y_1}{\sqrt{x_1^2+y_1^2}}, & 0, & \frac{y_1 z_1}{\sqrt{x_1^2+y_1^2}}, & -\frac{x_1 z_1}{\sqrt{x_1^2+y_1^2}}, & 0\\ \frac{x_2}{\sqrt{x_2^2+y_2^2}}, & \frac{y_2}{\sqrt{x_2^2+y_2^2}}, & 0, & \frac{y_2 z_2}{\sqrt{x_2^2+y_2^2}}, & -\frac{x_2 z_2}{\sqrt{x_2^2+y_2^2}}, & 0\\ \frac{x_3}{\sqrt{x_3^2+y_3^2}}, & \frac{y_3}{\sqrt{x_3^2+y_3^2}}, & 0, & \frac{y_3 z_3}{\sqrt{x_3^2+y_3^2}}, & -\frac{x_3 z_3}{\sqrt{x_3^2+y_3^2}}, & 0\\ \frac{x_4}{\sqrt{x_4^2+y_4^2}}, & \frac{y_4}{\sqrt{x_4^2+y_4^2}}, & 0, & \frac{y_4 z_4}{\sqrt{x_4^2+y_4^2}}, & -\frac{x_4 z_4}{\sqrt{x_4^2+y_4^2}}, & 0\end{bmatrix} \tag{9.33}$$

其中，$\boldsymbol{r}_4=[x_4,\ y_4,\ z_4]^{\mathrm{T}}$、$\boldsymbol{n}_4=\left[\frac{x_4}{\sqrt{x_4^2+y_4^2}},\ \frac{y_4}{\sqrt{x_4^2+y_4^2}},\ 0\right]^{\mathrm{T}}$ 为第四个定位点的坐标和法向量。

$\mathrm{rank}(\boldsymbol{J})=4=k$ 和 $\mathrm{rank}(\boldsymbol{\zeta}_y)+\mathrm{rank}(\boldsymbol{J})-\mathrm{rank}(\boldsymbol{J}\boldsymbol{\zeta}_y)=4<6$ 表明应继续在 A_3 面上布局下一个(即 $k=5$)定位点。假定其坐标和法向量分别为 $\boldsymbol{r}_5=[x_5,\ y_5,\ z_5]^{\mathrm{T}}$、$\boldsymbol{n}_5=\left[\frac{x_5}{\sqrt{x_5^2+y_5^2}},\ \frac{y_5}{\sqrt{x_5^2+y_5^2}},\ 0\right]^{\mathrm{T}}$，则雅克比矩阵为

$$\boldsymbol{J}=-\begin{bmatrix}\frac{x_1}{\sqrt{x_1^2+y_1^2}}, & \frac{y_1}{\sqrt{x_1^2+y_1^2}}, & 0, & \frac{y_1 z_1}{\sqrt{x_1^2+y_1^2}}, & -\frac{x_1 z_1}{\sqrt{x_1^2+y_1^2}}, & 0\\ \frac{x_2}{\sqrt{x_2^2+y_2^2}}, & \frac{y_2}{\sqrt{x_2^2+y_2^2}}, & 0, & \frac{y_2 z_2}{\sqrt{x_2^2+y_2^2}}, & -\frac{x_2 z_2}{\sqrt{x_2^2+y_2^2}}, & 0\\ \frac{x_3}{\sqrt{x_3^2+y_3^2}}, & \frac{y_3}{\sqrt{x_3^2+y_3^2}}, & 0, & \frac{y_3 z_3}{\sqrt{x_3^2+y_3^2}}, & -\frac{x_3 z_3}{\sqrt{x_3^2+y_3^2}}, & 0\\ \frac{x_4}{\sqrt{x_4^2+y_4^2}}, & \frac{y_4}{\sqrt{x_4^2+y_4^2}}, & 0, & \frac{y_4 z_4}{\sqrt{x_4^2+y_4^2}}, & -\frac{x_4 z_4}{\sqrt{x_4^2+y_4^2}}, & 0\\ \frac{x_5}{\sqrt{x_5^2+y_5^2}}, & \frac{y_5}{\sqrt{x_5^2+y_5^2}}, & 0, & \frac{y_5 z_5}{\sqrt{x_5^2+y_5^2}}, & -\frac{x_5 z_5}{\sqrt{x_5^2+y_5^2}}, & 0\end{bmatrix} \tag{9.34}$$

此时，$\mathrm{rank}(\boldsymbol{J})=4<k$，$\mathrm{rank}(\boldsymbol{\zeta}_y)+\mathrm{rank}(\boldsymbol{J})-\mathrm{rank}(\boldsymbol{J}\boldsymbol{\zeta}_y)=4<6$，应将第五

个定位点布置在第二个定位基准(即 A_4 面)上,故有坐标为 $\boldsymbol{r}_5=[x_5, y_5, -25]^{\mathrm{T}}$,相应的法向量为是 $\boldsymbol{n}_5=[0, 0, 1]^{\mathrm{T}}$。这样,雅克比矩阵为

$$\boldsymbol{J}=-\begin{bmatrix} \frac{x_1}{\sqrt{x_1^2+y_1^2}} & \frac{y_1}{\sqrt{x_1^2+y_1^2}} & 0 & \frac{y_1 z_1}{\sqrt{x_1^2+y_1^2}} & -\frac{x_1 z_1}{\sqrt{x_1^2+y_1^2}} & 0 \\ \frac{x_2}{\sqrt{x_2^2+y_2^2}} & \frac{y_2}{\sqrt{x_2^2+y_2^2}} & 0 & \frac{y_2 z_2}{\sqrt{x_2^2+y_2^2}} & -\frac{x_2 z_2}{\sqrt{x_2^2+y_2^2}} & 0 \\ \frac{x_3}{\sqrt{x_3^2+y_3^2}} & \frac{y_3}{\sqrt{x_3^2+y_3^2}} & 0 & \frac{y_3 z_3}{\sqrt{x_3^2+y_3^2}} & -\frac{x_3 z_3}{\sqrt{x_3^2+y_3^2}} & 0 \\ \frac{x_4}{\sqrt{x_4^2+y_4^2}} & \frac{y_4}{\sqrt{x_4^2+y_4^2}} & 0 & \frac{y_4 z_4}{\sqrt{x_4^2+y_4^2}} & -\frac{x_4 z_4}{\sqrt{x_4^2+y_4^2}} & 0 \\ 0 & 0 & 1 & -y_5 & x_5 & 0 \end{bmatrix} \tag{9.35}$$

此时有 $\operatorname{rank}(\boldsymbol{J})=t=5$, $\operatorname{rank}(\boldsymbol{\zeta}_y)+\operatorname{rank}(\boldsymbol{J})-\operatorname{rank}(\boldsymbol{J}\boldsymbol{\zeta}_y)=5<6$,故应在 A_4 面上布局第 $k=6$ 个定位点。若记 $\boldsymbol{r}_6=[x_6, y_6, -25]^{\mathrm{T}}$、$\boldsymbol{n}_6=[0, 0, 1]^{\mathrm{T}}$分别为第六个定位点的坐标及其法向量,则雅克比矩阵为

$$\boldsymbol{J}=-\begin{bmatrix} \frac{x_1}{\sqrt{x_1^2+y_1^2}} & \frac{y_1}{\sqrt{x_1^2+y_1^2}} & 0 & \frac{y_1 z_1}{\sqrt{x_1^2+y_1^2}} & -\frac{x_1 z_1}{\sqrt{x_1^2+y_1^2}} & 0 \\ \frac{x_2}{\sqrt{x_2^2+y_2^2}} & \frac{y_2}{\sqrt{x_2^2+y_2^2}} & 0 & \frac{y_2 z_2}{\sqrt{x_2^2+y_2^2}} & -\frac{x_2 z_2}{\sqrt{x_2^2+y_2^2}} & 0 \\ \frac{x_3}{\sqrt{x_3^2+y_3^2}} & \frac{y_3}{\sqrt{x_3^2+y_3^2}} & 0 & \frac{y_3 z_3}{\sqrt{x_3^2+y_3^2}} & -\frac{x_3 z_3}{\sqrt{x_3^2+y_3^2}} & 0 \\ \frac{x_4}{\sqrt{x_4^2+y_4^2}} & \frac{y_4}{\sqrt{x_4^2+y_4^2}} & 0 & \frac{y_4 z_4}{\sqrt{x_4^2+y_4^2}} & -\frac{x_4 z_4}{\sqrt{x_4^2+y_4^2}} & 0 \\ 0 & 0 & 1 & -y_5 & x_5 & 0 \\ 0 & 0 & 1 & -y_6 & x_6 & 0 \end{bmatrix} \tag{9.36}$$

由于 $\operatorname{rank}(\boldsymbol{J})=5<k$, $\operatorname{rank}(\boldsymbol{\zeta}_y)+\operatorname{rank}(\boldsymbol{J})-\operatorname{rank}(\boldsymbol{J}\boldsymbol{\zeta}_y)=5<6$,故将第六个定位点布局在第三个定位基准(即 A_1 面)上。此时,第六个定位点的坐标及其单位法向量分别为 $\boldsymbol{r}_6=[52, y_6, z_6]^{\mathrm{T}}$、$\boldsymbol{n}_6=[-1, 0, 0]^{\mathrm{T}}$,则雅克比矩阵为

$$
\boldsymbol{J}=-\begin{bmatrix}
\dfrac{x_1}{\sqrt{x_1^2+y_1^2}} & \dfrac{y_1}{\sqrt{x_1^2+y_1^2}} & 0 & \dfrac{y_1 z_1}{\sqrt{x_1^2+y_1^2}} & -\dfrac{x_1 z_1}{\sqrt{x_1^2+y_1^2}} & 0 \\
\dfrac{x_2}{\sqrt{x_2^2+y_2^2}} & \dfrac{y_2}{\sqrt{x_2^2+y_2^2}} & 0 & \dfrac{y_2 z_2}{\sqrt{x_2^2+y_2^2}} & -\dfrac{x_2 z_2}{\sqrt{x_2^2+y_2^2}} & 0 \\
\dfrac{x_3}{\sqrt{x_3^2+y_3^2}} & \dfrac{y_3}{\sqrt{x_3^2+y_3^2}} & 0 & \dfrac{y_3 z_3}{\sqrt{x_3^2+y_3^2}} & -\dfrac{x_3 z_3}{\sqrt{x_3^2+y_3^2}} & 0 \\
\dfrac{x_4}{\sqrt{x_4^2+y_4^2}} & \dfrac{y_4}{\sqrt{x_4^2+y_4^2}} & 0 & \dfrac{y_4 z_4}{\sqrt{x_4^2+y_4^2}} & -\dfrac{x_4 z_4}{\sqrt{x_4^2+y_4^2}} & 0 \\
0 & 0 & 1 & -y_5 & x_5 & 0 \\
-1 & 0 & 0 & 0 & z_6 & y_6
\end{bmatrix} \tag{9.37}
$$

显然有 $\mathrm{rank}(\boldsymbol{J})=k=6$，$\mathrm{rank}(\boldsymbol{\zeta}_y)+\mathrm{rank}(\boldsymbol{J})-\mathrm{rank}(\boldsymbol{J}\boldsymbol{\zeta}_y)=6$，最终该定位方式为“4-1-1”的完全定位，即在 A_3 面上布局 4 个定位点，在 A_4 上布局 1 个定位点，在 A_1 面上布局 1 个定位点。实际定位中，可在 A_3、A_4 面处选择带轴肩的长定位销，在 A_1 面处选择挡销。

9.5.3　选择夹紧表面

一般来说，已经选作定位基准的表面不能再选做夹紧表面，因此可构造选择夹紧表面的层次结构模型如图 9.4 所示。

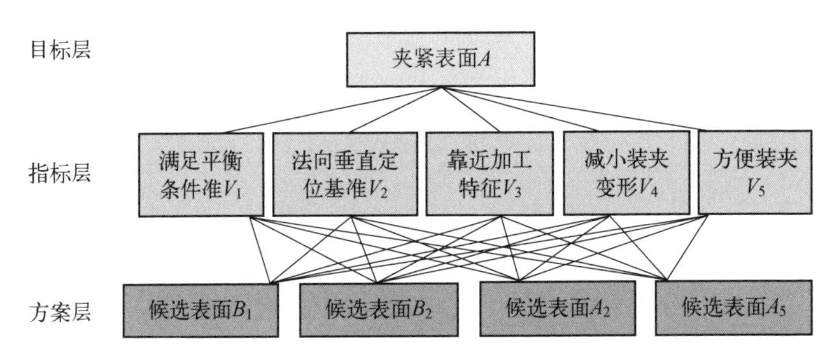

图 9.4　斜插架钻孔时选择夹紧表面的层次结构

首先，由图 9.4 的层次结构模型，根据 $V_1 \geqslant V_2 \geqslant V_3 \geqslant V_4 \geqslant V_5$ 的重要性顺序，可构造指标层对目标层的判断矩阵 $\mathbf{V}$ 如下

$$
\boldsymbol{V}=\begin{array}{c} \\ V_1 \\ V_2 \\ V_3 \\ V_4 \\ V_5 \end{array}\begin{array}{c} \begin{array}{ccccc} V_1 & V_2 & V_3 & V_4 & V_5 \end{array} \\ \begin{bmatrix} 1 & 1 & 7/5 & 7/4 & 7/3 \\ 1 & 1 & 6/5 & 3/2 & 2 \\ 5/7 & 5/6 & 1 & 5/4 & 5/3 \\ 4/7 & 2/3 & 4/5 & 1 & 4/3 \\ 3/7 & 1/2 & 3/5 & 3/4 & 1 \end{bmatrix} \end{array} \tag{9.38}
$$

由判断矩阵 $\boldsymbol{V}$ 可得最大特征值 $\lambda_{max}=5.0029$ 及其相应的特征向量 $\boldsymbol{W}=[0.5857,0.5340,0.4311,0.3449,0.2587]^{T}$。对判断矩阵 $\boldsymbol{W}$ 进行归一化为

$$
\boldsymbol{w}=\begin{bmatrix} 0.2719 \\ 0.2479 \\ 0.2001 \\ 0.1601 \\ 0.1201 \end{bmatrix} \tag{9.39}
$$

由于 $\mathrm{CR}=6.3703\mathrm{e}\times10^{-4}$，说明判断矩阵 $\boldsymbol{V}$ 中的各元素一致性较好，$\boldsymbol{w}$ 可作为层权向量。

首先，根据斜插架的几何及工艺信息，可得指标层的各选择因子值，具体如表 9.6 所示。

表 9.6　候选夹紧表面指标数值表

候选夹紧面	B_1	B_2	A_2	A_5
夹紧平衡条件 V_1	1	1	1	1
指向法基准面 V_2	0.7	0.5	0.1	0.1
靠近加工特征 V_3	0.9	0.5	0.1	0.1
装夹变形小 V_3	0.9	0.9	0.9	0.9
零件表面特征 V_5	0.8	0.8	0.8	0.8

其次，根据斜插架零件的信息，构建方案层与指标层之间的决策矩阵为

$$
\boldsymbol{G}=\begin{matrix} & V_1 & V_2 & V_3 & V_4 & V_5 \\ B_1 & 1 & 0.7 & 0.9 & 0.5 & 0.8 \\ B_2 & 1 & 0.5 & 0.5 & 0.9 & 0.8 \\ A_2 & 1 & 0.1 & 0.1 & 0.9 & 0.8 \\ A_5 & 1 & 0.1 & 0.1 & 0.9 & 0.8 \end{matrix} \tag{9.40}
$$

然后，按照式(9.40)归一化各列，得到规范化决策矩阵为

$$
\boldsymbol{H}=\begin{matrix} & V_1 & V_2 & V_3 & V_4 & V_5 \\ B_1 & 1 & 1 & 1 & 0.59 & 1 \\ B_2 & 1 & 0.71 & 0.56 & 1 & 1 \\ A_2 & 1 & 0.14 & 0.11 & 1 & 1 \\ A_5 & 1 & 0.14 & 0.11 & 1 & 1 \end{matrix} \tag{9.41}
$$

再结合式(9.39)的层权向量 $\boldsymbol{w}=[0.271\,9,\ 0.247\,9,\ 0.200\,1,\ 0.160\,11,\ 0.120\,1]^{\mathrm{T}}$，构造加权规范化决策矩阵为

$$
\boldsymbol{L}=\begin{matrix} & V_1 & V_2 & V_3 & V_4 & V_5 \\ B_1 & 0.271\,9 & 0.247\,9 & 0.200\,1 & 0.094\,5 & 0.120\,1 \\ B_2 & 0.271\,9 & 0.176\,0 & 0.112\,1 & 0.160\,1 & 0.120\,1 \\ A_2 & 0.271\,9 & 0.034\,7 & 0.022\,0 & 0.160\,1 & 0.120\,1 \\ A_5 & 0.271\,9 & 0.034\,7 & 0.022\,0 & 0.160\,1 & 0.120\,1 \end{matrix} \tag{9.42}
$$

最后，可得正、负理想解分别为 $P^{+}=[0.271\,9,\ 0.247\,9,\ 0.200\,1,\ 0.160\,11,\ 0.120\,1]^{\mathrm{T}}$、$P^{-}=[0.217\,9,\ 0.034\,7,\ 0.022\,0,\ 0.094\,5,\ 0.120\,1]^{\mathrm{T}}$。从而进一步可求出每一个候选夹紧表面与理想解的贴近度值，如表 9.7 所示。

表 9.7 候选夹紧面与理想解的贴近度

候选夹紧表面	B_1	B_2	A_2	A_5
与正理想解的距离	0.065 6	0.113 6	0.277 8	0.277 8
与负理想解的距离	0.277 8	0.179 8	0.065 6	0.065 6
贴近度	0.809 0	0.612 8	0.191 0	0.191 0

由表 9.7 可知，各候选夹紧表面的选择顺序为 B_1、B_2、$A_2=A_5$。

第10章 夹紧力规划算法

加工过程中工件将受到切削力和切削扭矩等外力的作用，夹具必须提供合适的夹紧力，保证工件与定位元件始终接触。夹紧力直接影响工件的装夹可靠性、夹紧变形、定位准确性以及加工精度。因此，夹紧力的确定是夹具设计过程中一项十分重要的任务。

10.1 装夹方案的力学模型

装夹方案由定位元件和夹紧元件组成。定位元件旨在确定工件相对于刀具的位置，为工件提供被动的支撑反力。而夹紧元件为工件提供主动的夹紧力，以抵抗加工过程中所受到的切削力与切削扭矩的作用，保持定位时所获得位置不变。

10.1.1 静力平衡方程

工件在 u 个定位元件确定其与刀具之间的合理位置与方向后，由 v 个夹紧元件提供夹紧力，如图 10.1 所示。假定工件在切削过程中受到的主动力包括工件重力 $\boldsymbol{F}_{\text{grav}}$、夹紧力 $\boldsymbol{F}_j(1 \leqslant j \leqslant v)$ 以及切削力旋量 $\boldsymbol{W}_{\text{cut}}$，此时第 i 个$(1 \leqslant i \leqslant u)$定位元件处的支撑反力为 $\boldsymbol{F}_i$。忽略工件与装夹元件（即定位元件和夹紧元件）之间的摩擦。

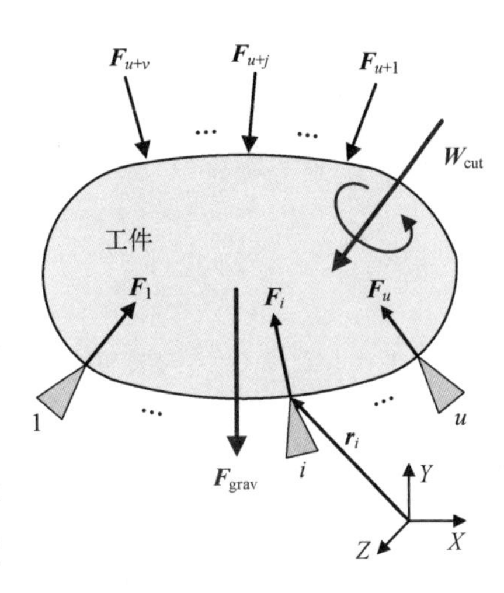

图 10.1 工件的装夹方案

图 10.1 中 XYZ 为全局坐标系，$\boldsymbol{r}_i = [x_i, y_i, z_i]^{\mathrm{T}}$表示第 $i(1 \leqslant i \leqslant u+v)$个装夹元件的位置，$\boldsymbol{r}_{\text{grav}} = [x_{\text{grav}}, y_{\text{grav}}, z_{\text{grav}}]^{\mathrm{T}}$表示工件重心的位置，$\boldsymbol{F}_{\text{grav}}$、$\boldsymbol{W}_{\text{cut}}$ 分别为工件重力与切削

力旋量。若记 $\boldsymbol{n}_i=[n_{ix}, n_{iy}, n_{iz}]^{\mathrm{T}}$ 为工件在 $\boldsymbol{r}_i$ 处的单位内法向量，则力 $\boldsymbol{F}_i=[F_{ix}, F_{iy}, F_{iz}]^{\mathrm{T}}$ 可表示为

$$\boldsymbol{F}_i=\boldsymbol{n}_i f_i \tag{10.1}$$

式中，$F_{ix}=f_i n_{ix}$，$F_{iy}=f_i n_{iy}$，$F_{iz}=f_i n_{iz}$。

因此，工件的静力平衡方程可描述为

$$\boldsymbol{G}_{\mathrm{loc}}\boldsymbol{F}_{\mathrm{loc}}+\boldsymbol{G}_{\mathrm{cla}}\boldsymbol{F}_{\mathrm{cla}}+\boldsymbol{W}_{\mathrm{ext}}=\boldsymbol{0} \tag{10.2}$$

其中，$\boldsymbol{G}_{\mathrm{loc}}=[\boldsymbol{G}_1, \boldsymbol{G}_2, \cdots, \boldsymbol{G}_u]$、$\boldsymbol{G}_{\mathrm{cla}}=[\boldsymbol{G}_{u+1}, \boldsymbol{G}_{u+2}, \cdots, \boldsymbol{G}_{u+v}]$分别为定位元件与夹紧元件的方位矩阵；$\boldsymbol{F}_{\mathrm{loc}}=[f_1, f_2, \cdots, f_u]^{\mathrm{T}}$、$\boldsymbol{F}_{\mathrm{cla}}=[f_{u+1}, f_{u+2}, \cdots, f_{u+v}]^{\mathrm{T}}$分别为定位元件对工件的支撑反力和夹紧元件施加给工件的夹紧力；$\boldsymbol{W}_{\mathrm{ext}}=\boldsymbol{W}_{\mathrm{cut}}+[\boldsymbol{F}_{\mathrm{grav}}^{\mathrm{T}}, (\boldsymbol{r}_{\mathrm{grav}}\times\boldsymbol{F}_{\mathrm{grav}})^{\mathrm{T}}]^{\mathrm{T}}$为外力旋量；且每个装夹元件的方位矩阵为

$$\boldsymbol{G}_i=\begin{bmatrix}\boldsymbol{n}_i\\ \boldsymbol{r}_i\times\boldsymbol{n}_i\end{bmatrix} \tag{10.3}$$

10.1.2　方向约束

在工件的实际装夹过程中，为了保证工件与装夹元件始终接触而不破坏定位，定位元件处的支撑反力与夹紧元件上的夹紧力均必须为压力，即法向分量指向工件。根据图 10.1 中各装夹元件处法向的选择，可得如下的方向约束为

$$f_i\geqslant 0,\ 1\leqslant i\leqslant u+v \tag{10.4}$$

10.2　力的存在性分析

如果给定装夹元件的位置与方向、外力旋量后，可根据式(10.2)与式(10.4)得力的存在性分析模型为

$$\begin{aligned}&\boldsymbol{AX}=\boldsymbol{Y}\\&\text{s.t.}\\&\boldsymbol{X}\geqslant\boldsymbol{0}\end{aligned} \tag{10.5}$$

式中，$\boldsymbol{A}=[\boldsymbol{G}_{\mathrm{loc}}, \boldsymbol{G}_{\mathrm{cla}}]$为装夹元件的方位矩阵，$\boldsymbol{X}=[\boldsymbol{F}_{\mathrm{loc}}^{\mathrm{T}}, \boldsymbol{F}_{\mathrm{cla}}^{\mathrm{T}}]^{\mathrm{T}}$ 为接触力向量，$\boldsymbol{Y}=-\boldsymbol{W}_{\mathrm{ext}}$。

显然，如果式(10.5)有解，即接触力有解(除了支撑反力，夹紧力亦有解)，说明可以在给定的夹紧元件位置上施加夹紧力。对于式(10.5)的联立线性方程组，若 $X_i\geqslant 0\ (1\leqslant i\leqslant u+v)$，那么其解的存在性可根据求解下列具有收敛性的线性规划问题进行检验

$$
\begin{aligned}
&\max Q = C_1X_1 + C_2X_2 + \cdots + C_{u+v}X_{u+v} \\
&\text{s.t.} \\
&\begin{cases}
A_{11}X_1 + A_{12}X_2 + \cdots + A_{1(u+v)}X_{u+v} \leqslant Y_1 \\
A_{21}X_1 + A_{22}X_2 + \cdots + A_{2(u+v)}X_{u+v} \leqslant Y_2 \\
\vdots \\
A_{61}X_1 + A_{62}X_2 + \cdots + A_{6(u+v)}X_{u+v} \leqslant Y_6 \\
X_1,\ X_2,\ \cdots,\ X_{u+v} \geqslant 0
\end{cases}
\end{aligned}
\tag{10.6}
$$

式中，$Y_i(1 \leqslant i \leqslant 6)$ 为向量 $\boldsymbol{Y}$ 中第 i 个元素，$A_{ij}(1 \leqslant i \leqslant 6,\ 1 \leqslant j \leqslant u+v)$ 为矩阵 $\boldsymbol{A}$ 中第 i 行第 j 列元素，且 $C_j = \sum_{i=1}^{6} A_{ij}$。那么当且仅当

$$
\max(Q) = \sum_{i=1}^{6} Y_i \tag{10.7}
$$

式(10.5)有解。

这里称 $\max(Q)$、$\sum_{i=1}^{6} Y_i$ 分别为存在性内力衡度、存在性外力衡度，那么式(10.7)也可描述为

$$
I_{\text{exist}} = \max(Q) - \sum_{i=1}^{6} Y_i \tag{10.8}
$$

式中，I_{exist} 为存在性指标。当且仅当 $I_{\text{exist}} = 0$，式(10.5)有解。

10.3　力的可行性分析

根据式(10.6)与式(10.7)能够获悉夹紧力有解，但不确定夹紧力的具体解。为此，当给定装夹元件的位置与方向、外力旋量以及夹紧力时，则容易得力的可行性分析模型如下：

$$
\begin{aligned}
&\boldsymbol{ax} = \boldsymbol{y} \\
&\text{s.t.} \\
&\boldsymbol{x} \geqslant \boldsymbol{0}
\end{aligned}
\tag{10.9}
$$

式中，$\boldsymbol{a} = \boldsymbol{G}_{\text{loc}}$ 为定位元件的方位矩阵，$\boldsymbol{x} = \boldsymbol{F}_{\text{loc}}$ 为定位元件的支撑反力，$\boldsymbol{y} = -\boldsymbol{G}_{\text{cla}}\boldsymbol{F}_{\text{cla}} - \boldsymbol{W}_{\text{ext}}$。

对于给定的夹紧力 $\boldsymbol{F}_{\text{cla}}$，若式(10.9)有解，则表明装夹时 $\boldsymbol{F}_{\text{cla}}$ 能够保持工件处于稳定状态，此时 $\boldsymbol{F}_{\text{cla}}$ 是可行的。同样，式(10.9)解的存在性依然可根据求解下列线性规划问题进行检验：

$$\max q = c_1 x_1 + c_2 x_2 + \cdots + c_u x_u$$
$$\text{s.t.}$$
$$\begin{cases} a_{11}x_1 + a_{12}x_2 + \cdots + a_{1u}x_u \leqslant y_1 \\ a_{21}x_1 + a_{22}x_2 + \cdots + a_{2u}x_u \leqslant y_2 \\ \vdots \\ a_{61}x_1 + a_{62}x_2 + \cdots + a_{6u}x_u \leqslant y_6 \\ x_1,\ x_2,\ \cdots,\ x_u \geqslant 0 \end{cases} \tag{10.10}$$

式中，$y_i(1 \leqslant i \leqslant 6)$ 为向量 $\boldsymbol{y}$ 中第 i 个元素，$a_{ij}(1 \leqslant i \leqslant 6,\ 1 \leqslant j \leqslant u)$ 为矩阵 $\boldsymbol{a}$ 中第 i 行第 j 列元素，且 $c_j = \sum_{i=1}^{6} a_{ij}$。那么当且仅当

$$\max(q) = \sum_{i=1}^{6} y_i \tag{10.11}$$

式(10.9)有解。

同样，若记 $\max(q)$、$\sum_{i=1}^{6} y_i$ 分别为可行性内力衡度、可行性外力衡度，则式(10.11)也可表示为

$$I_{\text{feas}} = \max(q) - \sum_{i=1}^{6} y_i \tag{10.12}$$

式中，I_{feas} 为可行性指标。当且仅当 $I_{\text{feas}} = 0$，式(10.9)有解。

10.4　“1-夹紧力”规划算法

在夹紧力规划方法中，首先是根据力的存在性判断装夹方案中夹紧力是否有解，若有解，则继续根据力的可行性，反复迭代地寻找夹紧力的具体解；若无解，则说明夹紧点可能不合适，夹紧力规划结束，提示设计人员重新确定夹紧点的合理位置。显然，力的存在性分析与可行性分析是整个夹紧力规划的核心。

假定在夹紧表面 Ω 上只有一个夹紧力 $\boldsymbol{F}_{u+1}$（记其大小为 $f_{u+1} = f$，夹紧点为 $\boldsymbol{r}_{u+1} = [x_{u+1},\ y_{u+1},\ z_{u+1}]^{\mathrm{T}}$，以及相应的作用方向为 $\boldsymbol{n}_{u+1} = [n_{(u+1)x},\ n_{(u+1)y},\ n_{(u+1)z}]^{\mathrm{T}}$），则可按照 f 的状态构建其搜索方法。

对于在给定的夹紧点 $\boldsymbol{r}_{u+1} = [x_{u+1},\ y_{u+1},\ z_{u+1}]^{\mathrm{T}}$ 处，施加一个大小为 f 的夹紧力，则根据式(10.2)可知

$$\boldsymbol{G}_{\text{loc}} \boldsymbol{F}_{\text{loc}} + \boldsymbol{G}_{\text{cla}} f + \boldsymbol{W}_{\text{ext}} = \boldsymbol{0} \tag{10.13}$$

其中，$\boldsymbol{G}_{\mathrm{cla}}=[\boldsymbol{n}_{u+1}^{\mathrm{T}},(\boldsymbol{r}_{u+1}\times\boldsymbol{n}_{u+1})^{\mathrm{T}}]^{\mathrm{T}}$ 为夹紧元件的方位矩阵，$\boldsymbol{F}_{\mathrm{cla}}=f$ 为夹紧力。

为了求解出夹紧点 $\boldsymbol{r}_{u+1}$ 处的夹紧力 f，可采用图 10.2 所示的变向增量递减规

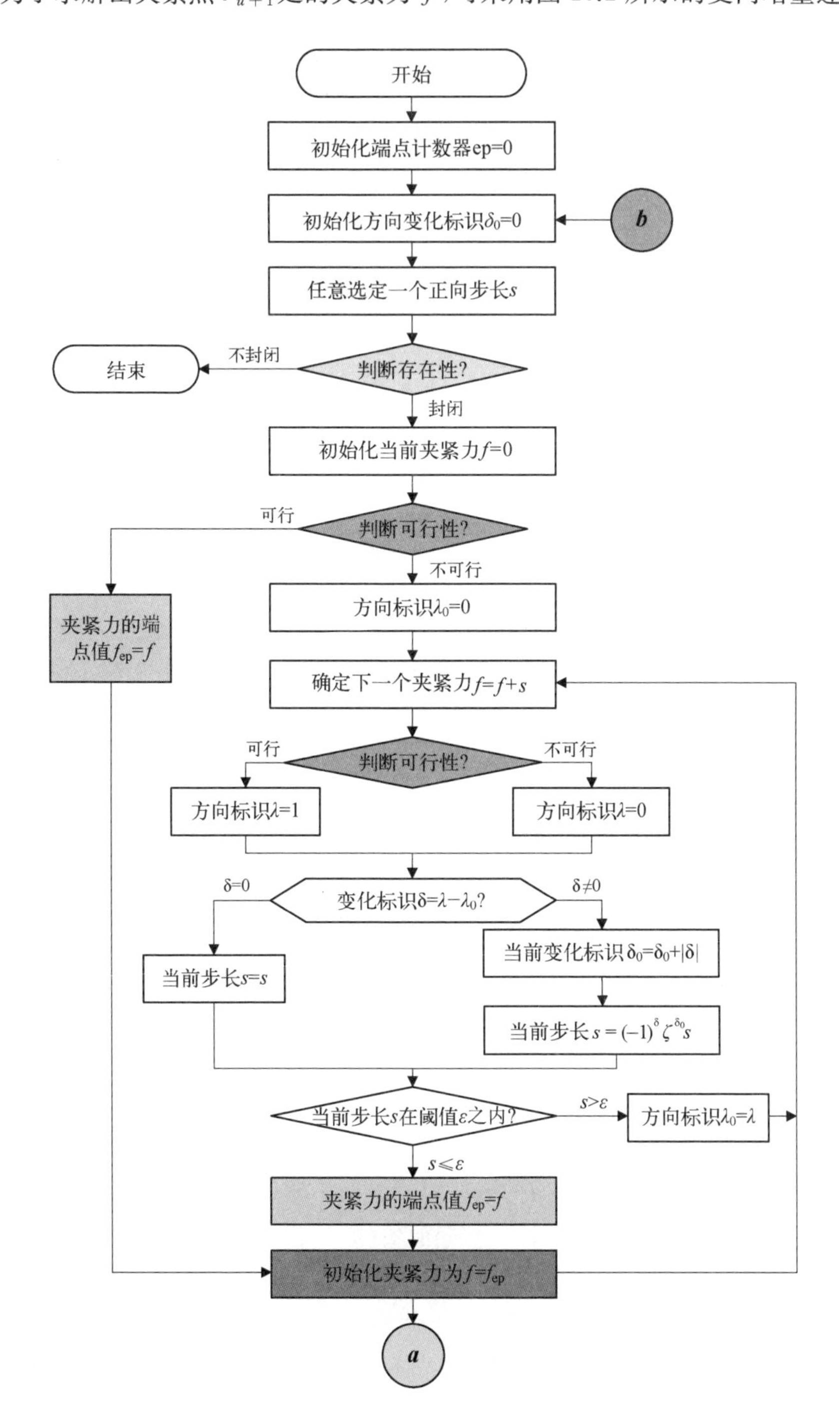

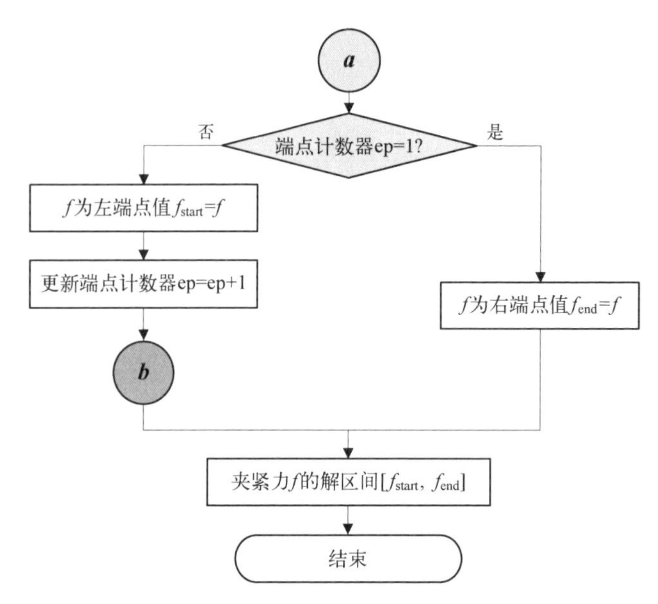

图 10.2　“1-夹紧力”变向增量递减流程

划方法，其中 A 为一个预先指定的相对较大的正数，以控制步长过大时跃出区间端点(尤其是只有一个端点)算法进入死循环的情况，而 B 为一个很小的正数，以实现算法逼近夹紧力的真实值。详细过程叙述如下：

步骤一，判断夹紧力的封闭性。

根据式(10.8)判断 f 的可行性。若 f 不具有力的封闭性，说明 f 在夹紧点 $\boldsymbol{r}_{u+1}$处无解，此时应重新选择夹紧表面或结束 f 计算过程；若 f 有解，搜索第一个解区间的最小端点值 f_{start}。

步骤二，初始化夹紧力的最小端点值。

由于 $f_{\text{start}} \geqslant 0$，故选取 f_{start} 的初始近似值 $f_{\text{start}}^0=0$，根据式(10.12)判断 f_{start}^0 的可行性。f_{start}^0 可行，则确定其为最小端点值，并转到步骤七，否则记方向标识 $\lambda_0=0$。

步骤三，确定最小端点值的第一个近似值。

选取步长 $s_1=s$，求出 f_{start} 的一次近似值 $f_{\text{start}}^1=f_{\text{start}}^0+s$，且判断 f_{start}^1 的可行性。f_{start}^1 可行时有 $\lambda_1=1$，f_{start}^1 不可行时则应记 $\lambda_1=0$。定义 $\delta_1=\lambda_1-\lambda_0$ 为 f_{start}^1 的当前近似值的可行性方向与上一个近似值的可行性方向的变化标识，用以表示力可行的延续性。若 $\delta_1=0$ 表示方向无变化；若 $\delta_1\neq 0$ 表示方向发生变化。

步骤四，确定最小端点值的下一个近似值。

如果 $\delta_1=0$，则按照大小、方向均不变的原则确定 f_{start} 的下一个近似值，即

$f_{\text{start}}^{2}=f_{\text{start}}^{1}+s$，判断 f_{start}^{2} 的可行性。若 f_{start}^{2} 具有可行性，则记 $\lambda_2=1$，不可行则有 $\lambda_2=0$。如果 $\delta_1\neq 0$，则按照大小递减、方向相反的原则确定下一个夹紧力近似值，即夹紧力的二次近似值为 $f_{\text{start}}^{2}=f_{\text{start}}^{1}-\zeta s$，当前步长 $s=-\zeta s$（ζ 为递减系数，且 $0<\zeta<1$）。

重复以上过程，得 f_{start} 的近似值序列。此时 f_{start} 的 n 次近似值可表示如下：

$$f_{\text{start}}^{n}=f_{\text{start}}^{n-1}+(-1)^{\delta_n}\zeta^{\sum_{i=1}^{n}|\delta_i|}s \tag{10.14}$$

其中，方向变化标识为 $\delta_n=\lambda_n-\lambda_{n-1}$。

步骤五，确定最小端点值的最终近似值。这里，式(10.14)称为给定夹紧点处单个夹紧力的变向迭代公式。此时，当且仅当

$$\zeta^{\sum_{i=1}^{n}|\delta_i|}s\leqslant\varepsilon \tag{10.15}$$

迭代过程结束，f_{start}^{n} 即为 f_{start} 的最终近似值，其中阈值 ε 为任意给定的正数，一般取较小值。

步骤六，确定最大端点值的最终近似值。

令 $f=f_{\text{start}}$，经判断，若 f 依然有解，则按步骤三至步骤五继续搜索 f_{end}。

最终可得当前夹紧点 $\boldsymbol{r}_{u+1}$ 处夹紧力 f 的解在区间$[f_{\text{start}},\ f_{\text{end}}]$上，即 $f\in[f_{\text{start}},\ f_{\text{end}}]$。

10.5 “n-夹紧力”规划算法

在实际应用中，多数采用两个或三个等多重夹紧力进行装夹，通过多重迭代法和极坐标描述法，可将“n-夹紧力”的规划转变为“1-夹紧力”的规划问题。

若装夹布局中未给定夹紧力的大小，可采用极坐标的形式描述 n 个夹紧力的大小，即用一个夹紧力极径 f 和 $n-1$ 个极角 $\Theta_j(1\leqslant j\leqslant n-1)$ 为变量进行描述，描述过程说明如下。

当装夹布局中有大小分别为 f_{u+1}、f_{u+2} 的两个夹紧力，作用在 $\boldsymbol{r}_{u+1}=[x_{u+1},\ y_{u+1},\ z_{u+1}]^{\mathrm{T}}$、$\boldsymbol{r}_{u+2}=[x_{u+2},\ y_{u+2},\ z_{u+2}]^{\mathrm{T}}$处，若假定其方向为 $\boldsymbol{n}_{u+1}$、$\boldsymbol{n}_{u+2}$，那么由式(10.2)可得

$$\boldsymbol{G}_{\text{loc}}\boldsymbol{F}_{\text{loc}}+\boldsymbol{G}_{\text{cla}}X+\boldsymbol{W}_{\text{ext}}=\boldsymbol{0} \tag{10.16}$$

其中，$\boldsymbol{G}_{\text{cla}}=\begin{bmatrix}\boldsymbol{n}_{u+1} & \boldsymbol{n}_{u+2}\\ \boldsymbol{r}_{u+1}\times\boldsymbol{n}_{u+1} & \boldsymbol{r}_{u+2}\times\boldsymbol{n}_{u+2}\end{bmatrix}$ 为夹紧元件的方位矩阵，$\boldsymbol{X}=\boldsymbol{F}_{\text{cla}}=$

$[f_{u+1}, f_{u+2}]^{\mathrm{T}}$为夹紧力，$f_{u+1}$、$f_{u+2} \geqslant 0$。

为了计算方便，将直角坐标系中的两个夹紧力大小 f_{u+1}、f_{u+2}转换为极坐标系中的表示形式如下：

$$\begin{cases} f_{u+1} = f\sin\theta_1 \\ f_{u+2} = f\cos\theta_1 \end{cases}, \ f \geqslant 0, \ 0 \leqslant \theta_1 \leqslant \frac{\pi}{2} \tag{10.17}$$

同理，若装夹布局中有三个夹紧力，其大小分别为 f_{u+1}、f_{u+2}、f_{u+3}，各自方向为 $\boldsymbol{n}_{u+1}$、$\boldsymbol{n}_{u+2}$、$\boldsymbol{n}_{u+3}$，那么这三个夹紧力可用两个夹紧力极角 θ_1、θ_2和一个夹紧力极径 f 描述，即

$$\begin{cases} f_{u+1} = f\sin\theta_1 \\ f_{u+2} = f\cos\theta_1\sin\theta_2 \\ f_{u+3} = f\cos\theta_1\cos\theta_2 \end{cases}, \ f \geqslant 0, \ 0 \leqslant \theta_i \leqslant \frac{\pi}{2}, \ 1 \leqslant i \leqslant 2 \tag{10.18}$$

以此类推，可知当装夹布局中存在 n 个夹紧力，即 $v = n$ 时，可用 $n-1$ 个夹紧力极角 θ_1、θ_2、…、θ_{n-1}和一个夹紧力极径 f 描述，具体形式描述如下：

$$f_{u+j} = \begin{cases} f\sin\theta_j, \ j = 1 \\ f\sin\theta_j \prod_{i=1}^{j-1}\cos\theta_i, \ 2 \leqslant j \leqslant v-1 \\ f\prod_{i=1}^{j-1}\cos\theta_i, \ j = v \end{cases} \tag{10.19}$$

其中 $f \geqslant 0$，$0 \leqslant \theta_i \leqslant \pi/2$，$j \geqslant 2$。

式(10.16)可利用数学归纳法进行证明。如图 10.3(a)，假定装夹布局中含有两个夹紧力 f_{u+1}、f_{u+2}，也就是说，当 $v = 2$ 时，f_{u+1}、f_{u+2}可用一个极径 f 和极角 θ_1表示，即

$$f_{u+j} = \begin{cases} f\sin\theta_1, \ j = 1 \\ f\cos\theta_1, \ j = 2 \end{cases} \tag{10.20}$$

当 $v = 3$ 时，装夹布局中设有三个夹紧力 f_{u+1}、f_{u+2}、f_{u+3}，如图 10.3(b)所示。这样，f_{u+1}、f_{u+2}、f_{u+3}与极径 f、极角 θ_1、极角 θ_2之间存在着如下关系：

$$f_{u+j} = \begin{cases} f\sin\theta_1, \ j = 1 \\ f\cos\theta_1\sin\theta_2, \ j = 2 \\ f\cos\theta_1\cos\theta_2, \ j = 3 \end{cases} \tag{10.21}$$

当 $v = n-1$ 时，即装夹布局中含有 $n-1$ 个夹紧力时，假设 f_{u+1}、f_{u+2}、…、f_{u+n-1}与 f、θ_1、θ_2、…、θ_{n-2}之间存在着如下关系：

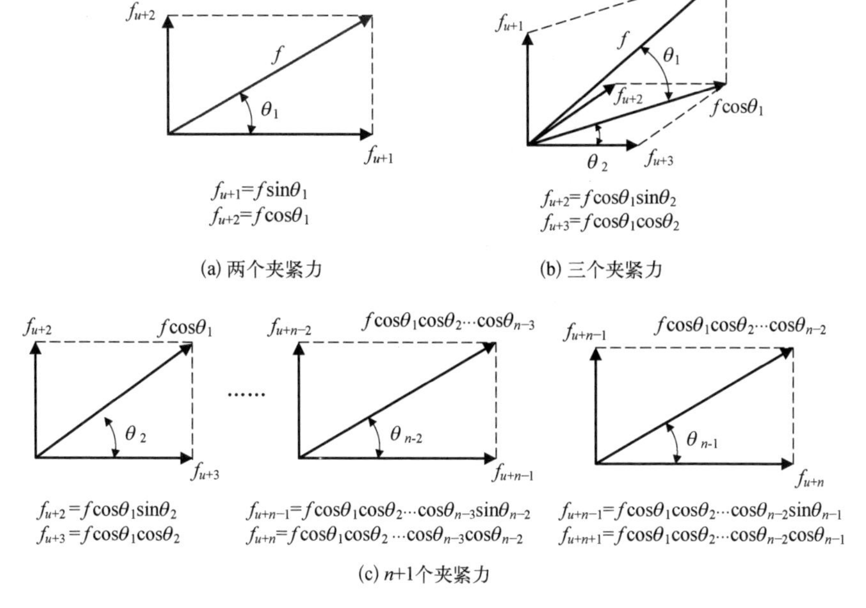

(a) 两个夹紧力　　(b) 三个夹紧力

(c) n+1个夹紧力

图 10.3　多重夹紧力的极坐标表示

$$
f_{u+j}=\begin{cases}
f\sin\theta_1,\ j=1\\
f\cos\theta_1\sin\theta_2,\ j=2\\
f\cos\theta_1\cos\theta_2\sin\theta_3,\ j=3\\
\vdots\\
f\cos\theta_1\cos\theta_2\cos\theta_3\cdots\cos\theta_{n-3}\sin\theta_{n-2},\ j=n-2\\
f\cos\theta_1\cos\theta_2\cos\theta_3\cdots\cos\theta_{n-3}\cos\theta_{n-2},\ j=n-1
\end{cases}
\tag{10.22}
$$

那么当 $v=n$ 时，可以将式(10.22)中的第 $n-1$ 个夹紧力向 f_{u+n-1} 和 f_{u+n} 上投影即可将 n 个夹紧力表示为 f、θ_1、θ_2、…、θ_{n-1} 的函数，如图 10.3(c)所示，

$$
f_{u+j}=\begin{cases}
f\sin\theta_1,\ j=1\\
f\cos\theta_1\sin\theta_2,\ j=2\\
f\cos\theta_1\cos\theta_2\sin\theta_3,\ j=3\\
\vdots\\
f\cos\theta_1\cos\theta_2\cos\theta_3\cdots\cos\theta_{n-3}\sin\theta_{n-2},\ j=n-2\\
f\cos\theta_1\cos\theta_2\cos\theta_3\cdots\cos\theta_{n-3}\cos\theta_{n-2}\sin\theta_{n-1},\ j=n-1\\
f\cos\theta_1\cos\theta_2\cos\theta_3\cdots\cos\theta_{n-3}\cos\theta_{n-2}\cos\theta_{n-1},\ j=n
\end{cases}
\tag{10.23}
$$

为了简便、清晰地描述式(10.23)，进一步整理即为式(10.19)，证毕。若将

式(10.19)代入式(10.17),通过整理得

$$\boldsymbol{G}_{\text{loc}}\boldsymbol{F}_{\text{loc}}+\boldsymbol{G}_{\text{cla}}f+\boldsymbol{W}_{\text{ext}}=\boldsymbol{0} \tag{10.24}$$

其中,$\boldsymbol{G}_{\text{cla}}=\begin{cases}\sin\theta_1\boldsymbol{G}_{u+1}+(\prod_{i=1}^{v-1}\cos\theta_i)\boldsymbol{G}_{u+v},\ v=2\\ \sin\theta_1\boldsymbol{G}_{u+1}+\sum_{j=2}^{v-1}(\sin\theta_j\prod_{i=1}^{j-1}\cos\theta_i\boldsymbol{G}_{u+j})+(\prod_{i=1}^{v-1}\cos\theta_i)\boldsymbol{G}_{u+v},\ v>2\end{cases}$。

比较式(10.24)和式(10.16)可知,通过将多个夹紧力的描述转换为一个夹紧力极径和多个夹紧力极角的描述形式后,将极角离散为微角后,调用“1-夹紧力”规划算法即可获得多个夹紧力,其流程如图 10.4 所示。

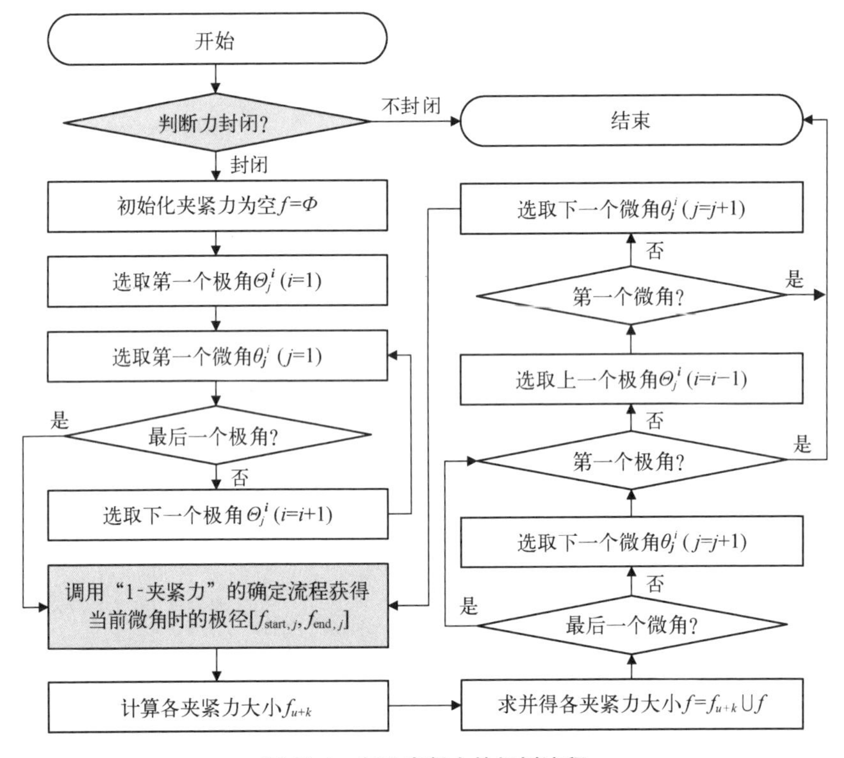

图 10.4　多重夹紧力的规划流程

10.6　夹紧力的计算与确定

本节列举三个典型实例,用以说明变向增量递减的夹紧力规划方法。第一个

实例为铣削过程中夹紧力的规划，并利用解析法验证预测方法的有效性；第二个实例为钻削过程的夹紧力规划，工件则以“3-2-1”方式进行完全定位。

10.6.1　二维工件的“1-夹紧力”规划

假定夹具与工件之间处于理想状态，并且为二维，如图 10.5 所示，尺寸为 80 mm × 50 mm 的工件由定位元件 L_1、L_2、L_3和 L_4进行定位。铣削过程中，工件在加工位置 $\boldsymbol{r}_{\text{cut}}=[80\ \text{mm},\ 50\ \text{mm}]^{\text{T}}$处受到的切削力为 $\boldsymbol{F}_{\text{cut}}=[-850\ \text{N},\ -50\ \text{N}]^{\text{T}}$。各定位元件的位置与单位内法向量如表 10.1 所示。

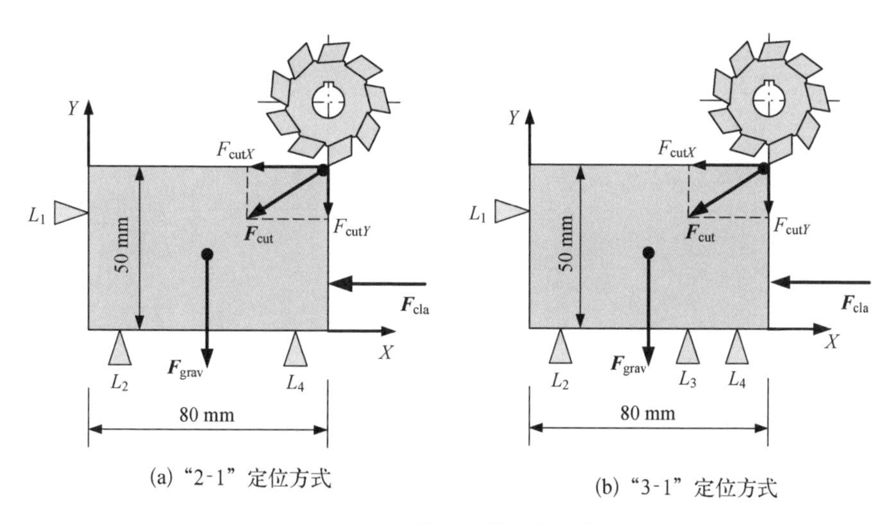

(a) “2-1” 定位方式　　(b) “3-1” 定位方式

图 10.5　二维工件的装夹方案

表 10.1　定位元件的位置与方向

定位元件	坐标/mm	单位内法向量
L_1	$[0,\ 40]^{\text{T}}$	$[1,\ 0]^{\text{T}}$
L_2	$[10,\ 0]^{\text{T}}$	$[0,\ 1]^{\text{T}}$
L_3	$[50,\ 0]^{\text{T}}$	$[0,\ 1]^{\text{T}}$
L_4	$[70,\ 0]^{\text{T}}$	$[0,\ 1]^{\text{T}}$

出于加工要求与生产安全性的考虑，在 $\boldsymbol{r}_{\text{cla}}=[80\ \text{mm},\ 20\ \text{mm}]^{\text{T}}$处施加夹紧力 $\boldsymbol{F}_{\text{cla}}$。工件自身的重力为 $\boldsymbol{F}_{\text{grav}}=[0,\ -150\ \text{N}]^{\text{T}}$，重心为 $\boldsymbol{r}_{\text{grav}}=[40\ \text{mm},\ 25\ \text{mm}]^{\text{T}}$。根据图 10.2 所示的流程，确定夹紧力 $\boldsymbol{F}_{\text{cla}}$的过程详细所述如下：

步骤一,判断第一个端点值的存在性。

由式(10.6)得 $\max(\boldsymbol{Q})=33\ 550$。由于 $\boldsymbol{Y}=-\boldsymbol{W}_{ext}=[850,\ 200,\ 32\ 500]^{T}$,故由式(10.7)可知夹紧力存在可行解。

步骤二,计算力的第一个端点值。

计算第一个端点值的过程如表 10.2 所示。这里取 $A=200$, $B=0.01$, $S=60$,最终夹紧力的第一个端点值为 $P_1=25.004\ 882\ 8$ N。

表 10.2　第一个端点值的确定

夹紧力/N	可行性外力衡度	可行性内力衡度	步长/N	方向	备注
0	33 550	33 500	60	正	—
60	34 810	34 810	−30	负	变向
30	34 180	34 180	−30	负	同向
0	33 550	33 500	15	正	变向
15	33 865	33 845	15	正	同向
30	34 180	34 180	−7.5	负	变向
22.5	34 023	34 017	3.75	正	同向
26.25	34 101	34 101	−1.875	负	变向
24.375	34 062	34 061	0.937 5	正	变向
25.312 5	34 082	34 082	−0.468 75	负	变向
24.843 75	34 072	34 071	0.234 375	正	变向
25.078 125	34 077	34 077	−0.117 187 5	负	变向
24.960 937 5	34 074	34 074	0.058 593 75	正	变向
25.019 531 3	34 075	34 075	−0.029 296 88	负	变向
24.990 234 4	34 075	34 075	0.014 648 44	正	变向
25.004 882 8	34 075	34 075	−0.007 324 22	负	变向

步骤三,判断第二个端点值的存在性。

当第一个端点值 $P_1 = 25.004\ 882\ 8$ N 找到后，应对夹紧力在区间(25 N，$+\infty$)是否有解再次进行判断。同样，根据式(10.6)和式(10.7)不难看出在 P_1之后依然存在可行解。

步骤四，确定力的第二个端点值。

通过计算可得夹紧力的第二个端点值为 $P_2 = 625.014\ 648$ N，如表 10.3 所示。

表 10.3　第二个端点值的确定

夹紧力/N	可行性外力衡度	可行性内力衡度	步　长	方向	备注
25	34 075	34 075	60	正	—
85	35 335	35 335	60	正	同向
145	36 595	36 595	60	正	同向
205	37 855	37 855	60	正	同向
265	39 115	39 115	60	正	同向
325	40 375	40 375	60	正	同向
385	41 635	41 635	60	正	同向
445	42 895	42 895	60	正	同向
505	44 155	44 155	60	正	同向
565	45 415	45 415	60	正	同向
625	46 675	46 675	60	正	同向
685	47 935	47 905	−30	负	变向
655	47 305	47 290	−30	负	同向
625	46 675	46 675	15	正	变向
640	46 990	46 982	−7.5	负	变向
632.5	46 833	46 829	−7.5	负	同向
625	46 675	46 675	3.75	正	变向
628.75	46 754	46 752	−1.875	负	变向

续 表

夹紧力/N	可行性外力衡度	可行性内力衡度	步 长	方向	备注
626.875	46 714	46 713	−1.875	负	同向
625	46 675	46 675	0.937 5	正	变向
625.937 5	46 695	46 694	−0.468 75	负	变向
625.468 75	46 685	46 685	−0.468 75	负	同向
625	46 675	46 675	0.234 375	正	变向
625.234 375	46 680	46 680	−0.117 187 5	负	变向
625.117 188	46 677	46 677	−0.117 187 5	负	同向
625	46 675	46 675	0.058 593 75	正	变向
625.058 594	46 676	46 676	−0.029 296 88	负	变向
625.029 297	46 676	46 676	−0.029 296 88	负	同向
625	46 675	46 675	0.014 648 44	正	变向
625.014 648	46 675	46 675	−0.007 324 22	负	变向

由表 10.3 可知，可行的夹紧力应为区间[25.004 882 8, 625.014 648]上任意值。为了验证夹紧力变向增量递减方法的有效性，下面直接利用解析法求解图 10.5(a) 中装夹方案的夹紧力大小。若记 R_1、R_2、R_4 分别为定位元件 L_1、L_2、L_4 的支撑反力，则工件的静力平衡方程可表示为

$$\begin{cases} R_1 = F_{\mathrm{cut}X} + F_{\mathrm{cla}X} \\ R_2 + R_4 = F_{\mathrm{cut}Y} + F_{\mathrm{grav}Y} \\ R_1 y_1 + F_{\mathrm{cut}Y} x_{\mathrm{cut}} + F_{\mathrm{grav}Y} x_{\mathrm{grav}} = R_2 x_2 + R_4 x_4 + F_{\mathrm{cut}X} y_{\mathrm{cut}} + F_{\mathrm{cla}X} y_{\mathrm{cla}} \end{cases} \tag{10.25}$$

将各力大小及其作用点数据代入式(10.25)，整理后可得

$$\begin{cases} R_2 + R_4 = 200 \\ 1\,500 + 20F_{\mathrm{cla}X} = 10R_2 + 70R_4 \end{cases} \tag{10.26}$$

进一步由式(10.26)可得如下关系：

$$60R_4 = 20F_{\mathrm{cla}X} - 500 \tag{10.27}$$

$$60R_2 = 12\,500 - 20F_{\text{cla}X} \tag{10.28}$$

由于支撑反力 R_2 和 R_4 不能小于 0，否则工件将脱离定位元件，因此有

$$25 \leqslant F_{\text{cla}X} \leqslant 625 \tag{10.29}$$

由此可见，夹紧力区间左端点、右端点的误差分别为 0.019 531 2% 与 0.058 592%。夹紧力区间端点的精度取决于阈值 B，阈值 B 越小，精度越高，但计算效率偏低；阈值 B 越大，则计算效率高，但精度偏低。

利用变向增量递减算法，依然可解算出图 10.5(b)所示装夹方案的夹紧力，其大小和图 10.5(a)的装夹方案完全相同。值得注意的是，图 10.5(a)的装夹方案，属于静定问题，而在图 10.5(b)所示的装夹方案中，未知的接触力有 4 个，工件的静力平衡方程则只有 3 个，故为静不定问题。

10.6.2　三维工件的“1-夹紧力”规划

图 10.6 为在工件顶部 $\boldsymbol{r}_{\text{cut}} = [50\text{ mm},\ 100\text{ mm},\ 30\text{ mm}]^{\mathrm{T}}$ 处钻孔的工序简图。工件尺寸为 100 mm × 100 mm × 100 mm，切削载荷分别为 $F_{\text{cut}X} = 85$ N、$F_{\text{cut}Y} = 2\,000$ N、$F_{\text{cut}Z} = 50$ N，$M_{\text{cut}Y} = -4\,500$ N·mm。工件由六个定位元件按照“3-2-1”方式定位，各定位元件的位置与单位内法向量如表 10.4 所示。$\boldsymbol{F}_{\text{cla}}$ 为夹紧力，作用点为 $\boldsymbol{r}_{\text{cla}} = [70\text{ mm},\ 40\text{ mm},\ 90\text{ mm}]^{\mathrm{T}}$，法向量为 $\boldsymbol{n}_{\text{cla}} = [-\sqrt{3}/3,\ -\sqrt{3}/3,\ -\sqrt{3}/3]^{\mathrm{T}}$。工件重量为 $F_{\text{grav}} = 50$ N，重心为 $\boldsymbol{r}_{\text{grav}} = [40\text{ mm},\ 40\text{ mm},\ 40\text{ mm}]^{\mathrm{T}}$。

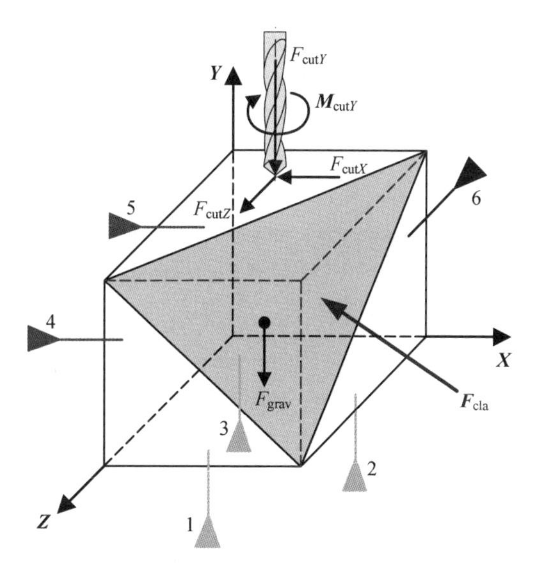

图 10.6　三维工件的装夹方案

表 10.4　定位元件的位置与方向

定位元件	坐标/mm	单位法向量
1	$[40,\ 0,\ 80]^{\mathrm{T}}$	$[0,\ 1,\ 0]^{\mathrm{T}}$
2	$[80,\ 0,\ 40]^{\mathrm{T}}$	$[0,\ 1,\ 0]^{\mathrm{T}}$

续　表

定位元件	坐标/mm	单位法向量
3	$[20,0,20]^T$	$[0,1,0]^T$
4	$[0,60,80]^T$	$[1,0,0]^T$
5	$[0,60,20]^T$	$[1,0,0]^T$
6	$[80,50,0]^T$	$[0,0,1]^T$

根据图 10.2 所示的流程，确定夹紧力 $\boldsymbol{F}_{cla}$ 的过程详细所述如下：

步骤一，判断第一个端点值的存在性。

由式(10.6)得 $\max(Q)=172\,235$。由于 $\boldsymbol{Y}=-\boldsymbol{W}_{ext}=[85,2\,050,50,67\,000,9\,550,93\,500]^T$，故由式(10.7)可知夹紧力存在可行解。

步骤二，计算力的第一个端点值。

计算第一个端点值的过程如表 10.5 所示。这里取 $A=2\,185$，$B=0.01$，$S=20$，最终夹紧力的第一个端点值为 $P_1=86.621\,093\,8$ N。

表 10.5　第一个端点值的确定

夹紧力	可行性外力衡度	可行性内力衡度	步　长	方向	备注
0	172 235	169 430	20	正	—
20	173 400	171 310	20	正	同向
40	174 570	173 180	20	正	同向
60	175 730	175 050	20	正	同向
80	176 900	176 900	20	正	同向
100	178 080	178 080	−10	负	变向
90	177 490	177 490	−10	负	同向
80	176 900	176 900	5	正	变向
85	177 190	177 190	5	正	同向
90	177 490	177 490	−2.5	负	变向
87.5	177 340	177 340	−2.5	负	同向

续　表

夹紧力	可行性外力衡度	可行性内力衡度	步　长	方向	备注
85	177 190	177 190	1.25	正	变向
86.25	177 260	177 260	1.25	正	同向
87.5	177 340	177 340	−0.625	负	变向
86.875	177 300	177 300	−0.625	负	同向
86.25	177 260	177 260	0.312 5	正	变向
86.562 5	177 280	177 280	0.312 5	正	同向
86.875	177 300	177 300	−0.156 25	负	变向
86.718 75	177 290	177 290	−0.156 25	负	同向
86.562 5	177 280	177 280	0.078 125	正	变向
86.640 625	177 290	177 290	−0.039 062 5	负	变向
86.601 562 5	177 280	177 280	0.019 531 25	正	变向
86.621 093 8	177 290	177 290	−0.009 765 63	负	变向

步骤三，判断第二个区间值的存在性。

找到第一个区间值 $P_1 = 86.621\ 093\ 8$ N 后，判断区间(86.621 093 8 N, $+\infty$)上夹紧力的存在性。经计算，可知夹紧力在 P_1 之后仍然存在可行解。

步骤四，确定力的第二个区间值。

通过计算可得夹紧力的第二个区间值为 $P_2 = 108.262\ 5$ N，如表 10.6 所示。

表 10.6　第二个端点值的确定

夹紧力	可行性外力衡度	可行性内力衡度	步　长	方向	备注
86.7	177 290	177 290	20	正	—
106.7	178 480	178 480	20	正	同向
126.7	179 670	179 670	−10	负	变向
116.7	179 070	179 070	−10	负	同向
106.7	178 480	178 480	5	正	变向

续　表

夹紧力	可行性外力衡度	可行性内力衡度	步　长	方向	备注
111.7	178 780	178 780	−2.5	负	变向
109.2	178 630	178 630	−2.5	负	同向
106.7	178 480	178 480	1.25	正	变向
107.95	178 550	178 550	1.25	正	同向
109.2	178 630	178 630	−0.625	负	变向
108.575	178 590	178 590	−0.625	负	同向
107.95	178 550	178 550	0.312 5	正	变向
108.262 5	178 570	178 570	−0.156 25	负	变向
108.106 25	178 560	178 560	0.078 125	正	变向
108.184 375	178 570	178 570	0.078 125	正	同向
108.262 5	178 570	178 570	−0.039 062 5	负	变向
108.223 438	178 570	178 570	0.019 531 25	正	变向
108.242 969	178 570	178 570	0.019 531 25	正	同向
108.262 5	178 570	178 570	−0.009 765 63	负	变向

最后，可行的夹紧力应为区间[86.621 093 8，108.262 5]内任意一个值。

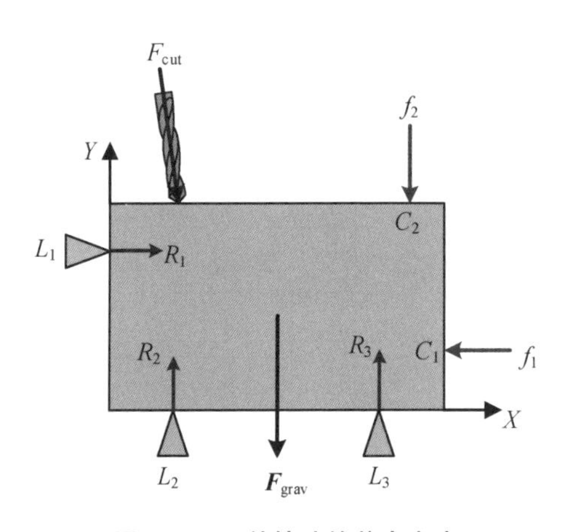

图 10.7　工件钻孔的装夹方案

10.6.3　多重夹紧的夹紧力规划

工件自身的重力为 $F_{gra}=200$ N，在加工位置 $\boldsymbol{r}_{cut}=[10\ \text{mm},\ 50\ \text{mm}]^T$ 处进行钻孔，工件受到的切削力为 $F_{cut}=1\ 001.249$ N，工序简图如图 10.7 所示。

尺寸为 80 mm × 50 mm 的工件由定位元件 L_1、L_2、L_3 确定其相对于刀具的位置，由夹紧元件 C_1、C_2 提供夹紧力以抵抗切削力，各装夹元件的位置与单位内法向量如表 10.7 所示。根据图 10.4 所示的流程，确定极径 f 的过程详细所述如下。

表 10.7　装夹元件的位置与方向

装夹元件	定位元件			夹紧元件	
	L_1	L_2	L_3	C_1	C_2
坐标/mm	$[0, 40]^T$	$[15, 0]^T$	$[65, 0]^T$	$[80, 5]^T$	$[70, 50]^T$
单位内法向量	$[1, 0]^T$	$[0, 1]^T$	$[0, 1]^T$	$[-1, 0]^T$	$[0, -1]^T$

步骤一,判断极径的存在性。根据表 10.7 中的数据可知 $\boldsymbol{G}_{cla}=\begin{bmatrix}-1 & 0\\ 0 & -1\\ 5 & -70\end{bmatrix}$,代入式(10.6)后计算得 $\max(Q)=21\,750$。由于$\boldsymbol{Y}=[50,\ 1\,200,\ 20\,500]^T$,故由式(10.8)可知极径 f 存在可行解。此时给定步长 $s_f=F_{cut}/10$,递减系数 $\zeta=0.3$,阈值 $\varepsilon=0.000\,1$。

步骤二,离散化极角为微角。因为 $v=2$,根据式(10.19)可知,夹紧力 $f_1=f\sin\theta$ 和 $f_2=f\cos\theta$,其中 $f\geqslant 0$、$0\leqslant\theta\leqslant 90°$。根据式(10.24)得 $\boldsymbol{G}_{cla}=[-\sin\theta,\ -\cos\theta,\ 5\sin\theta-70\cos\theta]^T$,为此将极角 θ 从 0°到 90°按照步长 $s_\theta=1°$离散为 91 个微角 θ。

步骤三,判断第一个微角下极径的存在性。从微角 $\theta=0°$开始,此时 $\boldsymbol{G}_{cla}=[-\sin\theta,\ -\cos\theta,\ 5\sin\theta-70\cos\theta]^T$,由式(10.8)计算得 $I_{exist}=0$,转入步骤四;否则转入步骤五。

步骤四,计算第一个微角下极径的大小。由于在 $\theta=0°$时极径具有存在性,故计算当前微角 θ 下的 f 值,有 $49.991\,1\leqslant f\leqslant 1\,698.024\,8$。

步骤五,判断下一个微角下极径的存在性。此时当前微角 $\theta=1°$,判断当前微角 θ 下极径的存在性。若封闭,转入步骤六;否则转入步骤七。

步骤六,计算下一个微角下极径的大小。计算当前微角 θ 下的 f 值。假定迭代过程至微角 $\theta=60°$,由于此时力封闭性指标 $I_{exist}=0$,f 存在可行解,f 值的计算过程如表 10.8 所示。

表 10.8　微角 $\theta=60°$时夹紧力最小值的计算结果

序号 n	极径 f /N	可行性指标 I_{feas}/N	极径步长 s_f/N	变化标识 δ	方向标识 λ
1	0	50.000 0	100.124 9	—	0
2	100.124 9	0	−30.037 5	1	1

续　表

序号 n	极径 f /N	可行性指标 I_{feas}/N	极径步长 s_f/N	变化标识 δ	方向标识 λ
3	70.087 4	14.956 3	9.011 2	−1	0
4	79.098 7	10.450 7	9.011 2	0	0
5	88.109 9	5.945 0	9.011 2	0	0
6	97.121 2	1.439 4	9.011 2	0	0
7	106.132 4	0	−2.703 4	1	1
8	103.429 0	0	−2.703 4	0	1
9	100.725 7	0	−2.703 4	0	1
10	98.022 3	0.988 9	0.811 0	−1	0
11	98.833 3	0.583 3	0.811 0	0	0
12	99.644 3	0.177 8	0.811 0	0	0
13	100.455 3	0	−0.243 3	1	1
14	100.212 0	0	−0.243 3	0	1
15	99.968 7	0.015 6	0.073 0	−1	0
16	100.041 7	0	−0.021 9	1	1
17	100.019 8	0	−0.021 9	0	1
18	99.997 9	0.001 1	0.006 6	−1	0
19	100.004 5	0	−0.002 0	1	1
20	100.002 5	0	−0.002 0	0	1
21	100.000 6	0	−0.002 0	0	1
22	99.998 6	0	−0.002 0	0	1
23	99.996 6	0.001 8	0.000 6	−1	0
24	99.997 2	0.001 5	0.000 6	0	0
25	99.997 8	0.001 2	0.000 6	0	0
26	99.998 4	0	−0.000 2	1	1

续　表

序号 n	极径 f /N	可行性指标 I_{feas}/N	极径步长 s_f/N	变化标识 δ	方向标识 λ
27	99.998 2	0	−0.000 2	0	1
28	99.998 0	0.001 1	−0.000 1	−1	0

由表 10.8 可知，当计算到第 28 次时，当前步长的大小 $s_f = 0.000\ 1$，不超出阈值 $\varepsilon = 0.000\ 1$，$\theta = 60°$时 f 左端点值的计算过程结束，夹紧合力 f 的区间左端点值为 $f_{start} = 99.998\ 0$ N。由于微角 $\theta = 60°$，故第一个夹紧力 f_1 的左端点值 $f_{1,\ start} = 86.600\ 8$ N，第二个夹紧力 f_2的左端点值则为 $f_{2,\ start} = 49.999\ 0$ N。

当 f 的区间左端点值 $f_{start} = 99.998\ 028\ 63$ N 找到后，应对夹紧力在区间(99.998 028 63 N，$+\infty$)是否有解再次进行判断。同样，根据式(10.8)不难看出在 f_{start}之后依然存在可行解。

通过类似 f_{start} 的计算过程，可得夹紧合力 f 的区间右端点值为 $f_{end} = 2\ 725.592\ 8$ N，表 10.9 为微角 $\theta = 60°$时 f 值的计算过程。因此有第一个夹紧力 f_1的右端点值 $f_{1,\ end} = 2\ 360.432\ 6$ N，第二个夹紧力 f_2 的右端点值则为 $f_{2,\ end} = 1\ 362.796\ 4$ N。

表 10.9　微角 $\theta = 60°$时夹紧力最大值的计算结果

序号 n	极径 f /N	可行性指标 I_{feas}/N	极径步长 s_f/N	变化标识 δ	方向标识 λ
1	200.123 1	0	100.124 9	0	1
2	300.248 0	0	100.124 9	0	1
3	400.373 0	0	100.124 9	0	1
4	500.498 0	0	100.124 9	0	1
5	600.622 8	0	100.124 9	0	1
6	700.747 7	0	100.124 9	0	1
7	800.872 7	0	100.124 9	0	1
8	900.997 6	0	100.124 9	0	1
9	1 001.122 5	0	100.124 9	0	1

续 表

序号 n	极径 f /N	可行性指标 I_{feas}/N	极径步长 s_f/N	变化标识 δ	方向标识 λ
10	1 101.247 4	0	100.124 9	0	1
11	1 201.372 3	0	100.124 9	0	1
12	1 301.497 3	0	100.124 9	0	1
13	1 401.622 2	0	100.124 9	0	1
14	1 501.747 1	0	100.124 9	0	1
15	1 601.872 0	0	100.124 9	0	1
16	1 701.997 0	0	100.124 9	0	1
17	1 802.121 9	0	100.124 9	0	1
18	1 902.246 8	0	100.124 9	0	1
19	2 002.371 7	0	100.124 9	0	1
20	2 102.496 6	0	100.124 9	0	1
21	2 202.621 6	0	100.124 9	0	1
22	2 302.746 5	0	100.124 9	0	1
23	2 402.871 4	0	100.124 9	0	1
24	2 502.996 3	0	100.124 9	0	1
25	2 603.121 3	0	100.124 9	0	1
26	2 703.246 2	0	100.124 9	0	1
27	2 803.371 1	42.449 0	−30.037 5	−1	0
28	2 773.333 6	26.056 0	−30.037 5	0	0
29	2 743.296 1	9.662 9	−30.037 5	0	0
30	2 713.258 7	0	9.011 2	1	1
31	2 722.269 9	0	9.011 2	0	1
32	2 731.281 2	3.105 4	−2.703 4	−1	0

续　表

序号 n	极径 f /N	可行性指标 I_{feas}/N	极径步长 s_f/N	变化标识 δ	方向标识 λ
33	2 728.577 8	1.630 0	−2.703 4	0	0
34	2 725.874 4	0.154 6	−2.703 4	0	0
35	2 723.171 0	0	0.811 0	1	1
36	2 723.982 0	0	0.811 0	0	1
37	2 724.793 1	0	0.811 0	0	1
38	2 725.604 1	0.007 1	−0.243 3	−1	0
39	2 725.360 8	0	0.073 0	1	1
40	2 725.433 8	0	0.073 0	0	1
41	2 725.506 8	0	0.073 0	0	1
41	2 725.579 7	0	0.073 0	0	1
42	2 725.652 7	0.032 23	−0.021 9	−1	0
43	2 725.630 8	0.022 0	−0.021 9	0	0
44	2 725.608 9	0.009 8	−0.021 9	0	0
45	2 725.587 0	0	0.006 6	1	1
46	2 725.593 6	0.000 4	0.006 6	−1	0
47	2 725.600 2	0.005 0	−0.002 0	0	0
48	2 725.598 2	0	−0.002 0	1	1
49	2 725.596 2	0	−0.002 0	0	1
50	2 725.594 3	0	−0.002 0	0	1
51	2 725.592 3	0	0.000 6	0	1
52	2 725.592 9	0.000 6	0.000 6	−1	0
53	2 725.593 5	0.001 7	−0.000 2	0	0
54	2 725.593 3	0.002 7	−0.000 2	0	0
55	2 725.593 1	0.001 1	−0.000 2	0	0

续　表

序号 n	极径 f /N	可行性指标 I_{feas}/N	极径步长 s_f/N	变化标识 δ	方向标识 λ
56	2 725.592 9	0.001 2	−0.000 2	0	0
57	2 725.592 8	0	−0.000 1	1	1

步骤七，判断迭代终止条件。若微角至 $\theta < 90°$，转入步骤 5。当微角至 $\theta = 90°$ 时，f（f 为微角 θ 由 0 至 90°的所有解的并集）的整个计算过程结束。

通过微角 θ 由 0 至 90°的 f 区间左、右端点值可以拟合出区域的边界函数为

$$\begin{cases} f_1 = -23\,164.234\,4 f_2 - 1\,158\,005.559\,4 \\ f_1 = -7.008\,7 f_2 + 11\,900.930\,8 \\ f_1 = 0 \end{cases} \tag{10.30}$$

由此可见，f 的取值范围的顶点分别为：A (49.991 1, 0)、B (1 698.024 8, 0) 以及 C (50.489 5, 11 546.374 7)，如图 10.8 所示。

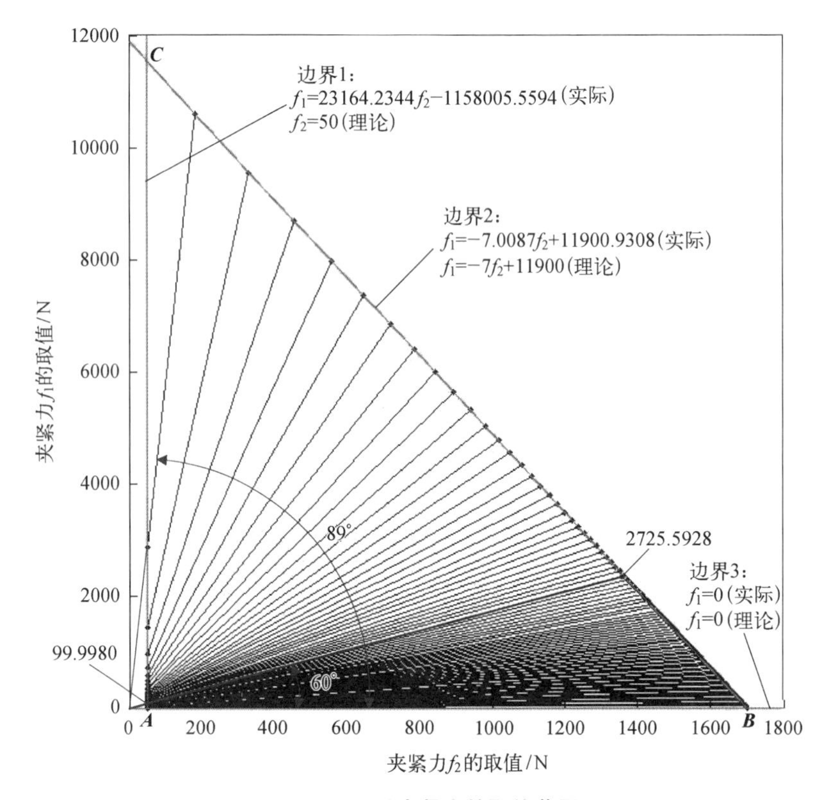

图 10.8　二重夹紧力的取值范围

为了验证“n-夹紧力”迭代设计方法的有效性，下面直接利用解析法求解图 10.7 中装夹方案的夹紧力 f_1和 f_2。若记 R_1、R_2、R_3分别为定位元件 L_1、L_2、L_3的支撑反力，则工件的静力平衡方程可表示为

$$\begin{cases} R_1 + f_2 + F_{\text{cut}X} = 0 \\ R_2 + R_3 + F_{\text{gra}} + F_{\text{cut}Y} + f_1 = 0 \\ f_2 x_{f_2} + R_2 x_{R_2} + R_3 x_{R_3} = R_1 y_{R_1} + F_{\text{gra}} y_{R_g} + F_{\text{cut}Y} x_{\text{cut}} + F_{\text{cut}X} y_{\text{cut}} + f_1 y_{f_1} \end{cases} \tag{10.31}$$

将各力大小及其作用点数据代入式(10.31)，整理后可得

$$\begin{cases} R_1 + 50 = f_2 \\ R_2 + R_3 = 1\,200 + f_1 \\ 5f_2 + 15R_2 + 65R_3 = 40R_1 + 70f_1 + 20\,500 \end{cases} \tag{10.32}$$

进一步由式(10.32)可得如下关系

$$\begin{cases} R_1 = f_2 - 50 \\ 10R_2 = 11\,900 - 7f_2 - f_1 \\ 10R_3 = 100 + 11f_1 + 7f_2 \end{cases} \tag{10.33}$$

由于支撑反力 R_1、R_2和 R_3不能小于 0，否则工件将脱离定位元件，因此有

$$\begin{cases} f_1 \geqslant 0 \\ 50 \leqslant f_2 \leqslant 1\,700 - \dfrac{1}{7} f_1 \end{cases} \tag{10.34}$$

由此可见，夹紧力区域端点的分别为：A (50，0)、B (1 700，0)和 C (50，11 550)。表 10.10 为取值区域端点坐标。

表 10.10　取值区域端点坐标

区域端点	算法结果/mm	解析法结果/mm	误差/%
A	(49.991 1，0)	(50，0)	0.017 8
B	(1 698.024 8，0)	(1 700，0)	0.116
C	(50.489 5，11 546.374 7)	(50，11 550)	0.979

由表10.10可知，夹紧力大小的计算误差最大为0.979%，最小为0.017 8%。夹紧力区间端点的精度取决于阈值ε，ε越小，精度越高，但计算效率偏低；ε越大，则计算效率高，但精度偏低。

第11章

刚性工件夹紧点布局规划方法

夹紧装置提供的夹紧力目的是抵抗工件在加工过程中受到切削力或切削扭矩作用而破坏定位时所获得的合理位置。这就是夹紧力对工件的作用效果，取决于夹紧力的三要素：大小（即夹紧力）、作用点（即夹紧点）和作用方向。由此可见，除了夹紧力与作用方向之外，夹紧点的确定也是夹具设计过程中的一项关键任务。

11.1 稳定性指标

当夹紧力（即夹紧力的大小）一定时，若夹紧点不合理，则夹紧力起不到作用效果，即夹紧力不能抵抗切削力/切削扭矩，工件将发生位置变化。因此，确定合理的夹紧点，必须使得工件具有两个稳定性指标：一是稳定裕度；二是稳定量度。

11.1.1 稳定裕度

稳定裕度关注的是工件在装夹布局中“稳不稳”的问题。假定工件的装夹方案由 m 个定位元件、n 个夹紧元件组成，如图 11.1 所示。工件在 m 个定位元件上定好位后，通过 n 个夹紧元件施加夹紧力以平衡加工过程中的切削力和切削扭矩。

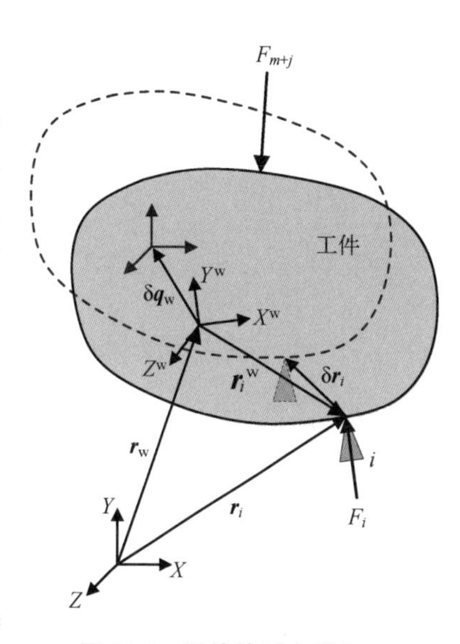

图 11.1 零件的受力状态

记第 i 个定位元件处的支撑反力为 F_i $(1 \leqslant i \leqslant m)$，夹紧力为 F_{m+j} $(1 \leqslant j \leqslant n)$，重力为 F_{m+n+1}，切削力为 F_{m+n+2}，为忽略工件与定位元件、夹紧元件之间的摩擦。记 $\boldsymbol{W}_{\text{grav}} = \begin{bmatrix} \boldsymbol{F}_{m+n+1} \\ \boldsymbol{r}_{m+n+1} \times \boldsymbol{F}_{m+n+1} \end{bmatrix}$ 为重力旋量，$\boldsymbol{W}_{\text{cut}} =$

$\begin{bmatrix} \boldsymbol{F}_{m+n+2} \\ \boldsymbol{r}_{m+n+2} \times \boldsymbol{F}_{m+n+2} \end{bmatrix}$ 为切削旋量。再记图 11.1 中 $X^{w}Y^{w}Z^{w}$ 为固结于工件的动坐标系即工件坐标系{WCS}，其原点在定坐标系 XYZ 即全局坐标系{GCS}中的位置坐标为 $\boldsymbol{r}_{w}=[x_{w},\ y_{w},\ z_{w}]^{T}$，而 $\boldsymbol{\theta}_{w}=[\alpha_{w},\ \beta_{w},\ \gamma_{w}]^{T}$ 表示工件相对于{GCS}的方向。

若记 $\boldsymbol{r}_{i}=[x_{i},\ y_{i},\ z_{i}]^{T}$ 为第 i 个定位元件或夹紧元件位置，则由{WCS}到{GCS}上点的坐标转换公式可表达为

$$\boldsymbol{r}_{i}=\boldsymbol{T}(\boldsymbol{\theta}_{w})\boldsymbol{r}_{i}^{w}+\boldsymbol{r}_{w} \tag{11.1}$$

其中

$$\boldsymbol{T}(\boldsymbol{\theta}_{w})=\begin{bmatrix} c\beta_{w}c\gamma_{w} & -c\alpha_{w}s\gamma_{w}+s\alpha_{w}s\beta_{w}c\gamma_{w} & s\alpha_{w}s\gamma_{w}+c\alpha_{w}s\beta_{w}c\gamma_{w} \\ c\beta_{w}s\gamma_{w} & c\alpha_{w}c\gamma_{w}+s\alpha_{w}s\beta_{w}s\gamma_{w} & -s\alpha_{w}c\gamma_{w}+c\alpha_{w}s\beta_{w}s\gamma_{w} \\ -s\beta_{w} & s\alpha_{w}c\beta_{w} & c\alpha_{w}c\beta_{w} \end{bmatrix} \tag{11.2}$$

为正交的坐标转换矩阵。

不失一般性，假设{WCS}与{GCS}重合。如果在力 $\boldsymbol{F}_{i}=[F_{ix},\ F_{iy},\ F_{iz}]^{T}$ 处相应的虚位移为 $\delta\boldsymbol{r}_{i}=[\delta x_{i},\ \delta y_{i},\ \delta z_{i}]^{T}$，则对式(11.1)进行微分可得工件的位移为

$$\delta\boldsymbol{r}_{i}=\delta\boldsymbol{r}_{w}+\delta\boldsymbol{\theta}_{w}\times\boldsymbol{r}_{i} \tag{11.3}$$

式中，$\delta\boldsymbol{r}_{w}=[\delta x_{w},\ \delta y_{w},\ \delta z_{w}]^{T}$ 与 $\delta\boldsymbol{\theta}_{w}=[\delta\alpha_{w},\ \delta\beta_{w},\ \delta\gamma_{w}]^{T}$ 分别为工件的位置和方向变化。

根据虚功原理，可知作用力对工件所做的虚功应为

$$\delta W=\sum_{i=1}^{m+n+2}\boldsymbol{F}_{i}\cdot\delta\boldsymbol{r}_{i} \tag{11.4}$$

将式(11.4)与式(11.3)联合，整理、合并可得

$$\delta W=\left(\sum_{i=1}^{m+n+2}\boldsymbol{F}_{i}\right)\delta\boldsymbol{r}_{w}+\left(\sum_{i=1}^{m+n+2}\boldsymbol{r}_{i}\times\boldsymbol{F}_{i}\right)\delta\boldsymbol{\theta}_{w} \tag{11.5}$$

众所周知，受定常、完整、理想约束的系统，其平衡的必要条件是主动力在系统的任何一组虚位移上所作的虚功之和 δW 等于零。这样，由式(11.5)可知

$$\left(\sum_{i=1}^{m+n+2}\boldsymbol{F}_{i}\right)\delta\boldsymbol{r}_{w}+\left(\sum_{i=1}^{m+n+2}\boldsymbol{r}_{i}\times\boldsymbol{F}_{i}\right)\delta\boldsymbol{\theta}_{w}=0 \tag{11.6}$$

这里，若记 $\boldsymbol{n}_{i}=[n_{ix},\ n_{iy},\ n_{iz}]^{T}$ 为 $\boldsymbol{r}_{i}$ 处的内法向量，则力 $\boldsymbol{F}_{i}$ 可表示为

$$\boldsymbol{F}_i = x_i \boldsymbol{n}_i \tag{11.7}$$

式中，$F_{ix} = x_i n_{ix}$，$F_{iy} = x_i n_{iy}$，$F_{iz} = x_i n_{iz}$。

事实上，$\boldsymbol{W}_i = \begin{bmatrix} \boldsymbol{F}_i \\ \boldsymbol{r}_i \times \boldsymbol{F}_i \end{bmatrix}$ 为第 i 个力旋量，则根据接触力的方向性，以及 $\delta \boldsymbol{r}_{\mathrm{w}}$ 与 $\delta \boldsymbol{\theta}_{\mathrm{w}}$ 的任意性，进一步由式(11.6)可知工件稳定条件为

$$\begin{aligned} &\boldsymbol{G}_{\mathrm{loc}} \boldsymbol{x} = \boldsymbol{y} \\ &\text{s.t. } \boldsymbol{x} \geqslant \boldsymbol{0} \end{aligned} \tag{11.8}$$

式中，$\boldsymbol{x} = [x_1,\ x_2,\ \cdots,\ x_m]^{\mathrm{T}}$，$\boldsymbol{G}_{\mathrm{loc}} = [\boldsymbol{G}_1,\ \boldsymbol{G}_2,\ \cdots,\ \boldsymbol{G}_m]$，$\boldsymbol{G}_{\mathrm{cla}} = [\boldsymbol{G}_{m+1},\ \boldsymbol{G}_{m+2},\ \cdots,\ \boldsymbol{G}_{m+n}]$，$\boldsymbol{F}_{\mathrm{cla}} = [F_{m+1},\ F_{m+2},\ \cdots,\ F_{m+n}]$，$\boldsymbol{y} = \sum_{i=1}^{n+2} \boldsymbol{W}_{m+i} = \boldsymbol{G}_{\mathrm{cla}} \boldsymbol{F}_{\mathrm{cla}} + \boldsymbol{W}_{\mathrm{grav}} + \boldsymbol{W}_{\mathrm{cut}}$，且

$$\boldsymbol{G}_k = \begin{bmatrix} \boldsymbol{n}_k \\ \boldsymbol{r}_k \times \boldsymbol{n}_k \end{bmatrix},\ 1 \leqslant k \leqslant m+n \tag{11.9}$$

若 $x_i \geqslant 0\ (1 \leqslant i \leqslant m)$，可根据求解下列具有收敛性的线性规划问题来检验式(11.8)的解的存在性：

$$\begin{aligned} &\max w = c_1 x_1 + c_2 x_2 + \cdots + c_m x_m \\ &\text{s.t.} \\ &\begin{cases} a_{11} x_1 + a_{12} x_2 + \cdots + a_{1m} x_m \leqslant y_1 \\ a_{21} x_1 + a_{22} x_2 + \cdots + a_{2m} x_m \leqslant y_2 \\ \vdots \\ a_{61} x_1 + a_{62} x_2 + \cdots + a_{6m} x_m \leqslant y_6 \\ x_1,\ x_2,\ \cdots,\ x_m \geqslant 0 \end{cases} \end{aligned} \tag{11.10}$$

式中，$y_i\ (1 \leqslant i \leqslant 6)$ 为向量 $\boldsymbol{y}$ 中第 i 个元素，$a_{ij}\ (1 \leqslant i \leqslant 6,\ 1 \leqslant j \leqslant m)$ 为矩阵 $\boldsymbol{G}_{\mathrm{loc}}$ 中第 i 行第 j 列元素，且 $c_j = \sum_{i=1}^{6} a_{ij}$。那么当且仅当

$$I_{\mathrm{Ind}} = \max(w) - \sum_{i=1}^{6} y_i = 0 \tag{11.11}$$

式(11.8)有解，其中 I_{Ind} 为稳定裕度。即当 $I_{\mathrm{Ind}} = 0$，工件具有稳定裕度，表明工件处于稳定状态。

11.1.2　稳定量度

稳定量度注重的是工件处于稳定状态下“有多稳”的问题。在工件进行装夹

时，夹具作用在工件上的力与工件所受的外力之间有下面的映射关系：

$$\boldsymbol{E}\boldsymbol{X}=\boldsymbol{Y} \tag{11.12}$$

式中，$\boldsymbol{E}=[\boldsymbol{E}_1,\ \boldsymbol{E}_2,\ \cdots,\ \boldsymbol{E}_i,\ \cdots,\ \boldsymbol{E}_m,\ \boldsymbol{E}_{m+1},\ \boldsymbol{E}_{m+2},\ \cdots,\ \boldsymbol{E}_{m+j},\ \cdots,\ \boldsymbol{E}_{m+n}]$，$\boldsymbol{E}_k=\begin{bmatrix}1 & 0 & 0\\ 0 & 1 & 0\\ 0 & 0 & 1\\ 0 & -z_k & y_k\\ z_k & 0 & -x_k\\ -y_k & x_k & 0\end{bmatrix}$，$1\leqslant k\leqslant m+n$；$\boldsymbol{X}=[\boldsymbol{F}_1^{\mathrm{T}},\ \boldsymbol{F}_2^{\mathrm{T}},\ \cdots,\ \boldsymbol{F}_i^{\mathrm{T}},\ \cdots,\ \boldsymbol{F}_m^{\mathrm{T}},\ \boldsymbol{F}_{m+1}^{\mathrm{T}},\ \boldsymbol{F}_{m+2}^{\mathrm{T}},\ \cdots,\ \boldsymbol{F}_{m+j}^{\mathrm{T}},\ \cdots,\ \boldsymbol{F}_{m+n}^{\mathrm{T}}]^{\mathrm{T}}$；$Y=\boldsymbol{W}_{\mathrm{grav}}+\boldsymbol{W}_{\mathrm{cut}}$。

根据式(11.12)，由矩阵论知识可解算出夹具作用力为

$$\boldsymbol{X}=\boldsymbol{E}^{+}\boldsymbol{Y} \tag{11.13}$$

式中，$\boldsymbol{E}^{+}$为矩阵 $\boldsymbol{E}$ 的 Moore-Penrose 广义逆矩阵。

这样，由 $\boldsymbol{X}$ 的 2—范数 $\|\boldsymbol{X}\|_2=1$ 在夹具空间定义的一个单位超球，在工作空间将映射成一个力超椭球。超椭球的方程为

$$\boldsymbol{Y}^{\mathrm{T}}(\boldsymbol{E}\boldsymbol{E}^{\mathrm{T}})^{+}\boldsymbol{Y}=1 \tag{11.14}$$

假定 $\boldsymbol{\zeta}_i$、λ_i 为矩阵 $\boldsymbol{E}\boldsymbol{E}^{\mathrm{T}}$的第 i 个特征向量与特征值，σ_i 为矩阵 $\boldsymbol{E}$ 的奇值($1\leqslant i\leqslant 6$)，那么式(11.14)所描述的力超椭球的主轴为 $\boldsymbol{\zeta}_1\sigma_1$、$\boldsymbol{\zeta}_2\sigma_2$、…、$\boldsymbol{\zeta}_6\sigma_6$。根据矩阵的奇值分解理论可知，$\sigma_i=\sqrt{\lambda_i}$。这样，力超椭球的体积 V 可表示为

$$V=K\prod_{i=1}^{6}\sigma_i \tag{11.15}$$

式中，$K=\begin{cases}\dfrac{(2\pi)^{n/2}}{2\times 4\times\cdots\times(n-2)\times n}, & n\ \text{为偶数}\\[2ex] \dfrac{2\,(2\pi)^{(n-1)/2}}{1\times 3\times\cdots\times(n-2)\times n}, & n\ \text{为奇数}\end{cases}$，且 n 为工作空间的维数。

由式(11.15)可知，当力超椭球的体积为 $V=0$ 时，表明接触点的布局出现奇异，此时由于力缺乏封闭性，工件抵抗某一个方向或几个方向外力的能力最差，操作中的装夹不稳定。当 $\prod_{i=1}^{6}\sigma_i$ 达到最大值时，表明接触点的布局偏离奇异布局最远，这时力超椭球的体积最大，因而工件抗各向扰动的能力最强，即装夹的稳定性最好。当矩阵 $\boldsymbol{E}$ 的最大奇值与最小奇值相等时，力超椭球变成了一个超球，形成了各向同性的装夹布局，即沿各正交的特征方向具有同样的抵抗扰动的能力。因

此，定义矩阵 $\boldsymbol{E}$ 的奇值的乘积为衡量装夹布局的性能指标，即所谓的装夹布局的装夹稳定量度 Λ 为

$$\Lambda=\prod_{i=1}^{6}\sigma_i \tag{11.16}$$

显然，装夹稳定量度 Λ 只与接触点位置与工件轮廓（即工件在接触点处的法向量）有关，即只与矩阵 $\boldsymbol{E}$ 有关。由于 $\det(\boldsymbol{E}\boldsymbol{E}^{\mathrm{T}})=\prod_{i=1}^{6}\lambda_i=\prod_{i=1}^{6}\sigma_i^2$，故稳定量度 Λ 又可写成

$$\Lambda=\sqrt{\det(\boldsymbol{E}\boldsymbol{E}^{\mathrm{T}})} \tag{11.17}$$

11.2 作用区域的规划算法

对于仅有一个施加在夹紧表面 Ω 的夹紧力，假设其大小为 F_{m+1}，此时要求解的是该夹紧力的作用点 $\boldsymbol{r}_{m+1}$，求解过程可按照如下所述的方法进行：

首先，网格化夹紧表面。

假定夹紧表面 Ω 共网格成 N 个节点，每个节点的坐标为 $\boldsymbol{r}_q^{\Omega}=[x_q^{\Omega},\ y_q^{\Omega},\ z_q^{\Omega}]^{\mathrm{T}}$ $(1\leqslant q\leqslant N)$，那么候选的夹紧点集合为 $\boldsymbol{r}_{m+1}\in\{\boldsymbol{r}_1^{\Omega},\ \boldsymbol{r}_2^{\Omega},\ \cdots,\ \boldsymbol{r}_N^{\Omega}\}$，如图 11.2 所示。这是求解夹紧点的关键步骤。通过夹紧表面的网格化，将未知的夹紧点求解问题等效地转化为已知的夹紧点可行性判断问题。

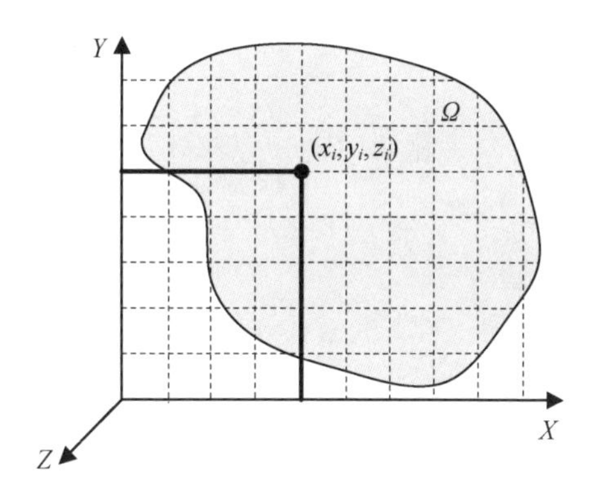

图 11.2 夹紧特征表面的网格化

其次，计算第一个节点的稳定裕度。

设置夹紧力 X_{m+1} 的初始作用区域为空集，即 $\boldsymbol{r}_{m+1}^{0}=\Phi$。令 $i=1$，选定第一个节点 $\boldsymbol{r}_i^{\Omega}$ 作为夹紧力 X_{m+1} 的第一个作用点，根据式(10.11)判断夹紧点 $\boldsymbol{r}_1^{\Omega}$ 的稳定裕度。若夹紧点 $\boldsymbol{r}_1^{\Omega}$ 不具有稳定裕度，说明在夹紧点 $\boldsymbol{r}_1^{\Omega}$ 处不可以施加夹紧力 X_{m+1}，记录夹紧力 X_{m+1} 的第一个作用区域为 $\boldsymbol{r}_{m+1}^{1}=\boldsymbol{r}_{m+1}^{0}$；若夹紧点 $\boldsymbol{r}_1^{\Omega}$ 具有稳定裕度，说明在夹紧点 $\boldsymbol{r}_1^{\Omega}$ 处可以施加抵抗外力的夹紧力 X_{m+1}，记录第一个作用区域 $\boldsymbol{r}_{m+1}^{1}$ 为当前作用点 $\boldsymbol{r}_1^{\Omega}$ 与初始作用区域 $\boldsymbol{r}_{m+1}^{0}$ 的并集，即 $\boldsymbol{r}_{m+1}^{1}=\boldsymbol{r}_1^{\Omega}\cup\boldsymbol{r}_{m+1}^{0}$。

然后，计算下一个节点的稳定裕度。

选定下一个节点 $\boldsymbol{r}_i^{\Omega}$ 作为夹紧力 X_{m+1} 的下一个 $(i=i+1)$ 作用点，根据式(11.11)计算夹紧点 $\boldsymbol{r}_i^{\Omega}$ 的稳定裕度。若夹紧点 $\boldsymbol{r}_i^{\Omega}$ 不具有稳定裕度，说明在夹紧

点 $\boldsymbol{r}_i^{\Omega}$ 处不可以施加夹紧力 X_{m+1}，记录夹紧力 X_{m+1} 的下一个作用区域为 $\boldsymbol{r}_{m+1}^{i}=\boldsymbol{r}_{m+1}^{i-1}$；若夹紧点 $\boldsymbol{r}_i^{\Omega}$ 具有稳定裕度，说明在夹紧点 $\boldsymbol{r}_i^{\Omega}$ 处可以施加抵抗外力的夹紧力 X_{m+1}，记录下一个作用区域 $\boldsymbol{r}_{m+1}^{i}$ 为当前作用点 $\boldsymbol{r}_i^{\Omega}$ 与上一个作用区域 $\boldsymbol{r}_{m+1}^{i-1}$ 的并集，即 $\boldsymbol{r}_{m+1}^{i}=\boldsymbol{r}_i^{\Omega}\cup\boldsymbol{r}_{m+1}^{i-1}$。

最后，判断终止条件。

重复以上过程，直至最后一个节点，即当 $i=N$ 时，夹紧力 X_{m+1} 的最后一个作用区域 $\boldsymbol{r}_{m+1}^{N}$ 为

$$\boldsymbol{r}_{m+1}^{N}=\begin{cases}\boldsymbol{r}_{m+1}^{N-1},\ I_{Ind}(\boldsymbol{r}_{m+1}^{N})\neq 0\\ \boldsymbol{r}_{N}^{\Omega}\cup\boldsymbol{r}_{m+1}^{N-1},\ I_{Ind}(\boldsymbol{r}_{m+1}^{N})=0\end{cases}\tag{11.18}$$

依据式(11.18)描述的“1-夹紧力”作用区域规划算法，就是从第一个节点遍历至第 N 个节点，逐一地分析夹紧力的稳定裕度，通过连接所有具有稳定裕度的节点，即可形成该夹紧力的可行夹紧区域，如图 11.3 所示。

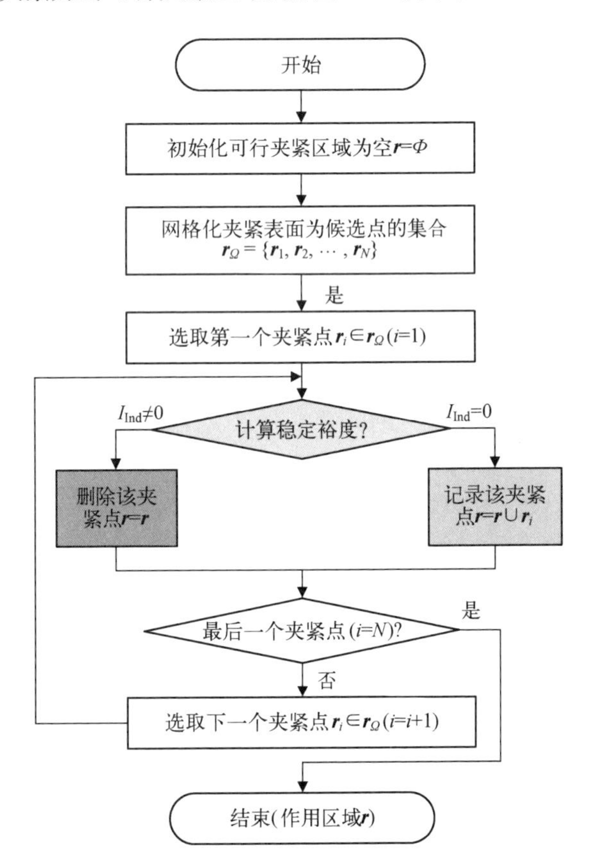

图 11.3　“1-夹紧力”作用区域的渐进移动规划方法

在实际应用中，多数采用两个或三个等多重夹紧力进行装夹。假定第 i 个夹紧力 $\boldsymbol{F}_i$ 作用在第 i 个表面 Ω_i 上，那么其作用点可表示为 $\boldsymbol{r}_i^{\Omega_i}=[x_i^{\Omega_i},\ y_i^{\Omega_i},\ z_i^{\Omega_i}]^{\mathrm{T}}$。若给定所有夹紧力大小的值，则各个夹紧力的作用区域可描述如下：

$$\boldsymbol{r}_{m+k}^{N_k}=\begin{cases}\boldsymbol{r}_{m+k}^{N_k-1},\ I_{\text{Ind}}(\boldsymbol{r}_{m+k}^{N_k})\neq 0\\ \boldsymbol{r}_{N_k}^{\Omega_k}\cup\boldsymbol{r}_{m+k}^{N_k-1},\ I_{\text{Ind}}(\boldsymbol{r}_{m+k}^{N_k})=0\end{cases},\ 1\leqslant k\leqslant n \tag{11.19}$$

式中，N_k 为夹紧表面 Ω_k 的最大节点号。

结合“1-夹紧力”规划算法，式(11.19)的求解流程如图 11.4 所示。

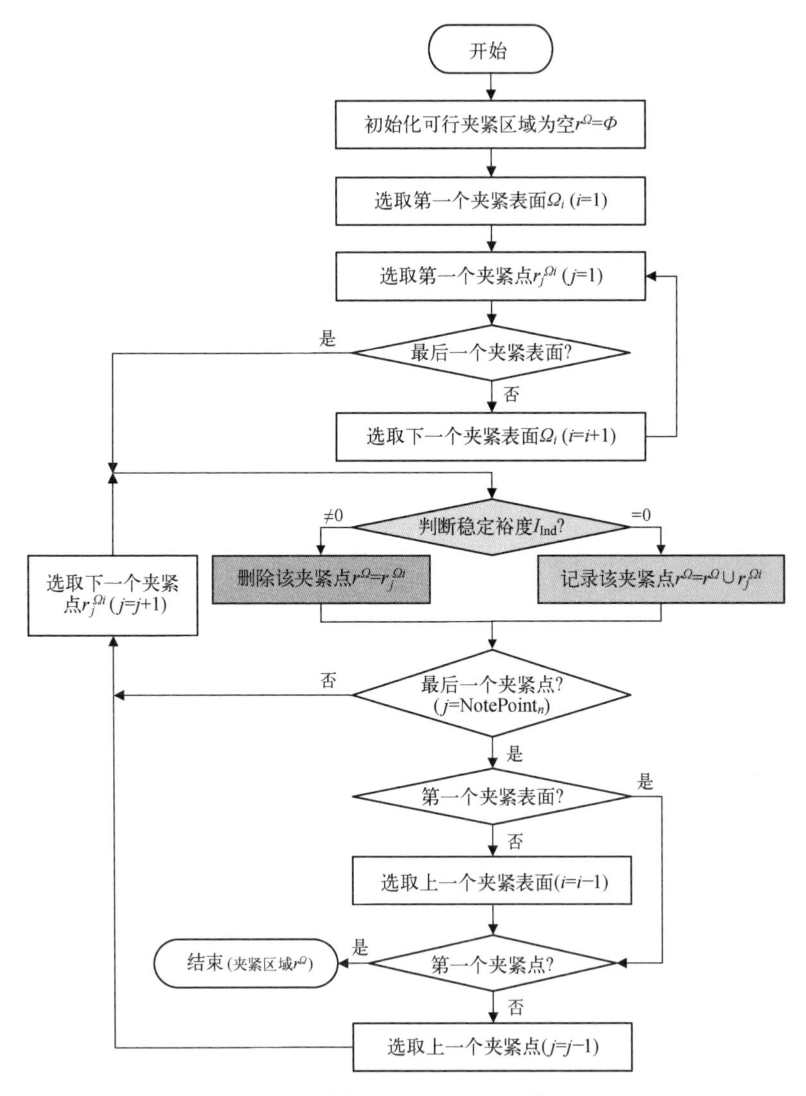

图 11.4　多个夹紧力作用区域的迭代规划方法

11.3 装夹布局的规划方法

假定参与工件装夹的接触点数为 $m+n$（包括 m 个定位元件和 n 个夹紧元件），那么在一定约束条件下合理布局接触点位置，不仅使得工件具有稳定裕度，而且还应使得工件的稳定量度最大，即工件稳定性最好，这就是规划装夹布局的目的之所在。因此，联合式(11.17)和式(11.8)，装夹布局的规划模型可定义如下：

$$\begin{aligned}&find\ \boldsymbol{Z}\\&\max \Lambda=\sqrt{\det(\boldsymbol{E}\boldsymbol{E}^{\mathrm{T}})}\\&\mathrm{s.t.}\\&\boldsymbol{G}_{\mathrm{loc}}\boldsymbol{x}=\boldsymbol{y},\ \boldsymbol{x}\geqslant\boldsymbol{0},\ \boldsymbol{Z}\in\boldsymbol{\Xi}\end{aligned}\tag{11.20}$$

其中，$\boldsymbol{Z}=[\boldsymbol{r}_u^{\mathrm{T}},\ \boldsymbol{r}_{u+1}^{\mathrm{T}},\ \cdots,\ \boldsymbol{r}_v^{\mathrm{T}}]^{\mathrm{T}}(1\leqslant u\leqslant v\leqslant m+n)$ 为所要规划的接触点位置，$\boldsymbol{\Xi}=[\Omega_u,\ \Omega_{u+1},\ \cdots,\ \Omega_v]$为 $\boldsymbol{Z}$ 的几何约束。

遗传算法是一种可以搜索多个设计变量全局最优解的优化算法，既不关注设计变量与目标函数之间的关系，也不需要目标函数梯度等信息确定搜索方向；而式(11.20)中设计变量 $\boldsymbol{Z}$ 同目标函数 Λ 之间关系尽管不复杂，但梯度信息却难以获取，因此在利用有限元方法网格化 $\boldsymbol{Z}$ 所在表面的基础上，遗传算法是比较适合于求解式(11.20)，其流程如图 11.5 所示。

在图 11.5 所示的流程中，关键之处在于个体适应度的确定。假定在式(11.20)中，设计变量为 $v-u+1$ 个接触点位置 $\boldsymbol{r}_j(u\leqslant j\leqslant v)$，网格化其所属的表面 Ξ_j 后，网格节点号则为遗传算法的决策变量 x_j。要确定 x_j 的编码工作，即将变量转化成二进制串，串的长度取决于所要求的精度。由于变量 x_j 的区间是$[A_j,\ B_j]$，若要求的精度是小数点后 n 位，也就意味着每个变量应该被分成至少 $(B_j-A_j)\times 10^n$ 个部分。对一个变量的二进制串位数 L_j，用式(11.21)计算

$$L_j=\mathrm{ceil}(\log_2[(B_j-A_j)\times 10^n])\tag{11.21}$$

式中，$u\leqslant j\leqslant v$，ceil 为朝正无穷方向的取整函数。

决策变量 $x_j(u\leqslant j\leqslant v)$按 L_j 的最大值 L 进行编码，即将变量转化成二进制串 $s_Ls_{L-1}\cdots s_2s_1$，然后相联构成一个长度为 $L\times(v-u+1)$的染色体，第一个 L 位代表 x_u 的取值，第二个 L 位代表 x_{u+1} 的取值，第 $v-u+1$ 个 L 位代表 x_v 的取值。由于 $x_j(u\leqslant j\leqslant v)$的取值范围为$[A_j,\ B_j]$，则二进制串 $s_Ls_{L-1}\cdots s_2s_1$ 可按下式进行解码

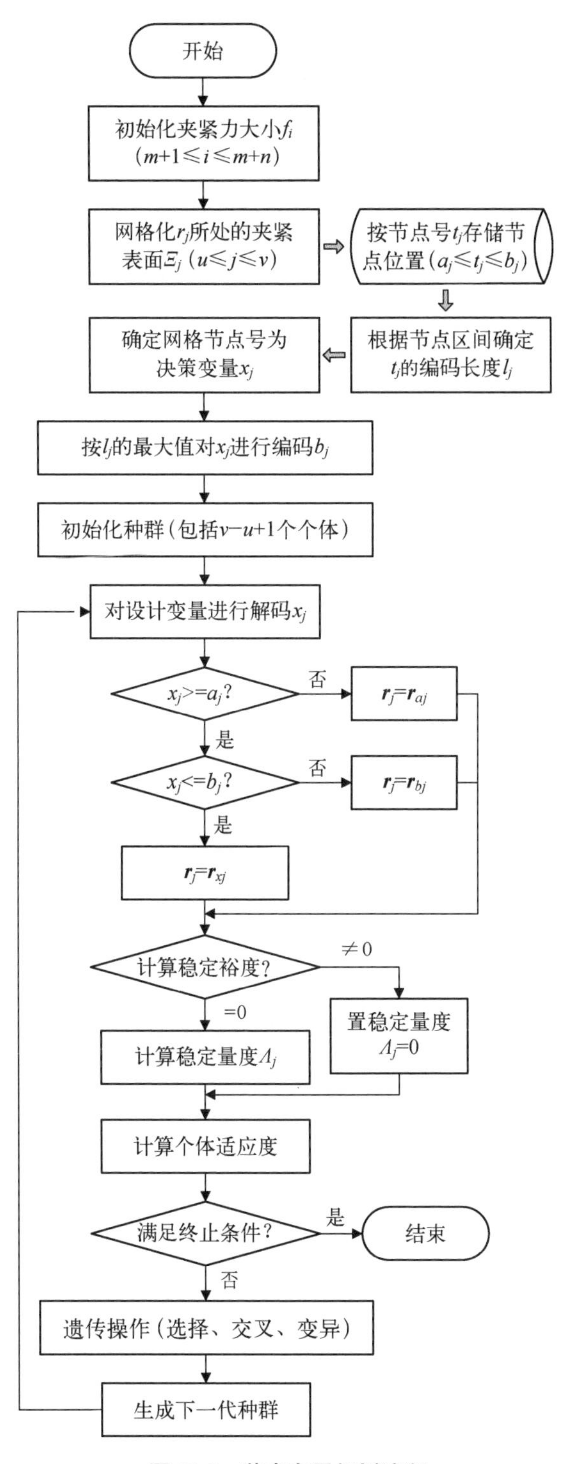

图 11.5　装夹布局规划流程

$$x_j = \frac{B_j - A_j}{2^L - 1} \sum_{k=1}^{L} (2^{k-1} \cdot s_k) \tag{11.22}$$

第 $j-u+1$ 个 L 位二进制串转换为十进制数表示 $x_j(u \leqslant j \leqslant v)$ 的取值，此时 $\boldsymbol{r}_j = \boldsymbol{r}_{xj}$。如果转换的数值小于 A_j，则 $\boldsymbol{r}_j = \boldsymbol{r}_{Aj}$，若大于 B_j，则 $\boldsymbol{r}_j = \boldsymbol{r}_{Bj}$。

在式(11.20)中，Λ 表示工件在装夹布局 $\boldsymbol{r}_j(u \leqslant j \leqslant v)$ 中处于稳定状态下的装夹稳定量度。因此，Λ 越大，个体 x_j 的适应度也越大。而适应度越大的染色体越强壮，在下一代的生成概率越大，也就越容易生存。因此，适应度可定义为

$$e(U^t) = \begin{cases} \Lambda^t, & I_{\text{Ind}}^t = 0 \\ 0, & I_{\text{Ind}}^t \neq 0 \end{cases} \tag{11.23}$$

式中，p 为种群中染色体 U 的数目(即个体数)，$U^t(1 \leqslant t \leqslant p)$ 表示第 t 条染色体，I_{Ind}^t、Λ^t 对应于 U^t 的稳定裕度与稳定量度。

11.4　作用区域规划实例

本节列举两个典型实例来说明夹紧力作用区域确定方法的使用过程。

11.4.1　“1-夹紧力”作用区域规划

图 11.6 为规则工件的装夹方案，尺寸为 100 mm × 100 mm × 50 mm，采用“3-2-1”定位方式，且定位元件在 a、b、c、d、e、f 处与工件作点接触。各点信息如表 11.1 所示。夹紧力 $F = 200$ N 施加在阴影平面 Ω 上，其方向垂直于夹紧表面(即阴影平面)。工件重量为 $F_{\text{grav}} = 200$ N，重心为 $\boldsymbol{r}_{\text{grav}} = [50\ \text{mm},\ 25\ \text{mm},\ 50\ \text{mm}]^{\text{T}}$。

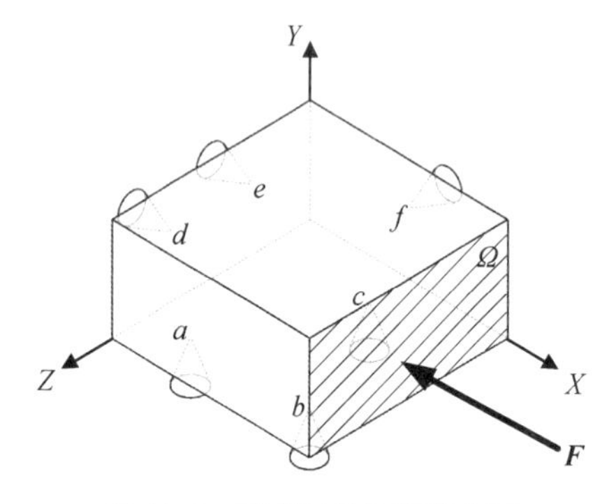

图 11.6　规则工件的装夹方案

表 11.1　各定位元件处的位置及法向量

定位元件	坐标/mm	单位法向量
a	$[20,\ 0,\ 80]^{\text{T}}$	$[0,\ 1,\ 0]^{\text{T}}$
b	$[80,\ 0,\ 80]^{\text{T}}$	$[0,\ 1,\ 0]^{\text{T}}$

续　表

定位元件	坐标/mm	单位法向量
c	$[50, 0, 20]^T$	$[0, 1, 0]^T$
d	$[0, 30, 70]^T$	$[1, 0, 0]^T$
e	$[0, 30, 30]^T$	$[1, 0, 0]^T$
f	$[50, 30, 0]^T$	$[0, 0, 1]^T$

取间隔(或称步长)分别为 $Y = 0.5$ mm 与 $Z = 0.5$ mm 对夹紧表面 Ω 进行网格划分,如图 11.7 所示。

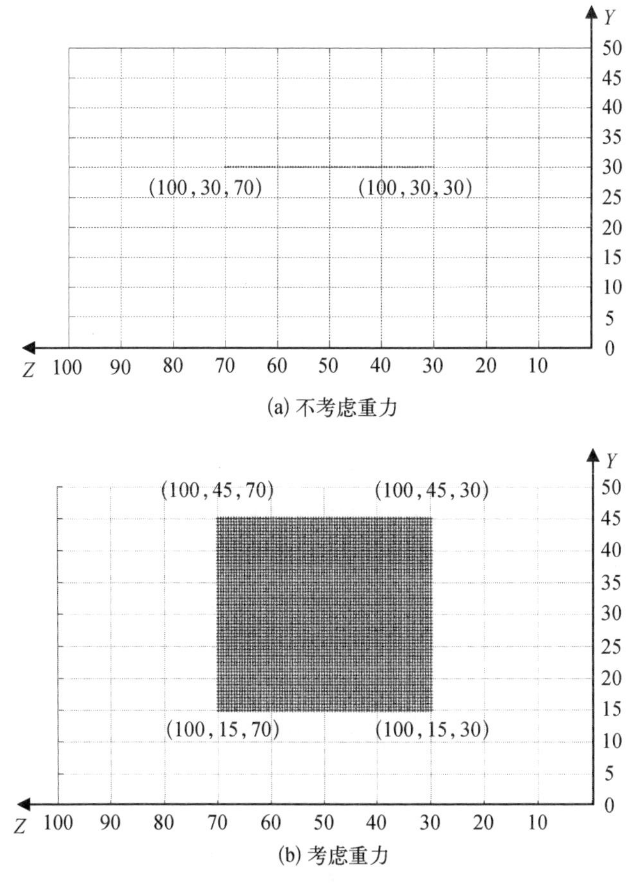

图 11.7　规则工件的夹紧力作用区域

假定第一个节点 $\boldsymbol{r}_1^{\Omega}=[100\ \text{mm},\ 0,\ 0]^{\mathrm{T}}$ 选作第一个候选的夹紧点，根据接触点和夹紧点信息，可知矩阵 $\boldsymbol{G}$ 为 $\boldsymbol{G}_{\text{loc}}=\begin{bmatrix} 0 & 0 & 0 & 1 & 1 & 0 \\ 1 & 1 & 1 & 0 & 0 & 0 \\ 0 & 0 & 0 & 0 & 0 & 1 \\ -80 & -80 & -20 & 0 & 0 & 30 \\ 0 & 0 & 0 & 70 & 30 & -50 \\ 20 & 80 & 50 & -30 & -30 & 0 \end{bmatrix}$，且力旋量 $\boldsymbol{Y}$ 为 $\boldsymbol{Y}=[-200\ \text{N},\ -200\ \text{N},\ 0,\ 10\,000\ \text{N}\cdot\text{mm},\ 0,\ -10\,000\ \text{N}\cdot\text{mm}]^{\mathrm{T}}$（考虑工件重力）、$\boldsymbol{Y}=[-200\ \text{N},\ 0,\ 0,\ 0,\ 0,\ 0]^{\mathrm{T}}$（不考虑工件重力）。

按照逆时针由外向里的方向取点，反复计算稳定裕度，连接所有具有稳定性的节点，形成夹紧力的作用区域，如图 11.7 所示。

根据式(11.10)与(11.11)可知，当考虑重力时，有 $\max(w)=20\,200$ 和 $\sum_{i=1}^{6} y_i=20\,400$，稳定裕度 $I_{\text{Ind}}\neq 0$，工件不具有稳定裕度，如图 11.7(b)；当不考虑重力时，有 $\max(w)=0$ 和 $\sum_{i=1}^{6} y_i=200$，稳定裕度 $I_{\text{Ind}}\neq 0$，工件也不具有稳定裕度，如图11.7(a)。故无论考虑工件重力与否，在第一个候选点上工件均不具有稳定性。

11.4.2　动态加工过程稳定区域计算

对于夹紧力的作用区域，首先夹紧力的施加应该避开加工区域。然后夹紧力的施加必须要保证整个加工中始终处于稳定状态。

在动态加工过程中，由于加工力不是恒力而始终处于变化状态，在铣削过程中的每一个时刻，给定夹紧力在夹紧特征面上的可行夹紧区域都会有所不同。因此，需要将连续的加工过程近似分割为无数个小段，每一段近似到点，点与点之间的时间跨度称为时间步长。计算加工力在每一点处的夹紧稳定区域，计算出所有稳定区域的交叉区域，即交集区域，那么得到的交集区域就是最后需要找的可行夹紧稳定区域。在该区域内施加夹紧力，就可以保证工件在整个加工过程中能始终保持稳定状态。

图 11.8 为工件的铣槽工序，工件由一个 120 mm × 80 mm × 50 mm 的规则方块和一个半椭球顶组成，重量为 50 N。工件由六个定位元件采用“3-2-1”的定位原则进行定位，为了保证铣削过程中工件始终保持稳定的定位状态，在椭球面上施加一个夹紧力来保证加工过程的稳定性，装夹方案具体如图 11.9 所示，定位元件的位置及法向量如表 11.2 所示。

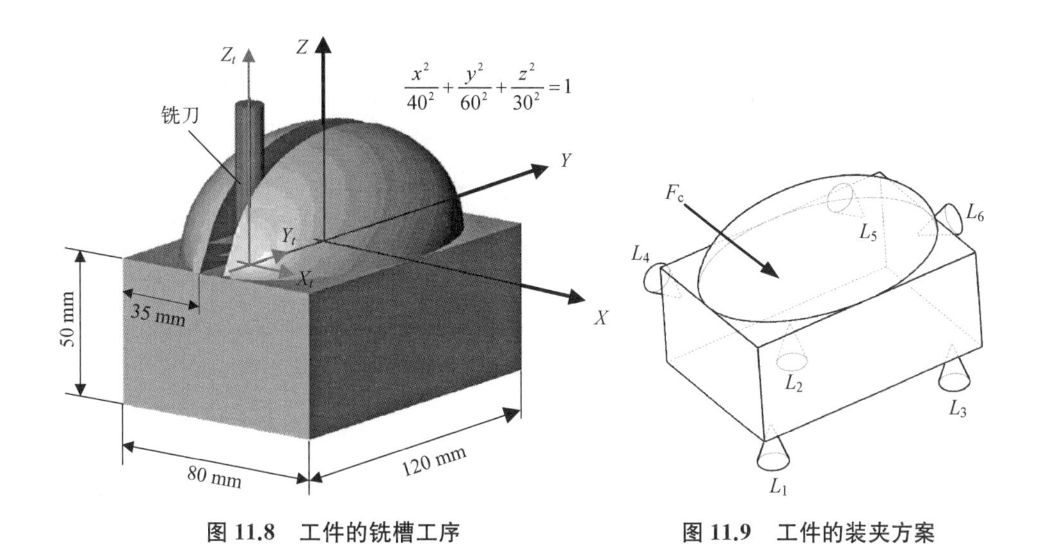

图 11.8　工件的铣槽工序　　图 11.9　工件的装夹方案

表 11.2　定位元件的位置及法向量

定位元件	坐标/mm	单位法向量
L_1	$[-30, 50, -50]^T$	$[0, 0, 1]^T$
L_2	$[30, 0, -50]^T$	$[0, 0, 1]^T$
L_3	$[-30, -50, -50]^T$	$[0, 0, 1]^T$
L_4	$[40, 50, -20]^T$	$[-1, 0, 0]^T$
L_5	$[40, -50, -20]^T$	$[-1, 0, 0]^T$
L_6	$[10, -60, -20]^T$	$[0, 1, 0]^T$

由于工件在加工过程重量发生变化，其重心也将随之改变，为了计算方便，工件重心坐标取加工前后的平均值[0, 0, −17.01 mm]（加工前重心坐标是[0, 0, −16.33 mm]，加工后为[0, 0, −17.69 mm]，取两者平均值，忽略因加工而导致的变化）。

在加工过程中，刀具的进给速度为 5 mm/s，瞬时铣削力为

$$\begin{cases} F_x = 25\sin\dfrac{\pi t}{4}\ \text{N} \\ F_y = 30\ \text{N} \\ F_z = -20\ \text{N} \\ M_z = 800\ \text{Nmm} \end{cases} \tag{11.24}$$

其中，铣削力分量 F_y 随着时间 t 的变化而变化。

夹紧力 $\boldsymbol{F}_c$ 由液压装置提供，大小为 $F_c = 150$ N，方向垂直于与椭球面的接触点。因为铣刀在铣削过程中与工件的接触为面接触且接触面不断变化，为了简化计算，将铣刀作用点简化为加工部位的中间点位置。

由刀具的进给速度以及铣削长度可知，整个铣削过程将持续 24 秒。这里，将连续的动态铣削过程等效地转化为离散的静态铣削过程，离散间隔时间为 3 秒，每一时间间隔处铣刀的位置及铣削分力 F_y 的信息见表 11.3 所示。

表 11.3　加工力坐标信息

时间/s	铣刀位置/mm	铣削分力 F_y/N
0	$[0, -60, 0]^T$	0
3	$[0, -45, 9.92]^T$	21.21
6	$[0, -30, 12.99]^T$	−30
9	$[0, -15, 14.52]^T$	21.21
12	$[0, 0, 15]^T$	0
15	$[0, 15, 14.52]^T$	−21.21
18	$[0, 30, 12.99]^T$	30
21	$[0, 45, 9.92]^T$	−21.21
24	$[0, 60, 0]^T$	0

这样，通过计算出每一个时间间隔或铣刀位置处的夹紧区域，所有区域的交集即为整个铣削过程的最终夹紧区域，计算过程如下。

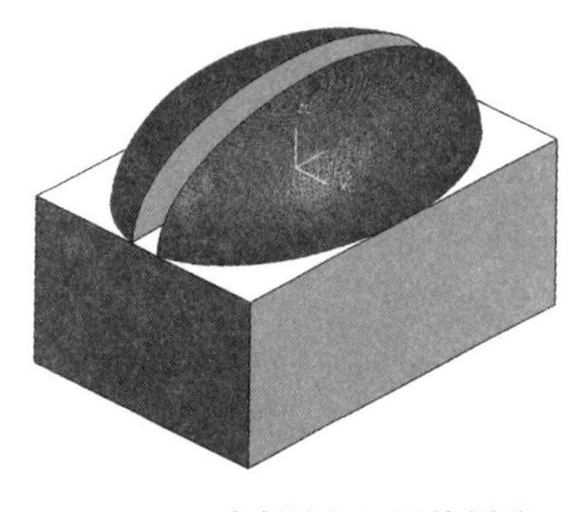

图 11.10　夹紧特征面网格划分

首先，对于夹紧力施加的椭球面，去除掉加工部位后，利用 UG-Nastran 处理器进行网格划分，网格选取 0.5 mm 的四节点四边形薄壳单元，划分结果如图 11.10 所示。

然后，计算铣削时间 $t = 0$ s，此时铣削力和铣削扭矩为 $F_x = 10$ N，$F_y = 0$，$F_z = -20$ N，$M_z = 800$ Nmm。首先根据式(11.10)与(11.11)

计算第一个节点处的稳定裕度 $I_{\mathrm{Ind}} \neq 0$。然后计算下一个节点的稳定裕度，直至最后一个节点，连接所有具有稳定裕度的节点即为铣刀在加工时间为 $t=0$ 时的夹紧区域，如图 11.11(a)所示。类似地，计算下一个时间 $t=3\mathrm{s}$ 时的夹紧区域，如图 11.11(b)所示，直至计算完整个加工过程，夹紧区域见图 11.11(c)～图 11.11(i)。

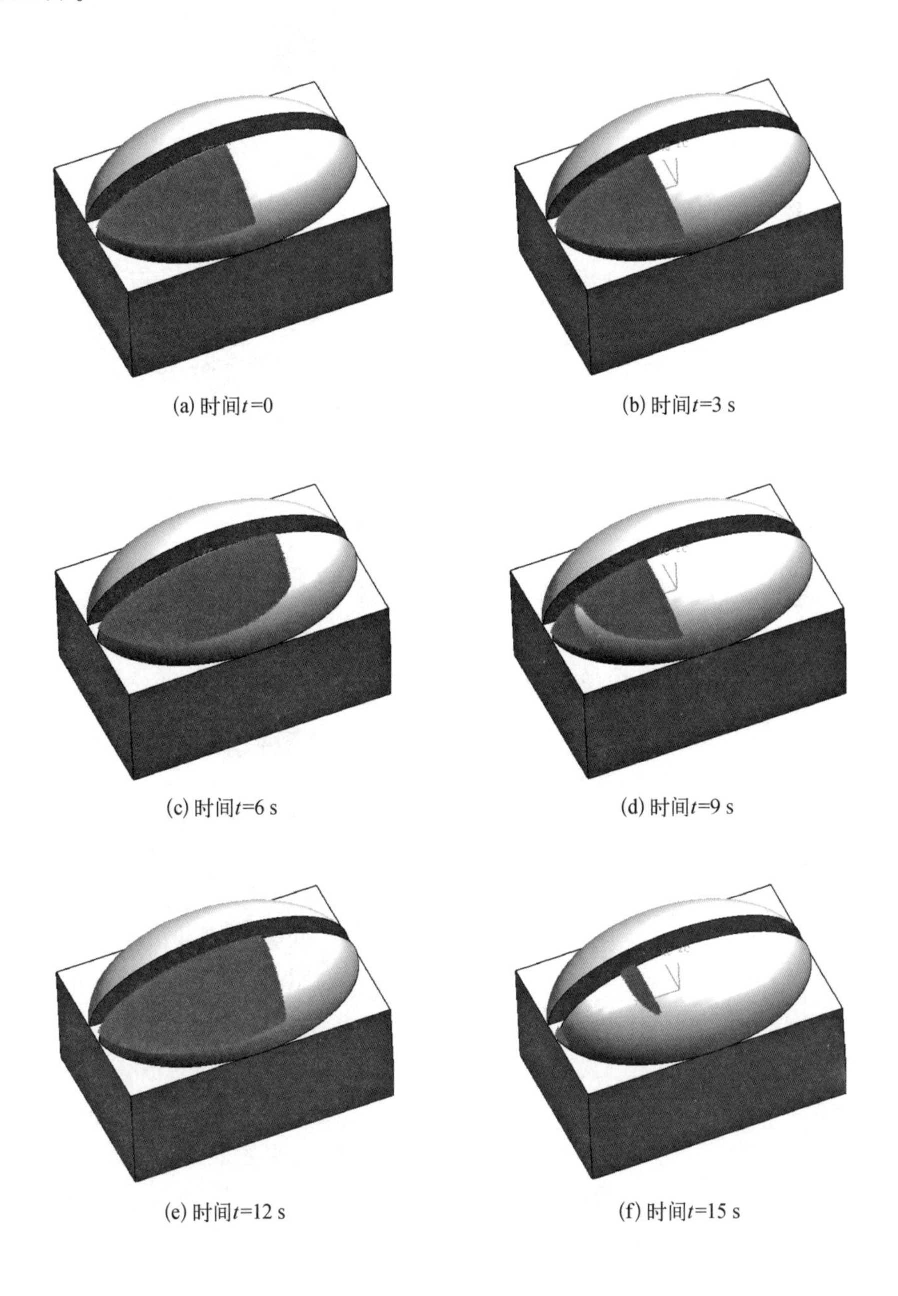

(a) 时间t=0　(b) 时间t=3 s

(c) 时间t=6 s　(d) 时间t=9 s

(e) 时间t=12 s　(f) 时间t=15 s

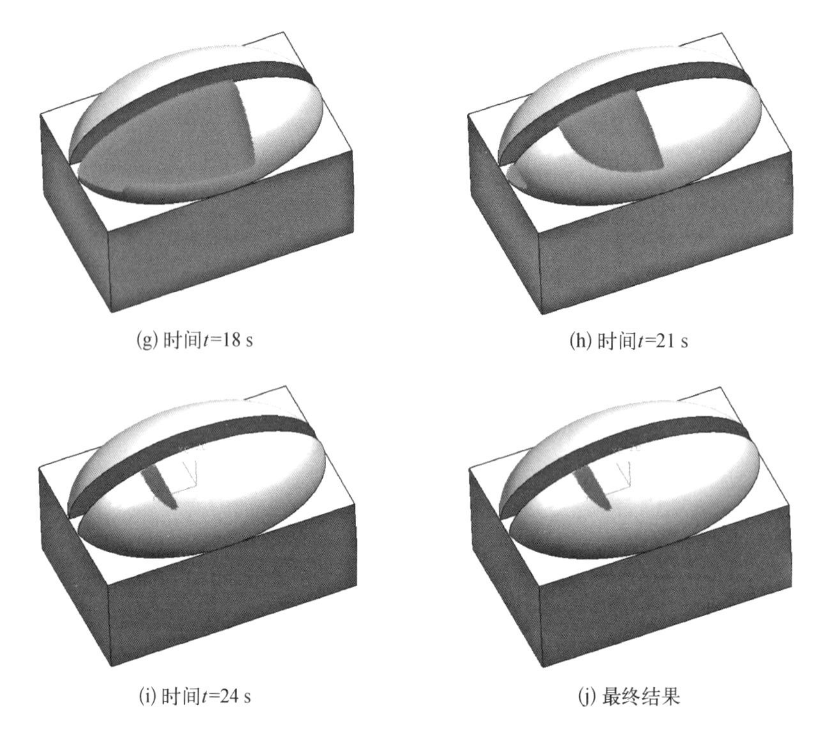

图 11.11　夹紧区域

最后，整个加工过程的夹紧区域，必须满足各个时间上工件的稳定性，故最终夹紧区域应为各个时间上夹紧区域的共有交集部分，如图 11.11(j)所示。需要注意的是，时间间隔越短，最后得到的夹紧区域越精确，同时计算量也会相应增大。

11.4.3　多重夹紧的作用区域规划

工件的外廓尺寸为 120 mm × 80 mm，重力为 70 N。铣削过程中，工件在加工位置 $\boldsymbol{r}_{cut} = [120\text{ mm}, 80\text{ mm}]^T$ 处受到的切削力为 $F_{cut} = 300$ N，如图 11.12 所示。工件由定位元件 L_1、L_2、L_3（位置分别为 $\boldsymbol{r}_{L_1} = [90\text{ mm}, 0]^T$、$\boldsymbol{r}_{L_2} = [30\text{ mm}, 0]^T$、$\boldsymbol{r}_{L_3} = [0, 60\text{ mm}]^T$）进行定位，夹紧元件 C_1、C_2 在夹紧表面 Ω_1、Ω_2 上对工件分别施加大小为 $F_{cla1} = 100$ N 和 $F_{cla2} = 80$ N 的夹紧力。

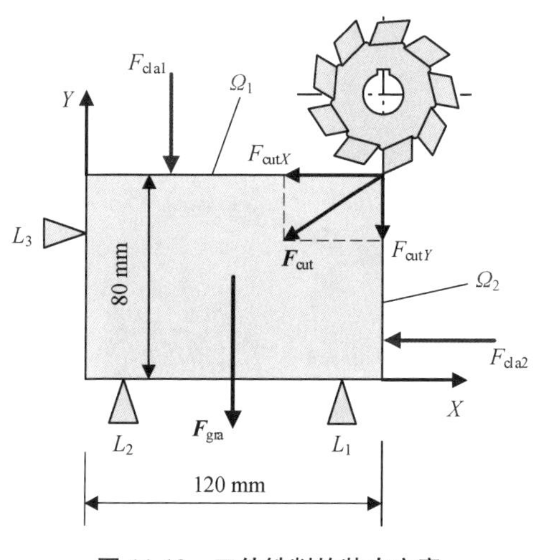

图 11.12　工件铣削的装夹方案

首先选取步长 $s_1=1$ mm 和步长 $s_2=1$ mm，将夹紧表面 Ω_1、Ω_2 离散为 120 个节点和 80 个节点，分别作为夹紧力 F_{cla1}、F_{cla2} 的候选作用点 x_{cla1}、y_{cla2}。

接下来根据图 11.4 的流程，从 Ω_1 上第一个节点 $\boldsymbol{r}_1^{\Omega_1}=[0,\ 80]^T$ 和 Ω_2 上第一个节点 $\boldsymbol{r}_1^{\Omega_2}=[120,\ 0]^T$，直至 Ω_1 上最后一个节点 $\boldsymbol{r}_1^{\Omega_1}=[120,\ 80]^T$ 和 Ω_2 上最后一个节点 $\boldsymbol{r}_1^{\Omega_2}=[120,\ 80]^T$，逐一分析其稳定裕度，如表 11.4 所示。

表 11.4　两重夹紧力的稳定裕度

夹紧表面 Ω_1 的节点/mm	夹紧表面 Ω_2 的节点/mm	稳定裕度 I_{Ind}
$[0,\ 80]^T$	$[120,\ 0]^T$	0
$[0,\ 80]^T$	$[120,\ 1]^T$	0
…	…	…
$[0,\ 80]^T$	$[120,\ 80]^T$	0
…	…	…
$[79,\ 80]^T$	$[120,\ 0]^T$	**15.000 0**
…	…	…
$[79,\ 80]^T$	$[120,\ 10]^T$	**1.666 7**
$[79,\ 80]^T$	$[120,\ 11]^T$	**0.333 3**
$[79,\ 80]^T$	$[120,\ 12]^T$	0
…	…	…
$[79,\ 80]^T$	$[120,\ 80]^T$	0
…	…	…
$[109,\ 80]^T$	$[120,\ 0]^T$	**65.000 0**
…	…	…
$[109,\ 80]^T$	$[120,\ 20]^T$	**38.333 3**
…	…	…
$[109,\ 80]^T$	$[120,\ 40]^T$	**11.666 7**
…	…	…

续　表

夹紧表面 Ω_1 的节点/mm	夹紧表面 Ω_2 的节点/mm	稳定裕度 I_{Ind}
$[109, 80]^T$	$[120, 48]^T$	**1.000 0**
$[109, 80]^T$	$[120, 49]^T$	0
…	…	…
$[109, 80]^T$	$[120, 80]^T$	0
…	…	…
$[109, 80]^T$	$[120, 0]^T$	0
…	…	…
$[119, 80]^T$	$[120, 57]^T$	**5.666 7**
…	…	…
$[119, 80]^T$	$[120, 60]^T$	**1.666 7**
…	…	…
$[119, 80]^T$	$[120, 80]^T$	0

具有力封闭性的节点即为夹紧力 F_{cla1}、F_{cla2} 分别在 Ω_1、Ω_2 上的作用区域，如图 11.13 所示，可行的夹紧区间应为由 $x_{\mathrm{cla1}}=0$、$x_{\mathrm{cla1}}=120$、$y_{\mathrm{cla2}}=0$、$y_{\mathrm{cla2}}=80$ 以及 $y_{\mathrm{cla2}}=1.250\,3x_{\mathrm{cla1}}-87.156$ 等 5 条直线围成的区域。

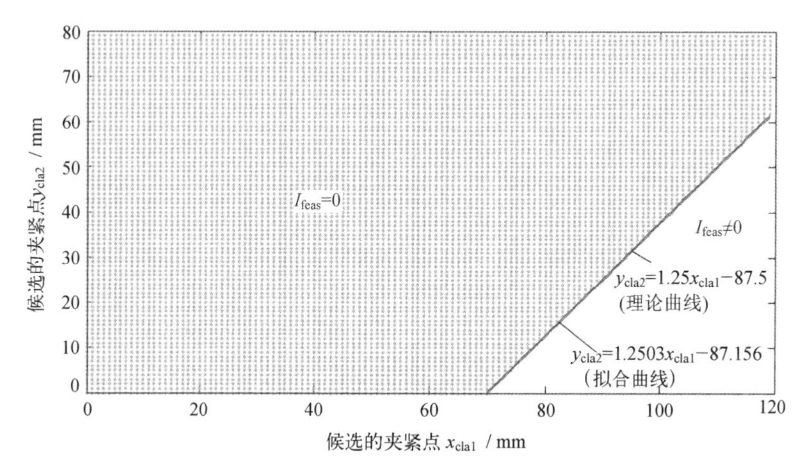

图 11.13　多夹紧力的作用区域

为了验证夹紧力变向增量递减方法的有效性，下面直接利用解析法求解图 11.13 中装夹布局方案中夹紧力 F_{cla1}、F_{cla2} 的作用区域。若记 R_1、R_2、R_3 分别为定位元件 L_1、L_2、L_3 的支撑反力，则工件的静力平衡方程可表示为

$$\begin{cases} R_3 - F_{cutX} - F_{cla2} = 0 \\ R_1 + R_2 - F_{gra} - F_{cla1} - F_{cutY} = 0 \\ R_1 x_1 + R_2 x_2 + F_{cla2} y_{cla2} + F_{cutX} y_{cut} \\ - R_3 y_3 - F_{cla1} x_{cla1} - F_{gra} x_{gra} - F_{cutY} x_{cut} = 0 \end{cases} \tag{11.25}$$

$$\text{s.t.}$$

$$0 \leqslant y_{cla2} \leqslant 80,\ 0 \leqslant x_{cla1} \leqslant 120$$

将各力大小及其作用点的数据代入式(11.25)，整理后可得

$$\begin{cases} R_3 = 340 \\ R_1 + R_2 = 320 \\ 30R_1 + 90R_2 = 21\,800 - 80 y_{cla2} + 100 x_{cla1} \end{cases} \tag{11.26}$$

$$\text{s.t.}$$

$$0 \leqslant y_{cla2} \leqslant 80,\ 0 \leqslant x_{cla1} \leqslant 120$$

通过将 $R_3 = 340$ 代入 $R_1 + R_2 = 320$，经整理后可得如下关系：

$$\begin{cases} 6R_1 = 700 + 8 y_{cla2} - 10 x_{cla1} \\ 6R_2 = 1\,220 - 8 y_{cla2} + 10 x_{cla1} \end{cases} \tag{11.27}$$

$$\text{s.t.}$$

$$0 \leqslant y_{cla2} \leqslant 80,\ 0 \leqslant x_{cla1} \leqslant 120$$

由于支撑反力 R_1 和 R_2 不能小于 0，否则工件将脱离定位元件，因此有

$$\begin{cases} y_{cla2} \leqslant 152.5 + 1.25 x_{cla1} \\ y_{cla2} \geqslant 1.25 x_{cla1} - 87.5 \\ 0 \leqslant y_{cla2} \leqslant 80 \\ 0 \leqslant x_{cla1} \leqslant 120 \end{cases} \tag{11.28}$$

因 $0 \leqslant x_{cla1} \leqslant 120$，故 $y_{cla2} \leqslant 152.5 + 1.25 x_{cla1}$ 始终成立，故上式可进一步简化为

$$\begin{cases} y_{cla2} \geqslant 1.25 x_{cla1} - 87.5 \\ 0 \leqslant y_{cla2} \leqslant 80 \\ 0 \leqslant x_{cla1} \leqslant 120 \end{cases} \tag{11.29}$$

通过比较计算结果和理论结果可知，形成夹紧力区间的 5 条直线中，只有实际直线 $y_{cla2}=1.250\,3x_{cla1}-87.156$ 和理论直线 $y_{cla2}=1.25x_{cla1}-87.5$ 稍有偏差，但最大的相对误差仅为 0.417%。事实上，误差受夹紧表面网格尺寸的影响，网格尺寸越小，误差也越小。

11.5 装夹布局优化实例与实验

本节列举两个典型实例阐明装夹稳定性分析与装夹布局的规划问题，并引用文献结果验证方法的有效性。

11.5.1 二维工件的装夹布局规划

工件为直径 $\Phi=100$ mm 的圆盘件，其装夹布局如图 11.14 所示。为了获得 a、b、c 的最佳位置，对其所在表面进行网格离散化，如图 11.15(a)所示，这里取网格精度为 1 mm。

将网格节点按节点序号、节点坐标、节点法向量存储在数据库中，如图 11.15(b)所示。

图 11.14 圆盘件的装夹布局

对于图 11.5 所示的遗传算法，各参数设置为个体数 $p=5$，交叉概率 $P_C=80\%$，变异概率 $P_M=5\%$，迭代次数 $T=50$。在计算过程中，即使不预先固定接触点 a、b、c 中的任意一点位置，遗传算法均能很快趋于收敛，如图 11.16 所示。

这里计算了十次，相应的数据如表 11.5 所示，显然该圆盘件的装夹布局规划属于多峰问题。尽管每次计算中 a、b、c 的位置不一样，但 3 个接触点的布局最终都为均匀分布，如图 11.17 所示，计算结果与熊蔡华等人文献的结果完全吻合。

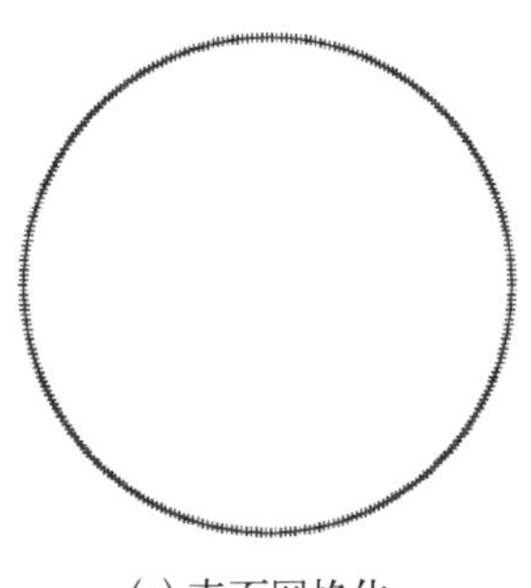

(a) 表面网格化

	coord_x	coord_y	norm_x	norm_y
206	-29.46688000000000	-40.38799500000000	0.62932000000000	0.77714600000000
207	-28.63498300000000	-40.94068300000000	0.54463900000000	0.83867000000000
208	-27.79608900000000	-41.48546700000000	0.54463900000000	0.83867000000000
209	-26.95683500000000	-42.03048600000000	0.54463900000000	0.83867000000000
210	-26.11772300000000	-42.57541100000000	0.54463900000000	0.83867000000000
211	-25.27925800000000	-43.11991700000000	0.54463900000000	0.83867000000000
212	-24.40649500000000	-43.60367500000000	0.45399100000000	0.89100600000000
213	-23.51541800000000	-44.05770200000000	0.45399100000000	0.89100600000000
214	-22.62383300000000	-44.51198700000000	0.45399100000000	0.89100600000000
215	-21.73227400000000	-44.96625900000000	0.45399100000000	0.89100600000000
216	-20.84127800000000	-45.42024500000000	0.45399100000000	0.89100600000000
217	-19.93268500000000	-45.83241000000000	0.35836800000000	0.93358000000000
218	-18.99923500000000	-46.19072800000000	0.35836800000000	0.93358000000000
219	-18.06512300000000	-46.54930100000000	0.35836800000000	0.93358000000000
220	-17.13090700000000	-46.90791200000000	0.35836800000000	0.93358000000000
221	-15.25789000000000	-47.60452900000000	0.25881900000000	0.96592600000000
222	-14.29234400000000	-47.86324700000000	0.25881900000000	0.96592600000000
223	-13.32597500000000	-48.12218400000000	0.25881900000000	0.96592600000000
224	-12.35936500000000	-48.38118600000000	0.25881900000000	0.96592600000000
225	-11.39309400000000	-48.64009800000000	0.25881900000000	0.96592600000000
226	-10.42774000000000	-48.89876300000000	0.25881900000000	0.96592600000000
227	-9.44144400000000	-49.05850000000000	0.15643400000000	0.98768800000000
228	-8.45344600000000	-49.21498300000000	0.15643400000000	0.98768800000000

(b) 部分离散点的存储信息

图 11.15　表面离散化为点集

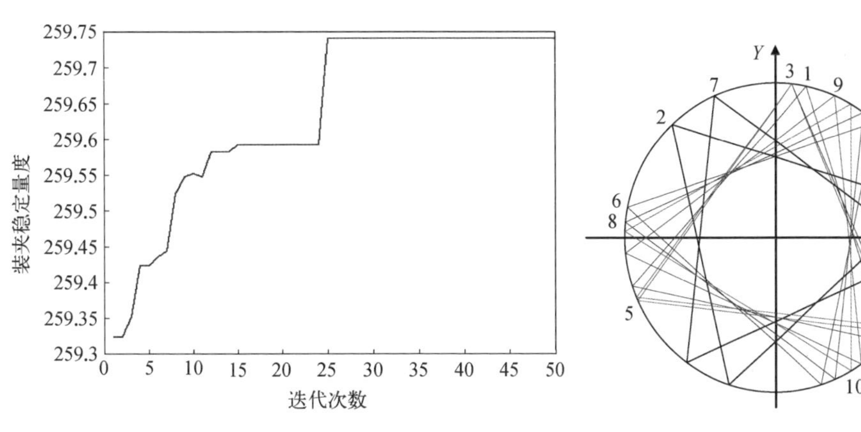

图 11.16　圆盘件装夹布局的优化过程

图 11.17　接触点的均匀分布

表 11.5　接触点的优化结果

序号	接触点位置/mm			最大稳定量度
	接触点 a	接触点 b	接触点 c	
1	$[10.43, 48.90]^T$	$[36.90, -33.72]^T$	$[-47.73, -14.78]^T$	259.72
2	$[-34.07, 36.54]^T$	$[48.77, 10.91]^T$	$[-15.26, -47.60]^T$	259.68
3	$[39.44, -30.63]^T$	$[5.49, 49.68]^T$	$[-45.65, -20.40]^T$	259.66
4	$[5.49, 49.68]^T$	$[-45.65, -20.40]^T$	$[40.67, -29.05]^T$	259.74
5	$[10.43, 48.90]^T$	$[-47.45, -15.73]^T$	$[36.90, -33.72]^T$	259.75
6	$[-48.98, 9.94]^T$	$[33.35, 37.24]^T$	$[15.26, -47.60]^T$	259.74
7	$[49.74, -4.99]^T$	$[-29.47, -40.39]^T$	$[-19.93, 45.83]^T$	259.74
8	$[29.47, 40.39]^T$	$[-49.74, 4.99]^T$	$[19.93, -45.83]^T$	259.74
9	$[19.93, 45.83]^T$	$[28.64, -40.94]^T$	$[-49.74, -4.99]^T$	259.68
10	$[25.28, 43.12]^T$	$[-49.90, 2.00]^T$	$[25.28, -43.12]^T$	259.61

11.5.2　三维工件的装夹布局规划

图 11.18(a)为一个角被切除的立方体工件，其边长为 100 mm × 100 mm ×

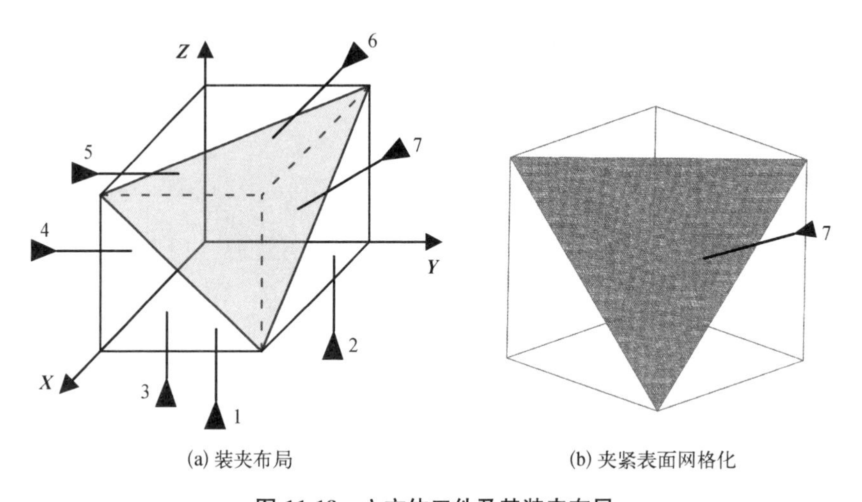

(a) 装夹布局　　(b) 夹紧表面网格化

图 11.18　立方体工件及其装夹布局

100 mm。六个定位元件以“3-2-1”方式对工件进行定位，夹紧元件 7 则布局在斜面上，夹紧力大小为 $F_7 = 200$ N。各定位元件的坐标及其法向量如表 11.6 所示。

表 11.6　定位元件坐标及其单位法向量

定位元件	坐　标/mm	单位法向量
1	$[80, 50, 0]^T$	$[0, 0, 1]^T$
2	$[20, 80, 0]^T$	$[0, 0, 1]^T$
3	$[20, 20, 0]^T$	$[0, 0, 1]^T$
4	$[80, 0, 50]^T$	$[0, 1, 0]^T$
5	$[20, 0, 50]^T$	$[0, 1, 0]^T$
6	$[0, 50, 50]^T$	$[1, 0, 0]^T$

首先进行稳定裕度分析，获取可行的夹紧区域。采用网格尺寸为 1 mm 的 3 节点三角形平面单元离散化工件斜面(即夹紧表面)，如图 11.18(b)所示。从第一个网格节点开始，依据式(11.11)计算稳定裕度。稳定裕度为 0 的所有节点即可组成一个可行的夹紧区域，如图 11.19(a)所示。

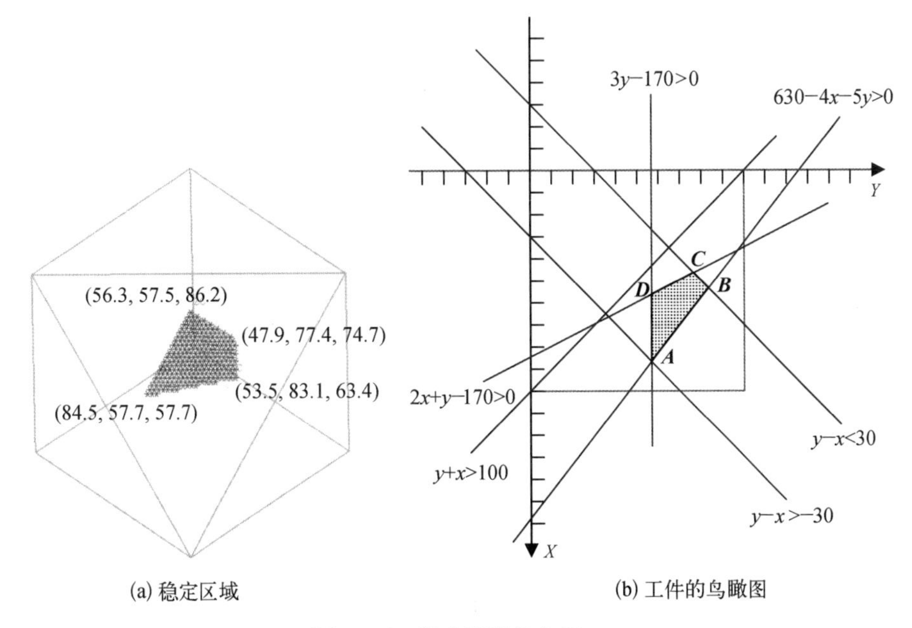

(a) 稳定区域　　(b) 工件的鸟瞰图

图 11.19　装夹稳定性分析

图 11.19(b)为 Rong、融亦鸣等人文献所获得的夹紧区域。斜面上任意点(即夹紧力 F_7的作用点)的坐标为 $\boldsymbol{r}_7=[x,\ y,\ 200-x-y]^{\mathrm{T}}$,则其几何约束为

$$\begin{cases} 2x+y-170>0 \\ 3y-170>0 \\ 630-4x-5y>0 \\ |y-x|<30 \\ x+y>100 \end{cases} \tag{11.30}$$

这样,可行的夹紧力作用区域即可获得,该区域的四个顶点分别为 $\boldsymbol{r}_A=[86.6\ \mathrm{mm},\ 56.7\ \mathrm{mm},\ 56.7\ \mathrm{mm}]^{\mathrm{T}}$, $\boldsymbol{r}_B=[53.3\ \mathrm{mm},\ 83.3\ \mathrm{mm},\ 63.4\ \mathrm{mm}]^{\mathrm{T}}$, $\boldsymbol{r}_C=[46.7\ \mathrm{mm},\ 76.7\ \mathrm{mm},\ 76.6\ \mathrm{mm}]^{\mathrm{T}}$与 $\boldsymbol{r}_D=[56.7\ \mathrm{mm},\ 56.7\ \mathrm{mm},\ 86.6\ \mathrm{mm}]^{\mathrm{T}}$。与文献结果相比较,本书的相对误差不超过 0.5%。事实上,夹紧表面的网格越精细,相对误差越小。

当网格节点具有装夹稳定性,即当在该节点处对工件施加夹紧力 F_7,稳定裕度 $I_{\mathrm{Ind}}=0$,此时按照式(11.30)计算稳定区域内各点的稳定量度,分别得四个顶点的装夹稳定量度为 $\Lambda_A=2.431\,2\mathrm{e}+007$、$\Lambda_B=2.507\,6\mathrm{e}+007$、$\Lambda_C=2.586\,0\mathrm{e}+007$、$\Lambda_D=2.587\,7\mathrm{e}+007$,而稳定区域内最小、最大的装夹稳定量度分别 $\Lambda_{\min}=2.396\,0\mathrm{e}+007$、$\Lambda_{\max}=2.587\,7\mathrm{e}+007$,对应的网格节点坐标分别是 $\boldsymbol{r}_{\min}=[73.475\,0\ \mathrm{mm},\ 66.193\,9\ \mathrm{mm},\ 60.331\,1\ \mathrm{mm}]^{\mathrm{T}}$与 $\boldsymbol{r}_{\max}=[56.7\ \mathrm{mm},\ 56.7\ \mathrm{mm},\ 86.6\ \mathrm{mm}]^{\mathrm{T}}$。

然后进行装夹布局规划,获取最佳夹紧点。假定装夹元件的位置坐标用 $\boldsymbol{r}_i=[x_i,\ y_i,\ z_i]^{\mathrm{T}}$表示,那么采用尺寸为 1 mm 的网格划分 $\boldsymbol{r}_i(1\leqslant i\leqslant 7)$所属的几何区域,除了图 11.18(b)为夹紧表面网格化示意图外,工件底面、左侧面、后侧面的网格离散化如图 11.20 所示。

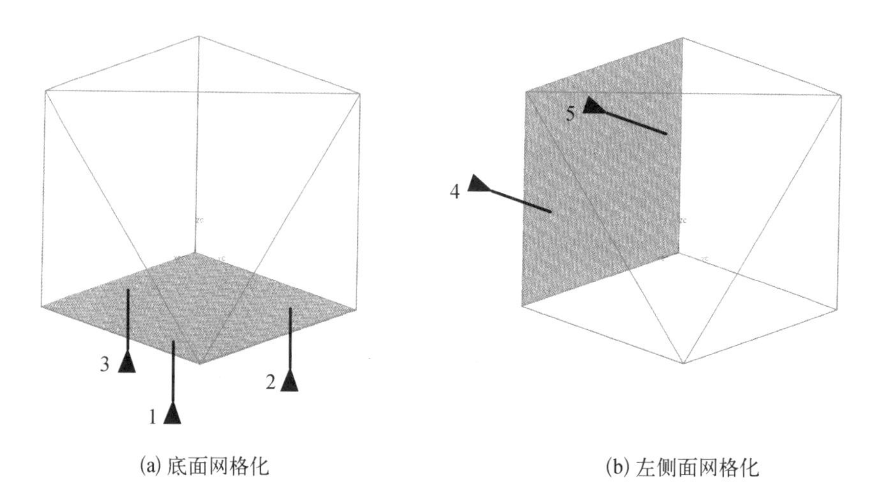

(a) 底面网格化　　(b) 左侧面网格化

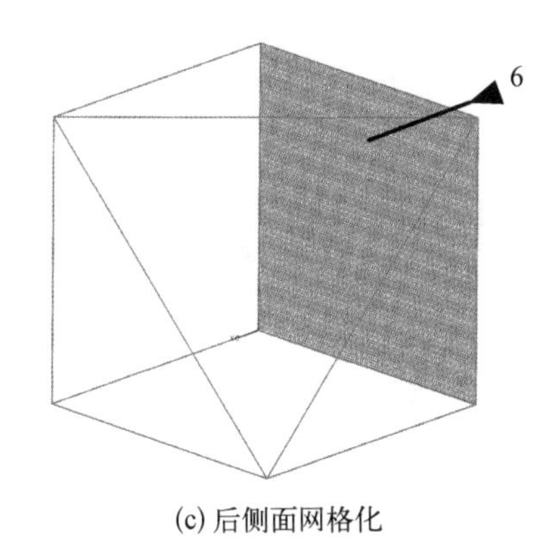

(c) 后侧面网格化

图 11.20　几何区域的网格化

将各几何区域的网格节点按节点序号、节点坐标、节点法向量存储在各自的数据库中，然后根据图 11.5 所示的遗传算法(各参数为个体数 $p=100$，交叉概率 $P_C=95\%$，变异概率 $P_M=10\%$，迭代次数 $T=500$)，对六个定位元件与一个夹紧元件的位置进行优化，优化过程如图 11.21 所示。经过 480 次迭代后，遗传算法趋于收敛，此时最大的装夹稳定量度为 7.458 0e＋007，对应的装夹元件位置分别为 $\boldsymbol{r}_1=[96\ \text{mm},\ 8\ \text{mm},\ 0]^{\mathrm{T}}$、$\boldsymbol{r}_2=[88\ \text{mm},\ 95\ \text{mm},\ 0]^{\mathrm{T}}$、$\boldsymbol{r}_3=[4\ \text{mm},\ 90\ \text{mm},\ 0]^{\mathrm{T}}$、$\boldsymbol{r}_4=[8\ \text{mm},\ 0,\ 7\ \text{mm}]^{\mathrm{T}}$、$\boldsymbol{r}_5=[100\ \text{mm},\ 0,\ 99\ \text{mm}]^{\mathrm{T}}$、$\boldsymbol{r}_6=[0,\ 88\ \text{mm},\ 94\ \text{mm}]^{\mathrm{T}}$、$\boldsymbol{r}_7=[49.920\,5\ \text{mm},\ 95.021\,5\ \text{mm},\ 65.058\,0\ \text{mm}]^{\mathrm{T}}$。

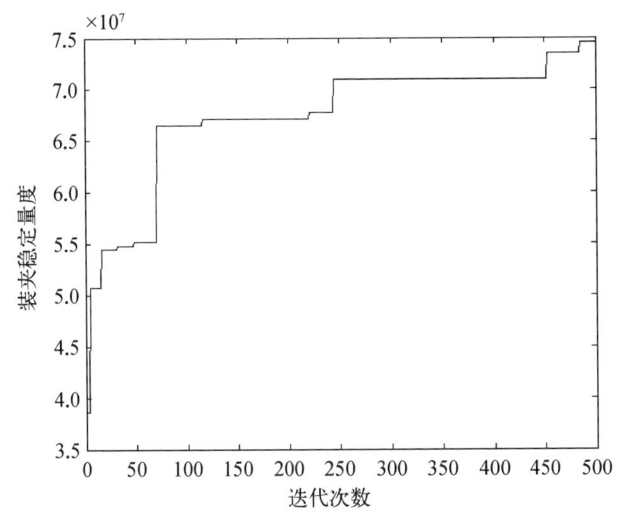

图 11.21　立方体工件装夹布局的优化过程

第12章

装夹布局优化设计

在多重装夹元件的装夹过程中,由于装夹顺序、夹紧力、定位元件位置等装夹布局参数的不同,薄壁件的装夹变形程度也不一样。单个装夹布局参数引起的工件装夹变形规律能够通过有限元方法获得。但是,若同时考虑多个装夹布局参数的影响,仅仅利用有限元方法难以揭示装夹布局参数与装夹变形之间的关系。因此,鉴于以上方法的局限性,本章首先针对薄壁件的装夹布局方案建立了三维有限元模型,以便利用有限元方法获取神经网络的训练样本。其次,借助神经网络的非线性映射能力,通过有限的训练样本构建装夹变形的预测模型。最后,建立以最小化最大装夹变形为目标的装夹布局方案优化模型及其遗传算法求解技术。试验结果表明,网络预测值与相应的有限元仿真值、试验数据之间的相对误差均不超过3%。本章提出的基于神经网络与遗传算法的装夹变形“分析-预测-控制”方法,不仅能够提高装夹变形的计算效率,而且为薄壁件装夹布局方案的合理设计提供基础理论。

12.1 薄壁件装夹变形的有限元分析

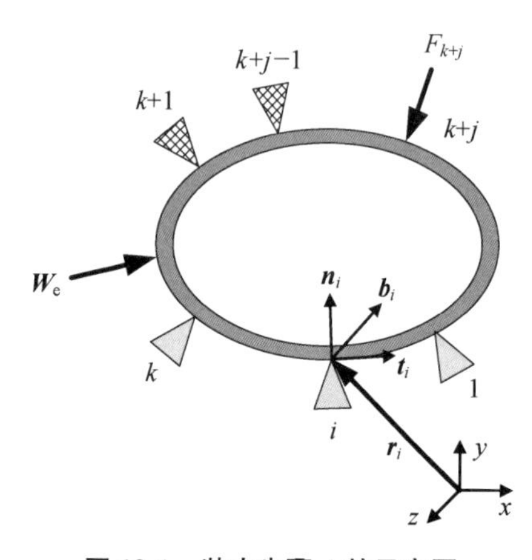

图12.1 装夹步骤 j 的示意图

为了合理地求解薄壁件的装夹变形,除了必须满足静力平衡条件外,还应保证摩擦锥约束以及工件与夹具之间的单侧接触约束。

12.1.1 静力平衡条件

如图12.1所示,工件由 k 个定位元件(三角形表示)和 n 个夹紧元件装夹,工件受到的外力旋量为 $\boldsymbol{W}_{\mathrm{e}}$,夹紧力为 $\boldsymbol{F}_j$ $(j=k+1,\cdots,k+n)$。工件与定位元件以及夹紧元件之间存在摩擦,且 μ_i 为工件与第 i 个元件之间的静力摩擦系数。

假定$\boldsymbol{n}_i$、$\boldsymbol{t}_i$、$\boldsymbol{b}_i$为工件在第i个定位元件或夹紧元件接触位置$\boldsymbol{r}_i$处的单位内法矢量以及两个正交的单位切矢量。若装夹顺序方案s中，在其第j个装夹步骤施加第j个夹紧元件$k+j$，由于上一次装夹步骤施加的主动元件在当前装夹步骤中转化为被动元件(图 12.1 中用阴影三角形表示)，那么工件的静力平衡方程为

$$\boldsymbol{F}_{s,j}=\boldsymbol{K}_{s,j}\boldsymbol{U}_{s,j},\ 1\leqslant j\leqslant n \tag{12.1}$$

式中，$\boldsymbol{F}_{s,j}$为工件在装夹步骤j所受到的载荷；$\boldsymbol{K}_{s,j}$为工件在装夹步骤j中的刚度矩阵；$\boldsymbol{U}_{s,j}$为工件在装夹步骤j的节点位移。

12.1.2 摩擦锥约束

根据库伦摩擦定理可知，工件与定位元件或夹紧元件之间的最大摩擦力不能超出摩擦锥。因此，在装夹步骤j的第i个定位元件或夹紧元件处，存在下列二次不等式约束条件：

$$\boldsymbol{F}^{\mathrm{T}}_{s,j,i}\boldsymbol{C}_{s,j,i}\boldsymbol{F}_{s,j,i}\geqslant\boldsymbol{0},\ 1\leqslant i\leqslant k+j-1 \tag{12.2}$$

式中，$\boldsymbol{C}_{s,j,i}=\mathrm{diag}(\mu_i^2,\ -1,\ -1)$为第$i$个摩擦系数矩阵，$\boldsymbol{F}_{s,j,i}=[\boldsymbol{F}^{\boldsymbol{n}}_{s,j,i},\ \boldsymbol{F}^{\boldsymbol{t}}_{s,j,i},\ \boldsymbol{F}^{\boldsymbol{b}}_{s,j,i}]^{\mathrm{T}}$为第$i$个元件处接触力矢量。

12.1.3 单侧接触约束

在工件实际装夹过程中，为了保证工件与定位元件或夹紧元件始终接触而不破坏定位，接触力的法向分量必须指向工件。根据图 12.1 中的接触点处法向的选择，可得如下的单侧接触约束为

$$\boldsymbol{n}_i^{\mathrm{T}}\boldsymbol{F}_{s,j,i}\geqslant\boldsymbol{0} \tag{12.3}$$

这样，装夹顺序方案中薄壁件各节点位移$\boldsymbol{U}_{s,j}$(即装夹变形)的求解可通过建立考虑摩擦问题的有限元模型来实现。

12.2 薄壁件装夹变形的预测方法

事实上，若给定装夹布局参数(如定位元件位置、装夹顺序等)，利用有限元方法可以计算薄壁件的装夹变形状态。但是，装夹布局参数多种多样，利用有限元方法逐一分析无法实现。因此，本节建立基于 BP 神经网络的薄壁件装夹变形的预测方法。

12.2.1　BP 神经网络结构的确定

BP 神经网络是一种具有三层或三层以上的前馈神经网络，包括输入层、隐藏层和输出层，可以以任意的精度逼近任意的连续函数。Hecht-Nielsen 证明具有 1 个隐藏层的 3 层前馈型网络可以逼近任何多变量函数，故采用 1 个 3 层 BP 神经网络预测一定装夹顺序下薄壁件的装夹变形。

装夹顺序方案 s 的 BP 网络结构如图 12.2 所示，输入层有 l 个神经元 x_i（$1 \leqslant i \leqslant l$）；在多重装夹布局方案设计过程中，薄壁件装夹变形是影响加工质量的主要因素，故输出层设置 h 个神经元，即需要预测的薄壁件装夹变形 y_t（$1 \leqslant t \leqslant h$）；再根据 Kolmogorov 定理，并综合考虑网络的学习速度和泛化能力，最终隐藏层神经元数目 m 可按照下列通用的经验公式确定，即

$$m = 2l + 1 \tag{12.4}$$

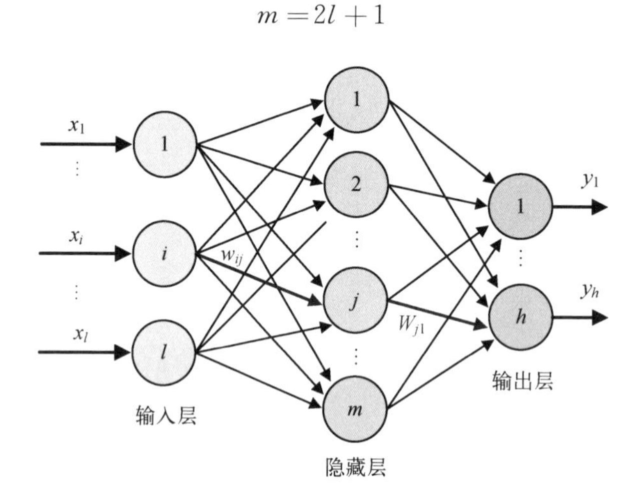

图 12.2　装夹顺序方案 s 的 BP 网络结构

12.2.2　训练样本的选择

根据训练样本的相容性、遍历性和致密性三要素要求，均匀试验设计方法选取装夹顺序方案 s 中装夹布局参数（包括定位元件位置与夹紧力）x_i 的 q 组方案（即输入样本）引起的最大装夹变形作为网络的训练样本。

然而，输入样本要进行归一化处理，以使那些比较大的输入仍落在传递函数梯度大的地方，提高神经网络的辨识精度。可以采用式(12.5)进行归一化处理，使各个样本数据都落在[0, 1]。

$$x_i' = \frac{x_i - x_{\min}}{x_{\max} - x_{\min}} \tag{12.5}$$

式中，x_i' 为对应于第 i 个装夹布局参数的输入样本；$x_{i\min}$ 与 $x_{i\max}$ 分别为样本最小值和最大值。

12.2.3　神经网络的训练

输入样本归一化后，就可进行网络训练。根据 BP 神经网络的一般设计原则及大量试验，训练中隐藏层神经元的传递函数为双曲正切函数，实现不同样本的空间分割，而输出层神经元的传递函数为线性函数，输出网络的识别结果。

由于输入和输出是非线性的映射关系，初始权值对于训练能否达到局部最小或训练是否能够收敛关系很大，因此初始权值应选为均匀分布的小数经验值。这里，取初始化网络权系数在[0, 1]之间的随机数。因为 L-M 算法具有很快的收敛速度，故选择 L-M 算法作为前馈型神经网络的训练算法对权系数 w_{ij} 与 W_{j1} $(1 \leqslant i \leqslant l,\ 1 \leqslant j \leqslant m)$ 进行更新和计算，实现输入与输出间的非线性映射。

最后，利用 MATLAB 函数 sim 进一步对上述网络进行仿真与计算，即

$$\boldsymbol{y} = \mathrm{sim}(\mathrm{net},\ \boldsymbol{x}) \tag{12.6}$$

式中，net 为 BP 网络；sim 为网络仿真函数；$\boldsymbol{x} = [x_1,\ x_2,\ \cdots,\ x_l]^{\mathrm{T}}$ 为输入变量；$\boldsymbol{y} = [y_1,\ y_2,\ \cdots,\ y_h]^{\mathrm{T}}$ 为薄壁件的装夹变形。

12.3　薄壁件装夹布局的优化技术

控制装夹变形对提高工件的加工精度具有重要意义。工件装夹变形的有效控制一般通过装夹布局的优化设计技术实现。上节分析了夹紧力施加后，装夹布局参数对工件装夹变形的影响。从数学观点来看，为了控制工件的装夹变形，必须确定一种最优的装夹布局方案，以使工件最终的装夹变形最小。

12.3.1　单目标优化模型

由式(12.6)可知，在装夹顺序方案 s 下，任意给定一组装夹布局参数(即定位元件位置与夹紧力)$\boldsymbol{x}$，工件的最大装夹变形 $\boldsymbol{y}$ 均易解算出来。为了便于理解，此处进一步记 $f_s(\boldsymbol{x}) = \boldsymbol{y}$ 为装夹顺序方案 s 下相应定位元件位置处工件的最大装夹变形。这样，薄壁件装夹布局方案的优化模型可定义为

$$\begin{aligned} & \min_s \{\min_x f_s(\boldsymbol{x})\} \\ & \text{s.t.} \\ & \underline{x}_i \leqslant x_i \leqslant \bar{x}_i \end{aligned} \tag{12.7}$$

式中，$\underline{x}_i$ 与 $\bar{x}_i$ 分别为第 i 个装夹布局参数的上、下极限值。

12.3.2　遗传算法求解技术

遗传算法是一种可以搜索全局最优解的优化算法，既不关注设计变量与目标函数之间的函数关系，也不需要目标函数梯度等信息确定搜索方向；而薄壁件装夹布局优化过程中设计变量同目标函数之间关系复杂、梯度信息难以获得，因此遗传算法比较适合于薄壁件的装夹布局优化。

(1) 染色体编码与解码。设计变量 x_1、x_2、…、x_l 按 10 位数的长度进行编码，即将变量转化成二进制串，假定为 $b_{10}b_9b_8\cdots b_2b_1$。然后相联构成一个长度为 $a=10\times l$ 的染色体，第一个 10 位代表 x_1 的取值，第二个 10 位代表 x_2 的取值，第 l 个 10 位代表 x_l 的取值。若 $x_i(1\leqslant i\leqslant l)$ 的取值范围为 $[\underline{x}_i,\ \bar{x}_i]$，则二进制串 $b_{10}b_9b_8\cdots b_2b_1$ 可按式(12.8)进行解码

$$x_i=\frac{\bar{x}_i-\underline{x}_i}{2^{10}-1}\sum_{i=1}^{10}(2^{i-1}\cdot b_i) \tag{12.8}$$

(2) 产生初始种群。随机产生包括 p 个个体的初始种群，采用二进制编码，不满足式(12.7)中约束条件的个体应剔除。

(3) 种群中个体评价。在式(12.7)中，$f_s(\boldsymbol{x})$ 是装夹顺序方案 s 中装夹布局参数为 $\boldsymbol{x}$ 条件下薄壁件的最大装夹变形。因此，$f_s(\boldsymbol{x})$ 越小，装夹顺序方案 s 中个体 $\boldsymbol{x}$ 的适应度也越大。这样，适应度越小的染色体越健壮，在下一代的生成概率越大；适应度越大的染色体越虚弱，在下一代的生成概率越小，越容易淘汰。因此，适应度可定义为

$$e_s(U_i)=\begin{cases}\Psi-f_s(\boldsymbol{x}^i),f_s(\boldsymbol{x}^i)<\Psi\\0,\ f_s(\boldsymbol{x}^i)\geqslant\Psi\end{cases} \tag{12.9}$$

式中，p 为种群中染色体 $U_i(1\leqslant i\leqslant p)$ 的数目(即个体数)；Ψ 为根据每代的目标函数值预先指定的一个相对较大的数值。

(4) 遗传算子的确定。遗传操作主要有选择、交叉及变异三种。选择操作一般采用轮盘选择算子。根据式(12.9)可计算群体的适应度值总和为

$$F_s=\sum_{i=1}^{p}e_s(U_i) \tag{12.10}$$

而对应于每个染色体的选择概率 $P_{Ai}=\dfrac{e_s(U_i)}{F_s}\ (1\leqslant i\leqslant p)$，这样每个染色体的累积概率 Q_i 应为

$$Q_i = \sum_{j=1}^{i} P_{Aj}, \ 1 \leqslant j \leqslant i \leqslant p \tag{12.11}$$

选择新种群的一个染色体可按图 12.3 所示的轮盘选择操作流程完成。选择的个体直接遗传到下一代或通过配对交叉产生新的个体再遗传到下一代。

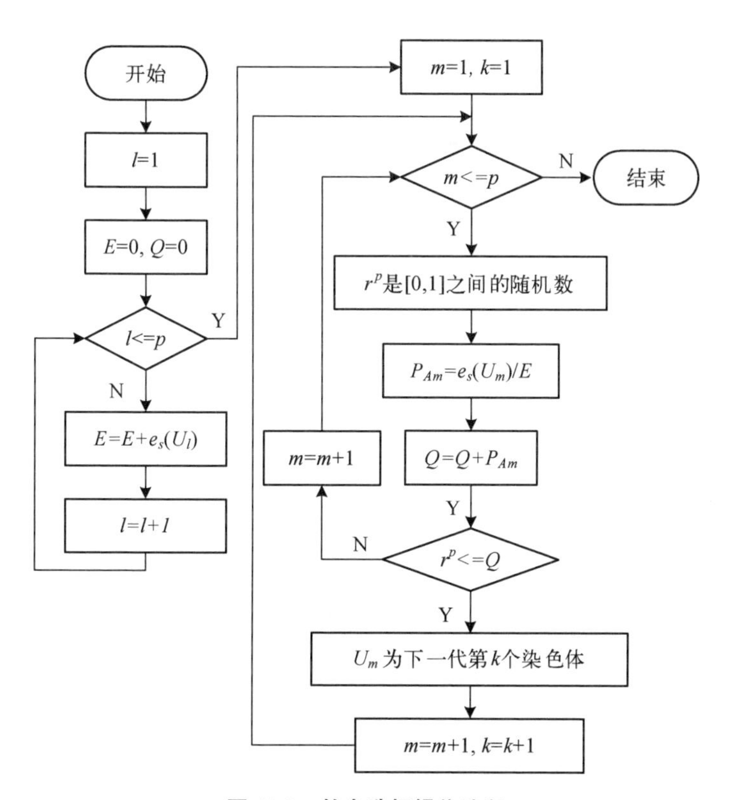

图 12.3　轮盘选择操作流程

交叉操作一般采用单点交叉算子,假定交叉概率为 P_C,即在平均水平上有 P_C 的染色体进行了交叉,其交叉操作流程如图 12.4 所示。通过交叉操作的新一代个体,直接遗传到下一代或通过变异产生新的个体再遗传到下一代。

变异操作旨在避免过早收敛,对于二进制的基因码组成的个体种群,实现基因码的小概率翻转,即 0 变为 1,而 1 变为 0。变异概率 P_M 一般取很小,则变异操作流程如图 12.5 所示。

(5) 终止条件的判断。遗传算法是一种反复迭代的全局概率搜索算法,只能通过多次进化逐渐逼近最优解而不能恰好获得最优解的值。因此,需要确定终止条件。当满足终止条件时,迭代结束,输出最佳个体。本节的遗传算法采用当最佳适应度的个体不变的次数达到给定的遗传次数 T 时,算法终止,输出最优解。

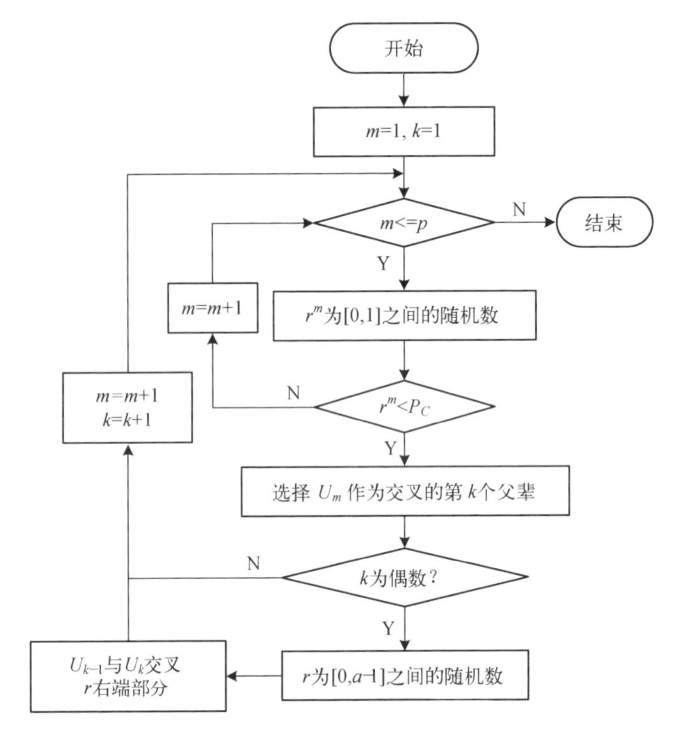

图 12.4　交叉操作流程

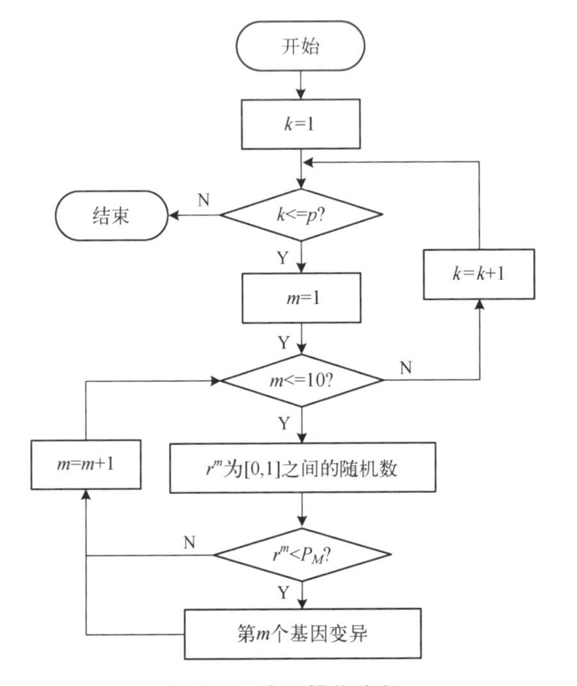

图 12.5　变异操作流程

12.4 框类薄壁件应用与分析

综上所述，基于神经网络的遗传算法流程操作如图 12.6 所示，采用 MATLAB 遗传算法工具箱对薄壁件装夹布局方案进行优化。

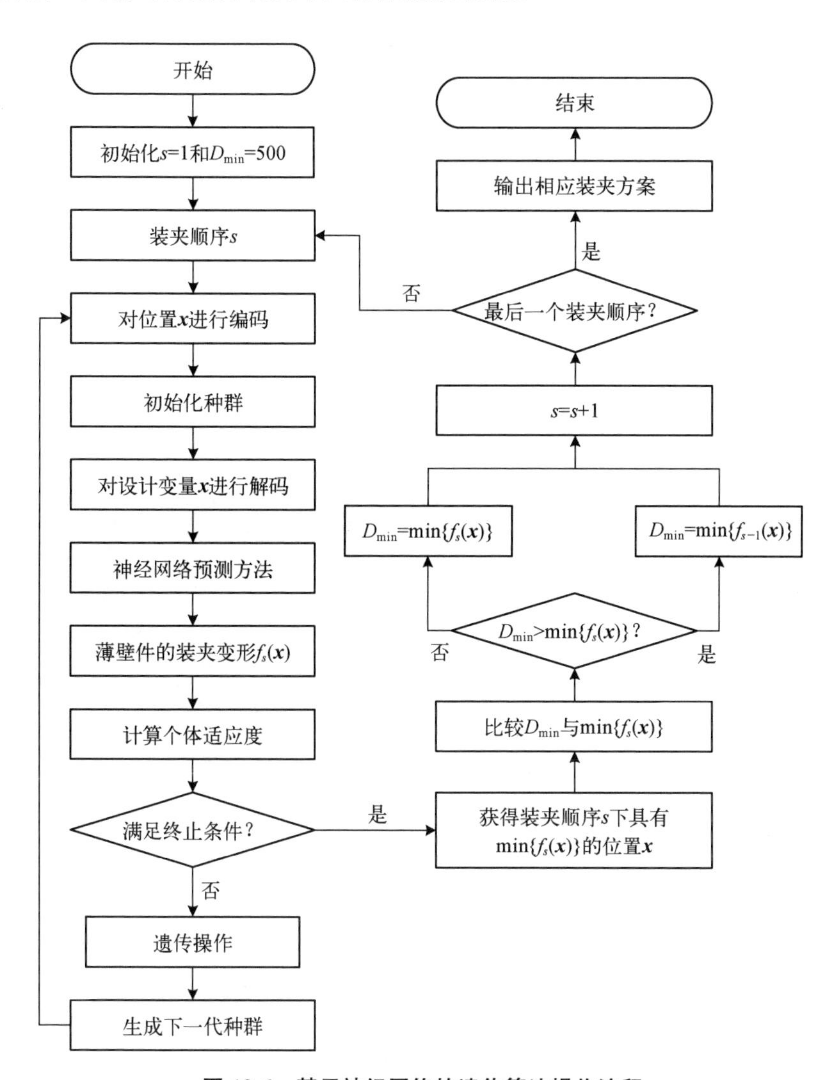

图 12.6　基于神经网络的遗传算法操作流程

本节列举两个典型实例，均为航空框类薄壁件。第一个实例利用神经网络方法预测薄壁件的装夹变形，并利用试验验证预测方法的有效性；第二个实例按照图

12.6 流程说明本节提出的装夹变形“分析-预测-控制”方法的应用过程。

12.4.1　薄壁件装夹变形的预测方法

框类薄壁件的材料为铝合金 6061-T6，弹性模量与泊松比分别为 70 GPa 和 0.334。外廓尺寸为 153 mm × 127 mm × 76 mm，壁厚均为 7 mm。

薄壁件的装夹布局如图 12.7 所示，3 个定位元件 L_4、L_5、L_6 位于主定位表面，2 个定位元件 L_1、L_2 位于第二定位平面，一个定位元件 L_3 位于第三定位平面，而 2 个夹紧元件夹紧工件以抵抗外力。定位元件与夹紧元件均为平头，定位元件直径与高分别为 12.72 mm 和 6.4 mm，夹紧元件直径与高分别为 8.74 mm 和 6.4 mm，且定位元件和夹紧元件的材料均为 AISI 1144，弹性模量与泊松比分别为 206 GPa 和 0.296。夹紧元件的坐标分别为 $\boldsymbol{r}_{C1}=(79.1\ \text{mm},\ 127\ \text{mm},\ 41.3\ \text{mm})$ 与 $\boldsymbol{r}_{C2}=(153\ \text{mm},\ 67.3\ \text{mm},\ 41.3\ \text{mm})$，而定位元件的坐标分别为 $\boldsymbol{r}_{L1}=(x_1,\ 0,\ 41.9\ \text{mm})$、$\boldsymbol{r}_{L2}=(x_2,\ 0,\ 41.9\ \text{mm})$ 与 $\boldsymbol{r}_{L3}=(0,\ x_3,\ 41.9\ \text{mm})$。

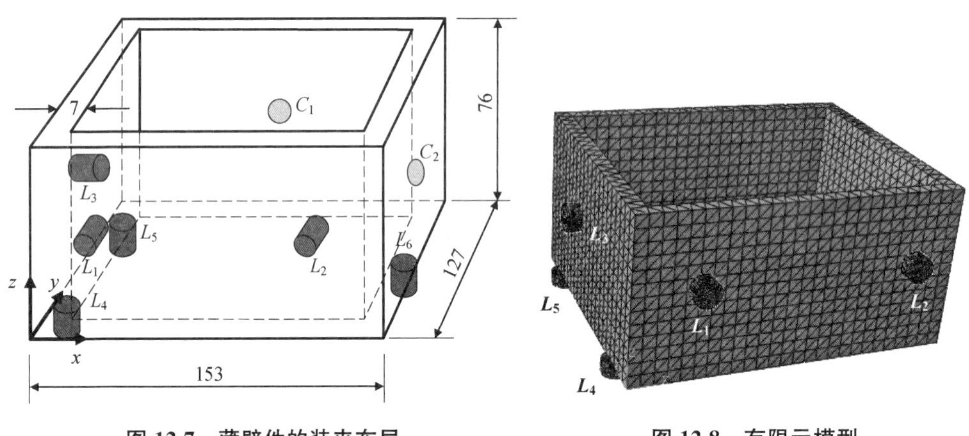

图 12.7　薄壁件的装夹布局　　图 12.8　有限元模型

1. 有限元分析

根据式(12.1)～式(12.3)，采用 ABAQUS 进行建模与分析，所有模型的组件均为各项同性的弹性体。工件与各元件之间的摩擦系数均为 $\mu=0.18$。在建立工件有限元模型时，工件、装夹元件采用 C3D10 单元进行网格划分，而工件与装夹元件之间采用“面与面接触单元”进行定义，其有限元模型如图 12.8 所示。

为了精确地模拟定位元件装夹在适当的位置，应约束每个定位元件自由面的 3 个自由度，而在每个夹紧元件的表面处用均布压力来模拟夹紧力。利用有限元方法分析夹紧力为 250 N 和 350 N 情况下工件在 C_1、C_2 两点处的变形情况，如表 12.1 所示。

表 12.1 工件的装夹变形

序号	定位元件位置/mm			夹紧力为 250 N		夹紧力为 350 N	
	x_1	x_2	x_3	$\delta_{C1}/\mu m$	$\delta_{C2}/\mu m$	$\delta_{C1}/\mu m$	$\delta_{C2}/\mu m$
1	19.72	133.3	60	27.30	21.61	37.96	30.36
2	19.72	118.7	87	28.04	19.60	38.04	28.26
3	19.72	133.3	96	28.10	23.80	35.69	30.60
4	34.5	96.5	60	27.72	19.45	43.36	32.13
5	34.5	118.7	96	28.34	20.29	38.63	29.31
6	34.5	133.3	60	26.34	20.59	35.45	30.01
7	56.7	96.5	96	32.80	17.78	44.83	30.56
8	56.7	118.7	60	32.75	19.31	35.36	26.65
9	56.7	133.3	87	26.53	23.41	36.95	28.96

2. 神经网络预测

首先，根据图 12.2 与式(12.4)可得神经网络结构为：输入层有 $l = 3$ 个神经元，分别为定位元件的位置 x_1、x_2 与 x_3；输出层有 $h = 2$ 个神经元，即需要预测的 C_1、C_2 处的薄壁件装夹变形 $y_1 = \delta_{C1}$，$y_2 = \delta_{C2}$；而隐藏层包含 $m = 7$ 个神经元。

根据均匀试验设计方法确定 12.9 组网络的输入样本(即定位元件 L_1、L_2、L_3 的位置参数 x_1、x_2、x_3)，如表 12.1 所示。初始化的网络权系数随机产生，其值在 $[0, 1]$，网络的学习误差为 1.0e-5。这样，将 9 个输入样本按照式(12.5)进行归一化后，输入网络进行训练，网络均在第 17 步收敛到要求精度，神经网络训练过程误差曲线如图 12.9 所示。

试验测试是验证网络预测结果有效性的基本手段，如图 12.10 所示，主定位表面上的定位元件 L_4、L_5、L_6 被拧紧在 15 mm 厚的底面钢板上，而其他定位元件 L_1、L_2、L_3 则通过螺纹旋入支撑钢块中。两个夹紧元件 C_1、C_2 由手动液压泵驱动，同样是通过支撑钢块被紧固在底面钢板上。工件在 C_1、C_2 点处的装夹变形可用涡流探头测量，测试结果如表 12.2 所示。

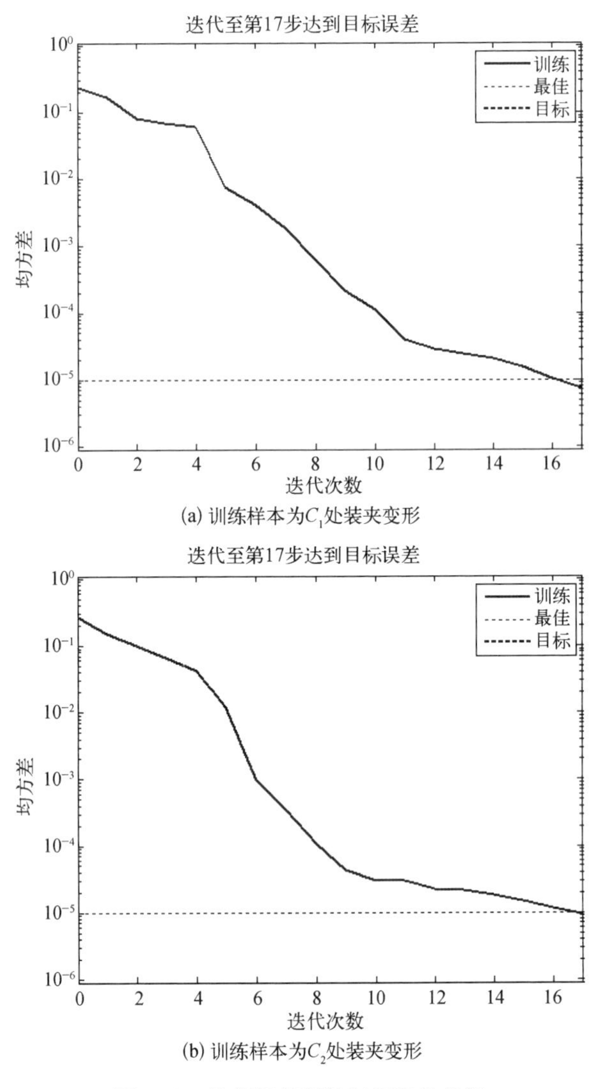

(a) 训练样本为C_1处装夹变形

(b) 训练样本为C_2处装夹变形

图 12.9　神经网络训练过程误差曲线

表 12.2　试验数据和预测结果的比较

变　形	250 N		350 N	
	$\delta_{C1}/\mu m$	$\delta_{C2}/\mu m$	$\delta_{C1}/\mu m$	$\delta_{C2}/\mu m$
试验值	26.5	20.5	36.2	28.9
预测值	26.74	21.02	36.80	29.39

续　表

变　形	250 N		350 N	
	$\delta_{C1}/\mu m$	$\delta_{C2}/\mu m$	$\delta_{C1}/\mu m$	$\delta_{C2}/\mu m$
仿真值	26.2	20.3	37.2	28.7
仿真误差	1.14%	0.98%	2.76%	0.69%
预测误差	0.905%	2.54%	1.66%	1.69%

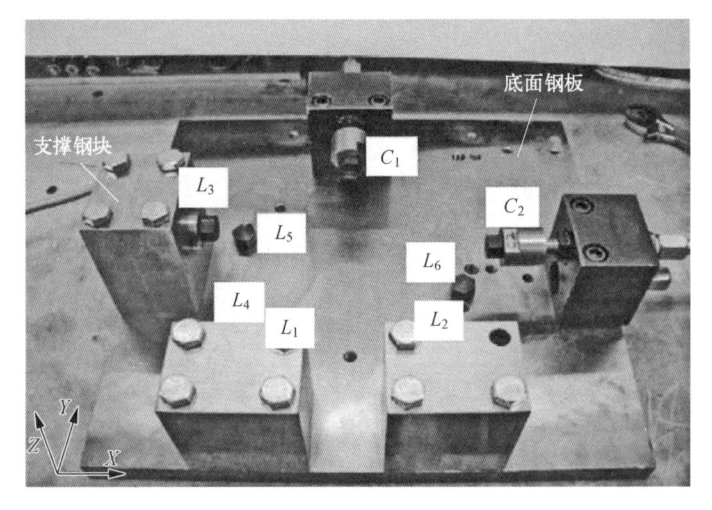

图 12.10　试验夹具

由表 12.2 可知，神经网络预测值与试验结果比较接近，误差在 3%之内，说明本文的预测方法正确、合理、有效。

12.4.2　薄壁件装夹布局方案的优化设计

图 12.11 为框类薄壁件装夹布局方案的有限元模型。工件尺寸分别为长 $l = 200$ mm，宽 $w = 100$ mm，高 $h = 30$ mm，壁厚为 $b = 5$ mm。根据“3-2-1”定位准则，布置在底面的支撑板 M 限制工件的自由度 T_Z、R_X 与 R_Y，平头支承钉 L_2、L_3 限制工件的自由度 T_Y 和 R_Z，而平头支承钉 L_1 则限制工件的自由度 T_X。

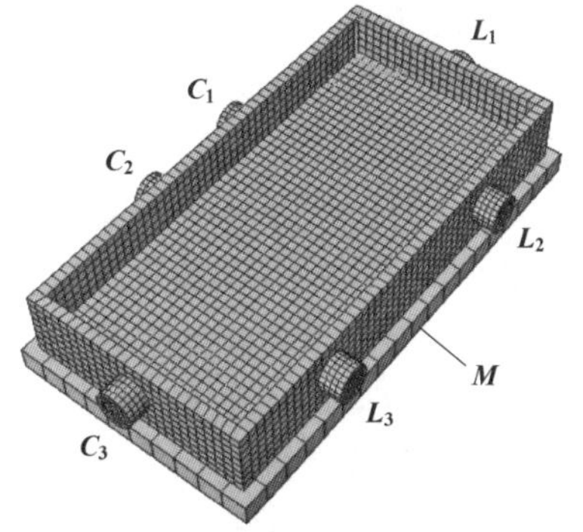

图 12.11　框类薄壁件装夹布局方案的有限元模型

为了抵抗工件在加工过程中受到的外力，

采用三个平头夹紧元件 C_1、C_2、C_3 对工件施加夹紧力。定位元件与夹紧元件尺寸均为半径 $R=8$ mm，高 $h=10$ mm。而夹紧元件的位置分别为 $\boldsymbol{r}_{C1}=(75\text{ mm},\ 0,\ 15\text{ mm})$、$\boldsymbol{r}_{C2}=(125\text{ mm},\ 0,\ 15\text{ mm})$、$\boldsymbol{r}_{C3}=(200\text{ mm},\ 50\text{ mm},\ 15\text{ mm})$。$C_1$、$C_2$、$C_3$ 提供的夹紧力分别为 20 N、20 N、30 N。由 C_1、C_2、C_3 组成的装夹顺序方案如表 12.3 所示。

表 12.3　装夹顺序方案

装夹顺序	装夹步骤		
	步骤 1	步骤 2	步骤 3
A	C_1、C_2	C_3	—
B	C_3	C_1、C_2	—
C	C_1	C_2	C_3
D	C_2	C_1	C_3
E	C_3	C_1	C_2
F	C_3	C_2	C_1
G	C_1	C_3	C_2
H	C_2	C_3	C_1
I		C_1、C_2、C_3 同时施加	

1. 有限元分析

相对于薄壁件来说，装夹元件 L_1、L_2、L_3 与 C_1、C_2、C_3 的刚度要大得多，因而将其定义为刚体。工件材料为航空铝合金 7050-T7451，弹性模量为 $E=70$ GPa，泊松比为 $\nu=0.3$。工件与各元件之间的摩擦系数均为 $\mu=0.3$。在建立有限元模型时，工件、装夹元件分别采用 C3D8R 单元和 R3D4 单元进行网格划分，而工件与装夹元件之间采用“面与面接触单元”进行定义，如图 12.11 所示。根据表 12.3 中的每一个装夹顺序方案，对应每一个夹紧步骤，定义一个载荷步以施加相应的边界条件和载荷。这里，用 $\overline{C_1C_2}$ 表示夹紧元件 C_1、C_2 与工件相接触的对应框内壁。由于工件的最大装夹变形出现在 $\overline{C_1C_2}$ 上，因此将其作为主要的研究对象。有限元求解后，可知 $\overline{C_1C_2}$ 的最大装夹变形出现在 Y 方向上，表 12.4 为各装夹顺序方案下不同的定位元件的位置，所对应的工件的最大装夹变形值。

表 12.4　工件的装夹变形

装夹顺序	位置/mm		工件的最大装夹变形/mm
	x_2	x_3	
A	15	133	0.311 8
	32	167	0.289 9
	49	116	0.407 6
	66	150	0.414 4
	85	186	0.382 5
B	15	133	0.221 5
	32	167	0.242 5
	49	116	0.275 4
	66	150	0.295 0
	85	186	0.303 4
C	15	133	0.315 7
	32	167	0.289 9
	49	116	0.423 1
	66	150	0.414 6
	85	186	0.383 0
D	15	133	0.312 4
	32	167	0.289 8
	49	116	0.407 5
	66	150	0.416 4
	85	186	0.382 7

续 表

装夹顺序	位置/mm		工件的最大装夹变形/mm
	x_2	x_3	
E	15	133	0.222 7
	32	167	0.245 6
	49	116	0.275 5
	66	150	0.295 1
	85	186	0.303 2
F	15	133	0.222 8
	32	167	0.245 9
	49	116	0.275 5
	66	150	0.295 1
	85	186	0.303 5
G	15	133	0.285 1
	32	167	0.273 7
	49	116	0.356 7
	66	150	0.370 1
	85	186	0.340 3
H	15	133	0.249 9
	32	167	0.267 7
	49	116	0.343 6
	66	150	0.369 0
	85	186	0.391 8
I	15	133	0.222 5
	32	167	0.252 3

续　表

装夹顺序	位置/mm		工件的最大装夹变形/mm
	x_2	x_3	
I	49	116	0.291 4
	66	150	0.316 3
	85	186	0.324 4

2. 神经网络预测

根据图 12.2 与式(12.4)确定神经网络结构为：在给定夹紧力及装夹顺序方案 s 的情况下，考虑到定位元件 L_2 与 L_3 对工件变形影响较大，故输入层考虑 $l=2$ 个神经元，分别为定位元件的位置 x_2 与 x_3；输出层有 $h=1$ 个神经元，即需要预测的最大的薄壁件装夹变形 y_1；而隐藏层包含 $m=5$ 个神经元。

首先，利用均匀试验设计方法确定定位元件 x_2、x_3 的 5 组位置参数作为网络的输入样本。然后，利用有限元方法计算各种位置参数下夹紧力引起的最大装夹变形作为网络的训练样本，如表 12.4 所示。最后，选定网络的学习误差为1.0e-5，按照式(12.5)将表 12.4 中装夹顺序方案 A 的 5 组输入样本进行归一化，输入网络。当范围在[0, 1]之间的初始化权系数随机产生后，网络开始训练，至第 6 步达到所要求的精度，装夹顺序 A 神经网络训练过程的误差曲线如图 12.12 所示。

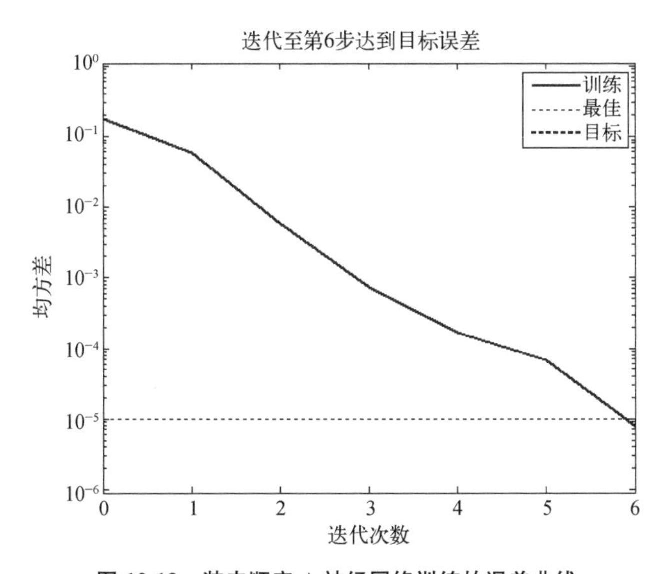

图 12.12　装夹顺序 A 神经网络训练的误差曲线

同理，可获得其他 8 个装夹顺序方案的 BP 神经网络训练结果，训练过程少则 4 步，多则 23 步，均能很快收敛或是达到局部最小。根据式(12.6)对网络进行预测，预测结果与有限元仿真值之间的误差均在 3%内，如表 12.5 所示。

表 12.5　样本测试数据输出值与有限元计算结果比较

装夹顺序	位置/mm		仿真结果/mm	网络输出/mm	相对误差/%
	x_2	x_3			
A	35	165	0.312 9	0.303 7	2.94
	30	170	0.288 0	0.282 4	1.94
	25	175	0.264 8	0.270 1	2
	24	178	0.248 7	0.240 9	2.01
	20	180	0.242 1	0.249 1	2.89
B	35	165	0.256 5	0.257 6	0.43
	30	170	0.245 4	0.240 4	2.03
	25	175	0.232 9	0.233 6	0.3
	24	178	0.228 4	0.232 1	1.62
	20	180	0.220	0.220 5	0.23
C	35	165	0.313 0	0.310 1	0.93
	30	170	0.288 0	0.280 5	2.6
	25	175	0.264 9	0.259 1	2.19
	24	178	0.248 6	0.246 4	0.88
	20	180	0.242 1	0.239 2	1.19
D	35	165	0.313 0	0.304 3	2.78
	30	170	0.288 0	0.282 1	2.05
	25	175	0.264 8	0.261 0	1.43
	24	178	0.248 6	0.255 3	2.69
	20	180	0.242 1	0.247 7	2.31

续　表

装夹顺序	位置/mm		仿真结果/mm	网络输出/mm	相对误差/%
	x_2	x_3			
E	35	165	0.256 3	0.257 1	0.31
	30	170	0.245 2	0.242 9	0.94
	25	175	0.232 5	0.231 4	0.47
	24	178	0.228 4	0.229 8	0.61
	20	180	0.220 5	0.223 4	0.29
F	35	165	0.256 5	0.254 7	0.7
	30	170	0.245 4	0.240 7	1.91
	25	175	0.232 9	0.237 0	2.11
	24	178	0.228 4	0.225 2	1.4
	20	180	0.220 6	0.214 5	2.76
G	35	165	0.285 4	0.286 7	0.45
	30	170	0.265 7	0.272 2	2.45
	25	175	0.253 3	0.255 1	0.71
	24	178	0.240 2	0.243 3	1.29
	20	180	0.233 6	0.235 9	0.98
H	35	165	0.287 5	0.283 4	1.43
	30	170	0.269 1	0.268 0	0.408
	25	175	0.250 9	0.243 8	2.83
	24	178	0.237 0	0.231 1	2.49
	20	180	0.231 7	0.227 9	1.64
I	35	165	0.268 1	0.261 2	2.57
	30	170	0.255 3	0.252 0	1.29

续　表

装夹顺序	位置/mm		仿真结果/mm	网络输出/mm	相对误差/%
	x_2	x_3			
I	25	175	0.240 6	0.242 6	0.83
	24	178	0.229 1	0.232 6	1.53
	20	180	0.223 8	0.229 3	2.46

根据式(12.6)对网络进行预测，预测结果与有限元仿真值之间的误差均在3%内，如表12.5所示。

3. 装夹布局方案优化

根据图12.6所示的遗传算法(各参数为个体数 $p=15$，交叉概率 $P_C=70\%$，变异概率 $P_M=5\%$，迭代次数 $T=40$，$\Psi=200\ \mu\text{m}$)，对装夹顺序方案 A 的定位元件位置 x_2、x_3 进行优化，优化过程如图12.13所示。经过不到30次迭代，遗传算法达到收敛，最大装夹变形达到最小值242.076 μm，对应的 $x_2=20$ mm、$x_3=180$ mm。

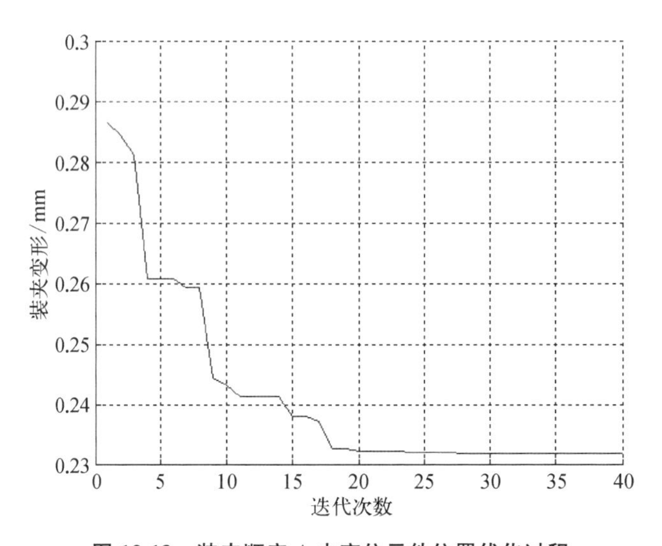

图12.13　装夹顺序A中定位元件位置优化过程

同理，可得装夹顺序 B、C、D、E、F、G、H、I 中最小的最大装夹变形分别为220.014 μm、242.081 μm、242.085 μm、220.557 μm、220.572 μm、233.61 μm、231.656 μm、223.805 μm，相应的定位元件位置分别为 $x_2=20$ mm、$x_3=$

180 mm，$x_2=21$ mm、$x_3=179$ mm，$x_2=22$ mm、$x_3=178$ mm，$x_2=19$ mm、$x_3=181$ mm，$x_2=20$ mm、$x_3=180$ mm，$x_2=21$ mm、$x_3=179$ mm，$x_2=20$ mm、$x_3=180$ mm，以及 $x_2=20$ mm、$x_3=180$ mm。在 9 种装夹布局方案中，装夹顺序为 B、定位元件 L_2 与 L_3 的位置分别为 $x_2=20$ mm、$x_3=180$ mm 时，工件的装夹变形最小，为 220.014 μm。

12.5 装夹布局多目标优化

事实上，在整个加工过程中对零件施加夹紧力，不仅需要工件处于稳定状态，而且还应尽量减小工件变形。

12.5.1 静力平衡条件

假定零件的装夹方案由 u 个定位元件、v 个夹紧力组成，如图 12.14 所示。记工件受到加工力、重力等外力及力矩形成的力旋量分别为加工力旋量 $\boldsymbol{W}_{\text{mach}}$ 和重力旋量 $\boldsymbol{W}_{\text{grav}}$。若不考虑工件与装夹元件之间的摩擦，则零件的静力平衡方程应为

$$\boldsymbol{G}_{\text{loc}}\boldsymbol{F}_{\text{loc}}+\boldsymbol{G}_{\text{cla}}\boldsymbol{F}_{\text{cla}}+\boldsymbol{W}_{\text{ext}}^{k}=\boldsymbol{0} \tag{12.12}$$

式中，$\boldsymbol{G}_{\text{loc}}=\begin{bmatrix}\boldsymbol{n}_1 & \boldsymbol{n}_2 & \cdots & \boldsymbol{n}_u\\ \boldsymbol{r}_1\times\boldsymbol{n}_1 & \boldsymbol{r}_2\times\boldsymbol{n}_2 & \cdots & \boldsymbol{r}_u\times\boldsymbol{n}_u\end{bmatrix}$ 为定位元件的布局矩阵，$\boldsymbol{G}_{\text{cla}}=\begin{bmatrix}\boldsymbol{n}_{u+1} & \cdots & \boldsymbol{n}_{u+v}\\ \boldsymbol{r}_{u+1}\times\boldsymbol{n}_{u+1} & \cdots & \boldsymbol{r}_{u+v}\times\boldsymbol{n}_{u+v}\end{bmatrix}$ 为夹紧点的布局矩阵，$\boldsymbol{n}_i=[n_{ix}, n_{iy}, n_{iz}]^{\mathrm{T}}$ 为工件在第 i 个定位元件或夹紧点处的单位内法向量。$\boldsymbol{F}_{\text{loc}}=[F_1, F_2, \cdots, F_u]^{\mathrm{T}}$ 为定位元件处的支撑反力向量，$\boldsymbol{F}_{\text{cla}}=[F_{u+1}, F_{u+2}, \cdots, F_{u+v}]^{\mathrm{T}}$ 为夹紧力(大小)向量。$\boldsymbol{W}_{\text{ext}}^{k}$ 为外力旋量，k 为加工阶段，$k=0$ 表示夹紧阶段，$k=1$ 表示材料去除阶段，$\boldsymbol{W}_{\text{ext}}^{0}=\boldsymbol{W}_{\text{grav}}$，$\boldsymbol{W}_{\text{ext}}^{1}=\boldsymbol{W}_{\text{grav}}+\boldsymbol{W}_{\text{mach}}$。

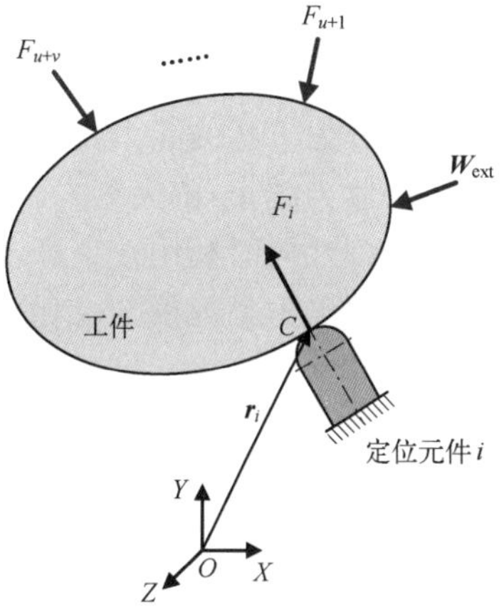

图 12.14　零件的装夹方案

值得注意的是，无论是定位元件处的支撑反力，还是夹紧力，其方向均是压向零件的，故式(12.12)中的 $\boldsymbol{F}_{\text{loc}}$、$\boldsymbol{F}_{\text{cla}}$ 还应满足下列约束条件，即

$$\begin{cases}\boldsymbol{F}_{\text{loc}}\geqslant\boldsymbol{0}\\ \boldsymbol{F}_{\text{cla}}\geqslant\boldsymbol{0}\end{cases} \tag{12.13}$$

12.5.2　多目标优化模型

只要满足式(12.12)和式(12.13)的夹紧力大小 F_{u+j} 及其相应的夹紧点位置 $\boldsymbol{r}_{u+j}$，都能够合理地夹紧零件。一般来说，这样的 F_{u+j} 和 $\boldsymbol{r}_{u+j}$ 具有无穷解。为了方便、清晰地理解式(12.12)和式(12.13)，将其进一步描述为

$$\begin{aligned} &\boldsymbol{GF} = \boldsymbol{b}^k \\ &\text{s.t.} \\ &\boldsymbol{F} \geqslant \boldsymbol{0} \end{aligned} \tag{12.14}$$

式中，$\boldsymbol{G} = [\boldsymbol{G}_{\text{loc}}, \boldsymbol{G}_{\text{cla}}]$，$\boldsymbol{F} = [\boldsymbol{F}_{\text{loc}}^{\text{T}}, \boldsymbol{F}_{\text{cla}}^{\text{T}}]^{\text{T}}$，$\boldsymbol{b}^k = -\boldsymbol{W}_{\text{ext}}^k$。

实际上，装夹的目的有两个：一是装夹时零件越稳定越好；二是夹紧力越小越好。

装夹稳定性是指抵抗外力的能力，随着装夹布局方案 $\boldsymbol{G}$ 的不同而不同。装夹稳定性 Ω_S 的表达式如下：

$$\Omega_S = \sqrt{\det(\boldsymbol{G}\boldsymbol{G}^{\text{T}})} \tag{12.15}$$

Ω_S 的值越大，装夹布局方案 $\boldsymbol{G}$ 就越不会出现奇异，这就意味着该装夹布局方案抵抗外力干扰的能力越强。

夹紧力越小，由夹紧力引起的装夹变形也就越小。由于当工件与夹具元件被认为线弹性体时利用最小总余能原理求解接触力，与利用最小范数原理求解刚体条件下接触力是等价的，因此有

$$\Omega_F = \frac{1}{2}\boldsymbol{F}^{\text{T}}\boldsymbol{F} \tag{12.16}$$

综合式(12.14)～式(12.16)，可构建下列夹紧力大小及夹紧点的优化模型如下：

$$\begin{aligned} &\text{find } \boldsymbol{x} = [\boldsymbol{r}_1, \cdots, \boldsymbol{r}_u, \boldsymbol{r}_{u+1}, \cdots, \boldsymbol{r}_{u+v}, F_{u+1}, \cdots, F_{u+v}]^{\text{T}} \\ &\min \boldsymbol{f}(\boldsymbol{x}) = [f_1(\boldsymbol{x}), f_2(\boldsymbol{x})]^{\text{T}} \\ &\text{s.t.} \\ &\begin{cases} \boldsymbol{r}_i = \left\{ [x_i, y_i, z_i]^{\text{T}} \ \middle| \begin{array}{l} SL_r(x_i, y_i, z_i) = 0 \\ i = 1, \cdots, u; \\ r = 1, \cdots, l \end{array} \right\} \\ \boldsymbol{r}_j = \left\{ [x_j, y_j, z_j]^{\text{T}} \ \middle| \begin{array}{l} SC_s(x_j, y_j, z_j) = 0 \\ j = u+1, \cdots, u+v; \\ s = 1, \cdots, c \end{array} \right\} \\ \boldsymbol{GF} = \boldsymbol{b}^0 \\ \boldsymbol{GF} = \boldsymbol{b}^1 \\ \boldsymbol{F} \geqslant \boldsymbol{0} \end{cases} \end{aligned} \tag{12.17}$$

式中，$f_1(\boldsymbol{x})=\dfrac{1}{\Omega_S(\boldsymbol{x})+k_1}$ 为移动指标，$f_2(\boldsymbol{x})=k_2\Omega_F(\boldsymbol{x})$ 为变形指标，k_1、k_2 为非负常数；$SL_r(x_i, y_i, z_i)=0$ 表示第 i 个定位点在第 r 个定位基准表面上，$SC_s(x_j, y_j, z_j)=0$ 表示第 j 个夹紧点在第 s 个夹紧面上；l 为定位基准表面的数目，c 为夹紧表面的数目。

12.5.3 多目标进化遗传算法

由式(12.17)可知，多目标函数包含了 2 个实值目标 $f_1(\boldsymbol{x})$和 $f_2(\boldsymbol{x})$。如果这 2 个实值目标相互排斥，求解这样的多目标没有意义，有意义的是能得到一个能维持 2 个实值目标之间平衡的解，这些解对应的目标值被定义 Pareto 解。

针对式(12.17)的多目标优化问题，采用基于分解的多目标进化算法(multiobjective evolutionary algorithm based on decomposition，MOEA/D)进行求解。这里，使用切比雪夫分解法对 MOEA/D 算法进行正对性的分解如下

$$g^{te}(\boldsymbol{x}_j \mid \boldsymbol{\lambda}_j, \boldsymbol{\eta})=\max\{\lambda_{j,1} \mid f_1(\boldsymbol{x}_j)-\eta_1 \mid, \lambda_{j,2} \mid f_2(\boldsymbol{x}_j)-\eta_2 \mid\} \tag{12.18}$$

其中，$\boldsymbol{x}_j$ 为种群中第 j 个个体；$\boldsymbol{\lambda}_j=[\lambda_{j,1}, \lambda_{j,2}]^{\mathrm{T}}$ 为权重向量，$\lambda_{j,i}>0$ 且 $\sum_{i=1}^{2}\lambda_{j,i}=1$；$\boldsymbol{\eta}=[\eta_1, \eta_2]^{\mathrm{T}}$ 为参考点，$\eta_i=\min\{f_i(\boldsymbol{x}_j) \mid 1\leqslant i\leqslant 2, 1\leqslant j\leqslant N\}$，$N$ 为种群的个体数。

因此，结合式(12.18)，可得求解式(12.17)的 MOEA/D 算法具体步骤如下所示。

步骤一：初始化。

(1) 解空间。设置 EP 为空，用来存储当前搜索到的 Pareto 解和 Pareto 解对应的优良个体。

(2) 种群。随机产生规模大小为 N 的初始种群 $\boldsymbol{x}_1$、$\boldsymbol{x}_2$、…、$\boldsymbol{x}_j$、…、$\boldsymbol{x}_N$。

(3) 参考点。根据参考点计算公式，结合 N 个个体可得参考点为

$$\begin{cases}\eta_1=\min\limits_{1\leqslant j\leqslant N}\{f_1(\boldsymbol{x}_j)\}\\ \eta_2=\min\limits_{1\leqslant j\leqslant N}\{f_2(\boldsymbol{x}_j)\}\end{cases} \tag{12.19}$$

(4) 权重向量。由于 $\lambda_{j,i}>0$，$\sum_{i=1}^{2}\lambda_{j,i}=1$，那么对于每一个个体，都可选择权重系数为

$$\begin{cases}\lambda_{j,1}=\dfrac{1}{2} \\ \lambda_{j,2}=\dfrac{1}{2}\end{cases},\ 1\leqslant j\leqslant N \tag{12.20}$$

这样,可得种群中第 j 个和第 n 个权重的欧拉距离为

$$d^{j,n}=\sqrt{(\boldsymbol{\lambda}_{n,1}-\boldsymbol{\lambda}_{j,1})(\boldsymbol{\lambda}_{n,2}-\boldsymbol{\lambda}_{j,2})} \tag{12.21}$$

对于每一个个体,根据权重向量最近的 $T=\min\{\max[\text{ceil}(0.15N),\ 2],\ 15\}$ 个权重中向量,挑选出一个新的小种群 $B(j)=\{j_1,\ \cdots,\ j_T \mid 1\leqslant j\leqslant N\}$ 以及对应权重向量 $\boldsymbol{\lambda}_{B(j)}=\{\boldsymbol{\lambda}_{j1},\ \cdots,\ \boldsymbol{\lambda}_{jT}\}$。

步骤二：更新。

(1) 开始。对于第一个个体,即 $j=1$,更新解空间。

(2) 基因重组。从 $B(j)=\{j_1,\ \cdots,\ j_T\}$ 中随机挑选两个个体 $\boldsymbol{x}_\theta$ 和 $\boldsymbol{x}_\varphi$,交叉后得到一个满足约束条件的新个体 $\boldsymbol{y}$。

(3) 更新参考点。如果 $f_i(\boldsymbol{y})\leqslant\eta_i$,更新 $\eta_i=f_i(\boldsymbol{y})$,其中 $1\leqslant i\leqslant 2$。

(4) 更新邻域解。对于每一个 $\zeta\in B(j)$,如果 $g^{te}(\boldsymbol{y}\mid\boldsymbol{\lambda}_\zeta,\ \boldsymbol{\eta})\leqslant g^{te}(\boldsymbol{x}_\zeta\mid\boldsymbol{\lambda}_\zeta,\ \boldsymbol{\eta})$,令 $\boldsymbol{x}_\zeta=\boldsymbol{y}$。

(5) 更新解空间。第一,EP 中移除所有被 $\boldsymbol{f}(\boldsymbol{y})$ 支配的解及其对应的个体;第二,如果 EP 中的向量都不支配 $\boldsymbol{f}(\boldsymbol{y})$,则将 $\boldsymbol{f}(\boldsymbol{y})$ 及其对应的个体加入 EP 中。

(6) 结束。若当前个体为最后一个个体,执行步骤三;否则对下一个个体执行更新,此时 $j=j+1$,然后转到(2)。

步骤三：终止。

若满足终止条件,即达到迭代次数 GENNUM,停止并输出 EP;否则转到步骤二。

12.6　斜插架的装夹布局优化

图 12.15(a)是不规则零件,加工 $\phi5$ 的通孔,钻孔时的切削力旋量为 $\boldsymbol{W}_{\text{mach}}=-[-85\ \text{N},\ -50\ \text{N},\ 150\ \text{N},\ 0,\ 3.47\ \text{Nmm},\ 4\ 998.75\ \text{Nmm}]^{\text{T}}$。零件重力为 $\boldsymbol{F}_{\text{grav}}=[0,\ -30\ \text{N},\ 0]^{\text{T}}$,重心为 $\boldsymbol{r}_{\text{g}}=(-10\ \text{mm},\ 0,\ -8\ \text{mm})$,加工具体要求如图 12.15(b)中所示,图 12.15(c)为钻孔夹具图。

12.6.1　选择定位基准

根据图 12.15(b)可知,A、B、C、D、E、F、G、H 可作为候选定位基准表面。这样,建立不规则零件的定位基准层次结构分析模型如图 12.16 所示。

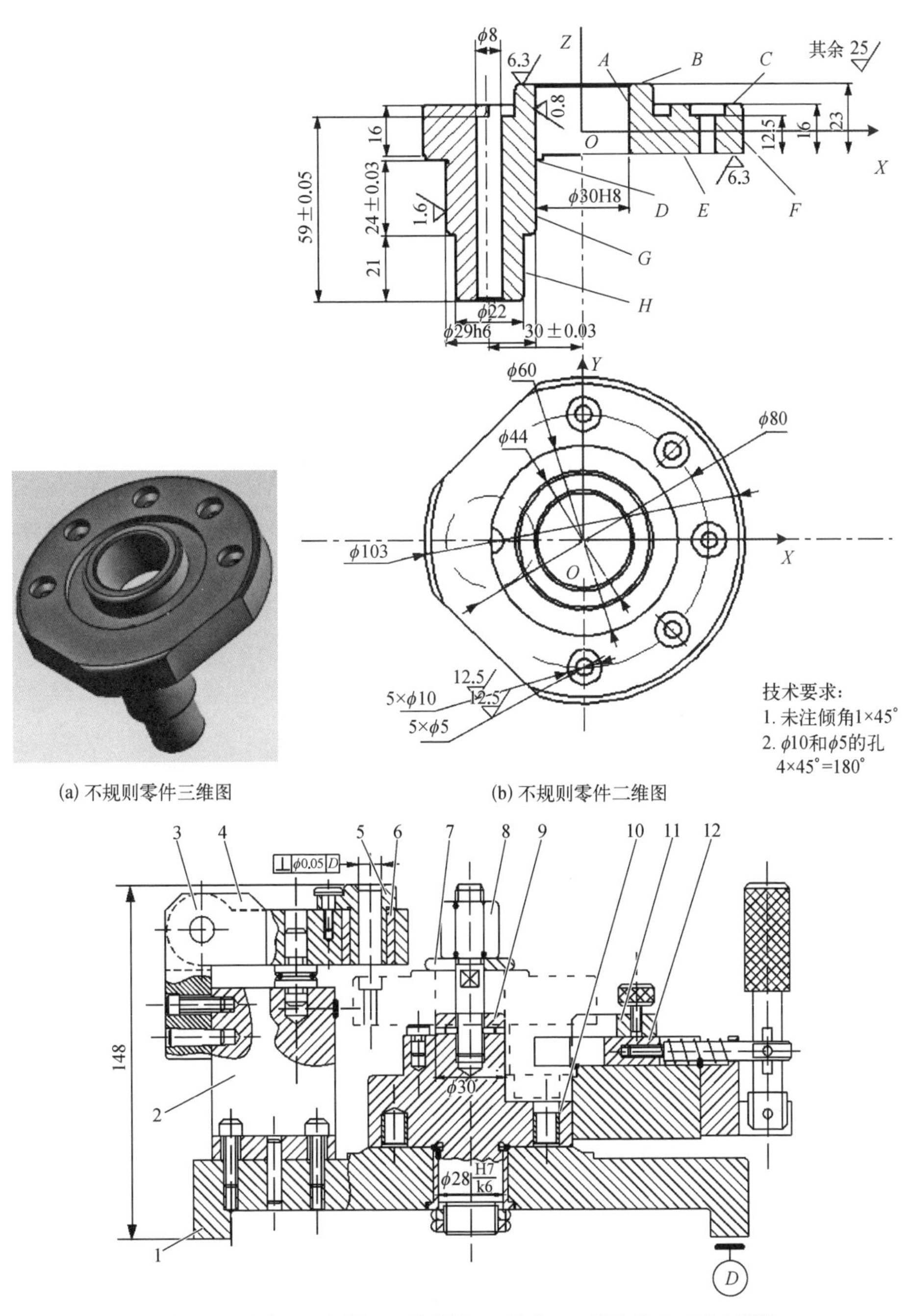

(a) 不规则零件三维图　　　(b) 不规则零件二维图

1—底座;2—凸版;3—压板;4—钻磨板;5—钻套;6—圆柱套;7—开口垫圈;8—螺母;9—分度盘;10—对定套;11—V 形架;12—V 形块

(c) 钻孔夹具

图 12.15　不规则零件及其钻孔夹具

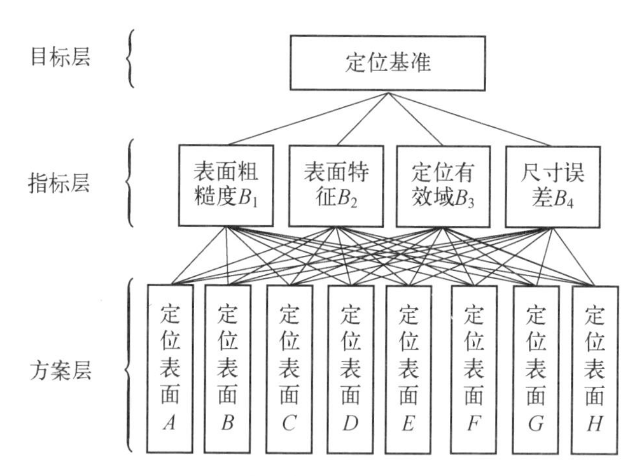

图 12.16　不规则零件定位基准的层次结构模型

构造指标层相对于目标层的判断矩阵 $\boldsymbol{P}_{2\to(1,1)}$ 如下

$$\boldsymbol{P}_{2\to(1,1)}=\begin{matrix} B_1\\ B_2\\ B_3\\ B_4\end{matrix}\overset{\begin{matrix}B_1 & B_2 & B_3 & B_4\end{matrix}}{\begin{bmatrix} 1 & 9/2 & 9/7 & 3/2\\ 2/9 & 1 & 2/7 & 2/5\\ 7/9 & 7/2 & 1 & 7/5\\ 2/3 & 5/2 & 5/7 & 1\end{bmatrix}} \tag{12.22}$$

指标层对目标层判断矩阵 $\boldsymbol{P}_{2\to(1,1)}$ 的最大特征的 $\lambda_{2\to(1,1)}=4.004\,2$ 和特征向量 $\boldsymbol{W}_{2\to(1,1)}=[0.692\,4,\ 0.160\,9,\ 0.563\,1,\ 0.421\,4]^{\mathrm{T}}$ 并进行归一化，可知待定权向量为

$$\boldsymbol{w}_{2\to(1,1)}=\begin{bmatrix}0.376\,8\\ 0.087\,5\\ 0.306\,4\\ 0.229\,3\end{bmatrix} \tag{12.23}$$

此时，$\mathrm{CI}_{2\to(1,1)}=0.001\,7$，$\mathrm{CR}_{2\to(1,1)}=0.001\,5$。$\mathrm{CR}_{2\to(1,1)}<0.1$，符合一致性要求。

接下来，构造方案层对指标层的判断矩阵，根据连杆零件加工要求计算出各候选定位基准面相对于指标层各个因子的结果如表 12.6 所示。

表 12.6　候选定位基准面相对于准则层的数值

候选表面	*A*	*B*	*C*	*D*	*E*	*F*	*G*	*H*
表面粗糙度 $Ra/\mu\mathrm{m}$	0.8	6.3	25	25	6.3	25	1.6	25

续　表

表面特征 F	H_3	H_1	H_1	H_1	H_1	H_2	H_2	H_2
面积/mm^2	2 166.6	1 519.76	3 810.78	1 803.71	4 996.84	2 425.65	2 185.44	1 450.68
关系数	1	1	2	0	3	1	1	1
基准不重合误差	0.03	0	0	0	0	0.05	0.01	0.05
尺寸公差	0.06	0	0	0	0	0	0.03	0.03
粗糙度因子 B_1	0.9	0.58	0.34	0.34	0.58	0.34	0.82	0.34
表面特征因子 B_2	0.6	0.8	0.8	0.8	0.8	0.7	0.7	0.7
有效域因子 B_3	0.43	0.31	0.76	0.36	1	0.49	0.44	0.29
尺寸误差因子 B_4	0.4	0.1	0.8	0.1	0.9	0.1	0.5	0.1

根据不规则零件的层次结构模型，计算出任意两个候选定位基准表面相对应的粗糙度因子 B_1、表面特征因子 B_2、有效域因子 B_3，以及尺寸误差因子 B_4。通过比较任意两定位基准表面相对应的表面粗糙度因子 B_1 的大小，可知任意两定位基准表面相对于表面粗糙度因子 B_1 的重要性，再根据表 9.3 取其重要性比值 r_{ij}，形成候选定位基准表面对准则层中表面粗糙度 B_1 的判断矩阵 $\boldsymbol{P}_{3\to(2,1)}$、归一化特征向量 $\boldsymbol{w}_{3\to(2,1)}$ 与一致性比率 $\mathrm{CR}_{3\to(2,1)}$ 如下：

$$
\boldsymbol{P}_{3\to(2,1)}=\begin{array}{c} \\ A \\ B \\ C \\ D \\ E \\ F \\ G \\ H \end{array}\begin{array}{c} \begin{matrix} A & B & C & D & E & F & G & H \end{matrix} \\ \begin{bmatrix} 1 & 1 & 3 & 3 & \frac{3}{2} & 3 & \frac{9}{8} & 3 \\ 1 & 1 & 2 & 2 & 1 & 2 & \frac{4}{3} & 2 \\ \frac{1}{3} & \frac{1}{2} & 1 & 1 & \frac{1}{2} & 1 & \frac{3}{8} & 1 \\ \frac{1}{3} & \frac{1}{2} & 1 & 1 & \frac{1}{2} & 1 & \frac{3}{8} & 1 \\ \frac{2}{3} & 1 & 2 & 2 & 1 & 2 & \frac{4}{3} & 2 \\ \frac{1}{3} & \frac{1}{2} & 1 & 1 & \frac{1}{2} & 1 & \frac{3}{8} & 1 \\ \frac{8}{9} & \frac{4}{3} & \frac{8}{3} & \frac{8}{3} & \frac{4}{3} & \frac{8}{3} & 1 & \frac{8}{3} \\ \frac{1}{3} & \frac{1}{2} & 1 & 1 & \frac{1}{2} & 1 & \frac{3}{8} & 1 \end{bmatrix} \end{array} \tag{12.24}
$$

$$\boldsymbol{w}_{3\to(2,1)}=\begin{bmatrix}0.2100\\0.1552\\0.0732\\0.0732\\0.1465\\0.0732\\0.1953\\0.0732\end{bmatrix}\tag{12.25}$$

$$\mathrm{CR}_{3\to(2,1)}=0.0016\tag{12.26}$$

类似地，可得方案层各候选定位基准对准则层中的表面特征因子 B_2、有效域因子 B_3、尺寸误差因子 B_4 的判断矩阵分别为

$$\boldsymbol{P}_{3\to(2,2)}=\begin{array}{c}\\A\\B\\C\\D\\E\\F\\G\\H\end{array}\begin{array}{c}\begin{array}{cccccccc}A&B&C&D&E&F&G&H\end{array}\\\begin{bmatrix}1&2&\frac{3}{4}&\frac{3}{4}&\frac{3}{4}&\frac{6}{7}&\frac{6}{7}&\frac{6}{7}\\\frac{1}{2}&1&1&1&1&\frac{8}{7}&\frac{8}{7}&\frac{8}{7}\\\frac{4}{3}&1&1&1&1&\frac{8}{7}&\frac{8}{7}&\frac{8}{7}\\\frac{4}{3}&1&1&1&1&\frac{8}{7}&\frac{8}{7}&\frac{8}{7}\\\frac{4}{3}&1&1&1&1&\frac{8}{7}&\frac{8}{7}&\frac{8}{7}\\\frac{7}{6}&\frac{7}{8}&\frac{7}{8}&\frac{7}{8}&\frac{7}{8}&1&1&1\\\frac{7}{6}&\frac{7}{8}&\frac{7}{8}&\frac{7}{8}&\frac{7}{8}&1&1&1\\\frac{7}{6}&\frac{7}{8}&\frac{7}{8}&\frac{7}{8}&\frac{7}{8}&1&1&1\end{bmatrix}\end{array}\tag{12.27}$$

$$\boldsymbol{w}_{3\to(2,2)}=\begin{bmatrix}0.1199\\0.1224\\0.1347\\0.1347\\0.1347\\0.1179\\0.1179\\0.1179\end{bmatrix}\tag{12.28}$$

$$CR_{3\to(2,2)} = 0.0097 \tag{12.29}$$

$$\boldsymbol{P}_{3\to(2,3)} = \begin{array}{c} \\ A \\ B \\ C \\ D \\ E \\ F \\ G \\ H \end{array}\begin{array}{c} \begin{matrix} A & B & C & D & E & F & G & H \end{matrix} \\ \begin{bmatrix} 1 & 3 & \frac{4}{7} & \frac{4}{3} & \frac{4}{9} & \frac{4}{5} & \frac{4}{5} & \frac{4}{3} \\ \frac{1}{3} & 1 & \frac{3}{7} & 1 & \frac{1}{3} & \frac{3}{5} & \frac{3}{5} & 1 \\ \frac{7}{4} & \frac{7}{3} & 1 & \frac{7}{3} & \frac{7}{9} & \frac{7}{5} & \frac{7}{5} & \frac{7}{3} \\ \frac{3}{4} & 1 & \frac{3}{7} & 1 & \frac{1}{3} & \frac{3}{5} & \frac{3}{5} & 1 \\ \frac{9}{4} & 3 & \frac{9}{7} & 3 & 1 & \frac{9}{5} & \frac{9}{5} & 3 \\ \frac{5}{4} & \frac{5}{3} & \frac{5}{7} & \frac{5}{3} & \frac{5}{9} & 1 & 1 & \frac{5}{3} \\ \frac{5}{4} & \frac{5}{3} & \frac{5}{7} & \frac{5}{3} & \frac{5}{9} & 1 & 1 & \frac{5}{3} \\ \frac{3}{4} & 1 & \frac{3}{7} & 1 & \frac{1}{3} & \frac{3}{5} & \frac{3}{5} & 1 \end{bmatrix} \end{array} \tag{12.30}$$

$$\boldsymbol{w}_{3\to(2,3)} = \begin{bmatrix} 0.1162 \\ 0.0692 \\ 0.1782 \\ 0.0764 \\ 0.2291 \\ 0.1273 \\ 0.1273 \\ 0.0764 \end{bmatrix} \tag{12.31}$$

$$CR_{3\to(2,1)} = 0.0047 \tag{12.32}$$

$$\boldsymbol{P}_{3\to(2,4)}=\begin{array}{c} \\ A \\ B \\ C \\ D \\ E \\ F \\ G \\ H \end{array}\begin{array}{c} \begin{array}{cccccccc} A & B & C & D & E & F & G & H \end{array} \\ \begin{bmatrix} 1 & 2 & \frac{1}{2} & 4 & \frac{4}{9} & 4 & \frac{4}{5} & 4 \\ \frac{1}{2} & 1 & \frac{1}{8} & 1 & \frac{1}{9} & 1 & \frac{1}{5} & 1 \\ 2 & 8 & 1 & 8 & \frac{8}{9} & 8 & \frac{8}{5} & 8 \\ \frac{1}{4} & 1 & \frac{1}{8} & 1 & \frac{1}{9} & 1 & \frac{1}{5} & 1 \\ \frac{9}{4} & 9 & \frac{9}{8} & 9 & 1 & 9 & \frac{9}{5} & 9 \\ \frac{1}{4} & 1 & \frac{1}{8} & 1 & \frac{1}{9} & 1 & \frac{1}{5} & 1 \\ \frac{5}{4} & 5 & \frac{5}{8} & 5 & \frac{5}{9} & 1 & 1 & 5 \\ \frac{1}{4} & 1 & \frac{1}{8} & 1 & \frac{1}{9} & 1 & \frac{1}{5} & 1 \end{bmatrix} \end{array} \tag{12.33}$$

$$\boldsymbol{w}_{3\to(2,4)}=\begin{bmatrix} 0.1248 \\ 0.0374 \\ 0.2681 \\ 0.0335 \\ 0.3016 \\ 0.0335 \\ 0.1676 \\ 0.0335 \end{bmatrix} \tag{12.34}$$

$$\mathrm{CR}_{3\to(2,4)}=0.0047 \tag{12.35}$$

显然,方案层对指标层的所有判断矩阵具有整体满意一致性。因此,可得方案层对目标层的组合权向量为

$$\boldsymbol{w}_{3\to1}=\boldsymbol{w}_{3\to2}\boldsymbol{w}_{2\to1}=\begin{array}{c} A \\ B \\ C \\ D \\ E \\ F \\ G \\ H \end{array}\begin{bmatrix} 0.1638 \\ 0.0990 \\ 0.1554 \\ 0.0706 \\ 0.2063 \\ 0.0846 \\ 0.1513 \\ 0.0690 \end{bmatrix} \tag{12.36}$$

由此可见，候选定位表面可作为定位基准的顺序为 E、A、C、G、B、F、D、H。但 C 和 E 的定位基准相互平行，故 C 不选作定位基准表面。

12.6.2　确定定位点布局

根据孔 $\phi 5$ 通孔的加工要求，可知理论约束自由度为 $\delta \boldsymbol{q}_{w} = \boldsymbol{\zeta}_{z} \lambda_{z}$，其中基向量 $\boldsymbol{\zeta}_{z} = [0, 0, 1, 0, 0, 0]^{T}$，$\lambda_{z}$ 为任意数。

根据式(11.36)可知，E 面可作为第一定位基准表面。故在 E 面上布局第 $k=1$ 个定位点，其坐标及其单位法向量分别为 $\boldsymbol{r}_{1} = [x_{1}, y_{1}, 0]^{T}$、$\boldsymbol{n}_{1} = [0, 0, 1]^{T}$，可计算雅克比矩阵 $\boldsymbol{J}$ 如下

$$\boldsymbol{J} = -[0 \quad 0 \quad 1 \quad y_{1} \quad -x_{1} \quad 0] \tag{12.37}$$

当只布局一个定位点在 E 面上时，$\text{rank}(\boldsymbol{J}) = 1$，$\text{rank}(\boldsymbol{J}\boldsymbol{\zeta}_{z}) = 1$，$\text{rank}(\boldsymbol{\zeta}_{z}) + \text{rank}(\boldsymbol{J}) - \text{rank}(\boldsymbol{J}\boldsymbol{\zeta}_{z}) = 1 < 6$。由此可知，此时定位方案属于欠定位，为不合理定位方案，定位点数目不够，故应在相同的定位基准表面 E 上布局第 $k=2$ 个定位点。第 2 个定位点的坐标为 $\boldsymbol{r}_{2} = [x_{2}, y_{2}, 0]^{T}$，法向量为 $\boldsymbol{n}_{2} = [0, 0, 1]^{T}$，则雅克比矩阵为

$$\boldsymbol{J} = -\begin{bmatrix} 0 & 0 & 1 & y_{1} & -x_{1} & 0 \\ 0 & 0 & 1 & y_{2} & -x_{2} & 0 \end{bmatrix} \tag{12.38}$$

由于 $\text{rank}(\boldsymbol{\zeta}_{z}) + \text{rank}(\boldsymbol{J}) - \text{rank}(\boldsymbol{J}\boldsymbol{\zeta}_{z}) = 1 + 2 - 1 = 2 < 6$，$\text{rank}(\boldsymbol{J}) = 2 = k$，依然属于欠定位，继续在 E 面上布局第 $k=3$ 个定位点。记第 3 个定位点的坐标与法向量分别为 $\boldsymbol{r}_{3} = [x_{3}, y_{3}, 0]^{T}$、$\boldsymbol{n}_{3} = [0, 0, 1]^{T}$，则雅克比矩阵为

$$\boldsymbol{J} = -\begin{bmatrix} 0 & 0 & 1 & y_{1} & -x_{1} & 0 \\ 0 & 0 & 1 & y_{2} & -x_{2} & 0 \\ 0 & 0 & 1 & y_{3} & -x_{3} & 0 \end{bmatrix} \tag{12.39}$$

条件 $\text{rank}(\boldsymbol{\zeta}_{z}) + \text{rank}(\boldsymbol{J}) - \text{rank}(\boldsymbol{J}\boldsymbol{\zeta}_{z}) = 1 + 3 - 1 = 3 < 6$ 和 $\text{rank}(\boldsymbol{J}) = 3 = \text{k}$，表明应继续在 E 面上增设第 $k=4$ 个定位点 $\boldsymbol{r}_{4} = [x_{4}, y_{4} 0]^{T}$，法向量为 $\boldsymbol{n}_{4} = [0, 0, 1]^{T}$，则计算雅克比矩阵为

$$\boldsymbol{J} = -\begin{bmatrix} 0 & 0 & 1 & y_{1} & -x_{1} & 0 \\ 0 & 0 & 1 & y_{2} & -x_{2} & 0 \\ 0 & 0 & 1 & y_{3} & -x_{3} & 0 \\ 0 & 0 & 1 & y_{4} & -x_{4} & 0 \end{bmatrix} \tag{12.40}$$

此时 $\mathrm{rank}(\boldsymbol{\zeta}_z)+\mathrm{rank}(\boldsymbol{J})-\mathrm{rank}(\boldsymbol{J}\boldsymbol{\zeta}_z)=1+3-1=3<6$，而 $\mathrm{rank}(\boldsymbol{J})=3<k=4$，所以针对定位基准 E 而言是过定位，需要调整第四点布局的定位基准，但对整个定位方案而言是欠定位，因此，根据式(12.36)的计算结果，将第四个定位点更改布局在第二定位基准 A 面上，第 4 个定位点的坐标和法向量为 $\boldsymbol{r}_4=[x_4,\ y_4,\ z_4]^{\mathrm{T}}$、$\boldsymbol{n}_4=\left[\dfrac{x_4}{\sqrt{x_4^2+y_4^2}},\ \dfrac{y_4}{\sqrt{x_4^2+y_4^2}},\ 0\right]^{\mathrm{T}}$，则此时，计算雅克比矩阵为

$$\boldsymbol{J}=-\begin{bmatrix} 0 & 0 & 1 & y_1 & -x_1 & 0 \\ 0 & 0 & 1 & y_2 & -x_2 & 0 \\ 0 & 0 & 1 & y_3 & -x_3 & 0 \\ \dfrac{x_4}{\sqrt{x_4^2+y_4^2}} & \dfrac{y_4}{\sqrt{x_4^2+y_4^2}} & 0 & \dfrac{y_4 z_4}{\sqrt{x_4^2+y_4^2}} & -\dfrac{x_4 z_4}{\sqrt{x_4^2+y_4^2}} & 0 \end{bmatrix} \tag{12.41}$$

因此，$\mathrm{rank}(\boldsymbol{J})=4=k$，$\mathrm{rank}(\boldsymbol{\zeta}_z)+\mathrm{rank}(\boldsymbol{J})-\mathrm{rank}(\boldsymbol{J}\boldsymbol{\zeta}_z)=1+4-1=4<6$。此时定位方案属于欠定位，为不合理定位方案，定位点数目不够，故应在相同的定位基准表面 A 上布局第 $k=5$ 个定位点。第 5 个定位点的坐标为 $\boldsymbol{r}_5=[x_5,\ y_5,\ z_5]^{\mathrm{T}}$，法向量为 $\boldsymbol{n}_5=\left[\dfrac{x_5}{\sqrt{x_5^2+y_5^2}},\ \dfrac{y_5}{\sqrt{x_5^2+y_5^2}},\ 0\right]^{\mathrm{T}}$，则雅克比矩阵为

$$\boldsymbol{J}=-\begin{bmatrix} 0 & 0 & 1 & y_1 & -x_1 & 0 \\ 0 & 0 & 1 & y_2 & -x_2 & 0 \\ 0 & 0 & 1 & y_3 & -x_3 & 0 \\ \dfrac{x_4}{\sqrt{x_4^2+y_4^2}} & \dfrac{y_4}{\sqrt{x_4^2+y_4^2}} & 0 & \dfrac{y_4 z_4}{\sqrt{x_4^2+y_4^2}} & -\dfrac{x_4 z_4}{\sqrt{x_4^2+y_4^2}} & 0 \\ \dfrac{x_5}{\sqrt{x_5^2+y_5^2}} & \dfrac{y_5}{\sqrt{x_5^2+y_5^2}} & 0 & \dfrac{y_5 z_5}{\sqrt{x_5^2+y_5^2}} & -\dfrac{x_5 z_5}{\sqrt{x_5^2+y_5^2}} & 0 \\ \dfrac{x_6}{\sqrt{x_6^2+y_6^2}} & \dfrac{y_6}{\sqrt{x_6^2+y_6^2}} & 0 & \dfrac{y_6 z_6}{\sqrt{x_6^2+y_6^2}} & -\dfrac{x_6 z_6}{\sqrt{x_6^2+y_6^2}} & 0 \end{bmatrix} \tag{12.42}$$

因此，$\mathrm{rank}(\boldsymbol{J})=5=k$，$\mathrm{rank}(\boldsymbol{\zeta}_z)+\mathrm{rank}(\boldsymbol{J})-\mathrm{rank}(\boldsymbol{J}\boldsymbol{\zeta}_z)=1+5-1=5$，

此时定位方案属于欠定位，为不合理定位方案，定位点数目不够，故应在相同的定位基准表面 A 上布局第 $k=6$ 个定位点。第 6 个定位点的坐标为 $\boldsymbol{r}_6=[x_6,\ y_6,\ z_6]^{\mathrm{T}}$，法向量为 $\boldsymbol{n}_6=\left[\dfrac{x_6}{\sqrt{x_6^2+y_6^2}},\ \dfrac{y_6}{\sqrt{x_6^2+y_6^2}},\ 0\right]^{\mathrm{T}}$，则雅克比矩阵为

$$\boldsymbol{J}=-\begin{bmatrix} 0 & 0 & 1 & y_1 & -x_1 & 0 \\ 0 & 0 & 1 & y_2 & -x_2 & 0 \\ 0 & 0 & 1 & y_3 & -x_3 & 0 \\ \dfrac{x_4}{\sqrt{x_4^2+y_4^2}} & \dfrac{y_4}{\sqrt{x_4^2+y_4^2}} & 0 & \dfrac{y_4 z_4}{\sqrt{x_4^2+y_4^2}} & -\dfrac{x_4 z_4}{\sqrt{x_4^2+y_4^2}} & 0 \\ \dfrac{x_5}{\sqrt{x_5^2+y_5^2}} & \dfrac{y_5}{\sqrt{x_5^2+y_5^2}} & 0 & \dfrac{y_5 z_5}{\sqrt{x_5^2+y_5^2}} & -\dfrac{x_5 z_5}{\sqrt{x_5^2+y_5^2}} & 0 \\ \dfrac{x_6}{\sqrt{x_6^2+y_6^2}} & \dfrac{y_6}{\sqrt{x_6^2+y_6^2}} & 0 & \dfrac{y_6 z_6}{\sqrt{x_6^2+y_6^2}} & -\dfrac{x_6 z_6}{\sqrt{x_6^2+y_6^2}} & 0 \end{bmatrix} \tag{12.43}$$

此时 $\mathrm{rank}(\boldsymbol{\zeta}_z)+\mathrm{rank}(\boldsymbol{J})-\mathrm{rank}(\boldsymbol{J}\boldsymbol{\zeta}_z)=1+5-1=5<6$，而 $\mathrm{rank}(\boldsymbol{J})=5<k=6$，所以针对定位基准 A 而言是过定位，需要调整第 6 点布局的定位基准，但对整个定位方案而言是欠定位，因此，将第 6 个定位点更改布局在第三定位基准 G 面上，第 6 个定位点的坐标和法向量为 $\boldsymbol{r}_6=[x_6,\ y_6,\ z_6]^{\mathrm{T}}$、$\boldsymbol{n}_6=[0,\ -1,\ 0]^{\mathrm{T}}$，则此时，计算雅克比矩阵为

$$\boldsymbol{J}=-\begin{bmatrix} 0 & 0 & 0 & y_1 & -x_1 & 0 \\ 0 & 0 & 0 & y_2 & -x_2 & 0 \\ 0 & 0 & 0 & y_3 & -x_3 & 0 \\ \dfrac{x_4}{\sqrt{x_4^2+y_4^2}} & \dfrac{y_4}{\sqrt{x_4^2+y_4^2}} & 0 & \dfrac{y_4 z_4}{\sqrt{x_4^2+y_4^2}} & -\dfrac{x_4 z_4}{\sqrt{x_4^2+y_4^2}} & 0 \\ \dfrac{x_5}{\sqrt{x_5^2+y_5^2}} & \dfrac{y_5}{\sqrt{x_5^2+y_5^2}} & 0 & \dfrac{y_5 z_5}{\sqrt{x_5^2+y_5^2}} & -\dfrac{x_5 z_5}{\sqrt{x_5^2+y_5^2}} & 0 \\ 0 & -1 & 0 & -z_6 & 0 & x_6 \end{bmatrix} \tag{12.44}$$

由计算结果可知，$\mathrm{rank}(\boldsymbol{J})=6=k$，$\mathrm{rank}(\boldsymbol{\zeta}_z)+\mathrm{rank}(\boldsymbol{J})-\mathrm{rank}(\boldsymbol{J}\boldsymbol{\zeta}_z)=1+6-1=6$，属于完全定位。

因此，在 E 面处选择三个支承钉、在 A 面处选择短定位销、在 G 面处选择活动 V 形块进行定位。

12.6.3　选择夹紧表面

一般来说，已经选作定位基准的表面不再作夹紧面。但外圆柱面选择的活动 V 形块，既能作定位元件，又能作夹紧元件，因此外圆柱面仍要考虑作为候选夹紧面。C 面是加工表面，一般不在考虑作为夹紧表面。故将表面 B、D、F、G、H 确定为候选夹紧表面，为此构造选择夹紧表面的层次结构模型如图 12.17 所示。

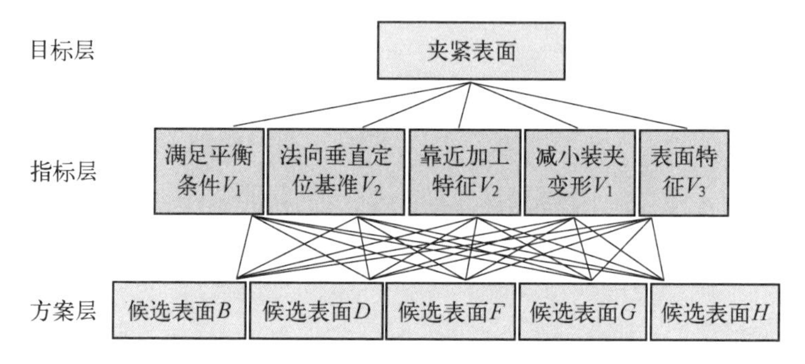

图 12.17　不规则零件夹紧表面的层次结构

1. 构造判断矩阵

根据夹紧表面选择的层次结构模型，构造判断矩阵 V 如下

$$\boldsymbol{V}=\begin{array}{c} \\ V_1 \\ V_2 \\ V_3 \\ V_4 \\ V_5 \end{array}\begin{array}{c} \begin{matrix} V_1 & V_2 & V_3 & V_4 & V_5 \end{matrix} \\ \begin{bmatrix} 1 & 1 & 7/5 & 7/4 & 7/3 \\ 1 & 1 & 6/5 & 3/2 & 2 \\ 5/7 & 5/6 & 1 & 5/4 & 5/3 \\ 4/7 & 2/3 & 4/5 & 1 & 4/3 \\ 3/7 & 1/2 & 3/5 & 3/4 & 1 \end{bmatrix} \end{array} \tag{12.45}$$

2. 一致性检验

由判断矩阵 V 的最大特征值 $\lambda_{max}=5.0029$，故 CR = 6.370 3e-04，说明判断矩阵 V 中的各元素一致性较好。

3. 层权向量

根据判断矩阵 V，求得该判断矩阵的特征向量 $\boldsymbol{W}=[0.5857,\ 0.5340,\ 0.4311,\ 0.3449,\ 0.2587]^T$ 并进行归一化为

$$
\boldsymbol{w}=\begin{bmatrix}0.2719\\0.2479\\0.2001\\0.1601\\0.1201\end{bmatrix}\tag{12.46}
$$

由于判断矩阵 V 通过了一致性检验，故 $\boldsymbol{w}$ 即可作为层权向量。

4. 决策矩阵

根据零件的几何及工艺信息，可得指标层各选择因子值，如表 12.7 所示。

表 12.7　候选夹紧表面指标数值表

候选夹紧面	B	D	F	G	H
夹紧平衡条件 V_1	1	1	0	1	1
指向法基准面 V_2	0.9	0.1	0.1	0.1	0.1
靠近加工特征 V_3	0.9	0.5	0.9	0.5	0.1
装夹变形小 V_3	0.9	0.1	0.9	0.9	0.9
零件表面特征 V_5	0.8	0.8	0.7	0.7	0.7

这样，可构建方案层与指标层之间的决策矩阵如下

$$
\boldsymbol{G}=\begin{matrix} & \begin{matrix}V_1 & V_2 & V_3 & V_4 & V_5\end{matrix} \\ \begin{matrix}B\\D\\F\\G\\H\end{matrix} & \begin{bmatrix}1 & 0.9 & 0.9 & 0.9 & 0.8\\1 & 0.1 & 0.5 & 0.1 & 0.8\\0 & 0.1 & 0.9 & 0.9 & 0.7\\1 & 0.1 & 0.5 & 0.9 & 0.7\\1 & 0.1 & 0.1 & 0.9 & 0.7\end{bmatrix}\end{matrix}\tag{12.47}
$$

对式(12.47)中决策矩阵的各列进行归一化，可得规范化决策矩阵为

$$
\boldsymbol{G}=\begin{matrix} & \begin{matrix}V_1 & V_2 & V_3 & V_4 & V_5\end{matrix} \\ \begin{matrix}B\\D\\F\\G\\H\end{matrix} & \begin{bmatrix}1 & 1 & 1 & 1 & 1\\1 & 0.11 & 0.56 & 0.11 & 1\\0 & 0.11 & 1 & 1 & 0.88\\1 & 0.11 & 0.56 & 1 & 0.88\\1 & 0.11 & 0.11 & 1 & 0.88\end{bmatrix}\end{matrix}\tag{12.48}
$$

结合式(12.48)的层权向量,可进一步构造出加权规范化决策矩阵为

$$
\boldsymbol{G}=\begin{array}{c} \\ B \\ D \\ F \\ G \\ H \end{array}\begin{array}{c} \begin{array}{ccccc} V_1 & V_2 & V_3 & V_4 & V_5 \end{array} \\ \begin{bmatrix} 0.271\,9 & 0.247\,9 & 0.200\,1 & 0.160\,1 & 0.120\,1 \\ 0.271\,9 & 0.027\,3 & 0.112\,1 & 0.017\,6 & 0.120\,1 \\ 0 & 0.027\,3 & 0.200\,1 & 0.160\,1 & 0.105\,7 \\ 0.271\,9 & 0.027\,3 & 0.112\,1 & 0.160\,1 & 0.105\,7 \\ 0.271\,9 & 0.027\,3 & 0.022\,0 & 0.160\,1 & 0.105\,7 \end{bmatrix} \end{array} \tag{12.49}
$$

显然,根据式(12.49)可得正理想解和负理想解分别为

$$
\boldsymbol{P}^{+}=\begin{bmatrix} 0.271\,9 \\ 0.247\,9 \\ 0.200\,1 \\ 0.160\,1 \\ 0.120\,1 \end{bmatrix} \tag{12.50}
$$

$$
\boldsymbol{P}^{-}=\begin{bmatrix} 0 \\ 0.027\,3 \\ 0.022\,0 \\ 0.017\,6 \\ 0.105\,7 \end{bmatrix} \tag{12.51}
$$

5. 贴近度

根据式(12.50)和式(12.51)的正、负理想解,可以求解出每一个候选夹紧表面的贴近度值,计算过程如表 12.8 所示。

表 12.8 候选夹紧面与理想解的贴近度

候选夹紧表面	B	D	F	G	H
与正理想解的距离	0	0.276 9	0.310 4	0.237 9	0.283 9
与负理想解的距离	0.418 1	0.286 8	0.228 1	0.319 9	0.306 9
贴近度值	1	0.508 8	0.423 6	0.573 5	0.559 7

根据表 12.7 中各候选夹紧表面与理想解的贴近度值,可知夹紧表面的选择顺序依次为 $B>G>H>F>D$。

12.6.4 优化装夹布局

钻孔时的切削力旋量为 $\boldsymbol{W}_{\text{mach}}=-[-85\text{ N},\ -50\text{ N},\ 150\text{ N},\ 0,\ 3.47\text{ Nmm},$

4 998.75 Nmm]^{T}。零件重力大小为 $\boldsymbol{F}_{\text{grav}}=[0,\ -150\ \text{N},\ 0]^{\mathrm{T}}$，重心坐标为 $\boldsymbol{r}_{\mathrm{g}}=(-10\ \text{mm},\ 0\ \text{mm},\ -8\ \text{mm})$，根据定位基准和夹紧面的排序，选择定位基准面为 E、A、G，夹紧面为 B。

由于定位基准 E、A、G 上的定位点数分别为 3、2、1，在 B 面上主动施加一个夹紧力，其大小为 F_7，故根据式(12.17)可知该不规则零件的装夹布局优化模型为

$$
\begin{aligned}
&\text{find } \boldsymbol{x}=(\boldsymbol{r}_1,\ \boldsymbol{r}_2,\ \cdots,\ \boldsymbol{r}_7,\ F_7)\\
&\min f(\boldsymbol{x})=[f_1(\boldsymbol{x}),f_2(\boldsymbol{x})]^{\mathrm{T}}\\
&\text{s.t.}\\
&\begin{cases}
\boldsymbol{r}_i=\left\{[x_i,\ y_i,\ z_i]^{\mathrm{T}}\ \middle|\ \begin{array}{l} SL_r(\boldsymbol{r}_i)=0\\ i=1,\ \cdots,\ 6;\\ r=1,\ 2,\ 3\end{array}\right\}\\
\boldsymbol{r}_j=\left\{[x_j,\ y_j,\ z_j]^{\mathrm{T}}\ \middle|\ \begin{array}{l} SC_s(\boldsymbol{r}_j)=0\\ j=7;\\ s=1\end{array}\right\}\\
\boldsymbol{G}^0\boldsymbol{F}^0=\boldsymbol{b}^0\\
\boldsymbol{G}^1\boldsymbol{F}^1=\boldsymbol{b}^1\\
\boldsymbol{F}^0\geqslant\boldsymbol{0}\\
\boldsymbol{F}^1\geqslant\boldsymbol{0}
\end{cases}
\end{aligned}
\tag{12.52}
$$

式中，SL_r 为定位点 $\boldsymbol{r}_i$ 的几何约束条件，SC_s 为夹紧点 $\boldsymbol{r}_j$ 的几何约束条件，各点的信息如表 12.9 所示；$\boldsymbol{b}^0=-\begin{bmatrix}\boldsymbol{F}_{\text{grav}}\\ \boldsymbol{r}_{\text{grav}}\times\boldsymbol{F}_{\text{grav}}\end{bmatrix}$，$\boldsymbol{b}^1=-\begin{bmatrix}\boldsymbol{F}_{\text{grav}} & \boldsymbol{W}_{\text{mach}}\\ \boldsymbol{r}_{\text{grav}}\times\boldsymbol{F}_{\text{grav}} & \end{bmatrix}$，$\boldsymbol{G}^0=\boldsymbol{G}^1=\begin{bmatrix}\boldsymbol{n}_1 & \boldsymbol{n}_2 & \cdots & \boldsymbol{n}_6 & \boldsymbol{n}_7\\ \boldsymbol{r}_1\times\boldsymbol{n}_1 & \boldsymbol{r}_2\times\boldsymbol{n}_2 & & \boldsymbol{r}_6\times\boldsymbol{n}_6 & \boldsymbol{r}_7\times\boldsymbol{n}_7\end{bmatrix}$。

表 12.9　不规则零件作用点信息

装夹表面	作用点/mm	法　向　量
E	$\boldsymbol{r}_1=[x_1,\ y_1,\ 0]^{\mathrm{T}}$	$\boldsymbol{n}_1=[0,\ 0,\ 1]^{\mathrm{T}}$
	$\boldsymbol{r}_2=[x_2,\ y_2,\ 0]^{\mathrm{T}}$	$\boldsymbol{n}_2=[0,\ 0,\ 1]^{\mathrm{T}}$
	$\boldsymbol{r}_3=[x_3,\ y_3,\ 0]^{\mathrm{T}}$	$\boldsymbol{n}_3=[0,\ 0,\ 1]^{\mathrm{T}}$

续　表

装夹表面	作用点/mm	法　向　量
A	$\boldsymbol{r}_4=[x_4,\ y_4,\ z_4]^{\mathrm{T}}$	$\boldsymbol{n}_4=[x_4/225,\ y_4/225,\ 0]^{\mathrm{T}}$
	$\boldsymbol{r}_5=[x_5,\ y_5,\ z_5]^{\mathrm{T}}$	$\boldsymbol{n}_5=[x_5/225,\ y_5/225,\ 0]^{\mathrm{T}}$
G	$\boldsymbol{r}_6=[x_6,\ y_6,\ z_6]^{\mathrm{T}}$	$\boldsymbol{n}_6=[(x_6+30)/210.25,\ y_6/210.25,\ 0]^{\mathrm{T}}$
B	$\boldsymbol{r}_7=[x_7,\ y_7,\ 23]^{\mathrm{T}}$	$\boldsymbol{n}_7=[0,\ 0,\ -1]^{\mathrm{T}}$

设定种群个体大小为 $N=1\,500$，pareto 前沿个体数目为 $N_{\text{pareto}}=1\,500$，最大迭代次数为 GENNUM $=1\,500$，交叉概率为 $P_C=0.85$，$k_1=0$，$k_2=0.1$，夹紧力大小的范围为[0，2 000 N]这样，式(12.52)采用 MOEA/D 遗传算法进行求解。

这样，可采用 MOEA/D 遗传算法对定位点、夹紧点、夹紧力进行优化，优化结果如图 12.18 所示。

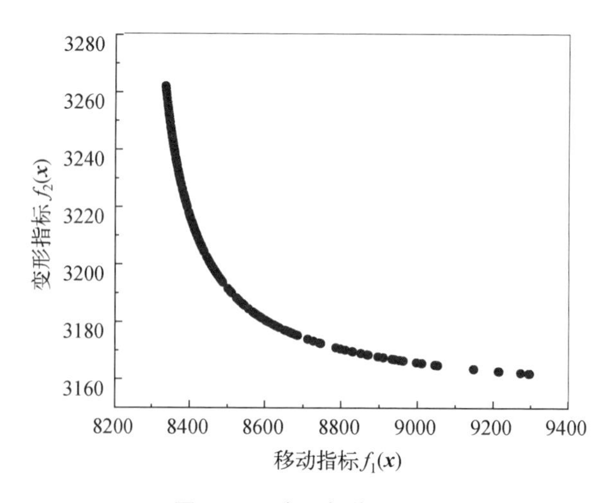

图 12.18　多目标优化结果

图 12.18 中所有结果都是可行的装夹方案，这里，可根据短定位销、V 形块等实际情况，选择装夹方案如下：

方案一：三个支承钉的位置为 $\boldsymbol{r}_1=[-51.311\,7,\ -4.364\,2,\ 0]^{\mathrm{T}}$，$\boldsymbol{r}_2=[34.672\,9,\ -37.778\,9,\ 0]^{\mathrm{T}}$，$\boldsymbol{r}_3=[17.643\,5,\ 48.344\,4,\ 0]^{\mathrm{T}}$；

方案二：短定位销的位置为 $\boldsymbol{r}_4=[-15,\ 0,\ 0.002\,9]^{\mathrm{T}}$，$\boldsymbol{r}_5=[-15,\ 0,\ 0.001\,3]^{\mathrm{T}}$，这两个位置可以用来确定短定位销的大致高度。

方案三：V 形块的位置为 $\boldsymbol{r}_6=[-33.8825, -13.9705, -24]^{\mathrm{T}}$（主要确定 V 形块的高度）；

最后就是夹紧作用点为 $\boldsymbol{r}_7=[18.6255, 9.7390, 23]^{\mathrm{T}}$，而夹紧力大小为 $F_7=178.6157\ \mathrm{N}$。

此时，两个目标值分别为 $f_1(\boldsymbol{x})=8\,508.8475$，$f_2(\boldsymbol{x})=3\,190.3581$。

第13章 定位元件的匹配方法

工件在夹具中实际定位时，并不是用定位点来定位。假如用定位点与工件上的定位基准表面保持接触，这样接触点将产生极大的压强。这种定位方式不仅会将工件上的定位基准表面压出压痕，而且定位点本身也将因接触压力极大而迅速磨损。因此，工件在夹具中实际定位时，都是根据定位基准的几何、装夹以及加工信息，而采取相应结构形状的定位元件来定位的。本章提出一种基于层次分析法的定位元件选择算法，既能够计算出定位元件的选择排序，也能为设计人员提供定量的选择依据。

13.1 层次分析法

层次分析法（analytical hierarchy process，AHP）是美国运筹学家Saaty教授于20世纪80年代提出的一种多方案或多目标决策方法。其基本原理：先将所要分析的问题层次化，根据问题的性质和要达到的总目标，将问题分解成不同的组成因子；然后按照因子之间的相互关系及隶属关系，将因子按不同层次聚集组合，形成一个多层分析结构模型；最终归结为最低层（方案、措施、指标等）相对于最高层（总目标）相对重要程度的权值或相对优劣次序的问题。

运用AHP进行决策时，可以分为下列四个步骤。

步骤一，建立层次结构模型。

在深入分析实际问题的基础上，将有关的各个因子按照不同属性自上而下地分解成若干层次，同一层的诸因子从属于上一层的因子或对上层因子有影响，同时又支配下一层的因子或受到下层因子的作用。最上层为目标层，通常只有1个因子，最下层通常为方案或对象层，中间可以有一个或几个层次，通常为准则或指标层。当准则过多时（譬如多于9个）应进一步分解出子准则层。用层次结构图清晰地表达这些因子的关系。

步骤二，构造判断矩阵。

从层次结构模型的第 2 层开始，对于从属于(或影响)上一层每个因子的同一层诸因子，用成对比较法和 1-9 比较尺度构造判断矩阵，直到最下层。

步骤三，确定权向量。

首先，计算判断矩阵的最大特征值及对应的特征向量；然后，根据式(13.1)和式(13.2)，利用一致性指标、随机一致性指标和一致性比率做一致性检验。若检验通过，特征向量(归一化后)即为权向量：若不通过，则需重新构造判断矩阵。

$$\mathrm{CI}_i^{(p)}=\frac{\lambda_{i\max}^{(p)}-n^{(p)}}{n^{(p)}-1},\ p\geqslant 2,\ 1\leqslant i\leqslant n^{(p-1)} \tag{13.1}$$

式中，$\mathrm{CI}_i^{(p)}$ 为第 p 层第 i 个因子的一致性指标(consistency index, CI)，$n^{(p-1)}$、$n^{(p)}$ 分别为第 $p-1$ 层和第 p 层中因子的个数。

当 $\mathrm{CI}_i^{(p)}=0$ 时判断矩阵具有一致性；$\mathrm{CI}_i^{(p)}$ 越大，判断矩阵的不一致性程度越严重。

$$\mathrm{CR}_i^{(p)}=\frac{\mathrm{CI}_i^{(p)}}{\mathrm{RI}_i^{(p)}} \tag{13.2}$$

式中，$\mathrm{RI}_i^{(p)}$ 为随机一致性指标(random consistency index, RI)，其取值如表 13.1 所示，当 $\mathrm{RI}_i^{(p)}=0$ 时，只有 $\mathrm{CI}_i^{(p)}=0$ 才能符合检验。

表 13.1　随机一致性指标的取值

因子数	1	2	3	4	5
随机一致性指标	0	0	0.58	0.9	1.12
因子数	6	7	8	9	10
随机一致性指标	1.24	1.32	1.41	1.45	1.49

而 $\mathrm{CR}_i^{(p)}$ 为一致性比率(consistency ratio, CR)，用于确定判断矩阵的不一致性的容许范围。当 $\mathrm{CR}_i^{(p)}<0.1$ 时，判断矩阵的不一致性程度在容许范围内，此时可用判断矩阵的特征向量作为权向量；当 $\mathrm{CR}_i^{(p)}\geqslant 0.1$ 时，表示呈现显著的不一致性，需要进行修正。

步骤四，确定决策因子。

当各层权向量确定后，可计算出层次结构模型中第 p 层对第 1 层的组合权向量为

$$\boldsymbol{w}_{(1)}^{(p)}=\prod_{i=1}^{p}\boldsymbol{w}_{(i)}^{(i+1)},\ p\geqslant 3,\ i\leqslant p-1 \tag{13.3}$$

其中，$\boldsymbol{w}_{(i)}^{(i+1)}$ 是 $i+1$ 层对 i 层的权向量。

在层次分析法的整个过程中，除了对每一个判断矩阵进行一致性检验外，还要进行组合一致性检验。组合一致性检验可逐层进行，若第 p 层的一致性指标、随机一致性指标分别为 $\mathrm{CI}_i^{(p)}$、$\mathrm{RI}_i^{(p)}$ $(1\leqslant i\leqslant n^{(p-1)})$，则定义第 p 层对第 1 层一致性指标 $\mathrm{CI}_{(1)}^{(p)}$ 和随机一致性指标 $\mathrm{RI}_{(1)}^{(p)}$ 分别为

$$\mathrm{CI}_{(1)}^{(p)}=\mathbf{CI}^{(p)}\boldsymbol{w}_{(1)}^{(p-1)},\ p\geqslant 3 \tag{13.4}$$

$$\mathrm{RI}_{(1)}^{(p)}=\mathbf{RI}^{(p)}\boldsymbol{w}_{(1)}^{(p-1)},\ p\geqslant 3 \tag{13.5}$$

式中，$\mathbf{CI}^{(p)}=[\mathrm{CI}_1^{(p)},\ \mathrm{CI}_2^{(p)},\ \cdots,\ \mathrm{CI}_{n^{(p-1)}}^{(p)}]^{\mathrm{T}}$，$\mathbf{RI}^{(p)}=[\mathrm{RI}_1^{(p)},\ \mathrm{RI}_2^{(p)},\ \cdots,\ \mathrm{RI}_{n^{(p-1)}}^{(p)}]^{\mathrm{T}}$。

由此，第 p 层对第 1 层的组合一致性比率 $\mathrm{CR}_{(1)}^{(p)}$ 可描述为

$$\mathrm{CR}_{(1)}^{(p)}=\frac{\mathrm{CI}_{(1)}^{(p)}}{\mathrm{RI}_{(1)}^{(p)}},\ p\geqslant 3 \tag{13.6}$$

根据组合一致性检验，最后若 $\mathrm{CR}_{(1)}^{(p)}<0.1$ 时，则认为整个层次的比较通过一致性检验，则可按照组合权向量表示的结果进行决策，否则需要重新考虑模型或重新构造那些一致性比率较大的判断矩阵。

13.2 层次结构模型的建立

在分析定位方案的合理性时，为了简化问题，理论上常利用定位点的概念来分析工件自由度的限制情况。然而，在夹具中实际定位时，应根据工件上已被选作定位基准面的形状与精度，采用相应结构形状的定位元件限制工件的自由度。

13.2.1 层次模型

定位元件选型主要确定定位元件的结构形状，这是层次结构模型中的目标层，如图 13.1 所示。

而在夹具定位元件选型时，主要考虑工件与定位元件的表面特征、定位元件限制的自由度、工件与定位元件的接触特征等 3 个决策指标，从而构成了层次结构模型的准则层。方案层为夹具元件库中的所有定位元件。这里，$C_1^{(2)}$ 表示表面特征，$C_2^{(2)}$ 表示实际约束，$C_3^{(2)}$ 表示接触特征；且记元件库中支承钉为 $C_1^{(3)}$，支承板为 $C_2^{(3)}$，V 形块为 $C_3^{(3)}$，锥销为 $C_4^{(3)}$，定位套为 $C_5^{(3)}$。

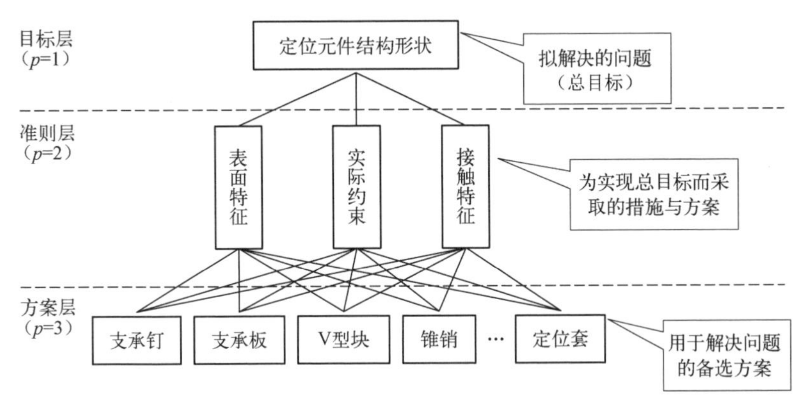

图 13.1　定位元件的层次分析模型

13.2.2　选择因子

在夹具定位元件选型时，主要考虑工件定位基准与定位元件的表面形状、实际约束、表面粗糙度、接触面积等因素。根据这些影响因素，可定义相应的定位元件选择因子。

1. *表面特征*

工件的定位基准有各种形式，如平面、外圆柱面、圆柱孔、圆锥面、型面等。根据这些基准表面的不同特征，应正确选择不同的定位元件来实现定位。因此，在构造表面特征选择因子时，工件定位基准与相应定位元件的表面特征值应相等。另外，不同的定位基准，布局定位元件的难易程度不同，表面特征值也不同。因此，根据这两个特征匹配原则，可定义表面特征选择因子 t_i 为

$$t_i = 0.5^{|G_i - H_i|} \tag{13.7}$$

式中，H_i 表示第 i 个定位基准表面的类型；G_i 表示相应于第 i 个定位基准表面所选的定位元件工作表面类型。H_i 与 G_i 的取值如表 13.2 所示。

表 13.2　表面特征的取值

定位基准	相应的定位元件	H_i 值	G_i 值
平面	支承钉、支承板、……	1	1
外圆柱面	V 形块、定位套、……	2	2
圆孔	定位销、心轴、……	3	3
圆锥面	锥套、……	4	4

续　表

定位基准	相应的定位元件	H_i值	G_i值
圆锥孔	顶尖、锥度心轴、锥销、……	5	5
其他	定位钢球、……	6	6

2. 实际约束

选择定位元件时，其实际所限制的自由度不能少于相应定位基准表面上定位点提供的理论约束，且两者比值应为整数。否则，定位过程将出现欠定位或过定位。因此，定位元件的实际约束选择因子 f_i 可定义为

$$f_i=\begin{cases}0.9, & \dfrac{D_i}{P_i}\in \text{int} \\ 0.1, & \dfrac{D_i}{P_i}\notin \text{int}\end{cases} \tag{13.8}$$

式中，D_i表示第 i 个定位基准表面上的定位点数目；P_i表示第 i 个定位基准表面上所选定位元件实际限制的自由度数，int 表示整数。

图 13.2 为工件的通孔加工工序简图。工件底面 A、圆柱侧面 B 和右侧面 C 为定位基准，表面粗糙度值分别为 $Ra_1=6.3$、$Ra_2=12.5$ 与 $Ra_3=6.3$。由“生成式”设计算法可得定位点的布局如图 13.1 所示，定位基准 A 面上布局三个定位点 1、2、3，定位基准 B 面上布局两个定位点 4、5，而定位基准 C 面上则布局一个定位点

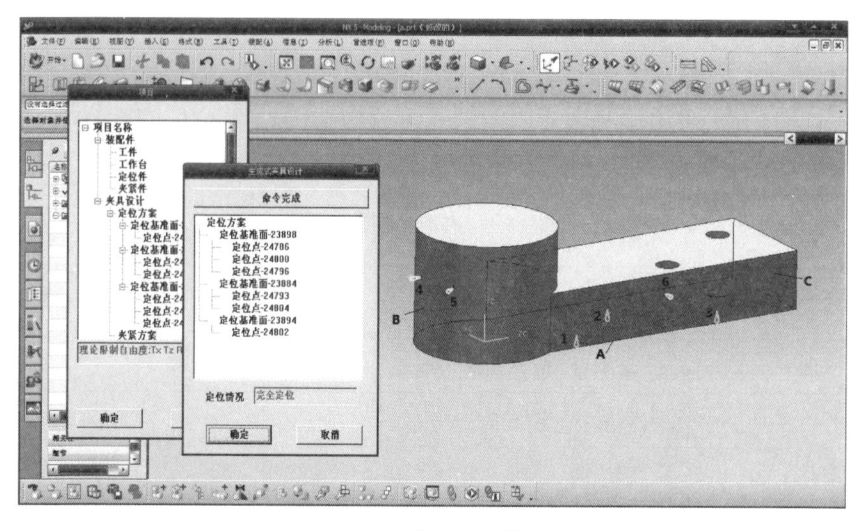

图 13.2　工件定位点的布局

6。这样 $D_1=3$，$D_2=2$ 以及 $D_3=1$。

3. 接触特征

工件定位基准的表面粗糙度越大，定位误差越大。此时，选择定位元件时，应使得所选的定位元件与定位基准的接触面越小越好。按照国标 GB/T 1031—1995，表面粗糙度一般取 0.012、0.025、0.05、0.1、0.2、0.4、0.8、1.6、3.2、6.3、12.5、25、50、100 等，因此接触特征选择因子 c_i 可构造如下：

$$c_i=\begin{cases}0.1+\left[1-\left(\dfrac{1}{\log R_{ai}}\right)^{S_i}\right]\times 0.8,\ R_{ai}>10\\0.1+\left[1-\left(\dfrac{\log R_{ai}}{2}\right)^{S_i}\right]\times 0.8,\ 1<R_{ai}\leqslant 10\\0.9,\ R_{ai}\leqslant 1\end{cases}\tag{13.9}$$

其中，S_i 为第 i 个所选定位元件与定位基准的接触面积（cm^2），R_{ai} 为第 i 个定位基准的表面粗糙度。

13.3　准则层权向量的确定

在图 13.2 所示的工件定位点布局中，定位基准 A 面、B 面、C 面上分别布局了 3 个定位点、2 个定位点、1 个定位点。根据定位点的数目，将 A 面、B 面、C 面分别称之为第一定位基准、第二定位基准与第三定位基准，因此应分别按照第一、第二、第三定位基准的顺序为各自选出合适的定位元件。定位元件的选型依据为各个定位基准的层权向量，本节详细介绍第一定位基准的层权向量的确定，其他定位基准的层权向量的确定，以此类推。

13.3.1　判断矩阵的构造

通过相互比较确定各准则对于目标的权重，构造判断矩阵。在层次分析法中，为使矩阵中各要素的重要性能够进行定量显示，引进了矩阵的 1-9 判断标度法，如表 13.3 所示。

表 13.3　标度的含义

标　度	含　　义
1	表示两个元素相比，具有同样的重要性
3	表示两个元素相比，前者比后者稍重要

续　表

标　度	含　　义
5	表示两个元素相比，前者比后者明显重要
7	表示两个元素相比，前者比后者极其重要
9	表示两个元素相比，前者比后者强烈重要
2，4，6，8	表示上述相邻判断的中间值

对于要比较的两个因子 $C_s^{(p)}$ 和 $C_t^{(p)}$ 而言，若 $C_s^{(p)}$ 和 $C_t^{(p)}$ 具有相同重要性，则其重要性比值取 $a_{st}^{(p)}=1:1$，强烈重要就是 $a_{st}^{(p)}=9:1$。值得注意的是，若 $C_s^{(p)}$ 和 $C_t^{(p)}$ 的重要性之比为 $a_{st}^{(p)}$，那么 $C_s^{(p)}$ 和 $C_t^{(p)}$ 的重要性之比为 $a_{ts}^{(p)}=1/a_{st}^{(p)}$。两两比较后，即可将比值排列成判断矩阵 $\boldsymbol{A}_i^{(p)}$。这里，由于准则层中 $C_1^{(2)}$ 最为重要，$C_2^{(2)}$ 比较重要，$C_3^{(2)}$ 不太重要，根据定位元件决策指标之间重要性之比初步拟定准则层关于目标层的判断矩阵如下

$$\boldsymbol{A}_1^{(2)}=\begin{array}{c} \\ C_1^{(2)} \\ C_2^{(2)} \\ C_3^{(2)} \end{array}\begin{array}{c} \begin{matrix} C_1^{(2)} & C_2^{(2)} & C_3^{(2)} \end{matrix} \\ \begin{bmatrix} 1 & 3 & 7 \\ 1/3 & 1 & 5 \\ 1/7 & 1/5 & 1 \end{bmatrix} \end{array} \tag{13.10}$$

记 $\lambda_{1\max}^{(2)}$ 为 $\boldsymbol{A}_1^{(2)}$ 的最大特征值，$\boldsymbol{w}_1^{(2)}$ 为对应于 $\lambda_{1\max}^{(1)}$ 的正规化的特征向量（即权向量），则可根据式(13.11)

$$\boldsymbol{A}_1^{(2)}\boldsymbol{w}_1^{(2)}=\lambda_{1\max}^{(2)}\boldsymbol{w}_1^{(2)} \tag{13.11}$$

计算得 $\lambda_{1\max}^{(1)}=3.064\,9$，对应于 $\lambda_{1\max}^{(1)}$ 的正规化特征向量为 $\boldsymbol{w}_1^{(2)}=[0.649\,1,\ 0.279\,0,\ 0.071\,9]^{\mathrm{T}}$。由于 $\boldsymbol{w}_1^{(2)}$ 的第 i 个分量 $w_{1i}^{(1)}$ 为相应元素单排序的权值，因此准则层中各元素的权数值即可获得，如图 13.3 所示。

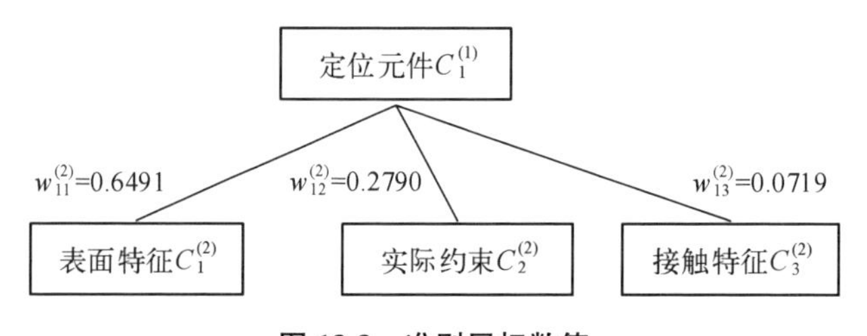

图 13.3　准则层权数值

13.3.2　一致性检验

首先，按照式(13.1)和式(13.2)对判断矩阵 $\boldsymbol{A}_1^{(2)}$ 进行一致性检验。由于矩阵 $\boldsymbol{A}_1^{(2)}$ 的最大特征值为 $\lambda_{1\max}^{(2)}=3.0649$，$n^{(2)}=3$，故一致性指标 $\mathrm{CI}_1^{(2)}$ 为

$$\mathrm{CI}_1^{(2)}=\frac{\lambda_{1\max}^{(2)}-n^{(2)}}{n^{(2)}-1}=0.0325 \tag{13.12}$$

由表 13.1 可知平均随机一致性指标 $\mathrm{RI}_1^{(2)}=0.58$，从而可计算判断矩阵 $\boldsymbol{A}_1^{(2)}$ 的一致性比率 $\mathrm{CR}_1^{(2)}$ 为

$$\mathrm{CR}_1^{(2)}=\frac{\mathrm{CI}_1^{(2)}}{\mathrm{RI}_1^{(2)}}=0.056 \tag{13.13}$$

由于 $\mathrm{CR}_1^{(2)}<0.1$，表示判断矩阵 $\boldsymbol{A}_1^{(2)}$ 具有相当的一致性。这样，准则层的层权向量即为 $\boldsymbol{w}_1^{(2)}=[0.6491,\ 0.2790,\ 0.0719]^{\mathrm{T}}$。

13.4　方案层权向量的确定

13.4.1　判断矩阵的构造

根据选择因子的计算公式，可得支承钉 $C_1^{(3)}$、支承板 $C_2^{(3)}$、V 形块 $C_3^{(3)}$、锥销 $C_4^{(3)}$、定位套 $C_5^{(3)}$ 相对应的 t_i、f_i 和 c_i 值，如表 13.4 所示。

表 13.4　第一定位基准的选择因子

定位元件	表面特征 t_i	实际约束 f_i	接触特征 c_i
支承钉	1	0.9	0.231 7
支承板	1	0.9	0.870 4
V 形块	0.5	0.1	0.1
锥销	0.25	0.1	0.1
定位套	0.5	0.1	0.1

根据图 13.1 所示的层次结构模型，可得 $C_1^{(2)}$ 与 $C_1^{(3)}$、$C_2^{(3)}$、$C_3^{(3)}$、$C_4^{(3)}$、$C_5^{(3)}$ 之间的关系，如图 13.4 所示。根据表 13.4 中 t_i 值可列出 $C_1^{(3)}$、$C_2^{(3)}$、$C_3^{(3)}$、$C_4^{(3)}$、$C_5^{(3)}$ 对于 $C_1^{(2)}$ 的判断矩阵 $\boldsymbol{A}_1^{(3)}$ 如下：

$$\boldsymbol{A}_1^{(3)}=\begin{matrix} & C_1^{(3)} & C_2^{(3)} & C_3^{(3)} & C_4^{(3)} & C_5^{(3)} \\ C_1^{(3)} & 1 & 1 & 2 & 4 & 2 \\ C_2^{(3)} & 1 & 1 & 2 & 4 & 2 \\ C_3^{(3)} & 1/2 & 1/2 & 1 & 2 & 1 \\ C_4^{(3)} & 1/4 & 1/4 & 1/2 & 1 & 1/2 \\ C_5^{(3)} & 1/2 & 1/2 & 1 & 2 & 1 \end{matrix} \tag{13.14}$$

表面特征$C_1^{(2)}$
$w_{11}^{(3)}$=0.3077
$w_{12}^{(3)}$=0.3077
$w_{13}^{(3)}$=0.1538
$w_{14}^{(3)}$=0.0769
$w_{15}^{(3)}$=0.1538
支承钉$C_1^{(3)}$
支承板$C_2^{(3)}$
V型块$C_3^{(3)}$
锥销$C_4^{(3)}$
定位套$C_5^{(3)}$

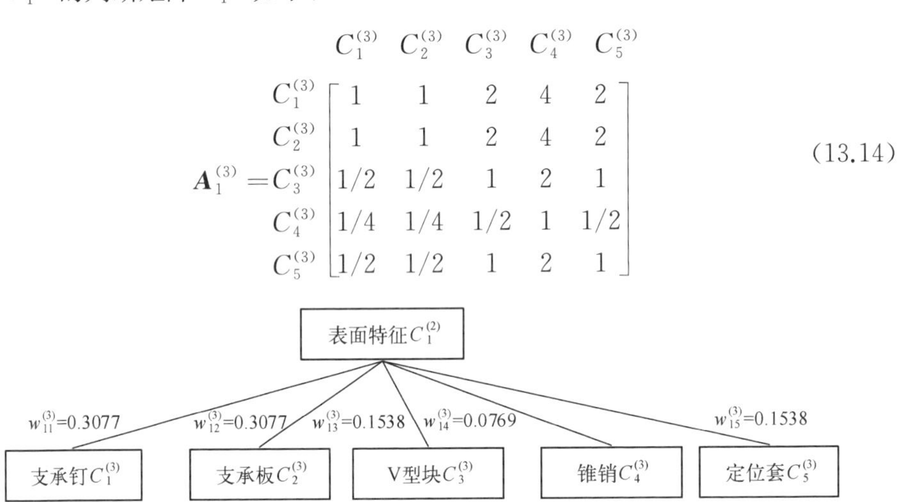

图 13.4 表面特征与各定位元件的关系图

经计算得 $\boldsymbol{A}_1^{(3)}$ 的最大特征值为 $\lambda_{1\max}^{(3)}=5$，对应于 $\lambda_{1\max}^{(3)}$ 的正规化特征向量为 $\boldsymbol{w}_1^{(3)}=[0.307\,7,\ 0.307\,7,\ 0.153\,8,\ 0.076\,9,\ 0.153\,8]^{\mathrm{T}}$。

图 13.5 为 $C_2^{(2)}$ 与 $C_1^{(3)}$、$C_2^{(3)}$、$C_3^{(3)}$、$C_4^{(3)}$、$C_5^{(3)}$ 的关系图，根据表 13.4 中 f_i 值亦容易构造其判断矩阵 $\boldsymbol{A}_2^{(3)}$ 如下：

$$\boldsymbol{A}_2^{(3)}=\begin{matrix} & C_1^{(3)} & C_2^{(3)} & C_3^{(3)} & C_4^{(3)} & C_5^{(3)} \\ C_1^{(3)} & 1 & 1 & 9 & 9 & 9 \\ C_2^{(3)} & 1 & 1 & 9 & 9 & 9 \\ C_3^{(3)} & 1/9 & 1/9 & 1 & 1 & 1 \\ C_4^{(3)} & 1/9 & 1/9 & 1 & 1 & 1 \\ C_5^{(3)} & 1/9 & 1/9 & 1 & 1 & 1 \end{matrix} \tag{13.15}$$

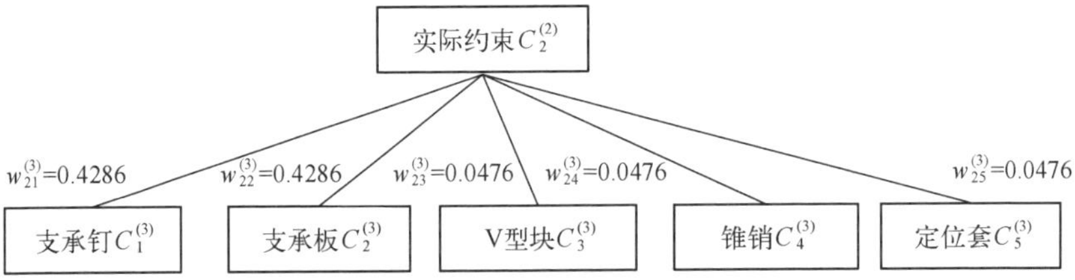

实际约束$C_2^{(2)}$
$w_{21}^{(3)}$=0.4286
$w_{22}^{(3)}$=0.4286
$w_{23}^{(3)}$=0.0476
$w_{24}^{(3)}$=0.0476
$w_{25}^{(3)}$=0.0476
支承钉$C_1^{(3)}$
支承板$C_2^{(3)}$
V型块$C_3^{(3)}$
锥销$C_4^{(3)}$
定位套$C_5^{(3)}$

图 13.5 实际约束与各定位元件的关系图

经计算得矩阵 $\boldsymbol{A}_2^{(3)}$ 的最大特征值 $\lambda_{2\max}^{(3)}=5$，对应于 $\lambda_{2\max}^{(3)}$ 的正规化特征向量为 $\boldsymbol{w}_2^{(3)}=[0.428\,6,\ 0.428\,6,\ 0.047\,6,\ 0.047\,6,\ 0.047\,6]^{\mathrm{T}}$。

同样可得 $C_3^{(2)}$ 与 $C_1^{(3)}$、$C_2^{(3)}$、$C_3^{(3)}$、$C_4^{(3)}$、$C_5^{(3)}$ 的关系，如图 13.6 所示，根据表 13.4 中 c_i 值构造其判断矩阵 $\boldsymbol{A}_3^{(3)}$ 为

$$\boldsymbol{A}_3^{(3)}=\begin{array}{c} \\ C_1^{(3)} \\ C_2^{(3)} \\ C_3^{(3)} \\ C_4^{(3)} \\ C_5^{(3)} \end{array}\begin{array}{c} \begin{array}{ccccc} C_1^{(3)} & C_2^{(3)} & C_3^{(3)} & C_4^{(3)} & C_5^{(3)} \end{array} \\ \begin{bmatrix} 1 & 0.266\,2 & 2.317 & 2.317 & 2.317 \\ 3.756\,6 & 1 & 8.704 & 8.704 & 8.704 \\ 0.431\,6 & 0.114\,9 & 1 & 1 & 1 \\ 0.431\,6 & 0.114\,9 & 1 & 1 & 1 \\ 0.431\,6 & 0.114\,9 & 1 & 1 & 1 \end{bmatrix} \end{array} \tag{13.16}$$

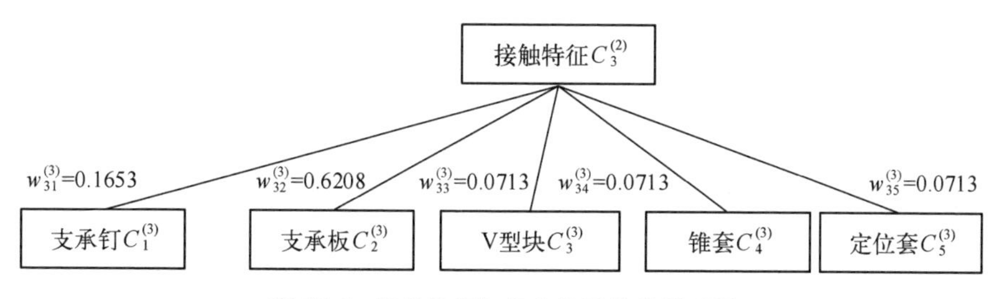

图 13.6 接触特征与各定位元件的关系图

经计算得矩阵 $\boldsymbol{A}_3^{(3)}$ 的最大特征值 $\lambda_{3\max}^{(3)}=5.000\,1$ 和对应于 $\lambda_{3\max}^{(3)}$ 的正规化特征向量为 $\boldsymbol{w}_3^{(3)}=[0.165\,3,\ 0.620\,8,\ 0.071\,3,\ 0.071\,3,\ 0.071\,3]^{\mathrm{T}}$。

13.4.2 一致性检验

由于 $n^{(3)}=5$，根据式(13.1)和式(13.2)计算判断矩阵 $\boldsymbol{A}_1^{(3)}$、$\boldsymbol{A}_2^{(3)}$、$\boldsymbol{A}_3^{(3)}$ 的各项指标如表 13.5 所示。由于一致性指标、随机一致性指标以及一致性比率均满足要求，故一致性检验通过。

表 13.5 判断矩阵对应的各项指标

选择因子 i	1	2	3
$\lambda_{i\max}^{(3)}$	5	5	5.000 1
$\mathrm{CI}_i^{(3)}$	0	0	0.000 025

续 表

选择因子 i	1	2	3
$RI_i^{(3)}$	1.12	1.12	1.12
$CR_i^{(3)}$	0	0	0.000 022

13.4.3 选择定位元件的决策指标

计算同一层次所有因素对于最高层(总目标)相对重要性的排序权值,称为层次总排序。准则层只有一个特征向量 $\boldsymbol{w}_1^{(2)}=[0.649\,1,\ 0.279\,0,\ 0.071\,9]^{\mathrm{T}}$,因此准则层对目标层的权向量 $\boldsymbol{w}_{(1)}^{(2)}$ 应为

$$\boldsymbol{w}_{(1)}^{(2)}=\boldsymbol{w}_1^{(2)}=\begin{bmatrix}0.649\,1\\0.279\,0\\0.071\,9\end{bmatrix} \tag{13.17}$$

同样,方案层中有权向量 $\boldsymbol{w}_1^{(3)}$、$\boldsymbol{w}_2^{(3)}$ 和 $\boldsymbol{w}_3^{(3)}$,这样方案层对准则层的权向量矩阵可表达为

$$\boldsymbol{w}_{(2)}^{(3)}=[\boldsymbol{w}_1^{(3)},\ \boldsymbol{w}_2^{(3)},\ \boldsymbol{w}_3^{(3)}]=\begin{bmatrix}0.307\,7 & 0.428\,6 & 0.165\,3\\0.307\,7 & 0.428\,6 & 0.620\,8\\0.153\,8 & 0.047\,6 & 0.071\,3\\0.076\,9 & 0.047\,6 & 0.071\,3\\0.153\,8 & 0.047\,6 & 0.071\,3\end{bmatrix} \tag{13.18}$$

根据式(13.3),可计算出方案层对目标层的组合权向量 $\boldsymbol{w}_{(1)}^{(3)}$ 为

$$\boldsymbol{w}_{(1)}^{(3)}=\boldsymbol{w}_{(2)}^{(3)}\cdot\boldsymbol{w}_{(1)}^{(2)}=\begin{bmatrix}0.331\,2\\\mathbf{0.363\,9}\\0.118\,2\\0.068\,3\\0.118\,2\end{bmatrix} \tag{13.19}$$

由表 13.4 可知,$\mathbf{CI}^{(3)}=[CI_1^{(3)},\ CI_2^{(3)},\ CI_3^{(3)}]^{\mathrm{T}}=[0,\ 0,\ 0.000\,025]^{\mathrm{T}}$,$\mathbf{RI}^{(3)}=[RI_1^{(3)},\ RI_2^{(3)},\ RI_3^{(3)}]^{\mathrm{T}}=[1.12,\ 1.12,\ 1.12]^{\mathrm{T}}$,那么根据式(13.4)~式(13.6)可知层次总排序一致性检验如下

$$CI_{(1)}^{(3)}=\mathbf{CI}^{(3)}\cdot\boldsymbol{w}_{(1)}^{(2)}=2.829\,3\times10^{-6} \tag{13.20}$$

$$\mathrm{RI}_{(1)}^{(3)}=\mathbf{RI}^{(3)}\cdot \boldsymbol{w}_{(1)}^{(2)}=1.12 \tag{13.21}$$

$$\mathrm{CR}_{(1)}^{(3)}=\frac{\mathrm{CI}_{(1)}^{(3)}}{\mathrm{RI}_{(1)}^{(3)}}=2.526\,1\times 10^{-6}<0.1 \tag{13.22}$$

所以通过一致性检验，式(13.19)中的组合权向量 $\boldsymbol{w}_{(1)}^{(3)}$ 为最终决策的依据。因此，A 面在支承钉、支承板、V 形块、锥销、定位套五个候选定位元件中优先选择支承板。

同样，根据 13.5.1 节至 13.5.3 节所介绍的方法，可分别获得第二定位基准 B 面、第三定位基准 C 面上各候选定位元件的总排序权值分别为 $\boldsymbol{w}_{(1)}^{(3)}=[0.222\,1,\ 0.111\,2,\ \mathbf{0.310\,2},\ 0.111\,2,\ 0.245\,3]^{\mathrm{T}}$ 与 $\boldsymbol{w}_{(1)}^{(3)}=[\mathbf{0.404\,8},\ 0.265\,8,\ 0.126\,4,\ 0.076\,5,\ 0.126\,4]^{\mathrm{T}}$。因此，B 面上优先选择 V 形块，而 C 面优先选择支承钉。

第 14 章

夹紧机构的选择方法

工件在机床或夹具中定位后，还需进行夹紧，而夹紧力是由夹紧机构提供的。根据结构特点和功用，夹紧机构一般由产生作用力的动力源、传递作用力的传力机构、执行夹紧的夹紧元件这三部分组成。夹紧机构的设计和选用是否正确合理，对于保证加工精度、提高生产效率、减轻劳动强度具有很大影响。因此，根据夹紧机构的特点，主要考虑自锁性能、增力比大小、操作性、结构复杂程度等因素出发，建立基于多层次灰色理论的夹紧机构综合评价模型。从定性到定量综合集成的原则，对候选夹紧机构给出不同具体的数值，作为夹紧机构的最终抉择依据。

14.1 夹紧机构评价模型

14.1.1 层次结构模型

夹紧机构评价指标是评价夹紧装置准确、客观、科学的基本前提。对于夹紧机构的选择，不能简单地用纯量化的指标去衡量，需要采用相对的标准，将定量与定性相结合。

在夹具的各种夹紧机构中，以斜楔、螺旋、偏心轮、铰链机构以及由它们组合而成的夹紧机构应用最为普遍。不同的夹紧装置，各有特点，螺旋夹紧机构结构简单，增力比大，夹紧可靠，可以保证自锁；斜楔夹紧机构工作可靠，有较大增力特性，但夹紧力小，操作不方便；偏心轮夹紧机构结构简单，夹紧动作快，有一定的增力作用，不耐振动。因此，选择夹紧机构主要考虑自锁性、增力比、操作性、元件标准化度、结构简单等指标。

根据各指标的从属关系，可构造夹紧机构评价指标的层次结构模型，如图 14.1 所示。由此可见，各指标集合为 $\boldsymbol{T}=\{T_1, T_2, T_3\}$，$\boldsymbol{T}_1=\{T_{11}, T_{12}\}$，$\boldsymbol{T}_2=\{T_{21}, T_{22}, T_{23}\}$，$\boldsymbol{T}_3=\{T_{31}, T_{32}, T_{33}\}$。

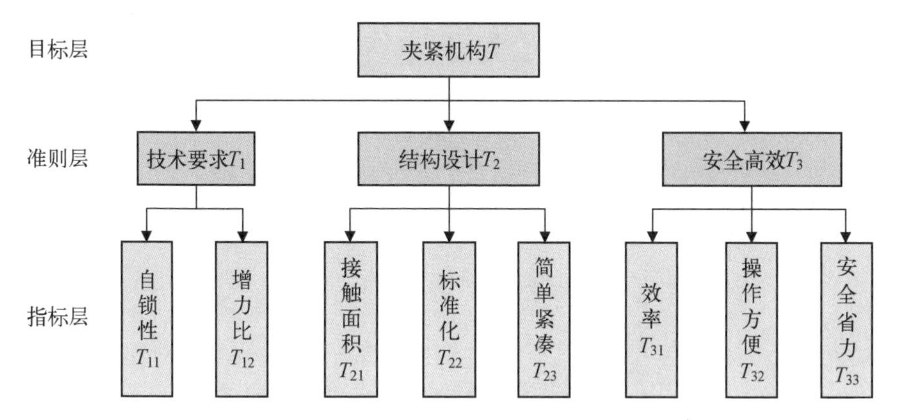

图 14.1　评价指标及其层次结构模型

14.1.2　指标权重

在确定科学合理的评价指标体系后，确定客观合理的指标权重则是选择夹紧机构的关键。确定指标权重常见的方法有德尔菲法、专家调查法、层次分析法等方法。这里，采用层次分析法确定各指标权重。

根据表 14.1，采用标度法建立各指标集合的判断矩阵 $\boldsymbol{T}$。通过相互比较确定指标集合中各因子对目标的权重(如集合 $\boldsymbol{T}_2$ 的目标、因子分别为 T_2、T_{2i}，$1\leqslant i\leqslant 3$)，来构造判断矩阵 $\boldsymbol{T}$ 中的各个元素 $a_{i,j}$。

表 14.1　标度表

标　度	含　　义
1	表示两个因子相比，具有同样的重要性
3	表示两个因子相比，前者比后者稍重要
5	表示两个因子相比，前者比后者明显重要
7	表示两个因子相比，前者比后者极其重要
9	表示两个因子相比，前者比后者强烈重要
2，4，6，8	表示上述相邻判断的中间值

假定 $\lambda_{\max}$、$\boldsymbol{w}=[w_1,\ w_2,\ w_3]^{\mathrm{T}}$ 为判断矩阵 $\boldsymbol{T}$ 的最大特征值及其相应的归一化特征向量，则可根据一致性比率 CR 对判断矩阵 $\boldsymbol{T}$ 进行一致性检验。若检验通

过,归一化的特征向量 $\boldsymbol{w}$ 即可作为准则层对目标层的指标权重,否则需重新构造判断矩阵 $\boldsymbol{T}$。其中,一致性比率 CR 为

$$\mathrm{CR}=\frac{\mathrm{CI}}{\mathrm{RI}} \tag{14.1}$$

式中,CI 为判断矩阵的一致性指标,且

$$\mathrm{CI}=\frac{\lambda_{\max}-n}{n-1} \tag{14.2}$$

式中,n 为判断矩阵的阶数。

RI 为判断矩阵的平均随机一致性指标,其值随判断矩阵的阶数变化而不同,其取值如表 14.2 所示。

表 14.2 随机一致性指标的取值

判断矩阵的阶数	随机一致性指标	判断矩阵的阶数	随机一致性指标	判断矩阵的阶数	随机一致性指标
1	0	6	1.23	11	1.52
2	0	7	1.36	12	1.54
3	0.52	8	1.41	13	1.56
4	0.89	9	1.46	14	1.58
5	1.12	10	1.49	15	1.59

对判断矩阵进行一致性检验,CR 的值越小,判断矩阵进行一致性越好,通常当

$$\mathrm{CR}\leqslant 0.1 \tag{14.3}$$

认为判断矩阵中的各元素一致性较好。此时,归一化的特征向量即可作为层权向量。否则,说明判断矩阵中的各元素一致性较差,需要重新构造新的判断矩阵,直至判断矩阵的 CR 值满足式(14.3)。这里,记准则层对目标层的权重为 $\boldsymbol{T}_w$,指标层对准则层的三组权重分别为 $\boldsymbol{T}_{1w}$、$\boldsymbol{T}_{2w}$、$\boldsymbol{T}_{3w}$。

14.1.3 评价样本矩阵

组织专家对夹紧机构各指标进行评价打分,采用多层次灰色评价法对夹紧机构进行评价,夹紧机构的评分范围为 4 分、3 分、2 分、1 分,分别代表优秀、良好、一般、差。

假定第 K $(K=1, 2, \cdots, p)$位专家对夹紧机构指标层的 8 个指标分别进行打分,其得分情况如下

$$\boldsymbol{T}^{(K)}=(T_1^{(K)}, T_2^{(K)}, T_3^{(K)})^{\mathrm{T}}=(T_{ijK}) \tag{14.4}$$

式中,$\boldsymbol{T}^{(K)}$为 8 行 p 列的矩阵。

14.1.4　评价灰类

确定夹紧机构评价样本矩阵的评价灰类,就是要确定夹紧机构评价灰类等级数、灰类的灰数以及夹紧机构灰数的白化权函数。

假定夹紧机构评价灰类序号为 $e(e=1, 2, 3, 4)$,夹紧机构评价灰类分为"优秀""良好""一般""差"。夹紧机构第 1 灰类为"优秀",即灰数 $e=1$,其白化权函数为 f_1,其表达式如下

$$f_1(T_{ijK})=\begin{cases}\dfrac{T_{ijK}}{4}, & T_{ijK}\in[0, 4]\\ 1, & T_{ijK}\in[4, \infty)\\ 0, & T_{ijK}\notin[0, \infty)\end{cases} \tag{14.5}$$

夹紧机构第 2 灰类为"良好",此时 $e=2$,其白化权函数为 f_2可表达式如下

$$f_2(T_{ijK})=\begin{cases}\dfrac{T_{ijK}}{3}, & T_{ijK}\in[0, 3]\\ \dfrac{6-T_{ijK}}{3}, & T_{ijK}\in(3, 6]\\ 0, & T_{ijK}\notin[0, 6]\end{cases} \tag{14.6}$$

夹紧机构第 3 灰类为"一般",此时 $e=3$,其白化权函数为 f_3可描述为

$$f_3(T_{ijK})=\begin{cases}\dfrac{T_{ijK}}{2}, & T_{ijK}\in[0, 2]\\ \dfrac{4-T_{ijK}}{2}, & T_{ijK}\in(2, 4]\\ 0, & T_{ijK}\notin[0, 4]\end{cases} \tag{14.7}$$

若夹紧机构第 4 灰类为"差",此时 $e=4$,其白化权函数为 f_4的表达式为

$$f_4(T_{ijK})=\begin{cases}1, & T_{ijK}\in[0, 1]\\ 2-T_{ijK}, & T_{ijK}\in(1, 2]\\ 0, & T_{ijK}\notin[0, 2]\end{cases} \tag{14.8}$$

对于夹紧机构的评价指标 T_{ij},该夹紧机构属于第 e 个评价灰类的灰色评价系数 T_{ije} 为

$$T_{ije}=\begin{cases}\sum_{K=1}^{p} f_1(T_{ijK}), e=1\\ \sum_{K=1}^{p} f_2(T_{ijK}), e=2\\ \sum_{K=1}^{p} f_3(T_{ijK}), e=3\\ \sum_{K=1}^{p} f_4(T_{ijK}), e=4\end{cases} \tag{14.9}$$

对于夹紧机构的评价指标 T_{ij},该夹紧机构各个评价灰类的总灰色评价系数为

$$T_{ij}=\sum_{e=1}^{4} T_{ije} \tag{14.10}$$

14.1.5 灰色评价权向量及其矩阵

p 位专家对于每类夹紧机构评价主张第 e 个评价灰类的灰色评价权向量 $\boldsymbol{t}_{ij}=[t_{ij1}, t_{ij2}, t_{ij3}, t_{ij4}]^{\mathrm{T}}$ 为

$$t_{ije}=\frac{T_{ije}}{T_{ij}},\ e=1, 2, 3, 4 \tag{14.11}$$

同理,可以计算夹紧机构其他的指标各类灰类的灰色评价权向量,从而得到夹紧机构所属指标对于各评价灰类的评价权矩阵分别为

$$\boldsymbol{t}_1=\begin{bmatrix}\boldsymbol{t}_{11}^{\mathrm{T}}\\ \boldsymbol{t}_{12}^{\mathrm{T}}\end{bmatrix} \tag{14.12}$$

$$\boldsymbol{t}_2=\begin{bmatrix}\boldsymbol{t}_{21}^{\mathrm{T}}\\ \boldsymbol{t}_{22}^{\mathrm{T}}\\ \boldsymbol{t}_{23}^{\mathrm{T}}\end{bmatrix} \tag{14.13}$$

$$\boldsymbol{t}_3=\begin{bmatrix}\boldsymbol{t}_{31}^{\mathrm{T}}\\ \boldsymbol{t}_{32}^{\mathrm{T}}\\ \boldsymbol{t}_{33}^{\mathrm{T}}\end{bmatrix} \tag{14.14}$$

14.1.6　性能综合评价

先对夹紧机构的一级指标进行综合评价，得到的综合评价结果分别为

$$X_1 = \boldsymbol{T}_{1w}^{\mathrm{T}} \boldsymbol{t}_1 \tag{14.15}$$

$$X_2 = \boldsymbol{T}_{2w}^{\mathrm{T}} \boldsymbol{t}_2 \tag{14.16}$$

$$X_3 = \boldsymbol{T}_{3w}^{\mathrm{T}} \boldsymbol{t}_3 \tag{14.17}$$

由此，可以得到夹紧机构夹紧功能的灰色综合评价结果如下

$$\boldsymbol{Y}_X = \boldsymbol{T}_{\mathrm{w}}^{\mathrm{T}} \boldsymbol{X} \tag{14.18}$$

其中 $\boldsymbol{X} = [\boldsymbol{X}_1^{\mathrm{T}}, \boldsymbol{X}_2^{\mathrm{T}}, \boldsymbol{X}_3^{\mathrm{T}}]^{\mathrm{T}}$。

由于夹紧机构的评分范围为 4 分、3 分、2 分、1 分，分别代表优秀、良好、一般、差。设 $D = [4, 3, 2, 1]^{\mathrm{T}}$，则夹紧机构 p 个专家打分后综合评价的分值为

$$Y = \boldsymbol{Y}_X \boldsymbol{D} \tag{14.19}$$

14.2　应用与分析

本节列举两个实例来说明夹紧机构选择算法的应用过程及其可行性。一个是在连杆小端钻通孔，另一个则是在杠杆零件上铣通槽。

14.2.1　连杆

如图 14.2 所示，在连杆上钻 ϕ18H7 的通孔，分别选择 A、E 为定位基准，D、E 为夹紧表面，而 B 为辅助支撑表面。

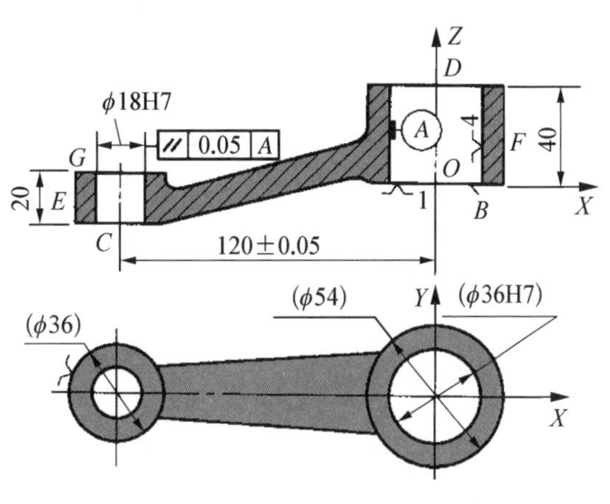

图 14.2　连杆钻孔工序简图

容易根据 ϕ18H7 孔的几何、装夹及加工信息，选出定位元件分别为长心轴 + 小端面，活动 V 形块以及辅助支撑，现为钻 ϕ18H7 孔选择夹紧机构。

1. 斜楔夹紧机构

应用多层次灰色评价法对连杆的斜楔夹紧机构进行评价，假设总共邀请 3 位专家对该夹紧机构

的进行评估，夹紧机构的评分范围为 4 分、3 分、2 分、1 分，分别代表优秀、良好、一般、差。

首先分别求出准则层对目标层的权重 T_w，以及指标层对准则层的三组权重值 T_{1w}，P_{2w}，P_{3w}。按照 1-9 标度法构造准则层对目标层的判断矩阵 $\boldsymbol{T}$ 为

$$\boldsymbol{T}=\begin{array}{c} \\ T_1 \\ T_2 \\ T_3 \end{array}\begin{array}{c} \begin{array}{ccc} T_1 & T_2 & T_3 \end{array} \\ \begin{bmatrix} 1 & 2 & 5/2 \\ 1/2 & 1 & 3/2 \\ 2/5 & 2/3 & 1 \end{bmatrix} \end{array} \tag{14.20}$$

容易求得最大特征值为 $\lambda_{max}=3.0037$，故有 $CR=0.0032<0.1$，可知该相对判断矩阵通过一致性检验，表明其元素构造比较合理，元素一致性较好。根据该判断矩阵，可得准则层对目标层的权重值为 $\boldsymbol{T}_w=[0.5242,\ 0.2785,\ 0.1973]^T$。

同样，根据 1-9 标度法，构造指标层对准则层中技术指标的相对判断矩阵 T_1 如下：

$$\boldsymbol{T}_1=\begin{array}{c} \\ T_{11} \\ T_{12} \end{array}\begin{array}{c} \begin{array}{cc} T_{11} & T_{12} \end{array} \\ \begin{bmatrix} 1 & 3/2 \\ 2/3 & 1 \end{bmatrix} \end{array} \tag{14.21}$$

由于矩阵 $\boldsymbol{T}_1$ 的最大特征值 $\lambda_{max}=2$，故 $CR=0<0.1$。因此，该相对判断矩阵通过一致性检验，其归一化的特征向量可以作为方案层对准则层中的技术指标权重值，即有 $\boldsymbol{T}_{1w}=[0.6,\ 0.4]^T$。

根据 1-9 标度法，可构造指标层对准则层中第二个技术指标（即结构设计）的相对判断矩阵 $\boldsymbol{T}_2$ 为

$$\boldsymbol{T}_2=\begin{array}{c} \\ T_{21} \\ T_{22} \\ T_{23} \end{array}\begin{array}{c} \begin{array}{ccc} T_{21} & T_{22} & T_{23} \end{array} \\ \begin{bmatrix} 1 & 1/2 & 1/2 \\ 2 & 1 & 5/6 \\ 2 & 6/5 & 1 \end{bmatrix} \end{array} \tag{14.22}$$

因 $\lambda_{max}=3.0037$，故 $CR=0.0032$。因为 $CR<0.1$，所以该判断矩阵通过一致性检验。显然，该相对判断矩阵的归一化特征向量 $\boldsymbol{w}=[0.1997,\ 0.3759,\ 0.4244]^T$ 可作为指标层对准则层中结构设计的权重值 $\boldsymbol{T}_{2w}=\boldsymbol{w}$。

类似地，根据 1-9 标度法，构造出指标层对准则层中第三个技术指标“安全高效”的相对判断矩阵 $\boldsymbol{T}_3$ 如下：

$$\boldsymbol{T}_3=\begin{array}{c} \\ T_{31} \\ T_{32} \\ T_{33} \end{array}\begin{array}{c} \begin{array}{ccc} T_{31} & T_{32} & T_{33} \end{array} \\ \begin{bmatrix} 1 & 2/3 & 4/5 \\ 3/2 & 1 & 1 \\ 5/4 & 1 & 1 \end{bmatrix} \end{array} \tag{14.23}$$

这样，判断矩阵的最大特征值及其相应的特征向量分别为 $\lambda_{max}=3.0037$ 和 $\boldsymbol{W}=[0.4585,\ 0.6472,\ 0.6090]^{T}$。故有 CR$=0.0032<0.1$，因此该相对判断矩阵通过一致性检验。那么，该相对判断矩阵的归一化特征向量可作为指标层对准则层中安全高效的指标权重，即 $\boldsymbol{T}_{3w}=[0.2674,\ 0.3774,\ 0.3552]^{T}$。

假设 3 位专家对斜楔夹紧机构指标层的 8 个指标分别进行打分，其得分情况分别如下：

$$\boldsymbol{T}_1^{(3)}=\begin{bmatrix}3 & 2 & 3\\ 3 & 3 & 4\end{bmatrix} \tag{14.24}$$

$$\boldsymbol{T}_2^{(3)}=\begin{bmatrix}2 & 3 & 3\\ 3 & 2 & 4\\ 3 & 3 & 2\end{bmatrix} \tag{14.25}$$

$$\boldsymbol{T}_3^{(3)}=\begin{bmatrix}3 & 2 & 2\\ 2 & 3 & 4\\ 2 & 3 & 2\end{bmatrix} \tag{14.26}$$

其中，(3)代表 3 个专家进行评分。

根据式(14.9)可知，对于斜楔夹紧机构的评价指标 T_{11}，属于第 e 个评价灰类的灰色评价系数 T_{11e} 为

$$T_{11e}=\begin{cases}\sum_{K=1}^{3}f_1(T_{11K})=f_1(3)+f_1(2)+f_1(3)=2,\ e=1\\ \sum_{K=1}^{3}f_2(T_{11K})=f_2(3)+f_2(2)+f_2(3)=\dfrac{8}{3},\ e=2\\ \sum_{K=1}^{3}f_3(T_{11K})=f_3(3)+f_3(2)+f_3(3)=2,\ e=3\\ \sum_{K=1}^{3}f_4(T_{11K})=f_4(3)+f_4(2)+f_4(3)=0,\ e=4\end{cases} \tag{14.27}$$

由此可得，对于斜楔夹紧机构的评价指标 T_{11}，该斜楔夹紧机构各个评价灰类的总灰色评价系数为

$$T_{11}=\sum_{i=1}^{4}T_{11i}=2+\frac{8}{3}+2+0=\frac{20}{3} \tag{14.28}$$

这样，根据式(14.11)可知，3 位专家对于斜楔夹紧机构评价主张第 e 个评价灰类的灰色评价权向量 $t_{11}=[t_{111},\ t_{112},\ t_{113},\ t_{114}]^{T}$ 为

$$t_{11e}=\frac{T_{11e}}{T_{11}}=\begin{cases}0.3,\ e=1\\0.4,\ e=2\\0.3,\ e=3\\0,\ e=4\end{cases}\tag{14.29}$$

同理,可以计算斜楔夹紧机构其他指标各类灰类的灰色评价权向量,从而得到斜楔夹紧机构所属指标对于各评价灰类的评价权矩阵分别为

$$\boldsymbol{t}_1=\begin{bmatrix}\boldsymbol{t}_{11}\\\boldsymbol{t}_{12}\end{bmatrix}^{\mathrm{T}}=\begin{bmatrix}0.3 & 0.4 & 0.3 & 0\\0.405\,4 & 0.432\,4 & 0.162\,2 & 0\end{bmatrix}\tag{14.30}$$

$$\boldsymbol{t}_2=\begin{bmatrix}\boldsymbol{t}_{21}\\\boldsymbol{t}_{22}\\\boldsymbol{t}_{23}\end{bmatrix}^{\mathrm{T}}=\begin{bmatrix}0.3 & 0.4 & 0.3 & 0\\0.369\,9 & 0.383\,6 & 0.246\,5 & 0\\0.287\,6 & 0.383\,6 & 0.327\,8 & 0\end{bmatrix}\tag{14.31}$$

$$\boldsymbol{t}_3=\begin{bmatrix}\boldsymbol{t}_{31}\\\boldsymbol{t}_{32}\\\boldsymbol{t}_{33}\end{bmatrix}^{\mathrm{T}}=\begin{bmatrix}0.265\,8 & 0.354\,4 & 0.379\,8 & 0\\0.369\,9 & 0.383\,6 & 0.246\,5 & 0\\0.265\,8 & 0.354\,4 & 0.379\,8 & 0\end{bmatrix}\tag{14.32}$$

因此,可对斜楔夹紧机构的一级指标进行综合评价,得到的综合评价结果分别如下

$$\boldsymbol{X}_1=\boldsymbol{T}_{1w}^{\mathrm{T}}\boldsymbol{t}_1=[0.342\,2,\ 0.412\,9,\ 0.244\,9,\ 0]\tag{14.33}$$

$$\boldsymbol{X}_2=\boldsymbol{T}_{2w}^{\mathrm{T}}\boldsymbol{t}_2=[0.321\,4,\ 0.386\,9,\ 0.291\,7,\ 0]\tag{14.34}$$

$$\boldsymbol{X}_3=\boldsymbol{T}_{3w}^{\mathrm{T}}\boldsymbol{t}_3=[0.305\,1,\ 0.365\,4,\ 0.329\,5,\ 0]\tag{14.35}$$

由此,可以得到斜楔夹紧机构夹紧功能的灰色综合评价结果为

$$\boldsymbol{Y}_X=\boldsymbol{T}_{\mathrm{w}}^{\mathrm{T}}\boldsymbol{X}=[0.329\,1,\ 0.396\,3,\ 0.274\,6,\ 0]\tag{14.36}$$

其中 $\boldsymbol{X}=\begin{bmatrix}\boldsymbol{X}_1\\\boldsymbol{X}_2\\\boldsymbol{X}_3\end{bmatrix}=\begin{bmatrix}0.342\,2 & 0.412\,9 & 0.244\,9 & 0\\0.321\,4 & 0.386\,9 & 0.291\,7 & 0\\0.305\,1 & 0.365\,4 & 0.329\,5 & 0\end{bmatrix}$。

由于 $\boldsymbol{D}=[4,\ 3,\ 2,\ 1]^{\mathrm{T}}$,则斜楔夹紧机构 3 个专家打分后的综合评价的分值为

$$\boldsymbol{Y}=\boldsymbol{Y}_X^{\mathrm{T}}\boldsymbol{D}=3.054\,5\tag{14.37}$$

因此,斜楔夹紧机构的夹紧效能综合评价为良好。

2. 螺旋夹紧机构

假定 3 位专家对螺旋夹紧机构指标层的 8 个指标进行打分的情况如下：

$$\boldsymbol{T}_1^{(3)}=\begin{bmatrix}4 & 4 & 4\\ 4 & 3 & 4\end{bmatrix} \tag{14.38}$$

$$\boldsymbol{T}_2^{(3)}=\begin{bmatrix}3 & 3 & 3\\ 3 & 3 & 4\\ 4 & 3 & 2\end{bmatrix} \tag{14.39}$$

$$\boldsymbol{T}_3^{(3)}=\begin{bmatrix}1 & 2 & 3\\ 2 & 2 & 4\\ 3 & 3 & 2\end{bmatrix} \tag{14.40}$$

那么，对于螺旋夹紧机构的评价指标 T_{11}，属于第 e 个评价灰类的灰色评价系数 T_{11e} 为

$$T_{11e}=\begin{cases}\sum\limits_{K=1}^{3} f_1(T_{11K})=f_1(4)+f_1(4)+f_1(4)=3,\ e=1\\ \sum\limits_{K=1}^{3} f_2(T_{11K})=f_2(4)+f_2(4)+f_2(4)=2,\ e=2\\ \sum\limits_{K=1}^{3} f_3(T_{11K})=f_3(4)+f_3(4)+f_3(4)=0,\ e=3\\ \sum\limits_{K=1}^{3} f_4(T_{11K})=f_4(4)+f_4(4)+f_4(4)=0,\ e=4\end{cases} \tag{14.41}$$

因此，对于螺旋夹紧机构的自锁性，各个评价灰类的总灰色评价系数应为

$$T_{11}=\sum_{i=1}^{4} T_{11i}=3+2+0+0=5 \tag{14.42}$$

这样，3 位专家对于螺旋夹紧机构评价主张第 e 个评价灰类的灰色评价权重为

$$t_{11e}=\frac{T_{11e}}{T_{11}}=\begin{cases}0.6,\ e=1\\ 0.4,\ e=2\\ 0,\ e=3\\ 0,\ e=4\end{cases} \tag{14.43}$$

显然，可知 3 位专家对于螺旋夹紧机构对自锁性这一技术指标的灰色评价权向量 $\boldsymbol{t}_{11}$ 为

$$\boldsymbol{t}_{11}=[0.6,\ 0.4,\ 0,\ 0]^{\mathrm{T}} \tag{14.44}$$

同理,可以计算其它技术指标各类灰类的灰色评价权向量,从而得到螺旋夹紧机构所属技术指标对于各评价灰类的评价权矩阵分别为

$$t_1=\begin{bmatrix}0.6 & 0.4 & 0 & 0\\ 0.4925 & 0.4179 & 0.0896 & 0\end{bmatrix} \tag{14.45}$$

$$t_2=\begin{bmatrix}0.3333 & 0.4445 & 0.2222 & 0\\ 0.3659 & 0.4878 & 0.1463 & 0\\ 0.3699 & 0.3836 & 0.2465 & 0\end{bmatrix} \tag{14.46}$$

$$t_3=\begin{bmatrix}0.2308 & 0.3097 & 0.3097 & 0.1538\\ 0.3333 & 0.3334 & 0.3333 & 0\\ 0.3 & 0.4 & 0.3 & 0\end{bmatrix} \tag{14.47}$$

最后,可对螺旋夹紧机构的一级指标进行综合评价,得到的综合评价结果分别为

$$\begin{cases}\boldsymbol{X}_1=[0.5570,\ 0.4072,\ 0.0358,\ 0]\\ \boldsymbol{X}_2=[0.3611,\ 0.4349,\ 0.2040,\ 0]\\ \boldsymbol{X}_3=[0.3073,\ 0.3507,\ 0.3152,\ 0.0411]\end{cases} \tag{14.48}$$

由于螺旋夹紧机构夹紧功能的灰色综合评价结果为 $\boldsymbol{Y}_X=[0.4532,\ 0.4038,\ 0.1378,\ 0.0081]$,则螺旋夹紧机构在 3 个专家打分后的综合评价的分值为

$$\boldsymbol{Y}=3.3079 \tag{14.49}$$

因此,螺旋夹紧机构的夹紧效能综合评价也为良好。

3. 偏心轮夹紧机构

组织的 3 位专家,对偏心轮夹紧机构指标层的 8 个技术指标进行打分情况分别如下:

$$\boldsymbol{T}_1^{(3)}=\begin{bmatrix}2 & 2 & 2\\ 3 & 2 & 3\end{bmatrix} \tag{14.50}$$

$$\boldsymbol{T}_2^{(3)}=\begin{bmatrix}2 & 2 & 3\\ 2 & 3 & 3\\ 2 & 3 & 2\end{bmatrix} \tag{14.51}$$

$$\boldsymbol{T}_3^{(3)}=\begin{bmatrix}4 & 3 & 3\\ 3 & 3 & 4\\ 3 & 3 & 3\end{bmatrix} \tag{14.52}$$

对于偏心轮夹紧机构的评价指标 T_{11},属于第 e 个评价灰类的灰色评价系数 $T_{111}=\sum_{K=1}^{3}f_1(T_{11K})=f_1(T_{111})+f_1(T_{112})+f_1(T_{113})=f_1(2)+f_1(2)+f_1(2)=$

$1/2+1/2+1/2=3/2$，$T_{112}=\sum_{K=1}^{3}f_2(T_{11K})=f_2(T_{111})+f_2(T_{112})+f_2(T_{113})=f_2(2)+f_2(2)+f_2(2)=2/3+2/3+2/3=2$，$T_{113}=\sum_{K=1}^{3}f_3(T_{11K})=f_3(T_{111})+f_3(T_{112})+f_3(T_{113})=f_3(2)+f_3(2)+f_3(2)=1+1+1=3$，$T_{114}=\sum_{K=1}^{3}f_4(T_{11K})=f_4(T_{111})+f_4(T_{112})+f_4(T_{113})=f_4(2)+f_4(2)+f_4(2)=0+0+0=0$。那么，对于偏心轮夹紧机构的评价指标 T_{11}，各个评价灰类的总灰色评价系数 $T_{11}=T_{111}+T_{112}+T_{113}+T_{114}=3/2+2+3+0=6.5$。

这样，3 位专家对于偏心轮夹紧机构评价主张各个评价灰类的灰色评价权重分别为 $t_{111}=0.2308$，$t_{112}=0.3077$，$t_{113}=0.4615$，$t_{114}=0$，故权向量 $t_{11}=[0.2308, 0.3077, 0.4615, 0]^{\mathrm{T}}$。

同理，可以计算其他的指标各类灰类的灰色评价权向量，从而得到偏心轮夹紧机构所属指标对于各评价灰类的评价权矩阵如下：

$$\boldsymbol{t}_1=\begin{bmatrix}0.2308 & 0.3077 & 0.4615 & 0\\ 0.3 & 0.4 & 0.3 & 0\end{bmatrix} \tag{14.53}$$

$$\boldsymbol{t}_2=\begin{bmatrix}0.2658 & 0.3544 & 0.3798 & 0\\ 0.3 & 0.4 & 0.3 & 0\\ 0.2658 & 0.3544 & 0.3798 & 0\end{bmatrix} \tag{14.54}$$

$$\boldsymbol{t}_3=\begin{bmatrix}0.4054 & 0.4324 & 0.1622 & 0\\ 0.4054 & 0.4324 & 0.1622 & 0\\ 0.3333 & 0.4445 & 0.2222 & 0\end{bmatrix} \tag{14.55}$$

结合指标层对准则层中三个技术指标的权重向量 $\boldsymbol{T}_{1w}$、$\boldsymbol{T}_{2w}$、$\boldsymbol{T}_{3w}$，对偏心轮夹紧机构的一级指标进行综合评价，得到的综合评价结果为

$$\boldsymbol{X}=\begin{bmatrix}0.2585 & 0.3446 & 0.3969 & 0\\ 0.2787 & 0.3715 & 0.3498 & 0\\ 0.3798 & 0.4367 & 0.1835 & 0\end{bmatrix} \tag{14.56}$$

因此，偏心轮夹紧机构夹紧性能的灰色综合评价结果为

$$\boldsymbol{Y}_X=[0.2881, 0.3703, 0.3417, 0] \tag{14.57}$$

最终可得，3 个专家打分后，偏心轮夹紧机构的综合评价分值为

$$\boldsymbol{Y}=2.9467 \tag{14.58}$$

由此确定，偏心轮夹紧机构的夹紧效能综合评价为一般。

综合式(14.37)、式(14.49)和式(14.58)可知，对于在连杆上钻孔来说，得到的夹紧机构排序为螺旋夹紧机构(3.307 9)＞斜楔夹紧机构(3.054 5)＞偏心轮夹紧机构(2.946 7)。因此，可以选用螺旋夹紧机构作为连杆的夹紧机构，其结果和图 14.3中采用的夹紧机构一致。

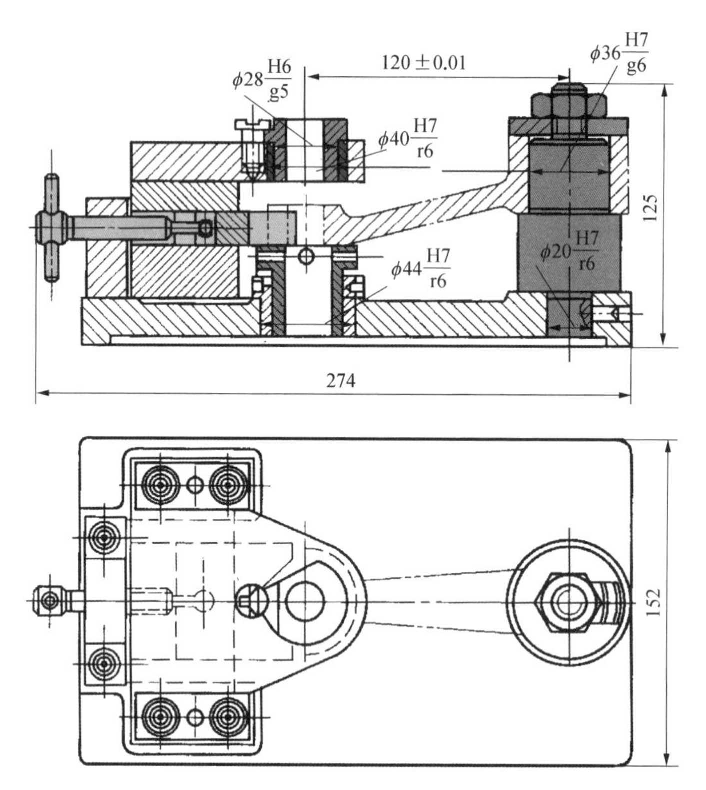

图 14.3　连杆及其钻孔夹具

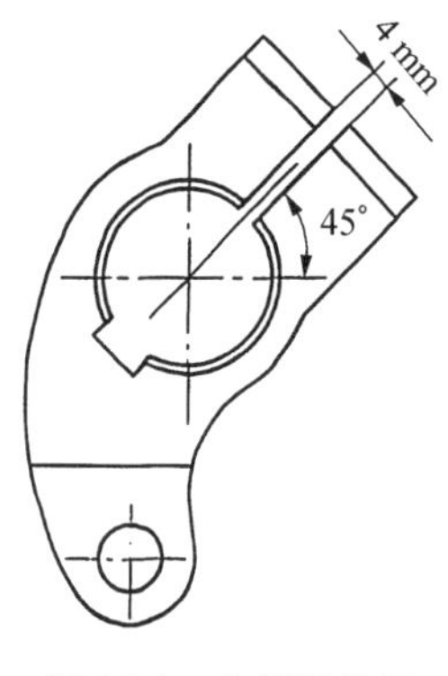

图 14.4　小杠杆件零件二维图

14.2.2　杠杆

小杠杆零件如图 14.4 所示，需要铣出宽为 4 mm 的通槽(批量较大)，槽的方向与水平方向成 45°夹角，铣槽时按图 14.5 进行装夹。

由图 14.5 可知，在铣槽过程中，夹紧面对杠杆零件的作用力与铣削力的方向一致。由此可知，在加工过程中需要提供的夹紧力较小，故夹紧机构不必提供很大的力，对夹紧机构的增力比要求不高。但由于零件批量大，故需要较高的装夹效率，因此对效率和操作方便要求更高。

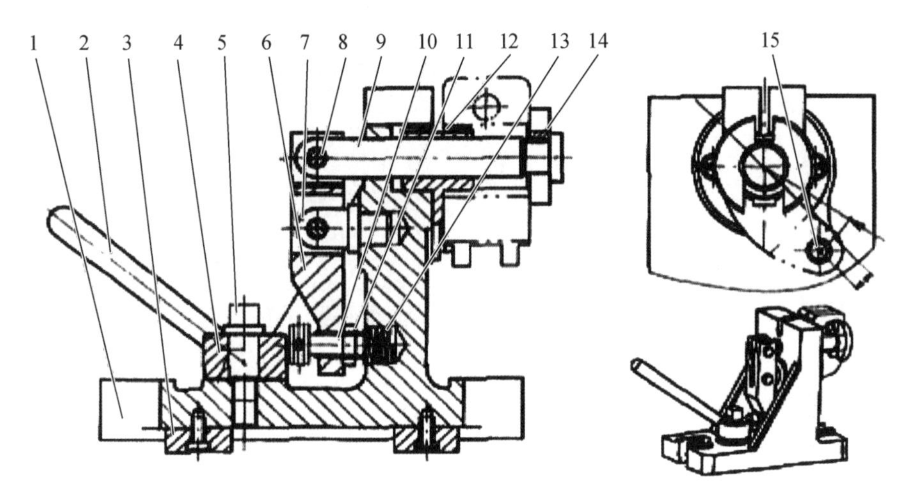

1—底座；2—手柄；3—定位键；4—偏心轮；5—销轴；6—压板；7—中间销；8—定位销；9—拉杆；10—压紧螺钉；11—六角螺母；12—定位盘；13—弹簧；14—开口垫圈；15—菱形销

图14.5　小杠杆铣床夹具

根据常见的夹紧机构特点和实际加工工况，专家给加工该零件的候选夹紧机构进行打分，这里仍然采用三个专家来打分。按照图4.1指标层的指标，三位专家的打分情况为

$$\boldsymbol{T}_1^{(3)}=\begin{cases}\begin{bmatrix}4&4&3\\4&4&4\end{bmatrix},\text{螺旋夹紧机构}\\\begin{bmatrix}4&3&4\\4&4&4\end{bmatrix},\text{斜楔夹紧机构}\\\begin{bmatrix}3&4&4\\4&4&4\end{bmatrix},\text{偏心轮夹紧机构}\end{cases}\tag{14.59}$$

$$\boldsymbol{T}_2^{(3)}=\begin{cases}\begin{bmatrix}2&3&3\\3&3&3\\4&3&2\end{bmatrix},\text{螺旋夹紧机构}\\\begin{bmatrix}3&3&3\\3&2&2\\2&3&2\end{bmatrix},\text{斜楔夹紧机构}\\\begin{bmatrix}2&2&3\\2&3&4\\3&3&2\end{bmatrix},\text{偏心轮夹紧机构}\end{cases}\tag{14.60}$$

$$T_3^{(3)}=\begin{cases}\begin{bmatrix}1&2&1\\2&3&3\\3&3&2\end{bmatrix}，螺旋夹紧机构\\\begin{bmatrix}3&2&2\\1&2&1\\2&2&2\end{bmatrix}，斜楔夹紧机构\\\begin{bmatrix}4&4&3\\4&3&4\\3&4&3\end{bmatrix}，偏心轮夹紧机构\end{cases}\tag{14.61}$$

接下来，按照1-9标度法构造准则层对目标层的判断矩阵 $\boldsymbol{T}$、指标层对准则层中各个技术指标的相对判断矩阵 T_1、T_2、T_3。假定凑巧地构造如式(14.20)～式(14.23)，故有

$$\begin{cases}\boldsymbol{T}_{\mathrm{w}}=[0.5242,\ 0.2785,\ 0.1973]^{\mathrm{T}}\\\boldsymbol{T}_{1w}=[0.6,\ 0.4]^{\mathrm{T}}\\\boldsymbol{T}_{2w}=[0.1997,\ 0.3759,\ 0.4244]^{\mathrm{T}}\\\boldsymbol{T}_{3w}=[0.2674,\ 0.3774,\ 0.3552]^{\mathrm{T}}\end{cases}\tag{14.62}$$

这样，可以计算各类夹紧机构所属指标（包括技术要求 T_1、结构设计 T_2、安全高效 T_3）对于各评价灰类（即优秀、良好、一般、差）的评价权矩阵分别为

$$\boldsymbol{t}_1=\begin{cases}\begin{bmatrix}0.4925&0.4179&0.0896&0\\0.4615&0.3077&0.2308&0\end{bmatrix}，螺旋夹紧机构\\\begin{bmatrix}0.4925&0.4179&0.0896&0\\0.4615&0.3077&0.2308&0\end{bmatrix}，斜楔夹紧机构\\\begin{bmatrix}0.4925&0.4179&0.0896&0\\0.4615&0.3077&0.2308&0\end{bmatrix}，偏心轮夹紧机构\end{cases}\tag{14.63}$$

$$\boldsymbol{t}_2=\begin{cases}\begin{bmatrix}0.3&0.4&0.3&0\\0.3333&0.4444&0.2223&0\\0.3699&0.3836&0.2465&0\end{bmatrix}，螺旋夹紧机构\\\begin{bmatrix}0.3333&0.4444&0.2223&0\\0.2658&0.3544&0.3798&0\\0.2658&0.3544&0.3798&0\end{bmatrix}，斜楔夹紧机构\\\begin{bmatrix}0.2658&0.3544&0.3798&0\\0.3698&0.3836&0.2466&0\\0.2658&0.3544&0.3798&0\end{bmatrix}，偏心轮夹紧机构\end{cases}\tag{14.64}$$

$$
\boldsymbol{t}_3=\begin{cases}\begin{bmatrix}0.3 & 0.4 & 0.3 & 0\\ 0.333\,3 & 0.444\,4 & 0.222\,3 & 0\\ 0.369\,9 & 0.383\,6 & 0.246\,5 & 0\end{bmatrix}, \text{螺旋夹紧机构}\\ \begin{bmatrix}0.333\,3 & 0.444\,4 & 0.222\,3 & 0\\ 0.265\,8 & 0.354\,4 & 0.379\,8 & 0\\ 0.265\,8 & 0.354\,4 & 0.379\,8 & 0\end{bmatrix}, \text{斜楔夹紧机构}\\ \begin{bmatrix}0.265\,8 & 0.354\,4 & 0.379\,8 & 0\\ 0.369\,8 & 0.383\,6 & 0.246\,6 & 0\\ 0.265\,8 & 0.354\,4 & 0.379\,8 & 0\end{bmatrix}, \text{偏心轮夹紧机构}\end{cases} \tag{14.65}
$$

结合式(14.62)～式(14.65),可对各类夹紧机构的一级指标进行综合评价,得到的综合评价结果如下:

$$
\boldsymbol{X}=\begin{cases}\begin{bmatrix}0.480\,1 & 0.373\,8 & 0.146\,1 & 0\\ 0.342\,2 & 0.409\,7 & 0.268\,1 & 0\\ 0.262\,0 & 0.377\,5 & 0.304\,2 & 0.056\,3\end{bmatrix}, \text{螺旋夹紧机构}\\ \begin{bmatrix}0.480\,1 & 0.373\,8 & 0.146\,1 & 0\\ 0.342\,2 & 0.409\,7 & 0.248\,1 & 0\\ 0.262\,0 & 0.377\,5 & 0.304\,2 & 0.056\,3\end{bmatrix}, \text{斜楔夹紧机构}\\ \begin{bmatrix}0.480\,1 & 0.373\,8 & 0.146\,1 & 0\\ 0.304\,9 & 0.365\,4 & 0.329\,7 & 0\\ 0.461\,6 & 0.423\,1 & 0.115\,4 & 0\end{bmatrix}, \text{偏心轮夹紧机构}\end{cases} \tag{14.66}
$$

再结合式(14.62, 14.66),可得各类夹紧机构夹紧功能的灰色综合评价结果如下:

$$
\boldsymbol{Y}_X=\begin{cases}[0.398\,7,\ 0.384\,5,\ 0.211\,3,\ 0.011\,1], \text{螺旋夹紧机构}\\ [0.398\,7,\ 0.384\,5,\ 0.205\,7,\ 0.011\,1], \text{斜楔夹紧机构}\\ [0.427\,6,\ 0.381\,2,\ 0.191\,2,\ 0], \text{偏心轮夹紧机构}\end{cases} \tag{14.67}
$$

最后,由于夹紧机构的评分范围为 4 分、3 分、2 分、1 分,即有 $\boldsymbol{D}=[$优秀, 良好, 一般, 差$]^{\mathrm{T}}=[4, 3, 2, 1]^{\mathrm{T}}$,则各类夹紧机构 3 个专家打分后的综合评价的分值为

$$
\boldsymbol{Y}=\begin{cases}3.181\,9, \text{螺旋夹紧机构}\\ 3.170\,8, \text{斜楔夹紧机构}\\ 3.236\,5, \text{偏心轮夹紧机构}\end{cases} \tag{14.68}
$$

由此可知,各类夹紧机构的夹紧效能综合评价均为良好。但对于该小杠杆零

件来说，夹紧机构的排序为：偏心轮夹紧机构＞螺旋夹紧机构＞斜楔夹紧机构。因此，可选用偏心轮夹紧机构作为小杠杆零件的夹紧机构，其结果和图 14.5 中采用的夹紧机构一致。

参考文献

[1] 张胜文,苏延浩. 计算机辅助夹具设计技术发展综述[J]. 制造技术与机床,2015(4):50-55.

[2] 蔡瑾,段国林,姚涛,等. 计算机辅助夹具设计技术回顾与发展趋势综述[J]. 机械设计,2010,27(2):1-6.

[3] 赵红星,熊良山. 计算机辅助夹具设计的研究内容和发展沿革[J]. 组合机床与自动化加工技术,2007(2):1-4.

[4] 刘静,沈晓红. 先进制造技术在计算机辅助夹具设计中的应用[J]. 北京工商大学学报,2004,22(2):38-41.

[5] 段国林,林建平,张满囤,等. 组合夹具计算机辅助构型设计[J]. 河北工业大学学报,2004,33(2):104-109.

[6] 王风岐,许红静,郭伟. 计算机辅助夹具设计综述[J]. 航空制造技术,2003(11):38-40.

[7] 蔡瑾,段国林,李翠玉,等. 夹具设计技术发展综述[J]. 河北工业大学学报,2002,31(5):35-40.

[8] 耿运祥,刘璇. 夹具概念设计的研究[J]. 机械工程师,2002(1):55-58.

[9] 耿运祥,刘璇. 夹具概念设计中功能推导的研究[J]. 北京工商大学学报,2002,20(1):44-48.

[10] 朱耀祥,融亦鸣. 柔性夹具与计算机辅助夹具设计技术的进展[J]. 制造技术与机床,2000(8):5-8.

[11] Rong Y, Liu X, Zhou J, et al. Computer aided step-up planning and fixture design[J]. Intelligent Automation and Soft Computing, 1997, 3(3): 191-206.

[12] 闫志中,刘先梅. 计算机辅助夹具设计方法及发展趋势[J]. 内蒙古林学院学报,1996,18(3):69-74.

[13] Chou Y C, Srinivas R A, Saraf S. Automatic design of machining fixtures: conceptual design[J]. International Journal of Advanced Manufacturing Technology, 1994, 9(1): 3-12.

[14] Nee A Y C, Tao Z J, Kumar A S. An advanced treatise on fixture design and planning[M]. Singapore: World Scientific, 2005.

[15] 融亦鸣,朱耀祥,罗振壁. 计算机辅助夹具设计[M]. 北京:机械工业出版社,2002.

[16] 白成轩. 机床夹具设计新原理[M]. 北京:机械工业出版社,1997.

[17] Nee A Y C，Whybrew K，Kumar A S. Advanced fixture design for FMS[M]. Heidelberg：Springer-Verlag，1995.
[18] Hoffman E G. Jig and fixture design[M]. New York：Delmar Publishers，1991.
[19] 马金江，张凤然. 用几何方法讨论线性方程组解的结构及其性质[J]. 高师理科学刊，2013，33(6)：25－27.
[20] Qin G H，Zhang W H，Wan M，et al.，A novel approach to fixture design based on locating correctness[J]. International Journal of Manufacturing Research，2010，5(4)：429－448.
[21] Qin G H，Zhang W H，Wan M. A machining-dimension-based approach to locating scheme design[J]. ASME Journal of Manufacturing Science and Engineering，2008，130(5)：0510101－0510108.
[22] 秦国华，洪连环，吴铁军. 基于齐次线性方程组解结构的工件自由度分析技术[J]. 计算机集成制造系统，2008，14(3)：466－469.
[23] 吴竹溪，吴铁军，肖洁，等. 基于刚体运动学的工件自由度分析方法[J]. 组合机床与自动化加工技术，2007(12)：7－11.
[24] 吴竹溪，肖洁，吴铁军，等. 基于夹具的工件自由度约束分析模型[J]. 机床与液压，2007，35(12)：19－22＋63.
[25] Qin G H，Zhang W H，Wan M. A mathematical approach to analysis and optimal design of fixture locating scheme[J]. International Journal of Advanced Manufacturing Technology，2006，29(3－4)：349－359.
[26] 秦国华，吴竹溪，张卫红. 夹具定位方案的数学建模及其优化设计[J]. 中国机械工程，2006，17(23)：2425－2429.
[27] 孙自力，朱凤艳. 机械制图与公差[M]. 北京：中国林业出版社，2006.
[28] Song H，Rong Y. Locating completeness evaluation and revision in fixture plan[J]. Robotics and Computer-Integrated Manufacturing，2005，21：368－378.
[29] 李洪广，刘梅. 形位公差的基本概念及术语[J]. 山东农机化，2005(4)：20.
[30] 吴永祥. 加工精度与限制自由度关系的层次模型规划与设计[J]. 机械制造与自动化，2003，8(4)：5－8.
[31] 吴玉光，高曙明，陈子辰. 组合夹具设计的几何原理[J]. 机械工程学报，2002，38(1)：117－122.
[32] Kang Y Z. Computer aided fixture design verification[D]. Worcester：Worcester Polytechnic Institute，2001.
[33] 王慧，钱文伟，刘鹏. 零件上常见孔、键槽等对称结构的正确尺寸标注[J]. 河南机电高等专科学校学报，2001，9(1)：28－32.
[34] 廖念钊，古莹，莫雨松，李硕根，杨兴骏. 互换性与技术测量[M]. 中国计量出版社，2000.
[35] Cai W，Hu S J，Yuan J X. A variational method of robust fixture configuration design for 3-D workpieces[J]. Journal of Manufacturing Science and Engineering，1997，119：593－602.

[36] 何粒. 工件定位中自由度的独立性综合性相关性[J]. 四川工业学院学报，1997，5：50 - 54.
[37] Qin G H, Zhang W H, Wan M, et al., Locating correctness analysis and modification for fixture design[C]. Proceedings of the 13th International Conference on Advanced Design And Manufacture, Sanya, China, January 14 - 16, 2008: 551 - 562.
[38] 廖念钊，古莹，莫雨松，等. 互换性与技术测量[M]. 北京：中国计量出版社，2000.
[39] 苟文选. 材料力学(Ⅱ)[M]. 西安：西北工业大学出版社，2000.
[40] 吴玉光，李春光. 夹具定位误差分析的机构学建模方法[J]. 中国机械工程，2011，22(13)：1513 - 1518.
[41] Wang M Y. Tolerance analysis for fixture layout design[J]. Journal of Assembly Automation, 2002, 2(2): 153 - 162.
[42] Kang Y. Computer aided fixture design verification [D]. Worcester Polytechnic Institute, 2001.
[43] Kang Y, Rong Y, Yang J C. Computer aided fixture design verification. part 2. tolerance analysis[J]. International Journal of Advanced Manufacturing Technology, 2003, 21: 8236 - 841.
[44] 刘雯林，熊蔡华. 夹具的定位误差模型[J]. 华中科技大学学报，2003，31(7)：72 - 74.
[45] 秦国华，张卫红，李玉龙. 一种全新的夹具定位方案设计算法[J]. 测试技术学报，2008，22(3)：236 - 240.
[46] Qin G H, Yu Z X, Ye H C, et al. A geometric polygon based computer aided locating error model for fixture design[J]. Advanced Science Letters, 2011, 4(8 - 10): 3067 - 3071.
[47] 张省，黎明. 细长孔加工夹具的定位误差分析[J]. 航空制造技术，2015(7)：90 - 91.
[48] 刘其兵，严红. 微分法在定位误差分析与计算中的应用[J]. 航空精密制造技术，2014，50(4)：58 - 60.
[49] 孙超，王晓慧. 基于基准路径图的定位误差计算方法[J]. 机械制造，2015，53(608)：64 - 66.
[50] 吴玉光，宋建青. 夹具平面定位误差的连杆机构模型及其概率分析[J]. 计算机集成制造系统，2010，16(12)：2596 - 2602.
[51] 吴玉光，张根源，李春光. 夹具定位误差分析自动建模方法[J]. 机械工程学报，2012，48(5)：172 - 179.
[52] Qin G H, Zhang W H, Wu Z X, et al. Systematic modeling of workpiece-fixture geometric default and compliance for the prediction of workpiece machining error[J]. ASME Journal of Manufacturing Science and Engineering, 2007, 129(4): 789 - 801.
[53] 秦国华，张卫红. 机床夹具的现代设计方法[M]. 北京：航空工业出版社，2006.
[54] 龚定安，蔡建国. 机床夹具设计原理[M]. 陕西：陕西科学技术出版社，1981.
[55] 王启平. 机械制造工艺学[M]. 哈尔滨：哈尔滨工业大学出版社，1994.
[56] 王明娣，钟康民，左敦稳，等. 三种双圆柱定位钻模及其定位误差计算通式[J]. 工具技术，2006，40(5)：41 - 44.

[57] 陈榕，王树兜. 机械制造工艺学习题集[M]. 福建：福建科学技术出版社，1985.
[58] 吴竹溪，游永彬，秦国华. 定位误差与尺寸链的关系[J]. 工具技术，2001，35(4)：35-38.
[59] 秦国华，黄华平，叶海潮，周美丹. 基于运动学与有向尺寸路径的工件定位误差自动分析算法[J]. 计算机集成制造系统，2014，20(12)：2935-2943.
[60] 常相铖，王熙，刘鹏. 压力式变量喷雾喷头特性研究[J]. 农机化研究，2014，36(6)：152-155.
[61] 怀宝付，梁春英，王熙，等. 变量施肥控制系统设计[J]. 黑龙江八一农垦大学学报，2011，23(4)：68-71.
[62] 李爱传，李琳，于海芙. 基于组态王的持水率计刻度标定监控系统设计[J]. 煤炭技术，2011，30(5)：219-220.
[63] 李爱传，王选伟，王熙，等. 寒地水稻智能控制灌溉产量分析[J]. 黑龙江科技信息，2013(36)：69.
[64] 李爱传，衣淑娟，谭峰，等. 水稻生长环境监测与控制系统的研究[J]. 农机化研究，2011，33(11)：36-39.
[65] 李爱传，衣淑娟，王熙，等. 寒地水稻节水控制灌溉的机理与研究[J]. 农机化研究，2014，16(12)：46-49.
[66] 李爱传，衣淑娟，王熙，等. 寒地水稻全程信息化沙盘的设计与实现[J]. 农业工程技术，2015(27)：37-40.
[67] 李爱传，衣淑娟，王熙，等. 寒地水稻育秧温室大棚测控系统的研究[J]. 民营科技，2015(8)：221.
[68] 李爱传，衣淑娟，王熙. 基于 PLC 的智能育秧温室控制系统设计[J]. 民营科技，2015(10)：36.
[69] 李爱传，衣淑娟，王新兵，等. 寒地水稻用水模型的研究[J]. 安徽农业科学，2013，41(33)：12925-12926.
[70] 李爱传，衣淑娟，王新兵，等. 基于图像技术的寒地水稻生长参数采集系统的研究[J]. 安徽农业科学，2013，41(32)：12781-12782.
[71] 李琳，介会栋，王熙. 基于 89S52 单片机的灌溉控制系统的设计[J]. 黑龙江科技信息，2013，35(7)：122.
[72] 李敏，曾明，孟臣，等. 温室大棚单片机数据采集系统设计[J]. 黑龙江八一农垦大学学报，2003，15(1)：47-51.
[73] 梁春英，孙裔鑫，王熙. 基于 RS-485 总线的分布式温室环境温湿度监测系统设计[J]. 沈阳工程学院学报，2010，6(3)：238-240.
[74] 梁春英，王熙，怀宝付，等. CAN 总线在温室多点温度监测系统中的应用[J]. 安徽农业科学，2011，38(15)：8204-8205.
[75] 刘超，石建飞，李爱传，等. 水稻节水灌溉无线远程 PLC 监控系统[J]. 农机化研究，2011，33(11)：19-23.
[76] 刘澈，李爱传. 基于单片机的明渠流量计的设计[J]. 民营科技，2014(6)：55.
[77] 刘冠雄，李爱传. 水稻浸种催芽温室单片机控制系统的设计[J]. 民营科技，2015

(6)：227.
[78] 刘昕彤，李爱传. 寒地水稻大棚远程监测系统的研究[J]. 民营科技，2015(9)：25.
[79] 刘义，王熙. PLC 与变频器在滴灌系统中的应用[J]. 农机化研究，2013，35(9)：209 - 212.
[80] 孟思宇，李爱传. 基于现场总线的温室分布式自动控制系统的设计[J]. 民营科技，2015(8)：24.
[81] 穆彦辰，李爱传，王少农，等. 水稻生长影像采集及长势监测的研究[J]. 民营科技，2014，3：259.
[82] 石建飞，刘超，李爱传，等. 寒地水稻水层管理控制系统的设计[J]. 湖北农业科学，2013，2(11)：2657 - 2660.
[83] 石建飞，刘超，李爱传，等. 基于 PLC 的农田自动灌溉无线监控系统设计[J]. 农机化研究，2011，33(11)：28 - 31.
[84] 史国滨，王熙. 基于 ASP. NET 的农机监控 WebGIS 系统性能优化. 安徽农业科学，2011，39(5)：2821 - 2823.
[85] 史国滨，王熙. 基于 GPRS 的温室图像与温湿度监测系统的实现[J]. 黑龙江八一农垦大学学报，2011，23(2)：63 - 65.
[86] 史国滨，王熙. 农业信息资源整合模式的探讨[J]. 安徽农业科学，2011，39(7)：4207 - 4208.
[87] 孙裔鑫，梁春英，王熙. 基于模糊 PID 的变量施用颗粒肥控制算法的研究[J]. 安徽农业科学，2011，39(12)：7435 - 7436.
[88] 谭广巍，王熙，庄卫东. 基于 ASP 的有机农产品质量追溯系统研究[J]. 农机化研究，2010，32(1)：24 - 25.
[89] 谭广巍，王熙，庄卫东. 基于 WEB 的有机农产品质量安全可追溯系统设计与实现[J]. 农机化研究，2010，32(7)：81 - 84.
[90] 谭广巍. 有机酸菜生产信息可追溯系统研究[D]. 大庆：黑龙江八一农垦大学，2010.
[91] 汪志强，李爱传，衣淑娟，等. 玉米节水灌溉与环境监测系统的研究[J]. 农机化研究，2012，34(8)：168 - 170，174.
[92] 王熙，李强. 基于 ASP 技术的有机田块网络地理信息系统[J]. 农机化研究，2010，32(4)：167 - 169.
[93] 王熙，王新忠，王智敏，等. 基于 GPS 的收获机产量监视仪试验研究[J]. 农机科技推广，2002，3(1)：26 - 27
[94] 王熙，王新忠. JD - 9520T 型履带拖拉机 GPS 自动跟踪驾驶系统[J]. 拖拉机与农用运输车，2005，188(6)：15 - 16.
[95] 王熙，王智敏，庄卫东，等. CASE 2366 联合收割机产量监测系统设置及校正[J]. 黑龙江八一农垦大学学报，2003，15(3)：44 - 46.
[96] 王熙，庄卫东，史国滨. 农机信息化技术研究[M]. 北京：中国水利水电出版社，2011.
[97] 王熙. 黑龙江垦区农业信息化进展及展望[J]. 黑龙江八一农垦大学学报，2010，22(5)：18 - 21.
[98] 邢秋芬，王熙. 基于 VB 的 ZigBee 无线网络温湿度传感器系统设计[J]. 农机化研究，

2013,35(7)：131－134.
[99] 于占宝,王熙,王鹏. 基于嵌入式的农机 GPS 辅助导航系统串口通信的实现[J]. 黑龙江八一农垦大学学报,2011,23(6)：20－23.
[100] 于占宝,王熙. 黑龙江垦区农机作业 GPS 导航自动驾驶技术应用[J]. 农机化研究,2011,33(9)：208－211.
[101] 于占宝,王熙. 农机作业 EZ-Guide 250 光靶导航系统应用[J]. 现代化农业,2011,380(3)：44－46.
[102] 赵斌,匡丽红,黄操军,等. 明渠流量遥测系统的研究[J]. 广东农业科学,2011,5：197－199.
[103] 庄卫东,汪春,王熙,等. 基于 WebGIS 的农田地理信息系统开发[J]. 农业网络信息,2007,11：22－24.
[104] 庄卫东,汪春,王熙,等. 农机作业进度网络动态统计管理系统开发[J]. 现代化农业. 2010(8),47－49.
[105] 庄卫东,汪春,王熙. 基于 GPS 和土壤养分图的变量施肥控制软件开发[J]. 农机化研究,2010,32(7)：189－192.
[106] 庄卫东,汪春,王熙. 基于 MATLAB 的农田信息可视化实现[J]. 农机化研究,2011,6：137－140.
[107] 庄卫东. GPS 和 GIS 在精准农业中的应用研究[M]. 北京：光明日报出版社,2009.
[108] Chou Y C, Chandru V, Barash M M. A mathematical approach to automatic configuration of machining fixtures: analysis and synthesis[J]. ASME Journal of Engineering for Industry, 1989, 111(11): 299－306.
[109] Asada H, By A B. Kinematic analysis of workpart fixturing for flexible assembly with automatically reconfigurable fixtures [J]. IEEE Journal of Robotics and Automation, 1985, RA－1(2): 86－94.
[110] Kang Y. Computer-aided fixture design verification [D]. Worcester: Worcester Polytechnic Institute, 2001.
[111] Song H, Rong Y. Locating completeness evaluation and revision in fixture plan[J]. Robotics & Computer-Integrated Manufacturing, 2005, 21(4－5): 368－378.
[112] 秦国华,洪连环,吴铁军. 基于齐次线性方程组的工件自由度分析技术[J]. 计算机集成制造系统,2008,14(3)：466－469.
[113] Wang M Y. Tolerance analysis for fixture layout design[J]. International Journal of Assembly Automation, 2002, 2(2): 153－162.
[114] Qin G H, Zhang W H. Modeling and analysis of workpiece stability based on the linear programming method[J]. International Journal of Advanced Manufacturing Technology, 2007, 32(1－2): 78－91.
[115] 秦国华,张卫红,李玉龙. 一种全新的定位方案设计算法[J]. 测试技术学报,2008,22(3)：236－240.
[116] 刘长安,杨志宏,郜勇,等. 基于功能特征结构映射的夹具设计模型与方法[J]. 计算机集成制造系统,2006,12(8)：1192－1197.

[117] 张莉,冯定忠,刘鹏玉,等. 基于灰数逼近理想解排序法的夹具设计方案评价[J]. 中国机械工程,2016,27(20): 2728 - 2734.
[118] 郑联语,谷强,汪叔淳. 装夹规划中确定工件定位基准的神经网络决策机制[J]. 航空学报,2001,22(2): 130 - 134.
[119] 秦国华,徐九南,邱志敏. 夹具自动化设计中定位方案的生成式设计方法[J]. 计算机集成制造系统,2011,17(4): 695 - 700.
[120] Trappey A J C, Liu C R. An automatic workholding verification system[J]. Robot and Computer-Integrated Manufacturing, 1992, 9(4 - 5): 321 - 326.
[121] Li B, Melkote S N. Fixture clamping force optimisation and its impact on workpiece location accuracy[J]. International Journal of Advanced Manufacturing Technology, 2001, 17: 104 - 113.
[122] Wan X J, Hua L, Wang X F, et al. An error control approach to tool path adjustment conforming to the deformation of thin-walled workpiece[J]. International Journal of Machine Tools and Manufacture, 2011, 51(3): 221 - 229.
[123] Kashyap S, DeVries W R. Finite element analysis and optimization in fixture design [J]. Structural Optimization, 1999, 18(2 - 3): 193 - 201.
[124] 秦国华,王子琨,吴竹溪,等. 基于表面网格离散化与遗传算法的复杂工件装夹布局规划方法[J]. 机械工程学报,2016,52(13): 195 - 203.
[125] Kaya N. Machining fixture locating and clamping position optimization using genetic algorithms[J]. Computer in Industry, 2006, 57(2): 112 - 120.
[126] Padmanaban K P, Arulshri K P, Prabhakaran G. Machining fixture layout design using ant colony algorithm based continuous optimization method[J]. International Journal of Advanced Manufacturing Technology, 2009, 45(9 - 10): 922 - 934.
[127] Selvakumar S, Arulshri K P, Padmanaban K P, et al. Design and optimization of machining fixture layout using ANN and DOE[J]. International Journal of Advanced Manufacturing Technology, 2013, 65(9 - 12): 1573 - 1586.
[128] Selvakumar S, Arulshri K P, Padmanaban K P. Machining fixture layout optimization using genetic algorithm and artificial neural network[J]. International Journal of Manufacturing Research, 2013, 8(2): 171 - 195.
[129] 秦国华,吴志斌,叶海潮,等. 基于层次分析法与定位确定性的工件定位方案规划算法[J]. 机械工程学报,2016,52(1): 193 - 203.
[130] Wang M Y, Pelineascu D M. Contact forces prediction and force closure analysis of a fixtured rigid workpiece with friction[J]. ASME Journal of Manufacturing Science and Engineering, 2003, 125(2): 325 - 332.
[131] 秦国华,张卫红. 基于最小范数原理的夹紧力优化设计算法[J]. 中北大学学报,2011,32(4): 442 - 447.
[132] Zhang Q F, Li H. MOEA/D: a multiobjective evolutionary algorithm based on decomposittion[J]. IEEE Transactions on Evolutionary Computation, 2007, 11(6): 712 - 731.

[133] 秦国华,邱剑鹏,王华敏,等. 基于最大公共子图挖掘和装夹性能分析的夹具耦合设计方法[J]. 机械工程学报,2019,55(17)：185－199.
[134] 路冬,李剑峰,孙杰,等. 航空框类零件加工动态夹紧力确定有限元分析[J]. 山东大学学报,2007,37(1)：19－22.
[135] 刘俊成. 机床夹具在设计过程中夹紧力的计算[J]. 工具技术,2006,41(6)：89－90.
[136] 陈蔚芳,倪丽君,王宁生. 夹具布局和夹紧力的优化方法研究[J]. 中国机械工程,2007,18(12)：1413－1417.
[137] 王先奎. 机械制造工艺学[M]. 北京：机械工业出版社,2008.
[138] Liu S G, Zheng L, Zhang Z H, et al. Optimization of the number and positions of fixture locators in the peripheral milling of a low-rigidity workpiece[J]. International Journal of Advanced Manufacturing Technology, 2007, 33(7－8)：668－676.
[139] Chen W F, Ni L J, Xue J B. Deformation control through fixture layout design and clamping force optimization[J]. International Journal of Advanced Manufacturing Technology, 2008, 38(9－10)：860－867.
[140] 秦国华,吴竹溪,张卫红. 薄壁件的装夹变形机理分析与控制技术[J]. 机械工程学报,2007,43(4)：210－222.
[141] 陈蔚芳. 夹具敏捷设计若干关键技术研究. 博士学位论文. 南京：南京航空航天大学,2007. 1－14.
[142] Qin G H, Ye H C, Rong Y M. A unified point-by-point planning algorithm of machining fixture layout for complex workpiece[J]. International Journal of Production Research, 2014, 52(5)：1351－1362.
[143] Cioata V G. determining the machining error due to workpiece-fixture system deformation using the finite element method[C]//Katalinic B, ed. Annals of DAAAM for 2008 & Proceedings of the 19th International DAAAM Symposium "Intelligent Manufacturing & Automation: Focus on Next Generation of Intelligent Systems and Solutions". Vienna: DAAAM International, 2008, 253－254.
[144] Cheng H, Li Y, Zhang K F, et al. Efficient method of positioning error analysis for aeronautical thin-walled structures multi-state riveting[J]. International Journal of Advanced Manufacturing Technology, 2011, 55(1)：217－233.
[145] Qin G H, Zhang W H. Analysis and optimal design of fixture clamping sequence[J]. ASME Journal of Manufacturing Science and Engineering, 2006, 128(2)：482－493.
[146] Wang H M, Qin G H, Wu Z X, et al. A workpiece stability-based iterative planning of clamping forces for fixturing layout specification of a complex workpiece[J]. International Journal of Advanced Manufacturing Technology, 2019, 103(5－8)：2017－2035.
[147] 王华敏,秦国华,林锋,等. 基于夹紧性能迭代分析的夹紧力/夹紧点一体化离散设计方法[J]. 兵工学报,2018,39(5)：1033－1040.
[148] 秦国华,王华敏,叶海潮,等. 基于力的存在性与可行性的夹紧力变向增量递减规划算法[J]. 机械工程学报,2016,52(11)：72－79.

[149] 鲁宇明,黎明,李凌. 一种具有演化规则的元胞遗传算法[J]. 电子学报,2010,38(7):1603-1607.

[150] Fang B, DeVor R E, Kapoor S G. Influence of friction damping on workpiece-fixture system dynamics and machining stability[J]. ASME Journal of Manufacturing Science and Engineering, 2002, 124: 226-233.

[151] 金秋,刘少岗. 铣削加工中最小夹紧力的计算[J]. 工具技术,2010,44(4):36-39.

[152] Trappey A J C, Matrubhutam S. Fixture configuration using projective geometry[J]. Journal of Manufacturing Systems, 1993, 12(6): 486-495.

[153] Trappey A J C, Liu C R. Automated fixture configuration using projective geometry approach[J]. International Journal of Advanced Manufacturing Technology, 1993, 8(5): 297-304.

[154] Marin R A, Ferreira P M. Optimal placement of fixture clamps: minimizing the maximum clamping forces[J]. ASME Journal of Manufacturing Science and Engineering, 2002, 124(3): 686-694.

[155] 秦国华,郭西园,叶海潮,等. 复杂工件夹紧力作用区域的规划算法[J]. 兵工学报,2012,33(7):852-856.

[156] 王军,耿世民,张辽远,等. 薄壁壳体件装夹变形机理有限元分析与控制[J]. 兵工学报,2011,32(8):1008-1013.

[157] Trappey A J C, Liu C R. An automatic workholding verification system[J]. International Journal of Computer Integrated Manufacturing, 1992, 9(4-5): 321-326.

[158] 熊蔡华,戴广宏,张传立,等. 机器人多指手抓取的布局规划及其性能指标[J]. 江汉石油学院学报,1997,19(1):85-88.

[159] 秦国华,孙烁,王华敏,等. 基于工件稳定性的全区域夹紧力变向迭代规划算法[J]. 兵工学报,2016,37(9):1700-1707.

[160] Rong Y M, Huang S H, Hou Z K. Advanced computer-aided fixture design[M]. Elsevier Academic Press, 2005.

[161] 融亦鸣,张发平,卢继平. 现代计算机辅助夹具设计[M]. 北京:北京理工大学出版社,2010.

[162] Kashyap S, Devries W R. Finite element analysis and optimization in fixture design[J]. Structural Optimization, 1999, 18: 193-201.

[163] 董辉跃,柯映林. 铣削加工中薄壁件装夹方案优选的有限元模拟[J]. 浙江大学学报,2004,38(1):17-21.

[164] Siebenaler S P, Melkote S N. Prediction of workpiece deformation in a fixture system using the finite element method[J]. International Journal of Machine Tools & Manufacture, 2006, 46: 51-58.

[165] Cai W, Hu S J, Yuan J X. Deformable sheet metal fixturing: principles, algorithms, and simulations[J]. ASME Journal of Manufacturing Science and Engineering, 1996, 118: 318-324.

[166] 辛民,解丽静,王西彬,等. 基于人工神经网络的铣削加工变形预测模型[J]. 兵工学报,2010,31(8): 1130 - 1133.

[167] 唐东红,孙厚芳,王洪艳. 用 BP 神经网络预测数控铣削变形[J]. 制造技术与机床,2007(8): 48 - 50.

[168] 刘新玲,戚厚军. 基于神经网络的铣削复杂薄壁件受力变形分析和建模研究[J]. 机械制造,2009,47(535): 3 - 5.

[169] 李目. 基于变形控制的薄壁件铣削加工参数优化及仿真研究[D]. 南京: 南京航空航天大学,2008.

[170] 李小忠. 高速切削有限元仿真及加工参数优化的研究[D]. 南京: 南京理工大学,2007.

[171] Andonie R. The psychological limits of neural computation[M]//Karny M, Warwick K, Kurkova V. Dealing with complexity: a neural network approach London: Springer-Verlag, 1997: 252 - 263.

[172] 陈燕. 基于不规则零件的加工工艺分析及夹具设计[J]. 机床与液压,2011,39(14): 44 - 45.

[173] 张春梅,孙黎. 利用偏心轮快速夹紧工件的铣床夹具[J]. 机械工人(冷加工),2007(2): 44.

[174] 任云良. 基于 1-9 标度法的交互性资产绩效管理评价体系[J]. 实验技术与管理,2017,34(11): 259 - 262.

[175] 孙慧玲,孙爱军. 基于多层次灰度理论的高校教师人力资源价值评价[J]. 统计与决策,2014(19): 56 - 58

[176] 刘浩,王昊,孟光磊,等. 基于动态贝叶斯网络和模糊灰度理论的飞行训练评估[J]. 航空学报,2021,42(8): 250 - 261.

[177] 卜广志,张宇文. 基于灰色模糊关系的灰色模糊综合评判[J]. 系统工程理论与实践,2002(4): 141 - 144.